Peter J. Baugh (Hrsg.)

Gaschromatographie

Eine anwenderorientierte Darstellung

Aus dem Programm
Chemie

CHROMATOGRAPHIE

Chromatographia
An International Journal for Rapid Communications in Chromatography, Electrophoresis, and Associated Techniques

S. Lindsay
Einführung in die HPLC

G. J. Eppert
Flüssigchromatographie
HPLC – Theorie und Praxis

H. Engelhardt, W. Beck, Th. Schmitt
Kapillarelektrophorese
Methoden und Möglichkeiten

H. Hachenberg, K. Beringer
Die Headspace-Gaschromatographie als Analysen- und Meßmethode

ALLGEMEINE ANALYTIK / PRAKTIKUMSLITERATUR

D. C. Harris
Lehrbuch der Quantitativen Analyse

E. Gerdes
Qualitative Anorganische Analyse

Ch. Beyer
Quantitative Anorganische Analyse

Vieweg

Peter J. Baugh (Hrsg.)

Gaschromatographie

Eine anwenderorientierte Darstellung

Herausgeber der deutschen Ausgabe:
Werner Engewald und Hans Georg Struppe

Aus dem Englischen übersetzt von
Angelika Steinborn und Cornelia Struppe

Die Deutsche Bibliothek – CIP-Einheitsaufnahme

Das vorliegende Werk wurde sorgfältig erarbeitet. Dennoch übernehmen Autoren und Verlag für die Richtigkeit von Angaben, Hinweisen und Ratschlägen sowie für eventuelle Druckfehler keine Haftung. Die Wiedergabe von Gebrauchsnamen, Handelsnamen, Warenbezeichnungen usw. in diesem Buch berechtigt auch ohne besondere Kennzeichnung nicht zu der Annahme, daß solche Namen im Sinne der Warenzeichen- und Warenschutzgesetzgebung als frei zu betrachten wären und daher von jedermann benutzt werden dürfen.

Alle Rechte vorbehalten
© Springer Fachmedien Wiesbaden 1997
Ursprünglich erschienen bei Friedr. Vieweg & Sohn Verlagsgesellschaft 1997
Softcover reprint of the hardcover 1st edition 1997

Das Werk einschließlich aller seiner Teile ist urheberrechtlich geschützt. Jede Verwertung außerhalb der engen Grenzen des Urheberrechtsgesetzes ist ohne Zustimmung des Verlags unzulässig und strafbar. Das gilt insbesondere für Vervielfältigungen, Übersetzungen, Mikroverfilmungen und die Einspeicherung und Verarbeitung in elektronischen Systemen.

http://www.vieweg.de

Gedruckt auf säurefreiem Papier

ISBN 978-3-642-63862-6   ISBN 978-3-642-59135-8 (eBook)
DOI 10.1007/978-3-642-59135-8

Vorwort zur englischen Ausgabe

Seit ihrer Entdeckung vor 40 Jahren gehört die Gaschromatographie zu den am meisten verwendeten und erfolgreichsten chromatographischen Techniken. Sie wird für zahlreiche analytische Aufgabenstellungen eingesetzt und findet u.a. in der chemischen Industrie, in Forschung und Entwicklung, Qualitätskontrolle und Spezifikation, Umweltüberwachung, Prozeßanalytik, in biochemischen und biologischen Forschungseinrichtungen, klinisch-chemischen und toxikologischen Abteilungen von Krankenhäusern und ähnlichen Institutionen, in analytischen Laboratorien, Wasserwerken, staatlichen Untersuchungsämtern und bei Überwachungsorganen, sowie in höheren Bildungs- und Forschungseinrichtungen Anwendung.

Das gaschromatographische Instrumentarium hat einen hohen Entwicklungsstand erreicht, was besonders bei der Kopplung mit einem Massenspektrometer oder anderen speziellen Detektoren zum Tragen kommt. Die Anwendungsgebiete der GC sind vielfältig, und obwohl es deshalb nicht möglich ist, alle Aspekte der Technik und ihrer Anwendungen in einem Buch umfassend zu behandeln, enthält diese praktische Einführung doch einen hoffentlich genügend breit gefaßten Überblick über Methoden, Techniken und Anwendungen in den wichtigsten Einsatzgebieten, um für Studenten und Analytiker gleichermaßen informativ zu sein.

Die behandelten Themen umfassen, neben einer kurzen theoretischen Einführung, die Handhabung des Instrumentariums, Betrachtungen zum experimentellen Vorgehen, die Entwicklung, Herstellung und Leistungsfähigkeit von Kapillarsäulen, ausgewählte Anwendungen niedrig- und hochauflösender Säulen, chemische Derivatisierungsmethoden für die GC-Analytik, Anwendungen in der analytischen Toxikologie und klinischen Chemie, chirale Trennungen mittels GC, die Rolle der GC in der Umweltanalytik und Erdölforschung sowie ihre Anwendung in Form von Kopplungstechniken.

Der Herausgeber (der englischen Ausgabe) ist sich bewußt, daß es, speziell bei allgemeinen Themen wie Probenvorbereitung und Clean-up, zu Überschneidungen zwischen einzelnen Kapiteln kommen kann, da unterschiedliche Vorgehensweisen für die verschiedenen Anwendungsgebiete wie Umweltanalytik, biologische und biochemische Untersuchungen, sowie klinische Chemie und Toxikologie beschrieben werden. Der interessierte Leser sollte in der Lage sein, sich auch die in der zitierten Literatur beschriebenen Methoden zunutze zu machen und Vergleiche mit hier nicht behandelten Anwendungsgebieten zu ziehen.

Unvermeidlich sind auch Überschneidungen in den Hinweisen zur Auswahl geeigneter Säulen, stationärer Phasen und Detektionsprinzipien. Kapitel 2 behandelt generelle Aspekte des gaschromatographischen Instrumentariums. Dennoch enthalten andere Abschnitte des Buches weiterführende Informationen, so z.B. Kapitel 6 von R.J. Flanagan zur Detektion speziell in der analytischen Toxikologie. In gleicher Weise werden die Kapillarsäulen, ihre stationären Phasen, Herstellung und Eigenschaften im Kapitel 3 von P.A. Dawes ausführlich behandelt, während zusätzlich verschiedene Aspekte der Auswahl geeigneter stationärer Phasen für bestimmte Anwendungen an passender Stelle in anderen Kapiteln beschrieben sind. Die Techniken der Pestizidanalytik wurden in Kapitel 9 von G.A. Best und J.P. Dawson in konzentrierter Form behandelt, gewisse Details wurden jedoch auch in Kapitel 6 zur analytischen Toxikologie von R.J. Flanagan bereits angesprochen.

In Kapitel 5 von D.G. Watson sind die in der GC gängigen Derivatisierungsmethoden ausführlich behandelt. Diese sollten als Anhaltspunkt für die Auswahl einer geeigneten Methode zur Modifizierung interessierender Verbindungen betrachtet und nicht vom Standpunkt einer Anpassung der Analyten an die chromatographischen Bedingungen gesehen werden.

J. Chakraborty beschreibt in Kapitel 7 die Anwendung der GC und GC-MS auf ausgewählte Fragestellungen der klinischen Chemie mit den besonderen Problemen, die sich aus der Untersuchung von Körperflüssigkeiten und anderen biologischen Materialien ergeben. Hier dient der Einsatz von Derivatisierungen vor allem der Analyse biologisch relevanter Zielverbindungen.

Die neuesten Entwicklungen auf dem Gebiet der Herstellung chiraler stationärer Phasen für die Gaschromatographie und der chiralen Trennungen behandelt D.R. Taylor in Kapitel 8. Es enthält außerdem eine Diskussion der Grundlagen der Chiralität.

Die Kapitel 10 und 11, geschrieben von G.E. Harriman und R.P. Evershed, geben einen Einblick in die Rolle der Gaschromatographie in Kopplungstechniken wie GC-MS und verdeutlichen, wie wichtig die Selektivität und Genauigkeit des Massenspektrometers für die Analyse von Zielkomponenten z.B. in der Erdölforschung, bei biologischen Untersuchungen und in der Umweltanalytik sind.

In Kapitel 11 sollte ursprünglich auf die Rolle der GC in verschiedenen Kopplungstechniken, besonders GC-MS und GC-FTIR eingegangen werden. Wegen gewisser Schwierigkeiten bei der Autorensuche fand zunächst nur die GC-MS Berücksichtigung. Erst in einem sehr späten Stadium gelang es, noch ein Kapitel 12 über die GC-FTIR-Kopplung anzuhängen. Peter Jackson von Zeneca Specialties sah sich (mit geringer Unterstützung des Herausgebers) imstande, die Lücke zu füllen.

Der Inhalt der einzelnen Kapitel variiert bezüglich der angegebenen Protokolle und deren tatsächlicher Relevanz für die Praxis, dennoch trägt das vorliegende Buch den Charakter einer praktischen Einführung. Es enthält eine Fülle von Informationen zu den verschiedensten GC-Einsatzgebieten, die insbesondere dem GC-Einsteiger von hohem Wert sein dürften.

Abschließend möchte ich nicht versäumen, allen Autoren für ihr Bemühen, dem gemeinsamen Stil des Buches weitgehend gerecht zu werden, sowie für die gute Zusammenarbeit, die meine Position als Herausgeber gleichzeitig interessant und anspruchsvoll gestaltet hat, zu danken.

Salford   P.J. Baugh Juli 1993

Vorwort zur deutschen Ausgabe

Mit regem Interesse und großer Nachfrage wurde im Jahre 1959 die erste Übersetzung einer Monographie zur Gaschromatographie aus dem Englischen aufgenommen (A. I. M. Keulemans, übersetzt und bearbeitet von Erika Cremer), erschien sie doch etwa zeitgleich mit dem ersten in Deutsch verfaßten Gaschromatographie-Buch, für das Ernst Bayer als Autor zeichnete. Beiden Editionen erwiesen sich damals als sehr wertvoll für Verbreitung und Nutzanwendung der neuen, aufstrebenden Analysenmethode.

Vom Verlag Vieweg angesprochen, ob wir bereit wären, die Übersetzung des Titels von P. J. Baugh ins Deutsche zu betreuen, haben wir dieses zugesagt, obgleich wir nicht erwarten konnten, daß diesem Vorhaben so spektakuläre Erwartungen entgegengebracht werden, wie seinerzeit dem fundamentalen Werk von Keulemans. Der Buchmarkt hält heute schließlich eine reiche Auswahl von Monographien zur Gaschromatographie bereit. Nach Durchsicht des Titels und des aktuellen Angebots im deutschsprachigen Raum kamen wir jedoch zu der Feststellung, daß in zurückliegender Zeit vergleichsweise wenig GC-Bücher ins Deutsche übersetzt worden sind, sondern vielmehr die in der Bundesrepublik produzierenden Verlage zum Thema Gaschromatographie vorzugsweise in Englisch publizieren.

Nun mag es richtig sein, daß die jüngere Generation von Chromatographie-Anwendern deutsch wie englisch gleichermaßen liest und versteht (oder zu verstehen glaubt). Die Erfahrung in der Praxis zeigt jedoch, daß damit häufig der Inhalt nur oberflächlich aufgenommen wird. Im Falle der hier vorliegenden praktischen Einführung, die mit ihren Versuchsprotokollen wie mit der knapp gefaßten Erläuterung der grundlegenden Begriffe und wesentlichen Zusammenhänge im Chromatographie-Labor ständig zur Hand sein sollte, schien uns eine deutsche Fassung doch sehr vorteilhaft und nützlich.

Außerdem bot sich dabei die Gelegenheit, dem Leser die im GDCh-Arbeitskreis Chromatographie derzeit diskutierte deutsche Übertragung des IUPAC-Nomenklaturvorschlags für die Chromatographie nahezubringen, und sie damit zum konsequenten Gebrauch zu empfehlen. In diesem Zusammenhang hielten wir es für erforderlich, in Abänderung der englischen Vorlage einige Begriffe ausführlicher zu erläutern.

Wir sind überzeugt, daß dieses an den Praktiker gerichtete Buch mit seinen detaillierten und praxisnahen Informationen zur Anwendung der Gaschromatographie in Toxikologie, klinischer Chemie, Petrolchemie und Umweltanalytik ebenso wie zur Derivatisierung und Enantiomerentrennung dem kreativen Anwender wertvolle Anregungen vermitteln kann.

Mit zwei jungen Diplom-Chemikerinnen, die mit Themen zur Gaschromatographie in Leipzig diplomiert bzw. promoviert haben, standen Übersetzer mit gut fundiertem Fachwissen zur Verfügung. Den Herausgebern oblag es zu entscheiden, ob Inhalt und Stoffauswahl unverändert übernommen oder durch weitere Kapitel, wie z.B. zur Prozeßkontrolle, ergänzt werden sollte.

Anders als seinerzeit Erika Cremer haben wir auf eine wesentliche Erweiterung der Vorlage verzichtet, um die ausgewogene Kombination von praxisbezogenen Informationen und dem notwendigem Hintergrundwissen in dieser kompakten Form beizubehalten. Für hier nicht berücksichtigte oder zu knapp behandelte Teilgebiete der Gaschromatographie kann inzwischen auf andere verfügbare Literatur zurückgegriffen werden.

Obgleich der Verlag Oxford University Press dankenswerterweise weitgehende Freiheit im Umgang mit der Vorlage zugestanden hatte, waren wir doch überzeugt, daß es für den Leser durchaus interessant sein könne, wenn die deutsche Edition eng dem Original folgt und so auch einen Einblick in die in Großbritannien übliche Betrachtungsweise vermittelt.

Die in der englischen Ausgabe im Text und in einem Anhang 2 genannten Bezugsquellen für Gerätezubehör, Verbrauchsmaterial und Feinchemikalien wurden nicht übernommen, da Interessenten sich üblicherweise an die regionalen Anbieter wenden. Wegen der Dynamik des Marktes wurde auf Nennung dieser Adressen verzichtet; einen Überblick vermitteln die Marktübersichten der einschlägigen Laborjournale.

Das Verzeichnis der Abkürzungen wurde um die Liste der verwendeten Formelzeichen erweitert.

Abschließend möchten Übersetzer und Herausgeber dem Verlagshaus in Wiesbaden, im Besonderen Frau Dr. A. Schulz und Herrn A.A. Weis für die unkomplizierte Zusammenarbeit und freundliche Unterstützung danken.

Übersetzer und Herausgeber hoffen, daß das vorliegende Buch neben dem reichen Angebot an vorzugsweise fremdsprachiger GC-Literatur durchaus seine Leser und vielleicht auch Freunde finden wird.

Leipzig, im Frühjahr 1997　　　　　　　　　　Werner Engewald und Hans Georg Struppe

Inhaltsverzeichnis

Vorwort zur englischen Ausgabe V
Vorwort zur deutschen Ausgabe VII
Inhaltsverzeichnis IX

1 Einführung in die Theorie der chromatographischen Trennung mit speziellem Bezug zur Gaschromatographie 1

    1.1 Einleitung und Geschichte der Gaschromatographie 1
    1.2 Das GC-Chromatogramm 4
    1.3 Auflösung in der GC 6
    1.4 Bandenverbreiterung in der GC 8
    1.5 GC-Säulen 11
    1.6 Geschwindigkeit der GC-Analyse 11
    1.7 Retention in der GC 12
        1.7.1 Der Einfluß der Temperatur 12
        1.7.2 Temperaturprogrammierung 13
        1.7.3 Abhängigkeit der Retention von den Eigenschaften des Analyten .. 15
        1.7.4 Retentionsindices 16

2 Instrumentierung, Bedienung und experimentelle Betrachtungen 18

    2.1 Einleitung 18
    2.2 Bauteile und Funktion 18
        2.2.1 Wesentliche Teile 18
        2.2.2 Der Säulenofen 19
        2.2.3 Pneumatiken 20
        2.2.4 Probeneinführung 23
        2.2.5 Gaschromatographische Detektoren 33
    2.3 Bedienung und experimentelle Überlegungen 41
        2.3.1 Wo sollte man beginnen? 41
        2.3.2 Installation und Vorbereitung des Gaschromatographen 42
        2.3.3 Chromatographische Methodenentwicklung 52
    2.4 Datenerfassung 64
        2.4.1 Einleitung 64
        2.4.2 Mögliche Informationen aus der chromatographischen Analyse .. 64
        2.4.3 Verarbeitung des Detektorsignals 64
        2.4.4 Das Herangehen an die Datenerfassung 65
        2.4.5 Auf Mikroprozessoren basierende Datenerfassungssysteme 66

3 Entwicklung, Herstellung, Eigenschaften und Anwendung von Kapillarsäulen 74

3.1 Einleitung 74
3.2 Typen von Kapillarsäulen 75
3.3 Die Entwicklung der modernen Kapillarsäulen 76
    3.3.1 Säulenmaterialien 76
    3.3.2 Entwicklung und Kriterien stationärer Phasen 77
    3.3.3 Typen stationärer Phasen für die Gaschromatographie 79
    3.3.4 Herstellungsmethoden 83
3.4 Beurteilung der Säulenqualität 84
    3.4.1 Trennvermögen und Peakkapazität 85
    3.4.2 Bestimmung der Effizienz und weiterer Leistungsparameter 86
    3.4.3 Retentionsindices nach Kováts 91
    3.4.4 Analysenzeit 92
    3.4.5 Probenkapazität 92
    3.4.6 Inertheit 94
    3.4.7 Säulenbluten 98
    3.4.8 Messung des Säulenblutens 100
3.5 Säulenauswahl 101
    3.5.1 Stationäre Phase 101
    3.5.2 Innendurchmesser 103
    3.5.3 Filmdicke 106
    3.5.4 Säulenlänge 107
3.6 Umgang mit Kapillarsäulen 107
    3.6.1 Schutz des Fused-silica-Materials und Installationshinweise 107
    3.6.2 Kontamination von Säulen 108
    3.6.3. Arbeiten mit Kapillarsäulen 110

4 Anwendungen der GC mit gepackten Säulen und mit Kapillarsäulen 112

4.1 Einleitung 112
4.2 Experimentelle Überlegungen 113
    4.2.1 Säulenanforderungen 113
4.3 Multidimensionale Gaschromatographie 116
    4.3.1 Kopplung zweier Kapillarsäulen mit unterschiedlichen Filmdicken der stationären Phase 116
    4.3.2 Kopplung zweier aufeinanderfolgender Kapillarsäulen mit polarer und mit unpolarer stationärer Phase 117
    4.3.3 Eine Kapillarsäule und zwei Detektoren (FID/ECD) 117
    4.3.4 Kopplung einer gepackten Säule mit einer Kapillarsäule 118
4.4 Anwendungen von gepackten Säulen und Kapillarsäulen 119
    4.4.1 Spezielle Anwendungen für gepackte Säulen 119
    4.4.2 Vergleich von Anwendungen an gepackten Säulen und Kapillarsäulen 121
    4.4.3 Anwendung von Wide-bore-Kapillarsäulen 124

4.5 Hochtemperatur-GC und Analytik hochmolekularer,
gering flüchtiger Analyten 130
  4.5.1 Analyse von polycyclischen aromatischen Kohlenwasserstoffen 131
  4.5.2 Analyse von Triglyceriden 132
  4.5.3 Analyse von Porphyrinen 134
  4.5.4 Rohöl und Wachs 135
  4.5.5 Fettsäuremethylester 135
4.6 GSC und GLC für die Analyse leichtflüchtiger Verbindungen 136
  4.6.1 GSC mit gepackten Säulen 136
  4.6.2 Kapillarsäulen für die GSC 136
  4.6.3 GLC mit Dickfilm-Kapillarsäulen 138
4.7 Schlußfolgerungen 138

5 Chemische Derivatisierung in der GC 140

5.1 Einleitung 140
5.2 Apparatur 141
  5.2.1 Proben- und Reaktionsgefäße 141
  5.2.2 Erwärmen und Verdampfen 142
  5.2.3 Umgang mit Proben und Reagentien 142
  5.2.4 Entfernung von Derivatisierungsreagentien 143
5.3 Standardverfahren der Derivatisierung 143
5.4 Derivatisierungsreaktionen mit einem Reagens 144
  5.4.1 Silylierungsreaktionen 144
  5.4.2 Acylierungsreaktionen 147
  5.4.3 Alkylierungsreaktionen 152
  5.4.4 Kondensationsreaktionen 157
  5.4.5 Derivate verschiedener Typen 159
5.5. Gemischte Derivate 161
  5.5.1. Silyl-Acyl- und Silyl-Carbamat-Derivate 161
  5.5.2 Acyl/Acylderivate 163
  5.5.3 Acyl/Alkylderivate 164
  5.5.4 Acyl/Amid-Derivate 166
  5.5.5 Silyl/Alkyloxim- und Acyl/Oximderivate 167
  5.5.6 Derivatisierungsverfahren für Prostaglandine 169
5.6 Bifunktionelle und gemischte mono- und bifunktionelle Derivate 170
  5.6.1 Bifunktionelle Silylierungsagentien 170
  5.6.2 Aldehyde und Ketone als bifunktionelle Derivatisierungsagentien 171
  5.6.3 Alkylborate als bifunktionelle Derivatisierungsagentien 172
5.7. Derivate für die Enantiomerentrennung 173
  5.7.1 Acylierung mit chiralen Reagentien 173
  5.7.2 Chirale Alkylierungsreagentien 175
  5.7.3 Bildung von diastereomeren Amiden 176

6 Gaschromatographie in der analytischen Toxikologie: Prinzipien und Praxis 178

6.1 Einleitung 178

6.2 Die Anwendung der GC in der analytischen Toxikologie 179
    6.2.1 Probenahme und -aufbewahrung 179
    6.2.2 Probenvorbereitung 180
    6.2.3 Säulen und Säulenpackungen 188
    6.2.4 Detektoren 194
    6.2.5 Generelle Überlegungen 196

6.3 Anwendungsbeispiele der Gaschromatographie in der analytischen Toxikologie 200
    6.3.1 Screening auf unbekannte Verbindungen 200
    6.3.2 Wirkstoffe 201
    6.3.3 Pestizide 208
    6.3.4 Gase, Lösungsmittel und andere Gifte 209

6.4 Zusammenfassung 215

7 Gaschromatographie in der klinischen Chemie 220

7.1 Einleitung 220

7.2 Anwendungen der Gaschromatographie 221
    7.2.1 Flüchtige organische Verbindungen 221
    7.2.2 Organische Säuren 226
    7.2.3 Cholesterin und verwandte Verbindungen 231
    7.2.4 Amine und verwandte Verbindungen 236
    7.2.5 Polyole und Zucker 239

7.3 Zusammenfassung 241

8 Chirale Trennungen mittels Gaschromatographie 243

8.1 Einleitung 243
    8.1.1 Terminologie und Definitionen 244

8.2 Die Rolle der Derivatisierung bei chiralen Trennungen 245
    8.2.1 Typische Verfahren für die Derivatisierung von Diastereomeren 247

8.3 GC an chiralen stationären Phasen 250
    8.3.1 Auf monomeren Peptiden basierende Phasen 252
    8.3.2 Auf polymeren Amiden basierende Phasen 257
    8.3.3 Chirale GC an Metallkomplexen 264
    8.3.4 Inclusionsphasen für die chirale Gaschromatographie 271

8.4 Anwendung chiraler stationärer Phasen in der GC 278

8.5 Schlußfolgerungen und Ausblick 279

9 Umweltanalytik mit der Gaschromatographie 282

9.1 Einleitung 282
9.1.1 Eintragswege in die Umwelt 282
9.1.2 Instrumentarium 282

9.2 Die Notwendigkeit der GC-Analytik bei der Untersuchung
von Umweltproben 284
9.2.1 Probleme der Umweltverschmutzung 284
9.2.2 Gesetzliche Bestimmungen 284

9.3 Analytische Qualitätskontrolle der GC-Daten 286

9.4 Isolation interessierender Verbindungen aus der Probenmatrix 288
9.4.1 Kontaminationen 289
9.4.2 Methode zur Extraktion von Organochlorverbindungen und
PCB's aus Wasser 290
9.4.3 Methode zur Extraktion von Organochlorverbindungen
aus Abwasserproben 293
9.4.4 Extraktion von Organochlorverbindungen aus Sedimentproben 293
9.4.5 Extraktion von Organochlorverbindungen aus Gewebeproben 294

9.5 Clean-up Methoden 296
9.5.1 Clean-up und Auftrennung von Extrakten mit Hilfe
von Aluminiumoxid- und Silicagelsäulen 297
9.5.2 Modifizierte Methode für Clean-up und Auftrennung mit
Aluminiumoxid/Silbernitrat und Silicagel 300
9.5.3 Clean-up und Auftrennung von Extrakten mittels
Kartuschen für die Festphasenextraktion (SPE) 302
9.5.4 Extraktion mittelflüchtiger organischer Verbindungen
aus Wasserproben mit Hilfe von Extraction Discs 303

9.6 Bestimmung von Pentachlorphenol 305

9.7 Bestimmung nichtstabiler Pestizide in Wasser 305
9.7.1 Extraktion und Bestimmung von Organophosphor-
und Organostickstoffverbindungen in Wasser 307
9.7.2 Extraktion von Permethrin aus Wasserproben und Clean-up 308
9.7.3 Extraktion und Bestimmung von Herbiziden auf der Basis von
Phenoxyessigsäure 310

9.8 Gaschromatographische Trennung und Quantifizierung 311
9.8.1 Säulenauswahl 311
9.8.2 Berechnung des Gehaltes in der Probe mittels internem Standard .. 313
9.8.3 Typische Gaschromatogramme unterschiedlicher
Verbindungsgruppen 314

9.9 Probenahme und Analytik von Gasen und leichtflüchtigen Verbindungen 319
9.9.1 Probenahme 319
9.9.2 Desorption der Komponenten 321

9.10 Bestimmung der Ölart in ölbelasteten Proben 322
9.10.1 Fingerprint-Untersuchungen von Öl 322
9.10.2 Fingerprint-Untersuchungen von Öl-GC-Bedingungen 325

10 Die Rolle der Gaschromatographie in der Erdölforschung 328

10.1 Einleitung 328

10.2 Zusammensetzung von Rohölen und Quellmineral-Extrakten 329

10.3 Gaschromatographische Untersuchung von Vollöl 330

10.4 GC-Analyse isolierter Fraktionen aus Rohölen und Quellmineralextrakten 334

10.5 GC-MS-Analyse isolierter Fraktionen aus
      Rohölen und Quellmineralextrakten 340

10.6 Zusammenfassung 352

11 Gaschromatographie-Massenspektrometrie-Kopplung 354

11.1 Allgemeines 354

11.2 GC-MS-Instrumentierung 355

    11.2.1 Verwendung von gepackten Säulen 355

    11.2.2 Verwendung von Kapillarsäulen 356

    11.2.3 Ionenquellen 357

    11.2.4 Verwendung verschiedener Massenanalysatoren 359

    11.2.5 Ionennachweis 362

    11.2.6 Datensammlung und Interpretation 362

11.3 GC-MS-Anwendungen 363

    11.3.1 Analyse von Gemischen 363

    11.3.2 Spurenanalyse 377

**12 Die Gaschromatographie-Fourier-Transform-
Infrarotspektroskopie-Kopplung** 387

12.1 Einleitung 387

12.2 Beschreibung der Techniken 389

    12.2.1 Lightpipe-GC-FTIR 389

    12.2.2 Niedrigtemperatur-Matrixisolations-GC-FTIR 389

    12.2.3 GC-FTIR mit Niedrigtemperatur-Abscheidung fester Probe 391

12.3 Empfindlichkeit der GC-FTIR-Kopplung 392

12.4 Auflösung der GC-FTIR-Kopplung 393

12.5 GC-FTIR-Spektren 396

12.6 Quantifizierung mittels GC-FTIR 398

12.7 Multiple Detektorsysteme 400

12.8 GC-FTIR Anwendungen 401

    12.8.1 Anwendungen in der Industrie: Technische Alkohole 401

    12.8.2 Spezielle Probenaufgabetechniken 402

    12.8.3 Pestizid-Analytik 404

12.9 Zusammenfassung 405

Symbole und Akronyme 408

Sachwortverzeichnis 413

1 Einführung in die Theorie der chromatographischen Trennung mit speziellem Bezug zur Gaschromatographie

KEITH D. BARTLE

1.1 Einleitung und Geschichte der Gaschromatographie

Die Gaschromatographie (GC) nimmt eine Vorrangstellung unter den analytischen Trennmethoden ein. Sie erlaubt die schnelle und hochaufgelöste Trennung einer Vielzahl von Substanzen, die lediglich unzersetzt verdampfbar sein müssen. Nachdem 1951 Cremer et al. [1] die Adsorptions-Gaschromatographie als Mikromethode zur Gasanalyse entwickelt und A.T. James und A.J.P. Martin [2] 1952 ihre am National Institute of Health in London durchgeführten Experimente einer Verteilungs-Gaschromatographie publiziert hatten, setzte eine stürmische Entwicklung dieser Methode ein. Die von ihnen demonstrierte Trennung der C_1-C_{12}-Carbonsäuren basierte auf der vielfach wiederholten und damit quasi kontinuierlichen Verteilung der Analytkomponenten zwischen einem flüssigen Film auf einem inerten Trägermaterial („stationäre" Phase) und einem durch die Säulenpackung strömenden Gas („mobile" Phase). Diese Ergebnisse bauten auf früher (in Leeds) durchgeführten Untersuchungen auf, bei denen die chromatographische Trennung von Aminosäuren mit Hilfe zweier flüssiger Phasen gelang. Die Trennung von Pflanzenfarbstoffen durch einfache Säulenchromatographie mit flüssiger „mobiler Phase" an mit körnigem Adsorbens (feste „stationäre" Phase) gepackten Säulen war seit 1906 bekannt, jedoch wurde diese von M.S. Tswett (in heutiger Transkription: Cvet) [3] entdeckte und von ihm als „Chromatographie" bezeichnete Trennmethode bis zu den 30er Jahren kaum angewendet.

Die von James und Martin vor mehr als 50 Jahren konstruierte apparative Anordnung besaß bereits viele Merkmale späterer GC-Geräte (s. Bild 1.1): Vorrichtungen zur Regulierung des Trägergasflusses, zur Stabilisierung der Säulentemperatur, einen empfindlichen Detektor zur Detektion und zur Aufzeichnung der Konzentration der getrennten Komponenten am Ende der Trennsäule als Funktion der Zeit. Diese Pioniere führten außerdem das Konzept der Bodenzahl als Maß der Trennleistung ein und diskutierten den Einfluß verschiedener Parameter wie Trägergasgeschwindigkeit und Verteilung der Probe in der mobilen Phase.

Bereits James und Martin [2] hatten festgestellt, daß die Trennung von der Einheitlichkeit der Korngröße des Packungsmaterials der Säulen beeinflußt wird. Dies führte Golay [4] zu dem äußerst bemerkenswerten Schluß, daß man die verschlungenen Wege, die die unterschiedlichen Analytmoleküle bei ihrer Passage durch die nie ganz einheitliche Säulenpackung zwangsläufig nehmen, durch einen einzigen Weg ersetzen sollte: eine enge, durchgängig offene Röhre, auf deren Innenseite eine flüssige stationäre Phase aufgebracht ist. Säulen

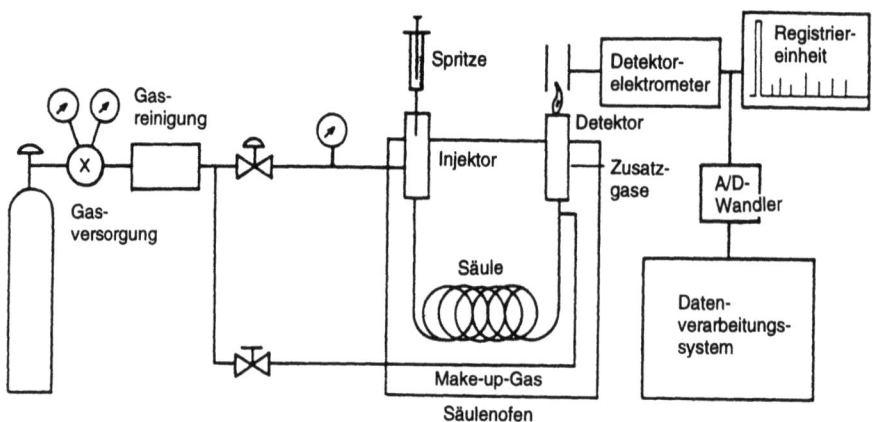

Bild 1.1 Modernes Instrumentarium für die Gas-flüssig-Chromatographie

in Gestalt enger, offener Röhren haben eine sehr viel höhere Durchlässigkeit (Permeabilität) als gepackte Säulen. Deshalb kann man größere Säulenlängen mit höherer Effizienz realisieren und damit für dieselbe stationäre Phase eine bessere Auflösung der getrennten Komponenten erreichen (s. Bild 1.2). Das hohe Potential dieser offenen Säulen, die wegen ihres kleinen Innendurchmessers allgemein als Kapillarsäulen bezeichnet werden, wurde jedoch lange Jahre nicht voll ausgenutzt, weil es Schwierigkeiten bei der Erzeugung beständiger, homogener Filme stationärer Phasen sowie Probleme mit der richtigen Dosierung und Detektion der viel kleineren Probenmengen gab. Metallkapillarsäulen, meist Edelstahlkapillaren, waren mit polaren stationären Phasen schwer zu belegen, und Glaskapillarsäulen erwiesen sich als leicht zerbrechlich. Außerdem enthalten beide ohne eine aufwendige Desaktivierung der Oberfläche in aller Regel katalytisch oder adsorptiv aktive Zentren.

Diese Probleme wurden mit der Entwicklung der Fused-silica-Kapillarsäule (fused-silica open tubular column – FSOT column) 1980 durch Dandeneau und Zerenner [5] überwunden. Derartige Kapillarsäulen, gefertigt nach einer ursprünglich aus der Glasfaseroptik stammenden Technologie, sind sowohl hochflexibel als auch chemisch inert. Durch intensive Forschung wurden die physikalisch-chemischen Prinzipien des Belegungsprozesses bestimmt und Möglichkeiten zur Immobilisierung der stationären Phase durch deren chemische Vernetzung (in Anwendung einer radikalischen Reaktion) gefunden. Ebenfalls in den 80er Jahren entstand das Konzept der „Designerphasen", d.h. Stationärphasen, die speziell mit dem Ziel einer bestimmten Trennung synthetisiert wurden. Hier erwies sich die Bindung unterschiedlicher chemischer Gruppen an eine Polydimethylsiloxankette als besonders sinnvoll. Seither hat sich die Kapillargaschromatographie rapide weiterentwickelt und die GC mit gepackten Säulen überflügelt. Ungeachtet dessen werden immer noch einige spezielle Trennprobleme besser mit gepackten Säulen gelöst. Aber selbst die Analytik von Gasgemischen ist heute dank sog. PLOT-Säulen (Schichtkapillarsäulen) keine Domäne der gepackten Säulen mehr.

Der erste universell einsetzbare gaschromatographische Detektor war der Wärmeleitfähigkeitsdetektor (WLD), anfangs auch Katharometer genannt. Dem WLD stand jedoch bald der 1958 erfundene, um vieles empfindlichere Flammenionisationdetektor (FID) zur Seite. Weitere auf der Verwendung von Flammen basierende und für bestimmte Elemente selektive Detektoren sind der Thermoionisations- oder Stickstoff-Phosphor-Detektor (NPD) und der Flammenphotometer-Detektor (FPD), der für Schwefelverbindungen selektiv ist. Der Elektroneneinfangdetektor (ECD), welcher selektiv auf halogenhaltige Verbindungen anspricht, stellt eine Weiterentwicklung des Argonionisationsdetektors dar. Die nachhaltigsten Neuerungen auf dem Gebiet der gaschromatographischen Detektion resultierten jedoch zweifellos aus der Kopplung der GC mit spektroskopischen Methoden. In Kopplung mit der Atomemissionsspektroskopie ist die Bestimmung der in einer Komponente enthaltenen Elemente und die simultane Aufzeichnung mehrerer elementspezifischer Chromatogramme möglich. Fourier-Transform-Infrarot- und Massenspektrometrie können ebenfalls mit der GC gekoppelt werden (GC-FTIR bzw. GC-MS) und erlauben so eine Identifizierung der getrennten Probenbestandteile mit Hilfe der entsprechenden Spektren. Die Verfügbarkeit von Bench-top-Massenspektrometern hat in neuerer Zeit die GC-MS-Kopplung zu einer analytischen Routinemethode werden lassen, bei der die Massenspektrometrie letztlich nur als hochselektive und empfindliche Detektionsmethode für gaschromatographische Peaks fungiert.

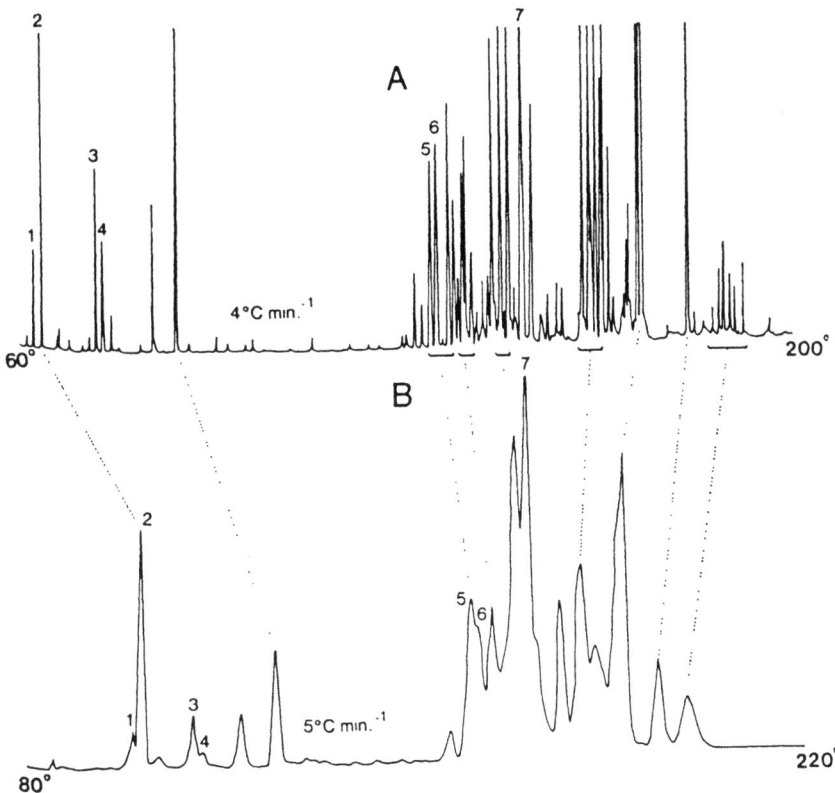

Bild 1.2 Chromatogramme der Analyse von Calmusöl an einer 50 m langen Kapillarsäule (A) und an einer 4 m langen gepackten Säule (B)

Die Gaschromatographie hat von den Entwicklungen in der Elektronik und Computertechnologie enorm profitiert. Automatische Probengeber und entsprechende Datenverarbeitungssysteme machen einen unbeaufsichtigten 24-Stunden-Betrieb möglich, wodurch sehr viele Proben pro Tag analysiert werden können. Die Gaschromatographie steht an vorderster Front der modernen Analytik, und das in so verschiedenen Bereichen wie Umweltanalytik, Analytik fossiler Brennstoffe, organischer Geochemie, biochemischer und forensischer Untersuchungen sowie Lebensmittelchemie und Aromaforschung, Pharmazie und Kosmetik.

Hintergrundinformationen zu Theorie und Praxis der Gaschromatographie können in [6-10] nachgelesen werden.

1.2 Das GC-Chromatogramm

Als Chromatogramm bezeichnet man die Bild-Darstellung des Detektorsignals als Funktion des Trägergasvolumens oder weitaus häufiger als Funktion der Zeit (Bild 1.3). Das Chromatogramm enthält Peaks, die mit der Elution einer Substanz nach ihrer Passage durch die Trennsäule korrespondieren. In Bild 1.3 sind einige der für die chromatographische Trennung charakteristischen Parameter eingezeichnet.

Der Analyt i verteilt sich zwischen der stationären Phase und der Gasphase entsprechend einem Verteilungskoeffizienten K_i, der dem Verhältnis der Konzentrationen des Analyten in beiden Phasen entspricht. K_i ist abhängig von den intermolekularen Wechselwirkungen und dem Dampfdruck des Analyten. Die Retentionskapazität bezeichnet das Retentionsverhalten einer Analytkomponente i als Folge ihres Verteilungskoeffizienten und dem in der jeweiligen Trennsäule gegebenen Verhältnis der Volumina von stationärer (V_S) und mobiler Phase (V_M). Die Retentionskapazität wird durch den Retentionsfaktor k_i zahlenmäßig ausgedrückt. k_i ist wie folgt definiert:

$$k_i = K_i V_S / V_M \tag{1}$$

Das Verhältnis V_S/V_M wird als „Phasenverhältnis β" bezeichnet:

$$\beta = V_S/V_M \tag{2}$$

Für Gl. (1) kann damit geschrieben werden:

$$k_i = K_i/\beta \tag{3}$$

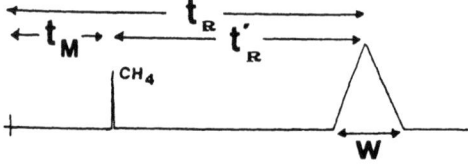

Bild 1.3 GC-Chromatogramm mit Retentionsparametern

1.2 Das GC-Chromatogramm

Die Zeit, die die mobile Phase, also das Trägergas, zum Durchströmen der Trennsäule mit der Länge L benötigt, bezeichnet man als Durchflußzeit, Mobilzeit oder Totzeit t_M Für die mittlere lineare Trägergasgeschwindigkeit in der Trennsäule $\bar{u}$ folgt damit

$$\bar{u} = L/t_M \qquad t_M = \frac{L}{\bar{u}} \tag{4}$$

Jede Analytkomponente muß sich während der Zeit t_M in der mobilen Phase aufhalten, um über die Strecke L vom Säuleneingang bis zum Säulenausgang transportiert zu werden. Bedingt durch die Verteilung auf mobile und stationäre Phase hält sich eine Analytkomponente zusätzlich eine Zeit t'_R in der stationären Phase auf, so daß sie für das Durchwandern der Trennsäule die Zeit

$$t_R = t_M + t'_R \tag{5}$$

benötigt. t_R bezeichnet man als Retentionszeit (Gelegentlich sind auch die Begriffe „Gesamtretentionszeit" oder „Bruttoretentionszeit" für t_R gebräuchlich). Die um die Durchflußzeit t_M geminderte Retentionszeit t'_R nennt man „Reduzierte Retentionszeit" oder „Nettoretentionszeit" t'_R.

Entsprechend des Retentionsfaktors k_i sind die Aufenthaltszeiten der Analytkomponente i in stationärer und mobiler Phase gegeben durch:

$$t'_R/t_R = k_i/(k_i+1) \quad \text{und} \quad t_M/t_R = 1/(k_i+1)$$

Für den Retentionsfaktor gilt:

$$k_i = t'_R/t_M \qquad k = \frac{t'_R}{t_M} \tag{6}$$

Die mittlere Wanderungsgeschwindigkeit des Analyten $\bar{v}$ folgt aus

$$\bar{v} = \bar{u}/(k+1) \qquad \bar{v} = \frac{\bar{u}}{1+k} \tag{7}$$

Die Zeit, die sich der Analyt in der Säule befindet, die Retentionszeit t_R, folgt aus

$$t_R = (k_i + 1)L/\bar{u} \qquad t_R = \frac{L}{\bar{u}}(1+k) \tag{8}$$

Multipliziert man die Retentionszeit t_R mit dem Volumenfluß des Trägergases F_o (bezogen auf den Druck p_o am Ausgang der Trennsäule), erhält man das Retentionsvolumen $V°_R$, welches das zur Elution einer Komponente benötigte Trägergasvolumen bezeichnet. Für Substanzen, die keiner chromatographischen Retention unterliegen, für die $k = 0$ gilt, ist das Retentionsvolumen gleich dem Gasvolumen in der Säule und t_R ist gleich t_M. Die Durchflußzeit t_M kann somit als Retentionszeit einer von der stationären Phase nicht zurückgehaltenen Komponente bestimmt werden.

Analog zur reduzierten Retentionszeit t'_R kann auch ein reduziertes Retentionsvolumen $V^{o'}_R$ (bezogen auf den Druck p_o) angegeben werden. Das sogenannte „Nettoretentionsvolumen" V_N wird jedoch auf einen mittleren Druck in der Trennsäule unter Strömungsbedingungen p_o / j bezogen und ist damit zahlenmäßig kleiner als das zugehörige „reduzierte Retentionsvolumen":

$$V_N = j \cdot V^{o'}_R$$

j ist der von James und Martin [2] eingeführte Kompressionskorrekturfaktor und wird nach Gl. (9) berechnet,

$$j = \frac{3(P^2 - 1)}{2(P^3 - 1)} \tag{9}$$

worin P den relativen Druck darstellt, der als Verhältnis der Absolutwerte von Säuleneingangsdruck zu Säulenausgangsdruck p_i / p_o definiert ist.

1.3 Auflösung in der GC

Wie gut die chromatographische Trennung zweier Komponenten 1 und 2 ist, wird durch die Auflösung R_S beschrieben. R_S ist definiert als das Verhältnis des Abstandes beider Peaks zu deren mittlerer Basisbreite (Bild 1.4, vgl. auch Ettre und Rohrschneider [11]):

$$R_S = 2(t_{R,2} - t_{R,1})/(w_{b,2} + w_{b,1})$$

$$R_S = \frac{t_{R,2} - t_{R,1}}{0,5(w_{b,1} + w_{b,2})}. \tag{10}$$

$R_s = 1$ bedeutet eine ausreichende Peakauflösung. In der Praxis entspricht $R_s \geq 1{,}5$ einer vollständigen Trennung (s. Bild 1.4).

Der Abstand beider Peaks, d.h., die (relative) Differenz ihrer Retentionszeiten, ist abhängig von der Retentionskapazität der Trennsäule für diese beiden Analytkomponenten:

$$k_1 = t'_{R,1}/t_M \quad k_2 = t'_{R,2}/t_M \tag{11}$$

$$(t'_{R,2} - t'_{R,1}) = (k_2 - k_1)/t_M \tag{12}$$

Die Differenz der Retentionszeiten ist über die Durchflußzeit t_M von der gewählten Trägergasgeschwindigkeit abhängig. Deshalb wurde, als davon unabhängige Größe, das Verhältnis der Retentionsfaktoren, die „relative Retention" r, eingeführt:

$$r_{2,1} = k_2/k_1 \quad r_{2,1} = t'_{R,2}/t'_{R,1} \tag{13}$$

1.3 Auflösung in der GC

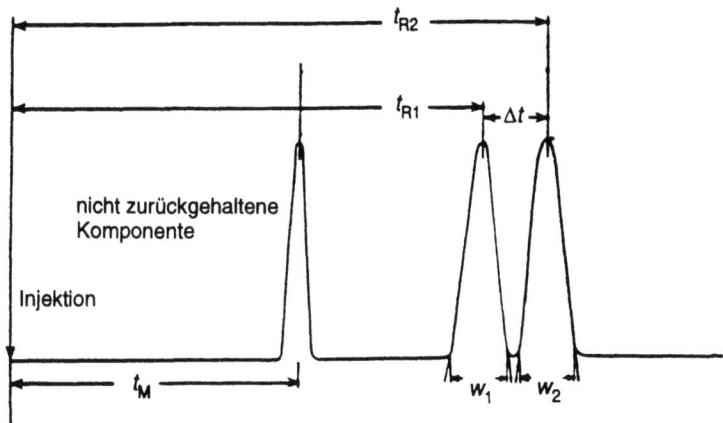

Bild 1.4 Auflösung R_s

Die relative Retention r wird im wesentlichen durch die Eigenschaften der stationären Phase bestimmt und ist stark temperaturabhängig.

Die Größe der Peakbreiten im Nenner von Gl. (10) wird durch die Trennleistung der Säule bestimmt. Von ihr ist abhängig, in welchem Maße sich die Zonen der Analytkomponenten, auch Banden genannt, beim Durchwandern der Trennsäule ausdehnen. Im aufgezeichneten Chromatogramm kommt die Trennleistung dann in der relativen Peakbreite (Peakbreite in Bezug zur Retentionszeit) zum Ausdruck.

Beim Austritt des Analyten aus der Trennsäule folgt sein Konzentrationsverlauf $c = f(t)$ einer Gaußschen Verteilung, die durch die Basisbreite w_b des Peaks oder dessen Breite in halber Höhe w_h charakterisiert werden kann.

Aus der mathematischen Beschreibung des chromatographischen Trennvorgangs hat man in Analogie zur Destillation die „Anzahl theoretischer Böden" als Maß für die Trennleistung abgeleitet. Für die theoretische Bodenzahl N gilt danach

$$N = 16(t_R/w_b)^2 \tag{14}$$

oder mit Bezug auf die Peakbreite in halber Peakhöhe

$$N = 8 \ln 2 \, (t_R/w_h)^2 \tag{15}$$

und entsprechend

$$N = 5{,}54 \, (t_R/w_h)^2 \tag{15a}$$

Da die Bodenzahl von der Säulenlänge L abhängt, wurde als Kenngröße die „theoretische Bodenhöhe" H (auch als Höhenäquivalent eines theoretischen Bodens $HETP$ bezeichnet) eingeführt. Diese Bodenhöhe H wird aus

$$H = L/N \quad \text{oder} \quad H = L(w_b/t_R)^2/16 \tag{16}$$

erhalten und in mm angegeben.

Die Trennung zweier Analytkomponenten, d.h. die Auflösung ihrer Peaks wird damit von der Trennleistung und dem Verhältnis ihrer Retentionskapazitäten bestimmt.

Der funktionelle Zusammenhang von Auflösung R_s, Retentionsfaktoren k und theoretischer Bodenzahl N läßt sich nach Purnell [12] näherungsweise durch folgende Auflösungsformel beschreiben:

$$R_S = \frac{\sqrt{N_2}}{4} \cdot \frac{(r_{2,1}-1) k_2}{r_{2,1} (k_2 -1)}$$

$$R = \frac{\sqrt{N}}{4} \cdot \frac{(\alpha - 1)}{\alpha} \cdot \frac{k}{(1 + k)} = \frac{1}{4} \sqrt{\frac{L}{H}} \cdot \frac{(\alpha - 1)}{\alpha} \cdot \frac{k}{(1 + k)} \qquad (17)$$

Die Herleitung von Gl. (17) erfolgte unter der Annahme, daß $(w_{b,2} + w_{b,1}) \approx 2 w_{b,2}$ gesetzt werden kann. Weitere Auflösungsformeln, die andere Näherungen zugrunde legen, sind in [13] beschrieben. Wichtig ist die allen Auflösungsformeln gemeinsame Aussage, daß die Auflösung der Wurzel der Säulenlänge proportional ist, d.h., daß bei einer Verdoppelung von L sich R_s nur um den Faktor $\sqrt{2} = 1,414$ erhöht, während sich die Retentionszeiten und damit auch die Analysenzeit verdoppeln. Die in Gl. (17) neben der relativen Retention r enthaltene Retentionskapazität k führt dazu, daß man für zeitig eluierende Verbindungen mehr theoretische Böden braucht als für spät eluierende, wenn für erstere dieselbe Auflösung erzielt werden soll.

1.4 Bandenverbreiterung in der GC

Der Trägergasfluß durch die Säule und die Verteilung des Analyten zwischen mobiler und stationärer Phase beeinflussen die Bandbreite des Analyten und damit die Effizienz der Trennsäule und folglich auch die zu erzielende Auflösung R_S. Schon in den frühen Jahren der GC fanden van Deemter et al. [14] für gepackte Säulen, daß das Höhenäquivalent H eines theoretischen Bodens gemäß Gl. (18) von der mittleren linearen Trägergasgeschwindigkeit $\bar{u}$ (kurz: mittlere Lineargeschwindigkeit $\bar{u}$) abhängt:

$$H = A + \frac{B}{\bar{u}} + C_G \cdot \bar{u} + C_L \cdot \bar{u} \qquad (18)$$

Der Einfluß der unregelmäßigen Gasdiffusionswege um die Partikel in einer gepackten Säule wird beschrieben durch:

$$A = 2\lambda d_p, \qquad (19)$$

wobei A den sogenannten A-Term, λ die Nicht-Gleichmäßigkeit des Packungsmaterials und d_p den Partikeldurchmesser bezeichnen.

Für Kapillarsäulen gilt $A = 0$, da diese kein festes Packungsmaterial enthalten, sondern einen freien, laminar durchströmten Querschnitt haben (vgl. Golay [4]).

1.4 Bandenverbreiterung in der GC

Die longitudinale Diffusion in der Gasphase wird durch den *B*-Term ausgedrückt, welcher dem Diffusionskoeffizienten D_G des Analyten in der Gasphase proportional ist. Da der Einfluß longitudinaler Diffusion auf die Bandenbreite von der Aufenthaltsdauer in der Gasphase bestimmt wird, ist der *B*-Term dem Kehrwert der mittleren Lineargeschwindigkeit $\bar{u}$ proportional.

Der *C*-Term bezeichnet den Effekt der Verzögerung des Massentransfers zwischen mobiler Gas- (C_G) und stationärer Flüssigphase (C_L).

$$C_G \approx r^2/D_G \qquad \text{(für Kapillarsäulen mit Radius } r\text{)}$$

$$\text{oder} \quad C_G \approx d_P^2/D_G \qquad \text{(für gepackte Säulen mit Partikeldurchmesser } d_p\text{)}$$

$$C_G \propto \frac{r^2}{D_G} \qquad \text{(Kapillarsäule mit Radius } r\text{)}$$

$$\text{oder} \quad \frac{d_P^2}{D_G} \qquad \text{(gepackte Säule)}$$

Bei schneller Diffusion und kleinem Partikel- bzw. Säulendurchmesser ist der Transfer in der mobilen Gasphase schnell genug, daß nur eine geringe Bandenverbreiterung auftritt. Langsame Diffusion in der stationären Flüssigphase verbreitert dagegen die Analytbande, da die einzelnen Analytmoleküle gemäß einer Verteilungsfunktion unterschiedlich lange zurückgehalten werden. Dabei gilt:

$$C_L \approx d_f^2/D_L \qquad C_S \propto d_f^2/D_S$$

wobei d_f die Filmdicke der stationären Phase und D_L der Diffusionskoeffizient des Analyten in der Flüssigphase sind.

In Bild 1.5 sind die relativen Größen der einzelnen Terme aus Gleichung (18) für die GC dargestellt. Bei niedrigen Lineargeschwindigkeiten $\bar{u}$ ist der *B*-Term sehr groß, nimmt aber mit zunehmendem $\bar{u}$ schnell ab. C_G und in geringerem Maße auch C_L dominieren dann. Die sich ergebende Van-Deemter-Kurve ist eine Hyperbel. Der kleinste Wert für H, d.h. H_{min}, wird bei der dafür optimalen Lineargeschwindigkeit $\bar{u}_{opt}$ erreicht. Je größer $\bar{u}_{opt}$ ist, um so schneller kann die Probe analysiert werden und um so kürzer ist die für eine gute Trennung notwendige Analysendauer (s. Abschn. 1.6).

Generell gilt, daß $\bar{u}_{opt}$ für Trägergase mit niedriger Dichte wie Wasserstoff oder Helium etwas größere Werte hat als z.B. für Stickstoff. Dagegen fällt H_{min} meist bei Trägergasen mit höherer Dichte wie Stickstoff oder Argon etwas günstiger aus (Bild 1.6). Außerdem steigt die Van-Deemter-Kurve für Wasserstoff und Helium nicht ganz so steil an, so daß ohne großen Verlust an Trennleistung auch bei Lineargasgeschwindigkeiten gearbeitet werden kann, die deutlich höher als $\bar{u}_{opt}$ sind.

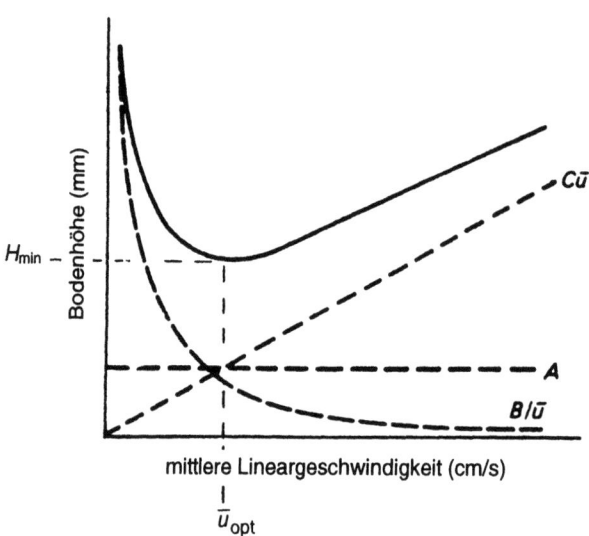

Bild 1.5 Relative Größe der einzelnen Terme in der Van-Deemter-Gleichung

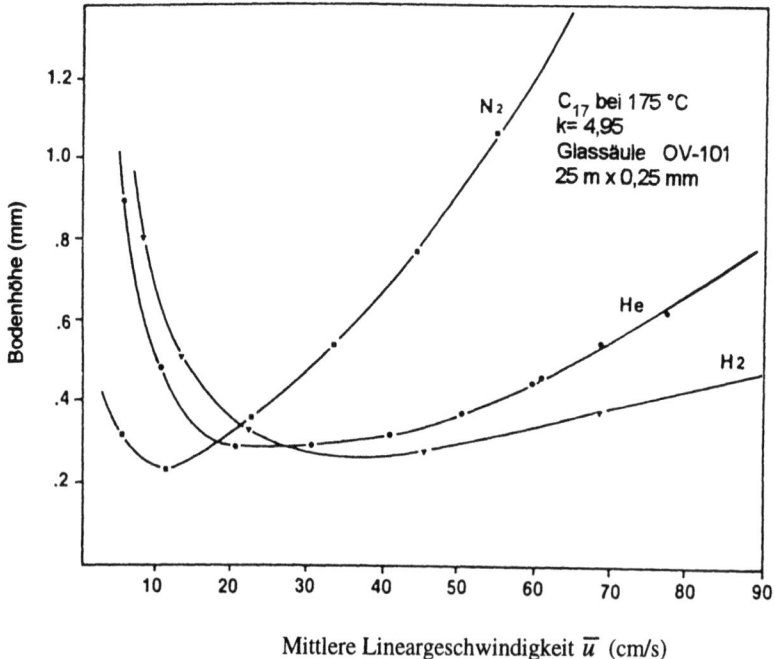

Bild 1.6: Van-Deemter-Kurven für verschiedene in der Kapillar-GC verwendete Trägergase

1.5 GC-Säulen

In Tabelle 1.1 werden die Eigenschaften von gepackten und Kapillarsäulen verglichen. Kapillarsäulen sind für den Trägergasstrom sehr viel permeabler und können daher viel länger sein, ohne daß man extreme Trägergasdrücke anwenden muß. Sie haben außerdem eine höhere Effizienz pro Längeneinheit, da die Filmdicke und damit der C_L-Term in Gl. (12) kleiner sind. Aufgrund dieser zwei Effekte ist die Trennleistung von Kapillarsäulen sehr viel größer als die von gepackten Säulen.

Zu weiteren Vorteilen von Kapillarsäulen gehört auch, daß mit ihnen ein besseres Signal-Rausch-Verhältnis erhalten werden kann als mit gepackten Säulen. Dieses resultiert zum einen aus dem niedrigeren Säulenbluten und zum anderen aus dem quasi laminaren Trägergasstrom. Weiterhin sind die Peaks bei Kapillarsäulen schärfer und weniger breit, was die Detektion von Spurenkomponenten vereinfacht. Nicht zuletzt verkürzt sich die notwendige Analysenzeit, gemessen als Retentionszeit einer bestimmten Komponente bei gewünschter Auflösung, erheblich.

Tabelle 1.1 Vergleich von gepackten Trennsäulen und Kapillarsäulen

Parameter (üblicher Bereich)	Kapillarsäule	Gepackte Säule
Länge	5 – 100 m	1 – 6 m
Innendurchmesser	0,1 – 0,8 mm	2 – 4 mm
Filmdicke	0,1 – 2 µm	1 – 10 µm
Kapazität pro Peak	< 0,05 µg	10 µg
Trägergasfluß	0,5 – 10 ml/min	10 – 100 ml/min
Druckabfall längs der Säule	0,1 – 4 bar	1 – 4 bar
Lineargeschwindigkeit des Trägergases	10 – 100 cm/s	4 – 40 cm/s
Theoretische Bodenhöhe	0,05 – 1,0 mm	0,4 – 10 mm
Typische Bodenzahlen	>30 000	<5000

1.6 Geschwindigkeit der GC-Analyse

Für den Analytiker ist es spürbar von Vorteil, wenn die Zeit, die zur Erlangung einer bestimmten Auflösung nötig ist, verkürzt werden kann. Konkret handelt es sich dabei um die Zeit t_P, die der Analyt braucht, um einen theoretischen Boden zu passieren, multipliziert mit der Anzahl der theoretischen Böden, die benötigt werden, um eine bestimmte Auflösung zu erreichen. Es gilt:

$$t_R = N \cdot t_P \tag{20}$$

bzw.

$$t_R = H(1+k)/\overline{u} \qquad t_R = \frac{H}{\overline{u}/(1+k)} \tag{21}$$

was der Bodenhöhe H dividiert durch die Wanderungsgeschwindigkeit der Analytbande entspricht. Für die Retentionszeit folgt damit:

$$t_R = N(1 + k)\frac{H}{\overline{u}} \tag{22}$$

Aus den Gleichungen (17) und (22) ergibt sich unter Elimination von N:

$$t_R = 16 R_S^2 \frac{r^2}{r-1} \cdot \frac{(1+k)^3}{k^2} \cdot \frac{H}{\overline{u}} \tag{23}$$

$$t_R = 16 R_S^2 \left(\frac{\alpha}{\alpha-1}\right)^2 \cdot \frac{(1+k)^3}{(k)^2} \cdot \frac{H}{\overline{u}}$$

Der Quotient $(1 + k)/k$ erreicht für $k = 2$ sein Minimum, deshalb sollte die Auswahl der Säulenparameter und der Säulentemperatur so erfolgen, daß für die wichtigste Analytkomponente die Retentionskapazität etwa den Wert $k = 2$ annimmt. Im Übrigen könnte der Eindruck entstehen, als ob die Analysengeschwindigkeit einfach umgekehrt proportional zu $\overline{u}$ ist. Da sich aber mit Erhöhung der linearen Trägergasgeschwindigkeit auch H erhöht (s. Bild 1.5), ist die Beziehung weniger einfach. Tatsächlich ergibt sich $H/\overline{u}$ für $\overline{u}$-Werte größer als $\overline{u}_{opt}$ aus dem Anstieg der Van-Deemter-Kurve.

1.7 Retention in der GC

1.7.1 Der Einfluß der Temperatur

Da sich der Verteilungskoeffizient mit der Temperatur ändert, hat diese einen großen Einfluß auf die Retentionskapazität, ausgedrückt durch k und auf die relative Retention r. Das Retentionsvolumen pro Masseneinheit der stationären Phase bei 0 °C wird als das spezifische Retentionsvolumen V_g bezeichnet:

$$V_g = \frac{V_R}{W_S} = \frac{273 R}{\gamma p M} \tag{24}$$

wobei γ der Aktivitätskoeffizient (Faktor, mit dem die aktuelle Konzentration multipliziert wird, um die effektive Konzentration zu erhalten), p der (Sättigungs)-Dampfdruck des Analyten und W_S die Masse der stationären Phase mit der Molmasse M sind. Der Dampfdruck p ist eine Funktion der Temperatur, die durch die Clausius-Clapeyronsche Gleichung beschrieben wird:

$$\ln p = \frac{-\Delta H_v}{RT} + \text{const} \tag{25}$$

1.7 Retention in der GC

ΔH_v ist darin die molare Verdampfungsenthalpie des Analyten, und T steht für die Säulentemperatur.

Die Kombination der Gleichungen (24) und (25) ergibt:

$$\ln V_g = \frac{\Delta H_v}{RT} + \ln \frac{273\,R}{\gamma M} + \text{const} \qquad (26)$$

Unter der Annahme, daß die Wechselwirkungen zwischen Analyt und stationärer Phase temperaturunabhängig sind und γ somit konstant ist, gilt:

$$\ln V_g = \frac{\Delta H_v}{RT} + \text{const} \qquad (27)$$

Die Kurve für $\ln V_g = f(T)$ und, da V_g proportional t'_R ist, auch die für $\ln t'_R = f(T)$, sind demnach Geraden gegen den Kehrwert der absoluten Temperatur T. Somit verringern sich Retentionszeiten und Retentionskapazität mit ansteigender Säulentemperatur.

1.7.2 Temperaturprogrammierung

Die Abhängigkeit der gaschromatographischen Retentionskapazität vom Dampfdruck des Analyten hat zur Folge, daß Gemische, die Substanzen in einem sehr breiten Siedebereich enthalten, in einem isothermen Lauf sehr unterschiedliche Retentionszeiten haben und kein zufriedenstellendes Chromatogramm erhalten wird. Die etwas flüchtigeren Komponenten werden möglicherweise noch relativ gut getrennt, während die hochsiedenden Bestandteile erst nach langer Zeit und mit sehr breiten Peaks eluieren. Ist die gewählte Säulentemperatur andererseits hoch genug, um die höhersiedenden Komponenten mit akzeptablen Peakformen zu eluieren, werden die niedrigsiedenden Bestandteile nicht mehr gut getrennt (s. Bild 1.7A)

Dieses Problem kann gelöst werden, indem man die Säulentemperatur während eines chromatographischen Laufs kontinuierlich erhöht, so daß die Substanzen einer homoloen Reihe in nahezu gleichmäßigen Intervallen eluieren (s. Bild 1.7B).

Der Einfluß des Temperaturprogramms auf die Retention kann durch eine der Gleichung (27) entprechende, allerdings unter Einbeziehung des Verteilungskoeffizienten K aufgestellte Beziehung beschrieben werden:

$$\ln K = \ln \frac{RT}{V_L} + \frac{\Delta H_v}{RT} + \text{const} \qquad (28)$$

wobei V_L gleich dem Volumen der flüssigen stationären Phase ist. Mit $k = K/\beta$ gilt in guter Näherung:

$$\ln k = \frac{\Delta H_v}{RT} + \text{const} \qquad (29)$$

Mit Hilfe von Gl. (29) läßt sich nun z.B. der zu einer Halbierung von k benötigte mittlere Temperaturanstieg von T_1 auf T_2 ($= \Delta T$) ermitteln.

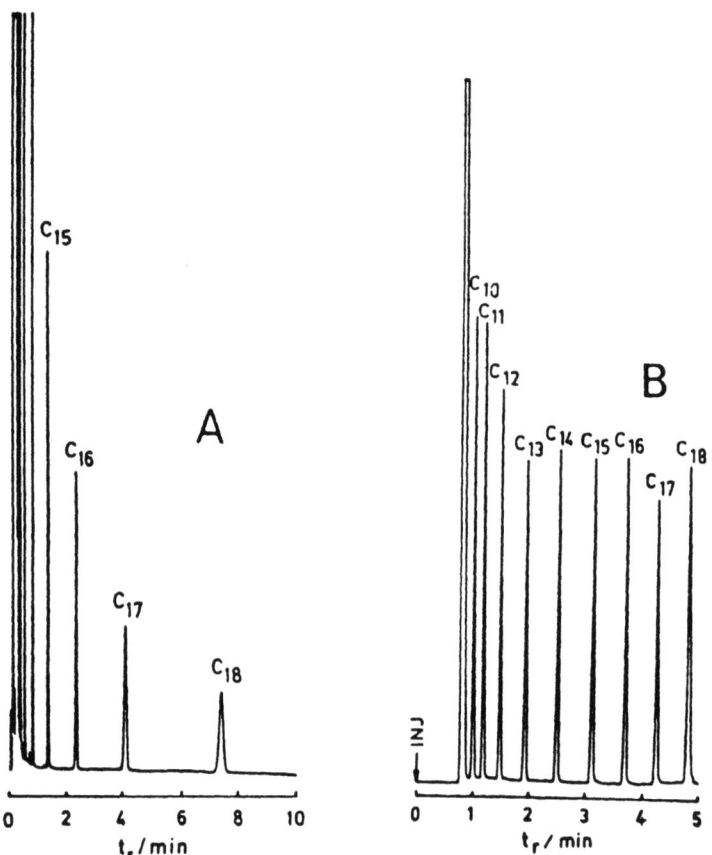

Bild 1.7 Vergleich der isothermen (A) und der temperaturprogrammierten Trennung (B) von n-Alkanen

Das Verhältnis der k-Werte ist:

$$\ln 2 = \frac{\Delta H_v}{RT} \cdot \frac{\Delta T}{T}$$

Daraus folgt:

$$\Delta T = 0{,}693\, RT^2/\Delta H_v$$

wobei T das geometrische Mittel aus T_1 und T_2 ist. Liegt die Säulentemperatur näher am Siedepunkt des Analyten und beachtet man außerdem die Troutonsche Regel, die besagt, daß

$$\frac{\Delta H_v}{T_b} = \text{const} \tag{30}$$

ist, so erhält man für 70 °C ein ΔT von 20 °C und für 120 °C ein ΔT von 22 °C.

1.7.3 Abhängigkeit der Retention von den Eigenschaften des Analyten

Die gaschromatographische Retention kann gemäß den im Abschnitt 1.7.1 diskutierten Beziehungen mit einer Reihe von Analyteigenschaften korreliert sein. So ergibt zum Beispiel die graphische Darstellung von $\ln t'_R$ gegen $\ln p$ eine Gerade mit dem Anstieg -1. Für viele homologe Serien ist der Zusammenhang zwischen dem Siedepunkt T_b und der Anzahl der C-Atome im Molekül linear, d.h.

$$T_b = a + b\,n \tag{31}$$

Gleichzeitig gilt dabei die Troutonsche Regel (Gl. 30), so daß:

$$\Delta H_v = c + dn \tag{32}$$

ist, wobei a, b, c und d Konstanten sind. Somit ist $\ln p$ mit n [über Gl. (25) und (32)] sowie mit T_b [über Gl. (25) und (30)] linear verknüpft. Deshalb sind auch zwischen t'_R und n, sowie zwischen t'_R und T_b lineare Beziehungen zu erwarten. Bild 1.8 zeigt eine solche Darstellung für die n-Alkane.

Diese Beziehungen gelten allerdings nur, wenn die Aktivitätskoeffizienten γ konstant sind. Dies ist der Fall, wenn die Wechselwirkungen zwischen Analyt und stationärer Phase für alle Komponenten gleich sind, wie das für Verbindungen gleicher Art anzunehmen ist. Die γ-Werte verschiedener homologer Serien unterscheiden sich jedoch voneinander, so daß man unterschiedliche lineare Darstellungen von $\ln t'_R$ z.B. gegen die C-Zahl erhält. An dieser Stelle sei darauf hingewiesen, daß die Möglichkeit der selektiven Trennung in der GC auf eben jenem Unterschied der γ-Werte von Verbindungen mit verschiedenen funktionellen Gruppen beruht.

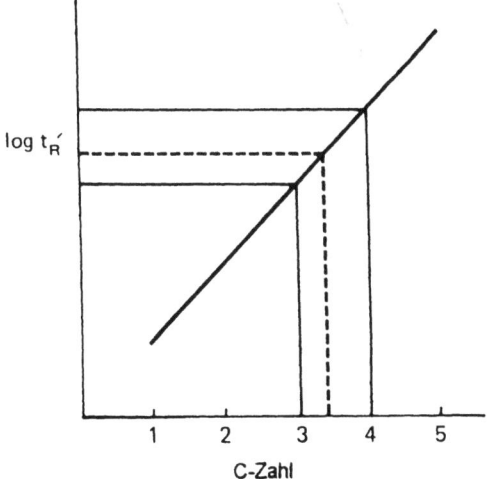

Bild 1.8 Grundlage des Retentionsindexsystems nach Kováts – der Graph von $\log t_R$ gegen die C-Zahl der Glieder einer homologen Reihe. Den Retentionsindex ermittelt man durch Interpolation (gepunktete Linie) als (gebrochene) C-Zahl eines hypothetischen n-Alkans mal 100.

1.7.4 Retentionsindices

Die oben aufgeführten Beziehungen führen zu einem Schema der Substanzidentifizierung aus Retentionsdaten. Relative Retentionsgrößen wie die relative Retention r ($r_{2,1} = t'_{R,2}/t'_{R,1}$) sind von der Trägergasgeschwindigkeit und anderen Versuchsbedingungen unabhängig. Da aber die relative Retention r einerseits in der Wahl der Bezugskomponente willkürlich blieb, andererseits aber gemäß Gl. (29) von Änderungen der Säulentemperatur stark beeinflußt wird, hat Kováts [15] eine logarithmische Skala vorgeschlagen, die sich auf die Retentionszeiten der n-Alkane bezieht (vgl. Bild 1.8). Auch in diesem Retentionsindex-System wird der Vorteil genutzt, daß relative Retentionsgrößen leichter bestimmbar sind als absolute. Bei isothermer Arbeitsweise bezeichnet der Kováts-Retentionsindex I einer Verbindung x deren Retention in Bezug auf die Retention der davor bzw. danach eluierenden n-Alkane. Die Retentionsindices der n-Alkane sind als das Hundertfache ihrer C-Zahl definiert (z.B. $I_{n\text{-Octan}} = 800$, $I_{n\text{-Nonan}} = 900$). Der Retentionsindex einer beliebigen Analytkomponente I_x wird durch lineare Interpolation des $\log t'_{R,x}$ zwischen den $\log t'_R$-Werten der den Analyten eingrenzenden n-Alkane ermittelt. So errechnet sich der Retentionsindex I_x einer Substanz x mit der Retentionszeit $t'_{R,x}$, die zwischen n-Octan und n-Nonan mit den Retentionszeiten $t'_{R(n\text{-Octan})}$ bzw. $t'_{R(n\text{-Nonan})}$ eluiert, wie folgt:

$$I(x) = 800 + 100 \cdot \frac{\log t'_R(x) - \log t'_R(8)}{\log t'_R(9) - \log t'_R(8)} \tag{33a}$$

Für beliebige n-Alkane mit z und $(z+1)$ Kohlenstoffatomen gilt allgemein:

$$I(x) = 100\,z + 100 \cdot \frac{\log t'_R(x) - \log t'_R(z)}{\log t'_R(z+1) - \log t'_R(z)} \tag{33b}$$

Ausgehend vom Retentionsindex für isotherm ausgeführte Trennungen wurde eine ähnliche Beziehung auch für die (lineare) temperaturprogrammierte Analyse (ohne isothermen Vorlauf) vorgeschlagen. Anstatt der $\log t'_R$-Werte werden die entsprechenden Retentionstemperaturen T_R eingesetzt. Die Retentionstemperatur ist die Temperatur, bei der die betreffende Komponente eluiert. Der temperaturprogrammierte Retentionsindex I^T_x einer Verbindung x, die zwischen den n-Alkanen der C-Zahlen z und $z+1$ eluiert, errechnet sich aus Gl. (34):

$$I_p(x) = 100\,z + 100 \cdot \frac{T_R(x) - T_R(8)}{T_R(9) - T_R(8)} \tag{34}$$

Das Retetentionsindexsystem hat sich außer zur Peakidentifizierung vor allem auch zur Charakterisierung der Polarität der stationären Phasen bewährt.

Literatur

[1] Cremer, E.; Müller, R. *Mikrochim. Acta* **1951**, *36/37*, 553 und *Z. Elektrochem.* **1951**, *55*, 217.

[2] James, A.T.; Martin, A.J.P. *Analyst* **1952**, *77*, 915; *Biochem. J.* **1952**, *50*, 679.

[3] Tswett, M.S. *Arb. Naturforschg. Ges.* [Warschau] **1903**, *20*, 14.

[4] Golay, M.J.E. *Nature* **1957**, *180*, 435.

[5] Dandeneau, R.; Zerenner, E.H. *J. High Resol. Chromatogr.* **1979**, *2*, 351.

[6] Ettre, L.S. The Development of Chromatography, *Anal. Chem.* **1971**, *43*, 20A-31A.

[7] Ettre, L. S.; Zlatkis, A. (Hrsg.) 75 Years of Chromatography, *J. Chromatogr. Library* Vol *17*, Elsevier, Amsterdam (**1979**).

[8] Purnell, H. *Gas Chromatography*, John Wiley, New York (**1962**).

[9] Lee, M.L.; Yang, F.J.; Bartle, K.D. *Open Tubular Column Gas Chromatography: Theory and Practice*, Wiley-Interscience, New York (**1984**).

[10] Jönsson, J.A. (Hrsg.) *Chromatographic Theory and Basic Principles*, Chromatographic Science Series, Vol. 38, Marcel Dekker, New York (**1987**).

[11] Ettre, L.S.; Hinshaw, J.V.; Rohrschneider, L. *Grundbegriffe und Gleichungen der Gaschromatographie*, Hüthig Verlag Heidelberg (**1996**) 94.

[12] Purnell, J.H. *J. Chem. Soc.* **1960**, 1268.

[13] Struppe, H.G. in: Leibnitz, E.; Struppe, H.G. (Hrsg.): *Handbuch der Gaschromatographie*, Geest & Portig KG, Leipzig, (**1984**), 83-84.

[14] Deemter, J.J.; van Zuiderweg, F.J.; Klinkenberg, A.: *Chem. Eng. Sci.* **1956**, *5*, 271.

[15] Kováts, E.: *Helv. Chim. Acta* **1958**, *41*, 1915.

2 Instrumentierung, Bedienung und experimentelle Betrachtungen

ANDREW TIPLER

2.1 Einleitung

Die Gaschromatographie (GC) bietet unter allen analytischen Techniken die größte Auswahl an Bauteilen. Obwohl dieses Merkmal zur enormen Leistung und Flexibilität dieser Technik beiträgt, stellt es den Analytiker häufig vor die Aufgabe, die optimale Gerätekonfiguration für eine einzelne Analyse auszuwählen und zu bedienen. Gute Kenntnisse über die Auswahl der Bauteile und ein umfangreiches Wissen über deren Bedienung sind notwendige Voraussetzungen für eine erfolgreiche chromatographische Analyse.

Dieses Kapitel ist in drei Abschnitte unterteilt. Der Abschnitt 2.2 diskutiert die Bauteile eines modernen Gaschromatographen und gibt einen Überblick über einige bekanntere Konfigurationen. Im Abschnitt 2.3, im Hauptteil dieses Kapitels, werden die praktischen Aspekte der GC betrachtet. Der Abschnitt 2.4 beschreibt die Prinzipien, die mit der Verarbeitung chromatographischer Signale zu sinnvollen Ergebnissen verbunden sind.

2.2 Bauteile und Funktion

Dieser Abschnitt diskutiert die Bauteile eines Gaschromatographen und gibt einen Überblick über deren Auswahl und Funktionsweise sowie über mögliche Erweiterungen.

2.2.1 Wesentliche Teile

Ein Gaschromatograph (s. Bild 2.1) ist ein Gerät, das es ermöglicht, eine kleine Probenmenge in ein Einlaßsystem zu überführen. Dort verdampft sie und wandert durch eine chromatographische Säule. Um eine Chromatographie unter günstigen Bedingungen zu ermöglichen, befindet sich die Säule in einem Thermostaten und wird von einem inerten Trägergasstrom durchspült. Ein Detektor ist am Säulenausgang angeordnet, um die von der Säule eluierenden Substanzen zu registrieren. Er erzeugt ein elektrisches Signal, das verstärkt und zu einem Schreiber oder einem Datenverarbeitungsgerät geleitet wird, so daß dann verwertbare Ergebnisse erhalten werden können.

2.2 Bauteile und Funktion

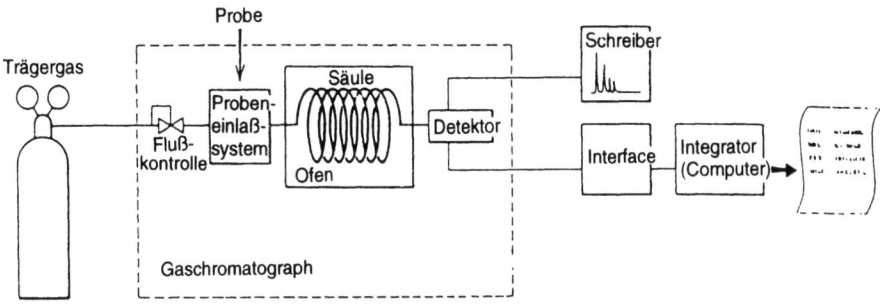

Bild 2.1 Wesentliche Bestandteile eines GC-Systems

Die Leistung eines Gaschromatographen und somit auch die Qualität der erhaltenen Ergebnisse hängt nicht nur von der Bauart der Teile ab, sondern auch davon, wie sorgfältig sie gesteuert werden. Besonders trifft dies auf die Temperatur und die Gasflüsse zu. Deshalb ist bei den meisten modernen Gaschromatographen ein Mikroprozessor das Herz des Kontrollsystems. Die Verwendung einer solchen Technologie besitzt die zusätzlichen Vorteile der verbesserten Benutzeroberfläche, einer besseren Programmierbarkeit, der Methodenspeicherung, einer externen Überwachung und intelligenten Systemdiagnostik.

2.2.2 Der Säulenofen

Die Verteilung von Stoffen zwischen dem Trägergas und der stationären Phase ist in hohem Maße von der Temperatur des chromatographischen Systems abhängig. Obwohl diese positive Eigenschaft es erlaubt, die Bedingungen an eine bestimmte Analyse anzupassen, werden jedoch auch hohe Anforderungen an das Temperaturkontrollsystem gestellt, um eine wiederholbare Trennung zu erreichen. Die chromatographische Säule muß gleichmäßig beheizt werden, und die Temperatur sollte jederzeit der festgelegten Temperatur entsprechen. Diese Anforderungen beziehen sich nicht nur auf isotherme Bedingungen, sondern gelten auch für Temperaturprogramme, bei denen der Temperaturanstieg höher als 30 °C/min sein kann. Der effektivste Weg, eine Säule zu beheizen, besteht in der Verwendung eines temperaturgeregelten Luftthermostaten.

Säulenöfen sind im wesentlichen Gehäuse, in denen eine Säule montiert ist und die ein elektrisches Heizelement enthalten. Die Wärme wird innerhalb des Ofens durch einen leistungsstarken Ventilator verteilt. Um eine einheitliche Temperatur entlang der ganzen Säule aufrechtzuerhalten, ist eine gute Luftzirkulation notwendig. Ein Temperatursensor befindet sich an einer sorgfältig ausgewählten Stelle im Ofen. Die Ergebnisse des Sensors werden einem Kontrollsystem zugeführt, wobei sie mit der gewünschten Temperatur verglichen und automatisch, meist durch einen Mikroprozessor, mit Hilfe eines Heizelements geregelt werden.

Solche „geschlossenen" Systeme bereiten Probleme, weil sie nach einem Temperaturprogramm nur langsam auf die Ausgangstemperatur abkühlen und die Kontrolle nahe der

Umgebungstemperatur schlecht ist. Aufgrund dieser Einschränkungen benutzen viele Hersteller einen zusätzlichen Kühlmechanismus, eine „gesteuerte Klappe", die Umgebungsluft unter diesen Bedingungen in den Säulenofen läßt. Für einige Anwendungen, vor allem Gasanalysen, werden Temperaturen unterhalb der Umgebungstemperatur benötigt. In solchen Fällen wird gewöhnlich flüssiger Stickstoff oder flüssiges Kohlendioxid in den Ofenraum eingebracht. Einige Eigenschaften dieser Kühlmedien sind in Tabelle 2.1 aufgeführt. Obwohl sich das Kühlprinzip für die beiden Medien unterscheidet, werden sie auf die gleiche Art in den Thermostaten eingebracht. Das unter Druck stehende Medium CO_2 wird durch ein Magnetventil geführt, das unter Kontrolle eines Mikroprozessors ein- und ausgeschaltet werden kann und Pulse des Kühlmediums in den Ofenraum einbringt. Der Grad der Kühlung kann durch Veränderung der Zeitdauer und/oder der Frequenz dieser Pulse geregelt werden.

Die Säulenöfen, auch als Thermostaten bezeichnet, werden in verschiedenen Größen gefertigt. Große Thermostaten sind besser zugänglich und können mit mehreren Injektoren, Detektoren usw. bestückt werden. Aufgrund ihrer größeren Wärmekapazität ist es schwieriger, sie schnell zu erwärmen und abzukühlen, und eine gleichmäßige Temperatur aufrecht zu erhalten.

Tabelle 2.1 Kühlmedien für die Ofensteuerung unterhalb der Umgebungstemperatur

Medium	Kühlprinzip	minimale Temperatur	Bemerkungen
flüssiger Stickstoff	latente Verdampfungswärme	−160 °C	benötigt ein Dewargefäß, das mit Helium unter Druck gesetzt wird
flüssiges Kohlendioxid	Joule-Thompson-Effekt	−77 °C	kühlt schneller als flüssiger Stickstoff

2.2.3 Pneumatiken

Ein Gaschromatograph benötigt Gase für verschiedene Aufgaben. Die größte Bedeutung besitzt dabei das Trägergas, das als mobile Phase wirkt. Viele Detektoren benötigen Hilfsgase, um überhaupt zu funktionieren. Manchmal ist ein Fluß eines „make-up"-Gases erforderlich, um die Auswirkung des Totvolumens in einigen Systembestandteilen zu verringern. Hier betrachten wir die Versorgung und den Einsatz der verschiedenen in der GC verwendeten Gase.

2.2.3.1 Gasversorgungen

In Tabelle 2.2 sind die normalerweise in der GC verwendeten Gase aufgeführt. Sie werden üblicherweise aus Druckgasflaschen geliefert, obwohl es auch kommerzielle Vorrichtungen gibt, die Luft oder Stickstoff aus der Atmosphäre filtern und Wasserstoff durch chemische oder elektrolytische Prozesse gewinnen. Es ist von größter Bedeutung, daß die Gase so rein

2.2 Bauteile und Funktion

Tabelle 2.2 In der Gaschromatographie verwendete Gase

Gas	Anwendung	Bemerkungen
Helium	allgemeines Träger- oder make-up-Gas	ausgezeichnet, kann aber teuer sein, kann nur gemeinsam mit einem anderen make-up-Gas für den ECD verwendet werden
Stickstoff	allgemeines make-up-Gas oder Trägergas für gepackte Säulen	billig, wegen der langen Retentionszeiten nicht gut als Trägergas für Kapillarsäulen
Wasserstoff	Trägergas für Kapillarsäulen Verbrennungsgas für FID, NPD und FPD	billig, hochexplosiv, erfordert schnelle Warnsensoren und sorgfältige Spülung, bestes Trägergas für Kapillarsäulen
Luft	Verbrennungsgas für FID, NPD und FPD und für pneumatisch betriebene Bauteile	billig und leicht erhältlich
Sauerstoff	Verbrennungsgas für einige FPD's	gewöhnlich nicht erforderlich
Argon	Trägergas für WLD	Bestimmung von Helium
Argon/Methan	make-up-Gas und Trägergas für gepackte Säulen und ECD	bessere Linearität und Selektivität als Stickstoff, aber geringere Nachweisgrenze
Helium/ Wasserstoff	Trägergas für WLD	Bestimmung von Wasserstoff

wie möglich sind, da jede Verunreinigung die Chromatographie stört oder ein Detektorrauschen verursacht. Dies gilt besonders für die Trägergase, die als hochreine Gase (> 99,999%) aus Druckgasflaschen bezogen werden sollten.

Die Gasversorgungen sollten mit Hilfe von lösungsmittelgespülten und ausgeheizten Kupferleitungen mit dem Chromatographen verbunden sein. Polymerleitungen sollte man vermeiden, da der Luftsauerstoff in der Lage ist, durch die Wand in den Gasstrom einzudringen. Die meisten stationären Phasen werden von Sauerstoff bei höheren Temperaturen zersetzt.

Als zusätzliche Sicherheitsmaßnahme ist es üblich, Filter in der Leitung zwischen der Gasversorgung und dem GC anzubringen, wie es in Bild 2.2a und 2.2b dargestellt ist. Einige Chromatographen haben interne Filter. Auch in solchen Fällen sollten noch externe Filter als Vorsichtsmaßnahme genutzt werden.

2.2.3.2 Pneumatikbauteile

Es werden verschiedene Typen von Pneumatikbauteilen in der GC verwendet:
1) Druckregler
Diese Geräte halten einen regulierbaren, konstanten Druck über einen Strömungsbereich hinweg (in der Regel 1–500 ml/min) aufrecht. Druckregler sind für verschiedene Arbeitsbereiche (z.B. 0–30, 60 oder 100 psi, 0–20 kPa, 40 kPa, 70 kPa) erhältlich. Die Geräte für

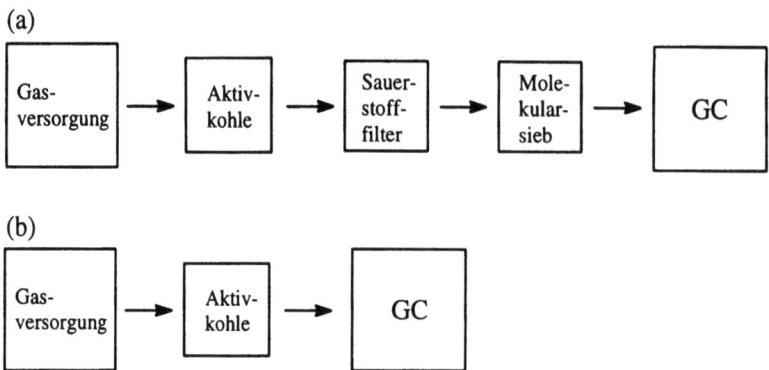

Bild 2.2 Typische Anordnung der Gasfilter a) für Trägergas- und make-up-Gasversorgungen und b) für die Gasversorgung der Detektorbrenngase

einen kleineren Bereich gewährleisten eine feinere Regelung, so daß man Regler mit dem geringsten Bereich für die entsprechende chromatographische Methode auswählt.

2) Rückdruckregler
Sie sind den Druckreglern ähnlich, halten aber einen konstanten Druck auch gegen den Gasstrom im Gerät aufrecht.

3) Flußregler
Diese Regler halten einen konstanten Gasfluß aufrecht, auch wenn der Gaswiderstand auf der Sekundärseite (d.h. innerhalb der Säule) schwankt. Flußregler sind in verschiedenen Arbeitsbereichen (z.B. 0-10, 20, 100 oder 200 ml/min) erhältlich. Eine feinere Regelung wird bei kleineren Bereichen erhalten.

4) Nadelventile
Nadelventile liefern, veränderbare Widerstände gegenüber hindurchfließenden Gasen.

5) Gaspulsationsdämpfer
Gaspulsationsdämpfer liefern stationäre Drosselwiderstände gegenüber dem Gasfluß und sind in vielen Widerstandswerten erhältlich.

6) Druckmeßgeräte
Sie sind mechanische Geräte mit Skalen, die den Gasdruck anzeigen. Sie sind in verschiedenen Arbeitsbereichen (z.B 0–30, 60 oder 100 psi; 20, 40 oder 70 kPa) erhältlich .

7) Druckwandler
Wandler sind elektronische Geräte, die man dazu verwenden kann, eine Spannung proportional zum Gasdruck zu erzeugen. Im GC ist zur Nutzung eines solchen Signals zusätzliche Hard- und Software erforderlich. Der Vorteil von Druckwandlern besteht darin, daß sie in der Lage sind, einen chromatographischen Lauf zu unterbrechen, wenn der Druck schwankt oder die Gasversorgung knapp wird.

8) Fernsteuergeräte
Dies sind elektromechanische Geräte, die die gleiche Funktion wie Druck- oder Flußregler erfüllen, aber durch eine Elektronik und eine Software gesteuert werden. Sie können teuer sein, besitzen aber den großen Vorteil, daß sie automatisch eingerichtet und während des chromatographischen Prozesses für spezielle Anwendungen programmiert werden können.

2.2 Bauteile und Funktion

2.2.3.3 Pneumatikanordnungen

Die im Abschnitt 2.3.2 beschriebenen Bauteile können auf verschiedene Art und Weise angeordnet werden, um die notwendige Regelung für die unterschiedlichen, in einem Gaschromatographen erforderlichen Gase zu liefern. Bild 2.3a-2.3f zeigt typische Anordnungen, und in Tabelle 2.3 werden ihre Anwendungen aufgeführt.

Tabelle 2.3 Empfohlene Anwendungen der in Bild 2.3 gezeigten Pneumatikanordnungen

Anwendung	Anordnung					
	a	b	c	d	e	f
Trägergas für gepackte Säulen	Ja[1]	Ja	Nein	Nein	Nein[2]	Nein[2]
Trägergas für Kapillarsäulen	Ja	Nein	Ja	Ja	Nein[2]	Nein[2]
Make-up-Gas	Nein	Ja	Nein	Nein	Ja	Ja
Detektorbrenngas	Nein	Ja	Nein	Nein	Ja	Ja

[1] nur isotherme Chromatographie
[2] die Regelung ist für das Trägergas nicht genau genug

2.2.4 Probeneinführung

Es gibt verschiedene Wege, eine Probe in eine chromatographische Säule einzuführen. Bei der Auswahl des Einlaßsystems werden die Probenmatrix, die zu bestimmenden Probenbestandteile und der verwendete Säulentyp in Betracht gezogen. Die Aufgabe des Einlaßsystems besteht darin, die gesamte oder einen repräsentativen Teil der Probe in die chromatographische Säule einzuführen.

2.2.4.1 Injektor für gepackte Säulen

Bild 2.4 zeigt die schematische Darstellung eines typischen Injektors für gepackte Säulen. Mit Hilfe einer Spritze wird eine flüssige Probe (üblicherweise 0,1-10 μl) durch ein Silikongummiseptum in die beheizte Zone des Injektors eingespritzt. Diese Injektionszone umfaßt entweder einen Glasliner (schnelle Verdampfungsinjektion) oder den verlängerten Einlaß einer gepackten Glassäule (on-column-Injektion). Es sind Adapter zum Anpassen einer Kapillarsäule mit 0,53 mm Innendurchmesser (ID) an einen Injektor für gepackte Säulen erhältlich, die entweder eine schnelle Verdampfung oder eine (heiße) on-column-Injektion ermöglichen.

Nach dem Einspritzen wird die verdampfte Probe mit dem Trägergas in die chromatographische Säule gespült. Dieser Injektortyp kann mit einer gasdichten Spritze für gasförmige Proben oder mit einer granulierenden Spritze für Festproben verwendet werden, die quantitative Leistungsfähigkeit der letzteren Variante kann aber gering sein.

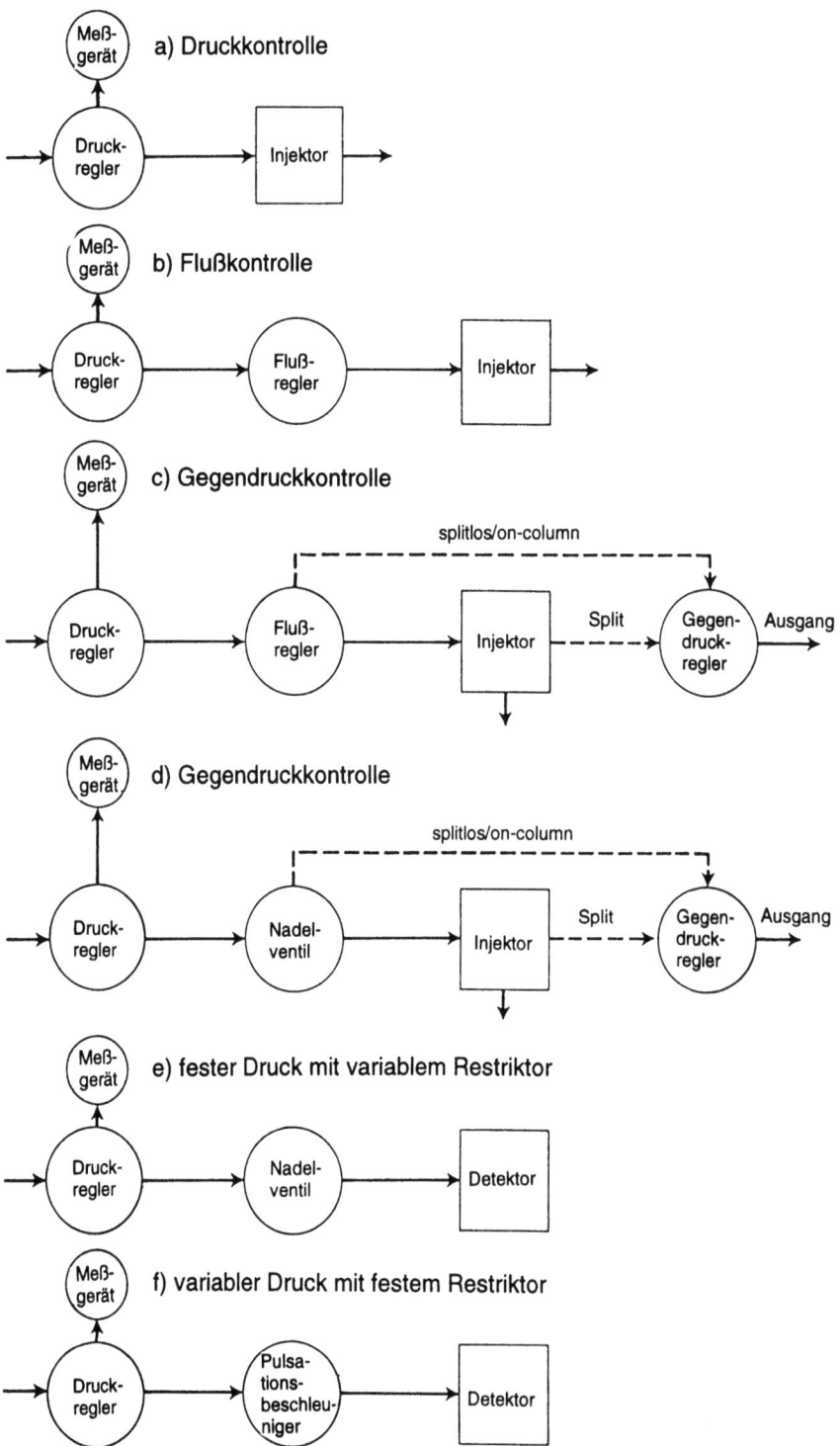

Bild 2.3 Typische Pneumatikanordnungen

2.2 Bauteile und Funktion

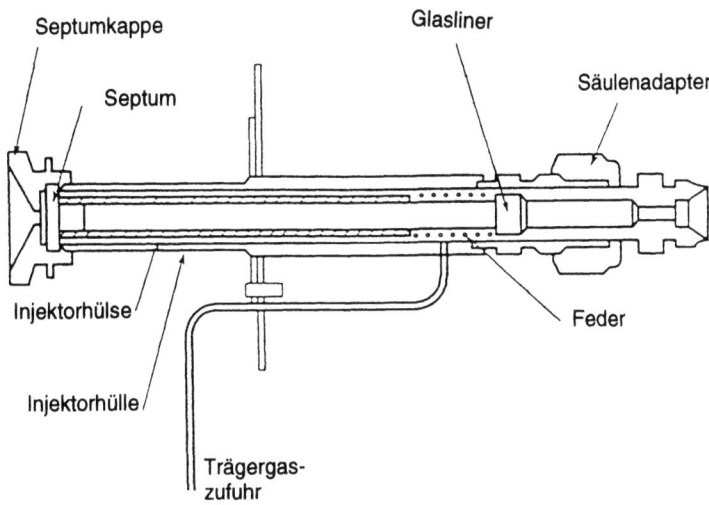

Bild 2.4 Schematische Darstellung eines Injektors für gepackte Säulen

2.2.4.2 Split/splitlos-Injektor

Bild 2.5 zeigt ein typisches Modell. Die Probe wird auf die gleiche Weise wie bei einem Injektor für gepackte Säulen in einen beheizten Glasliner eingeführt. Dieser Injektor wird in Verbindung mit Kapillarsäulen genutzt, deren Eingang in den beheizten Liner geschoben wird. Der Ausgang des Liners ist mit einem Schaltventil versehen, das entweder die Split- oder die splitlose Injektion ermöglicht.

1. Splitinjektion

In diesem Modus bleibt das Ventil während der Injektion (und gewöhnlich während der Analyse) geöffnet. So wird der Durchgang des Probendampfes durch den Liner und den Säuleneingang beschleunigt, so daß die „Bandenbreite" der in die Säule eintretenden Probe verringert und deshalb die Peakauflösung verbessert wird. Die Splitinjektion kann für gasförmige (gasdichte Spritzen) oder feste Proben (granulierende Spritzen) genutzt werden. Normalerweise wird sie aber für flüssige Proben mit einem Injektionsvolumen von 0,1 bis 1,0 µl verwendet. Das Verhältnis des Durchflusses aus dem Splitausgang zum Säulendurchfluß wird als Splitverhältnis bezeichnet und liegt üblicherweise im Bereich von 200 bis 300:1. Geringere Splitverhältnisse führen zu einer Peakverbreiterung, höhere Splitverhältnisse erschweren die Trägergaskontrolle, verringern die für eine vollständige Probenverdampfung zur Verfügung stehende Zeit und wirken sich damit auf die Leistung des Splitprozesses aus. Weil der größte Teil der Probe ausgeblendet, also die in die Säule eingebrachte Probenmenge stark reduziert wird, ist diese Technik für unverdünnte oder konzentrierte Gemische geeignet, aber ungeeignet für Bestimmungen im Spurenbereich.

2. Splitlose Injektion

Die splitlose Injektion ist für Bestimmungen im Spurenbereich in verdünnten flüssigen Proben geeignet. Sie kann nicht für Injektionen von Gasen (keine Fokussierung) oder von Festproben (zu viel Probe) verwendet werden. Das Ventil bleibt während der splitlosen Injektion

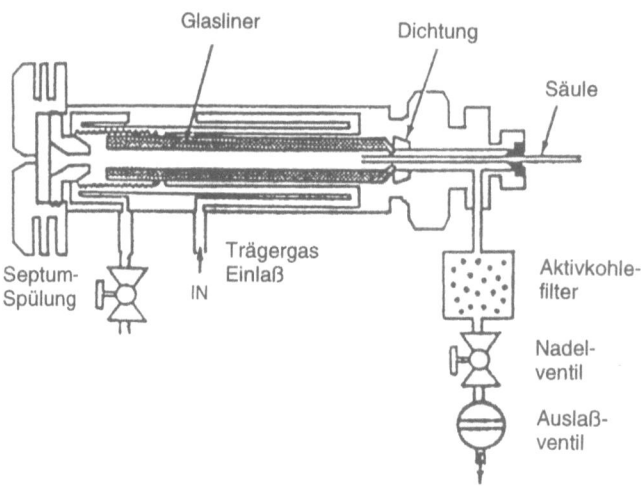

Bild 2.5 Schematische Darstellung eines split/splitlos-Injektors

geschlossen, um die Probe vollständig zur Kapillarsäule zu überführen. Das Ventil wird ca. 30 s nach der Injektion geöffnet, um restliche Lösungsmittelspuren vom Liner zu spülen, die anderenfalls ein Tailing des Lösungsmittelpeaks verursachen und früh eluierende Substanzpeaks verdecken würden. Die Bandenbreite der Probe, die in die Säule gelangt, hängt ab von der Art des Lösungsmittels und der injizierten Menge sowie von dem Trägergasdruck und von der Injektortemperatur. Diese Bandenbreite ist viel zu groß für die Kapillargaschromatographie, und so muß eine Form der sekundären Fokussierung eingesetzt werden.

Kaltes Trapping
Das kalte Trapping nutzt bei der Injektion eine Ofentemperatur, die mindestens 100 °C unter dem Siedepunkt der interessierenden Substanzen liegt. Treten diese Substanzen in die Säule ein, kondensieren sie als schmale Zone an der Säulenwand und verweilen dort, bis das Temperaturprogramm gestartet wird.

Lösungsmitteleffekt (Solventeffekt)
Der Lösungsmitteleffekt nutzt beim Analysenstart üblicherweise eine Ofentemperatur von 20 C unter dem Siedepunkt des Lösungsmittels [1]. Während die Probe im Injektor aufgeheizt wird, kann das Lösungsmittel als erstes verdampfen und in die Säule eintreten, wenn es flüchtiger als die interessierenden Substanzen ist. Ein Teil dieses Lösungsmittels wird kondensiert und sammelt sich an der Säulenwand. Die interessierenden Verbindungen strömen in die Säule und verteilen sich im kondensierten Lösungsmittel, so daß sie verlangsamt werden *und sich ein fokussierender Effekt ergibt*. Der Säulenofen wird dann temperaturprogrammiert aufgeheizt und das Lösungsmittel verdampft. Die Substanzen bleiben in Form von schmalen Bändern zurück. Wenn die interessierenden Substanzen flüchtiger als das Lösungsmittel sind, kann der Lösungsmitteleffekt nicht angewendet werden. Probleme treten auf, wenn zu viel Lösungsmittel kondensiert, besonders wenn es eine von der stationären Phase

stark verschiedene Polarität besitzt und die Oberfläche nicht benetzt. Dann kann es physikalisch vom Trägergas durch die Säule getrieben werden. Dieser Lösungsmittelüberflutungseffekt („flooding effect") kann die Probe entlang der Säulenlänge aufteilen und ergibt verzerrte oder mehrfache Peaks einiger Substanzen.

Retention-gap
Die retention-gap-Technik verhindert den Lösungsmittelüberflutungseffekt und schafft einen weiteren Fokussierungsgrad [2]. Ein desaktiviertes und gewöhnlich unbelegtes Stück fused silica (üblicherweise 2 m × 0,53 mm ID) ist mit dem Injektor und der Säule verbunden. Die Bedingungen sind die gleichen wie für den Lösungsmitteleffekt. Das kondensierte Lösungsmittel und die zurückgehaltenen Substanzen können sich entlang dieses retention-gap ausbreiten. Dabei ist es wichtig, daß das gesamte Lösungsmittel verdampft, bevor es den Säuleneingang erreicht, da ansonsten der fokussierende Effekt verloren geht. Anschließend wird der Ofen temperaturprogrammiert aufgeheizt und das Lösungsmittel verdampft, wobei sich die interessierenden Substanzen entlang des retention-gap ablagern. Wenn die Temperatur steigt, werden die Verbindungen der Reihe nach verdampft und mit dem Trägergas zum Säuleneingang transportiert. Erreichen die Substanzen die Säule, verteilen sie sich in der stationären Phase und verlangsamen, wodurch ein fokussierender Effekt hervorgerufen wird.

Die oben genannten Fokussierungstechniken zeigen, daß die Wahl des Lösungsmittels und der Starttemperatur des Ofens bei der splitlosen Injektion sehr kritisch sind. Die Injektionsvolumina sind gewöhnlich größer als bei der Splitinjektion (1–20 µl sind üblich, größere Injektionsvolumina sind mit längerem retention-gap möglich), aber man muß mit der Injektionsgeschwindigkeit vorsichtig sein (0,5 µl/s ist eine geeignete Geschwindigkeit), um ein Zurückschlagen der Probe in die Trägergasversorgungsleitungen oder zum Septum zu verhindern. Die meisten Injektoren nutzen ein Septumspülgas zur Reinigung des Septums und um zu vermeiden, daß abgelagerte Stoffe (oder flüchtige Stoffe aus dem Septum selbst) die Säule erreichen und Geisterpeaks im nachfolgenden chromatographischen Prozeß hervorrufen.

2.2.4.3 Temperaturprogrammierte Verdampfungsinjektion (PTV)

Dieser Injektor (s. Bild 2.6) ist eine Verbesserung des split/splitlosen Injektors. In seinen Funktionen ist er äquivalent, außer daß er schnell aufgeheizt oder abgekühlt werden kann. Die Injektion der Probe erfolgt in einen kalten Liner, so daß mögliche Probleme mit einer Probenzersetzung und -diskriminierung während des Injektionsprozesses ausgeschlossen werden. Nachdem die Spritzennadel entfernt wurde, wird die Temperatur des Liners schnell erhöht, um die Probenverdampfung zu bewirken. Im Gegensatz zum explosiven Effekt bei der Injektion in eine heiße Zone erfolgt die Verdampfung der Substanz hier relativ langsam und bewirkt einen kontrollierteren Transfer zur Kapillarsäule. Im Zuge der Verdampfung wird jede Substanz vom Liner auf die Säule gespült und keiner höheren Temperatur als notwendig unterworfen. Die Vorteile gegenüber der klassischen split/splitlosen Injektion bestehen darin, daß diese Technik eine reproduzierbarere Injektion liefert, für labile Substanzen geeignet ist und eine geringe Massendiskriminierung aufweist. Die PTV kann für die Split- oder splitlose Injektion angewendet werden, und die im Abschnitt 2.2.4.2 beschriebenen Techniken (Splitverhältnis, sekundäre Fokussierung usw.) gelten auch hier.

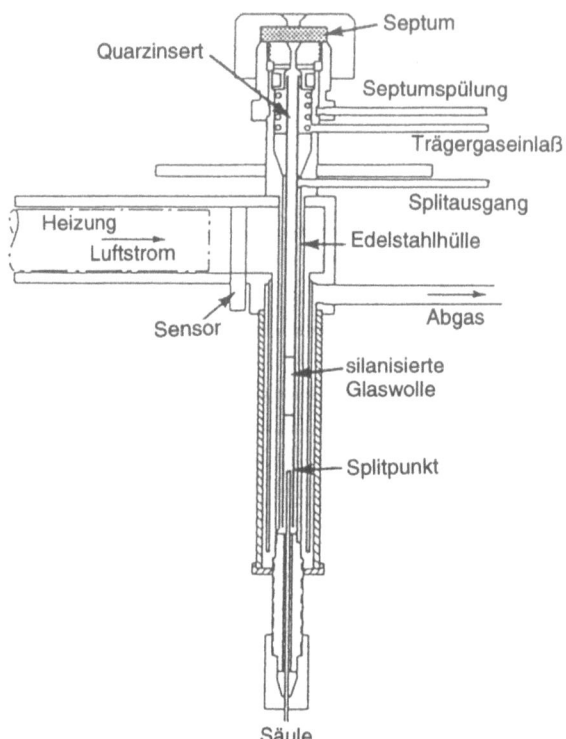

Bild 2.6 Schematische Darstellung eines PTV-Injektors

Eine der PTV ähnliche Methode kann für die kalte on-column-Injektion (s. Abschnitt 2.2.4.4) genutzt werden, wobei ein retention-gap oder eine Säule mit 0,53 mm ID in einen kalten Liner mit einer Nadelführung eingeführt wird und so mit einer normalen Spritze eine direkte Injektion in den retention-gap oder die Säule möglich ist. Der Liner wird nach der Injektion beheizt, um die gesamte Probe in die Säule zu bringen. Eine gute Zusammenfassung über die praktische Anwendung dieses Injektors gibt [3].

2.2.4.4 Kalte on-column-Injektion

Diese Injektionstechnik zeigt die beste Leistung, ist aber leider am schwierigsten zu handhaben [4]. Sie kann als eine Alternative zur splitlosen (klassischen oder PTV) Injektion angesehen werden. Der Injektor (s. Bild 2.7) ist im Prinzip ein gekühltes Nadelführungssystem, das die direkte Einführung einer sehr engen Spritzennadel in den Eingang einer engen (bis zu 0,2 mm) Kapillarsäule erlaubt. Ein kritischer Faktor ist die Konstruktion des Dichtungssystems, das kein traditionelles Septum sein darf, da die Nadel nicht stabil genug ist, es zu durchstechen. Die verschiedenen Konstruktionen, die von unterschiedlichen Herstellern angeboten werden, beinhalten mechanische Ventile, Kompressionsdichtungen und pneumatische Ringe. Die Dichtung wird geöffnet und die Spritzennadel durch die Dichtung in die Säule bis zur eigentlichen Injektionstiefe hineingeschoben. Die Spritze wird entfernt, die Dichtung geschlossen und der Ofen temperaturprogrammiert aufgeheizt, um die Probenver-

2.2 Bauteile und Funktion

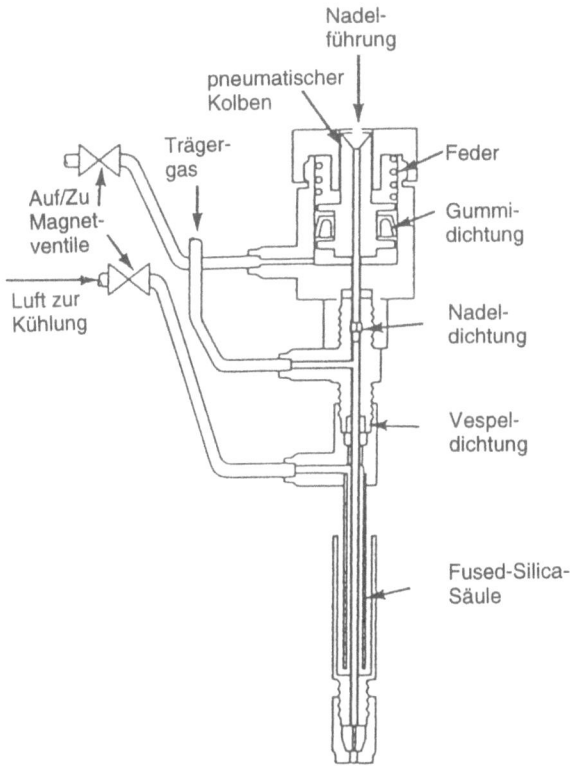

Bild 2.7 Schematische Darstellung eines typischen gekühlten on-column-Injektors

dampfung zu bewirken. Ein Vorteil gegenüber anderen Techniken besteht im Fehlen von Zwischenverdampfungsschritten. Es ist wichtig, daß die Verdampfung nicht in der Spritzennadel stattfindet, weil ansonsten die Leistung beeinflußt wird. So wird der Injektor während der Injektion mit einer Ummantelung, durch die Luft oder ein Kühlmedium fließt, kühl gehalten. Eine Fokussierung der Substanzen ist wie bei der splitlosen Injektion (s. Abschnitt 2.2.4.2.2) erforderlich, so daß die oben erläuterten Techniken hier auch Anwendung finden. Der Säulenofen darf nicht über dem Siedepunkt des Lösungsmittels betrieben werden, weil sonst eine explosive Verdampfung stattfinden kann, die eine Kontamination der Pneumatik, einen Probenverlust und eine schlechte Peakform verursacht. Die Verwendung eines retention-gap wird z.T. empfohlen, da er auch als Schutzsäule wirkt und die nichtflüchtige Materialien am Eindringen in die Säule hindert.

2.2.4.5 Gasprobenventil

Ein Gasprobenventil ist der beste Weg, um gasförmige Proben zu injizieren (s. Bild 2.8). Die Probe wird durch eine Probenschleife mit kalibrierter Kapazität (üblich sind 0,1; 0,2; 0,5; 1,0; 2,0; 5,0 ml) hindurchgeleitet. Der Druck innerhalb der Schleife ist entweder über ein Ventil im Gleichgewicht mit dem Atmosphärendruck oder, mit Hilfe eines Rückdruckreglers, mit einem erhöhtem Druck. Anschließend wird der Rotor entweder mechanisch oder elektronisch gedreht, um die Probe durch das Trägergas in die Säule zu spülen. Das Ventil kann beheizt werden, um eine Kondensation weniger flüchtiger Komponenten zu verhindern. Für Injektionen in Kapillarsäulen ist entweder ein Splitter zwischen dem Ventil und der Säule zur Verringerung der Bandenbreite der Probe oder ein speziell konstruiertes Mikro-Gasprobenventil erforderlich. Gasprobenventile mit 4, 6, 8 oder 10 Öffnungen können neben der Probeninjektion die Säulenschalttechniken wie das Rückspülen oder die multidimensionale Chromatographie auf verschiedenem Wege bewirken.

2.2.4.6 Flüssigprobenventil

Es arbeitet ähnlich wie ein Gasprobenventil, benutzt aber eine interne Probenschleife. Das Flüssigprobenventil ist nur für die Injektion verflüssigter Gase, wie z.B. flüssiges Erdölgas, Treibgase usw. geeignet. Die Probe wird unter Druck und bei Raumtemperatur eingebracht, um eine vorzeitige Probenverdampfung zu verhindern. Das Ventil rotiert, und die Probe wird mit Hilfe des Trägergases durch ein enges Rohr in eine beheizte Kammer getragen, in der sie verdampft wird, und gelangt danach in die chromatographische Säule. Für Kapillarsäulen kann ein Splitter zwischen der Verdampfungskammer und der Säule notwendig sein.

2.2.4.7 Pyrolysator

Der Pyrolysator ist ein Spezialzubehör für Gaschromatographen und wird für die quantitative Untersuchung von Materialien wie z.B. Polymeren und Gummis genutzt. Eine kleine Menge der Probe wird in ein Glasrohr aufgebracht, das dann in eine Heizvorrichtung (Curiepunkt- oder Widerstandsheizung) gebracht und auf eine Temperatur von ca. 1000 C erhitzt wird. Dadurch wird bewirkt, daß das Material in Bruchstücke mit geringerem Molekulargewicht aufgespalten wird, die mit dem Trägergas (mit einem Splitter für Kapillarsäulen) zur chromatographischen Säule getragen werden. Das Fragmentierungsmuster ist häufig charakteristisch für das untersuchte Material. Mit Hilfe der GC werden Pyrogramme erzeugt, die zur Probenidentifizierung verwendet werden können.

2.2.4.8 Headspace-Analysator

Feste oder flüssige Proben werden in ein thermostatisiertes und abgedichtetes Glasgefäß gegeben, in dem ein Inertgas mit geregeltem Druck den Dampfraum einnimmt. Beim Stehen diffundieren flüchtige Bestandteile aus der Probenmatrix in den Gasraum, verteilen sich und bilden ein Gleichgewicht mit dem Dampfraum.

Ein bestimmtes Volumen dieses Dampfraumes wird dann entnommen und bei Kapillarsäulen über einen Splitter oder eine Kühlfalle in die chromatographische Säule gebracht. Ein Headspace-Analysator ist bei vielen Anwendungen sehr nützlich, bei denen der flüchtige Gehalt flüchtiger Stoffe in nicht- oder schwerflüchtigen Matrices bestimmt werden soll, z.B. Alkohol im Blut, Aroma in Nahrungsmitteln und Riechstoffe in verschiedenen Formulierungen. In der Literatur wird diese Technik ausführlich behandelt [5].

2.2 Bauteile und Funktion

Position A

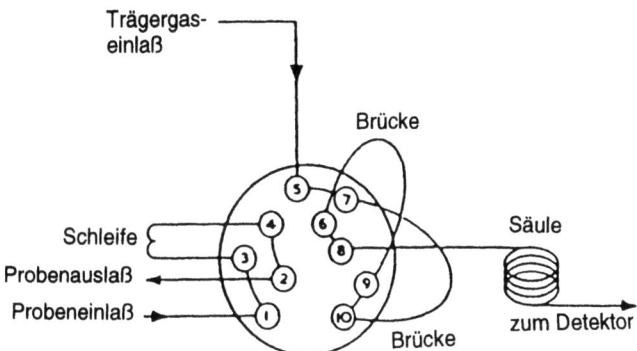

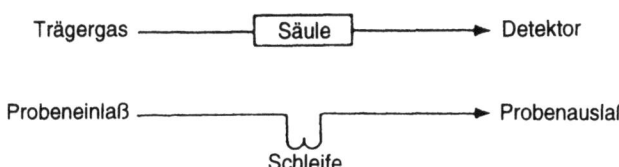

Position B

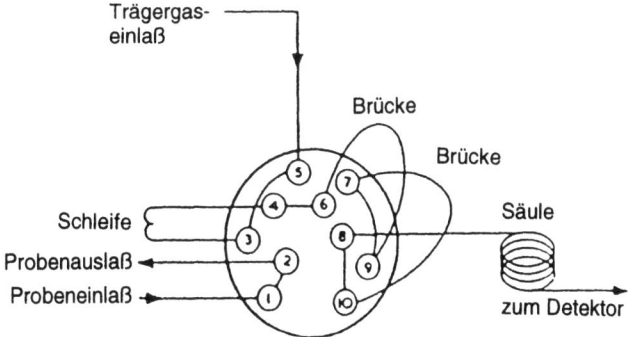

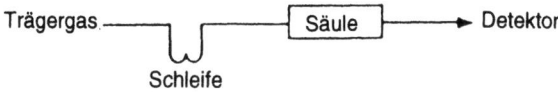

Bild 2.8 Schematische Darstellung eines 10-Wege-Gasprobenventils mit einer Anordnung für eine einfache Injektion in eine gepackte Säule

2.2.4.9 Thermodesorption

Sie ist dem Dampfraumanalysator ähnlich, außer daß anstelle eines statischen Gleichgewichtssystems zur Extraktion des flüchtigen Materials die Probe in einem kontinuierlich mit Inertgas durchströmten Röhrchen festgehalten wird. Der Substanzstrom aus dem Probenröhrchen wird entweder an einer temperaturprogrammierbaren Adsorbensschicht (zweistufige Thermodesorption) oder im Säuleneingang selbst ausgefroren. Bei der letzteren Technik muß bei wasserhaltigen Proben darauf geachtet werden, daß ein Versperren der Säule durch Eisbildung vermieden wird. Die Thermodesorption ist am besten für die Analyse von festen Proben geeignet. Sie ist auch für die Bestimmung von Spurengehalten in Dämpfen oder atmosphärischen Proben gut anwendbar, wobei hier die Probe durch das Röhrchen gezogen wird oder in ein Röhrchen mit einem geeigneten Adsorbens, das die interessierenden Analyten zurückhält, diffundiert.

2.2.4.10 Purge & Trap

Die Thermodesorption wird auch in Verbindung mit einer Ausgasvorrichtung genutzt, um die als „Purge & Trap" bekannte Technik zu ermöglichen. Dieses Gerät wird zur Bestimmung des Gehalts an flüchtigen Substanzen in Flüssigkeiten und demzufolge hauptsächlich für die Bestimmung des Spurengehalts von organischen Verunreinigungen in Wasser verwendet. Eine relativ große Wasserprobe (bis zu 100 ml) wird in einen thermostatisierten Behälter eingebracht, durch den ein reines Inertgas strömt. Dadurch werden flüchtige Bestandteile aus der Probe extrahiert. Nach kurzer Zeit (5–10 min) sind die meisten flüchtigen Verbindungen entfernt. Das eluierte Gas wird durch eine kühlbare Adsorbensfalle geleitet, die die extrahierten Analyten zurückhält und fokussiert. Durch ein Trockenmittel oder ein hydrophiles Adsorbens wird Wasser, das Probleme bei einer anschließenden chromatographischen Analyse hervorrufen würde, nicht in der Kühlfalle zurückgehalten. Das Adsorbens wird dann beheizt, um die ausgefrorenen Analyten als schmale Zone in die chromatographische Säule zu transferieren. Die chromatographische Analyse wird dann gestartet.

Die Vorteile dieser Technik gegenüber der statischen Headspace-Analyse bestehen darin, daß größere Probenmengen bearbeitet werden können, ein größerer Teil des Analyten zur chromatographischen Säule übertragen werden kann und mögliche Probleme mit Wasser verhindert werden können.

2.2.4.11 On-line überkritische Flüssigextraktion (SFE)

Die Probe ist in einer druckfesten Zelle enthalten, durch die ein überkritisches Medium, wie z.B. flüssiges Kohlendioxid fließt. Um den überkritischen Zustand aufrechtzuerhalten, wird die Probenzelle oberhalb der kritischen Temperatur des Mediums in einem Ofen thermostatisiert und durch eine speziell konstruierte Pumpe oberhalb des kritischen Druckes gehalten. Der unter Druck stehende Extrakt wird durch eine Transferleitung zum GC geführt, durch einen Restriktor entspannt und normalerweise über einen Splitter in einer Kühlfalle gelagert. Der gesammelte Extrakt wird thermisch desorbiert und durch das Trägergas in den GC gebracht. Die Selektivität des Extraktionsprozesses kann durch Veränderung der Dichte des überkritischen Mediums (durch den Druck und/oder die Temperatur), die Polarität des Extraktionsmediums oder durch den Zusatz von Modifiern (z.B. Methanol) geändert werden.

2.2 Bauteile und Funktion

Die Technik ist für die Extraktion von relativ hochmolekularen Verbindungen und, weil nicht so hohe Temperaturen nötig sind, auch für labile Verbindungen mit vielfältigen festen und flüssigen Probenmatrices geeignet. Flüssige Proben sollten vor der Extraktion an einem geeigneten Adsorbens, wie z.B. Glaskugeln, Filterpapier oder Kieselgur zurückgehalten werden. Die überkritische Flüssigextraktion ist für verunreinigte Probenmatrices wie Boden, Pflanzenmaterial, Nahrungsmittel usw. teilweise geeignet.

2.2.4.12 Autosampler

Viele der beschriebenen Injektionstechniken können durch spezielle Gerätezusätze, die von verschiedenen Herstellern erhältlich sind, automatisiert werden. Von besonderem Interesse ist der automatische Flüssigprobengeber (Autosampler), der geringe Mengen einer Probe in einen Injektor für gepackte Säulen oder Kapillarsäulen injizieren kann. Diese Vorrichtung verwendet entweder eine konventionelle Spritze, die mit der Probe gefüllt wird, oder eine „Durchfluß"-Spritze, durch die die Probe unter Druck getrieben wird. Die gefüllte Spritze wird durch das Injektorseptum gestochen und dann ausgestoßen. Die chromatographischen Bedingungen sind die gleichen wie für die manuelle Injektion. Die Proben werden in verschlossenen Fläschchen in einem Karussell angeordnet. Das Karussell wird durch die Probenvorrichtung markiert und ermöglicht es, alle Proben der Reihe nach in die Spritze zu ziehen. Solche Karussells tragen gewöhnlich bis zu 100 Probefläschchen und haben oft auch Fläschchen für Lösungsmittel und Abfälle, um nach jeder Injektion die Spritze und die damit verbundenen Leitungen spülen zu können. Die gegenwärtige Position des Fläschchens kann über ein binärcodiertes Dezimalinterface (BCD) zum Datenverarbeitungssystem übertragen werden, so daß das Chromatogramm und die Ergebnisse mit der richtigen Probe korrelieren.

Eine neuere Entwicklung ist der „Hochgeschwindigkeits"-Autosampler, der in der Lage ist, den Injektionsprozeß in Bruchteilen von Sekunden auszuführen. Er ist für heiße Injektoren besonders nützlich, da ein Heißwerden der metallischen Spritzennadel im Innern des Injektors verhindert wird und somit eine Massendiskriminierung und Zersetzungseffekte verringert werden. Gegenüber der manuellen Injektion haben Autosampler zwei Vorteile: Die Analyse kann in Abwesenheit des Analytikers ausgeführt werden, so daß freie Zeit für andere Arbeiten bleibt, oder es ist eine Probengabe möglich, wenn der Analytiker nicht im Labor ist. Weil der Injektionsprozeß äußerst reproduzierbar ist, können viel genauere analytische Ergebnisse erhalten werden. Die meisten modernen Laboratorien sind auf diese Autosampler angewiesen, um den Probendurchsatz und die Leistung zu erhöhen.

2.2.5 Gaschromatographische Detektoren

2.2.5.1 Detektorarten

In der Gaschromatographie werden viele Detektortypen benutzt. Ein Grund dafür ist der Bedarf nach Detektionssystemen, die eine selektive Response zu einzelnen Substanzgruppen aufweisen und damit das Chromatogramm komplexer Proben vereinfachen. Verschiedene Detektoren besitzen unterschiedliche Arten der Selektivität, die man wie folgt einteilen kann:

a) Nicht-selektive (oder universelle) Detektoren sprechen auf alle Substanzen an, die sich vom Trägergas unterscheiden.

b) Selektive Detektoren sprechen auf eine Substanzreihe mit einigen gemeinsamen chemischen oder physikalischen Eigenschaften an.

c) Spezifische Detektoren reagieren auf eine einzige chemische Verbindung.

Bild 2.9 zeigt zwei Chromatogramme, die durch nur eine chromatographische Analyse mit zwei Detektoren unterschiedlicher Selektivität erhalten wurden. Aus solchen Daten kann man viel mehr Informationen als von einer Einzelspur eines nichtselektiven Detektors gewinnen. Neben der Selektivität können Detektoren auch danach klassifiziert werden, wie sie auf die hindurchgehende Menge der Analyten ansprechen.

1. Konzentrationsabhängige Detektoren

Sie produzieren ein Signal, das der Konzentration des zu einer bestimmten Zeit im Detektor vorhandenen gelösten Stoffes im Gasstrom proportional ist. Die Detektoren sind normalerweise nichtdestruktiv, und sie können somit auch mit anderen Detektoren in Serie angeordnet werden. Die Response wird in Signaleinheiten pro Analytkonzentration ausgedrückt. Wegen der Empfindlichkeit zur Analytkonzentration verringert jede Verdünnung des Säulengasstroms mit einem make-up-Gas die Response. Dieser Effekt ist ungünstig, da viele dieser Detektoren bei der Verwendung von Kapillarsäulen ein make-up-Gas benötigen, um Peakverbreiterungseffekte zu verhindern.

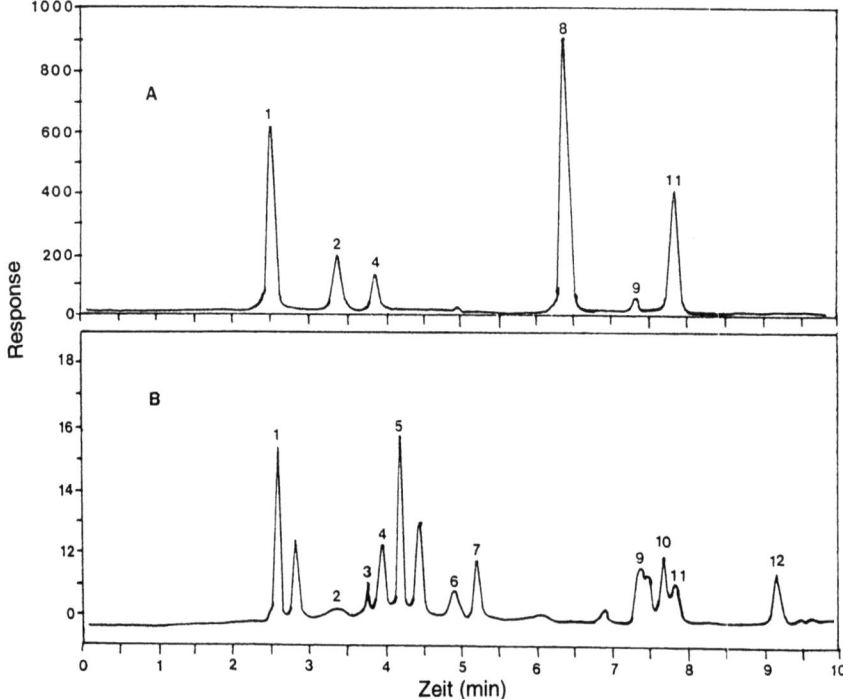

Bild 2.9 Chromatogramme einer Luftprobe, die auf einer einzigen Kapillarsäule verbunden mit zwei Detektoren erhalten wurde. 1, Luft; 2, Freon-12; 3, Methylchlorid; 4, Freon-114; 5, Vinylchlorid; 6, Methylbromid; 7, Ethylbromid; 8, Freon-11; 9, Vinylidenchlorid; 10, Dichlormethan; 11, Trichlortrifluormethan; 12, 1,1-Dichlorethan. A: ECD; B: FID

2. Massenflußabhängige Detektoren

Diese Detektoren produzieren ein Signal, das der Durchtrittsrate der Moleküle durch den Detektor proportional ist. Sie erzeugen normalerweise ein Signal als Ergebnis zerstörender Prozesse in den gelösten Molekülen. Die Response wird in Signaleinheiten pro Massenfluß des Analyten ausgedrückt und wird durch den Zusatz eines make-up-Gases generell nicht beeinflußt, obwohl es gewöhnlich auch nicht notwendig ist.

Die wichtigsten Detektionssysteme, die in der Gaschromatographie verwendet werden, sind in Tabelle 2.4 aufgeführt.

Zwei sehr wichtige Detektionssysteme, das Massenspektrometer (MS) und das Fourier-Transform-Infrarotspektrometer (FTIR) sind darin nicht enthalten, da sie in Kapitel 11 diskutiert werden.

2.2.5.2 Flammenionisationsdetektor (FID)

Er ist der am weitesten verbreitete Detektor in der GC. Er ist einfach zu gebrauchen, liefert eine sehr stabile Response und ist für die meisten organischen Verbindungen empfindlich. Bild 2.10 zeigt eine typische Konstruktion. Das aus der Säule austretende Gas wird mit Wasserstoff gemischt und gelangt durch eine Düse in eine Zelle, durch die Luft hindurchströmt. Der Wasserstoff wird entzündet, um eine kontinuierlich brennende Flamme zu erzeugen. Wenn Substanzen in die Flamme gelangen, werden sie verbrannt. Eine sehr geringe Menge (üblicherweise 0,001%) der Kohlenstoffatome unterliegt während des Verbrennungsprozesses einer Ionisierung. Eine im Bezug auf die Düse polarisierte Elektrode sammelt diese Ionen, der erhaltene elektrische Strom wird verstärkt und liefert ein chromatographisches Signal.

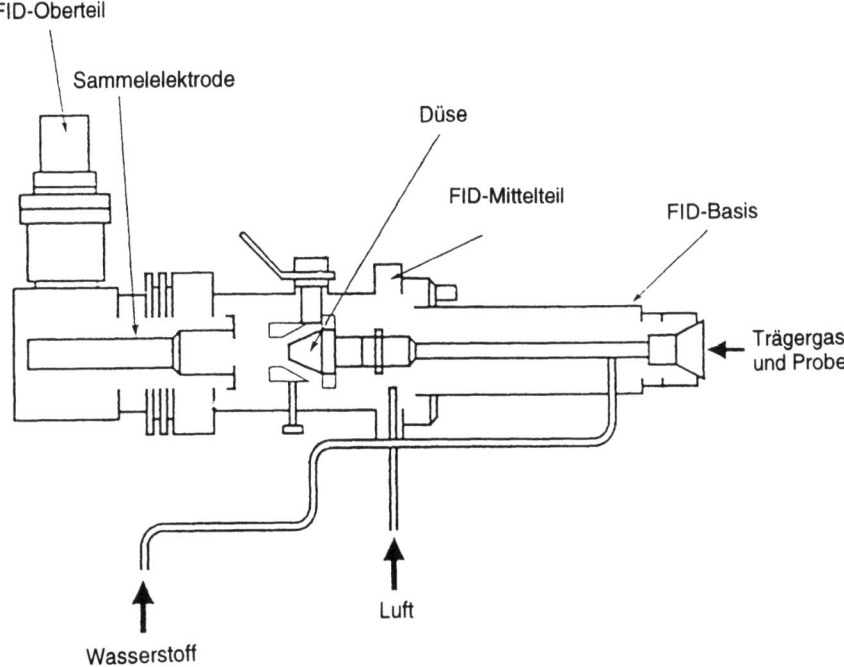

Bild 2.10 Schematische Darstellung eines typischen FIDs

Tabelle 2.4 Übersicht über die GC-Detektoren

Detektor	Typ[1]	Versorgungsgase	Selektivität[2]	Detektierbarkeit	Dynamischer Bereich[2]
Flammenionisationsdetektor (FID)	MF	H_2 + Luft	die meisten organischen Verbindungen	100 pg	10^7
Wärmeleitfähigkeitsdetektor (WLD)	C	Referenz- und make-up-Gas[3]	universell	1 ng	10^7
Elektronenanlagerungsdetektor (ECD)	C	Make-up-Gas[4]	Halogene, Nitrate, Nitrile, Peroxide, Anhydride, organometallische Verbindungen	50 fg	10^5
Stickstoff-Phosphor-Detektor (NPD)	MF	H_2 + Luft	stickstoff- und phosphorhaltige Verbindungen	10 pg	10^6
Flammenphotometerdetektor (FPD)	MF	H_2, Luft + möglichst O_2	Verbindungen mit Schwefel, Phosphor, Zinn, Bor, Arsen, Germanium, Selen, Chrom	100 pg	10^3
Photoionisationsdetektor (PID)	C	Make-up-Gas[3]	Aliphaten, Aromaten, Ketone, Ester, Aldehyde, Amine, Heterozyklen, Organoschwefelverbindungen, einige organometallische Verbindungen, O_2, NH_3, H_2S, HI, ICl, Cl_2, I_2, PH_3	2 pg	10^7
Hall elektrolytischer Leitfähigkeitsdetektor (HECD)	MF	H_2, O_2	Halogene, Stickstoff, Nitrosamine, Schwefel		

[1] MF, Massenfluß; C, Konzentration
[2] Typisches Limit für eine bevorzugte Substanz
[3] Mit Kapillarsäulen
[4] Muß Stickstoff oder Methan (5-10%) in Argon sein

2.2 Bauteile und Funktion

2.2.5.3 Wärmeleitfähigkeitsdetektor (WLD)

Dieser Detektor ist in der Lage, jede Verbindung mit einer vom Trägergas verschiedenen Wärmeleitfähigkeit zu detektieren. Wegen seiner generell geringeren Empfindlichkeit ist er nicht mehr so weit verbreitet wie der FID. Der Trägergasstrom der Säule tritt in eine Zelle mit einem beheizten Wolfram-Rhenium-Heizdraht. Die Temperatur des Heizdrahts ist abhängig von der Geschwindigkeit der Wärmeableitung durch Strahlung, durch Leitung über die elektrischen Anschlüsse, durch Wärmeübertragung durch den Massenfluß des Trägergases, durch freie Konvektion und – am bedeutendsten – durch Leitung vom Trägergas zu den Wänden der Zelle. Die ersten vier Faktoren können durch Verwendung zusätzlicher Heizdrähte und Zellen in einer Brückenanordnung (s. Bild 2.11) kompensiert werden. Sie sind im selben Detektorblock angeordnet, erfordern aber ein zusätzliches Referenzgas, das durch die eine Hälfte der Brücke (R2 und R4) fließt. Wird diese Anordnung verwendet, verändert sich die Temperatur und somit auch der Widerstand der analytischen Filamente (R1 und R3) mit der thermischen Leitfähigkeit des hindurchfließenden Gases. Mit einem angelegten, konstanten Strom ist der Widerstand proportional der Spannungsdifferenz über die Brücke und bildet die Basis des resultierenden Signals.

2.2.5.4 Elektronenanlagerungsdetektor (ECD)

Der ECD ist extrem empfindlich für Moleküle mit stark elektronegativen Atomen wie z.B. Halogeniden. Er ist deshalb ein weitverbreiteter Detektor für die Spurenbestimmung von Pestiziden und Halogenkohlenwasserstoffrückständen in Umweltproben.

Der ECD (s. Bild 2.12) besteht aus einer Ionisierungskammer, die eine radioaktive Quelle (Ti^{3}H, Sc^{3}H oder bevorzugt ^{63}Ni) enthält, die β-Teilchen emittiert. Während des Betriebs fließt ein konstanter Gasstrom von Stickstoff oder 5–10% Methan in Argon durch die Zelle, wird durch die Strahlung ionisiert und erzeugt freie thermische Elektronen. Eine positiv geladene Elektrode sammelt diese Elektronen und ruft so einen geringen konstanten

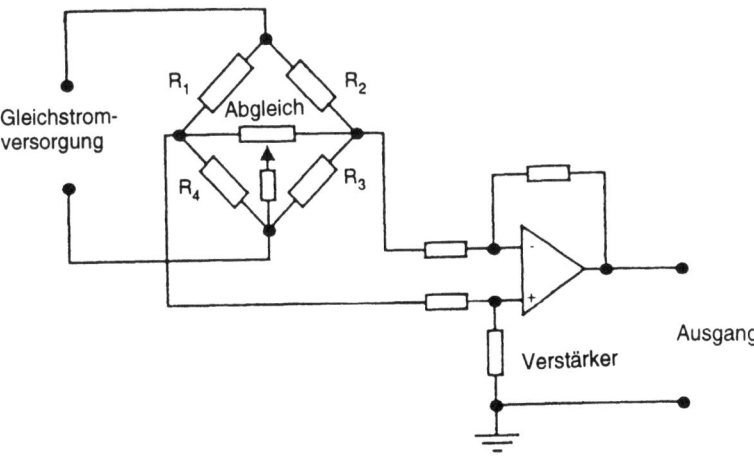

Bild 2.11 Schematische Darstellung einer Heizdraht-Brückenanordnung eines typischen WLDs

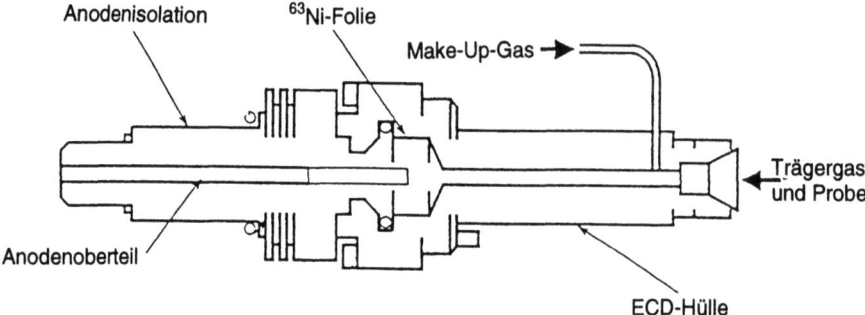

Bild 2.12 Schematische Darstellung eines typischen ECDs

Strom hervor, der als „*Dauerstrom*" bezeichnet wird. Wenn eine elektrophile Species in die Zelle gelangt, reagiert sie mit den freien thermischen Elektronen und verringert so den Dauerstrom. Das ausgegebene Signal wird durch Verstärkung und Umkehrung des Dauerstroms gewonnen. Die Polarisierungsmöglichkeit des Kollektors ist entscheidend für die Leistung. Moderne Detektoren verwenden eine gepulste Arbeitsweise, um die Empfindlichkeit, Stabilität, Linearität und Selektivität zu verbessern. Die Flußrate des Gases durch den Detektor ist abhängig von der Zellengeometrie, aber generell größer als 10 ml/min. Somit muß für Kapillarsäulen Stickstoff oder Argon/Methan als make-up-Gas verwendet werden, um den Gebrauch von Wasserstoff oder Helium als Trägergas zu ermöglichen.

2.2.5.5 Stickstoff-Phosphor-Detektor (NPD)

Dieser Detektor (auch als Thermoionisationsdetektor bekannt) ist dem FID im Aufbau ähnlich, aber mit einem bedeutenden Unterschied. Eine elektrisch beheizte und mit einem Alkalisalz (z.B. Rubidium) präparierte Quarzperle wird zwischen der Düse und dem Kollektor montiert (s. Bild 2.13). Ein sehr geringer Wasserstoffstrom (üblicherweise 2 ml/min) wird mit dem Trägergas gemischt und brennt als Plasmaflamme, wobei sie mit der beheizten Perle in Kontakt steht. Der Kollektor erhält im Bezug zur Perle und der Düse eine positive elektrische Polarität.

Über den exakten Mechanismus zur Erzeugung einer Response gibt es noch einige Meinungsverschiedenheiten, aber die Theorie von Kalb scheint allgemein akzeptiert zu werden: Bei der Arbeitstemperatur wird das Perlensubstrat elektrisch leitfähig. Einige Alkaliionen lagern ein Elektron an und werden in die atomare Form umgewandelt. Diese Atome sind relativ flüchtig und werden in das Plasma abgegeben, wo sie schnell mit Verbrennungsprodukten reagieren sowie wieder ionisiert und an der negativ polarisierten Perle gesammelt werden. Dieser Kreisprozeß verursacht ein Untergrundsignal und erklärt, warum die Perle über eine ausgedehnte Zeitdauer hinweg kontinuierlich funktioniert. Wenn eine Stickstoff oder Phosphor enthaltende Verbindung aus der Säule in das Plasma eluiert, werden diese Moleküle verbrannt und reagieren mit dem angeregten atomaren Alkali zu Cyan- oder Phosphoroxidanionen. Diese Reaktionen zerstören das Alkaligleichgewicht im Plasma, und zusätzliches Alkali wird im Plasma freigesetzt. Auf diese Weise wird eine weitere Ionenbildung gefördert und das Signal vergrößert. Cyananionen werden nur von Molekülen gebildet, die Stickstoff enthalten, das an ein Kohlenstoffatom kovalent gebunden ist. Somit wird von Verbindungen wie z.B. Stickstoff als Gas (das somit als Trägergas verwendet werden kann), Carbamaten, Harnstoffderivaten, Barbituraten usw. nur eine geringe Response erzeugt.

2.2 Bauteile und Funktion

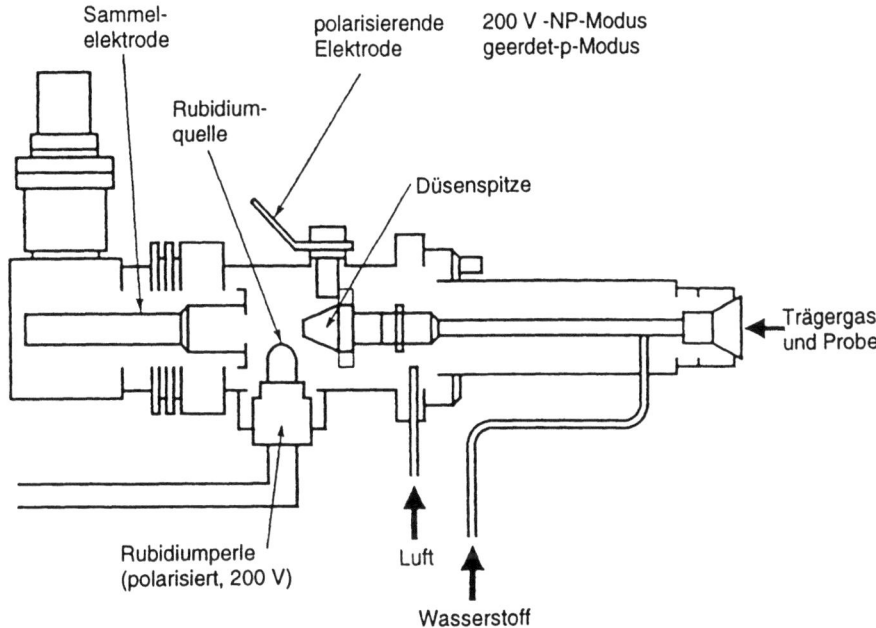

Bild 2.13 Schematische Darstellung eines typischen NPDs

Die Bildung von Cyananionen kann durch Erhöhung der Reaktionstemperatur mit erhöhtem Wasserstofffluß (unter den Bedingungen ist ein Heizen der Perle nicht notwendig) unterdrückt werden; dadurch ist eine phosphorselektive Betriebsweise möglich. Die Düse wird bei dieser Betriebsart gewöhnlich geerdet.

2.2.5.6 Flammenphotometerdetektor (FPD)

Aufgrund seiner hohen, spezifischen Response für Schwefel und Phosphor enthaltende Verbindungen ist dieser Detektor sehr populär. Dies ist besonders bei Anwendungen im Umweltbereich wichtig, wo Pestizide und Herbizide, die diese Elemente enthalten, in komplexen Matrizes bestimmt werden sollen. Der FPD wird auch für die Detektion von Molekülen genutzt, die Bor, Arsen, Germanium, Selen, Chrom, und Zinn enthalten.

Das aus der Säule ausströmende Gas wird mit Wasserstoff gemischt und in einer luftdurchströmten Zelle (s. Bild 2.14) verbrannt. Die aus der Säule eluierenden Substanzen gelangen zur Flamme und verbrennen. Einige der Substanzen bilden Species, die eine Chemilumineszenz aufweisen und Licht bei einer Wellenlänge emittieren, die für die enthaltenen spezifischen Elemente charakteristisch ist. Diese Emission wird mit einem Sekundärelektronenvervielfacher registriert, der das chromatographische Signal liefert. Um das Rauschen zu verringern und eine selektive Response zu erzeugen, wird ein geeigneter optischer Filter zwischen die Flamme und den Sekundärelektronenvervielfacher angeordnet. Die Selektivität des Detektors kann leicht durch Veränderung der Filtertypen modifiziert werden.

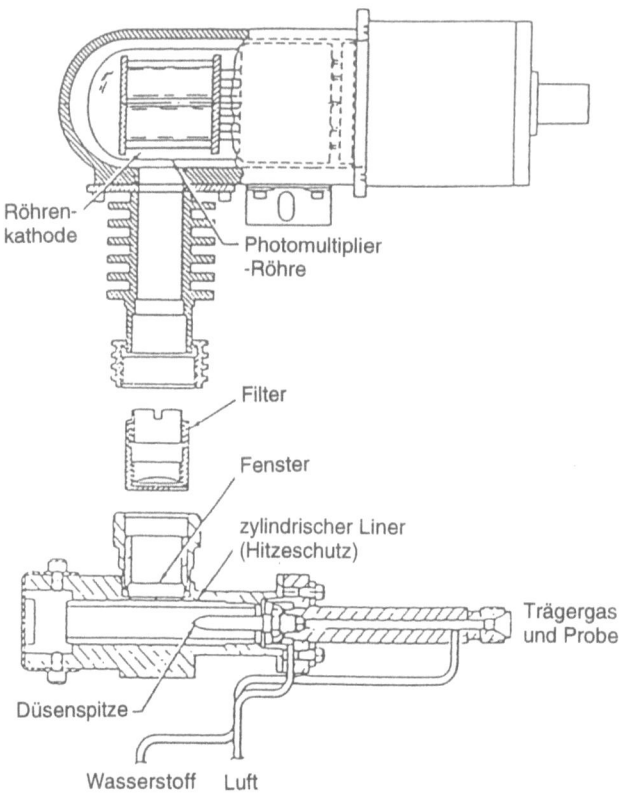

Bild 2.14 Schematische Darstellung eines typischen FPDs

2.2.5.7 Photoionisationsdetektor (PID)

Dieser Detektor ist in der Ölindustrie und für Umweltanalysen weit verbreitet, weil er eine bessere Selektivität als der FID bietet.

Das Trägergas gelangt aus der Säule in eine Zelle, die mit ultraviolettem Licht bestrahlt wird. Einige Moleküle, die in die Zelle gelangen, sind genügend angeregt, um ionisiert zu werden. Ein Elektrodenpaar mit anliegender Potentialdifferenz registriert diese Ionen, der resultierende Strom wird verstärkt und liefert das Detektorsignal. Die Selektivität des Detektors wird durch die Energie der emittierten Strahlung bestimmt. Es sind Lampen mit Energien von 9,5, 10,0, 10,2, 10.9 und 11,7 eV erhältlich. Nur Moleküle mit einem geringeren Ionisierungspotential als der Lampenenergie können einer Ionisierung unterliegen und ein Signal erzeugen. In der Praxis wird eine abgeschwächte Response auch für Moleküle mit einem Ionisierungspotential, das bis zu 0,3 eV über der Lampenenergie liegt, erhalten.

2.2.5.8 Hall elektrolytischer Leitfähigkeitsdetektor (HECD)

Dieser Detektor kann in einer der verschiedenen möglichen Betriebsarten (Tabelle 2.4) angewendet werden. Er ist vor allem für die Benutzung im Halogenmodus zur Bestimmung flüchtiger Halogenkohlenwasserstoffe in Wasser mit der Purge & Trap-Extraktion bekannt (s. Abschnitt 2.2.4.10).

Das aus der Säule ausströmende Gas wird in Abhängigkeit von der Betriebsart mit Wasserstoff oder Luft gemischt und gelangt in ein beheiztes katalytisches Reaktionsrohr, wo Oxidations- und Reduktionsreaktionen stattfinden. Die Reaktionsprodukte werden manchmal durch einen Gasreiniger in eine Leitfähigkeitszelle geleitet, durch die ein Elektrolyt (z.B. Isopropanol) gepumpt wird. Die Leitfähigkeit des Elektrolyten wird mit zwei Elektroden kontinuierlich überwacht. Löst sich ein Reaktionsprodukt des Analyten in dem Elektrolyt, verändert sich dessen Leitfähigkeit, und ein Signal wird erzeugt.

Die verschiedenen Betriebsarten werden durch die Wahl des geeigneten Reaktionsgases, der Katalysatoren, der Reaktionstemperatur, Gasreinigern und Elektrolyten ermöglicht.

2.3 Bedienung und experimentelle Überlegungen

Dieser Abschnitt betrachtet die Schritte, die zum Entwickeln einer chromatographischen Methode notwendig sind. Diese Methodenentwicklung ist die vielleicht zeitraubendste Aufgabe in der GC, deshalb ist einsystematisches Herangehen empfehlenswert.

2.3.1 Wo sollte man beginnen?

Der effizienteste Weg zur GC-Analyse (oder jeder anderen Analyse) ist es, herauszufinden, ob sie vorher schon einmal erfolgreich durchgeführt worden ist. Mögliche Informationsquellen sind:

a) *Im Labor*. In vielen Fällen ist die Analyse nicht neu, der Analytiker bekommt meist eine dokumentierte Methode, die instrumentelle Details und Arbeitsbedingungen enthält. Wenn eine solche Methode nicht verfügbar ist, kann sich eine Diskussion mit Kollegen und eine Überprüfung von Archiven als erfolgreich erweisen.

b) *Aus Publikationen*. Es gibt verschiedene Zeitschriften, die sich mit dem Thema der Gaschromatographie beschäftigen, und viele Artikel beschreiben gaschromatographische Methoden für die Analyse spezieller Probentypen. Tabelle 2.5 gibt einen Überblick über hilfreiche Zeitschriften. Jeder Artikel liefert oft Referenzen zu früheren Artikeln zum selben Thema. Zusätzlich zu den Zeitschriften gibt es viele Bücher zum Thema, die Einzelheiten spezieller gaschromatographischer Analysen beschreiben.

c) *Von Kontrollbehörden*. Viele chromatographische Analysen müssen den Richtlinien entsprechen, die Kontrollbehörden festlegen. In einigen Fällen sind auch die exakten chromatographischen Bedingungen vorgeschrieben [6].

d) *Von Säulen- und Gerätelieferanten*. Viele Lieferanten bieten Applikationsschriften an, die praktikable Methoden für gaschromatographische Analysen beschreiben und sie auf Anforderung verschicken. Sie können auch mit praktischen Ratschlägen helfen. Konsultationen anderer, chromatographisch arbeitender Wissenschaftler könnten ebenfalls helfen.

Tabelle 2.5 Zeitschriften, die Informationen zur Gaschromatographie enthalten

Zeitschrift	Herausgeber
Journal of Chromatography	Elsevier
Journal of Chromatographic Science	Preston Publications Div.
Chromatographia	Friedr. Vieweg & Sohn
Journal of High Resolution Chromatography	Hüthig
LC/GC International	Aster Publishing Corp.
Chromatography Abstracts	Elsevier/Chromatography Society

2.3.2 Installation und Vorbereitung des Gaschromatographen

Dieser Abschnitt beschäftigt sich mit den grundlegenden Schritten, die die Verwendung eines Gaschromatographen einleiten. Eine sorgfältige Vorbereitung kann später, wenn versucht wird, die chromatographische Leistung zu verbessern, viel Zeit sparen.

2.3.2.1 Geräteanordnung

Vor der Durchführung einer chromatographischen Analyse müssen geeignete Geräte zur Verfügung stehen. Im Abschnitt 2.2 wurden verschiedene Bauteile und deren Konstruktionen beschrieben, aus denen ein moderner Gaschromatograph besteht. Der Nutzer muß zuerst beginnen, sich für die optimale chromatographische Hardware (Injektor, Detektor und Pneumatikbestandteile) für die Analyse zu entscheiden. Wenn eine Methode existiert, ist die Auswahl einfach darauf beschränkt, die in der Methode beschriebene Anordnung zu reproduzieren. Wird eine neue Methode entwickelt, muß sich der Analytiker ein persönliches Urteil zu geeigneten Säulen und zur Hardware bilden. Dieser Schritt ist mit entsprechender Erfahrung leichter. In Bild 2.15 und Bild 2.16 sind deshalb Fließschemata dargestellt, die einen typischen Weg zur Injektor- und Detektorauswahl illustrieren. Die Auswahl der Pneumatikkomponenten wurde bereits im Abschnitt 2.2.3 diskutiert. Die Säulenauswahl folgt im Kapitel 2.3.

2.3.2.2 Vorbereitung des Injektors

Viele chromatographische Probleme sind auf den Injektor zurückzuführen, so daß es sich lohnt, vor dem Analysenstart ein bißchen Zeit für eine Überprüfung aufzubringen. Das Injektionssystem sollte sauber, unbeschädigt sowie dicht sein und alle Bauteile (wie z.B. Heizung, Magnetventile, Dichtungsmechanismen) korrekt funktionieren. Routineoperationen wie das Austauschen oder das Vorbereiten des Septums sind in den Protokollen 2.1 und 2.2 beschrieben.

2.3 Bedienung und experimentelle Überlegungen

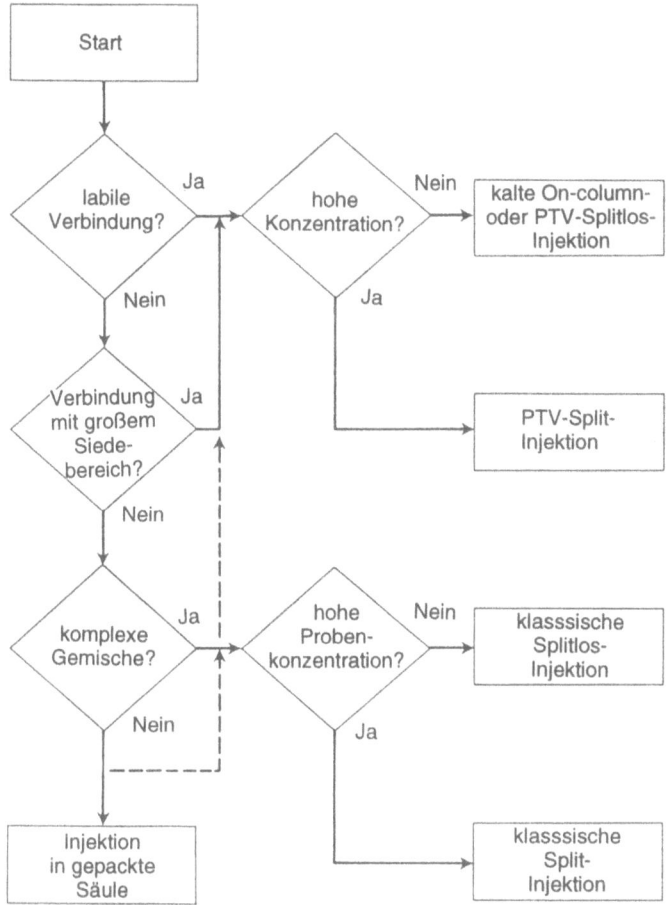

Bild 2.15 Wahl eines Injektors

Protokoll 2.1 Austausch des Septums

1. Schrauben Sie die Septumkappe ab und entfernen Sie sie.
2. Überprüfen Sie das alte Septum. Hierbei können Probleme mit dem verwendeten Septumtyp, mit der Art, wie es befestigt ist, oder mit der Injektionstechnik sichtbar werden.
3. Nehmen Sie das alte Septum ab.
4. Wählen Sie ein für die Analyse geeignetes neues Septum aus. Niedrigtemperatursepten neigen dazu, weich zu sein, und halten länger, aber sie bringen auch größere Mengen an „Septumbluten" in das Trägergas ein. Einige weiche Septen haben zur Reduzierung des Säulenblutens eine PTFE-Beschichtung. Hochtemperatursepten sind härter (vorheriges Einstechen wird empfohlen), haben eine kürzere Lebenszeit, geben aber

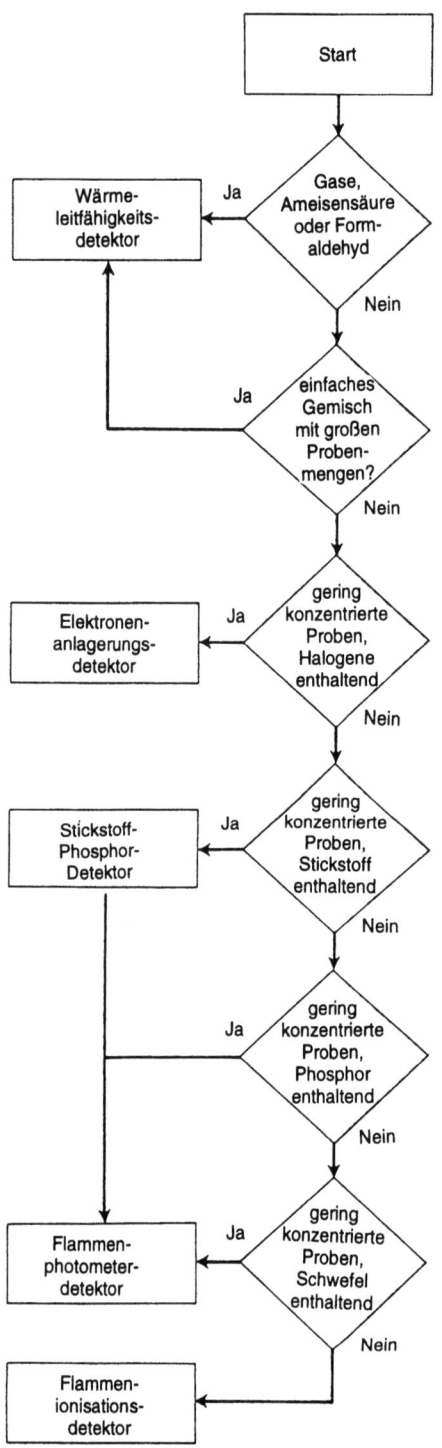

Bild 2.16 Wahl eines Detektors

Protokoll 2.1 Forts.

geringeres Bluten. Ein nützlicher Tip ist es, ein neues Septum vorzureinigen, indem man es in einem beheizten, aber ungenutzten Injektor installiert und solange darinläßt, bis man es benötigt.

5. Bauen Sie das Septum in die Septumkappe ein und achten Sie sorgfältig darauf, keine Fingerabdrücke zu hinterlassen.

6. Legen Sie die Septumkappe auf. Sie sollte durch Anlegen eines *leichten* Druckes an das Septum abgedichtet werden. Ein Überdrehen des Septums preßt die Septummitte zusammen, und es kann bei der Benutzung zerbrechen.

7. Testen Sie die Installation, indem Sie die Spritzennadel durch das Septum stoßen. Es sollte ein leichter Widerstand zu spüren sein. Ist der Durchgang der Nadel blockiert, überprüfen Sie die Installation.

Protokoll 2.2: Vorbereitung des Liners

1. Schrauben Sie die Septumkappe auf und entfernen Sie sie.

2. Nehmen Sie den Glasliner heraus und überprüfen Sie ihn. Entfernen Sie den Liner, wenn er beschädigt ist, und ersetzen Sie ihn durch einen neuen.

3. Reinigen Sie den Liner mit einem geeigneten Lösungsmittel. Achten Sie darauf, daß keine suspendierten Partikel oder Rückstände darin bleiben. Wenn es notwendig ist, legen Sie den Liner in ein Ultraschallbad oder behandeln Sie ihn mit einem geeigneten Reinigungsmittel (z.B. konzentrierte Salpetersäure oder Chromschwefelsäure).

4. Sollen reaktive Analyten bestimmt werden, sollte der Liner mit einem geeigneten Reagens, wie z.B. Dichlormethylsilan (DMCS), Hexamethyldisilazan (HMDS) oder Orthophosphorsäure desaktiviert werden.

5. Überprüfen Sie die Innenseite des Liners und entfernen Sie etwaige Partikel. Achten Sie darauf, daß der Säulenanschluß sauber ist.

6. Erfordert die Injektionsart einen gepackten Liner (s. Abschnitt 2.2.4), packen Sie den Liner lose mit desaktivierter Glas- oder Quarzglaswolle entsprechend den Hinweisen des Herstellers.

7. Setzen Sie den Liner wieder ein. Alle Liner verwenden einen Dichtungsmechanismus, der sichern soll, daß das Trägergas den richtigen Weg entlangfließt. Dies kann in Form eines Ferrules, eines „O"-Ringes oder einer federbelasteten Schliffglas-Butt-Verbindung geschehen. Überprüfen Sie die Dichtung und ersetzen Sie Dichtungsbestandteile, wenn es notwendig ist.

8. Ersetzen Sie das Septum, wie es in Protokoll 2.1 beschrieben ist.

2.3.2.3 Säuleninstallation

Das Verfahren für die Säuleninstallation hängt vom verwendeten Säulentyp sowie von der Art des Injektors und Detektors ab.

1. Gepackte Säulen

Gepackte Säulen sind wegen ihrer Robustheit und der relativ hohen Trägergasflußraten am leichtesten zu montieren. Die Injektoren und Detektoren für gepackte Säulen sind normalerweise mit 1/4" oder 1/8"-Schraubverbindungen („Swagelock" o.ä.) angeschlossen. Die gepackten Säulen können dann mit Hilfe von geeigneten Muttern oder Ferrules leicht verbunden werden.

Man sollte den Gebrauch von Messingmuttern und -ferrules vermeiden, da sie dazu neigen, die Edelstahlinjektions- und -detektionsinstallationen bei hohen Temperaturen auszuglühen. Einige Ferruletypen können entsprechend Tabelle 2.6 verwendet werden.

Das Protokoll 2.3 erläutert das Verfahren für die Installation gepackter Säulen.

Tabelle 2.6 Ferrules zum Verbinden von Säulen

Material	Anwendung	Bemerkungen
Edelstahl	gepackte Säulen und Kapillarsäulen aus Edelstahl	sehr robust und zuverlässig, können nicht mehr entfernt werden, wenn sie einmal montiert sind, können beim Überdrehen die Säule zerstören, keine Temperaturbegrenzung
PTFE	gepackte Säulen aus Glas	leicht zu montieren, gut geeignet für zerbrechliche Säulen, niedriges Temperaturlimit (280 °C), kann sich bei Benutzung verformen, erfordert häufiges Nachziehen und eventuelles Austauschen
Graphit	alle gepackten Säulen und Kapillarsäulen	leicht zu montieren, für hohe Temperaturen geeignet, leicht zu entfernen und wiederverwendbar, hochadsoptiv, kann bei Gebrauch schrumpfen und sich verformen
Vespel	alle gepackten Säulen und Kapillarsäulen	inert, robust, erfordert Vorsicht beim Verbinden zerbrechlicher Säulen, schwierig zu entfernen und wiederzuverwenden, mittleres Temperaturlinit
graphitiertes Vespel	alle gepackten Säulen und Kapillarsäulen	verbindet die Vorteile von Graphitferrules und Vespels, für hohe Temperaturen geeignet und große Inertheit, aber trotzdem schwierig zu entfernen

2.3 Bedienung und experimentelle Überlegungen

> **Protokoll 2.3** Installation einer gepackten Säule
>
> 1. Untersuchen Sie die Säule und sortieren Sie sie aus, falls sie an einem Ende beschädigt ist.
>
> 2. Überprüfen Sie die Injektor- und Detektoranschlüsse und achten Sie darauf, daß sie mit dem Innendurchmesser der Säule kompatibel sind. Die meisten Hersteller liefern Adapter zum Anschluß von 1/4"- oder 1/8"-Säulen.
>
> 3. Halten Sie die Säule an der richtigen Stelle in den Ofen und prüfen Sie, ob die Lagen der zwei Enden zum Injektor- und Detektoranschluß ausgerichtet sind. Wenn das nicht der Fall ist, kann eine Metallsäule zu den Anschlüssen passend gebogen werden, wohingegen eine Glassäule gegen eine Säule mit richtiger Geometrie ausgetauscht werden muß.
>
> 4. Überprüfen Sie die Injektor- und Detektoranschlüsse und achten Sie darauf, daß sie frei von Glas- oder Ferrulepartikeln, Packungsmaterialien usw. sind. Blasen Sie Verunreinigungen mit einem Luftstrahl aus dem Detektor.
>
> 5. Schieben Sie eine geeignete Mutter und danach ein Ferrule auf den Säuleneingang. Im Falle eines weichen Ferrules wie z.B. Graphit kann ein Verstärkungsferrule zwischen dem Ferrule und der Mutter angebracht werden. Dadurch wird die Ferruleverformung verringert. Achten Sie darauf, daß keine Ferrulepartikel in die Säule gelangen.
>
> 6. Schieben Sie die Säule entsprechend den Herstellerempfehlungen in den Injektor. Für eine on-column-Injektion sollte das Säulenende so weit in den Injektor geschoben werden, bis es richtig Kontakt mit dem Septum hat. Für eine Injektion mit schneller Verdampfung sollte die Säule so weit hineingeschoben werden, bis ein Wiederstand zu spüren ist.
>
> 7. Ziehen Sie die Säule ca. 1 mm zurück, um ein Bewegen der Säule mit festgepreßtem Ferrule zuzulassen. Bei der on-column-Injektion müssen Sie darauf achten, daß die Säule nicht selbst gegen das Septum abgedichtet wird, da dies den Trägergasfluß verhindern würde.
>
> 8. Ziehen Sie die Säulenmutter handfest am Injektoranschluß an. Verwenden Sie einen geeigneten Schraubenschlüssel und ziehen Sie die Mutter weiter fest, bis das Ferrule gerade beginnt, die Säule zu greifen. Drehen Sie die Mutter mit dem Schraubenschlüssel eine Vierteldrehung weiter. Überdrehen Sie die Mutter nicht.
>
> 9. Verbinden Sie die Säule mit dem Detektor auf ähnliche Weise, obwohl das gewöhnlich erst gemacht wird, nachdem das Trägergas angeschlossen wurde und das System auf undichte Stellen überprüft wurde.

2. Kapillarsäulen
Die Installation von Kapillarsäulen erfordert wegen ihrer zerbrechlichen Beschaffenheit, ihrer geringen thermischen Masse und der geringen Trägergasflüsse wesentlich mehr Sorgfalt seitens des Analytikers. Die Verbindungen werden, ähnlich wie bei gepackten Säulen, mit einer Mutter und einem Ferrule hergestellt. Verbindungen mit 1/16" sind für Kapillarsäu-

len einfacher zu verwenden und haben eine geringere thermische Masse. Wide-bore-Säulen (0,53 mm ID) können bei ähnlichen Gasflüssen wie gepackte Säulen betrieben und somit auch mit Injektoren für gepackte Säulen genutzt werden. Die meisten modernen Kapillarsäulen sind aus polyimidbeschichtetem Quarzglas (fused-silica) hergestellt. Das Protokoll 2.4 beschreibt das Verfahren zur Installation dieser Säulenart.

Protokoll 2.4 Installation einer fused-silica-Kapillarsäule

1. Überprüfen Sie die Säule auf Brüche und Verfärbungen. Brüche können mit einem Verbinder mit geringem Totvolumen repariert werden. Verfärbungen können auf nichtflüchtige Probenrückstände oder einen Abbau der Phase hinweisen. Wenn das der Fall ist, so sind gewöhnlich die ersten Zentimeter der Säule betroffen, und man kann das Problem leicht durch Abbrechen dieses Säulenstückes beheben (s. Schritt 5).

2. Hängen Sie die Säule, normalerweise auf einen Metallkäfig gewickelt, in den Ofen auf die Kapillarenaufhängung, die mit dem GC mitgeliefert wird. Die Säule muß sorgfältig positioniert werden, so daß der Ventilator im Mittelpunkt ist. Kein Teil der Säule sollte Kontakt mit den Ofenwänden oder irgendwelchen Metallträgern oder anderen Geräteteilen haben, um die Temperaturabweichung entlang der Säule so gering wie möglich zu halten.

3. Achten Sie darauf, daß die Injektor- und Detektoranschlüsse sauber und frei von Partikeln sind.

4. Wickeln Sie ca. 20 cm der Säule vom Käfig ab und ziehen Sie eine geeignete Säulenmutter und ein Ferrule auf. Für 1/16"-Anschlüsse kann das Ferrule umgekehrt montiert sein (d.h. das enger werdende Ende zur Mutter hin), überprüfen Sie deshalb die Herstellerhinweise für eine richtige Ausrichtung. Für 1/8"-Anschlüsse mit Graphitferrules sollte unbedingt ein Gegenferrule benutzt werden, um die Verformung zu verringern.

5. Benutzen Sie einen geeigneten Stift oder ein Messer und kerben Sie die Polyimidbeschichtung der Säule ca. 2 cm vom Ende ein. Biegen Sie die Säule in diesem Bereich sorfältig, der erhaltene Bruch sollte sauber sein. Überprüfen Sie das neue Ende der Säule (falls möglich mit einem Vergrößerungsglas). Das Ende sollte rechtwinklig und frei von Rissen und fused-silica-Stückchen oder der Polyimidbeschichtung sein. Schneiden Sie die Säule ab, falls es notwendig ist. Schneiden Sie sie auch ab, wenn Sie die Säule durch das Ferrule gezogen haben, um sicherzustellen, daß keine Ferruleteilchen in der Säule gelassen wurden.

6. Die Anordnung des Säulenendes im Injektor ist für eine gute Leistung entscheidend, folgen Sie in dieser Hinsicht sorgfältig den Herstelleranweisungen. Die Säulenposition ist üblicherweise als Abstand von der Hinterseite der Säulenmutter zum Säulenende definiert. Verwenden Sie einen Filzstift oder Schreibmaschinenkorrekturflüssigkeit und markieren Sie die vorgeschriebene Entfernung vom Säulenende. Verwenden Sie keine scharfen Markierer, weil dadurch die Säule zerbrechen würde. Schieben Sie das Säulenende sorgfältig in den Injektor sowie das Ferrule und die Mutter in die Injektoranschlüsse. Ziehen Sie die Mutter handfest an. Benutzen Sie einen Schrauben-

2.3 Bedienung und experimentelle Überlegungen

> **Protokoll 2.4 Forts.**
>
> schlüssel, um die Mutter weiter festzuziehen, bis das Ferrule gerade beginnt, die Säule zu greifen. Verändern sie die Position der Säule, bis die Markierung mit dem Ende der Mutter übereinstimmt. Ziehen Sie die Mutter wieder fest, bis das Ferrule beginnt, die Säule festzuhalten, und drehen Sie dann noch eine Vierteldrehung weiter.
>
> 7. Verbinden Sie die Säule mit dem Detektor, indem Sie den Schritten 4-6 folgen. Für viele Detektoren wird die Kapillarsäule durch den Detektoranschluß direkt in die Düse geschoben, um Totvolumeneffekte zu verringern. Wenn das nicht möglich ist, kann ein make-up-Gas notwendig sein (s. Abschnitt 2.2.3). Für eine Anleitung wird auf die Herstellerangaben verwiesen.
>
> Beachten Sie: Die Säule wird gewöhnlich nach dem Dichtigkeitstest mit dem Detektor verbunden (s. Protokoll 2.5).

2.3.2.4 Gebrauch des Trägergases

Verbinden Sie ein geeignetes Trägergas mit dem Gerät und machen Sie den Dichtigkeitstest wie in Protokoll 2.5 beschrieben.

> **Protokoll 2.5** Durchführung eines Trägergas-Dichtigkeitstests
>
> 1. Lösen Sie (falls notwendig) die Säule vom Detektor. Dichten Sie den Säulenausgang mit einem geeigneten Blindverschluß ab (gepackte Säulen) oder schieben Sie die Säule in ein Stück Septum (Kapillarsäule).
>
> 2. Verbinden Sie das Trägergas mit dem Gerät über ein Auf/Zu-Toggleventil zwischen den Reinigungsfiltern und dem Chromatographen.
>
> 3. Legen Sie an das System einen Druck von ungefähr 20 kPa an (die meisten Chromatographen haben einen Druckmesser oder -Wandler zur Überwachung des Säulendrucks. Achten Sie im Falle eines Split/splitlos-Injektors darauf, daß die Split- und Septumspülungsventile abgedichtet sind.
>
> 4. Hören Sie auf irgendwelche zischenden Geräusche, die ein größeres Leck anzeigen würden. Beseitigen Sie etwaige Lecks.
>
> 5. Nehmen Sie eine Pasteurpipette und bringen Sie einen Tropfen eines Wasser/Isopropanol-Gemisches (1:1) auf alle Glasverbindungsstücke auf und achten Sie auf eine Blasenbildung. Beseitigen Sie etwaigeLecks.
>
> 6. Achten Sie auf den Anzeiger des Eingangsdruckmanometers. Schließen Sie das Toggleventil für den Trägergaseingangsdruck. Beachten Sie die Druckanzeige. Es sollte innerhalb von 15 min kein Druckabfall auftreten. Wenn ein Absinken des Druckes beobachtet wird, öffnen Sie das Toggelventil und wiederholen Sie die Schritte 5 und 6.

Protokoll 2.5 Forts.

7. Wenn Sie überzeugt sind, daß das System leckfrei ist, entfernen Sie die Dichtung vom Säulenausgang. Kapillarsäulen sollten auf ein Blockieren durch Septumteilchen überprüft werden und, wenn es notwendig ist, noch einmal abgeschnitten werden. Öffnen Sie das Toggleventil und verbinden Sie die Säule mit dem Detektor.

Lecks sollten an allen folgenden potentiellen Quellen überprüft werden:
- Verbindungsstücke in externen Leitungen zum Gerät
- interne Verbindungen zwischen Pneumatikanschlüssen im Gerät
- Septum, Septumspülung, Splitventilleitungen (falls es angemessen erscheint)
- Injektor-Säule-Verbindung
- möglicher Säulenbruch

Lecks können normalerweise durch ein *geringfügiges* Festerziehen der entsprechenden Mutter in einer Verbindung beseitigt werden. Führt das nicht zum Erfolg, ersetzen Sie das Ferrule und probieren es erneut. Lecks und dauerhafte mechanische Schäden können durch ein Überdrehen der Mutter und des Ferrules hervorgerufen werden. Man sollte deshalb vorsichtig sein. Benutzen Sie keine Seifenlösung für den Dichtigkeitstest, da sie Verunreinigungen in das chromatographische System bringen und die Polyimidbeschichtung der fused-silica-Kapillarsäulen beschädigen kann.

2.3.2.5 Konditionierung der Säule

Die in der GC verwendeten stationären Phasen sind im allgemeinen Substanzgemische; sie können auch Lösungsmittelrückstände, Reagentien und Verunreinigungen enthalten, die aus dem Herstellungsprozeß stammen. Es ist deshalb notwendig, den flüchtigen Gehalt der stationären Phase vor der Analyse zu entfernen, um ein übermäßig großes Untergrundsignal („Säulenbluten") oder eine eventuelle Verunreinigung des Detektorsystems zu vermeiden.

Viele Kapillarsäulen haben heute stationäre Phasen, die chemisch an die innere Säulenwand gebunden sind (s. Kapitel 2.3), und können „prekonditioniert" geliefert werden. Trotzdem ist ein geeignetes Rekonditionieren eine vernünftige Sicherheitsmaßnahme. Säulen sollten nach langer Lagerung oder wenn sie beginnen, zu verunreinigen, rekonditioniert werden. Die allgemeine Vorschrift für die Konditionierung von Säulen ist im Protokoll 2.6 gegeben.

Protokoll 2.6 Säulenkonditionierung

1. Installieren Sie die Säule im Ofen des Chromatographen und verbinden Sie sie mit dem Injektor, aber nicht mit dem Detektor (s. Protokolle 2.3 und 2.4).

2. Legen Sie ein Trägergas an und beseitigen Sie alle Lecks (s. Protokoll 2.5). Achten Sie darauf, daß die Trägergasfilter installiert und in gutem Zustand sind. Stellen Sie einen normalen Trägergasfluß oder -druck ein (s. Tabelle 2.8 – 2.10).

3. Lassen Sie das Gas einige Minuten hindurchströmen, bevor Sie die Säule heizen, um alle Luftblasen von der Säule zu spülen.

2.3 Bedienung und experimentelle Überlegungen

Protokoll 2.6 Forts.

4. Wählen Sie ein langsames Temperaturprogramm (z.B. 5 °C/min) von 40 °C bis auf 10 °C unter dem Säulentemperaturlimit (konsultieren Sie die Dokumentation des Herstellers). Halten Sie die Säule 30 min an der oberen Temperatur.

5. Bei einer neuen Säule sollte der Schritt 4 mehrmals wiederholt werden. Die meisten Chromatographen bieten Synchronisationssignale an, die es gestatten, ein „ready-out"-Ausgabesignal mit einer kurzen Leitung mit dem „start-in"-Eingang zu verbinden und eine Kreislaufführung des Temperaturprogrammes zu ermöglichen.

6. Lassen Sie den Ofen abkühlen und verbinden Sie die Säule mit dem Detektionssystem.

7. Wenn während des Betriebes ein übermäßiges Säulenbluten auftritt, sollte eine weitere Säulenkonditionierung durchgeführt werden.

2.3.2.6 Vorbereitung des Detektors

Es gibt viele Detektortypen und von jedem Typ unterschiedliche Konstruktionen von verschiedenen Herstellern. Im Rahmen dieses Buches ist es schwierig, über alle Schritte, die die Vorbereitung aller Detektoren betreffen, zu berichten. Im Protokoll 2.7 werden einige universelle Vorschriften und Prozeduren zusammengefaßt.

Protokoll 2.7 Allgemeine Vorbereitung eines GC-Detektors

1. Prüfen Sie, ob der Säulenanschluß des Detektors und die inneren Bauteile (Düse, Kollektor usw.) sauber und frei von Verunreinigungen sind.

2. Prüfen Sie, ob die Signal- und Polarisationsspannungskabel und ihre Verbindungen in gutem Zustand und richtig montiert sind.

3. Achten Sie darauf, daß die chromatographische Säule gut konditioniert (s. Protokoll 2.6) und mit dem Detektor verbunden ist (s. Protokolle 2.3 und 2.4).

4. Legen Sie das Trägergas wie im Abschnitt 2.3.3.2 beschrieben an die Säule an.

5. Setzen Sie die Detektortemperatur 50 °C über der am höchsten erwarteten Säulentemperatur. Heizen Sie die Säule nicht, bis diese Temperatur erreicht ist, da sich sonst Verunreinigungen im kälteren Detektor anreichern.

6. Falls es erforderlich ist, setzen Sie die Versorgungsgase des Detektors (Wasserstoff, Luft, Make-up-Gas, Referenzgas usw.) auf die vom Hersteller empfohlenen Flüsse. Diese Gase sollten gefiltert sein, andernfalls könnte ein Basislinienrauschen resultieren.

7. Wenn es erforderlich ist, zünden Sie die Detektorflamme (FID oder FPD), heizen Sie die Alkaliperle (NPD) oder legen sie den Strom an den Heizdraht an (WLD).

> **Protokoll 2.7 Forts.**
>
> 8. Wählen Sie für den Säulenofen eine günstige isotherme Temperatur und warten Sie die Gleichgewichtseinstellung ab. Im Falle eines WLD kann es einige Stunden oder, im Falle eines ECD, einige Tage dauern, bis ein stabiles Untergrundsignal erhalten wird und eine Spurenanalyse möglich ist. Wenn diese Detektoren nicht in Benutzung sind, wird empfohlen, daß sie mit durchströmendem Trägergas beheizt werden und so in ihrem Betriebszustand gehalten werden
>
> 9. Überprüfen Sie die korrekte Funktion des Detektors durch das Chromatographieren eines geeigneten Analyten. Die Hersteller testen üblicherweise die Detektoren vor der Auslieferung mit einem einfachen Testgemisch. Solche Testgemische können geliefert werden, und durch die erhaltenen Ergebnisse kann man die korrekte Detektorleistung bestätigen.

2.3.3 Chromatographische Methodenentwicklung

Bevor irgendeine Analyse durchgeführt werden kann, muß eine geeignete Methode erstellt werden. Die Methodenentwicklung ist im wesentlichen ein Prozeß der Auswahl geeigneter Bedingungen für die chromatographische Hardware und der Bestätigung der Leistung mit Proben bekannter Zusammensetzung. Davon hängt in hohem Maße die Qualität der erhaltenen analytischen Ergebnisse ab.

2.3.3.1 Probenvorbereitung

Eine flüssige Probe kann direkt in das GC-System injiziert werden, aber viele Proben müssen vor der Durchführung irgendeiner chromatographischen Analyse einer Extraktion, einem Einengen und/oder einer Derivatisierung unterzogen werden. Die Verwendung von Techniken wie der Headspace-Extraktion, der Thermodesorption, Purge & Trap sowie der überkritischen Flüssigextraktion kann diese Bemühungen verringern (s. Abschnitte 2.2.4.8, 2.2.4.9, 2.2.4.10 und 2.2.4.11). Wo das nicht möglich oder ungeeignet ist, muß der Analytiker eine flüssige Probe, eine Lösung oder einen Extrakt injizieren. Dabei muß er die Art des Lösungsmittels und des Verdünnungsgrades wählen. Diese Entscheidungen können durch die Art der Säule, des Injektors und Detektors, die Beschaffenheit des Analyten und der Probenmatrix beeinflußt werden. Das Lösungsmittel muß die Analyten vollständig lösen und während der Analyse nicht mit ihnen koeluieren. Tabelle 2.7 führt die Analytkonzentrationsbereiche für verschiedene Säulentypen und Injektionssysteme bei Verwendung eines Flammenionisationsdetektors auf. Mit empfindlicheren Detektoren (z.B. dem ECD) können viel geringere Konzentrationen analysiert werden. Die obere Grenze, bei der eine Peakverbreiterung auftreten kann, wenn zu viel injiziert wird, ist durch die Säule vorgeschrieben. Der Siedepunkt und die Polarität des Lösungsmittels sind bei einer splitlosen Injektion und einer on-column-Injektion kritisch, um einen guten Lösungsmittelfokussierungseffekt zu erzielen und einen Lösungsmittelüberflutungseffekt zu verhindern (s. Abschnitt 2.2.4.2.2).

2.3 Bedienung und experimentelle Überlegungen

Tabelle 2.7: Konzentrationsbereiche des Analyten

System	Konzentrationsbereich (%)
gepackte Säule	0,0005 – 100
0,53 mm Kapillarsäule mit splitloser Injektion	0,0001 – 0,1
Kapillarsäule mit Splitinjektion	0,005 – 0,5
Kapillarsäule mit splitloser Injektion	0,00005 – 0,005
Kapillarsäule mit PTV-Splitinjektion	0,001 – 0,5
Kapillarsäule mit PTV-splitloser Injektion	0,00005 – 0,005
Kapillarsäule mit kalter on-column-Injektion	0,00005 – 0,005

2.3.3.2 Volumenfluß des Trägergases

Die Säuleneffizenz und damit die Peakauflösung werden durch den Trägergasfluß (oder genauer von der linearen Gasgeschwindigkeit) beeinflußt. Jede Säule hat einen optimalen Fluß für das verwendete Trägergas. Die Tabellen 2.8 bis 2.10 führen typische Volumenflüsse, lineare Gasgeschwindigkeiten und Drücke auf.

1. Das Messen von Gasflüssen

Im Falle von gepackten Säulen (oder 0,53 mm ID Kapillarsäulen bei hohen Flüssen) kann der Gasfluß direkt mit einem Rotameter, einem elektromechanischen Wandler oder einem Blasenströmungsmesser gemessen werden (s. Protokoll 2.8).

Tabelle 2.8 Typische optimale Trägergasflüsse für gepackte Säulen

Säulendurchmesser (mm)	Flußrate (ml/min)
2	20
3	40
4	60

Tabelle 2.9 Typische optimale lineare Trägergasgeschwindigkeiten für Kapillarsäulen

Trägergas	Lineare Gasgeschwindigkeit (cm/s)
Wasserstoff	30-40
Helium	20-30
Stickstoff	10-20

Tabelle 2.10 Typische Trägergasdrücke für optimale Trägergasgeschwindigkeiten in Kapillarsäulen in kPa

Säulenlänge (m)	Säulendurchmesser (mm)										
	0,15			0,22			0,32			0,53		
	H_2	He	N_2	H_2	He	N_2	H_2	He	N_2	H_2	He	N_2
10												
12	90	90	40	35	35	17	17	17		7	7	–
25	170	170	90	70	70	35	35	35		14	14	7
50	345	345	170	140	140	70	70	70		28	28	14

Protokoll 2.8 Messung des Trägergasflusses einer gepackten Säule mit einem Blasenströmungsmesser

1. Installieren Sie die Säule (s. Protokoll 2.3) und vergewissern Sie sich, daß das System leckfrei (s. Protokoll 2.5) ist. Wählen Sie für die Ofentemperatur einen geeigneten Wert (s. Abschnitt 2.3.3.4).

2. Achten Sie darauf, daß der Blasenströmungsmesser sauber ist. Spülen Sie ihn aus, falls es notwendig ist. Füllen Sie ca. 2 ml Seifenlösung in den Gummiball.

3. Verbinden Sie den Gummischlauch und die Detektoröffnung und verwenden Sie, falls es notwendig ist, einen Adapter. Manche Detektoren sind nicht abgedichtet, in diesem Fall lösen Sie die Säule vom Detektor und befestigen den Gummischlauch direkt am Säulenende.

4. Drücken Sie auf den Gummiball bis ein Seifenfilm durch den Trägergasfluß in das Glasrohr des Flußmessers getragen wird.

5. Benutzen Sie eine Stoppuhr und stoppen Sie den Durchtritt des Films zwischen zwei Kalibrierungsmarken am Rohr des Flußmessers.

6. Berechnen Sie den Trägergasfluß aus folgender Gleichung:

$$\text{Volumenfluß (ml/min)} = \frac{V \, 60 \, T_c \, (P_a - P_W)}{t \, T_a \, P_a}$$

wobei V = durchgelassenes Gasvolumen (ml), t = gemessene Zeit (s), T_c = Säulentemperatur (K), T_a = Umgebungstemperatur (K), P_W = Dampfdruck von Wasser bei Umgebungstemperatur, P_a = Atmosphärendruck

7. Wiederholen Sie die Schritte 4-6, bis ein übereinstimmendes Ergebnis erhalten wird.

Für Kapillarsäulen ist es praktikabler und sinnvoller, die lineare Trägergasgeschwindigkeit zu messen (s. Protokoll 2.9).

2.3 Bedienung und experimentelle Überlegungen

Protokoll 2.9 Messen der linearen Trägergasgeschwindigkeit in Kapillarsäulen

1. Verbinden Sie die Säule mit dem Detektor.

2. Legen Sie die Versorgungsgase an und zünden Sie, falls es notwendig ist, die Flamme.

3. Schließen Sie einen Schreiber oder einen Integrator an den Detektorausgang an.

4. Setzen Sie den Säulenofen auf eine isotherme Temperatur, die ungefähr der höchsten erwarteten Analysentemperatur entspricht.

5. Injizieren Sie (s. Abschnitt 2.3.3.3) eine Substanz[1], von der bekannt ist, daß sie auf dieser Säule eine geringe Retention hat.

6. Zeichnen Sie das Chromatogramm auf und messen Sie die Aufenthaltszeit (t_M) der nichtretardierten Substanz.

7. Berechnen Sie die lineare Trägergasgeschwindigkeit aus folgender Gleichung:

$$\text{mittlere lineare Geschwindigkeit (cm/s)} = \frac{\text{Säulenlänge (m)} \times 100}{\text{Zeit für nicht retardierte Substanz } t_M (\min) \times 60}$$

[1] Methan (Erdgas) oder Butan (niedrigsiedende Flüssigkeit) sind geeignete Substanzen, da sie auf vielen Säulen nicht zurückgehalten werden und ihre Elution auf vielen Detektoren (in manchen Fällen als kleine Störung) erscheint.

2. Optimierung von Gasflüssen

Die Flüsse und linearen Gasgeschwindigkeiten in Tabelle 2.8 bis 2.10 sind nur eine Orientierung. Für ein anspruchsvolles Arbeiten sollte der Trägergasfluß oder die -geschwindigkeit für die verwendete Säule optimiert werden. Protokoll 2.10 skizziert die Vorschrift zur Optimierung des Trägergasflusses/der Trägergasgeschwindigkeit für eine maximale chromatographische Effizienz.

Protokoll 2.10 Optimierung des Trägergasflusses/der Trägergasgeschwindigkeit

1. Stellen Sie eine Lösung eines Analyten her (üblicherweise 0,1%), der eine gute Response gibt und auf der verwendeten Säule leicht zu chromtographieren ist.

2. Stellen Sie den Trägergasfluß/die Trägergasgeschwindigkeit entsprechend Tabelle 2.8 – 2.10 ein.

3. Wählen Sie für den Ofen eine geeignete isotherme Temperatur, um für den Analyten eine 5 – 10 mal längere Retentionszeit als t_M (s. Protokoll 2.9) zu erhalten. Diese Temperatur kann durch Probieren gefunden werden.

4. Verbinden Sie einen Schreiber oder einen Integrator mit dem Detektorausgang.

Protokoll 2.10 Forts.

5. Injizieren Sie einen aliquoten Teil (üblicherweise 1 µl) der Lösung (s. Abschnitt 2.3.3.3). Für Kapillarsäulen muß die Splitinjektionsart verwendet werden (s. Abschnitt 2.4.2.1), um gute Peakformen unter isothermen Bedingungen zu erzielen.

6. Registrieren Sie das Chromatogramm bei einer schnellen Schreibergeschwindigkeit, um den Peak gut auswertbar zu erhalten.

7. Messen Sie die Retentionszeit (t_r) und die Breite des Peaks auf halber Höhe (W_h) mit einem Lineal. (Moderne Datenverarbeitungssysteme können diese Information direkt erzeugen).

8. Berechnen Sie das Höhenäquivalent eines theoretischen Bodens (HETP) wie es im Abschnitt 2.3.3.5.1 beschrieben wurde.

9. Wiederholen Sie die Schritte 5 – 8 bei Trägergasflüssen/Trägergasgeschwindigkeiten, die mit 10%iger Steigerung den Bereich von –20% bis +20% der Flüsse/der Geschwindigkeiten, die im Schritt 2 eingestellt wurden, umfassen.

10. Zeichnen Sie die Kurve der HETP gegen den Trägergasfluß oder die Trägergasgeschwindigkeit und bestimmen Sie den Fluß/die Geschwindigkeit mit dem minimalen HETP-Wert. Wenn das Minimum außerhalb des getesteten Bereiches liegt, erweitern Sie diesen Bereich, bis das Minimum gefunden wird.

11. Stellen Sie den Trägergasfluß/die Trägergasgeschwindigkeit auf den optimalen Wert ein.

2.3.3.3 Spritzeninjektionstechniken

Das Einführen einer flüssigen Probe in ein Injektionssystem erfordert die Verwendung einer Spritze mit geringer Kapazität. Die verwendete Injektionstechnik ist für eine gute chromatographische Leitungsfähigkeit wichtig. Eine gute Technik sollte:

- wiederholbare Peakflächen
- keine Kontamination von vorherigen Probeinjektionen
- eine gute Peakform

ergeben. Die Injektion durch einen Autosampler ergibt wegen der besseren Kontrolle der Spritzenmechanik fast immer bessere Resultate als eine manuelle Injektion.

Es haben sich verschiedene manuelle Injektionstechniken etabliert. Jede hängt von der Natur der Probe, dem Injektortyp, dem Spritzentyp, dem zu injizierenden Probenvolumen und der persönlichen Vorliebe des Bearbeiters ab. Die folgenden Techniken geben nur eine Orientierung, der Operator sollte ihre/seine eigene Technik entwickeln und sie durch die Verwendung geeigneter Standardsubstanzen überprüfen.

1. Reinigen einer Spritze
Vor der Benutzung muß die Spritze sorgfältig gereinigt werden, um eine Probenkontamination zu verhindern. Im allgemeinen sollte man die Spritze mindestens 5 mal mit einem ge-

eigneten Lösungsmittel spülen. Dabei sollte man darauf achten, daß der Kolben während des Spülprozesses vollständig zurückgezogen ist. In Fällen, wo eine Reihe von Proben mit hoher und geringer Analytkonzentration injiziert werden soll, muß der Reinigungsprozeß gründlicher sein. Der beste Weg ist es in diesem Fall, zwei Injektionsspritzen zu verwenden, eine für hohe und eine für geringe Probenkonzentrationen. Wird jedoch nur eine einzige Spritze verwendet, sollte man die Anzahl der Spülschritte steigern, ein Ultraschallbad verwenden oder versuchen, die Spritzennadel in einem ungenutzten beheizten Injektor zu lassen, um irgendwelche Verunreinigungen zu verdampfen.

Die Spritze sollte auch unmittelbar nach einer Injektion gereinigt werden, um zu verhindern, daß Probenrückstände trocknen, den Kolben verkleben und so einen größeren Verschleiß und eine mögliche mechanische Zerstörung der Spritze hervorrufen.

2. Durchführen einer Injektion
Zur Dosierung flüssiger Proben werden in der GC zwei unterschiedliche Spritzentypen verwendet:

a) Spritzen *mit dem Kolben in der Nadel*, bei der die Probe nur in die Spritzennadel gezogen wird und die für Injektionsvolumen bis zu 1 µl geeignet ist.

b) Spritzen *mit dem Kolben im Zylinder*, bei denen die Probe in den Spritzenzylinder gezogen wird und die am besten für Injektionsvolumen, die größer als 1 µl sind, geeignet ist.

In Tabelle 2.11 sind typische Anwendungen jedes Spritzentyps aufgezählt.

Für eine nichtverdampfende Technik (PTV oder On-column) ist die Spritzentechnik weniger kritisch und beinhaltet gewöhnlich das Füllen der Spritze mit dem erforderlichen Probenvolumen (s. Protokoll 2.11), dem Einführen der Nadel in den Injektor, dem Herunterdrücken des Kolbens und zum Schluß dem Herausziehen der Nadel.

Für beheizte Injektoren ist die Spritzentechnik weit bedeutender, und man muß deshalb verschiedene Arbeitsschritte durchführen, um eine hohe quantitative Genauigkeit und eine geringe Massendiskriminierung zu erreichen. Die Protokolle 2.12-2.15 dienen dazu, die Durchführung der Injektion bei beheizten Injektoren zu optimieren.

Tabelle 2.11 Verwendung von Spritzen für die Injektion flüssiger Proben

	Spritzen mit dem Kolben in der Nadel	Spritzen mit dem Kolben im Zylinder
Injektion in eine gepackte Säule	gut	gut
klassische Splitinjektion	gut	begrenzt [1]
klassische splitlose Injektion	begrenzt [2]	gut
PTV-Splitinjektion	gut	gut
PTV-splitlose Injektion	gut	gut
kalte on-column-Injektion	nicht verwendbar	gut [3]

[1] geringe Präzision und Diskriminierung bei kleinen Probenvolumen
[2] benötigt normalerweise mindestens 1 µl Injektionsvolumen
[3] benötigt sehr enge Nadeln für Säulen mit kleineren Innendurchmessern als 0,53 mm

Protokoll 2.11 Füllen einer Spritze

1. Drücken Sie den Spritzenkolben völlig herunter.
2. Tauchen Sie das Nadelende in die Probe ein.
3. Ziehen Sie den Kolben langsam bis zum Anschlag zurück und warten sie einige Sekunden, so daß die Probe in die Spritze eindringt (bei viskosen Proben muß man länger warten).
4. Nehmen Sie die Spritze aus der Probe heraus und verteilen Sie den Inhalt auf ein Stück Filterpapier.
5. Wiederholen Sie die Schritte 1-4 weitere viermal.
6. Tauchen Sie das Nadelende in die Probe.
7. Versuchen Sie, durch wiederholtes (wenigstens fünfmal) schnelles Herunterdrücken des Kolbens und anschließendes langsames Heraufziehen, Luftblasen in der Spritze zu entfernen.
8. Nehmen Sie die Spritze aus der Probe heraus und untersuchen Sie, ob in der Probe noch Luftblasen sind (für Spritzen mit dem Kolben im Zylinder). Wenn Blasen vorhanden sind, drehen Sie die Spritze herum und klopfen an den Zylinder, um die Luftblase herauszuschütteln. Drücken Sie den Kolben langsam herunter, um die Luft aus der Spritze auszustoßen. Wiederholen Sie den Schritt 7, wenn das übriggebliebene Probenvolumen nicht ausreicht.
9. Halten Sie die Spritze mit dem Nadelende abwärts oberhalb der Probe selbst an die innere Wand des Probenfläschchens und drücken Sie die Spritze langsam herunter, bis das erforderliche Probenvolumen erreicht ist.

Protokoll 2.12 Injizieren mit einer Spritze, bei der sich der Kolben in der Nadel befindet

1. Füllen Sie die Spritze mit dem erforderlichen Probenvolumen entsprechend dem Protokoll 2.11.
2. Schieben Sie die Nadel vollständig in die Injektoröffnung hinein.
3. Drücken Sie den Kolben schnell herunter.
4. Lassen Sie für eine bestimmte Zeit (üblicherweise 5 s) die Nadel in der Öffnung, um eine vollständige Verdampfung der Probe in der Spritzennadel zu gewährleisten.
5. Ziehen Sie die Nadel aus dem Injektor heraus.

2.3 Bedienung und experimentelle Überlegungen

Protokoll 2.13 Hot-Needle-Injektion mit einer Spritze, bei der sich der Kolben im Zylinder befindet

1. Füllen Sie die Spritze mit dem erforderlichen Probenvolumen entsprechend Protokoll 2.11.
2. Ziehen Sie den Kolben heraus, so daß die Probe vollständig in den Zylinder gezogen wird.
3. Schieben Sie die Spritze völlig in die beheizte Injektoröffnung hinein und lassen Sie sie zum Aufheizen 5 s darin
4. Drücken Sie den Kolben herunter und ziehen Sie ihn dann schnell wieder herauf.
5. Ziehen Sie die Nadel aus den Injektor.

Protokoll 2.14 Lösungsmittelpolster-Injektion mit einer Spritze, bei der sich der Kolben im Zylinder befindet

1. Füllen Sie die Spritze mit 1 µl eines geeigneten Lösungsmittels entsprechend Protokoll 2.11.
2. Halten Sie das Nadelende in die Probe und ziehen Sie den Kolben heraus, um das erforderliche Probenvolumen aufzunehmen.
3. Wiederholen Sie die Schritte 2-5 des Protokolls 2.13.

Protokoll 2.15 Luftpolster-Injektion mit einer Spritze, bei der sich der Kolben im Zylinder befindet

1. Ziehen Sie den Kolben heraus, so daß 2 µl Luft in den Zylinder gelangen.
2. Halten Sie das Nadelende in die Probe und ziehen Sie den Kolben heraus, um das erforderliche Probenvolumen aufzunehmen.
3. Wiederholen Sie die Schritte 2-5 des Protokolls 2.13. Das exakte Probenvolumen kann im Spritzenzylinder vor der Injektion gemessen werden.

2.3.3.4 Auswahl der Ofentemperatur

Der Säulenofen kann auf zwei Arten arbeiten: isotherm oder temperaturprogrammiert. Die Wahl hängt von verschiedenen Faktoren einschließlich der Probenzusammensetzung, der Säulenart und der Injektionsart ab. Bild 2.17 illustriert ein typisches Herangehen.. Im allgemeinen werden bei einfachen Gemischen isotherme Bedingungen und für komplexe Gemische, oder im Fall von Kapillarsäulen, wenn es die Injektionstechnik erfordert, z.B. bei der splitlosen oder kalten on-column-Injektion, ein Temperaturprogramm verwendet. Die Protokolle 2.16 und 2.17 beschreiben die Schritte, die zur Einstellung einer geeigneten Ofentemperatur führen. Die Optimierung eines Temperaturprogramms kann eine extrem aufwendige Aufgabe sein. Bei sehr komplexen Gemischen können geringfügige Veränderungen im Programm signifikante Veränderungen in der chromatographischen Trennung hervorrufen. Es ist sehr schwierig, die Beziehungen zwischen dem Programm und der resultierenden Trennung vorauszusagen, insbesondere, wenn die Identität vieler Peaks unbekannt ist. Für die Entwicklung eines Temperaturprogramms muß man deshalb oft verschiedene Bedingungen ausprobieren. Es wird empfohlen, sich einen eingehenden Überblick über die Literatur zu verschaffen oder chromatographisches Software zur „Voraussage", wie z.B. Drylab [7] zu nutzen.

Protokoll 2.16 Einstellen isothermer Bedingungen

1. Stellen Sie am GC, der mit einer Säule, einem Injektor und einem Detektor ausgerüstet ist, normale Arbeitsbedingungen ein.

2. Wählen Sie ein Temperaturprogramm, das mit 10 C/min von einer Temperatur nahe der Umgebungstemperatur bis in die Nähe des maximalen Temperaturlimits der Säule reicht (s. Herstellerangaben).

3. Injizieren Sie die Probe, starten Sie das Temperaturprogramm und registrieren Sie das Chromatogramm.

4. Wenn das Chromatogramm beendet ist, suchen Sie den zuletzt eluierenden Peak und berechnen seine Elutionstemperatur aus der Retentionszeit und dem Temperaturprogramm.

5. Stellen Sie die isotherme Ofentemperatur auf ca. 20 °C unter diesem Wert ein.

6. Injizieren Sie die Probe wieder und kontrollieren Sie das Chromatogramm.

7. Alle interessierenden Peaks sollten gut voneinander und vom Lösungsmittelpeak getrennt sein. Wenn dies nicht der Fall ist, verringern sie die Ofentemperatur geringfügig und injizieren Sie die Probe erneut. Wenn eine zufriedenstellende Trennung immer noch nicht erreicht werden kann, kann eine andere Säule (mit einer größeren Menge an stationärer Phase oder einer anderen Selektivtät) oder ein Temperaturprogramm erforderlich sein.

Protokoll 2.17: Auswahl temperaturprogrammierter Bedingungen

1. Wiederholen Sie die Schritte 1–3 des Protokolls 2.16. Wird eine Kapillarsäule verwendet, legen Sie die Anfangsofentemperatur wie im Abschnitt 2.2.4.2.2 fest.

2. Ermitteln Sie die Elutionstemperatur des ersten und des letzten interessierenden und des zuletzt eluierenden Peaks.

3. Wählen Sie die Ofenanfangstemperatur 20 C unter die Elutionstemperatur des ersten interessierenden Peaks. Werden Kapillarsäulen verwendet, kann die Ofenanfangstemperatur durch die Injektionsart vorgeschrieben sein (s. Abschnitt 2.2.4).

4. Wählen Sie einen isothermen Vorlauf von mindestens 1 min (verbessert die Wiederholbarkeit der Retentionszeiten und die Peakform).

5. Legen Sie eine geringe Heizrate (z.B. 5 °C/min für Kapillaren oder 10 °C/min für gepackte Säulen) bis zu 10 °C unter dem Säulentemperaturlimit fest.

6. Wenn die Starttemperatur bei einer empfohlenen Injektionsart geringer als die Elutionstemperatur des ersten interessierenden Peaks ist, wählen Sie eine schnelle erste Heizrate (z.B. 20–30 °C/min) bis zur Elutionstemperatur des ersten interessierenden Peaks und dann eine zweite Stufe, wie in Schritt 5 beschreiben wurde.

7. Stellen Sie nach der Rampe eine isotherme Dauer von 5 min ein.

8. Wenn ein Peak nach dem letzten interessierenden Peak eluiert, wählen Sie einen schnellen Anstieg bis auf 10 °C unter dem Temperaturlimit der Säule. Halten Sie die Säule bei diesen Bedingungen, bis alle Peaks eluiert werden. Erfolgt dieser Schritt nicht, können die restlichen Peaks in der nachfolgenden Analyse eluieren. Eine bessere Methode, um ungewollte, spät eluierende Substanzen zu entfernen, stellt die Druckprogrammierung dar. Dabei wird der Druck und somit auch der Trägergasfluß erhöht, um die Elution zu beschleunigen. Aber vorzugsweise wird eine als Rückspülung (Backflush) bezeichnete Technik angewandt, um die Richtung des Trägergasflusses durch die Säule umzukehren und schnell Substanzen rückwärts aus der Säule zu spülen. Für weitere Einzelheiten wird auf die Literatur der Hersteller verwiesen.

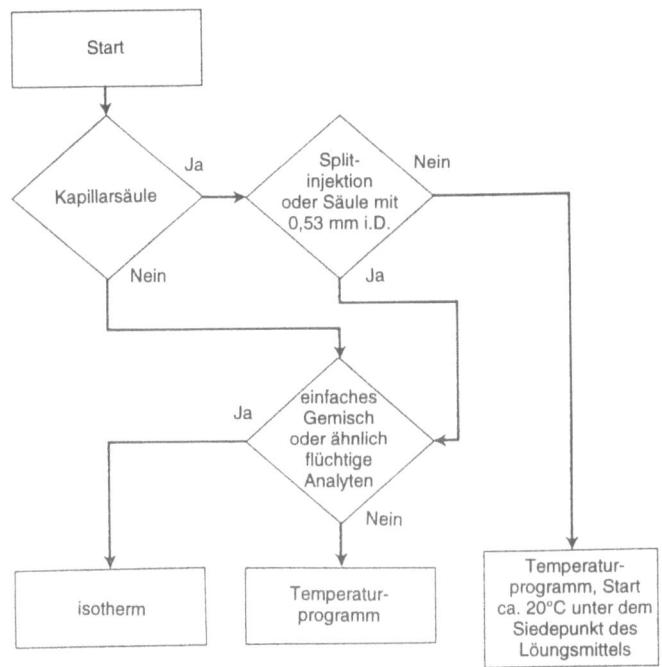

Bild 2.17 Auswahl der Temperaturbedingungen

2.3.5.5 Chromatographische Interpretation und Validierung

Nachdem man eine funktionsfähige chromatographische Methode etabliert hat, ist es nützlich, deren Durchführung zu quantifizieren und zu dokumentieren. Das ermöglicht dem Benutzer, die Qualität späterer analytischer Ergebnisse einzuschätzen und dient als Anhaltspunkt, wenn die Analyse später wiederholt werden soll. Es können verschiedene Leistungskennzahlen berechnet werden, von denen in den Abschnitten 2.3.3.5.1–2.3.3.5.9 einige der gebräuchlichsten beschrieben werden.

1. Chromatographische Effizienz

Die Effizienz ist ein Maß dafür, wie sehr sich ein Substanzband verbreitert, während es durch die Säule wandert. In dem Maße, wie die Säuleneffizenz gesteigert wird, wächst auch die Auflösung (s. Abschnitt 2.3.3.5.2) und ermöglicht es, komplexere Proben zu untersuchen. Eine hohe Effizienz ist keine Garantie für eine hohe Auflösung, da sich keine Verbesserung bei koeluierenden Peaks zeigen würde. Die Effizienz kann auf verschiedene Art ausgedrückt werden, aber die beiden nachfolgenden Gleichungen sind am gebräuchlichsten:

$$\text{Anzahl der theoretischen Böden } N = 5{,}545 \left(\frac{t_R}{w_h}\right)^2$$

Höhenäquivalent eines theoretischen Bodens, Bodenhöhe $H = L / N$

wobei: t_R = Retentionszeit des Peaks (s), w_h = Peakbreite in halber Höhe (s) und L = Säulenlänge (cm).

Eine gute Säule sollte über 2000 Böden/Meter für gepackte Säulen oder 5000 Böden/Meter für Kapillarsäulen haben und so ist die Bestimmung der Anzahl der theoretischen Böden ein gutes Maß für die Leistung des Systems.

2. Auflösung

Die Auflösung beschreibt den Grad der Trennung zwischen benachbarten Peakpaaren und wird entsprechend der folgenden Gleichung berechnet. Für alle Peaks im Chromatogramm sollte mindestens eine Auflösung von 1 angestrebt werden.

$$\text{Auflösung } Rs = \frac{t_{R(2)} - t_{R(1)}}{w_{h(1)} + w_{h(2)}}$$

wobei: $t_{R(1)}$ = Retentionszeit des ersten Peaks; $t_{R(2)}$ = Retentionszeit des zweiten Peaks, $w_{h(1)}$ = Peakbreite in halber Höhe des ersten Peaks, $w_{h(2)}$ = Peakbreite in halber Höhe des zweiten Peaks. Die Größen müssen dieselben Einheiten haben.

3. Empfindlichkeit

Die Empfindlichkeit beschreibt den Anstieg des Detektorsignals bezüglich Masseneinheiten pro Zeiteinheit (massenflußabhängige Detektoren) oder Konzentrationseinheiten pro Zeiteinheit (konzentrationsabhängige Detektoren) für einen gegebenen Analyten. Die Empfindlichkeit sollte nicht mit der Detektierbarkeit verwechselt werden. Die letztere ist ein bedeutungsvolles Maß für die analytische Leistung, da sie die Höhe des Untergrundrauschens in Betracht zieht und folglich einen praktischeren Wert hat. Die Empfindlichkeit kann aber dazu verwendet werden, die richtige Detektorbedienung zu bestätigen und Vergleiche zwischen verschiedenen Konstruktionen zu ziehen.

2.3 Bedienung und experimentelle Überlegungen

4. Detektierbarkeit

Die Detektierbarkeit ist die Fähigkeit, einen chromatographischen Peak vom Untergrundrauschen unterscheiden zu können und definiert folglich die geringste Analytmenge, die analysiert werden kann. Die Detektierbarkeit kann auf zwei Arten ausgedrückt werden:

a) Die Nachweisgrenze wird gewöhnlich als die Analytmenge angegeben, die einen Peak mit einer doppelt so hohen Amplitude wie das Untergrundrauschen ergibt. Sie ist in hohem Maße von der Peakform abhängig, da scharfe Peaks (z.B. in der Kapillargaschromatographie) geringere Nachweisgrenzen als breite Peaks ergeben.

b) Die Bestimmungsgrenze wird als die Masse des Analyten angegeben, die zuverlässig gemessen (d.h. integriert) werden kann. Sie wird gewöhnlich als Masse des Analyten, die ein Peak mit einer fünf- oder zehnfachen Amplitude des Untergrundrauschens ergibt, berechnet.

5. Richtigkeit

Die Richtigkeit ist die Fähigkeit, den richtigen Gehalt des Analyten in der Probe zu bestimmen. Die Richtigkeit kann durch die Analyse von Standardproben mit einer bekannten Menge eines zugefügten Analyten (Wiederfindungsbestimmungen) beurteilt werden. Wenn die Genauigkeit schlecht ist, dann kann eine Mittelwertbildung der Ergebnisse von Mehrfachbestimmungen notwendig sein, um eine gute Richtigkeit zu erreichen.

6. Genauigkeit

Die Genauigkeit drückt die Fähigkeit einer Methode aus, das gleiche Ergebnis von der gleichen Probe am gleichen Gerät hintereinander zu erzielen. Die qualitative Genauigkeit drückt die Wiederholbarkeit der Peakretentionszeiten, die quantitative Genauigkeit die Wiederholbarkeit der Peakflächen (oder -höhen) aus. Diese Werte werden normalerweise als relative Standardabweichungen berechnet. Eine gute Methode hat eine qualitative Genauigkeit von weniger als 0,05% und eine quantitative Genauigkeit von weniger als 1%. Für zuverlässige Ergebnisse ist eine gute Genauigkeit notwendig.

7. Reproduzierbarkeit

Sie wird oft mit der Genauigkeit verwechselt, hat aber eine etwas andere Bedeutung. Die Reproduzierbarkeit ist die Fähigkeit einer Methode, das gleiche Ergebnis von der gleichen Probe, aber bei Verwendung eines anderen Gerätes, einer anderen Säule, eines anderen Bedieners usw. zu erzielen. Für zuverlässige Ergebnisse ist eine gute Reproduzierbarkeit notwendig.

8. Dynamischer Bereich

Der dynamische Bereich definiert den Konzentrations- oder Massenbereich, in dem das Signal analysiert werden kann. Er kann einfach als das Verhältnis zwischen der größten Analytmenge und der kleinsten Analytmenge, die bestimmt werden kann, ausgedrückt werden.

9. Linearität

Die Linearität ist dem dynamischen Bereich ähnlich, bezieht sich aber auf das Verhältnis der größten Analytmenge zur kleinsten Analytmenge, zwischen der das Detektorverhalten linear (gewöhnlich innerhalb 5%) ist. Eine gute Linearität vereinfacht die Quantifizierung. Wenn die Linearität schlecht ist, dann ist eine mehrstufige Kalibrierung notwendig, um richtige Ergebnisse zu erhalten.

2.4 Datenerfassung

2.4.1 Einleitung

Die Gerätebestandteile und die Techniken, die für die Chromatographie notwendig sind, wurden in den vorangegangenen Abschnitten behandelt. Die Signale am Detektor bestehen oft aus sehr geringen Strömen oder Spannungen. Dieser Abschnitt beschäftigt sich mit den notwendigen Schritten, die mit der Gewinnung sinnvoller Informationen aus diesem Signal verbunden sind.

2.4.2 Mögliche Informationen aus der chromatographischen Analyse

Vor der Untersuchung der Technik, die ein analytisches Ergebnis erzeugt, sollte als erstes berücksichtigt werden, welche Informationen man vom chromatographischen Signal ableiten kann:

a) Die Retentionszeit eines Peaks kann einen Hinweis auf die Identität der Substanz, die für den Peak verantwortlich ist, geben. Beachten Sie, daß das Chromatogramm allein kein positiver Beweis der Peakidentität ist, da es möglich ist, daß verschiedene Substanzen koeluieren. Eine positive Bestätigung der Substanzidentität muß eine unterstützende, unabhängige Technik, wie z.B. die Massenspektrometrie einbeziehen.

b) Die in der Probe vorhandene Substanzmenge steht im Zusammenhang mit der Peakfläche und der Peakhöhe. Für die meisten Detektoren ist dieser Zusammenhang linear (siehe oben).

c) Die Peakform und die Beschaffenheit des Untergrundsignals erlauben es, einen Vertrauensbereich für die gewonnenen Ergebnisse zu bestimmen.

Die Chromatographie kann auf diese Weise sowohl für qualitative als auch für quantitative Bestimmungen genutzt werden. Jedes allgemeine Datenerfassungssystem muß deshalb zuerst die Peakretentionszeiten und die Peakflächen und/oder -höhen zuverlässig bestimmen können.

2.4.3 Verarbeitung des Detektorsignals

Die Datenerfassung kann nicht bei niedrigen Detektorsignalen durchgeführt werden, deshalb ist eine elektronische Verarbeitung der Signale notwendig, um sie in eine handhabbare Form umzuwandeln.

Bild 2.18 zeigt die verschiedenen Prozesse, denen ein Detektorsignal in einem typischen GC unterliegt.

Der erste Schritt besteht darin, das Rohsignal über viele Größenordnungen zu verstärken, um ein besser handhabbares Signal zur liefern. Manche Detektoren (z.B. FIDs) haben einen größeren dynamischen Bereich als der Verstärker. In solchen Fällen kann eine effektive Ver-

2.4 Datenerfassung

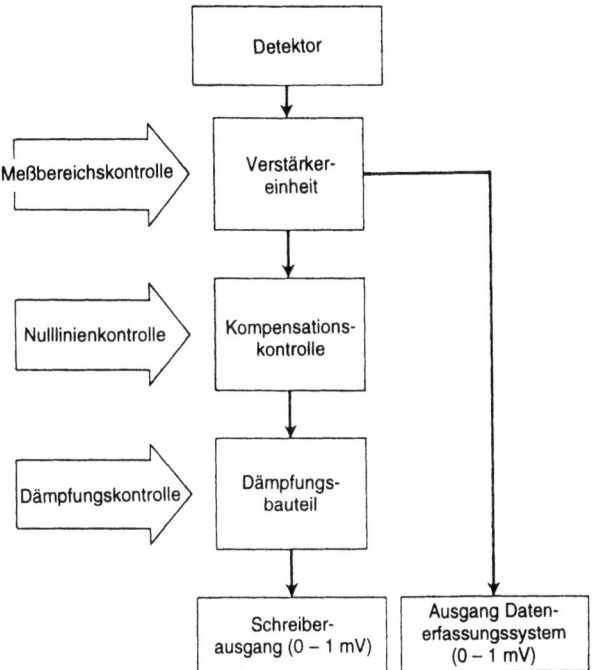

Bild 2.18 Mit der Erzeugung eines analogen Ausgabesignals verbundene Schritte

größerung der Verstärkung durch eine Meßbereichsumschaltung an die Größe der erzeugten chromatographischen Peaks angepaßt werden.

Eine „Null"- oder „Kompensations"regelung gleicht den Ausgang der Verstärkerausgabe so an, daß ein Chromatogramm an die richtige Stelle auf einen Schreiber oder Drucker/Plotter dargestellt wird. An modernen Chromatographen wird der Signalausgleich vor jeder Analyse automatisch zurückgestellt („Autozero").

Gaschromatographen stellen gewöhnlich zwei Signalausgänge für jeden Detektor zur Verfügung: Ein Niederspannungssignal (typisch 0–1 mV) für Analogschreiber und ein Signal mit höherer Spannung (typisch 0–1 V) für die Verbindung zum digitalen Datensystem. Um ein Chromatogramm auf einem Analogschreiber mit festgelegter Empfindlichkeit zu registrieren, ist eine Kontrolle erforderlich, die gewährleistet, daß das Ausgabesignal richtig an die Empfindlichkeit angepaßt wird. Dies geschieht durch eine „Dämpfungsregelung" („Attenuation" control). Beachten Sie, daß die Abschwächung nach der Signalverstärkung erfolgt. Normalerweise ist am Integratorausgang keine Abschwächung vorgesehen, da diese gewöhnlich im Datenerfassungssystem selbst zur Verfügung steht.

2.4.4 Das Herangehen an die Datenerfassung

Es gibt im wesentlichen zwei Wege, wie aus dem vom Gaschromatographen gelieferten Analogsignal Ergebnisse erzeugt werden können:

a) Der Schreiberausgang kann mit einem geeigneten Registriergerät verbunden und ein Chromatogramm auf Schreiberpapier gezeichnet werden. Aus der Chromatogrammspur können die Retentionszeiten und die Peakhöhen mit einem Lineal ausgemessen werden. Die Peakflächen kann man ableiten, indem man Millimeterpapier verwendet und die Anzahl der Quadrate unter dem Peak durch Ausschneiden und Wiegen jedes Peaks oder, indem man ein sogenanntes Planimeter benutzt, bestimmt. Alle diese Techniken sind arbeitsintensiv, zeitaufwendig und erfordern eine große manuelle Umwandlung der Daten. Dabei treten häufig Fehler auf, und deshalb werden diese Methoden heute kaum noch in modernen Labors, außer für diagnostische Zwecke und zur Bestätigung von Ergebnissen genutzt.

b) Günstiger ist es, für die Datenerfassung ein speziell konstruiertes, auf Mikroprozessoren basierendes System zu verwenden. Die meisten Labors nutzen heute Integratoren, Workstations und Laborautomatisierungssysteme wegen ihrer geringen Kosten, ihrer Geschwindigkeit und ihrer Genauigkeit.

2.4.5 Auf Mikroprozessoren basierende Datenerfassungssysteme

Obwohl die Software eines modernen Datenerfassungssystems sehr hochentwickelt ist, benötigt sie wichtige Eingaben vom Benutzer, um die Daten richtig verarbeiten zu können. Datenerfassungssysteme sollten deshalb als analytische Werkzeuge betrachtet werden. Die Aufgabe des Nutzers besteht darin, ihre Funktion zu verstehen und zu optimieren. Das Herangehen an die Datenerfassung ist bei vielen Systemen ähnlich, aber deren Funktionsweisen unterscheiden sich sehr. Die hier angeführten Details beziehen sich auf ein „typisches" Datenerfassungssystem.

2.4.5.1 Konstruktionsgrundlagen

Datenerfassungssysteme sind im wesentlichen Computer, die eine spezialisierte Elektronik enthalten. Obwohl sie in verschiedenen Formen produziert werden, ähnelt der allgemeine Aufbau normalerweise dem in Bild 2.19 gezeigten.

Den Kern bildet die Zentraleinheit (CPU), die für die meisten Operationen innerhalb des Systems verantwortlich ist. Sie wird durch ein Softwareprogramm gesteuert, das alle CPU-Anweisungen enthält, die zur Durchführung der chromatographischen Datenerfassungsaufgaben notwendig sind. Die CPU hat Zugriff auf einen Speicherblock mit wahlweisem Zugriff (RAM), der für die vorübergehende Speicherung chromatographischer Daten und Programmvariablen genutzt werden kann.

Die CPU kommuniziert über drei Schnittstellen mit dem Gaschromatographen: über den analogen Signaleingang (für das chromatographische Signal), den binärkodierten Dezimaleingang (für Fläschchennummern usw.) und über eine Synchromisationssignal-Schnittstelle (für Start/Stop/Ready-Statussignale). Die leistungsfähigeren Systeme können mit mehr als einem Chromatographen gekoppelt werden und erlauben mehrere asynchrone Operationen gleichzeitig. Durch die CPU kann nicht direkt auf das Analogsignal zugegriffen werden, so daß eine spezialisierte Schaltung erforderlich ist, um eine Analog-Digital-Wandlung (A/D-

2.4 Datenerfassung

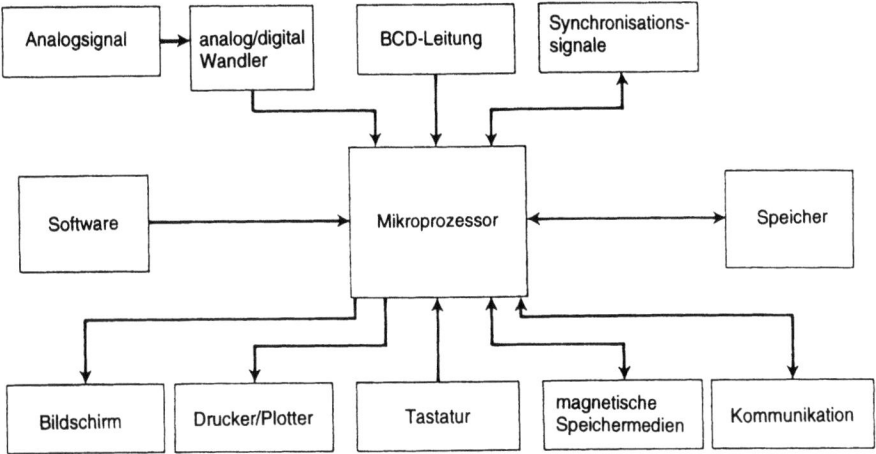

Bild 2.19 Schema eines typischen Datenerfassungssystems

Wandlung, ADC) zu bewirken. Diese Schaltung kann in der Datenstation, in einem externen Gehäuse oder im Chromatographen selbst untergebracht sein. Die CPU ist auch mit einer Anzahl von Geräten verbunden, die für die Kommunikation nach außen verantwortlich sind. Dazu gehören eine Tastatur (für Anweisungen des Benutzers), ein Drucker/Plotter (für Reports und Chromatogramme), ein Bildschirmgerät (VDU, für Statusanzeigen), magnetische Medien für die Datenspeicherung (Disketten, Festplatten, Bänder etc.) und Kommunikationsschnittstellen für die Datenübertragung von und zu externen Computern (Netzwerken).

2.4.5.2 Datenaufnahme

Wenn ein Analogsignal in das Datensystem gelangt, wird es durch eine A/D-Wandlungsschaltung in sein digitales Äquivalent umgewandelt. Das Analogsignal ist ein kontinuierliches Signal. Um es in ein digitales Format umzuwandeln, muß es in regelmäßigen Intervallen diskret abgelesen werden. Für die Chromatographie wird eine „integrierende A/D-Wandlung" benutzt, da sie das mittlere Signal über ein Zeitintervall bestimmt, anstatt das Signal momentan abzulesen. Die Ausgabe von einem integrierenden A/D-Wandler besteht in einer Sequenz von Werten, die Flächensegmente repräsentieren, die vom ursprünglichen Analogsignal genommen wurden. Diese werden normalerweise in Bezug auf eine negative Referenzspannung berechnet, die eine negative Drift des Analogsignals erlaubt. Der A/D-Wandler sollte über einen dynamischen Bereich verfügen, der größer als der des vom Chromatographen kommenden Analogsignals ist und einen hohen Linearitätsgrad hat. Die optimale Abtastrate wird durch den eingesetzten Integrationsalgorithmus der Software bestimmt und steht in Beziehung zur verarbeitenden Peakbreite. Sammelraten mit bis zu 100 Datenpunkten pro Sekunde werden üblicherweise in der GC verwendet.

2.4.5.3 Erzeugen analytischer Ergebnisse aus Flächensegment-Daten

Die Flächensegmente werden entsprechend den vom Softwareprogramm gegebenen Anweisungen durch die CPU verarbeitet. Bild 2.20 faßt die Prozesse für ein typisches System zusammen.

Der erste Schritt besteht in der Speicherung der Daten im RAM. Wenn genügend Speicherkapazität für die Speicherung des gesamten Chromatogramms vorhanden ist, können die Daten interaktiv wiederaufbereitet werden, um eine Optimierung der Kontrollparameter zu ermöglichen. Die gespeicherten Daten können dazu verwendet werden, Chromatogramme auf dem Drucker/Plotter darzustellen.

Die gespeicherten Flächensegment-Werte können dann „gebündelt" werden, um die effektive Anzahl der Segmente pro chromatographischen Peak auszuwählen. Viele Peakverarbeitungsalgorithmen hängen von einer festgelegten Anzahl von Segmenten pro Peak für eine optimale Arbeitsweise ab.

Die gebündelten Segmente werden dann normalerweise digital geglättet, um den Einfluß des Rauschens zu reduzieren und irgendwelche „spikes" zu entfernen.

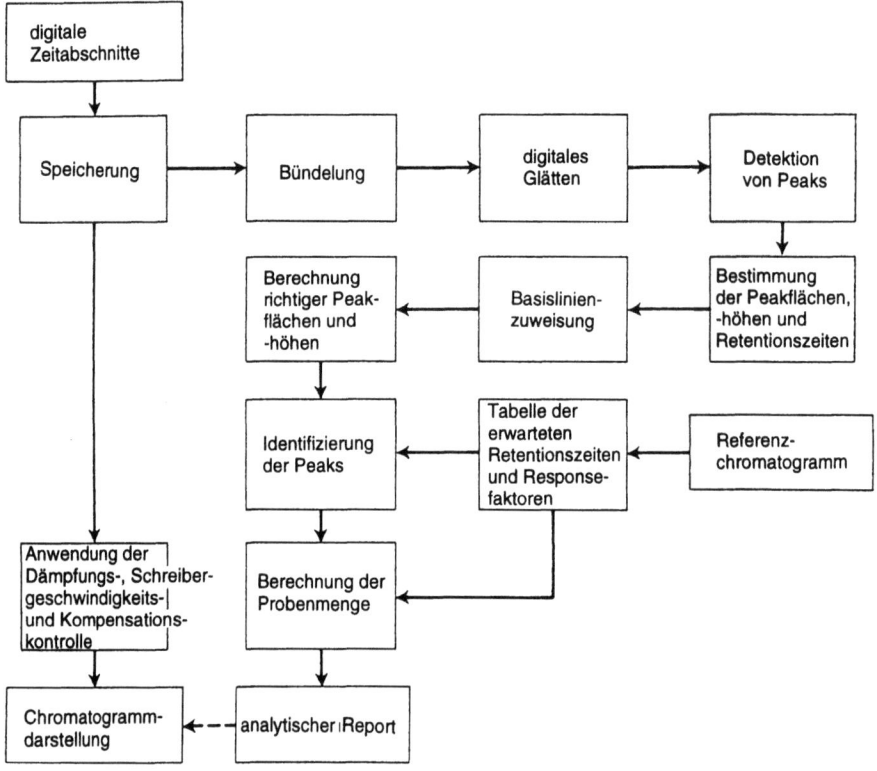

Bild 2.20 Schritte, die mit der Verarbeitung digitaler chromatographischer Daten verbunden sind

2.4 Datenerfassung

2.4.5.4 Peakdetektion

Die bearbeiteten Flächensegmente werden dann auf das Vorhandensein von Peaks untersucht. Die Peakdetektion umfaßt die Unterscheidung der Peaks vom Untergrundrauschen. Um die Anwesenheit eines Peaks zu bestätigen, sind gewöhnlich das Auffinden des Peakanfangs, des Scheitelpunkts und des Peakendes notwendig. Es gibt verschiedene Methoden, diese Punkte zu ermitteln. Die meisten vergleichen einige Signalmerkmale, wie z.B. die Änderungsrate (erstes Differential), die Änderungsrate (zweites Differential) oder die Flächenakkumulation (Integral) gegenüber einem vom Nutzer wählbaren Schwellenwert (threshold).

Wenn ein Peak detektiert wurde, kann die Peakretentionszeit aus der Flächensegmentnummer am Scheitelpunkt des Peaks und die Rohpeakfläche durch Summierung der Flächensegmente zwischen dem Peakanfang und -ende berechnet werden. Die Peakhöhe ist gleich dem Wert des Flächensegments am Scheitelpunkt des Peaks.

2.4.5.5 Zuweisung der Basislinie

Der nächste Schritt besteht darin, die Lage des Untergrundsignals unter dem Peak festzulegen. Dies kann mit dem gleichen Algorithmus, der bei der Peakdetektion verwendet wurde, geschehen, indem Basislinienpunkte auf dem Signal, wo keine Peaks sind, gesetzt werden und das festgelegte Untergrundsignal zwischen diesen Punkten extrapoliert wird. Diese Basislinie kann dann von den Rohpeakflächen und -höhen subtrahiert werden, um richtige Werte zu erhalten. Wenn die wahre Basislinie driftet oder vom Lösungsmittelpeak, der Schaltung von Ventilen usw. gestört wird, setzen die meisten Systeme Hilfsmittel ein, um die Basislinienzuweisung durch eine Tabelle mit „Zeitereignissen" zu steuern. Die meisten Systeme sind in der Lage, ein Chromatogramm mit der verwendeten Basislinie aufzuzeichnen und deren richtige Festlegung zu bestätigen.

2.4.5.6 Erzeugung einer Peaktabelle

Zu diesem Zeitpunkt ist die Software in der Lage, eine Peakdatentabelle zu konstruieren, die eine Retentionszeitliste der detektierten Peaks und deren korrigierte Flächen (oder Höhen) enthält. Diese Daten sind für analytische Zwecke an sich unzureichend, da bis jetzt keine Identifizierung oder Quantifizierung der Substanzen durchgeführt wurde. Sie können aber für diagnostische Zwecke nützlich sein. Die meisten Datenstationen ermöglichen den Zugriff zur Peakdatentabelle durch einen Flächen%- oder Höhen%-Report.

2.4.5.7 Peakidentifizierung

Um Peaks zu identifizieren, wird ein Standardgemisch, das bekannte Substanzen enthält, chromatographiert und die Retentionszeiten der interessierenden Peaks in eine Substanzliste eingetragen. Die Peakretentionszeiten im Chromatogramm der Probe (unter identischen Bedingungen aufgenommen) werden dann mit dieser Substanzliste verglichen und auf die Anwesenheit von Peaks bei der erwarteten Retentionszeit untersucht. Die Übereinstimmung ist nicht exakt, da die Retentionszeiten von Lauf zu Lauf variieren, so daß es üblicherweise eine einstellbare Toleranz gibt. Besser ist es, wenn Peaks mit relativen Retentionszeiten verglichen werden, bei denen alle Retentionszeiten durch die Retentionszeit eines in allen

Chromatogrammen vorhandenen, leicht identifizierbaren Referenzpeaks dividiert werden. Für die qualitative Analyse wird oft nur die Peakidentifizierung benötigt.

2.4.5.8 Quantifizierung

Für quantitative Ergebnisse ist eine Kalibrierung notwendig. Ein Standardgemisch, das eine bekannte Menge einer Substanz enthält, wird chromatographiert, die Peakflächen (oder -höhen) für jede Substanz bestimmt und ein berechneter Responsefaktor in die Substanzliste aufgenommen. Responsefaktoren werden wie folgt berechnet:

$$\text{Responsefaktor} = \frac{\text{Peakfläche (oder -höhe)}}{\text{Substanzmenge}}$$

Das Referenzchromatogramm (s. Abschnitt 2.4.5.7) und das Kalibrierungschromatogramm werden normalerweise in einem einzigen Chromatogramm kombiniert. Der berechnete Responsefaktor wird auf jede identifizierte Peakfläche (oder -höhe) in einem Chromatogramm der Probe angewandt, um Ergebnisse zu erhalten, die die quantitative Zusammensetzung der Probe repräsentieren. Der Responsefaktor kann vom Chromatogramm der Probe auf Peakflächen (oder -höhen) verschieden angewendet werden:

$$\text{Externer Standard: Substanzmenge in der Probe} = \frac{\text{Peakfläche}}{\text{Responsefaktor}} \quad (1)$$

Diese Berechnung wird gewöhnlich angewendet, wenn wenige Substanzen in relativ komplexen Chromatogrammen (z.B. Rückstandsanalyse) zu bestimmen sind. Obwohl diese Berechnung wahrscheinlich am einfachsten anzuwenden ist, werden die Ergebnisse direkt durch Veränderungen im Injektionsprozeß beeinflußt.

$$\text{Innere Normierung: (\% Substanz in der Probe)} = \frac{100 \times \text{Peakfläche}}{\text{Responsefaktor} \dfrac{\text{Peakfläche}_i}{\text{Responsefaktor}_i}} \quad (2)$$

Diese Berechnung wird für einfache Gemische benutzt, wo alle Komponenten vom Detektor angezeigt werden (z.B. Gasanalysen). Sie kompensiert Veränderungen im Injektionsprozeß, da alle chromatographischen Peaks in die Berechnung einbezogen werden.

Innerer Standard: Substanzmenge in der Probe =

$$\frac{\text{Peakfläche} \times \text{Int. Standard Responsefaktor}}{\text{Responsefaktor} \times \text{Int. Standard Peakfläche}_i} \quad (3)$$

Bei diesem Vorgehen werden alle Proben und Kalibrierungsgemische mit derselben Menge einer Substanz gewichtet, die im Chromatogramm nahe der interessierenden Peaks eluiert, aber nicht mit anderen Peaks koeluiert. Diese Methode ist deshalb nur für relativ einfache Chromatogramme (z.B. Qualitätskontrollanalysen) geeignet. Die Berechnung kompensiert Veränderungen im Injektionsprozeß.

Ein einzelner Responsefaktor ist nur für Analysen geeignet, bei denen die Peakgröße direkt proportional zur Analytmenge ist. Um eine bessere Kalibrierung zu erzielen, unterstützen die meisten Datenstationen mehrstufige Bestimmungen (z.B. linear durch den Ursprung,

2.4 Datenerfassung

linear mit Kompensation, kubisch, logarithmisch) und beziehen das Chromatographieren von Standardgemischen, die einen weiten Konzentrationsbereich umfassen, gefolgt von einer statistischen Kurvenanpassung der Ergebnisse ein.

2.4.5.9 Die Darstellung von Ergebnissen

Sind quantitative Daten erhältlich, ist das Datensystem in der Lage, analytische Berichte mit einer Zusammenfassung dieser Informationen zu drucken. Bild 2.21 zeigt ein typisches Beispiel. Viele Datenerfassungssysteme haben Reportoptionen, die es ermöglichen, die Reportformate an die jeweilige Analyse anzupassen. Die während der Datenverarbeitung erzeugten Informationen, wie z.B. Peakretentionszeiten, Peaknamen, und die Basislinienerkennung können als Kommentar der Chromatogrammdarstellung zur Unterstützung der Interpretation genutzt werden. Bild 2.22 zeigt ein typisches Beispiel. Viele Datenerfassungssysteme ermöglichen eine weitere Verarbeitung der Daten entsprechend den Erfordernissen der Analyse entweder durch eingebaute Funktionen oder durch die Verwendung von Programmiersprachen wie z.B. BASIC. Trotz anspruchsvoller Software in modernen Systemen bleibt die kritische Begutachtung und die Interpretation der Ergebnisse durch den Analytiker ein sehr bedeutender Teil des analytischen Prozesses. Diese Geräte sind nur ein Hilfsmittel, und als solche können Fehler vorkommen, die nicht erkannt werden, wenn dies nicht beachtet wird.

2.4.5.10 Das Auffinden von Daten

Da viele moderne Datenerfassungssysteme in der Lage sind, die Rohdaten (digitale Flächensegmente) zu speichern und in digitalen Files auszugeben, muß man sich überlegen, wie solche Daten aufbewahrt werden, damit sie zu einem späteren Zeitpunkt begutachtet und weiterverarbeitet werden können. Viele Labors müssen unter Anforderugen wie z.B. der „Guten Laborpraxis" arbeiten, die die Schlüsselanforderungen für die Datenverarbeitung vorschreiben. Eine solche Anforderung ist z.B. die Notwendigkeit, die Ergebnisse auf die Rohdaten zurückverfolgen zu können, so daß für eine notwendige Überprüfung der Ergebnisse die Rohdaten wiederverarbeitet, dargestellt und ausgeben werden können, um identische Ergebnisse zu erhalten. Es ist deshalb wichtig, daß jedes File oder jeder Ausdruck die Bemerkungen zu Einzelheiten der Probe, zum Rohdatenfile, zum Analysedatum, der Datenerfassungsmethode, der chromatographischen Methode und dem Namen des Analytikers enthält.

2.4.5.11 Datenarchivierung und -austausch

Da man die chromatographischen Daten in einer digitalen Form darstellen kann, können diese Informationen auf einer Magnetdiskette für eine spätere kritische Begutachtung oder Weiterverarbeitung gespeichert werden. Wenn das Datenerfassungssystem ein Diskettenlaufwerk besitzt, können diese Operationen vor Ort durchgeführt werden. Viele Systeme haben eine digitale Kommunikationsschnittstelle, die die Datenübertragung zu einem anderen Computer ermöglichen. Dort können diese Daten dann archiviert und wiederverarbeitet werden. Der Computer kann ein einfacher PC oder ein anderes Datenerfassungssystem sein, das Teil eines lokalen Netzwerkes (LAN) oder ein Zentralcomputer in einem Labor-Informations-Mangement-System (LIMS) ist. Viele dieser Systeme besitzen auch Möglichkeiten der Gerätesteuerung, um chromatographische Methoden zu speichern und einzurichten. Die meisten

Peak #	Time [min]	Area [uV*sec]	Norm. Area [%]	Component Name
1	0.304	29.00	0.00	
2	8.148	11323.70	1.57	
3	8.798	12908.19	1.79	ethane
4	9.549	10655.74	1.48	ethylene
5	11.923	19310.01	2.68	propane
6	18.467	19512.10	2.71	propylene
7	21.224	23185.87	3.22	iso-butane
8	22.364	25777.57	3.58	n-butane
9	23.674	9918.08	1.38	acetylene
10	25.173	0.19	0.00	
11	26.350	178.82	0.03	
12	27.146	2532.31	0.35	
13	27.293	16745.47	2.32	trans-2-butene
14	27.790	19320.23	2.68	iso-butene
15	28.572	1072.09	0.15	1-butene
16	29.223	13858.52	1.92	cis-2-butene
17	30.377	617.71	0.09	
18	30.620	15450.06	2.14	cyclopentane
19	30.699	47133.33	6.54	iso-pentane
20	31.254	1221.17	0.17	
21	31.521	39512.70	5.48	n-pentane
22	32.951	3059.67	0.42	dichloroethylene
23	34.097	18025.59	2.50	2-methyl-2-butene
24	34.295	3968.78	0.55	cyclopentene
25	34.446	30237.39	4.20	trans-2-pentene
26	35.122	32250.94	4.47	3-methyl-1-butene
27	35.450	28647.43	3.97	1-pentene
28	35.656	1859.80	0.26	
29	36.024	24656.26	3.42	cis-2-pentene
30	37.378	60003.38	8.32	2,2-dimethylbutane
31	38.051	37702.66	5.23	3-methylpentane
32	38.157	49711.50	6.90	2-methylpentane
33	38.319	44960.26	6.24	2,3-dimethylbutane
34	39.539	38085.43	5.28	isoprene
35	39.730	182.66	0.03	
36	40.526	702.44	0.10	
37	41.086	430.80	0.06	
38	41.160	48393.24	6.71	4-methyl-1-pentene
39	41.631	90.67	0.01	
40	41.773	7495.82	1.04	2-methyl-1-pentene
41	44.106	85.66	0.01	
		720813.19	100.00	

Bild 2.21 Typisches Beispiel für einen analytischen Report

Datenerfassungssysteme besitzen diese Möglichkeiten, und ihre Auswahl hängt gewöhnlich vom zu leistenden Arbeitsumfang ab, obwohl die ständig sinkenden Kosten für Computer diese Systeme sogar für kleine Labors erschwinglich machen.

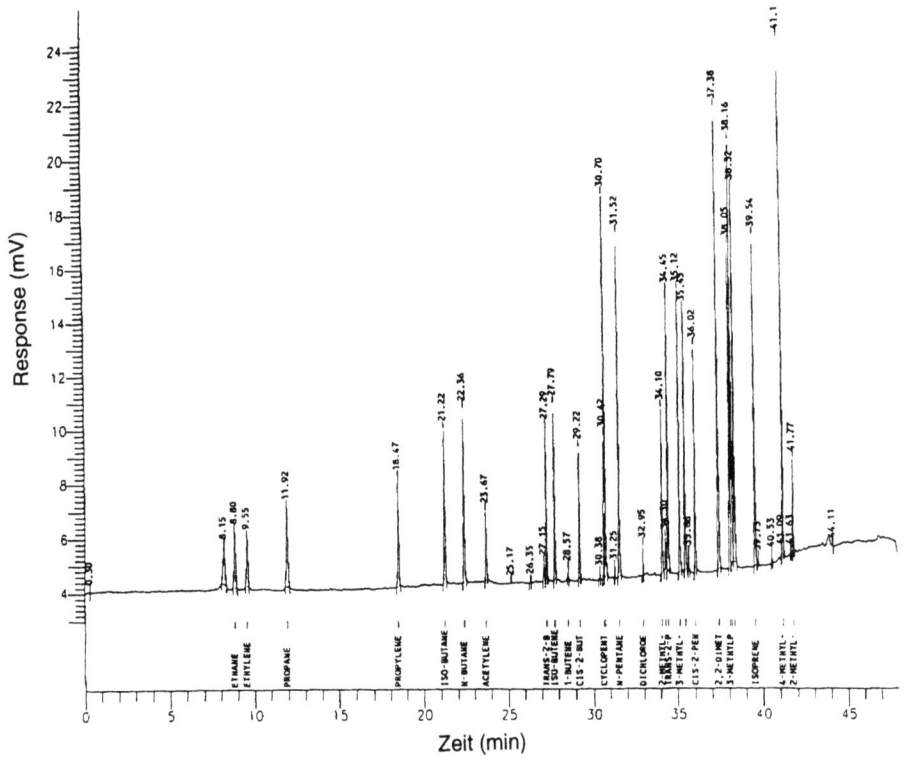

Bild 2.22 Beispiel für eine kommentierte Chromatogrammdarstellung

Literatur

[1] Grob, K. *Classical Split and Splitless Injection in Capillary Gas Chromatography* Hüthig Verlag, Heidelberg (**1986**).

[2] Grob, K.; Fröhlich, D.; Schilling, B.; Neukom, H.P.; Nägeli, P. *J. Chromatogr.* **1984**, *295*, 55.

[3] Hinshaw, J.: *LC-GC Int.* **1992**, *5*, 14.

[4] Grob, K.: *On-Column-Injection in Capillary Gas Chromatography* Hüthig Verlag, Heidelberg (**1991**).

[5] Ioffe, B.V.; Vitenberg, A.G.: *Head Space Analysis and Related Methods in Gas Chromatography* Wiley, New York (**1984**).

[6] Hein, H.; Kunze, W.: *Umweltanalytik mit Spektrometrie und Chromatographie*, 2. Auflage, VCH Verlagsges., Weinheim (**1995**).

[7] Bautz, D.E.; Dolan, J.W.; Snyder, L.R: *J. Chromatogr.* **1991**, *541*, 1.

[8] Grob, K.: *Einspritztechniken in der Kapillar-Gaschromatographie* Hüthig Verlag, Heidelberg (**1995**).

3 Entwicklung, Herstellung, Eigenschaften und Anwendung von Kapillarsäulen

PETER A. DAWES

3.1 Einleitung

Das Konzept der Verwendung einer engen Röhre als chromatographische Trennsäule leitet sich von theoretisch-mathematischen Berechnungen und anschließenden experimentellen Arbeiten Marcel Golays aus dem Jahre 1957 ab [1]. Die genaue Bezeichnung für dessen Erfindung lautet: „open tubular capillary column", es wird jedoch gemeinhin einfach von Kapillarsäulen gesprochen.

Deren größter Vorteil gegenüber gepackten Säulen ist zweifellos die höhere Trennleistung. Dafür lassen sich nach eingehender Betrachtung der Van-Deemter-Gleichung mehrere Gründe angeben. Neben einer geringeren Trennstufenhöhe H (Theoretische Bodenhöhe) ist es vor allem auch die viel größere Länge von Kapillarsäulen im Vergleich zu gepackten Säulen.

In gepackten Säulen wird der Gasfluß durch die kleinen Partikel des Packungsmaterials behindert, so daß nur relativ kurze Säulen eingesetzt werden können, da sonst der Druckabfall entlang der Säulen zu groß wird. Eine Kapillarsäule hingegen ist in ihrem Inneren frei von solchen Barrieren, der Trägergasfluß wird nicht behindert und es können daher Säulen größerer Länge (10 – 100 m) zum Einsatz kommen. Das Trägergas strömt laminar, und keine störende Wirbeldiffusion erhöht nachteilig die theoretische Bodenhöhe.

Vorteile von Kapillarsäulen gegenüber gepackten Säulen sind:

- höhere Trennleistung und damit bessere Auflösung,
- verkürzte Analysenzeit infolge eines günstigeren Phasenverhältnisses,
- größere Empfindlichkeit infolge schmalerer und damit höherer Peaks,
- Möglichkeit, Komponenten eines breiten Siedebereichs zu eluieren,
- weniger Interferenzen durch Kontaminanten und überlappende Peaks,
- bessere Reproduzierbarkeit der Trenneigenschaften von Säule zu Säule.

Wegen ihres hohen Trennvermögens und kürzerer Analysenzeiten ist die Kapillargaschromatographie die derzeit bevorzugte chromatographische Trenntechnik für komplexe Gemische von Analyten, die thermisch stabil, ausreichend flüchtig und inert in Bezug auf Reaktionen mit der stationären Phase sind.

3.2 Typen von Kapillarsäulen

Neben Glas und Stahl ist seit den 80er Jahren vor allem hochreiner Quarz in Form dünnwandiger, flexibler „Fused-silica"-Kapillaren zum bevorzugten Rohrmaterial geworden. Verschiedene Typen von Kapillarsäulen wurden entwickelt (s. auch Bild 3.1):

a) *Filmkapillarsäulen*, englisch: Wall Coated Open Tubular (*WCOT*) Columns, sind der derzeit am häufigsten verwendete Säulentyp. Die stationäre Phase befindet sich in Form eines dünnen Films auf der Innenseite des Kapillarrohrs. Je nach Phasenverhältnis (Verhältnis der Querschnittsflächen von stationärer zu mobiler Phase), unterscheidet man auch Dünnfilm- und Dickfilmkapillarsäulen.

b) *Schichtkapillarsäulen*, englisch: Porous Layer Open Tubular (*PLOT*) Columns, sind innen mit einer zwischen 0,1 und 5 µm dicken Schicht eines festen Adsorbens wie Aluminiumoxid, Molekularsieb oder poröses Polymer belegt.

c) *Imprägnierte Schichtkapillarsäulen*, englisch: Support Coated Open Tubular (*SCOT*) Columns, haben eine flüssige stationäre Phase auf einem festen Trägermaterial, dessen Partikel in einer dünnen Schicht an der Innenseite des Kapillarrohrs verankert sind. SCOT-Säulen waren zwischenzeitlich verbreitet im Einsatz, werden aber kaum noch verwendet und deshalb im folgenden nicht näher behandelt.

d) *Mikrogepackte Säulen* sind keine Kapillarsäulen mit freiem Querschnitt, sondern gepackte Säulen mit Kapillardimensionen, vorzugsweise mit 0,5 bis 1,5 mm Rohrdurchmesser. Im Vergleich zu Filmkapillarsäulen vertragen sie größere Probenmengen. Mikrogepackte Säulen werden durch das Verhältnis von Partikeldurchmesser / Rohrdurchmesser charakterisiert, denn davon hängen die Art der Packung (irregulär oder regulär dicht) und bestimmte Säuleneigenschaften ab [2].

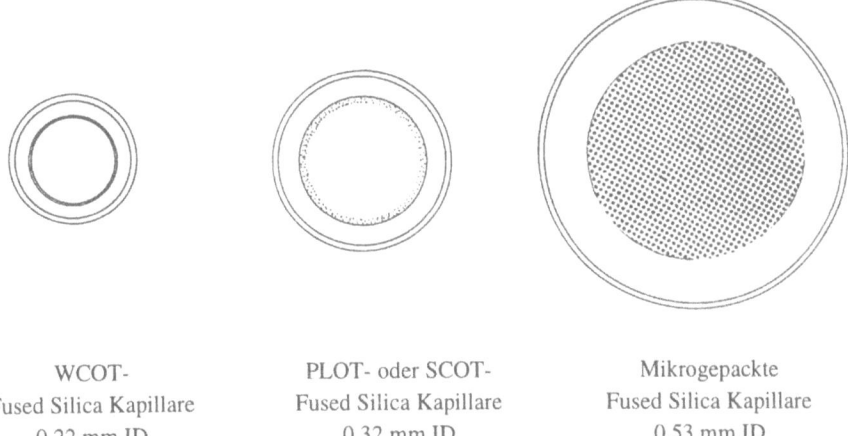

WCOT-
Fused Silica Kapillare
0,22 mm ID

PLOT- oder SCOT-
Fused Silica Kapillare
0,32 mm ID

Mikrogepackte
Fused Silica Kapillare
0,53 mm ID

Bild 3.1 Kapillarsäulen verschiedenen Typs im Querschnitt

3.3 Die Entwicklung der modernen Kapillarsäulen

Die Kapillargaschromatographie war schon viele Jahre bekannt, bevor sie ihre heutige weite Verbreitung gefunden hat. Die Einführung von Fused-silica-Kapillaren durch Dandeneau und Zerenner [3] von Hewlett-Packard, neue Silylierungsmethoden für die Desaktivierung, die Immobilisierung der stationären Phasen durch Vernetzung (cross-linking), verbesserte quantitative Probenaufgabetechniken und nicht zuletzt ein breites kommerzielles Angebot von Kapillarsäulen mit immer besser garantierten Trenneigenschaften haben zu einer immer größeren Akzeptanz der Kapillargaschromatographie geführt.

3.3.1 Säulenmaterialien

Ausgehend von Destys [4] Beschreibung einer Kapillarziehmaschine waren jahrzehntelang Glaskapillaren das meistgenutzte Rohrmaterial. Dank vielfach erprobter und ausführlich erörterter Desaktivierungs- und Belegungstechniken (vgl. u.a. [5]) wurden in vielen analytischen Laboratorien leistungsfähige, oft für eine spezielle Applikationsanforderung „maßgeschneiderte" Kapillarsäulen selbst hergestellt. Kapillarrohr aus Kupfer, Aluminium, Nylon oder rostfreiem Stahl konnte sich gegen Alkali- und Pyrex-Glas nicht behaupten. Obgleich einsatzfähige, mit einer Auswahl der wichtigsten stationären Phasen belegte Glaskapillaren über GC-Gerätehersteller zu beziehen waren, gab erst das Angebot von Fused-silica-Kapillarsäulen für den breiten Einsatz der Kapillar-GC den entscheidenden Impuls.

Fused-silica ist ein hochreiner, meist synthetisch hergestellter Quarz, der sich durch einen sehr niedrigen Gehalt an metallischen Kontaminanten auszeichnet. Fused-silica-Kapillarrohr wird aus einem vorgeformten Rohr (von etwa 8 mm Außendurchmesser) bei 2100 – 2200 °C auf die gewünschte Dimension gezogen. Es ist dann innen glatt und infolge einer geringen Wandstärke von nur etwa 0,05 mm flexibel.

Fused-silica besitzt außerdem eine höhere Stabilität als andere Gläser, die bei einer Kapillarsäule jedoch nur dann gegeben ist, wenn keinerlei Defekte vorhanden sind. Da Staub oder Feuchtigkeit auf der Quarzoberfläche Defekte verursachen können, welche dann Ansatzpunkte für die Entstehung von Rissen und Sprüngen darstellen, muß das Fused-silica-Material unmittelbar nach dem Ziehen der Kapillare geschützt werden.

Das derzeit am häufigsten verwendete und nach dem jetzigen Stand der Technik am meisten zufriedenstelle Schutzmaterial ist Polyimid. Aus einer Lösung wird auf der Fused-silica-Oberfläche ein dünner Polyimidfilm aufgebracht und dort verankert, um so eine stabile und hermetische Versiegelung zu bilden. Allerdings begrenzt diese Polyimid-Beschichtung die Arbeitstemperatur der Säulen auf 370 °C.

Für Anwendungen, die eine höhere Temperatur erfordern, wurden aluminiumbeschichtete Fused-silica-Kapillaren entwickelt, die bei Temperaturen bis zu 500 °C einsetzbar sind, sofern die stationäre Phase dies zuläßt.

Einer der großen Vorteile von Fused-silica-Kapillaren ist die Einfachheit, mit der, bedingt durch die geringe Wandstärke, totvolumenarme Verbindungen sowie Detektor- und Injektoranschlüsse realisiert werden können. Bei den in der Kapillar-GC üblichen niedrigen Trägergasflüssen ist das von besonderer Bedeutung. Allein dieser Vorteil ermöglichte die

Entwicklung leicht handhabbarer Säulenverbinder, besserer Transfersysteme zum Detektor, Säulenschaltung für multidimensionale Trennung, von Ein- und Auslaßsplitsystemen sowie weiterer Verbesserungen.

3.3.2 Entwicklung und Kriterien stationärer Phasen

Für einen erfolgreichen Einsatz in der Kapillar-GC müssen stationäre Phasen folgende Kriterien erfüllen.

3.3.2.1 Thermische Stabilität

Die stationäre Phase darf auch bei höheren Temperaturen, die bei gaschromatographischen Analysen häufig erforderlich sind, keinen merklichen Dampfdruck haben oder gar einer thermischen Zersetzung unterliegen.

3.3.2.2 Physikalische Stabilität

Es muß möglich sein, die stationäre Phase als einen homogenen, fest haftenden Film auf die innere Kapillaroberfläche aufzubringen. Dieser Film muß auch beim Aufheizen der Säule sowie bei Belastung mit Analyten und deren Lösungsmittel physikalisch stabil sein.

3.3.2.3 Vernetzung (Cross-linking)

Obwohl es nicht unbedingt erforderlich ist, die stationäre Phase zu vernetzen und chemisch an die Oberfläche von Fused-silica-, Glas- oder entsprechend präparierten Stahlkapillaren zu binden, sind heute fast alle kommerziell erhältlichen stationären Phasen in sich vernetzt und/ oder chemisch an die Unterlage gebunden. Vernetzte Phasen haben eine höhere thermische Stabilität und werden durch Lösungsmittel kaum extrahiert.

3.3.2.4 Chemische Inertheit gegenüber Analyten

Die Analyten dürfen in keiner Weise mit der stationären Phase oder mit darin enthaltenen Verunreinigungen reagieren, da es sonst im Laufe der Analyse zu Verlusten kommt. Auf dergleichen ist besonders zu achten, wenn etwa Schwermetallkomplexe wie Platin-bis(methyl)-*n*-octylglyoxim als stationäre Phasen zum Einsatz kommen.

3.3.2.5 Verteilungsmechanismus

Bei einer für die GC relevanten Arbeitstemperatur müssen sich Verteilungsgleichgewichte der Analyten zwischen stationärer und mobiler Phase einstellen, die zu akzeptablen Elutionszeiten und möglichst symmetrischen Peaks führen.

Viele „flüssige" stationäre Phasen lassen unterhalb einer bestimmten Temperatur keine auf einem Lösungsmechanismus basierende Gleichgewichtsverteilung der Analyten mehr zu. Man kann dann nicht mehr von Gas-flüssig-Verteilungschromatographie, d.h. einer Verteilung zwischen flüssiger Phase und Gasphase sprechen. Die ungenügende Adsorptionskapazität der glatten bzw. kristallinen Oberfläche der stationären Phase führt dann zu einer überladenen Gas-fest-Adsorptionschromatographie, was sich in sehr breiten, asymmetrischen Peaks und damit in einer schlechten Trennung der Komponenten äußert. Die Peakformen werden wieder normal, sobald die entsprechende (Schmelz-)Temperatur z.B. im Verlaufe des Temperaturprogramms überschritten wird. Liegt diese Minimaltemperatur zu hoch, ist die Säule nur in eingeschränktem Maße, d.h. nicht für niedrigsiedende Analyten verwendbar.

Andererseits können interessierende hochsiedende Verbindungen für ihre schnelle Elution hohe Säulentemperaturen verlangen, die an die thermische Stabilität der stationären Phase besondere Anforderungen stellen. Letztere entscheidet, bis zu welcher maximalen Arbeitstemperatur eine Trennsäule betrieben werden kann. Tabelle 3.1. gibt für einige stationäre Phasen die Temperaturbereiche ihrer Einsatzfähigkeit an.

3.3.2.6 Phasenselektivität

Die Wechselwirkungen zwischen Analyten und stationärer Phase können, wie nachfolgend näher erläutert wird, unterschiedlicher Natur sein. Die Stärke der Wechselwirkungen bestimmt letztendlich die Retention der Analytmoleküle.

Tabelle 3.1 Minimale und maximale Arbeitstemperaturen verbreiteter stationärer Phasen

Stationäre Phase (vernetzt)	Minimaltemperatur (°C)	Maximaltemperatur (°C)
Polydimethylsiloxan (BP1)	− 60	320
5% Diphenyl-dimethylsiloxan (BP5)	− 60	320
Dimethylsilarylen (BPX5)	− 80	370
14% Cyanopropylphenyl-dimethylsiloxan (BP10)	−20	270
50% Cyanopropylphenyl-dimethylsiloxan (BP225)	40	250
Polyethylenglycol (BP20)	20	250
Cyanopropylsilarylen (BPX70)	25	270
Polydimethylsiloxan-Carboran-Copolymer (HT5)	10	460
HT-SimDist CB (Ultimetall-Kapillarsäule)	10	450
(nicht vernetzt)		
Polydimethylsiloxan (DC 200)	−50	220
Squalan	20	150
Didecylphthalat	25	135
Carbowax 20M	55	220
Polyethylenglycolsuccinat	90	225
PoraPLOT Q (Schichtkapillarsäule)	−180	250
Molsieb 5A PLOT (Schichtkapillarsäule)	−180	500

1. Dispersionswechselwirkungen
Aus van der Waalsschen Kräften resultieren schwache, unspezifische Dispersionswechselwirkungen. Liegen nur Dispersionswechselwirkungen vor, so richtet sich die Retentionsfolge in der Regel nach den Siedepunkten.

2. Dipol-Dipol-Wechselwirkungen
Solche Wechselwirkungen treten auf, wenn sowohl Analyt als auch stationäre Phase eine permanentes Dipolmoment besitzen.

3. Induzierte Dipol-Dipol-Wechselwirkungen
Diese Wechselwirkungen können entstehen, wenn ein Analytmolekül mit einem permanenten Dipol in der stationären Phase einen transienten Dipol induziert. Häufig handelt es sich dabei um stationäre Phasen mit Phenylgruppen. Umgekehrt können auch bestimmte stationäre Phasen in Analytmolekülen einen transienten Dipol induzieren.

4. Säure-Base-Wechselwirkungen
Wenn Elektronenpaare des Sauerstoffs einer Polyethylenglycolphase oder das freie Elektronenpaar des Stickstoffs eine Cyanosiloxanphase als Elektronendonatoren fungieren, entstehen Säure-Base-Wechselwirkungen.

5. Trennung nach der Molekülgeometrie
Nach der Molekülgestalt bzw. nach Chiralität kann mit den heutzutage erhältlichen chiralen Cyclodextrin- und flüssigkristallinen Stationärphasen getrennt werden.

Weitere Informationen zu den Trennmechanismen verschiedener stationärer Phasen enthalten [6-8].

3.3.2.7 Reproduzierbarkeit der Trenneigenschaften

Stationärphasen müssen unter genau reproduzierten Bedingungen synthetisiert werden, um sicherzustellen, daß verschiedene Chargen desselben Materials gleiches Trennverhalten zeigen.

3.3.3 Typen stationärer Phasen für die Gaschromatographie

Nachfolgende Abschnitte behandeln die für die Gaschromatographie wichtigsten Gruppen stationärer Phasen.

3.3.3.1 Siliconphasen

Siliconphasen sind die in der Verteilungschromatographie (siehe Bilder 3.2a, b und c) am häufigsten verwendeten Stationärphasen. Das Polymergerüst verfügt über eine gute Flexibilität, wodurch eine hinreichend schnelle Diffusion des Analyten im Polymer möglich ist. Allgemein gesehen besitzen Silicone nahezu ideale Eigenschaften; sie sind thermisch stabil, bilden gute Filme und ihre Viskosität nimmt mit steigender Temperatur nur wenig ab. Weiterhin sind sie unempfindlich gegenüber oxidierenden Einflüssen. Besonders wichtig ist, daß sie mit verschiedenen funktionellen Gruppen synthetisiert werden können, wodurch man Stationärphasen mit gezielt unterschiedlichen Selektivitäten erhält.

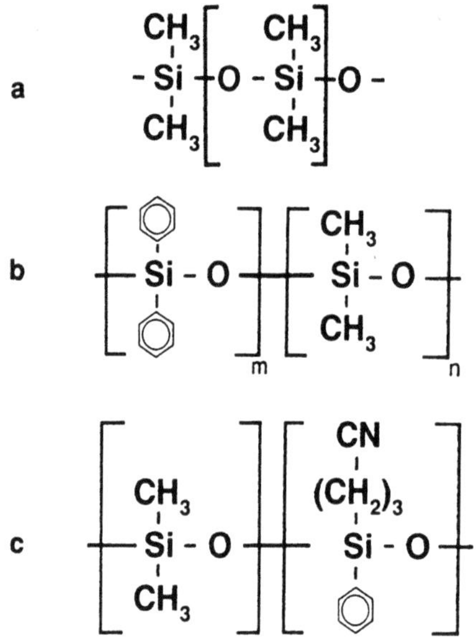

a

$$\mathrm{-Si} \begin{bmatrix} \mathrm{CH_3} \\ | \\ | \\ \mathrm{CH_3} \end{bmatrix} \mathrm{O} - \mathrm{Si} \begin{bmatrix} \mathrm{CH_3} \\ | \\ | \\ \mathrm{CH_3} \end{bmatrix} \mathrm{O} -$$

b

$$\begin{bmatrix} \mathrm{C_6H_5} \\ | \\ \mathrm{Si-O} \\ | \\ \mathrm{C_6H_5} \end{bmatrix}_m \begin{bmatrix} \mathrm{CH_3} \\ | \\ \mathrm{Si-O} \\ | \\ \mathrm{CH_3} \end{bmatrix}_n$$

c

$$\begin{bmatrix} \mathrm{CH_3} \\ | \\ \mathrm{Si-O} \\ | \\ \mathrm{CH_3} \end{bmatrix} \begin{bmatrix} \mathrm{CN} \\ | \\ \mathrm{(CH_2)_3} \\ | \\ \mathrm{Si-O} \\ | \\ \mathrm{C_6H_5} \end{bmatrix}$$

Bild 3.2 Chemische Strukturen der am häufigsten verwendeten Polysiloxanphasen: a) Polydimethylsiloxan; b) Polydiphenyldimethylsiloxan; c) Cyanopropylphenylsiloxan

3.3.3.2 Polyethylenglycol

Polyethylenglycol (PEG) ist derzeit die nach den Polysiloxanen zweithäufigste Gruppe stationärer Phasen (Bild 3.3). Obwohl es sich dabei um ein eher mittelpolares Material handelt, war Polyethylenglycol jahrelang die am stärksten polare Phase, die mit Fused-silica-Kapillarsäulen auf dem Markt war. Ursache dafür waren Probleme bei der Belegung und Vernetzung von polaren Polysiloxanphasen an Fused-silica-Kapillaren.

Polyethylenglycolphasen sind nur begrenzt temperaturstabil und stehen außerdem in dem Ruf, sehr empfindlich gegenüber Feuchtigkeit und Sauerstoff zu sein. Diese negativen Eigenschaften sind jedoch bei den jetzt erhältlichen, durch Vernetzung immobilisierten PEG-Phasen weitgehend überwunden.

Für die Analyse saurer Verbindungen, besonders für die der freien Fettsäuren, kommen auch säurebehandelte Versionen von Polyethylenglycolphasen zum Einsatz.

3.3.3.3 Modifizierte Siloxanpolymere

Zur Verbesserung ihrer Trenneigenschaften können Polysiloxane modifiziert werden. So ist durch den Einbau von Carboran- und Phenylgruppen in das Siloxangerüst (s. Bild 3.4) eine bessere thermische Stabilität und Selektivität erreichbar.

$$-\!\!\left[\mathrm{CH_2 - CH_2 - O}\right]_m\!\!-$$

Bild 3.3 Chemische Struktur von Polyethylenglycol

3.3 Die Entwicklung der modernen Kapillarsäulen

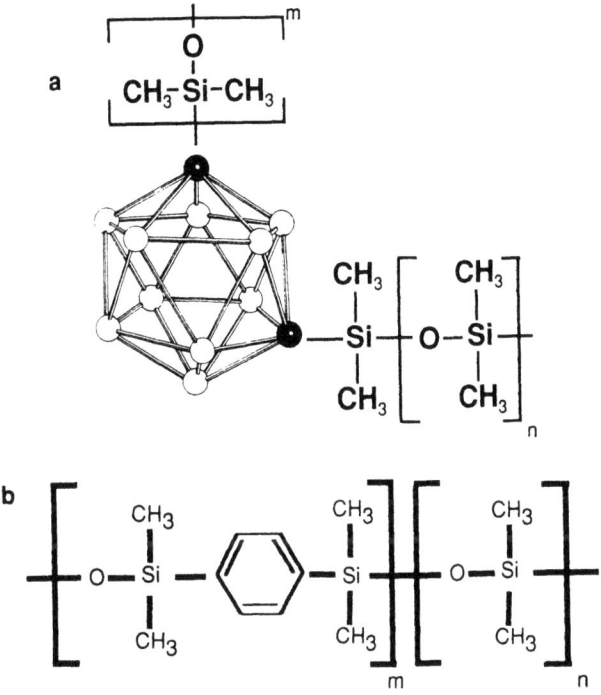

Bild 3.4 Strukturen der Hochtemperaturphasen: a) Siloxan-Carboran-Copolymer; b) Silarylen

Fused-silica-Kapillaren, die mit Carboran-modifiziertem Polysiloxan belegt sind, können bei Temperaturen bis zu 480 °C betrieben werden. Das ermöglicht die Untersuchung schwerer flüchtiger Verbindungen, die bisher der GC nicht zugänglich waren.

Silarylen-Phasen besitzen eine höhere thermische Stabilität als einfache Polysiloxane, sind diesen in ihren übrigen Eigenschaften allerdings sehr ähnlich, so daß sie für dieselben Anwendungen verwendbar sind, jedoch mit dem Vorteil eines reduzierten Säulenblutens (diskutiert in Abschnitt 3.4.7).

3.3.3.4 Gas-fest-Chromatographie

Seit der Entwicklung der PLOT-Säulen können Kapillarsäulen auch in der Gasanalytik und bei der Analyse leichtflüchtiger Verbindungen mit gepackten Säulen konkurrieren. Die wichtigsten Materialien für solche Stationärphasen sind Molekularsiebe, Aluminiumoxid sowie eine Reihe poröser Polymere, bei denen es sich hauptsächlich um Styren-Divinylbenzen-Copolymere handelt.

PLOT-Säulen mit porösen Polymeren haben sich als sehr geeignet für die Trennung einer Vielzahl leichtflüchtiger Sauerstoff-, Stickstoff- und Schwefelverbindungen sowie von niedermolekularen Kohlenwasserstoffen erwiesen.

Mit Hilfe von Molsieb-Schichtkapillarsäulen kann eine Reihe von Permanentgasen getrennt werden, während Aliminiumoxid-PLOT-Säulen insbesondere für die Analyse der C1- bis C7-Kohlenwasserstoffe geeignet sind. Welcher Säulentyp für ein spezielles Trennproblem am besten geeignet ist, wird in [9] eingehender behandelt.

3.3.3.5 Chirale Phasen

Die neuesten Entwicklungen auf dem Gebiet der Cyclodextrinphasen haben Trennungen unterschiedlichster Enantiomerentypen möglich gemacht (s. Bild 3.5). Cyclodextrin ist ein cyclisches Oligomer (Bild 3.6), welches in eine konventionelle Polysiloxanphase eingebunden wird. Organische Moleküle passender Größe und Form können mit dem Cyclodextrin-Hohlraum intensive Wechselwirkungen eingehen und unterliegen so einer starken Retention an der stationären Phase. Das Cyclodextrinoligomer ist auf vielfältige Weise modifizierbar, womit die jeweilige Stationärphase für bestimmte Stereoisomere selektiv wird.

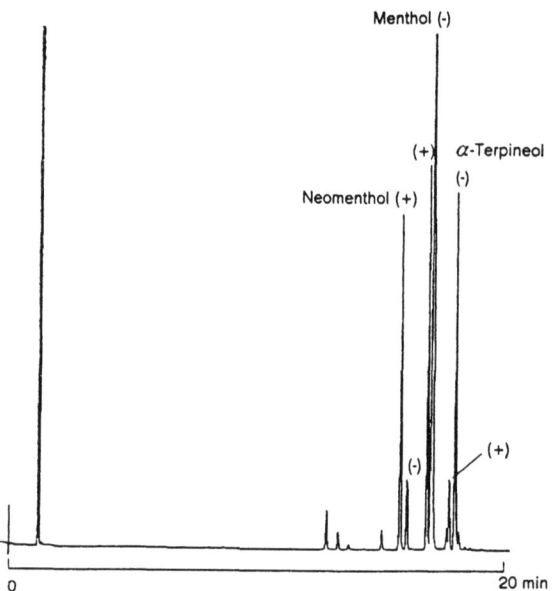

Bild 3.5 Enantiomerentrennung am Beispiel von Mentholöl an einer CYDEX-B-Kapillarsäule (50 m × 0,22 mm ID, 0,25 µm Filmdicke), Splitinjektion, Trägergas H_2, Detektor FID, Temperaturprogramm: 100 °C, 5 min isotherm, dann 2 °/min bis 130 °C.

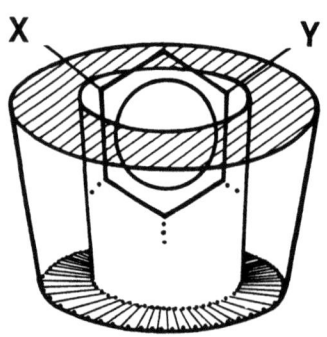

Bild 3.6 Struktureinheit einer Cyclodextrinphase

3.3.4 Herstellungsmethoden

Gegenwärtig wird ein großes Sortiment an Kapillarsäulen unterschiedlichster Typen kommerziell angeboten. Obwohl die einschlägige Literatur reich an Informationen zu Herstellungsmethoden ist, verbleiben die besten Technologien doch in den Händen renomierter Herstellerfirmen, die damit in der Lage sind, Trennsäulen von exzellenter Qualität zu produzieren (Tabelle 3.2).

Dennoch stellen einige Anwender ihre Trennsäulen selbst her, was ihnen deren Optimierung für ganz spezielle Anwendungen ermöglicht. In der Literatur sind die einzelnen Schritte der Kapillarsäulenherstellung mehrfach beschrieben (s. z.B. [8]). Von Grob [5] liegt dazu eine zusammenfassende Monographie vor.

Im folgenden soll kurz über die notwendigen Schritte zur Herstellung einer Kapillarsäule informiert werden.

3.3.4.1 Modifizierung der Fused-silica-Oberfläche

Die Oberflächenchemie des Kapillarmaterials kann je nach Hersteller sehr unterschiedlich sein und auch von Charge zu Charge noch stark variieren. Die innere Kapillarwand muß deshalb zunächst in bestimmter Weise modifiziert, d.h. den Bedingungen der anschließenden Arbeitsschritte angepaßt werden.

Tabelle 3.2 Kommerziell erhältliche Stationärphasen und einige ihre Handelsbezeichnungen

Stationärphase (vernetzt)	Handelsbezeichnungen
Dimethylpolysiloxan	BP-1, DB-1, HP-1, SPB-1, Rtx-1, CP-Sil 5 CB, SE-30, OV-1
5% Diphenyldimethylpolysiloxan	BP-5, DB-5, HP-5, SPB-5, Rtx-5, CP-Sil 8 CB, SE-54
14% Cyanopropylphenyldimethylpolysiloxan	BP-10, DB-1701, Rtx-1701, CP-Sil 19 CB, OV-1701
50% Phenyldimethylpolysiloxan	DB-17, HP-17, Rtx-50, OV-17
50% Trifluorpropylmethylpolysiloxan	OV-210, DB-210, QF-1
50% Cyanopropylphenyldimethylpolysiloxan	BP-15, HP-225, OV-225
50% Cyanopropyldimethylpolysiloxan	DB-23, Rtx-2330, CP-Sil 88 CB, OV-275
Polyethylenglycol	BP-20, DB-Wax, HP INNOWAX, SupelcoWAX 10, Stable WAX, CP-Wax 52 CB, CW-20M
Cyanopropylsilarylen	BPX-70
Dimethylsiloxan-Carboran-Copolymer	HT-5
Dimethylsilarylen	BPX-5

3.3.4.2 Desaktivierung

Trotz seiner hohen Reinheit kann das Fused-silica-Material gegenüber bestimmten Analyten noch eine beachtliche adsorptive und katalytische Aktivität aufweisen. Der deshalb notwendige Desaktivierungsprozeß muß allerdings mit der später aufzubringenden stationären Phase kompatibel sein.

3.3.4.3 Aufbringen der Stationärphase

Die in verschiedenen Varianten ausgeführte Methode der statischen Belegung ist die bevorzugte Technik, um eine polymere Stationärphase exakt und gleichmäßig auf die Innenseite des Kapillarrohrs aufzubringen. Die wichtigsten Schritte dabei sind:

a) Eine genau definierte Menge der stationären Phase wird in einem leichtflüchtigen Lösungsmittel gelöst.

b) Das Kapillarrohr wird mit der verdünnten Lösung gefüllt und an einem Ende verschlossen.

c) Am anderen Ende des Kapillarrohrs wird Vakuum angelegt, wodurch das Lösungsmittel langsam verdampft und die stationäre Phase als gleichmäßiger Film vorausberechneter Schichtdicke auf der Innenwand des Kapillarrohrs zurückbleibt. Dieser Vorgang kann durch eine exakt einzuhaltende Temperaturerhöhung unterstützt werden.

3.3.4.4 Vernetzung

Das auf die Kapillarrohroberfläche aufgebrachte Polymer stellt zunächst ein vergleichsweise niedermolekulares öliges oder hochviskoses, gummiartiges Medium dar. Erst dessen Vernetzung ergibt einen unlöslichen und physikalisch stabilen Polymerfilm. In der Regel wird die Vernetzung der Polymermoleküle durch radikalisch initiierte Reaktionen erreicht, wobei die dazu benötigten freien Radikale aus Peroxiden, Azoverbindungen oder mit Hilfe von Gamma-Strahlen freigesetzt werden. Auch sog. Präpolymere mit endständigen Silanolgruppen kommen heute zum Einsatz. Sie haben den Vorteil, daß für die Vernetzung keine potentiell kontaminierenden Substanzen oder solche, die unerwünschte Nebenprodukte geben, in die Säule gebracht werden müssen. Man erreicht durch thermische Behandlung eine Selbstvernetzung des Präpolymers. Nach der Vernetzung wird die Kapillarsäule gewöhnlich mit einem flüchtigen Lösungsmittel gewaschen, wobei sich die stationäre Phase als immobilisiert erweist. Anschließend wird unter Trägergasfluß bei einer Temperatur konditioniert, die ein weniges über der späteren maximalen Arbeitstemperatur liegt.

3.4 Beurteilung der Säulenqualität

Mit der zunehmenden Verbesserung der Technologien zur Kapillarsäulenherstellung werden bei der Beurteilung ihrer Qualität und Leistungsfähigkeit auch immer höhere Maßstäbe angelegt. Standardisierte Tests sollen sicherstellen, daß die Kapillarsäulen für ein möglichst breitgefächertes Aufgabenspektrum verwendbar sind. Solche Tests sind zwar für Vergleichszwecke sehr nützlich, in der Praxis zählt jedoch nur, wie gut die Säule das spezielle Trenn-

3.4 Beurteilung der Säulenqualität

problem zu lösen vermag, für das sie eingesetzt werden soll. Nachfolgend werden Kenngrößen behandelt, die man zur Beurteilung der Leistungsfähigkeit von Trennsäulen heranziehen kannn.

Voraussetzung für eine korrekte Bestimmung der Parameter, aus denen letztendlich die leistungscharakteristischen Größen berechnet werden, ist die genaue Messung der Retentionszeiten und der Peakbreiten. Diese erfolgt entweder per Computer-Auswertesystem mit einer entsprechenden Auswertesoftware, mit Hilfe von Rechner-Integratoren oder an Hand analog ausgeschriebener Chromatogramme. Hier muß allerdings die Geschwindigkeit des Papiervorschubs bekannt und sehr gleichmäßig sein, damit die Retentionszeiten und vor allem auch die Peakbreiten exakt ermittelt werden können. Für die Messung ist außerdem eine Meßlupe und ein in derselben Maßeinheit graduiertes Lineal erforderlich. Anstatt die Peakbreiten und die Retentionszeiten alle in Minuten und Sekunden umzurechnen, können die Berechnungen wegen der Verhältnisbildung gleich in den gemessenen Längeneinheiten durchgeführt werden.

3.4.1 Trennvermögen und Peakkapazität

Als Trennvermögen einer Kapillarsäule kann man die Anzahl getrennter Peaks innerhalb der Analysenzeit betrachten. Je schmaler die Peaks sind, desto größer ist die Peakkapazität für die Analyse und damit auch das Trennvermögen der Säule. Diese Betrachtungsweise berücksichtigt jedoch nicht Faktoren wie die Selektivität der stationären Phase.

In einer chromatographischen Trennsäule vergrößert sich die Bandbreite eines jeden Analyten, der die Säule passiert, proportional zu seiner Retentionszeit. Zur Beurteilung des Trennvermögens bestimmt man daher, wie stark sich die Analytbanden im Verlauf der Passage durch die Säule verbreitern. Dafür kann in guter Näherung die lineare Beziehung

$$w_h = w_a + t'_R / \omega$$

angenommen werden, in der w_a die Peakbreite eines hypothetischen ersten Peaks am Anfang des Chromatogramms, t'_R die Nettoretentionszeit des jeweiligen Peaks und ω eine als Trennwert zu bezeichnende Konstante bedeuten. Über Entwicklung einer geometrischen Reihe läßt sich daraus eine Beziehung ableiten, mit der die Anzahl der Peaks erhalten wird, die lückenlos aneinandergereiht vom Chromatogrammstart bis zur Retentionszeit eines letzten Peaks t'_{Ri} in dem betreffenden Chromatogramm maximal möglich wäre:

$$\text{ZMP} = \omega \, ln\left(1 + w_{hi} / t'_{Ri}\right)$$

Die „Zahl möglicher Peaks" (ZMP) kann leicht erhalten werden, indem aus den Wertepaaren t'_{Ri} und w_{hi} einiger Peaks eines realen Chromatogramms durch lineare Regression der Trennwert ω ermittelt und das Chromatogrammende durch den „letzten Peak" festgelegt wird. Durch Bezug auf einen vorgegebenen Chromatogrammbereich, z.B. von $k = 1$ bis $k = 10$, wird die Zahl möglicher Peaks zu einer Maßzahl, die sich für den Vergleich des Trennvermögens verschiedener Trennsäulen oder die Beurteilung des Trennvermögens in Abhängigkeit von Analysenbedingungen eignet (nähere Ausführungen dazu in [10]).

3 Entwicklung, Herstellung, Eigenschaften und Anwendung von Kapillarsäulen

Diese Säuleneigenschaft, die sich eben in der maximal möglichen Anzahl von Peaks in einem Chromatogramm äußert, für die es aber auch noch andere Berechnungswege sowie Vorschläge für Randbedingungen gibt, wird auch als „Peakkapazität" bezeichnet. Leider werden zur Beschreibung der Trenneigenschaften und für die Bewertung von Trennsäulen keine einheitlichen Begriffe verwendet, was mitunter das Verständnis erschwert.

3.4.2 Bestimmung der Effizienz und weiterer Leistungsparameter

Effizienz, Trennkraft und Trennleistung werden ohne genaue Unterscheidung für die Leistungsfähigkeit einer Trennsäule im Hinblick auf das Eindämmen der Bandenverbreiterung der Analyten beim Durchlaufen der Säule gebraucht. Um Mißverständnissen vorzubeugen und das praktische Vorgehen bei der Bestimmung wichtiger Kenngrößen zu demonstrieren, werden im folgenden Abschnitt Rechenbeispiele ausgeführt.

3.4.2.1 Retentionsparameter

Die Berechnungen zur Trenneffizienz- und zu anderen Leistungsparametern (s. Bild 3.7) werden mit folgenden Zahlenwerten ausgeführt:

- t_{Ri} = 242 mm (bei einem Papiervorschub von 10 mm/min entspricht das 24,2 min), Retentionszeit der Komponente i, auch als Gesamt- oder Bruttoretentionszeit bezeichnet,
- t_M = 37,8 mm (entspricht 3,78 min), Elutionszeit einer nicht zurückgehaltenen Verbindung, auch als Durchflußzeit oder Mobilzeit bezeichnet,
- w_{hi} = 2,73 mm (entspricht 0,273 min), Peakbreite in halber Peakhöhe für die Komponente i.

Die um die Durchflußzeit t_M verminderte Bruttoretentionszeit $t'_{Ri} = (t_{Ri} - t_M)$ wird reduzierte Retentionszeit oder Nettoretentionszeit genannt (hier 204,2 min).

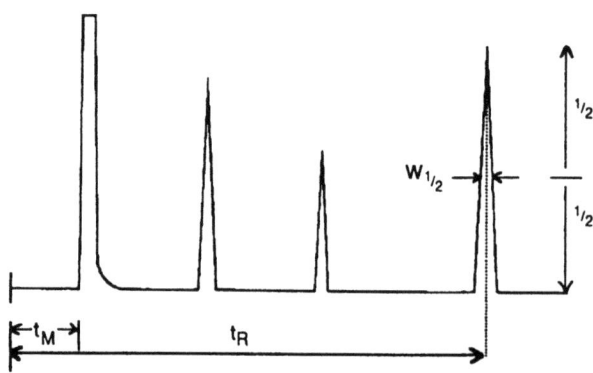

Bild 3.7 Parameter, die zur Beurteilung der Säuleneffizienz zu bestimmen sind

3.4 Beurteilung der Säulenqualität

3.4.2.2 Theoretische Bodenzahl N

Als Maß der Effizienz einer Trennsäule verwendet man die Theoretische Bodenzahl N.

$$N = 8\ln 2 (t_R/w_h)^2$$

$N = 5{,}54 (242/2{,}73)^2$ Somit ist: $N = 43\,500$.

Ausgehend von der Peakbreite an der Basislinie w_b (Abstand der Schnittpunkte der Wendetangenten mit der Basislinie) folgt auf Grund der aus der Gauß-Funktion abgeleiteten Beziehung $w_b = 1{,}699\ w_h$ zur Berechnung der theoretischen Bodenzahl N (auch theoretische Trennstufenzahl genannt), die Gleichung

$$N = 16 (t_R/w_b)^2$$

3.4.2.3 Retentionsfaktor k

Der Retentionsfaktor k, der gelegentlich auch als Kapazitätsfaktor oder Kapazitätsverhältnis bezeichnet wird, charakterisiert die Retentionskapazität einer Säule und folgt aus der Beziehung:

$$k_i = (t_{Ri} - t_M)/t_M \quad \text{oder:} \quad k_i = t'_{Ri}/t_M$$

$k_i = (242 - 37{,}8)/37{,}8$ also: $k_i = 5{,}40$

Der Retentionsfaktor bezieht sich immer auf das Retentionsverhalten einer bestimmten Komponente bei der gegebenen, isotherm gehaltenen Temperatur und ist eine wichtige Größe zur Überwachung des Zustandes einer Trennsäule. Eine Verringerung des Retentionsfaktors deutet auf einen Verlust an stationärer Phase hin.

3.4.2.4 Effektive Bodenzahl N_{eff}

Als man nach Einführung der Kapillarsäulen feststellen mußte, daß für Peaks mit sehr kleinem Retentionsfaktor extrem hohe theoretische Bodenzahlen erhalten wurden, die aber keine entsprechend hohe Auflösung herbeiführten [2], wurde von Desty [11] die Effektive Bodenzahl N_{eff}, auch als Effektive Trennstufenzahl bezeichnet, vorgeschlagen. Die Berechnung erfolgt analog zur Theoretischen Bodenzahl, nur wird anstelle der Gesamtretentionszeit t_R die reduzierte Retentionszeit t'_R eingesetzt:

$$N_{eff} = 5{,}54 (t'_R/w_h)^2 \quad \text{oder:} \quad N_{eff} = 16 (t'_R/w_b)^2$$

$$N_{eff} = 5{,}54 [(t_R - t_M)/w_h]^2$$

$$N_{eff} = 5{,}54 [(242 - 37{,}8)/2{,}73]^2$$

$N_{eff} = 31000$ effektive Böden.

Theoretische und effektive Bodenzahl können nur aus isotherm gemessenen Chromatogrammen ermittelt werden. Weiterhin muß der Retentionsfaktor k des den Berechnungen zugrunde liegenden Peaks unbedingt mit in Betracht gezogen werden. Effektive und theoretische Bodenzahl stehen zueinander in folgender Beziehung:

$$N = N_{eff}\,(k+1)^2/k^2$$

$$N = 31000\left[(5,40+1)^2/5,40^2\right]$$

$$N = 1,40\,N_{eff}$$

N und N_{eff} unterscheiden sich besonders stark bei früh eluierenden Komponenten, was sich aus den vorangegangenen Gleichungen erklärt.

3.4.2.5 Nutzungsgrad der theoretischen Effizienz von Filmkapillarsäulen

Für Filmkapillarsäulen kann man die nach der Theorie erreichbare minimale Bodenhöhe H_{theor} mit guter Näherung aus der Beziehung

$$H_{theor} = \tfrac{1}{2}d_c\sqrt{1+6k+11k^2)/3(1+k)^2}$$

berechnen, wobei d_c den Innendurchmesser der Säule in mm und k den Retentionsfaktor derjenigen Komponente darstellen, für die aus dem Chromatogramm die tatsächlich erreichte „reale Bodenhöhe" bestimmt wird.

Die tatsächlich erreichte Bodenhöhe H_{real} hängt von der Güte des Films der stationären Phase, d.h. von der Gleichmäßigkeit seiner Dicke auf der gesamten Innenoberfläche des Kapillarrohres. Im Verhältnis von theoretisch möglicher und real erreichter Bodenhöhe ist deshalb die Belegungsgüte zu sehen, die beim Aufbringen der stationären Phase erreicht wurde. Dieser Nutzungsgrad wird deshalb auch als Belegungseffizienz (engl.: Coating efficiency CE) bezeichnet.

Die Belegungseffizienz CE ist eine hilfreiche Maßzahl um abzuschätzen, wie sehr die Trennleistung einer Säule ihrem theoretischen Wert nahekommt. Da die auch als Trennleistung bezeichnete Trennsäuleneffizienz mit dem Kehrwert der Bodenhöhe wächst, wird die aus der Theorie abgeleitete minimale Höhe eines theoretischen Bodens als Prozentanteil der realen Höhe eines theoretischen Bodens angegeben:

$$CE = H_{theor}\cdot 100\%/H_{real}$$

Die minimale theoretische Bodenhöhe H_{theor} bezieht sich nicht nur auf die optimale Beschaffenheit des Films der stationären Phase, sondern schließt auch die Einhaltung der optimalen Trägergasgeschwindigkeit u_{opt} ein. Wird nun die reale Bodenhöhe H_{real}, die sich nach

$$H = L/N$$

errechnet, wobei L die Länge der Kapillarsäule in mm ist, nicht bei optimaler Trägergasgeschwindigkeit bestimmt, dann erhält man mit CE die unter nicht optimierten Trennbedin-

3.4 Beurteilung der Säulenqualität

gungen erreichten Nutzungsgrad der theoretisch möglichen Trennleistung. Erst die Bestimmung der realen Bodenhöhe H_{real} bei ebenfalls hinsichtlich der Bodenhöhe optimierter Trägergasgeschwindigkeit u_{opt} gibt mit CE den Nutzungsgrad der theoretisch möglichen Säuleneffizienz und damit die Belegungsgüte bzw. Belegungseffizienz der eingesetzten Filmkapillarsäule an.

Unter Verwendung der obigen Meßdaten erhält man für eine 12 m lange Kapillarsäule:

$$H_{real} = 12000 \text{ mm}/43500$$

$$H_{real} = 0{,}276 \text{ mm}.$$

Die minimale theoretische Bodenhöhe H_{theor} einer Säule mit 0,22 mm Innendurchmesser ergibt sich nach:

$$H_{theor} = 0{,}11\sqrt{\left[1 + 6(5{,}40) + 11(5{,}40)^2\right]\big/3\left[(1+5{,}40)^2\right]}$$

$$H_{theor} = 0{,}11\sqrt{(354/123)}$$

zu: $H_{theor} = 0{,}187$ mm.

Der Nutzungsgrad der theoretischen Effizienz, die Belegungseffizienz (Coating efficiency) CE dieser Kapillarsäule ergibt sich dann als Prozentsatz ihres theoretischen Maximums zu:

$$CE = (0{,}187 \text{ mm}/0{,}276 \text{ mm}) \cdot 100\%$$

$$CE = 67{,}8\%$$

Die Belegungseffizienzen kommerzieller Säulen mit unpolaren Stationärphasen liegen in der Regel zwischen mindestens 80% bis nahe 100%. Etwas polarere Phasen, besonders die Cyanopropylphasen neigen wegen der größeren Schwierigkeit, diese Materialien als homogenen Film auf der Fused-silica-Oberfläche zu stabilisieren, zu niedrigeren Belegungseffizienzen um etwa 70%.

3.4.2.6 Trennzahl

Die Trennzahl TZ nach Kaiser [10] drückt aus, wie viele Peaks basisliniengetrennt zwischen die Peaks zweier Komponenten einer homologen Serie passen würden. Je mehr Peaks dies sind, desto größer ist das Trennvermögen der Säule. Die Trennzahl kann auch für temperaturprogrammiert aufgenommene Chromatogramme angegeben werden.

$$TZ = \left(t_{R(x+1)} - t_{R(x)}\right)\big/\left(w_{h(x+1)} + w_{h(x)}\right) - 1.$$

Unter Verwendung der Werte aus Bild 3.8 ergibt sich:

$$TZ = (242 - 202)/(2{,}73 + 2{,}16) - 1 \quad \text{und somit:} \quad TZ = 7{,}20.$$

Es ist jedoch anzumerken, daß die in der Praxis viel genutzte Trennzahl im Gegensatz zu der im Abschnitt 3.4.1. angeführten Zahl möglicher Peaks ZMP nur eine grobe Näherung darstellt, was durch die nicht gegebene Additivität der Trennzahlen aufeinanderfolgender Chromatogrammabschnitte leicht zu überprüfen ist:

$$TZ_{1,3} \neq TZ_{1,2} + TZ_{2,3} + 1.$$

3.4.2.7 Auflösung R_S

Im Gegensatz zur Trennzahl, die einen breiteren Chromatogrammabschnitt zu beschreiben sucht und sich per definitionem auf benachbarte Glieder einer homologen Reihe bezieht, betrachtet die Auflösung R_s zwei benachbarte Peaks und bezeichnet deren Grad an Auftrennung. Die Auflösung R_s kann natürlich auch für beliebige, entferntere Peaks berechnet werden, hat dann aber auch den Makel, daß sich eine Folge von R_S-Werten nicht additiv verhält. Im Gegensatz zu Kaisers Trennzahl, die die zwischen den Bezugskomponenten liegenden möglichen Peaks zählt, ist die Auflösung R_s wie auch die Zahl möglicher Peaks ZMP so definiert, daß gerade ausreichend getrennte Peaks durch den Wert $R_s = 1$ beschrieben werden.

Das Rechenbeispiel verwendet wiederum die Meßdaten aus Bild 3.8.

$$R_S = 2(t_{R(x+1)} - t_{R(x)})/1{,}699(w_{h(x+1)} + w_{h(x)})$$

$$R_S = 2(242 - 202)/1{,}699(2{,}72 + 2{,}16)$$

$$R_S = 9{,}65.$$

Berechnet man die Auflösung R_s für die gleichen Peaks wie die Trennzahl TZ, sind beide Größen durch die Beziehung:

$$R_S = 1{,}177(TZ + 1)$$

miteinander verknüpft.

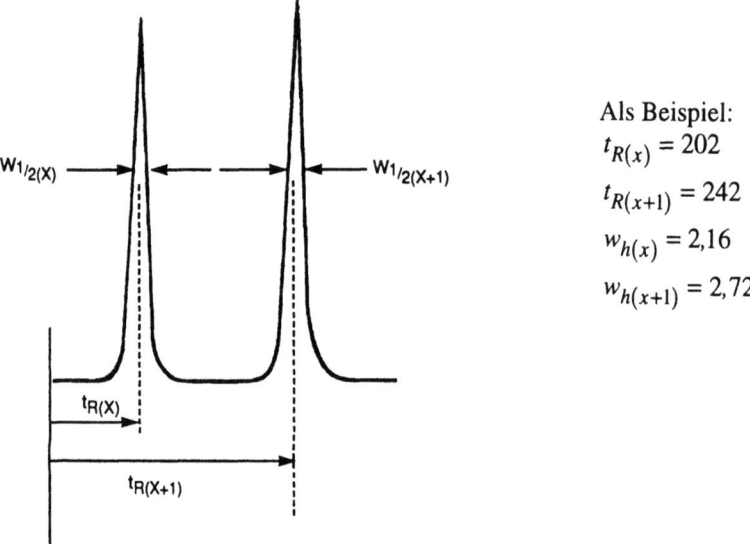

Als Beispiel:
$t_{R(x)} = 202$
$t_{R(x+1)} = 242$
$w_{h(x)} = 2{,}16$
$w_{h(x+1)} = 2{,}72$

Bild 3.8 Parameter zur Berechnung der Trennzahl *TZ*

3.4.3 Retentionsindices nach Kováts

Für die Bewertung einer Kapillarsäule im Hinblick auf eine bestimmte Anwendung ist es fast noch wichtiger sicherzustellen, daß diese die richtigen Verteilungseigenschaften hat, als nur auf eine besonders hohe Trennleistung zu achten. In der Regel sind die Herstellerfirmen bemüht, ihre Säulen so reproduzierbar wie möglich zu fertigen, so daß die Peaks von zwei unter identischen Bedingungen aufgenommenen Chromatogrammen sich hinsichtlich ihrer Retentionsfolge nicht gegeneinander verschieben. Derartige Verschiebungen würden die Trennung und/oder Identifizierung der Probenkomponenten erschweren.

Um die an verschiedenen Säulen erhaltenen Kováts-Indices miteinander vergleichen zu können, müssen Säulentemperatur, stationäre Phase und Phasenverhältnis übereinstimmen.

Die Berechnung der Retentionsindices erfolgt über die reduzierten Retentionszeiten t'_R (Nettoretentionszeiten). Die reduzierte Retentionszeit $t'_{R(x)}$ einer Komponente (x) ergibt sich aus der Gesamtretentionszeit $t_{R(x)}$ (Bruttoretentionszeit) minus der Durchflußzeit t_M (Totzeit) einer von der stationären Phase nicht zurückgehaltenen Verbindung.

Der Kováts-Retentionsindex stellt einen Bezug zwischen der Retentionszeit einer bestimmten Verbindung und den Retentionszeiten der flankierenden n-Alkane her. Bild 3.9 zeigt, welche Parameter für die Bestimmung der Retentionsindices zu messen sind und gibt gleichzeitig Beispielwerte an.

Der Retentionsindex eines n-Alkans ist als das Hundertfache seiner C-Zahl definiert. Durch logarithmische Interpolation der Elutionszeit einer interessierenden Verbindung zwischen denen der n-Alkane erhält man einen auf die C-Zahlen der n-Alkane bezogenen Retentionsindex (s. Kap. 7, Abschnitt 1)

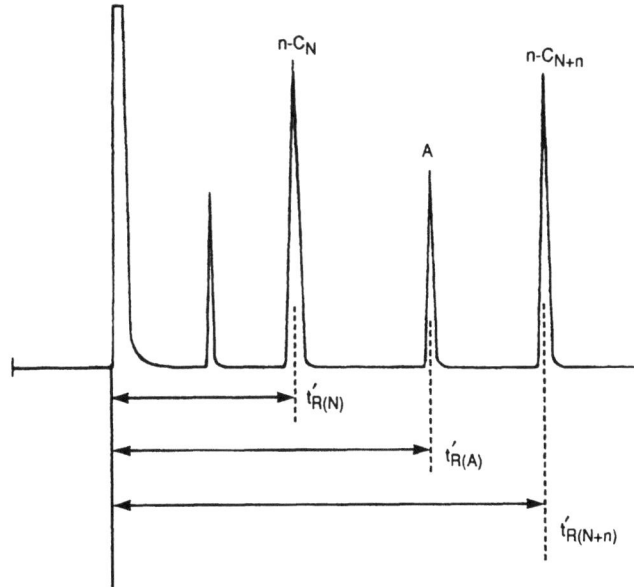

Bild 3.9 Für die Berechnung von Retentionsindices zu messende Parameter

Der Definition des Retentionsindex I ist folgende Beziehung zugrunde gelegt:

$$I_{(x)} = 100z + 100 \left(lg\, t'_{R(x)} - lg\, t'_{R(z)}\right)/\left(lg\, t'_{R(z+1)} - lg\, t'_{R(z)}\right)$$

$t'_{R(z)}$ und $t'_{R(z+1)}$ sind dabei die reduzierten Retentionszeiten der flankierenden n-Alkane mit z bzw. $z + 1$ Kohlenstoffatomen.

Im angegebenen Rechenbeispiel wurden als Nettoretentionszeiten für n-Octan und n-Nonan 160 bzw. 242 und für die Komponente (x) der Wert 202 eingesetzt:

$$I_{(x)} = 100 \cdot 8 + 100 \, (lg\, 202 - lg\, 160)/(lg\, 242 - lg\, 160)$$

$$I_{(x)} = 800 + 100 \, (2{,}305 - 2{,}204)/(2{,}384 - 2{,}204), \quad I_{(x)} = 856{,}11$$

Der Kováts-Retentionsindex drückt letztlich aus, daß die Komponente (x) an der Stelle eluiert, an der im Chromatogramm ein „hypothethisches n-Alkan" mit der gebrochenen C-Zahl $\left[I_{(x)}/100\right] = 8{,}5611$ stehen würde.

3.4.4 Analysenzeit

Eine übermäßig großzügige Auflösung ist normalerweise kaum von Nutzen, kann aber zur Verkürzung der Analysenzeit verwendet werden. Wenn durch Kapillarsäulen mit geeigneter Selektivität oder mit sehr hoher Trennleistung die Auflösung das notwendige Maß bei weitem übersteigt ist, eröffnet sich die Möglichkeit, die Analysenzeit auf Kosten der Auflösung zu reduzieren. Das kann durch Erhöhung der Trägergasgeschwindigkeit oder Erhöhung der Säulentemperatur bzw. ein steiler gewähltes Temperaturprogramm geschehen. Unter der Analysenzeit versteht man einfach die Chromatogrammlaufzeit. Die Analysenzykluszeit ist die Zeitspanne von Probeninjektion zu Probeninjektion und schließt neben der Chromatogrammlaufzeit noch die Abkühldauer von der Endtemperatur des Temperaturprogramms auf die Starttemperatur, die Zeit für die Stabilisierung der Startbedingungen und für die Vorbereitung der Injektion durch den ggf. benutzten automatischen Probengeber ein. Bei nur wenig über Raumtemperatur liegender Starttemperatur kann eine Erhöhung derselben die notwendige Abkühlzeit erheblich verkürzen.

In jüngster Zeit gewinnt die Verkürzung der Analysenzeit zunehmend an Interesse. In Übereinstimmung mit theoretisch begründeten Erwartungen hat sich für diese Zielstellung der Übergang zu Trennsäulen mit kleinerem Innendurchmesser in Verbindung mit Wasserstoff als Trägergas als besonders erfolgreich erwiesen (vgl. Abschnitt 3.5.2.4).

3.4.5 Probenkapazität

Wird eine zu große Probenmenge auf die Trennsäule aufgegeben, kann es zu einer Sättigung der stationären Phase kommen. Das Verteilungsgleichgewicht der Analyten zwischen flüssiger Phase und Gasphase ist dann gestört, da sich ein Teil der Analytmoleküle nicht in der

3.4 Beurteilung der Säulenqualität

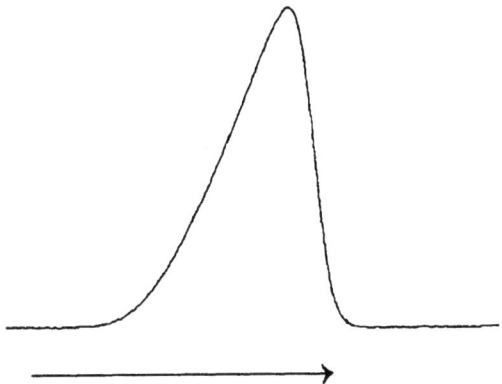

Bild 3.10 Überladener Peak mit Leading

stationären Phase lösen kann und in der Gasphase verbleibt. Dieser Teil wird in der Säule weitertransportiert, bis eine Verteilung wieder möglich ist. Auf diese Weise ist ein kleiner Anteil eines jeden Analyten der eigentlichen Analytbande voraus, was zu sogenanntem „Leading", d.h. einer Peakform führt, bei der die Vorderflanke des Peaks flacher verläuft als dessen Rückflanke. Durch die damit verbundene Peakverbreiterung geht ein nicht unbeträchtlicher Teil an Auflösung verloren (s. Bild 3.10).

Allerdings ist bei den in der Kapillar-GC gemeinhin recht scharfen Peaks nicht immer sofort erkennbar, ob ein Peak zum Leading neigt, auch wenn in einem bestimmten Bereich des Chromatogramms ein Verlust an Auflösung zu verzeichnen ist. Für eine genaue Feststellung gibt es zwei Möglichkeiten:

a) Man beobachtet den Peak während seiner Aufzeichnung. Ist sein Anstieg langsamer als der Abfall zurück zur Basislinie, hat der Peak ein Leading.

b) Man berechnet den Parameter für die Peaksymmetrie, was im Abschnitt 3.4.6 erklärt wird. Ein Symmetriewert von kleiner 1 deutet auf ein Leading hin.

Die Probenmenge, die eine Trennsäule verkraftet, ohne überladen zu sein, hängt nicht nur von der Gesamtprobenmenge ab, sondern auch davon, wie viele Komponenten sich in einem bestimmten Chromatogrammabschnitt konzentrieren.

Es gibt zwei Charakteristika, mit deren Hilfe die Möglichkeit einer Überladung abschätzbar ist:

a) die Querschnittsfläche der stationären Phase und

b) die Löslichkeit der einzelnen Analyten in der stationären Phase.

Je mehr stationäre Phase die Kapillarsäule pro Längeneinheit enthält, desto mehr Analytmoleküle können sich zwischen stationärer und mobiler Phase verteilen. Die Probenkapazität kann als der Querschnittsfläche der stationären Phase an der Säulenwandung proportional betrachtet werden, d.h. größere Filmdicke und/oder Säulendurchmesser erhöhen die Probenkapazität.

Tabelle 3.3 Richtwerte die Probenkapazität in ng für Kapillarsäulen unterschiedlicher Innendurchmesser und Filmdicken

Filmdicke (µm)	Innendurchmesser (µm)			
	100	220	320	530
0,10	8	20	28	46
0,25	19	50	70	137
0,50	39	100	140	230
1,00	77	190	280	460
5,00	370	933	1200	2300

Die Querschnittsfläche der stationären Phase ergibt sich aus:

$$\text{Querschnittsfläche} = \pi d_c d_f - \pi d_f^2 = \pi d_c d_f - \pi d_f^2 \approx \pi d_c d_f$$

Dabei ist d_c der innere Säulendurchmesser in µm und d_f die Filmdicke der stationären Phase in µm. Geringe Filmdicke ist bei der Querschnittsberechnung zu vernachlässigen.

Die Löslichkeit der Analytkomponenten in der stationären Phase ist insofern von Bedeutung, als z.B. eine unpolare Phase eine hohe Kapazität gegenüber unpolaren Analyten aufweist, jedoch mit polaren Analyten relativ leicht überladen werden kann.

Tabelle 3.3 enthält auf Grund berechneter Volumina an stationärer Phase für Kapillarsäulen unterschiedlicher Innendurchmesser und Filmdicken ungefähre Richtwerte für die Probenkapazitäten basierend auf der Vorgabe, daß die Analytkomponenten einen Retentionsfaktor $k < 1,0$ haben.

3.4.6 Inertheit

Die Verwendung einer hochauflösenden Kapillarsäule hat keinen Zweck, wenn es nicht gelingt, alle Analytmoleküle aus dem chromatographischen System zu eluieren, weil sie unterwegs mit aktiven Komponenten im System reagiert haben.

Es gibt drei Arten aktiver Zentren, die auf folgende Weise wirksam werden:

a) Reversible Adsorptionseffekte führen zu Peaks, die zwar die richtige Fläche haben, jedoch mit einem mehr oder weniger stark ausgeprägten Tailing behaftet sind.

b) Nichtreversible Adsorptionseffekte führen dazu, daß trotz perfekter Peakformen ein Teil des Analyten im System adsorbiert zurückbleibt, woraus sich vor allem bei der Quantifizierung Probleme ergeben.

c) Zersetzungs- und Umlagerungsvorgänge der Analytmoleküle, die infolge von Wechselwirkungen mit aktiven Zentren oder aufgrund thermischer Instabilität auftreten, führen zu anomalen Peakformen, die quantitativ kaum auswertbar sind und wegen ihrer Breite ggf. benachbarte Peaks überlappen oder völlig unterwandern können.

3.4 Beurteilung der Säulenqualität

Allerdings konnte die Aktivität von Kapillarsäulen durch Fortschritte in der Säulentechnologie und den Herstellungsverfahren soweit reduziert werden, daß heute auch Substanzen chromatographierbar sind, die bisher als der GC nicht zugänglich galten.

Zur Beurteilung der Aktivität eines chromatographischen Systems gibt es eine Reihe verschiedener Testmethoden mit unterschiedlicher Empfindlichkeit. In der Praxis ist es meist nur wichtig zu prüfen, ob ein System in der Lage ist, bestimmte interessierende Verbindungen zuverlässig zu analysieren. Generell kann die Eignung eines Systems für eine spezielle Anwendung mit Hilfe selbstentwickelter Tests oder mit Standardtestverfahren, die Hinweise auf die Leistungsfähigkeit von Säule und System geben, abgeschätzt werden.

Der wohl bekannteste und umfassendste Test ist der sogenannte Grob-Test (s. Bild 3.11), mit dessen Hilfe man nicht nur die Aktivität einer Kapillarsäule, sondern auch andere Parameter wie Trennvermögen, Filmdicke und Polarität beurteilen kann. Der Grob-Test ist ein sehr komplexer Test und muß unter genau vorgegebenen Bedingungen durchgeführt werden. Die entsprechende Methodik ist in [12] beschrieben, zusätzliche Erläuterungen finden sich in [13], ein Beispiel gibt Bild 3.11.

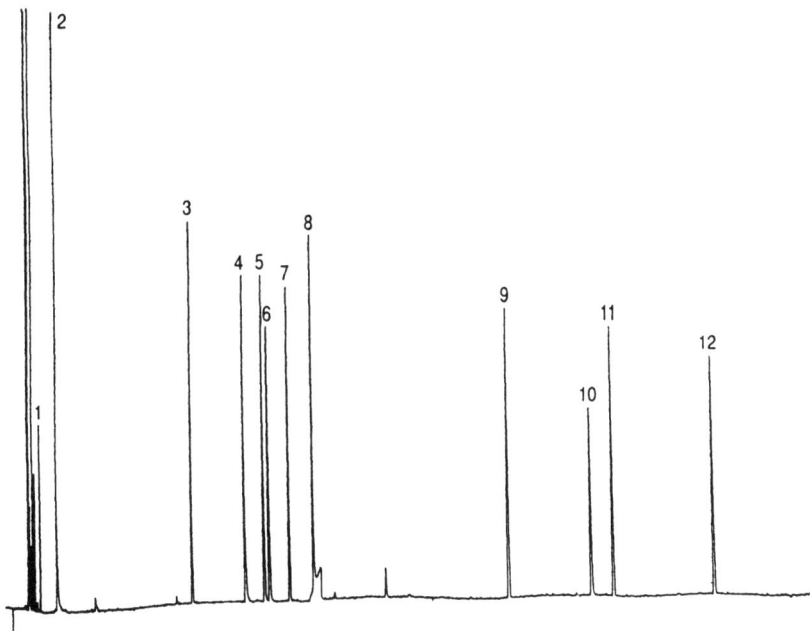

Bild 3.11 Standardisierter Grob-Test, angewendet auf eine Fused-silica-Kapillarsäule mit vernetztem Polydimethylsiloxan als stationäre Phase (25 QC2/BP-1-0,25), Länge: 25 m, 0,22 mm ID, Filmdicke: 0,25 μm; Starttemperatur: 40 °C, Anstieg: 1 °C/min bis 145 °C; Detektor: FID, Empfindlichkeit: 1×10^{-11} A; Trägergas: Helium, Geschwindigkeit: 25 cm/s; Splitinjektion;
Peaks: *1* – 2,3-Butandiol, *2* – *n*-Decan, *3* – 1-Octanol, *4* – 1-Nonanol, *5* – 2,6-Dimethylphenol, *6* – *n*-Undecan, *7* – 2,3-Dimethylanilin, *8* – 2-Ethylhexansäure, *9* – C_{10}-Methylester, *10* – Dicyclohexylamin, *11* – C_{11}-Methylester, *12* – C_{12}-Methylester.

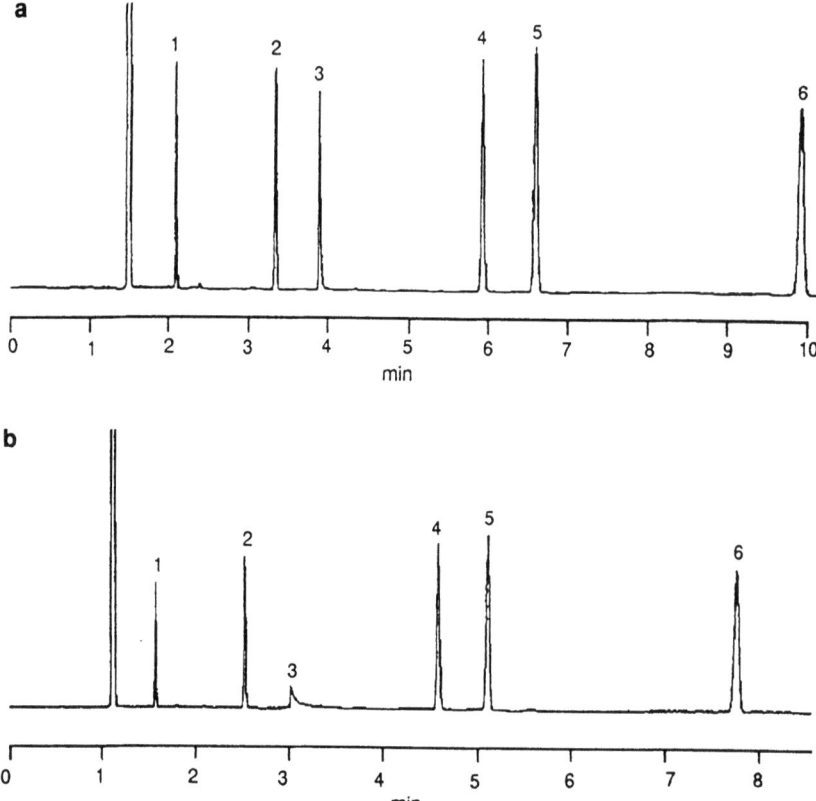

Bild 3.12 Chromatogramme einer inerten Kapillarsäule (A) mit guten Peakformen und einer Kapillarsäule (B), die Adsorptionseffekte und aktive Zentren aufweist. Säulen A und B: stationäre Phase: Polydimethylphenylsiloxan (BP-5), 25 m Länge, 0,22 mm ID, 0,25 µm Filmdicke; Säulentemperatur: 140°C isotherm; Detektor: FID, Empfindlichkeit: 32×10^{-12} A; Splitinjektion, Splitverhältnis: 60:1; Konzentrationen: 2 bis 5 ng je Komponente; Peaks: *1* – n-Decan, *2* – p-Chlorphenol, *3* – n-Decylamin, *4* – Undecanol, *5* – Biphenyl, *6* – n-Pentadecan.

Mit der Verbesserung der Herstellungstechniken wurden für die Beurteilung der Säulenaktivität auch strengere Testverfahren entwickelt, deren empfindlichere Komponenten auf verschiedene Typen aktiver Zentren (saure, basische, Alkoholgruppen) ansprechen. Ein allgemeiner Test für Säulen- und Systeminertheit ist in Bild 3.12 A/B dargestellt.

Ist ein bestimmtes Leistungsniveau mit Hilfe eines Tests erreicht, kann das Analysensystem bei Bedarf jederzeit wieder neu bewertet werden. Die Aktivität einer Kapillarsäule und ihre Trenneigenschaften können sich im Laufe ihrer Nutzung nachteilig ändern. Was dann zu tun ist, wird in Abschnitt 3.6.2 behandelt.

Als Ursachen für den Rückgang der Leistungsfähigkeit kommen folgende Faktoren für eine Schädigung der stationären Phase in Betracht:

a) Kontaminationen der Trennsäule aus den Proben,

b) Kontaminationen der Trennsäule aus dem Trägergas,

3.4 Beurteilung der Säulenqualität

c) Schädigung der stationären Phase durch hohe Temperatur,

d) Schädigung am Säulenanfang infolge besonderer Probenaufgabetechniken,

e) Schädigung am Säulenanfang durch bestimmte Probentypen.

Treten reversible Adsorptionseffekte auf, kann die Aktivität der Säule gemessen werden. Man kann die Leistungsfähigkeit des Systems anhand der Diskriminierung oder der Asymmetrie bestimmter Peaks beurteilen und überwachen. Für die Berechnung der Peakasymmetrie an Hand ausgeschriebener Chromatogramme ist ein schneller Papiervorschub empfehlenswert (s. Protokoll 3.1).

Die chromatographischen Bedingungen können das Ausmaß der Wechselwirkungen zwischen Analytmolekülen und aktiven Zentren in der Säule drastisch beeinflussen. Im einfachsten Fall lassen sich derartige Wechselwirkungen durch Verkürzung der Aufenthaltszeit der Analyten in der Säule reduzieren. Dies ist, vorausgesetzt die gewünschte Trennung wird dann immer noch erzielt, erreichbar durch:

- Erhöhen der Trägergasgeschwindigkeit,
- Verkürzen der Trennsäule,
- Erhöhen der Säulentemperatur bzw.
- Wahl eines steilen Temperaturprogramms.

Protokoll 3.1 Bestimmung der Peakasymmetrie

1. Fällen Sie das Lot von der Spitze des Peaks zur Basislinie (s. auch Bild 3.13).
2. Bestimmen Sie darauf den Punkt für 10% der Peakhöhe.
3. Messen Sie in dieser Höhe jeweils vom Lot aus w_f und w_b und
4. Berechnen Sie den Asymmetriefaktor[a] als $PS = w_b/w_f$.

[a] Werte größer 1 weisen auf ein Peaktailing als Folge reversibler Adsorptionsvorgänge hin. Werte kleiner 1 zeigen ein Peakfronting an, was auf eine zu große Probenmenge oder eine zu niedrige Säulentemperatur zurückzuführen ist.

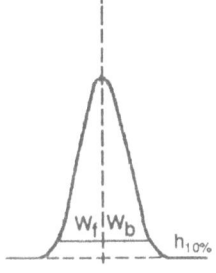

Bild 3.13
Bestimmung der
Peakasymmetrie PS

Zeigt die Kapillarsäule nur gegenüber bestimmten Verbindungen eine Aktivität, ist es schwierig, geringe Mengen dieser Stoffe zu analysieren, da ein vergleichsweise großer Anteil von ihnen während der Analyse verloren geht. Nicht selten bleiben solche Aktivitätseffekte bei der Untersuchung größerer Mengen dieser Stoffe unbemerkt.

3.4.7 Säulenbluten

Die Elution flüchtiger Fragmente des Polymers aus der Trennsäule infolge von Abbauprozessen der stationären Phase bezeichnet man als „Säulenbluten". Es stellt aus folgenden Gründen ein erhebliches Problem dar:

a) Es schränkt die Empfindlichkeit des Analysenverfahrens ein, da im Temperaturprogramm eine starke Basisliniendrift auftritt, die nur durch spezielle Maßnahmen kompensiert werden kann.

b) Eine unruhige oder ansteigende Basislinie kann zu Fehlern in der Aufzeichnung und Integration führen.

c) Einige Detektortypen können durch die Abbauprodukte erheblich kontaminiert werden.

d) Ein durch Säulenbluten verursachter Untergrund beeinflußt das Signal/Rausch-Verhältnis nachteilig und verringert im besonderen die Empfindlichkeit der massenspektrischen Detektion.

Folgende Umstände können zu einer Depolymerisation der stationären Phase und damit zu Säulenbluten führen:

- Katalytischer Abbau an aktiven Zentren, z.B. Metallen, innerhalb der Trennsäule. In der Regel haben Fused-silica-Kapillaren jedoch einen sehr geringen Gehalt an metallischen Verunreinigungen.

- Durch starke Säuren oder Basen katalysierter Abbau des Polymers. Dieser ist zwar sehr davon abhängig, was injiziert wird, seine Wirkung auf die stationäre Phase ist aber meist verheerend.

- In der stationären Phase enthaltene, aus dem Herstellungs- oder Vernetzungsprozeß stammende Verunreinigungen und Precursoren, die häufig permanent weiterreagieren und so einen Abbau des Polymers verursachen.

- Im Trägergas vorhandene Spuren von Sauerstoff, die entweder aus nicht sehr reinem Trägergas, aus undichten Druckgasleitungen oder aus ungeeigneten Dichtungen, Ventilen bzw. Reglern stammen.

Das Säulenbluten von Polysiloxanphasen ist nicht einfach vom Trägergasstrom mitgeführtes *niedermolekulares* Polysiloxan, sondern ist auf massenspektrometrisch nachgewiesene drei- bzw. viergliedrige cyclische Siloxanfragmente der Massenzahlen 207 und 281 zurückzuführen (s. Bild 3.14).

3.4 Beurteilung der Säulenqualität

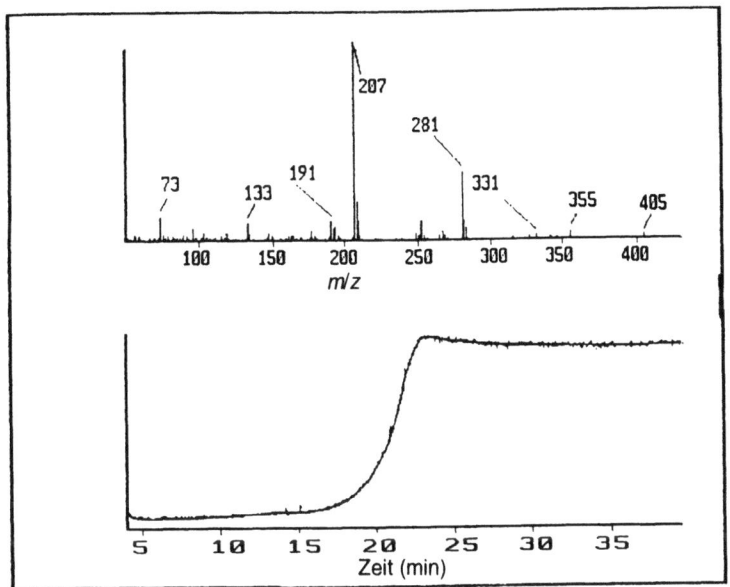

Bild 3.14 Chromatographisches Profil und Massenspektrum des Säulenblutens

Jedes Polymer hat eine Grenztemperatur, oberhalb derer eine Spaltung der kovalenten Bindungen einsetzt. Für stationäre Phasen unterscheidet man zwei Temperaturlimits: die *maximale isotherme Arbeitstemperatur* und die *maximale temperaturprogrammierte Arbeitstemperatur* (vgl. Tabelle 3.1). Erstere ist definitionsgemäß diejenige Temperatur, bei der die Trennsäule längere Zeit (z.B. 72 Stunden) konditioniert werden kann, ohne daß Veränderungen hinsichtlich Trennleistung, Retentionsindex, Retentionsfaktor oder Aktivität auftreten. Die *maximale temperaturprogrammierte Arbeitstemperatur* liegt bei vernetzten Phasen normalerweise 30 K über der maximalen isothermen Arbeitstemperatur, eine kurze Verweilzeit bei der Endtemperatur des Temperaturprogramms vorausgesetzt. Diese Angabe ist aber

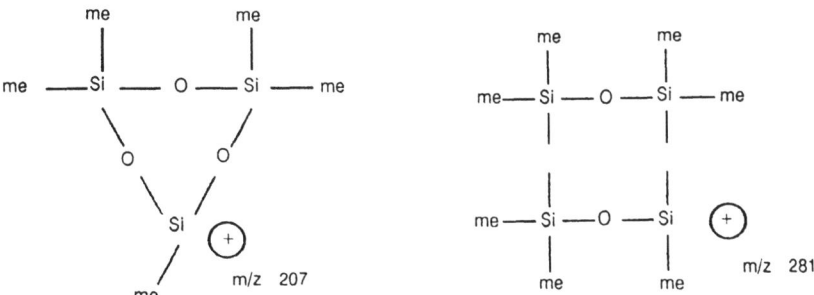

Bild 3.15 Wichtigste massenspektrometrisch erfaßte Bruchstücke des Säulenblutens einer Dimethylpolysiloxan-Stationärphase, entstanden durch Methylabspaltung aus Hexamethylcyclotrisiloxan oder Octamethylcyclotetrasiloxan

mehr eine Ermessensfrage, die unter anderem davon bestimmt wird, wie lange die Kapillarsäule ihre volle Leistungsfähigkeit behalten soll. Nichtvernetzte Stationärphasen sollte man überhaupt nicht über die angegebene Maximaltemperatur erhitzen, da es sonst schnell zu permanenten Schäden kommen kann. Vernetzte Phasen neigen weniger dazu, sich plötzlich zu zersetzen. Sie können kurzzeitig auf sehr hohe Temperaturen aufgeheizt werden, ohne Schaden zu nehmen.

3.4.7.1 Was stellt kein Säulenbluten dar ?

Beobachtet man bei temperaturprogrammierter Arbeitsweise, wie in Bild 3.16 dargestellt, einen Anstieg der Basislinie und anschließend einen Abfall, so liegt dem meist kein Säulenbluten zugrunde. Können die zugehörigen Massenspektren aufgenommen werden, so wird man selten die für Säulenbluten charakteristischen Bruchstücke der Massenzahlen 207 und 281 finden. Ursache eines solchen Basislinienbildes sind Kontaminationen der Trennsäule, die entweder aus gemessenen Proben oder aus anderen Quellen stammen. Mögliche Lösungen für dieses Problem werden in Abschnitt 3.6.2 behandelt.

3.4.8 Messung des Säulenblutens

Mitunter kann es sinnvoll sein, das Säulenbluten zu quantifizieren. Dazu wurde bisher der Basislinienanstieg einfach auf die Maßeinheit des Detektors bezogen. Die meisten Flammenionisationsdetektoren sind so eingestellt, daß sie ihre höchste Empfindlichkeit ungefähr dann erreichen, wenn ein voller Ausschlag des Signals am Integratorausgang etwa 1×10^{-12} A entspricht. Diese Einstellung ist zwar praktisch sehr von Nutzen, die Veränderung der Detektorempfindlichkeit muß aber bei vergleichenden Betrachtungen berücksichtigt werden. Es macht daher Sinn, das gemessene Säulenbluten auf das Signal einer bestimmten Verbindung zu beziehen. So könnte man das Säulenbluten z.B. als äquivalent zur Peakhöhe einer bestimmten Menge (ng) *n*-Eicosan betrachten. Allerdings ist diese Form der Angabe mit Problemen verbunden. Vergleiche von Trennsäulen unterschiedlicher Konfiguration sind nur unter Berücksichtigung der anderen Peakbreiten und der damit auch unterschiedlichen Peakhöhen möglich.

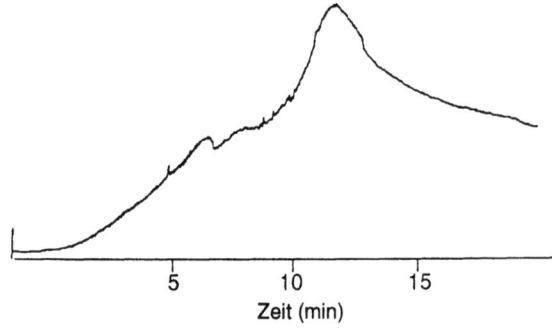

Bild 3.16 Basislinienbild einer kontaminierten Trennsäule im Temperaturprogramm

3.5 Säulenauswahl

Tabelle 3.4 Zu erwartendes Säulenbluten von 25 m langen Dimethypolylsiloxansäulen verschiedener Innendurchmesser d_c und verschiedener Filmdicken d_f bei 320 °C

d_c (mm)	0,10	0,15	0,22	0,32	0,53
d_f (µm)	0,10	0,34	0,25	0,50	1,00
Bluten (pA)	2	9	10	29	96

Das Säulenbluten einer Kapillarsäule ist der in ihr enthaltenen Menge an stationärer Phase ungefähr proportional, d.h. Trennsäulen mit größeren Filmdicken zeigen ein vergleichsweise höheres Säulenblutenund auch mit der Säulenlänge nimmt das Säulenbluten zu.

Tabelle 3.4 soll einen Anhaltspunkt dafür geben, welches Bluten für eine Polydimethylsiloxan-Kapillarsäule gegebener Dimension bei ihrer maximalen isothermen Arbeitstemperatur zu erwarten ist.

3.5 Säulenauswahl

Die Leistungsfähigkeit der Kapillargaschromatographie ist so groß, daß viele der tagtäglich durchgeführten Analysen nicht optimiert werden. Dennoch kann die Auswahl der am besten geeigneten Säule wie auch die Wahl der günstigsten Betriebsbedingungen eine Reihe von Vorteilen mit sich bringen, wie z.B.:

- verbesserte Empfindlichkeit,
- kürzere Analysenzeit,
- Möglichkeit der Verwendung einer billigeren Trennsäule,
- bessere Zuverlässigkeit der Ergebnisse durch weniger starke Beanspruchung des Analysensystems.

Zur Optimierung muß man zunächst den Einfluß eines jeden der vier in Betracht zu ziehenden Säulenparameter verstehen. Die Reihenfolge ihrer Bedeutung bei der Säulenauswahl ist etwa wie folgt:

- stationäre Phase geeigneter Selektivität,
- Innendurchmesser Kapillarsäule,
- Länge der Kapillarsäule,
- Filmdicke bzw. Phasenverhältnis.

3.5.1 Stationäre Phase

Die Selektivität der stationären Phase ist der mit Abstand stärkste, durch den Analytiker veränderbare Einflußfaktor auf den Trennvorgang. Im Vergleich zur Selektivität ist der Einfluß von Trennleistung und Bodenzahl einer Säule eher unbedeutend.

Hinweise zur Auswahl einer geeigneten Säule entnimmt man am besten einschlägigen Publikationen bzw. den Anwendungshinweisen in Katalogen und Applikationsschriften der Hersteller- und Vertriebsfirmen.

Bei der hohen Trennleistung der Kapillar-GC kann die Mehrheit der Analysen an vernetzten unpolaren stationären Phasen wie Polydimethylsiloxan oder 5%-Phenylmethylsiloxan durchgeführt werden. Man sollte diesen stationären Phasen, sofern möglich, generell den Vorzug geben, da sie sich durch hohe maximale Arbeitstemperaturen, geringes Säulenbluten und längere Haltbarkeit auszeichnen. Die Trennung an unpolaren Phasen beruht auf Dispersionswechselwirkungen und erfolgt damit zumeist nach dem Siedepunkt.

Andere Wechselwirkungen (s. Abschnitt 3.3.2) treten zusätzlich auf, wenn ein Teil der Methylgruppen des Polysiloxangerüsts durch andere funktionelle Gruppen ersetzt wurde. Das 5%-Phenylmethylsiloxan als stationäre Phase verfügt zusätzlich über eine gewisse Selektivität und ist für eine breite Palette unterschiedlicher Anwendungen geeignet, besonders für Analytkomponenten mit aromatischen Ringen im Molekül. Doch auch wenn damit bereits eine mit Bild 3.17 vergleichbare Trennung möglich ist, ist es mitunter von Vorteil, die Trennung an einer etwas polareren Phase zu probieren.

Die chromatographischen Bedingungen wurden für eine BP-5-Phase (5%-Phenylmethylsiloxan) so optimiert, daß die Trennung der Komponenten in kürzestmöglicher Zeit erreicht wurde. Der limitierende Faktor war in diesem Falle das Peakpaar ppDDE/Dieldrin. An einer BP-10-Phase (7%-Cyanopropyl-7%-Phenylmethylsiloxan) konnten die Verbindungen mit einer viel höheren Auflösung von DDE und Dieldrin getrennt werden. Da überflüssige Auflösung keinen Nutzen bringt, wurde die Analysenzeit soweit verkürzt, daß gerade noch ein notwendiges Maß an Auflösung erhalten blieb (s. Bild 3.18). Damit sind DDE und Dieldrin zwar immer noch das kritische Peakpaar, jedoch ist mit der mittelpolaren BP-10-Cyanopropylphenylphase die Trennung in viel kürzerer Zeit, d.h. in nur 6 statt in 17 min, möglich.

Zusammenfassend ist festzustellen, daß man mit der Wahl der geeigneten stationären Phase die benötigte Analysenzeit drastisch verkürzen kann.

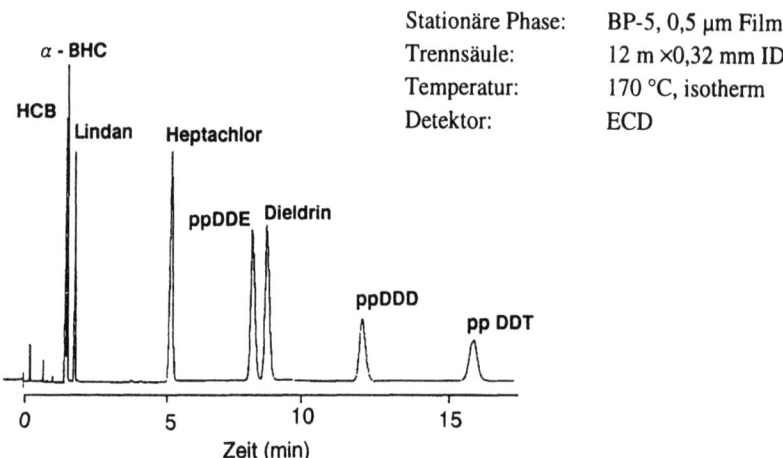

Bild 3.17 Trennung von pp-DDE und Dieldrin an der schwach polaren stationären Phase BP-5 (5% Diphenyldimethylpolysiloxan). Analysendauer: 17 min

3.5 Säulenauswahl

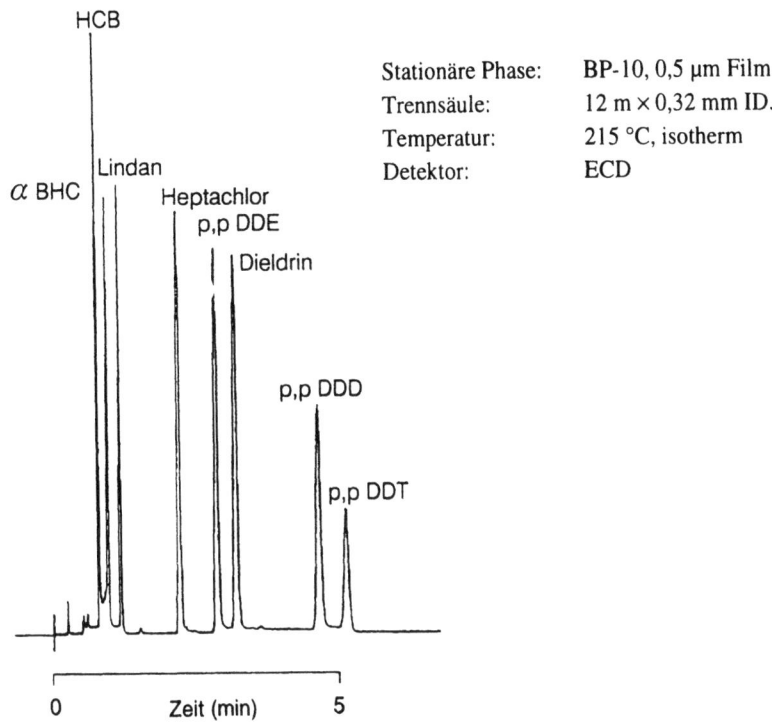

Bild 3.18 Trennung von pp-DDE und Dieldrin an der mittelpolaren stationären Phase BP-10 (7% Cyanopropyl-7% Phenylmethylpolysiloxan)

3.5.2 Innendurchmesser

Die Trennleistung oder Bodenzahl einer Säule nimmt mit kleiner gewähltem Innendurchmesser (ID) zu. Dünne Kapillarsäulen liefern schärfere Peaks, und die gleiche Analytkonzentration ergibt damit ein höheres Signal am Detektor. Weitere Aspekte, die bei der Wahl des Innendurchmessers beachtet werden sollten, sind:

- benötigte Auflösung,
- zur Verfügung stehende Analysenzeit,
- benötigte Empfindlichkeit,
- Probenmenge und Technik der Probendosierung,
- Handhabbarkeit der Kapillarsäule
- apparative Möglichkeiten des chromatographischen Systems.

Im folgenden werden die bezüglich ihres Innendurchmessers kommerziell verfügbaren Kapillarsäulen diskutiert. Die charakteristischen Eigenschaften von Kapillarsäulen unterschiedlicher Innendurchmesser sind in Tabelle 3.5 zusammengefaßt.

Tabelle 3.5 Zusammenfassung charakteristischer Eigenschaften von Kapillarsäulen mit unterschiedlichen Innendurchmessern

Eigenschaft	Innendurchmesser (mm)				
	0,10	0,15	0,22	0,32	0,53
Auflösung	****[a]	****	***	***	*
Empfindlichkeit	****	****	***	**	*
Probenbeladung	*	**	***	***	****
Kürze der Analysenzeit	****	****	***	**	*
Handhabbarkeit	*	**	***	***	****

[a] gibt den Grad der Leistungsfähigkeit/Tauglichkeit an

Mit Tabelle 3.5 ist gleichzeitig eine Klassifizierung der Kapillarsäulen nach ihrem Innendurchmesser vorgenommen worden. Leider gibt es keine einheitliche verbale Bezeichnungsweise. Im Englischen stehen meist die Begriffe

wide-bore und *mega-bore*   für Säulen mit ≥ 0.50 mm (0.53 mm) ID,
medium-bore und *normal bore*   für Säulen mit 0.22 – 0.32 mm ID,
narrow-bore und *mini-bore*   für Säulen mit 0.12 – 0.20 mm ID,
ultra narrow-bore und *micro-bore*   für Säulen mit ≤ 0.1 mm (0.10 u. 0.05 mm) ID

nebeneinander. Manche Autoren legen auch die Grenzen anders und unterscheiden zwischen Kapillarsäulen mit 0.32 mm ID (wide-bore) und 0.25 mm ID (narrow-bore). Welche Bezeichnung man auch wählt, die Übergänge der Eigenschaften sind fließend und die Entscheidung für einen bestimmten Innendurchmesser beinhaltet immer auch einen Kompromiß:

3.5.2.1 Mega-bore-Kapillarsäulen (0,53 mm ID)

Mega-bore-Kapillarsäulen machen den Übergang von gepackten Trennsäulen zu Kapillarsäulen besonders leicht und haben deshalb sehr zur allgemeinen Verbreitung der Kapillar-GC beigetragen. Der Umgang mit diesen Kapillarsäulen verlangt kein allzu hohes Maß an Erfahrung und die notwendigen Änderungen am Injektions- und Detektionssystem des Gaschromatographen sind minimal. Normalerweise genügen ein einfacher Adapter, der in das Probeneinlaßsystem für gepackte Säulen paßt, und ein ähnlicher Adapter am Detektor.

Der relativ hohe Trägergasfluß (zwischen 2 und 30 ml/min) vereinfacht die Verbindung der einzelnen Teile, läßt weniger Spielraum für Totvolumina und ermöglicht es dadurch, Mega-bore-Kapillarsäulen in gleicher Weise wie gepackte Säulen zu verwenden. Der große Trägergasfluß macht es außerdem leichter, diese Kapillarsäulen mit speziellen Probenaufgabe- bzw. Detektorsystemen zu koppeln. Säulen mit 0,53 mm Innendurchmesser haben von allen Kapillarsäulen die höchste Probenkapazität, besonders wenn es sich um Dickfilmkapillarsäulen handelt. Das macht diesen Säulentyp relativ robust gegenüber einer Überladung mit Probe.

Für einen Analytiker, der bereits im Umgang mit dünneren Kapillarsäulen geübt und erfahren ist, wird es allerdings selten Gründe geben, auf eine 0,53 mm Mega-bore-Kapillarsäule zurückzugreifen.

3.5 Säulenauswahl

3.5.2.2 Normal-bore-Kapillarsäulen (0,32 mm, 0,25 mm, 0,22 mm ID)

Kapillarsäulen mit einem Innendurchmesser zwischen 0,20 mm und 0,32 mm sind heutzutage die am häufigsten verwendeten Kapillarsäulen. Sie sind für fast alle Anwendungen geeignet. Die in dieser Gruppe zusammengefaßten Kapillarsäulen bieten eine wesentlich höhere Auflösung als 0,53-mm Mega-bore-Kapillarsäulen und erlauben eine hinreichend große Probevolumina für eine passable Detektierbarkeit.

In der Praxis werden für viele Analysen 0,32 mm-Kapillarsäulen bevorzugt. Sie unterscheiden sich bezüglich der Auflösung nur wenig von Säulen mit etwa 0.25 mm ID, sind aber hinsichtlich verschiedener Probenaufgabetechniken flexibler einsetzbar. So ist die On-column-Injektion, die für quantitativ richtige Analysen die beste Sicherheit bietet, bei 0,32 mm-Säulen relativ unkompliziert durchführbar. (Damit bietet sich eine weitere Unterscheidung an: Man könnte unter Normal-bore-Säulen die mit ≈ 0.25 mm und unter Medium-bore-Säulen solche mit ≈ 0.32 mm Innendurchmesser verstehen. Engere Kapillarsäulen werden eigentlich nur verwendet, wenn die Praxis größtmögliche Auflösung erfordert.

3.5.2.3 Narrow-bore-Kapillarsäulen (0,15 mm ID)

Für eine Säule von 50 m Länge sind 0,15 mm der kleinste mögliche Innendurchmesser, sonst wird der Druckabfall entlang der Trennsäule zu groß und der notwendige Vordruck ist nicht mehr realisierbar. Dafür bietet dieser Säulentyp eine extrem hohe Trennleistung. Narrow-bore-Kapillarsäulen sind auch hervorragend für die Kopplung mit modernen Bench-top-Quadrupol-Massenspektrometern geeignet, da deren Pumpensysteme häufig nur eine begrenzte Menge Trägergas verkraften. So kann auch mit höheren Trägergasgeschwindigkeiten gearbeitet werden, ohne die Pumpensysteme des Massenspektrometers zu überfordern. Die volle Empfindlichkeit der massenspektrometrischen Detektion bleibt damit verfügbar.

3.5.2.4 Micro-bore-Säulen (0,10 mm, 0.05 mm ID)

Kapillarsäulen mit so kleinem Innendurchmesser haben eine höhere Effizienz als andere Trennsäulen, aber nicht immer ist es sinnvoll, diese auch erreichen zu wollen. Der wahre Nutzen von Micro-bore-Kapillarsäulen liegt eher in der Schnelligkeit der damit durchgeführten Analysen und weniger in der hohen Auflösung. Mit solchen engen Kapillarsäulen wird die für eine bestimmte Trennung erforderliche Bodenzahl bereits mit einer geringen Säulenlänge erreicht, so daß daraus extrem kurze Retentions- und Analysenzeiten resultieren. Allerdings erfordern diese Mikro-bore-Kapillarsäulen besondere Sorgfalt und es muß die entsprechende konstruktive und elektronische Anpassung der gesamten chromatographischen Apparatur sowie eine optimale Probenaufgabe gewährleistet sein, damit die säulenexterne Peakverbreiterung in vertretbaren Grenzen bleibt. Die Probenkapazität von 0.10 mm-Kapillarsäulen ist außerdem sehr gering, so daß nur sehr kleine Probevolumina möglich sind, was wiederum eine hohe Detektorempfindlichkeit erfordert.

3.5.3 Filmdicke

Ein sehr aussagefähiger und nützlicherer Parameter zur Charakterisierung der Filmdicke der stationären Phase ist das Phasenverhältnis β_V. Es ist das Verhältnis des Volumens der mobilen (gasförmigen) Phase zum Volumen der stationären (flüssigen) Phase und errechnet sich in guter Näherung aus:

$$\beta_V = (d_c/4d_f) - 1$$

wobei d_c dem Innendurchmesser der Säule in μm und d_f der Filmdicke der stationären Phase, ebenfalls in μm, entsprechen. Über den Verteilungskoeffizienten K_i einer Analytkomponente i ist das Phasenverhältnis β_V mit dem Retentionsfaktor k_i verknüpft:

$$k_i = K_i/\beta_V$$

Der Retentionsfaktor k_i und somit die Retentionszeit t_{Ri} einer jeden Analytkomponente i erweisen sich als dem Phasenverhältnis β_V umgekehrt proportional. Je dicker der Film, desto niedriger ist das Phasenverhältnis und desto größer sind Retentionsfaktor und Retentionszeiten an dieser Trennsäule.

$$t'_{Ri} = t_M (1 + 4 d_f K / d_c)$$

Da der Verteilungskoeffizient K_i nur von der Natur der Analytkomponente und ihrer Löslichkeit in der stationären Phase bei einer gegebenen Temperatur abhängt, sollte bei gleicher stationärer Phase und gleicher Säulentemperatur der Retentionsfaktor k_i einer Trennsäule nur noch von deren Phasenverhältnis β_V bestimmt sein. Daraus folgt, daß zwei Säulen mit gleichem Phasenverhältnis unterschiedliche Innendurchmesser und Filmdicken haben können, aber trotzdem die Analytkomponenten bei gleicher Säulentemperatur mit gleicher Retentionskapazität zurückhalten werden. Gleiche Durchflußzeiten (Mobilzeiten) t_M an beiden Trennsäulen vorausgesetzt, werden dieselben Analytkomponenten an beiden Trennsäulen in den gleichen Retentionszeiten eluieren.

Dickfilmsäulen, die ein niedriges Phasenverhältnis haben, sollten dort zum Einsatz kommen, wo leichtflüchtige Verbindungen zu analysieren sind. Der damit erzielte stärkere Retentionsfaktor für diese Komponenten verbessert die Chancen auf eine gelungene Trennung. Zugleich führt ein dicker Film an stationärer Phase dazu, daß die Analyse leichtflüchtiger Verbindungen bei höherer, leichter zu realisierender Säulentemperatur und somit ohne eine Kühlung des Säulenofens unter Raumtemperatur durchgeführt werden kann..

Auch die Probenkapazität einer Trennsäule als diejenige Probenmenge, die ohne Überladung und damit ohne Verlust an Auflösung aufgegeben werden kann, ist direkt mit der in der Trennsäule enthaltenen Menge an stationärer Phase verknüpft. Dicke Filme verkraften größere Probenmengen als dünne.

An Kapillarsäulen mit dünnen Filmen (hohes Phasenverhältnis) werden die Analyten dagegen weniger lange zurückgehalten. Solche Trennsäulen sind daher eher für die Analyse schwerflüchtiger Substanzen geeignet. Die Analytkomponenten eluieren bei niedrigeren Temperaturen mit vertretbaren Retentionszeiten, was vor allem hinsichtlich des Säulenblutens und der Lebensdauer der Trennsäule von Vorteil ist.

3.5.4 Säulenlänge

Da die Auflösung lediglich der Quadratwurzel der Bodenzahl und damit auch nur der Wurzel der Säulenlänge proportional ist, erhöht eine Verdoppelung der Säulenlänge die Auflösung nur um 40%. Gleichzeitig ist diese Erhöhung der Trennleistung aber mit erheblichen Nachteilen verbunden, denn die Verdoppelung der Säulenlänge bedeutet unter anderem:

- doppelte Analysenzeit,
- niedrigere Empfindlichkeit infolge breiterer Peaks,
- doppelt hohes Säulenbluten,
- geringere Inertheit wegen der längeren Verweilzeit, in der die Probe mit aktiven Zentren in der Säule wechselwirken kann,
- höhere Anschaffungskosten der längeren Trennsäule.

Es ist also bei Erstellung eines Analysenverfahrens von wesentlich größerer Bedeutung, die richtige stationäre Phase und das richtige Phasenverhältnis auszuwählen, als sicherheitshalber eine unnötig lange Trennsäule einzusetzen. Lange Kapillarsäulen sollten nur verwendet werden, wenn eine sehr hohe Trennleistung benötigt wird, wie z.B. bei der Analyse komplexer Gemische mit einem weiten Siedebereich, wo eine Optimierung der Analysenparameter über den ganzen Retentionsbereich schwierig ist.

3.6 Umgang mit Kapillarsäulen

Die Fortschritte in der Säulenherstellung haben auch die Haltbarkeit von Kapillarsäulen verbessert. Dennoch sollten einige grundlegende Aspekte beim Umgang mit Kapillarsäulen beachtet werden, damit die Säule über eine möglichst lange Zeit zuverlässig arbeitet.

3.6.1 Schutz des Fused-silica-Materials und Installationshinweise

Das Polyimid, mit dem das Fused-silica-Kapillarrohr außen beschichtet wird, ist zwar ein ziemlich stabiles Material, der Überzug jedoch nur 15-20 µm stark. Beschädigungen der Schutzschicht durch Zerkratzen, Beschaben u.ä. sind unbedingt zu vermeiden.

Beim Schneiden von Fused-silica-Kapillarrohr ist zu beachten, daß dieses vorher mit einem harten, scharfen Werkzeug eingeritzt werden muß. Kommerziell werden eine Reihe von Säulenschneidern mit Keramik- oder Saphirklingen angeboten, die in der Lage sind, durch die Polyimidschicht hindurch zu schneiden und im Fused-silica-Kapillarrohr eine leichte Einkerbung zu hinterlassen. Ist das geschehen, kann das Kapillarrohr an der entsprechenden Stelle leicht und, was besonders wichtig ist, mit einem glatten Rand abgebrochen werden.

Gelingt dies nicht, d.h. bricht die Kapillare unsauber, so kann das Material splittern und Fused-silica-Partikel können sich in der Kapillarsäule festsetzen. Als Folge davon können Probleme durch Bildung aktiver Zentren und Peakverbreiterungen entstehen.

Partikel, z.B. auch Ferrule-Material, die in die Säule gelangen, beeinträchtigen generell deren Leistungsfähigkeit. Deshalb sollte man bei der Installation eines Ferrules, ganz besonders bei Graphit-Ferrules, die Säulenöffnung nach unten halten und anschließend noch einige Zentimeter vom Säulenanfang bzw. -ende abschneiden. Gerade Graphit kann sich in Kapillarsäulen mit einem größeren Innendurchmesser einige Meter weit fortbewegen und ist von dort sehr schwer wieder zu entfernen.

3.6.2 Kontamination von Säulen

Vernetzte stationäre Phasen sind zwar sehr robust, können aber durch starke Säuren oder Basen immens geschädigt und durch schwerflüchtige oder reaktive Probenbestandteile stark verunreinigt werden. Symptome für Abbauprozesse der stationären Phase sind:
- Säulenaktivität,
- erhöhtes Säulenbluten,
- unruhige Basislinie,
- breite Peaks.

Manche dieser Schäden sind irreparabel, häufig kann jedoch die Leistungsfähigkeit der Kapillarsäule wiederhergestellt werden. Die Vorgehensweise ist bei allen vier Symptomen ähnlich. Die Prozedur wird allerdings nur von Erfolg gekrönt sein, wenn der Fehler auch wirklich im Bereich der Trennsäule und nicht an anderen Stellen des Gerätesystems wie Injektor oder Detektor liegt.

Aktivität gegenüber besonders empfindlichen Analyten ist häufig das erste Anzeichen für eine Schädigung der Trennsäule. Sie kann sich im Laufe der Nutzung der Säule ändern. Zu den Faktoren, die darauf einen Einfluß haben, gehören:
- aus den Proben herrührende Kontaminationen der Trennsäule,
- aus dem Trägergas herrührende Kontaminationen der Trennsäule,
- Schädigungen der stationären Phase durch zu hohe Temperatur,
- Schädigungen am Säulenanfang durch besondere Probenaufgabetechniken,
- Schädigungen am Säulenanfang durch nichtflüchtige oder reaktive Probenbestandteile.

Die Kapillarsäule kann gemäß Protokoll 3.2 regeneriert, oder aber wie unten beschrieben, gewaschen werden.

Zum Spülen wird ein Ende der Kapillarsäule in ein Vorratsgefäß mit dem gewählten Lösungsmittel getaucht (s. Bild 3.19). Dann gibt man ca. 100 kPa Druck auf das Gefäß, wodurch das Lösungsmittel durch die Säule gedrückt wird.

Bei der Auswahl des Lösungsmittels ist zu überlegen, welche Proben an dieser Trennsäule analysiert wurden und welches Lösungsmittel also geeignet sein dürfte, entsprechende Rückstände zu entfernen. In der Praxis haben sich dabei Pentan als unpolares und Methylenchlorid als polares Lösungsmittel bewährt.

3.6 Umgang mit Kapillarsäulen

Protokoll 3.2 Wiederherstellen der Leistungsfähigkeit einer Kapillarsäule

Die aufgeführten Schritte sind sicher nicht in allen Fällen erfolgreich, aber als allgemeine Arbeitsanleitung geeignet.

1. Konditionieren Sie die Kapillarsäule bei ihrer maximalen isothermen Arbeitstemperatur und beobachten Sie dabei das Detektorsignal. Die Basislinie sollte sich nach einiger Zeit beruhigen und nicht mehr auf und ab driften.

2. Ist die Basislinie immer noch unruhig oder bleibt das Problem bestehen, schneidet man injektorseitig etwa 0,5 m von der Kapillarsäule ab. Dadurch werden Verunreinigungen durch schwerflüchtige Substanzen und eventuell geschädigte Partien am Säulenanfang entfernt.

3. Hat sich die Trennleistung der Säule auch dann noch nicht verbessert, kann man Kapillarsäulen mit vernetzten und chemisch gebundenen stationären Phasen mit Lösungsmittel durchspülen, um Kontaminationen zu entfernen.

Nach dem Spülen muß das Lösungsmittel vollständig aus der Kapillarsäule entfernt werden, bevor diese wieder an den Detektor angeschlossen wird. Dies erreicht man am besten durch Aufheizen der Kapillarsäule unter Trägergasfluß. Die Kapillarsäule sollte außerdem eine Zeitlang bei ihrer Maximaltemperatur konditioniert werden, bis eine stabile Basislinie erreicht ist.

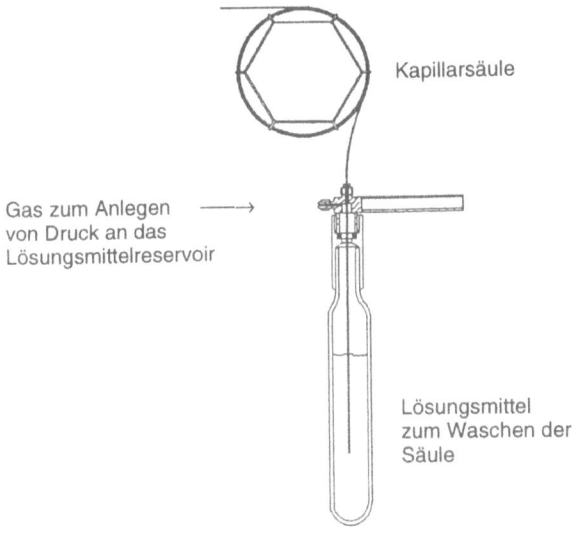

Bild 3.19 Spülen einer Kapillarsäule mit Lösungsmittel

110   3 Entwicklung, Herstellung, Eigenschaften und Anwendung von Kapillarsäulen

Der im Abschnitt 3.4.2 diskutierte Retentionsfaktor k_i kann als Indikator für Veränderungen der Filmdicke und damit des Säulenzustandes dienen. Dazu müssen beide Testmessungen unter exakt den gleichen Temperaturbedingungen durchgeführt werden, wobei zu beachten ist, daß die Unterschiede in der Temperatureinstellung zwischen zwei verschiedenen Gaschromatographen erheblich sein können. Eine Abnahme des Retentionsfaktors deutet darauf hin, daß während der Nutzung der Trennsäule oder während der Spül- und Konditionieroperationen stationäre Phase verlorengegangen ist.

Ein weiteres Anzeichen für einen Abbau der stationären Phase ist das Auftreten einer Serie von Peaks im Chromatogramm bei temperaturprogrammierter Arbeitsweise (s. Bild 3.20). Dieses weist besonders auf thermische Abbauprozesse hin.

3.6.3. Arbeiten mit Kapillarsäulen

Die Beachtung einiger wesentlicher Grundregeln im Umgang mit Kapillarsäulen trägt entscheidend zur Verlängerung von deren Lebensdauer bei.

Eine Kapillarsäule sollte niemals für eine nennenswerte Zeitspanne aufgeheizt werden, ohne daß Trägergas hindurchströmt. Eine der größten Gefahren stellt in die Säule eindiffundierende Luft dar, die zu Oxidationsprozessen der stationären Phase führt. Dergleichen geschieht im besonderen dann von der Seite des Detektors her, wenn die Säule erst nach Abstellen des Trägergasvordrucks abkühlt.

Kapillarsäulen, die länger nicht benutzt werden, sollte man aus dem Gaschromatographen ausbauen und für die Zeit der Aufbewahrung ihre Enden verschließen. Vor einer erneuten Benutzung genügt in der Regel ein kurzzeitiges Konditionieren, um ihre Leistungsfähigkeit wiederherzustellen.

Es empfiehlt sich nicht, eine Kapillarsäule unter Trägergasfluß im Gaschromatographen zu belassen, wenn sie dabei nicht auch beheizt wird. Bei Raumtemperatur sammeln sich alle

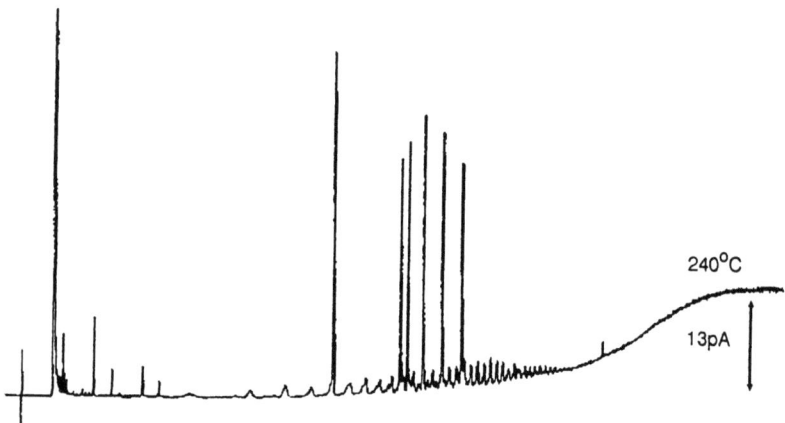

Bild 3.20 Chromatogramm, das auf Abbauprozesse einer Polysiloxanphase hindeutet

Arten von Verunreinigungen auf der stationären Phase an, was günstigstenfalls beim Aufheizen viele Peaks liefert, ungünstigstenfalls aber auch zu permanenten Schäden an der stationären Phase führen kann.

Damit eine Kapillarsäule ihre maximale Leistungsfähigkeit und Lebensdauer erreicht, muß das Trägergas von hoher Reinheit sein. Gegenbenenfalls sind dazu Sauerstoffilter und Filter für organische Verunreinigungen nötig. In der Vergangenheit hat sich gezeigt, daß der Hauptanteil Sauerstoff, der in eine Kapillarsäule gelangt, durch undichte Fittings und ungeeignete Polymerteile im Gasversorgungssystem eindringt.

Probleme und Fehlerquellen beim Arbeiten mit Kapillarsäulen sind inzwischen in mehreren Monographien [14, 15, 16] ausführlich behandelt worden.

Literatur

[1] Golay, M.J.E.: in: Coates, V.J.; Noebels, H.J.; Fagerson, I.S. (Hrsg.) *Gas Chromatography*, Acad. Press Inc., New York (**1958**) S. 36.

[2] Purnell, J.H. *J. Chem. Soc.* **1960**, 1268.

[3] Dandeneau, R.; Zerenner, E.H. *J. HRC&CC*, **1979**, *2*, 351.

[4] Desty, D.H.; Harsnape, J.N.; Whyman, B.H.F. *Anal. Chem.* **1960**, *32*, 302.

[5] Grob, K. *Making and Manipulating Capillary Columns for Gas Chromatography*, Hüthig, Heidelberg (**1986**).

[6] Burns, W.; Hawkes, S.J. *J. Chromatogr. Sci.*, **1977**, *15*, 185.

[7] Für eine Reihe von Referenzen siehe: Golovnya, R.V., Polanuer, B.M. *J. Chromatogr.*, **1990**, *517*, 51.

[8] Leibnitz, E.; Struppe, H.G. (Hrsg.) *Handbuch der Gaschromatographie*, Geest & Portig KG, Leipzig (**1984**) Kap. IX, Kap. IV.

[9] De Zeeuw, J.; De Nijs, R.C.M.; Zwiep, D.; Peene, J. *Am. Lab.*, **1991**, *23*(9), 44.

[10] Kaiser, R.E. *Chromatographia*, **1976**, *9*, 463.

[11] Desty, D.H.; Swanton, W.T. in: Brenner, N.; Callen, J.E.; Weiss, M.S. (Hrsg.): *Gas Chromatography*, Academic Press Inc., New York / London (**1962**) S.105.

[12] Grob, K.Jr.; Grob, K.; Grob, G. *J. Chromatogr.*, **1978**, *156*, 1.

[13] Grob, K.; Grob, G.; Grob, K.Jr. *J. Chromatogr.*, **1981**, *219*, 13.

[14] SGE: *Capillary Operating Hints Booklet*, SGE International, Australia (**1985**).

[15] Rood, D. *Troubleshooting in der Kapillar-Gas-Chromatographie*, Hüthig Verlag Heidelberg (**1991**).

[16] Baars, B.; Schaller, H. *Fehlersuche in der Gaschromatographie*, VCH Verlag Weinheim (**1994**).

4 Anwendungen der GC mit gepackten Säulen und mit Kapillarsäulen

PETER J. BAUGH

4.1 Einleitung

Obwohl in der Gaschromatographie die gepackten Säulen (packed columns) sowohl im Forschungslabor als auch in der industriellen Nutzung von den Kapillarsäulen (open tubular columns) aufgrund deren höherer Leistungsfähigkeit größtenteils abgelöst wurden, sind erstere mancherorts noch immer die bevorzugte Technik für die Qualitätskontrolle und die Überwachung chemischer Prozesse geblieben. Die Ursache dafür ist nicht in einer Abneigung gegen Veränderungen zu sehen, sondern weil gepackte Säulen dank hoher Probenkapazität die an sie gestellten Anforderungen immer dann gut erfüllten, wenn es ausreichte, nur die Hauptkomponenten zu bestimmen und Verunreinigungen (< 1%) ignoriert werden konnten. Vor allem für die Analyse von Gasgemischen, die vorteilhafterweise an fester stationärer Phase getrennt werden, haben sich gepackte Säulen[1] behauptet.

Ein großes Anwendungsgebiet der gaschromatographischen Betriebskontrolle ist die Überwachung von Lösungsmittelrezepturen und von Lösungsmitteldämpfen, was sowohl die Analyse leichtflüchtiger organischer Verbindungen als auch die austreibbarer, weniger flüchtiger organischer Verbindungen erfordert. Für erstere bleibt die Gas-Fest-Chromatographie (GSC, nach: gas-solid chromatography) die bevorzugte Methode. Dabei konkurrieren inzwischen oberflächenbeschichtete Kapillarsäulen (sog. PLOT-Säulen, nach: porous layer open-tubular) sowohl bei der Analyse von Permanentgasen als auch bei der von flüchtigen organischen Verbindungen (VOC's, nach: volatile organic compounds) mit gepackten Säulen. Andererseits sind auch Film-Kapillarsäulen (sog. WCOT-Säulen, nach: wall coated open-tubular) erhältlich, deren größere Filmdicke an flüssiger stationärer Phase eine ausreichende Retentionskapazität auch für leichtflüchtige VOC's ergibt, so daß für deren Analyse den Kapillarsäulen bevorzugt werden.

Andere spezielle Anwendungsbereiche für Kapillarsäulen liegen bei Hochtemperatur-Anwendungen (HT-GC), bei denen gepackte Säulen bei der maximalen Betriebstemperatur aufgrund übermäßigen Säulenblutens Probleme gezeigt haben. Für die Analyse höhersiedender Proben kamen kurze Edelstahlsäulen (Länge 0,5–1 m, innerer Durchmesser 1,6–2 mm) mit geringer Beladung des Trägermaterials mit stationärer Phase (1-3%) zum Einsatz. Mit der Entwicklung von stationären Phasen auf Polysiloxan-Carboran-Basis (z.B. HT-5 von SGE), die bei Temperaturen von bis zu 450 °C verwendet werden können, ist nun die Elu-

---

[1] Es sollte angemerkt werden, daß bei der überkritischen Flüssigchromatographie (SFC) gepackte Säulen flexibler einsetzbar sind, weil dort die Chromatographie polarer Analyten durch Zugabe eines Modifiers im Verlaufe eines Druckprogramms günstig beeinflußt werden kann [1].

tion hochsiedender Kohlenwasserstoffe (bis zu $C_{100}H_{202}$) und von Polywaxen an unpolaren Kapillarsäulen mit mittleren Filmdicken mit vertretbarer Retentionszeit möglich geworden.

In einer Literaturrecherche werden die GC mit gepackten Säulen und die Hochleistungs-GC hinsichtlich theoretischer Aspekte [2], der Retentionsdaten (Kováts-Indices) [3-6], der Detektoroptimierung und Detektorempfindlichkeit [7, 8] sowie der Quantifizierung [9] verglichen und spezielle Anwendungen, die die Toxikologie und Analyse von flüchtigen organischen Verbindungen (VOC's) [10], von flüchtigen Ölen [3] und Arzneimitteln [5], von Fettsäuren [11] und Pestiziden, wie z.B. Polychlorierten Biphenylen (PCB's), Organochlorverbindungen (OClC's) [4, 12] und die Rückstandsanalytik [13] betreffen, behandelt.

Im folgenden werden Anwendung und Nutzen der GC mit gepackten Säulen den Möglichkeiten der Hochleistungs-GC mit Kapillarsäulen an Hand von Beispielen gegenübergestellt und deren Eignung erläutert. Weiterhin werden ausgewählte Anwendungen von gepackten Säulen, von engen (narrow-bore), mittleren (medium-bore) und weiten (wide-bore) Kapillarsäulen mit speziellen stationären Phasen vorgestellt [14-17]. Andere Abschnitte (vor allem 4.3) beinhalten eine detaillierte Diskussion der Säulentechnologie und Trennleistung. Obwohl es einige unvermeidliche Überschneidungen gibt, liegt die Betonung in diesem Kapitel auf der Erläuterung der Chromatographie verschiedener Analyten unter Verwendung der geeigneten Säulen oder Säulenkombinationen (s. Abschnitt 4.3 über multidimensionale GC, MDGC).

Die Anwendung von Microbore-Kapilläraulen für die Schnellanalyse mittels Hochdruck-GC[1] wird hier nicht berücksichtigt.

4.2 Experimentelle Überlegungen

Nachfolgend werden die Säuleninstallation und damit im Zusammenhang stehende experimentelle Überlegungen nur kurz behandelt, um Überschneidungen mit anderen Kapiteln zu vermeiden.

4.2.1 Säulenanforderungen

Trennsäulen werden detailliert in den Kapiteln 2 und 3 besprochen. Dieses Kapitel behandelt den Anschluß von Säulen an Injektor und Detektor.

4.2.1.1 Gepackte Säulen

Der Anschluß gepackter Säulen ist einfach. Welche Installationen verwendet werden, ist abhängig vom Außendurchmesser des Säulenrohres (gebräuchlich sind 6 mm, 4 mm, 1/4" oder 1/8", denen je nach Wandstärke Innendurchmesser von 4 mm, 3 mm, 3,2 mm, 1,75 mm entsprechen). Für mikrogepackte Säulen werden Rohre mit 0,5 – 1,5 mm ID eingesetzt. Gewöhnlich sind Graphit-Konen (ferrules) verschiedener Anbieter geeignet. Daneben haben sich graphitierte Vespel-Ferrules besonders bei der Kopplung an einen massenspektrometri-

---

[1] Für die Hochdruck-GC mit bis zu 2 MPa (300 psi) Säulenvordruck sind apparative Besonderheiten zum Probeneinlaß erforderlich. Unter Umständen verwendet man ein höher viskoses Trägergas, z.B Stickstoff, um Lecks, die sich mit Wasserstoff bilden würden, zu vermeiden

schen Detektor bewährt, weil deren höhere Elastizität die sonst bei höheren Temperaturen auftretenden Probleme mit Luftlecks im GC-MS-Interface vermeidet. Bei gepackten Säulen spielen Totvolumina am Injektor- oder am Detektoranschluß dank des hohen Trägergasflusses hinsichtlich einer Minderung der Trennleistung keine Rolle.

4.2.1.2 „Enge" (narrow-bore-) und „mittlere" (medium-bore-) Kapillarsäulen

Für die Installation von Kapillarsäulen aus Kalksoda- oder Boratglas ist eine beträchtliche Geduld und Geschicklichkeit erforderlich, da diese Kapillaren am Säulenanfang und -ende vor dem Anschluß an Injektor und Detektor gerade ausgerichtet werden müssen. Kapillarsäulen aus Glas, dünnwandiger und empfindlicher als Glasrohre für konventionelle gepackte Säulen, können leicht zerbrechen, was besonders bei GC-MS-Anwendungen (s. Kapitel 11) oder bei Verwendung von Wasserstoff als Trägergas kritisch ist.

Mit Einführung der flexiblen „Fused silica"-Kapillarsäulen (FSOT-Säulen), für die das Problem der Brüchigkeit des dünnen Quarzrohres durch eine Polyimidbeschichtung überwunden wurde, ist das Anschließen von Kapillarsäulen um vieles einfacher geworden. FSOT-Säulen, seit 1980 allgemein im Gebrauch, können wegen ihrer Flexibilität im Injektor und Detektor genauer positioniert und ggf. direkt in die Ionenquelle eines Massenspektrometers eingeführt werden.

Die Graphit-Ferrules (z.B. OGF16-004 /005 von SGE für FSOT-Säulen mit 0,22 mm und 0,32 mm ID) sind für die GC mit konventionellen Detektoren geeignet. Für die GC-MS sind graphitierte Vespel-Ferrules (GVF 16-004/005 für 0,22 mm und 0,32 mm ID) empfehlenswert. Man sollte sorgfältig darauf achten, daß kein Graphit absplittert, das den Trägergasfluß beinträchtigen oder im Extremfall blockieren könnte. Es ist wichtig, die Säulenenden unter Verwendung eines Diamantwerkzeuges glatt und möglichst rechtwinklig zur Säulenachse abzuschneiden. Schlecht bearbeitete Enden können zu Empfindlichkeitsverlusten im GC- oder MS-Detekor führen. Man hat in dieser Hinsicht weniger Probleme, wenn mit einem Hilfsgasfluß (make-up-Gas) gearbeitet wird. Ein solcher ist unumgänglich, wenn Detektor und Verbindungsleitung großvolumig ausgelegt sind und trotzdem in Verbindung mit Kapillarsäulen betrieben werden sollen. Zusätzlich wird durch den Hilfsgasfluß die Optimierung der Empfindlichkeit unterstützt.

4.2.1.3 „Weite" (wide-bore-, mega-bore-) Kapillarsäulen

Systeme für gepackte Säulen können leicht für die Anwendung von Wide-bore-Kapillarsäulen (0,53 mm ID) angepaßt werden. Es sind Adapter von SGE (glasbeschichtetes Stahlrohr) oder von Alltech Associates (Glasrohr) mit Verschraubungen (mit oder ohne T-Stück für eine Hilfsgaszuführung) erhältlich, die eine Anpassung der Kapillarsäule an Injektor und Detektor ermöglichen. Für die direkte Injektion kann man wie bei gepackten Säulen Standard-Mikroliterspritzen (10 µl) mit Edelstahlkanülen (0,47–0,72 mm Außendurchmesser, 50–70 mm Länge) verwenden.

Der Hilfsgasfluß ist, obwohl empfehlenswert (s. Abschnitt 4.4.3), nicht unbedingt notwendig, da der Trägergasfluß dem bei gepackten Säulen ähnlich ist. Bis vor kurzem war bei der Verwendung eines Massenspektrometer-Detektors sowohl für gepackte Säulen als auch für Wide-bore-Kapillarsäulen wegen unzureichender Pumpleistung des Vakuumpumpsystems ein Jet-Separator für die Abtrennung von Trägergas erforderlich. An älteren GC-MS-Systemen kann durch eine veränderte Geometrie der Ionenquelle und den Austausch der

4.3 Multidimensionale Gaschromatographie

Pumpen auch die direkte Kopplung mit „weiten" Kapillarsäulen ohne Jet-Separator realisiert und dabei das Hochvakuum und somit auch die Empfindlichkeit aufrechterhalten werden.

Die Verwendung von Wide-bore-Kapillarsäulen wurde kürzlich von Grob und Frech [18] kritisiert. Ihrer Meinung zufolge wäre bei allen Anwendungen, wo der Ersatz von gepackten Säulen durch Wide-bore-Säulen durchgeführt wird, der Gebrauch von Medium-bore- und Narrow-bore-Säulen vorzuziehen.

„Offene" Kapillarsäulen mit größerem Innendurchmesser (0,7 - 0,8 mm) wurden in den frühen siebziger Jahren in begrenztem Umfang verwendet. Als FSOT-Säulen mit 0,53 mm ID verbreitet ins Angebot kamen und sich als guter Kompromiß bewährten, wurden sie schließlich zum Standard für Wide-bore-Kapillarsäulen. Obwohl Wide-bore-FSOT-Säulen zerbrechlicher sind als die FSOT-Säulen kleinerer Durchmesser, finden sie wegen ihrer Vorteile gegenüber gepackten Säulen verbreitet Anwendung. Eine erhöhte Analysengeschwindigkeit, die niedrigere Elutionstemperatur, ein hoher Trägergasfluß und die Einsatzmöglichkeit in GC-Geräten für gepackte Säulen sprechen dafür.

Grob und Frech [18] haben zum Vergleich von Medium-bore- und Wide-bore-Kapillarsäulen diese mit verschiedener Filmdicke d_f der SE-54-Stationärphase verwendet (d_f = 0,15 µm für 0,32 mm ID; d_f = 0,25 µm für 0,53 mm ID), um das gleiche Phasenverhältnis β zu erhalten. Die Effizienz der Trennung wurde durch die Trennzahl (TZ) bei 55 °C isotherm für die C_{11}-C_{15}-n-Alkane in n-Hexan bestimmt. Die Analysen wurden mit Helium und Wasserstoff als Trägergas durchgeführt. Aus den Daten wird deutlich, daß weite Kapillarsäulen nicht mit den engeren Kapillarsäulen hinsichtlich der Leistung konkurrieren können (s. Tabelle 4.1).

Viele Analytiker haben von gepackten Säulen nur zu Wide-bore-Kapillarsäulen gewechselt, um den Umbau und die Umbaukosten der alten GC-Injektoren zum split/splitlos-Modus, der für die GC mit Narrow-bore- oder Medium-bore-Kapillarsäulen notwendig gewesen wäre, zu umgehen.

Tabelle 4.1 Vergleich von Narrow-bore-, Medium-bore- und Wide-bore Säulen. Trennzahlen bei verschiedenen Trägergasflüssen[a]

Säulendimensionen		Fluß (ml/min)			
ID (mm)	Länge (m)	2	6	12	20
0,53	10	18	15	9,5	7,5
	25	29,5	24	18	14
0,32	5	17,5	12,5	9	6,5
	10	28	17	13	10
	25	41	29	22	18
0,27	10	30	19	14	10

[a] Nachdruck aus [18]

4.3 Multidimensionale Gaschromatographie

Die multidimensionale Gaschromatographie (MDGC) hat spezielle Anwendungsbereiche, bei denen bestimmte Kombinationen aus gepackter Säule und Kapillarsäule oder Kapillarsäule mit Kapillarsäule genutzt werden. In Übersichten beschrieben Schomburg [19] und Clement [20] diese Technik ausführlich. Hinsichtlich spezieller Anwendungsfälle hoben sie verschiedene Konfigurationen hervor. Die MDGC hat folgende Ziele:

a) Kürzere Analysenzeiten für Teilanalysen komplexer Gemische, wenn Substanzen mit langer Retentionszeit, die bezüglich des Analysenziels unwichtig sind, durch Umkehren der Richtung des Trägergasflusses rückwärts aus der ersten Säule gespült werden;

b) Höhere Auflösung für die Trennung ausgewählter Substanzgruppen, indem diese von der ersten Säule in eine zweite überführt werden;

c) Vergrößerung des Trägergasvolumenstromes oder Konzentrieren von Spurenkomponenten in kleinen Trägergasvolumina, um ein höheres Signal/Rausch-Verhältnis zu erreichen;

d) Erhalt mehrerer Sätze von Retentions- und Peakflächendaten für eine einzelne oder für zwei Trennungen, die im selben gekoppelten System ausgeführt werden, so daß die Bestimmung von Zielverbindungen in einem komplexen Gemisch verbessert werden kann;

e) Gute Trennung und zuverlässige Bestimmung von kleinen Peaks, die im Tailing eines großen Peaks (z. B. des Lösungsmittel) eluierenmittels der sog. Heartcut-Technik[1].

In den meisten Fällen wird die Flußrichtung des Trägergases zwischen dem Injektor und der ersten Säule für das Rückspülen oder Ausblenden (venting) unerwünschter Species umgekehrt. Zwischen den Säulen ist ein Monitordetektor erforderlich.

Das Säulen- oder Trägergasflußschalten kann entweder mit einem Mehrwegeventil oder durch ventilloses Schalten, das zu bevorzugen ist, bewirkt werden. Das Säulenschalten sollte in der MDGC automatisch entsprechend einem vorher festgelegten Programm durchgeführt werden. Zweckmäßig sind zwei separate Säulenöfen, so daß jede Säule für sich temperiert und bei der für die Analyse optimalen Temperatur betrieben werden kann. Bild 4.1 veranschaulicht mehrere Betriebsarten mit unterschiedlichen Anwendungen, die in den folgenden Abschnitten erläutert werden.

4.3.1 Kopplung zweier Kapillarsäulen mit unterschiedlichen Filmdicken der stationären Phase

Das Anwendungsbeispiel, die Analyse einer Rohölfraktion des Bereichs C_4 bis C_{10}, dient zur Veranschaulichung dieser Betriebsart. Die erste Säule ermöglicht eine akzeptable Retention für die höhersiedenden Bestandteile, die auf einem Monitordetektor zwischen den zwei

---

[1] Der Transfer von Eluatabschnitten kann instrumentelle Probleme hervorrufen.

4.3 Multidimensionale Gaschromatographie

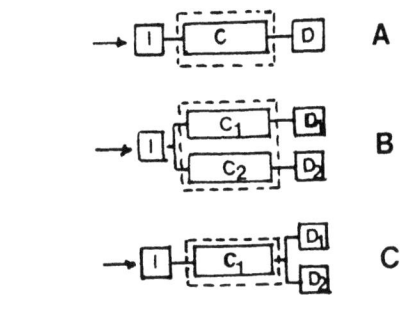

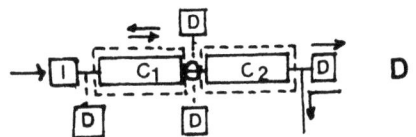

Bild 4.1
MDGC-Konfigurationen. A) eine Säule / ein Detektor; B) parallele Säulen / paralleler Detektor; C) eine Säule / zwei Detektoren; D) serielle Säulen / viele Detektoren (Nachdruck bearbeitet aus [19])

Säulen detektiert werden. Die niedrigsiedenden Verbindungen werden jedoch nicht getrennt und werden deshalb zu einer zweiten Säule mit einer dickeren stationären Phase geleitet. Bild 4.2 zeigt die Chromatogramme, die für die Analyse der Bereiche von C_4-C_{12} und C_{13}-C_{30} erhalten wurden.

4.3.2 Kopplung zweier aufeinanderfolgender Kapillarsäulen mit polarer und mit unpolarer stationärer Phase

Ein Beispiel für die Anwendung dieser Kopplungsart ist die Analyse einer aus Kohleverflüssigung gewonnenen Benzinfraktion. Hier wird die erste Kapillarsäule (SP-PEG) zum Zurückhalten polarer Verbindungen, wie z.B. aromatischer Kohlenwasserstoffe, Ketone, Alkohole und Nitrile verwendet. Die dabei schlecht getrennten unpolaren Verbindungen gelangen in eine zweite Säule, um dort an einer unpolaren Methylpolysiloxanphase hinreichend aufgelöst zu werden.

4.3.3 Eine Kapillarsäule und zwei Detektoren (FID/ECD)

Diese Kopplungsart wird am Beispiel der Analyse eines komplexen Gemischs mit Substanzen hoher und niederer Elektronenaffinität, wie z.B. mit Chlorkohlenwasserstoffen einerseits und Paraffinen oder polycyclischen aromatischen Kohlenwasserstoffen (PAH's) andererseits, an einer einzelnen Kapillarsäule erläutert, die über einen Ausgangsteiler die gleichzeitige Detektion durch einen FID und einen ECD ermöglicht und auf diese Weise die Analyse von zwei Substanzgruppen realisiert. Eine kompliziertere Anordnung wurde von

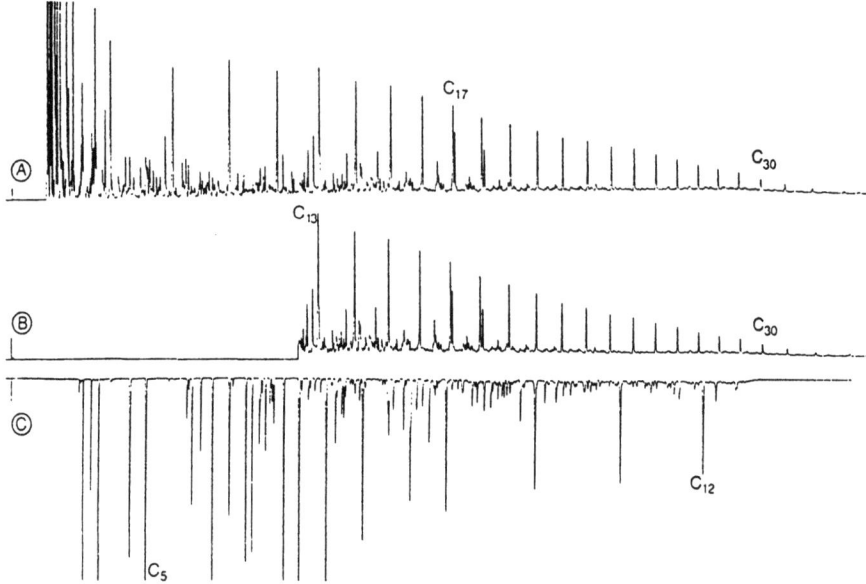

Bild 4.2. Analyse einer Rohölfraktion an zwei Kapillarsäulen mit unterschiedlichen Filmdicken der stationären Phase. A) Chromatogramm der gesamten Probe; B) Schnitt nach Elution der flüchtigeren Verbindungen (<C_{12}); C) Trennung der überführten Substanzen (C_4 bis C_{12}). Säule 1: 30 m SE-52, d_f 0,1 µm; Säule 2: 50 m OV1, d_f 1,0 µm; Temperaturprogramm für A) und B): 5 min bei 50 °C, 50 °C bis 300 °C mit 8 K/min, Bedingungen für C): 5 min bei 0 °C, von 0 °C bis 50 °C mit 10 K/min, von 50 °C bis 250 °C mit 4 K/min. Trägergas: Wasserstoff 0,11 und 0,8 MPa, Detektion mit 2 FID. (Nachdruck aus [19])

Schomburg [19] beschrieben. Hierbei wurde ein Doppelofen-Gaschromatograph mit einer polaren (Silar10CP-) und einer unpolaren (Polydimethylsiloxan-) Säule verwendet. Als Monitordetektor wurde ein ECD zwischen den beiden Säulen eingesetzt. Ein weiterer ECD war parallel zu einem zweiten Detektortyp (einem FID, um die als Retentionsindexstandards eingesetzten *n*-Alkane zu erfassen) angebracht. Die Anordnung wurde speziell für die optimierte Trennung komplexer Gemische von Chlorkohlenwasserstoffen, wie z.B. PCB's, PCDD's, PCDF's, entworfen.

4.3.4 Kopplung einer gepackten Säule mit einer Kapillarsäule

Diese Kopplungsart kann dazu verwendet werden, Lösungsmittel und andere Hauptkomponenten an einer gepackten Säule zu trennen, deren Menge eine Kapillarsäule überladen würde (die Effizienz verringert sich schnell bei einer Überladung). Bei einer Überladung an gepackten Säulen ist der Hauptpeak nicht so breit und deformiert wie an Kapillarsäulen.

Aufgrund der übermäßigen Bandenbreite, die in die zweite Säule zu überführen ist, kann es am (2.) Säulenanfang erforderlich sein, zu fokussieren, was erreichbar ist durch:

- kaltes Trapping,

- hohe Löslichkeit der Substanzen in der (2.) stationären Phase.

Ein Beispiel dafür ist die Analyse einer wäßrigen Lösung von Phenolen. Eine kurze, das lipophile Polymer „Tenax" enthaltende Vorsäule schafft die Bedingungen für eine sehr kurze Retention des hochpolaren Wassers und die günstige Verzögerung lipophiler Substanzen wie der Phenole. Ein Injektor zwischen den zwei Säulen kann zum Transfer und zur Trennung von Lösungsmittel und von Phenolen an der gepackten Säule genutzt werden. Nachdem Wasser eluiert und ausgeblendet ist, werden die ausgefrorenen Phenole im Splitmodus in rückwärtiger Richtung in die Kapillarsäule gespült. Das ist erforderlich, weil der Trägergasfluß durch die gepackte Säule sehr viel größer ist als der durch die Kapillarsäule. Das anschließend stattfindende kalte Trapping fokussiert die Phenole, die dann schnell durch Beheizen des ausgefrorenen Säulenabschnitts verdampft und chromatographiert werden.

4.4 Anwendungen von gepackten Säulen und Kapillarsäulen

In diesem Abschnitt werden Anwendungen beider Säulentypen beschrieben und anhand ausgewählter Beispiele die Unterschiede in Leistung und Potential der Säulen für die Analyse bestimmter Analyten herausgestellt.

4.4.1 Spezielle Anwendungen für gepackte Säulen

Traditionell ist die GC mit gepackten Säulen im Hinblick auf die stationäre Phase, deren Vorbereitung und Konditionierung, für manche Anwendungen einfacher zu arrangieren und aufzubauen als die Kapillar-GC. Dies ist darin begründet, daß eine stationäre Phase leicht auf den festen Träger aufzubringen und entsprechend der erforderlichen Chromatographie zu modifizieren ist. Der Kontakt mit der Rohroberfläche wird auf ein Minimum reduziert, da die stationäre Phase am festen Träger fixiert ist und ein Vielfaches an Oberfläche im Vergleich zur Rohroberfläche aufweist. Außerdem kann im Falle eines Säulenrohrs aus Glas dieses innen durch ein geeignetes Silyierungsreagens desaktiviert werden, um den Effekt der Adsorption an der Rohrwand einzuschränken.

Betrachten wir als ein Beispiel die Probleme, die mit der Analyse von Aminen an Kapillarsäulen verbunden sind: Die generelle Schwierigkeit bei der Chromatographie von Aminen beruht auf der Adsorptivität, die aufgrund einer geringen Konzentration von Oberflächensilanolgruppen zum Tailing führt.

Die gepackte Säule kann selektiv z.B. für die Analyse von Aminen modifiziert werden. Eine einfache Behandlung mit KOH reduziert die Adsorption auf ein Minimum, ermöglicht eine gute Peakform und eine optimale Chromatographie. Das Protokoll 4.1 beschreibt das Verfahren zur Analyse flüchtiger Amine an gepackten Säulen.

Das Amingemisch, z.B. biologischen Ursprungs, kann man mit einer gasdichten Spritze von einem Headspace-System oder in einem geeigneten Lösungsmittel, das die Analyse nicht stört, injizieren lassen. Bild 4.3 zeigt die Analyse eines Standardamingemischs an einer KOH-behandelten Säule. Man beachte, daß flüchtige Säuren an 10% Alltech AT™-1200 + 1% H_3PO_4 auf Chromasorb W-AW, 80/100 analysiert werden können.

Protokoll 4.1 Analyse flüchtiger Amine an gepackten Säulen

1. Verwenden Sie die unten aufgeführten Materialien für die Säulenvorbereitung:
- Borosilikatglas-Säule, 2 m × 2 mm, mit Standard-Glasenden
- Stationäre Phase: Apiezon L oder PEG, 4-10 Ma% Lösung in Dichlormethan
- Trägermaterial: Chromasorb P (807100), adäquates Gewicht, um eine SP/Chromasorb[1]-Zusammensetzung von 4 Ma% zu erhalten
- HMDS oder TMCS als Desaktivierungsreagens

2. Präparieren Sie die Säule wie folgt:
a) Desaktivieren Sie die Borosilikatsäule durch Behandeln mit HMDS (50 µl) bei 200 °C oder mit TMCS in Toluen (10 Vol%) für 8 h.
b) Behandeln Sie das Trägermaterial mit einem geeigneten Volumen 1–5%iger KOH und trocknen Sie es unter einem Stickstoffstrom, um das Wasser zu entfernen.
c) Imprägnieren Sie den festen Träger durch Zugabe der Lösung der stationären Phase in Dichlormethan zum festen Träger und verdampfen Sie das Lösungsmittel unter leichtem Vakuum oder einem Gegenstrom trockenen Stickstoffs.
d) Geben Sie die freifließende Mischung von Stationärphase und Trägermaterial in das Säulenrohr, erzeugen Sie während der Zugabe durch Aufstoßen der Säule eine gleichmäßige Verteilung (ein mäßiges Vakuum kann den Prozeß unterstützen).

3. Verwenden Sie die typischen, unten aufgeführten GC-Bedingungen:
- Trägergasfluß   20-40 ml/min N_2
- Injektortemperatur   200 °C
- Temperaturprogramm   5 min bei 70 °C, dann 4 K/min bis 190 °C, 5 min, oder isotherm (Säulentemperatur abhängig vom mittleren Siedepunkt der Analyten)

[1] 4% Carbowax 20M R + 0,8% KOH auf Graphpack R-GC, 60/80 kommerziell erhältlich von Alltech.

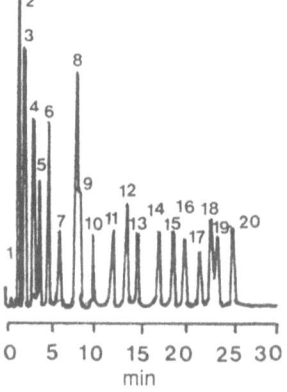

1 Methylamin
2 Dimethylamin
3 Ethylamin
4 Trimethylamin
5 Isopropylamin
6 Propylamin
7 *tert*-Butylamin
8 *sec*-Butylamin + Diethylamin
9 Isobutylamin
10 Butylamin
11 Piperidin
12 Pyridin
13 Triethylamin
14 2-Methylpiperidin
15 Cyclohexylamin
16 Dipropylamin
17 2,6-Dimethylpiperidin
18 Hexylamin
19 Methylcyclohexylamin
20 Anilin

Bild 4.3 Analyse flüchtiger Amine an einer mit KOH-behandelten, gepackten Säule (Nachdruck nach Alltech Associates Inc.)

4.4.2 Vergleich von Anwendungen an gepackten Säulen und Kapillarsäulen

Eine Reihe von Beispielen dient im folgenden dazu, Anwendungen an gepackten Säulen und Kapillarsäulen miteinander zu vergleichen[20].

4.4.2.1 Fettsäuremethylester (FAME)

Die Analysen von Fettsäuren wurden traditionell an gepackten Säulen mit einer polaren Phase (FFAP oder Carbowax 20M) durchgeführt, was in Analysenvorschriften für Lebensmittel oder deren Zusatzstoffe, die die genaue Elutionsfolge der $C_{18\,0,1,2}$ und 3-Fettsäuren und -ester mit einer guten Basislinientrennung vorgaben, begründet. Mit der Verfügbarkeit von Kapillarsäulen und den Fortschritten bei der (automatisierten) Injektion, der Säulendesaktivierung und bei den Beschichtungstechniken wurde die praktische Nützlichkeit von Kapillarsäulen erkannt. Dabei ist zu betonen, daß es hinsichtlich der theoretischen Böden pro Meter einen deutlichen Unterschied zwischen den beiden Säulenarten gibt. Aber vor allem die größere Länge der Kapillarsäulen bestimmt die höhere Effizienz und erreichbare Trennleistung.

Praktische Überlegungen bezüglich Eingangsdruck und Filmdicke beschränken die Länge von gepackten Säulen auf ca. 6 m, wohingegen der geringere Durchmesser und die größere Permeabilität der Kapillaren Säulenlängen bis zu ca. 500 m (!) erlauben.

Für die Analyse der Fettsäuremethylester (FAMEs) mit Kapillarsäulen werden gewöhnlich Säulenlängen von 30-60 m verwendet. Ein typisches Beispiel für die Analytik von FAMEs, die aus freien Fettsäuren erhalten wurden, die von kombiniertem Serum und Humanplasma stammen, veranschaulicht Bild 4.4. Ein Vergleich der Bedingungen und der Einzelheiten der Methode werden im Protokoll 4.2 zusammengefaßt.

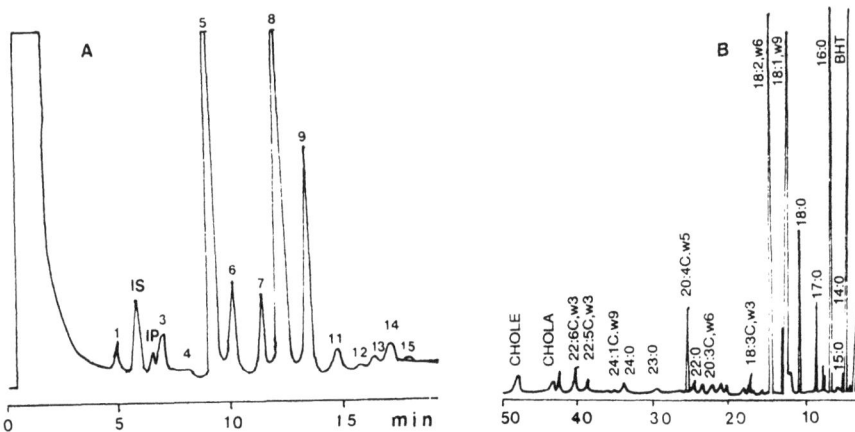

Bild 4.4 Vergleich der GC an gepackten Säulen und Kapillarsäulen für die Analyse von FAMEs. A) gepackte Säule; B) Kapillarsäule (die Bedingungen sind in Protokoll 4.2 angeführt). Peaks: *1*, 12:0, *IS*, 13:0; *3*, 14:0; *4*, 14:1, *w5*; *5*, 16:0; *6*, 16:1, *w7*; *7*, 18:0; *8*, 18:1, *w9*; *9*, 18:2, *w6*; *11*, 18:3, *w3*, *12*, 22:0; *13*, 22:1, *w9*, *14*, 20:4; *15*, 24:0. (Nachdruck A) aus Ref. [21], B) aus Ref. [22])

> **Protokoll 4.2** Vergleich der Gaschromatographie mit gepackten Säulen und mit Kapillarsäulen bei der Analyse von Derivaten freier Fettsäuren
>
> 1. Verwenden Sie gepackte Säulen und folgende Bedingungen:
> - Gepackte Säule   4 m Länge, 3 mm ID
> - Stationäre Phase   10 Ma-% SILAR 10CP (CP88)
> - Trägermaterial   Chromosorb W HP (100–120 mesh)
> - Trägergasfluß   20–40 ml/min N_2
> - Detektor   FID
> - Temperaturprogramm   250 °C für 2 min, 10–15 °C/min bis 280 °C für 5 min
>
> 2. Verwenden Sie folgende Kapillarsäulen und GC-Bedingungen:
> - Kapillarsäule   L = 25 m, ID = 0,25 mm,
> - Stationäre Phase   CP-SIL-88 (CP88), d_f = 0,25 µm
> - Trägergasfluß   1 ml/min He; u = 25-30 cm/s
> - Detektor   FID
> - Split-Injektor   Split-Verhältnis 100:1
> - Temperaturprogramm   250 °C für 2 min, 10-15 °C/min, 300 °C für 5 min
>
> 3. Verwenden Sie die in Abschnitt 5.4.3.1 beschriebene Derivatisierungsmethode für freie Fettsäuren mit einem FFA-Gemisch von je 50 ng Fettsäure in 1 ml Aceton/ Ether

Es sollte erwähnt werden, daß hochsiedende Fette (TMS, DG, DS und CE) wegen der thermischen Instabilität sowohl der Analyten als auch der stationären Phase normalerweise an einer kurzen, 5–10 m langen Narrow-bore-Kapillarsäule analysiert werden. Um die Analysenzeit zu verringern, kann man Wasserstoff als Trägergas verwenden. Die Verwendung von kurzen Säulen bei der Hochtemperatur-GC ist auch im Abschnitt 4.5 erläutert.

4.4.2.2 Pestizide

Die Kapillar-GC hatte wesentliche Auswirkungen auf die Rückstandsanalyse [23], da mit ihrer Hilfe eine verbesserte Abtrennung der Pestizidkomponenten von Extraktbestandteilen und, was noch bedeutender ist, eine Trennung von aktiven und inaktiven Isomeren bestimmter Pestizide erreicht werden konnte. Ein Beispiel dafür stellt das Pyrethroid-Insektizid Cypermethrin dar, das aus 4 Enantiomerenpaaren, mit cis-1, cis-2, trans-1 und trans-2 bezeichnet, besteht. Mit der Kapillar-GC können alle vier Isomerenpaare aufgelöst werden, wohingegen man mit gepackten Säulen nur eine teilweise Auflösung erreicht hatte. Ein weiterer Vorteil ist die relative Inertheit der Kapillarsäule. Nachteilig hingegen ist die begrenzte Kapazität, die ein ernsthaftes Problem für Proben darstellt, die große Mengen an Nebenbestandteilen im Extrakt enthalten. Man kann dieses Problem mit Hilfe von Säulenschalttechniken lösen, mit deren Hilfe störende Stoffe entfernt werden können (s. Abschnitt 4.3 über MDGC).

4.4 Anwendungen von gepackten Säulen und Kapillarsäulen

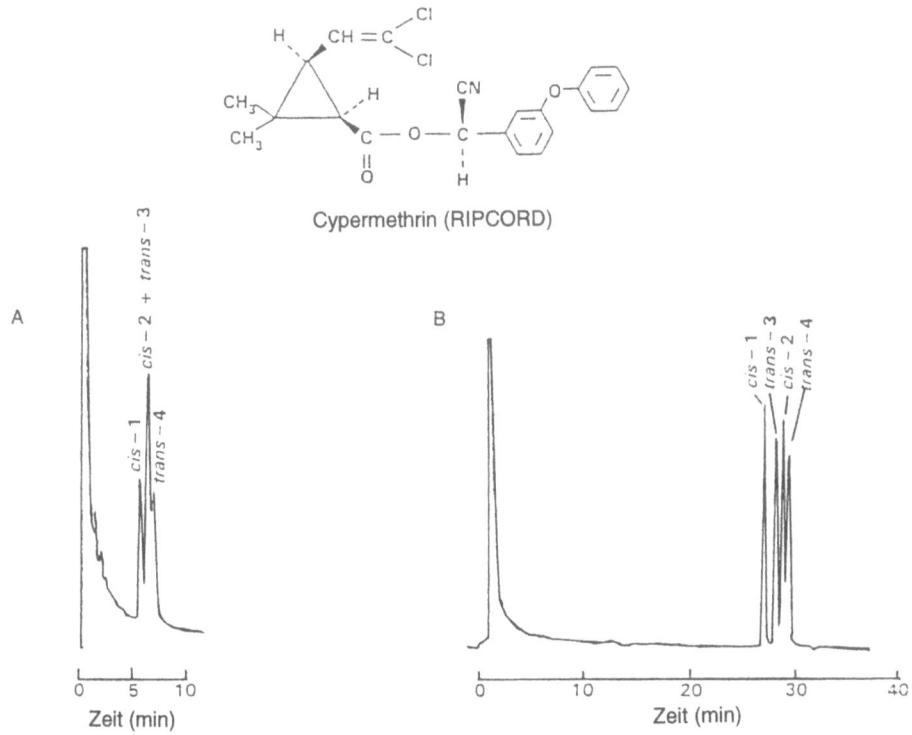

Bild 4.5 Trennung von Isomeren des Cypermethrins. A) gepackte Säule; B) Kapillarsäule. *1*, cis-1; *2*, trans-3; *3*, cis-2; *4*, trans-4. (Nachdruck aus Ref. [23])

Die Bilder 4.5A und 4.5B zeigen Chromatogramme, die mit gepackten Säulen und mit Kapillarsäulen erhalten wurden (Die jeweiligen GC-Bedingungen für die Analyse des kommerziellen Cypermethrin-Pestizids sind im Protokoll 4.3 angegeben).

Protokoll 4.3 Trennung und Analyse von kommerziellem Cypermethrin an einer gepackten Säule und an einer Kapillarsäule
Verwenden Sie folgende Bedingungen für die GC mit gepackter Säule / für die Kapillar-GC:

- Gepackte Glas-Säule L = 1,5 m, ID = 4 mm, 1,2 Ma-% GEXE 60 auf Gas Chrom Q (100/120 mesh)
- Kapillarsäule L = 25 m, ID = 0,3 mm, d_f = 0,25 µm, HP SE-54
- Trenntemperatur 225 °C, isotherm/ 230 °C, isotherm
- Trägergasfluß 20–40 ml/min N_2 / 1 ml/min He
- Detektor FID / ECD
- Probe 8 µl × 0,02 µg/l / 2 µl × 0,2 µg/l, Split 11:1

4.4.3 Anwendung von Wide-bore-Kapillarsäulen

4.4.3.1 Optimierung der Analyse einiger Organochlorverbindungen (OClC's) und Pyrethroide unter isothermen Bedingungen mit GC-ECD

Hier werden verschiedene Beispiele angeführt, die zeigen, welche Fähigkeiten einer Widebore-Kapillarsäule innewohnen, die mit 15%-Cyanopropylphenylmethylsilikon als stationäre Phase in 1 μm Filmdicke belegt ist (SGE oder Alltech). Durch Eistellung der optimalen Trägergasgeschwindigkeit und Verwendung eines Hilfsgases (Make-up-Gas), können Trennung und Empfindlichkeit unter isothermen Bedingungen verbessert werden. Selbst mit einem preiswerten GC (z.B. Varian 3710) und mit einem ECD als Detektor ist so eine ziemlich empfindliche Analyse für einige OClC's, nämlich für die „-drine" zusammen mit den Pyrethroiden, erreichbar.

Die Kombination von Helium als Trägergas und Stickstoff als Hilfsgas ist günstiger als Stickstoff für beides oder Stickstoff allein als Trägergas ohne Hilfsgas. Mit Helium als Trägergas kann man die Leistung und damit die Empfindlichkeit erhöhen. Die Verwendung von Stickstoff als Hilfsgas hat zweierlei zur Folge:

1. Aufrechterhaltung der Empfindlichkeit der ECD-Detektion durch einen Anstieg des Gasvolumenstroms durch den Detektor (wobei der Trägergasfluß plus Hilfsgasfluß dem Trägergasfluß beim Betrieb von gepackten Säulen entspricht);

2. Druckanstieg am Säulenausgang, so daß der Gasfluß (Volumenstrom) durch die Säule geringer ist, was zur Erhöhung der Effizienz genutzt werden kann. (Für Wide-bore-Kapillarsäulen ist dieses wichtiger als für Medium-bore- oder Narrow-bore-Säulen.) Die daraus resultierenden längeren Retentionszeiten ermöglichen eine bessere Trennung der unter isothermen Bedingungen früh eluierenden Komponenten.

Bei der Arbeit mit Wide-bore-Kapillarsäulen haben sich geringere Trägergasflüsse bewährt. Aber da nach längerem Betrieb nichtflüchtige Stoffe sich anreichern und zur Detektorkontamination führen können, ist zur Verringerung des Untergrunds ein thermisches Reinigen[1] des Detektors (bei ca. 420 °C über Nacht) erforderlich, das bei Verwendung eines Hilfsgases auch durch einen hohen Gasfluß (hohen Gasvolumenstrom) durch die Detektorzone begünstigt wird.

Protokoll 4.4 faßt das Vorgehen für die Analyse einiger ausgewählter Chlorkohlenwasserstoffe (OClCs) und Pyrethroide zur Optimierung des GC-Betriebs sowie zur Optimierung der Gasvolumenströme in Detektor und Säule zusammen.

---

[1] Beim thermischen Reinigen sollten wegen der Detektorzonentemperatur von 400 – 420 °C keine Vespels, sondern Graphitferrules verwendet werden.

4.4 Anwendungen von gepackten Säulen und Kapillarsäulen

Protokoll 4.4 Vorgehensweise für die Optimierung des GC-ECD-Betriebs für die Analyse von OClCs und Pyrethroiden mit einer Wide-bore-Kapillarsäule

1. Verwenden Sie Injektor- und Detektoradapter, wie in den SGE-Hinweisen zum Umbau von GC's für gepackte Säulen auf den Betrieb mit Wide-bore-Kapillarsäulen empfohlen.

2. Stellen Sie für Helium als Trägergas mit einen Vordruck von 48 kPa und für Stickstoff als Hilfsgas[a] einen Vordruck von > 275 kPa ein.

3. Überprüfen Sie den Trägergasfluß durch die Säule bei geschlossenem Make-up-Ventil mit einem Gasflußmesser, der am Ausgang des ECD-Detektors angeschlossen wird, und stellen Sie den Gasfluß (Volumenstrom) auf 6-10 ml/min ein.

4. Öffnen Sie das Make-up-Ventil, damit Stickstoff in die Detektorzone gelangt, und beobachten Sie den Anstieg des Gasflusses wie in Schritt 3. Regeln Sie den Gasfluß durch den Detektor so, daß ein Gesamtgasfluß von > 20 ml/min resultiert.

5. Setzen Sie die Injektortemperatur auf 250 °C, die Säulentemperatur auf 240 °C und die Detektortemperatur auf 320 °C[b].

6. Injizieren Sie 1 µl eines „-drin"- und Pyrethroid-Gemisches (100 Teile pro Milliarde, das sind 100 ppb = 100 pg/injizierten µl) und regeln Sie den Hilfsgasdruck so ein, daß der optimale Detektor-Response beobachtet wird. Bestimmen Sie den Effekt der Trägergasdruckveränderung, der zu längeren Retentionszeiten als erwünscht führt (besonders für Pyrethroide). (Dem Volumenstrom durch Wide-bore-Kapillarsäulen sind engere Grenzen gesetzt als für gepackte Säulen. Er kann deshalb nicht über einen so weiten Bereich variiert werden.)

[a] Ein Detektoradapter mit einem Hilfsgas-Abzweig ist erforderlich, wenn der Detektor keinen Hilfsgaseingang hat. (Dieser wird meist als Auxiliary-Eingang 1 oder 2 an der Rückseite des Geräts bezeichnet.)

[b] Achtung, wechseln Sie die Heliumgasflasche nicht ohne abgekühlte Säule. Der Detektor mit angestelltem Hilfsgasfluß kann auf hoher Temperatur verbleiben. Wechseln Sie auch die Stickstoffgasflasche nicht, während der Detektor heiß ist, ohne daß Trägergas durch die Säule fließt.

Bild 4.6 zeigt Chromatogramme, die bei verschiedenen Bedingungen, z.B. mit Stickstoff als Trägergas ohne Hilfsgas, mit Helium als Trägergas und Stickstoff als Hilfsgas, bei optimierter isothermer Temperatur und bei optimiertem Gasfluß (Trägergas- plus Hilfsgasfluß). Wie man erkennen kann, ist die Trennung für Mirex (M), Permethrin (P) und Cyfluthrin (C) mit Stickstoff als Trägergas und ohne Hilfsgas mit geringer Auflösung und schneller Elution. Mit Helium und Stickstoff zusammen, aber mit geringem Gasfluß durch die Säule (< 4 ml/ min) wird M eluiert, aber C und P haben lange t_R-Werte.

Eine Erhöhung des Trägergasflusses um das 1,5fache führt zu einer Elution aller drei Analyten mit einer Basislinientrennung. Das cis- und das trans-P (25% cis) wird mit einer Auflösung von $R = 1,5$ getrennt. Das Isomerenprofil von C (vier Substanzen, s. Abschnitt 4.4.2.2) ist leichter zu identifizieren als mit Stickstoff als Trägergas, obwohl die Substanzen

126   4 Anwendungen der GC mit gepackten Säulen und mit Kapillarsäulen

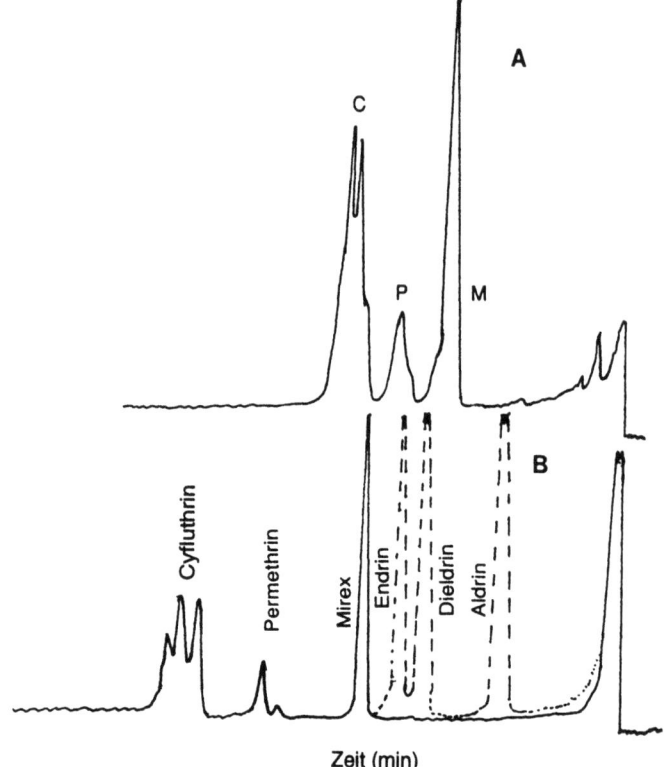

Bild 4.6 Optimierung und Analyse von Pestiziden an einer Wide-bore-Kapillarsäule. (A) Mirex, Permethrin, und Cyfluthrin (25 p.p.b.) Trägergas Stickstoff, Trägergasfluß 7 ml/min, kein Hilfsgas; (B) die „-drine" (10 p.p.b.), Mirex, Permethrin und Cyfluthrin (25 p.p.b.), Trägergas Helium mit 5-6 ml/min und Stickstoff als Hilfsgas, Gesamtfluß 20 ml/min (Optimierung wie in Protokoll 4.3 skizziert)

nur unvollständig getrennt werden. Dieser Effekt ist bedeutsam für die Analyse von C bei höherem Untergrund oder bei verunreinigter Matrix). Eine weitere Verbesserung der chromatographischen Effizienz könnte durch Verwendung einer 0,5 m langen Wide-bore-Kapillarsäule als „retention gap" an einer Kapillarsäule mit 0,3 mm ID mit einer geringeren Filmdicke erreicht werden (im Sinne einer heißen On-column-Injektion, s. Abschnitt 4.4.3.2). Diese Technik ist mit entsprechenden Veränderungen der Volumenströme von Trägergas und Hilfsgas auf andere Detektionsarten, z.B. FID, anwendbar.

4.4.3.2 Anwendung von Wide-bore-/Mega-bore-Kapillarsäulen mit heißer On-column-Injektion für die Pestizidanalyse

Obwohl sie selten genutzt wird, stellt die heiße On-column-Injektion (HOCI) für die Analyse weniger flüchtiger Verbindungen eine Alternative zur kalten On-column-Injektion dar. Sie verwendet eine desaktivierte Wide-bore-Kapillarsäule als Vorsäule und hat deshalb den Vorteil, daß Standardspritzen für die Probenaufgabe verwendet werden können. Diese erfordern weniger Sorgfalt bei der Reinigung und keine Besonderheiten im Aufbau im Gegensatz zu

4.4 Anwendungen von gepackten Säulen und Kapillarsäulen

Kapillarennadeln, die zerbrechlich sind und zum Blockieren des Spritzenzylinders bzw. zur Bildung von Luftlöchern während des Füllens neigen. Die heiße On-column-Injektion kann mit der kalten On-column-Injektion verglichen werden, mit der Ausnahme, daß die Probe schnell verdampft wird (splitlos direkt wie die Injektion in Wide-bore-Kapillarsäulen oder wie die Injektion in gepackte Säulen). Diese Bedingungen berücksichtigen nicht die Verwendung der sekundären Kühlung, aber die Ofentemperatur sollte kalt genug sein, damit das Lösungsmittel kondensiert, so daß ein kaltes Trapping und der Lösungsmitteleffekt möglich werden. Weil die schnelle Verdampfung nur in einem sehr kleinen Volumen stattfindet, besteht die Möglichkeit, daß die Probe wegen zu hoher Lösungsmitteldrücke zurückschlägt.

Ein einfacher heißer On-column-Injektor kann die SGE-Kits benutzen für:

a) die Umwandlung von Injektor/Detektor (s. Abschnitt 4.2.1.3),

b) eine Kopplung von einer Wide-bore-Kapillarsäule als Retention-gap mit einem Totvolumenverbinder zu einer Medium-bore- oder Narrow-bore-Kapillarsäule.

Der vollständige Kit (SGE-Kapillareninjektionsadapter) enthält das Glasrohr für den Injektorumbau, das in den Injektoranschluß für gepackte Säulen eingebaut wird, und ein 5 m langes, desaktiviertes Kapillarrohr von 0,53 mm ID. Ein Injektoranschluß für gepackte Säulen kann bequem genutzt werden, wenn der GC einen solchen besitzt.

I. *Säulenkopplung*

Die Wide-bore-Kapillarsäule ist ein wesentlicher Teil der Injektionseinrichtung und dient auch als Retention-gap (oder als kurze Vorsäule mit einer geeigneten Phase wie für die MDGC). Alle gelösten Stoffe wandern sogar bei geringen Temperaturen, bis sie die stationäre Phase in der analytischen Säule (mit 0,32 mm oder 0,22 mm ID) erreichen, wo sie festgehalten und rekondensiert werden. Die Kopplung erfordert die Verwendung eines Totvolumenverbinders, um Trägergaslecks zu verhindern und Verluste beim Transfer der Analyten von der Wide-bore-Kapillarsäule zur analytischen Säule zu verringern. Es sind zwei grundlegende Konstruktionen von Verbindern erhältlich:

a) Press-fit-Verbinder, die aus einem Glasrohr mit einer Restriktion bestehen. Sie ermöglichen es, Kapillarsäulenkombinationen von 0,53 mm / 0,32 mm oder 0,53 mm / 0,22 mm zu verbinden. Die sorgfältig abgeschnittene Säule wird in den Press-fit-Verbinder eingepaßt, wobei die Polyimidbeschichtung einen luftdichten Verschluß bildet und die Säule in dieser Position festhält.

b) Edelstahl-Schraubverbinder benutzen Ferrules und Muttern, um die Säulenenden zusammenzuhalten. Mit diesem Verbindertyp ist es möglich, die analytische Kapillarsäule mit 0,32 mm ID im Retention-gap von 0,53 mm ID zu befestigen. Dieses Vorgehen unterstützt den Massentransfer und begrenzt weitere Totvolumina.

Wie bei der kalten On-column-Injektion ist es notwendig, alle Teile des Injektors sauber zu halten. Das Umbaurohr und die Vorsäule können mit Lösungsmittel gereinigt werden. Günstig ist es auch, vor der Kopplung der Vorsäule mit der analytischen Säule am montierten Injektor das Septum zu erneuern und die Vorsäule mit einigen 100 µl Lösungsmittel zu spülen.

II. Analyse von Pestiziden

Die Anwendung vorgenannter Injektionstechnik zur Analyse eines Pestizids, nämlich des Permethrin (cis- und trans-Isomere), wird hier beschrieben und mit der kalten On-column-Technik (J & W Scientific) verglichen. Dabei wird eine Wide-bore-Kapillarsäule (0,32 mm ID) als Vorsäule vor einer Säule mit 0,25 mm ID eingesetzt. Bei der kalten On-column-Injektion bevorzugt man eine Vorsäule mit 0,32 mm ID vor der analytischen Narrow-bore-Kapillarsäule, um ein Peaksplitting zu verringern (Bild 4.7).

Die Analyse von Permethrinisomeren mit Mirex als internem Standard mit der kalten On-column-Injektion an einer 60 m langen Vorsäule mit 0,32 mm ID wird mit Bild 4.8 gezeigt. Man beobachtet bei der kalten On-column-Injektion mit Dichlormethan als Lösungsmittel ein übermäßiges Tailing der Peaks. Mit Diethylether dagegen ist die Peakform beträchtlich verbessert. Offensichtlich ist die kalte On-column-Injektion mit einer Vorsäule mit Dichlormethan, das allgemein als Lösungsmittel in der Umweltanalytik verwendet wird, nicht kompatibel.

Wird vermutet, daß die Vorsäule aktive Zentren besitzt, sollte sie silyliert oder desaktiviert werden. Ähnliche Ergebnisse werden mit der heißen On-column-Injektion für Dichlormethan gefunden. Ein geringeres Tailing wurde wieder mit Diethylether als Lösungsmittel und bei Verwendung einer Vorsäule beobachtet. (Bild 4.9). Da die Injektion durch ein Septum stattfindet, können Septumteilchen in die Säule eingetragen werden. Die Verwendung eines vorgestochenen Septums wäre deshalb vorteilhaft. Die Injektion durch diesen Septumtyp muß allerdings mit einer Spritze mit kuppelförmiger Spitze erfolgen.

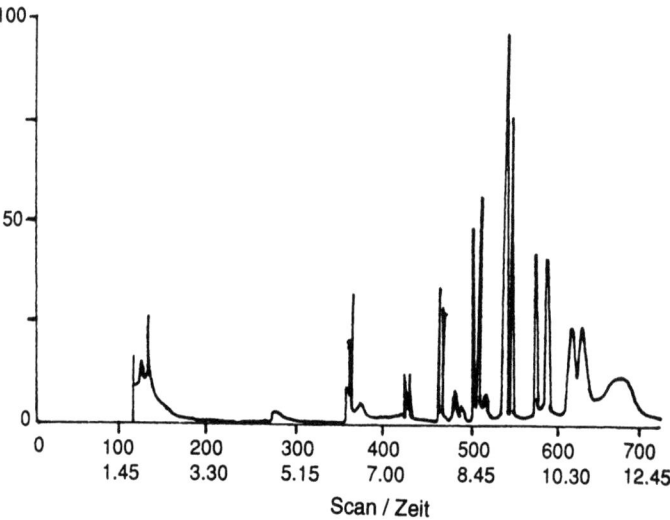

Bild 4.7 Die Analyse von Mirex und Permethrin (1 p.p.m.) mit kalter On-column-Injektion an einer Narrow-bore-Kapillarsäule ohne Vorsäule zeigt ein Peaksplitting, das durch die Anwesenheit eines n-Alkangemischs verdeutlicht wird (>C_{15} bis C_{36}).

4.4 Anwendungen von gepackten Säulen und Kapillarsäulen   129

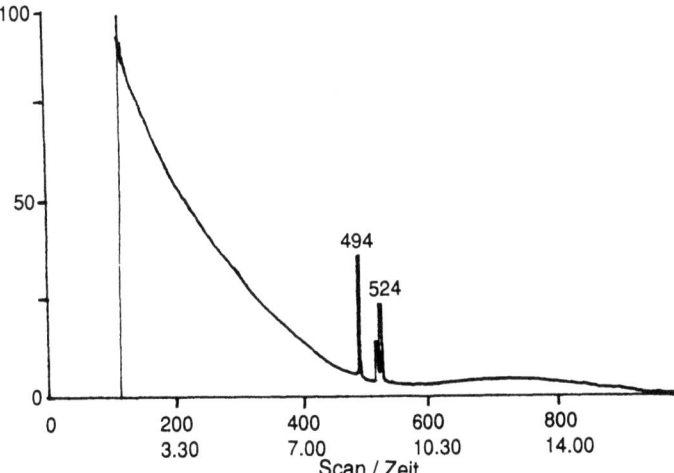

Bild 4.8 Die Analyse von Permethrin und Mirex in DCM (1 p.p.m.) mit kalter On-column-Injektion an einer Narrow-bore-Kapillarsäule mit einer Medium-bore-Vorsäule (0,6 m) zeigt ein starkes Tailing.

Zusammengefaßt ergibt die heiße On-column-Injektion mit Wide-bore-Kapillarsäulen als Vorsäulen vor analytischen Medium-bore-Kapillarsäulen ähnliche Ergebnisse wie die kalte On-column-Injektion mit Medium-bore-Kapillarsäulen zusammen mit Narrow-bore-Säulen und vermeidet dabei Probleme, die Fused-silica-Spritzenkanülen mit sich bringen (P.J. Baugh, K.J. Larmer, unveröffentlichte Ergebnisse) [24].

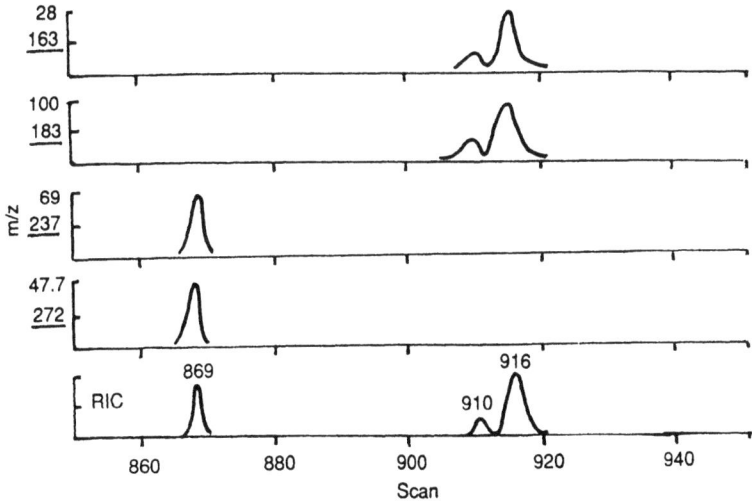

Bild 4.9 Analyse von Permethrin und Mirex in Diethylether mit heißer On-column-Injektion an einer Medium-bore-Kapillarsäule mit einer Wide-bore-Vorsäule (0,5 m).

4.5 Hochtemperatur-GC und Analytik hochmolekularer, gering flüchtiger Analyten

Die Hochtemperatur-GC wurde aus verschiedenen Gründen entwickelt. Dabei erfordern aber insbesondere nachfolgend genannte Probleme eine eingehende Beachtung:

a) Diskriminierung durch die Injektion

b) thermische Zersetzung im Injektor oder in der Trennsäule

c) Reaktion mit funktionellen Gruppen der stationären Phase

d) katalytische Dehydrierung, wenn Wasserstoff als Trägergas verwendet wird

Mit der Entwicklung der kalten On-column-Injektion und von hochtemperaturbeständigen, katalysatorfreien, vernetzten stationären Phasen (cross-linked phases) können Verbindungen, die normalerweise wegen ihres hohen Siedepunkts nicht einfach chromatographierbar sind, direkt injiziert werden. So lassen sich z.B. Fettsäuren mittels Hochtemperatur-GC (HT-GC) analysieren. Außerdem können verwandte Stoffe, wie z.B. Phospholipide, eine Derivatisierung (die Substitution der Phosphorbase mit TMS) erfordern. Bild 4.10 zeigt das Chromatogramm hochsiedender Lipide an einer 5 m Säule, die mit SP2100 (CP5-Äquivalent) belegt wurde und eine maximale Arbeitstemperatur von 340 °C aufweist.

Verbindungen wie z.B. PAH's, TG's und n-Alkane > C_{30} können bei Temperaturen, bei denen der Dampfdruck hoch genug ist, um ziemlich kurze Retentionszeiten zu ergeben, getrennt werden. Die Temperaturen im GC-System und auch die Temperatur des Injektors und des Detektors müssen allerdimgs so hoch sein, daß keine Kondensation und/oder Adsorption der gering flüchtigen, polaren Analyten stattfindet.

Es gibt eine Reihe weiterer Überlegungen, warum Kapillarsäulen gegenüber den gepackten Säulen für die Hochtemperatur-GC vorzuziehen sind: Wegen der großen β-Werte, der geringen Filmdicke d_f und vor allem wegen der Möglichkeit, mit kurzer Säulenlänge auszukommen, und schließlich wegen der Verfügbarkeit hochtemperatur-stabiler stationärer Phasen (nur unpolare, z.B. HT5 von SGE, s. auch Kapitel 3), die mit sehr geringer Filmdicke (d_f = 0,1 µm) eingesetzt werden können. Die Desaktivierung der Glas- oder der Fused-silica-Kapillarsäulen muß auch über 300 °C wirksam sein. Die Säulenverbindungen müssen temperaturstabil sein (man verwende Graphitkonen, keine Vespelferrules). Die Säule muß ein geringes Bluten aufweisen, um einen zu großen Untergrund zu vermeiden, und das Trägergas muß frei von Sauerstoff sein.

Die mit der HT5-Phase möglichen maximalen Arbeitstemperaturen von 480 °C bei temperaturprogrammierter Arbeitsweise und 460 °C bei isothermen Betrieb erfordern aluminiumbeschichtete Fused-silica-Kapillarsäulen (SGE; AL SIL™). Die HT5-Phase zeigt bei normalen GC-Temperaturen praktisch kein Bluten und ist deshalb für die GC-MS-Kopplung außerordentlich gut geeignet. Außerdem können mit kurzen Säulen (Länge 6 – 12 m) die Retentionszeiten klein gehalten und schnelle Analysen gering-flüchtiger hochmolekularer Substanzen durchgeführt werden.

Scientific Glass Engineering. (SGE) hat die Verwendung von HT5 in einer ihrer Applikationsschriften beschrieben [26]. Beispiele sind im folgenden Abschnitt erläutert.

4.5 Hochtemperatur-GC und Analytik hochmolekularer, gering flüchtiger Analyten

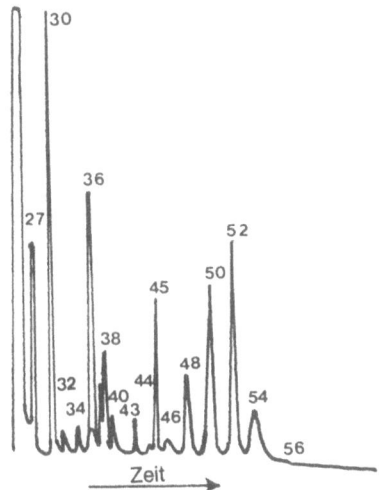

Bild 4.10 Chromatogramm hochsiedender Lipide, analysiert an einer kurzen, unpolaren Kapillarsäule von 5 m Länge: aus Humanplasma isoliertes Lipoprotein mit sehr geringer Dichte. Umwandlung zu TMS-Ethern nach einer Dephosphorylierung. Peaks: *27*, Chol-TMS; *30*, Tridecanoylglycerol (IS); *34*, TMS Palmitoylsphingosin; *26, 38, 40*, TMS-Diacylglycerole; *34, 36, 38*, Acyl-Verbindungen; *43, 45, 47*, Cholesterolester mit 16, 18, 20 Acylkohlenstoffatomen; *44, 46, 48, 50, 52, 54, 56*, Triacylglycerole mit einer Gesamtanzahl von 44, 46, 48, 50, 52, 54 und 56 Acylkohlenstoffatomen. (Nachdruck aus Ref. [25])

4.5.1 Analyse von polycyclischen aromatischen Kohlenwasserstoffen

Mit einem Temperaturbereich von 10 °C bis 480 °C ist die Analyse von polycyclischen aromatischen Kohlenwasserstoffen (PAH's) in einem großen Bereich der relativen Molekülmasse möglich. Bild 4.11 veranschaulicht das Chromatogramm für die PAH-Analyse von Naphthalin (2-Ring) bis Benzoperylen (6-Ring). Die maximale Arbeitstemperatur der HT5-Phase sollte die Trennung von PAH's mit 10- bis 12-Ringstrukturen ermöglichen[1]. Die Einzelheiten der Analyse sind im Protokoll 4.4 zusammengefaßt.

Protokoll 4.4 Hochtemperatur-GC-Bedingungen für die Trennung von PAH's an einer Kapillarsäule mit HT5-Phase
1. Extrahieren Sie das PAH-Gemisch aus Kohlenteer mit Hexan und verdünnen Sie den Extrakt auf ca. 10 ng/µl
2. Analysieren Sie mittels GC-FID 1 µl Extrakt durch kalte On-column-Injektion:
   - Kapillarsäule   12 m AQ3 / HT5; d_f = 0,1 µm
   - Temperaturprogramm   von 60 °C mit 8 °C/min auf 420 °C
   - Trägergas   ca. 1 ml/min H_2 oder He

---

[1] Die HT5-Phase ist nicht nur für Hochtemperaturanalysen geeignet, sondern besitzt auch selektive Eigenschaften, die die vollständige Trennung von Alkylaromaten ermöglichen.

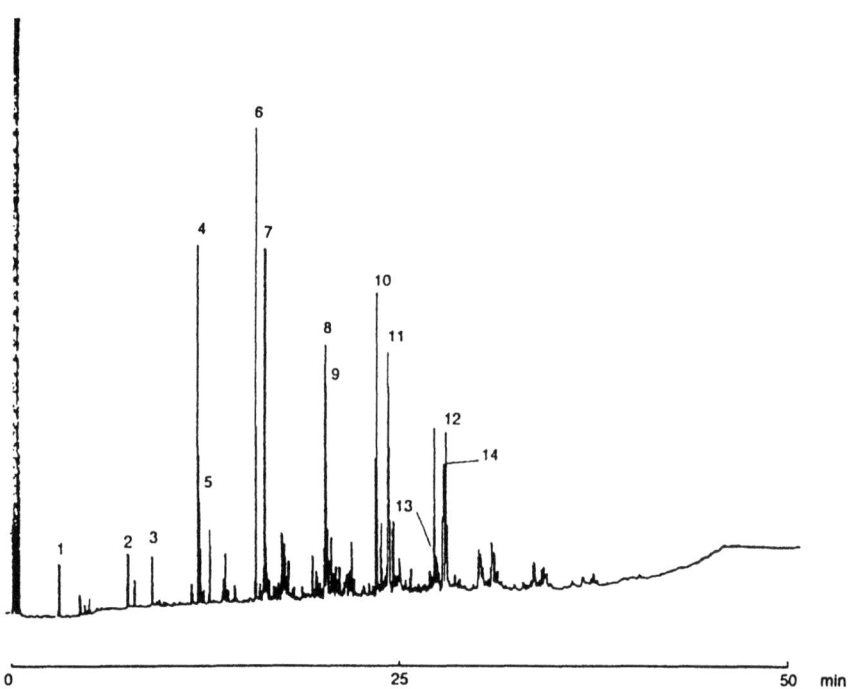

Bild 4.11 Analyse von PAH's in Steinkohleteer über einen großen Temperaturbereich an einer Narrow-bore-Kapillarsäule, belegt mit HT5-Phase (SGE) unter den im Protokoll 4.4 angegebenen Bedingungen. Peaks: *1*, Naphthalen; *2*, Acenaphthalen; *3*, Fluoren; *4*, Phenanthren; *5*, Anthracen; *6*, Fluoranthen; *7*, Pyren; *8*, 1,2-Benzanthracen; *9*, Chrysen; *10*, Benzo(k)-fluoranthen; *11*, Benzo(a)pyren; *12*, Indeno(1,2,3,c,d)pyren; *13*, 1,2,5,6-Dibenzanthracen; *14*, 1,2-Benzo-perylen. (Nachdruck aus Ref. [27])

4.5.2 Analyse von Triglyceriden

Als die HT5-Phasen entwickelt wurden, stand für die Analyse von Triglyceriden (TG's) mittels Kapillar-GC keine Routinemethode zur Verfügung. Triglyceride, die in der Lebensmittel- und Süßwarenindustrie von Bedeutung sind, können dank der höheren thermischen Stabilität der HT5-Phasen entsprechend der jeweiligen Anzahl ihrer Kohlenstoffatome getrennt werden. Bild 4.12 veranschaulicht das Chromatogramm für die Analyse von Triglyceriden mit bis zu 54 Kohlenstoffatomen, und Protokoll 4.5 faßt das Verfahren und die entsprechenden GC-Bedingungen zusammen. Die Analyse von Triglyceriden ist wegen ihrer thermischen Instabilität auf Temperaturen bis 375 °C begrenzt.

4.5 Hochtemperatur-GC und Analytik hochmolekularer, gering flüchtiger Analyten

Protokoll 4.5 Analyse von Triglyceriden in Buttermilchfett an kurzen, HT5-belegten Fused-silica-Kapillarsäulen

1. Bereiten Sie eine Probe aus 10 ml Buttermilch/Fett und 10 ml Dichlormethan/ Aceton als Lösungsmittel zur Extraktion vor
2. Extrahieren Sie die Probe (durch Flüssig-Flüssig-Extraktion ggf. im Ultraschallbad) bis zu einer im Bereich von 1–5 µg/ml liegenden Endkonzentration.
3. Analysieren Sie mit GC-FID 1 µl Extrakt durch kalte On-column-Injektion wie folgt:
   - Kapillarsäule   6 m AQ3/HT5; d_f = 0,1 µm
   - Temperaturprogramm   von 200 °C mit 10 °C/min auf 370 °C für 5 min
   - Trägergas   1 ml/min (u = 25-30 cm/s) H_2 oder He
   - Detektor   FID bei 32×10^{-12} A (Vollausschlag)

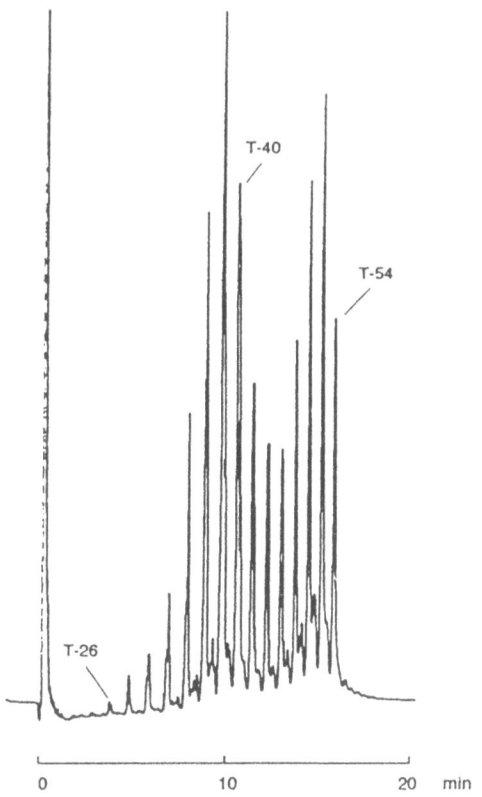

Bild 4.12 Analyse von Triglyceriden, die aus Buttermilchfett extrahiert wurden, an einer kurzen Narrow-bore-Kapillarsäule mit einer HT5-Phase unter den im Protokoll 4.5 angegebenen Bedingungen (Nachdruck aus Ref. [27])

4.5.3 Analyse von Porphyrinen

Für die Analyse von Alkylporphyrinen mußte man früher niedrigsiedende Derivate herstellen, da keine stationären Phasen existierten, die bei Temperaturen von 400 °C und darüber betrieben werden konnten. Weil Alkylporphyrine thermisch sehr stabil sind und Temperaturen bis zu 480 °C bei mit HT5-Phasen belegten Säulen möglich sind, ist sowohl die Analyse von Metallkomplexen (M = TiO, Cu, VO, Pd) als auch die von freien Basen leicht möglich. Die freien Hämoglobinporphyrinbasen sind auf diesem Weg wie in Bild 4.13 veranschaulicht analysierbar. Protokoll 4.6 faßt das Analysenverfahren bei leicht abgewandelten Bedingungen zusammen.

Protokoll 4.6 Analyse der freien Hämoglobinporphyrinbasen an mit HT5-belegten Kapillarsäulen
1. Bereiten Sie eine Stammlösung (100 µg/ml) der freien Porphyrinbase aus 10 mg Porphyrin in 100 ml Dichlormethan oder n-Hexan und verdünnen Sie diese bis zu einer Endkonzentration im µg/ml-Bereich.
3. Analysieren Sie mit GC-FID 1 µl Extrakt durch kalte On-column-Injektion wie folgt:
   - Kapillarsäule   12 m AQ3/HT5; d_f = 0,15 µm
   - Temperaturprogramm   von 260 °C mit 10 °C/min auf 400 °C, 5 min isotherm
   - Trägergas   1 ml/min He

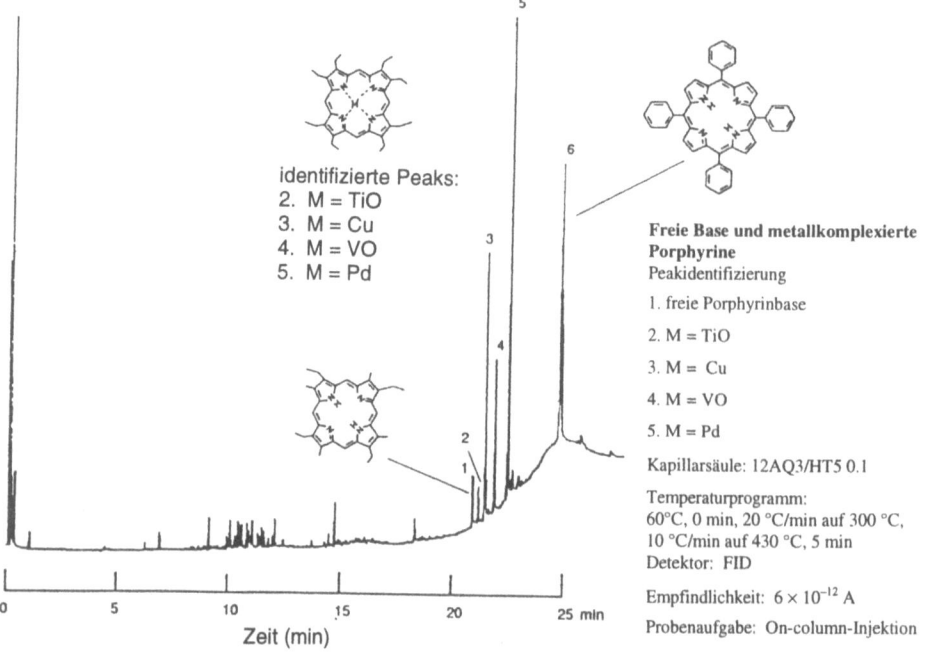

Bild 4.13 Analyse von Alkylporphyrinen bei hohen Temperaturen an einer HT5-beschichteten Narrow-bore-Säule. (Nachdruck aus Ref. [27])

4.5 Hochtemperatur-GC und Analytik hochmolekularer, gering flüchtiger Analyten

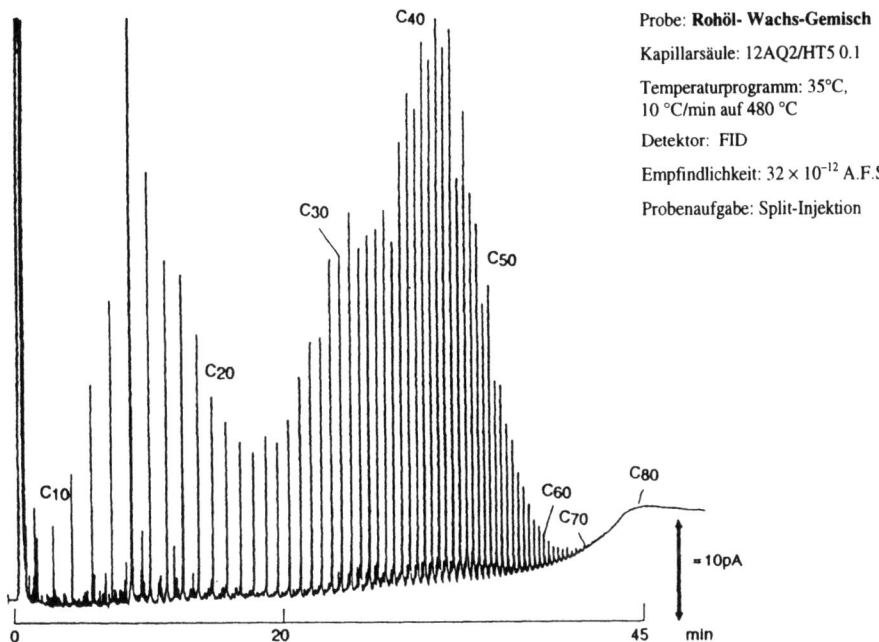

Bild 4.14 Analyse eines Rohöl- und Wachsgemisches an einer HT5-Phase in einem Temperaturbereich von 10 °C bis 480 °C (Nachdruck aus Ref. [27])

4.5.4 Rohöl und Wachs

Der breite Temperaturbereich der HT5-Phase ermöglicht innerhalb von 45 min Analysenzeit die Elution der Kohlenwasserstoffe von C_4 bis C_{100}. Das erschließt die Analyse von Wachsen und hochsiedenden Kohlenwasserstofffraktionen. Bild 4.14 veranschaulicht die Trennung von Substanzen einer Rohöl-Wachs-Mischung, die in einem Temperaturbereich von 10 °C bis 480 °C eluieren. Die Ergebnisse sind denen der SFC [1] vergleichbar, sind aber zu beträchtlich geringeren Kosten und mit einer weniger komplizierten Instrumentierung zu erhalten.

4.5.5 Fettsäuremethylester

Wegen der höheren maximalen Arbeitstemperatur kann die Analyse von Fettsäuremethylestern (FAME's) auf höhermolekulare Ester erweitert werden. Aufgrund der Selektivität der HT5-Phase ist es gleichzeitig möglich, verschiedene Isomere der FAME's, z.B. cis- und trans-Isomere von $C_{18:1}$- und $C_{18:2}$- aufzulösen.

4.6 GSC und GLC für die Analyse leichtflüchtiger Verbindungen

Die Gas-Fest-Chromatographie (GSC) kann entweder mit gepackten oder mit Wide-bore-Kapillarsäulen durchgeführt werden. In den folgenden Abschnitten werden Anwendungen beider Säulentypen zusammen mit der Gas-Flüssig-Chromatographie (GLC) mit Dickfilmkapillaren für die Analyse von gasförmigen und leichtflüchtigen Verbindungen (HVO's für: highly volatile organics) beschrieben.

4.6.1 GSC mit gepackten Säulen

Gepackte Säulen mit stationären Phasen vom Typ der porösen (Divinyl-)Polymeren (wie etwa Porapak Q oder Chromasorb 100-Serie) ergeben eine unzureichende Auflösung der C_3- und C_4-Kohlenwasserstoff-Isomeren sowie lange Analysenzeiten (> 20 min), auch wenn mit einem Temperaturanstieg von 6,5 K/min in einem Temperaturbereich von 50–200 °C und mit H_2 als Trägergas gearbeitet wird. Temperaturen unterhalb der Umgebungstemperatur begünstigen zwar die Auflösung, bedeuten aber eine nicht-akzeptable Analysendauer. Die Säule hat einen entsprechend hohen Gehalt an stationärer Phase, woraus ein niedriger β-Wert und eine geringe Trenneffizienz folgen.

Als ein Beispiel für die Trennung an Porapak N sei die Analyse einer Gasprobe von C_1- bis C_4-Kohlenwasserstoffen genannt, in der Kohlenmonoxid, Kohlendioxid, Methan, Ethan, Ethen, Ethin, Propan, Propen und Isobutan bestimmt werden sollen. Die Analysenbedingungen sind im Protokoll 4.7 angegeben.

Protokoll 4.7 Analyse einer Gasprobe, die CO, CO_2, CH_4, C_2H_4, C_2H_6, C_2H_2, C_3H_8, C_3H_6 und iso-C_4H_{10} enthält, an einer mit Porapak N gepackten Trennsäule

• Gepackte Trennsäule	2 m lang, 3 mm ID
• Temperaturprogramm	von 50 °C mit 6,5 °C/min auf 200 °C
• Trägergas-Einlaßdruck	110 kPa (H_2)
• Analysendauer	23 min

4.6.2 Kapillarsäulen für die GSC

Für diese Analysenart werden an der Rohrinnenwand mit Adsorbens beschichtete Kapillarsäulen verwendet, die abgeleitet von „solid-coated open tubular column" auch als SCOT-Säulen bezeichnet werden. Die innere Oberfläche der Kapillarsäule mit 0,4 – 0,53 mm Innendurchmesser kann z.B. mit feinen Al_2O_3-Partikeln beschichtet sein. Im allgemeinen kann die höchste Selektivität für die Trennung von gesättigten und ungesättigten Kohlenwasserstoffen oder Halogenkohlenwasserstoffen mit kleiner C-Zahl durch Adsorptionschromatographie an Silicagel, Aluminiumoxid oder Molekularsieben erreicht werden. Die zwischen-

4.6 GSC und GLC für die Analyse leichtflüchtiger Verbindungen

molekularen Wechselwirkungen sind in der GSC viel stärker als in der GLC, bei der eine Verteilung nach Löslichkeiten stattfindet.

Verbindungen mit einer großen relativen Molmasse können nur bei hohen Temperaturen eluiert werden, bei denen sich aber thermolabile Substanzen zersetzen. GSC-Säulen haben eine lange Lebensdauer, weil es bei höheren Temperaturen kein Bluten der stationären Phase gibt. Zur Elution höhermolekularer Verbindungen in einer angemessenen Analysenzeit ist ein Temperaturprogramm erforderlich. Die Einzelheiten der Analyse sind im Protokoll 4.8 angeführt. Bild 4.15 zeigt das zugehörige Chromatogramm.

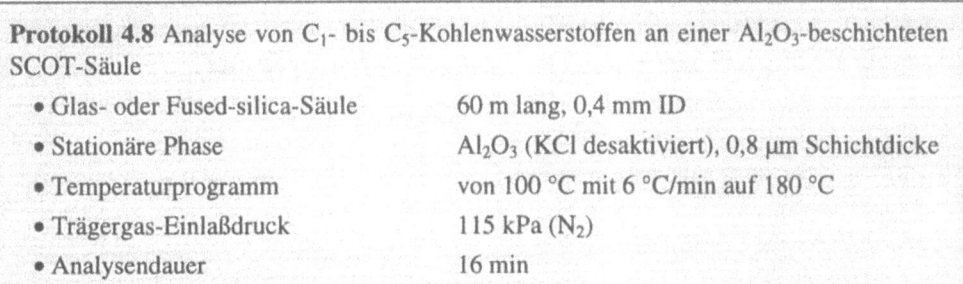

Protokoll 4.8 Analyse von C_1- bis C_5-Kohlenwasserstoffen an einer Al_2O_3-beschichteten SCOT-Säule

- Glas- oder Fused-silica-Säule   60 m lang, 0,4 mm ID
- Stationäre Phase Al_2O_3 (KCl desaktiviert), 0,8 µm Schichtdicke
- Temperaturprogramm   von 100 °C mit 6 °C/min auf 180 °C
- Trägergas-Einlaßdruck   115 kPa (N_2)
- Analysendauer   16 min

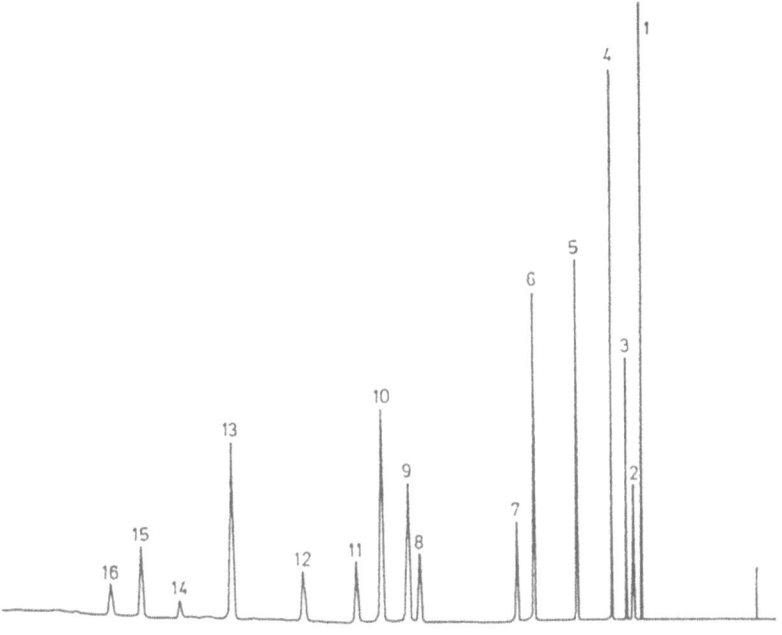

Bild 4.15 Analyse niederer Kohlenwasserstoffe mittels GSC an einer Aluminiumoxid-SCOT-Säule. *1*, Methan; *2*, Ethan; *3*, Ethen; *4*, Propan; *5*, Propen; *6*, Isobuten; *7*, n-Butan; *8*, trans-2-Buten; *9*, 1-Buten; *10*, Isobuten; *11*, cis-2-Buten; *12*, Isopentan; *13*, 1,3-Butadien; *14*, trans-2-Penten; *15*, 1-Penten; *16*, cis-Penten. (Nachdruck aus Ref. [19])

4.6.3 GLC mit Dickfilm-Kapillarsäulen

Neben Kapillarsäulen für die GLC mit einem relativ dünnen Film an stationärer Phase werden auch solche mit dickerem Film hergestellt. Das daraus resultierende kleinere Phasenverhältnis β bedeutet bei einer Analytkomponente bestimmter Flüchtigkeit eine längere Retentionszeit. Wenn die Filmdicke der stationären Phase groß genug ist oder das Temperaturprogramm unterhalb der Raumtemperatur gestartet wird, dann kann auch die Analyse leichtflüchtiger Verbindungen erfolgreich mit Film-Kapillarsäulen im Sinne der GLC ausgeführt werden. Bei der Analyse von C_1- bis C_5-Kohlenwasserstoffen ist dann die Auflösung von 1-Buten und Isobuten meist nicht ausreichend. Diese Trennung kann mit hochpolaren Stationärphasen verbessert werden, aber die Ausbildung und Stabilität dicker Filme solcher Trennphasen ist auf Glas oder Quarz (fused silica) nur sehr schwer zu verwirklichen. Im folgenden Protokoll 4.9 sind Bedingungen einer Analyse an Dickfilmkapillaren zusammengestellt.

Protokoll 4.9 Beispielhafte Analyse von C_1- bis C_5-Kohlenwasserstoffen an einer Dickfilm-Kapillarsäule mit FID als Detektor

- Alkaliglas- oder Fused-silica-Säule   30 m lang, 0,32 mm ID
- Stationäre Phase   Methylpolysiloxan OV-1,
- Filmdicke $d_f = 0{,}8$–$1{,}0$ µm
- Temperaturprogramm   von –10 °C ballistisch auf 20 °C
- Trägergas-Einlaßdruck   255 kPa (N_2)
- Analysendauer   19 min

4.7 Schlußfolgerungen

Anhand einiger Applikationsbeispiele wurden die Einsatzmöglichkeiten von gepackten Säulen, von Wide-bore-, Medium-bore- und Narrow-bore-Kapillarsäulen gezeigt. Die Aufzählung ist und kann nicht erschöpfend sein. Auf allen Gebieten gibt es umfangreiche und exzellente GC-Trennungen mit gepackten Säulen und mit Kapillarsäulen. Trennsäulen werden von verschiedenen Herstellern, namentlich von Alltech, Chrompack, Hewlett-Packard, J & W Scientific, Macherey-Nagel, Restek, SGE, Supelco u. a., bereitgestellt. Auch auf ein spezielles Problem zugeschnittene Trennsäulen, sog. maßgeschneiderte Säulen, kann man erwerben. Der erste Schritt eines neuen oder nichtspezialisierten Nutzers sollte darin bestehen, sich publizierte Applikationen anzusehen und entsprechend den Erfordernissen eine Auswahl zu treffen. Sehr hilfreich kann z.B. die Durchsicht einiger Jahrgänge der „Chromatography Abstracts" (verlegt von The Chromatographic Society bei Elsevier Science Publishers Ltd., Barking, Essex, UK) sein. Außerdem sind Ausbildungskurse bei Herstellern und an Hochschulen immer Gelegenheiten, sich beraten zu lassen. Immer öfter führen die GC-Geräte-Anbieter auch vorbereitende Analysen durch und offerieren auch die methodische Lösung des Problems. Trotzdem sollte sich der Betreiber im Labor hinreichend Kenntnisse und Erfahrungen erwerben, um bei Auswahl der Trennsäule, der Injektionstechnik und bei der Einschätzung der übrigen instrumentellen Erfordernisse sowie bei der Festlegung günstiger Analysenparameter und Trennbedingungen aktiv eingreifen zu können.

Literatur

[1] Smith, R.D. (Hrsg.) *Supercritical Fluid Chromatography*. RSC Monographie, RSC, London (**1988**).

[2] Ettre, L.S. *Chromatographia* **1984**, *18*, 477.

[3] Betts, T.J. *J. Chromatogr.* **1984**, *294*, 370.

[4] Fehringer, N.V.; Walters, S.M. *J. Assoc. Off. Anal. Chem.* **1984**, *67*, 91.

[5] Japp, M.; Gill, R.; Osselton, M.D. *J. Forensic Sci.* **1987**, *32*,1574.

[6] Korol, A.; Solodchenko, N.N.; Ermakov, A.A. *J. High Resol. Chromatogr.* Chromatogr. Commun. **1983**, *6*, 279.

[7] Novak, J.; Roth, M. *J. Chromatogr.* **1984**, *292*, 149.

[8] Wells, G. *J. Chromatogr.* **1983**, *270*, 135.

[9] Kominar, R.; Onuska, F.I.; Terry, K.A. *J. High Resol. Chromatogr.* Chromatogr. Commun. **1985**, *8*, 585.

[10] Clark, R.R.; Zalikowski, J.A. *Proc. Water Qual. Technol. Conf.* **1987**, 15.

[11] Rovei, V.; Sanjuan, M.; Hrdina, P.D. *J. Chromatogr.* **1980**, *182*, 349.

[12] Gutierrez, A.; Garci; McIntyre, A.E.; Lester, J.N.; Perry, R. *Environ. Technol. Lett.* **1983**, *4*, 521.

[13] Zenon-Roland, L.; Agnessens, R.; Nangniot, P. *J. High Resol. Chromatogr.* Chromatogr. Commun. **1984**, *7*, 480.

[14] Grant, D.W. *Lab. Pract.* **1986**, *35*, 59.

[15] Berg, J. R. *LC GC 5* **1987**, *206*, 233.

[16] Herraiz, T.; Reglero, G.; Herraiz, M.; Alonso, K.; Cabezuedo, M.D. *J. Chromatogr.* **1987**, *388*, 325.

[17] Bogusz, M.; Bialka, J.; Gierz, J.; Klys, M. *J. Anal. Toxicol.* **1986**, *10*, 125.

[18] Grob, K.; Frech, P. *Int. Lab.* **1988**, 18.

[19] Schomburg, G. *Gaschromatographie*. VCH, Weinheim (**1990**).

[20] Clement, R.E. (Hrsg.) *Gas Chromatography*. Biochemical, biomedical and clinical applications. J. Wiley & Sons, New York (**1988**).

[21] Hockel, M.; Dunges, W.; Holzer, A.; Brockerhoff, P.; Rathgen, G.H. *J. Chromatogr.* **1980**, *221*, 205.

[22] Muskiet, F.A.J.; van Doormaal, J.J.; Martini, A.; Wolthers, B.G.; van der Silk, W. *J. Chromatogr.* **1983**, *278*, 231.

[23] Roberts, T.R. *Trends in Anal. Chem.* **1985**, *4*, 5.

[24] Baugh, P.J.; McDonald, W. *Anal. Proc.* 1989, 219; McDonald, W.: M.sc. *Dissertation*, Universität Salford (**1988**).

[25] Kuksis, A.; Myher, J.J.; Geher, K.; Beckenridge, W.C.; Jones, G.J-.L.; Little, J.A. *J. Chromatogr.* **1981**, *224*, 1.

[26] SGE: *HT5, a new high temperature stationary phase for capillary GC*, GC3/88, Publikation Nr. 5000227, SGE International, Ringwood (**1988**).

[27] Dawes, P.; Cumbers, M. *Am. Lab.* **1989**, *21*, 18.

5 Chemische Derivatisierung in der GC

DAVID G. WATSON

5.1 Einleitung

Flüchtige oder unpolare Verbindungen können ohne Derivatisierung mit Hilfe der Gaschromatographie (GC) analysiert werden. Tatsächlich ist die Darstellung von Derivaten bestimmter Substanzen, z.B. von Kohlenwasserstoffen oder halogenierten Verbindungen nicht ohne weiteres möglich. Polare Verbindungen, z.B. Carbonsäuren und Amine kann man an polaren GC-Phasen, wie z.B. den Polyethylenglycolen ohne vorherige Derivatisierung analysieren. Dennoch ist die Derivatisierung in vielen Fällen nützlich und besitzt dort folgende Vorteile:

a) Erhöhung der Flüchtigkeit und Verringerung der Polarität polarer Verbindungen

b) Stabilisierung von Verbindungen, die bei der erforderlichen Analysentemperatur instabil sind

c) Verbesserung der Trennung von Substanzgruppen bei der GC

d) Gewinnung von Informationen über Anzahl und Art funktioneller Gruppen in einem Gemisch unbekannter Substanzen

e) Verbesserung des Verhaltens von Verbindungen hinsichtlich selektiver Detektoren, z.B. gegenüber ECD, NPD oder MS.

Die Derivatisierung weist jedoch auch mehrere Nachteile auf:

a) Das Derivatisierungsreagens könnte schwer zu entfernen sein und bei der Analyse stören. Besonders nachteilig ist dieser Effekt, wenn die Reinheit einer Substanz mittels GC ermittelt werden soll.

b) Die Derivatisierungsbedingungen können unbeabsichtigte chemische Veränderungen der Substanz, z.B. eine Hydrierung hervorrufen.

c) Der Derivatisierungsschritt erhöht den Zeitaufwand für die Analyse.

Aus diesen Gründen wird die Gaschromatographie in Verbindung mit einer vorherigen Derivatisierung bei der Qualitätskontrolle, wo die Reinheit einer Substanz oder Verbindung in einer Formulierung zu bestimmen ist, in geringerem Umfang eingesetzt als die HPLC.

Für die quantitative Genauigkeit bei der Derivatisierung ist es wichtig, daß die Reaktion des Analyten mit dem Derivatisierungsreagens vollständig ist und ein interner Standard verwendet wird. Ein interner Standard kann in hohem Maße Analytverluste während der Derivatisierung kompensieren, besonders wenn er der zu derivatisierenden Substanz sehr ähnlich ist. Ein interner Standard ist vor allem wichtig bei der Analyse von Substanzen mit einer gewissen Instabilität, z.B. Catecholaminen und Corticosteroiden oder von Verbindungen, die zur thermischen Abspaltung von Wasser oder zur Oxidation neigen.

Die Derivatisierungsreaktionen sind gewöhnlich einfache chemische Reaktionen, z.B. Acylierungen, Alkylierungen oder Silylierungen, die nahezu quantitativ verlaufen. Über die Derivatisierung sind zwei wichtige Bücher publiziert wurden [1, 2]. Ein weiteres Lehrbuch informiert über die Derivatisierung vieler Verbindungen sowie über Anwendungen in der Kapillar-GC [3].

5.2 Apparatur

Derivatisierungsreaktionen benötigen relativ einfache Apparaturen. Die gebräuchlichsten werden im folgenden näher erläutert.

5.2.1 Proben- und Reaktionsgefäße

In diesem Abschnitt werden verschiedene Typen von Proben- und Reaktionsgefäßen beschrieben.

5.2.1.1 Dickwandige Reacti-Vials (Pierce Chemical Co.) oder V-Vials (Aldrich Chemical Co.)

Am häufigsten verwendet man Vials mit einem Volumen von 0,3 oder 1 ml. Die konischen Vials sind mit teflonbeschichteten Kappen versehen und erlauben es, die Probe bis auf einige Mikroliter einzuengen sowie geringe Reagentienmengen in den Derivatisierungsverfahren zu verwenden.

5.2.1.2 Glasprobenröhrchen mit ca. 3,5 ml Volumen und aluminiumbeschichteten Schraubkappen

Diese Röhrchen werden für den Umgang mit Probenlösungen genutzt. Es sind die günstigsten Gefäße, um einen Kontakt der Probe mit der Plastikkappe zu vermeiden. Weichmacher, die durch das Lösungsmittel der Probe aus der Kappe gelöst werden, können zusätzliche Peaks im Chromatogramm hervorrufen.

5.2.1.3 Glasprobenröhrchen mit ca. 4,5 ml Volumen und teflonbeschichteten Schraubkappen

Sie werden für die Aufbewahrung von Reagentien verwendet, die in kleinen Mengen aus Vorratsbehältern entnommen wurden. Probenröhrchen mit oben offenen Kappen und Silikongummisepten haben den Vorteil, daß ein Kontakt des Reagens mit der Atmosphäre vermieden wird. Wenn man solche Septen jedoch erst einmal mit einer Spritze durchstochen hat, ist es schwierig, sie wieder völlig dicht zu bekommen.

5.2.2 Erwärmen und Verdampfen

5.2.2.1 Aluminiumheizblöcke

Für das Erwärmen und Verdampfen sind Aluminiumblöcke mit Löchern geeignet, in denen man Reacti-Vials, die Probenröhrchen und ein Thermometer anbringen kann. Sie können entweder ungebohrt oder vorgebohrt (Pierce Chemical Co.) gekauft oder in einer Werkstatt gebaut werden. Ein solcher Block kann z.B. 15 × 10 × 6 cm groß sein und bis zu 3 cm tiefe Löcher haben.

5.2.2.2 Eine einfache, thermostatisierte Heizplatte

Man verwendet solche Heizplatten zum Erwärmen der Probe. Im allgemeinen müssen Reaktionstemperaturen nicht exakt sein. Die teureren Heizplatten oder Trockenheizblöcke weisen eine größere Genauigkeit der Temperaturkontrolle auf, die jedoch selten notwendig ist.

5.2.2.3 Apparaturen zum Einengen der Probe

Diese Apparatur enthält gewöhnlich eine Stickstoffdruckgasflasche mit einem Druckregler, an dem ein Gummischlauch befestigt werden kann. In das eine Ende des Gummischlauchs kann eine Pasteurpipette geschoben werden. Der Gasstrom wird dann zum Einengen der Probe oder zum Abdampfen des Lösungsmittels verwendet. Man kann den Gasfluß grob regeln, indem der Gummischlauch mit einer Schraubklemme eingeklemmt wird. Wenn gleichzeitig mehrere Proben eingeengt werden sollen, kann vom Glasbläser eine einfache Mehrwegapparatur gebaut werden, die aus einem Glasröhrchen mit verschiedenen Öffnungen an einem Ende besteht. Mittels eines Gummischlauchs können Pasteurpipetten eingeschoben werden, der Gasstrom kann durch Schraubklemmen individuell reguliert werden. Anstelle von Schraubklemmen kann man den Gasfluß auch mit Teflonglashähnen regulieren, wie sie z.B. bei der Konstruktion chromatographischer Säulen verwendet werden. Solche Apparaturen kann man auch bei mehreren Herstellern kaufen. Pasteurpipetten sind im Gegensatz zu den in den meisten kommerziell erhältlichen Apparaturen verwendeten Stahlnadeln Einweggegenstände. Sie können bei der Analyse verschiedener Proben ausgetauscht werden und vermeiden somit eine Kreuzkontamination der Probe.

5.2.3 Umgang mit Proben und Reagentien

Viele Reagentien, die bei der Derivatisierung verwendet werden, sind hochreaktiv, ein Kontakt mit der Luft und mit Feuchtigkeit muß deshalb auf ein Minimum beschränkt werden. Oft sind sie auch reizend und korrosiv, und man sollte beim Umgang mit ihnen einen Abzug benutzen.

Am günstigsten lassen sich bestimmte Volumina der Probelösung oder der Reagentien durch Mikroliterspritzen in ein Reaktionsgefäß einbringen. Die Spritzen sind von mehreren Herstellern kommerziell erhältlich. Die vielleicht nützlichsten Volumina sind 10 µl, 50 µl, 100 µl und 500 µl. Kleinvolumige Glaspipetten sind eine billigere Alternative, jedoch erfordert der Umgang mit ihnen mehr Geschicklichkeit, und die Reagentien sind einem Kontakt mit Luft ausgesetzt. Man sollte Reagentien und Lösungsmittel nicht mit automatischen Plastikpipettenspitzen aufnehmen, insbesondere wenn geringe Analytmengen zu bestimmen sind. Die Spritzenzylinder können bei wiederholtem Gebrauch verkleben. Sie können gewaschen werden, indem der Zylinder mit der Lösung eines starken Reinigungsmittels (z.B. Decon®) gefüllt und danach gründlich mit Wasser und Methanol gespült wird.

Mit Hilfe von Pasteurpipetten können auch Probenlösungen transportiert werden. Ist eine Trocknung der Probenlösung notwendig, kann man die Pipette nach Einbringen eines Wattebauschs mit einem Trockenmittel, z.B. wasserfreiem Na_2SO_4 füllen. Zur Entfernung der Derivatisierungsreagentien kann man auch kurze Säulen mit chromatographischen Reagentien benutzen.

5.2.4 Entfernung von Derivatisierungsreagentien

Das einfachste Verfahren, einen Überschuß des Derivatisierungsreagens zu entfernen, ist dessen Verdampfung im Stickstoffstrom. Für nichtflüchtige Reagentien kann man auch eine chromatographische Filterstufe verwenden. Stark adsorbierende Materialien wie z.B. Silicagel oder Aluminiumoxid sind meist nicht für die Entfernung von Reagentien geeignet, da sie das Produkt zersetzen oder irreversibel adsorbieren können. Die lipophilen, aber polaren chromatographischen Materialien Sephadex LH20 oder Sephadex LH40 entfernen polare Reagentien sehr leicht.

5.3 Standardverfahren der Derivatisierung

Die in den Protokollen beschriebenen Standardverfahren enthalten sich wiederholende Verfahrensschritte, die im folgenden näher beschrieben werden:

a) Wenn die Volumina der Reagentien klein sind, werden die Reaktionen in 0,3 ml oder 1 ml Reacti-Vials oder V-Vials ausgeführt. Sind die Lösungsmittel- oder Reagentienvolumina größer, z.B. bei Reaktionen in wäßriger Phase, verwendet man 3,5 ml Probenröhrchen mit Schraubdeckeln und aluminiumbeschichteten Kappen.

b) Reagentien oder Lösungsmittel werden in einem Stickstoffgasstrom verdampft, dabei wird die Probe auf 60-70 °C erwärmt. Geringer flüchtige Reagentien müssen bei höheren Temperaturen erwärmt werden. Falls die Probe flüchtig ist, kann eine Verdampfung bei niedrigeren Temperaturen längere Zeit erforderlich sein oder sie wird ohne Entfernen der Reagentien injiziert.

c) Die Proben werden getrocknet, indem sie durch eine mit Watte verschlossene Pasteurpipette mit ca. 3 cm wasserfreiem Natriumsulfat geleitet werden. Als Alternative kann man auch wasserfreies Magnesiumsulfat verwenden.

d) Die derivatisierte Probe wird vor der Analyse in 2 ml Lösungsmittel für die Kapillar-GC mit splitloser Injektion (das Volumen kann für eine Splitinjektion entsprechend verändert werden) oder in 100 µl Lösungsmittel für die GC mit gepackten Säulen gelöst. Injizieren Sie 1 µl der Lösung. Für die Durchführung eines Derivatisierungsverfahrens sollte man eine Substanzmenge von ca. 200 µg einsetzen, meist kann man dann die derivatisierte Substanz deutlich von anderen, störenden Peaks aus Reagentienlösungen unterscheiden.

e) Ein Reagentienüberschuß entfernt man, indem man die Probe durch eine kurze Säule mit Sephadex LH 20 leitet. Eine solche Säule stellt man her, indem in EtOAc/Hexan (50:50) suspendiertes Sephadex LH20 in eine Pasteurpipette gefüllt wird, die mit Watte verschlossen wird. Das Lösungsmittel wird hindurchgeleitet und sollte einen ca. 3 cm großen Adsorbenspfropfen ergeben.

Zur Herstellung von Sephadex LH20 suspendiert man 50 g des Ausgangsmaterials in 500 ml MeOH und läßt die Suspension 1 h quellen. Danach wird sie unter Vakuum durch eine Fritte gefiltert. Das gesammelte Sephadex LH20 wird dann mit 200 ml EtOAc gewaschen. Das LH20 wird aus der Fritte entfernt und in 250 ml EtOAc/Hexan (50:50) suspendiert. Danach wartet man, bis die Suspension sich absetzt. Das LH20 wird dekantiert und die Suspension mit weiteren 250 ml EtOAc/Hexan (50:50) aufgenommen. Die Suspension ist dann gebrauchsfertig. Gebrauchtes LH20 kann man nach dem gleichen Verfahren auch wieder regenerieren.

5.4 Derivatisierungsreaktionen mit einem Reagens

5.4.1 Silylierungsreaktionen

Die Theorie der Silylierungsreaktionen wurde in [4] umfassend behandelt.

5.4.1.1 Trimethylsilylderivate

Diese Derivate können von einer großen Anzahl funktioneller Gruppen dargestellt werden, zu denen Hydroxyl-, Carbonsäure-, Amin-, Amid-, Thiol-, Phosphat-, Hydroxim- und Sulfonsäuregruppen gehören. Die Reaktion ist vom allgemeinen Typ:

ROH	→	(Silylierungsreagens)	ROTMS
RNH_2	→	(Silylierungsreagens)	RNHTMS
RCOOH	→	(Silylierungsreagens)	RCOOTMS
RNH.COR´	→	(Silylierungsreagens)	RNTMS.COR´
RSH	→	(Silylierungsreagens)	RSTMS
$ROPO_3H$	→	(Silylierungsreagens)	$ROPO_3TMS$
RNH_2OH	→	(Silylierungsreagens)	RN(OTMS)
RSO_3H	→	(Silylierungsreagens)	RSO_3TMS

In manchen Fällen, z.B. bei TMS-Derivaten von Sulfonsäuren und Phosphaten, ist die Stabilität der Derivate sehr gering. Es sind mehrere TMS-Donorreagentien erhältlich, die sich in der Anwendungsbreite unterscheiden. Im allgemeinen haben die vielen kommerziell erhältlichen Gemische keinen Vorteil gegenüber dem reinen Derivatisierungsreagens.

Das BSA kann durch *N,O*-Bis(Trimethylsilyl)trifluoroacetamid (BSTFA) und *N*-Trimethylsilyl-*N*-methyltrifluoroacetamid (MSTFA) ersetzt werden. Diese Reagentien sind stärkere Silyldonoren, was für weniger reaktive Gruppen wie z.B. Thiole und Amide wichtig ist, aber nicht so gute Lösungsmittel. Sie sind auch flüchtiger, das ist für die Derivatisierung flüchtiger Verbindungen, z.B. kurzkettiger Fettsäuren wichtig.

5.4 Derivatisierungsreaktionen mit einem Reagens

Protokoll 5.1 TMS-Derivate unbehinderter Gruppen

1. Erhitzen Sie folgendes Gemisch 15 min bei 60 °C.
   - Analyt — 200 µg
   - N,O-Bis(trimethylsilyl)acetamid (BSA) — 50 µl
2. Verdampfen Sie das BSA und lösen Sie den Rückstand in EtOAc.
3. Um für die Analyse von Carbonsäuren die Stabilität der Derivate zu verbessern [5], führen Sie die Reaktion wie in den Schritten 1 und 2 aus, aber ohne das BSA zu entfernen. Injizieren Sie ein geeignetes Volumen des Reagensüberschusses mit der Probe gelöst in EtOAc in den GC.
4. Für Verbindungen mit geringer Löslichkeit in BSA:
   - Erwärmen Sie bei höheren Temperaturen, z.B. 20 min bei 90 °C. Mißlingt dies, ist der Analyt in einem Lösungsmittel zu lösen.
   - Lösen Sie zuerst in trockenem Pyridin bei 90 °C, geben Sie BSA hinzu und erwärmen Sie 20 min bei 90 °C.

Protokoll 5.2 TMS-Derivate behinderter Alkohole

1. Erhitzen Sie folgendes Gemisch 20 min bei 80 °C:
   - Analyt — 200 µg
   - Trimethylsilylimidazol (TMSIM) — 50 µl
2. Kühlen Sie das Gemisch ab und lösen Sie es mit 100 µl EtOAc. Mischen Sie sorgfältig und geben Sie 1 ml Hexan hinzu.
3. Leiten Sie die Lösung durch eine kurze Säule mit Sephadex LH20, um das nichtflüchtige TMSIM zu entfernen, das ansonsten Rückstände auf der Säule und im Detektor hinterlassen würde.
4. Verdampfen Sie das Lösungsmittel und lösen Sie den Rückstand in EtOAc.

Mit dem stärksten Silylierungsreagens, dem Trimethylsilylimidazol (TMSIM) können TMS-Derivate sterisch behinderter Alkohole, z.B. Steroide mit einer Seitenkette und einer C_{17}-Hydroxygruppe dargestellt werden. Man kann dieses Reagens auch für die Silylierung von Carbonsäuren, jedoch nicht von Aminen verwenden.

Obwohl viele unterschiedliche Silylierungsverfahren in der Literatur beschrieben wurden, sollten die in den Protokollen 5.1 und 5.2 dargestellten Verfahren eine Silylierung der meisten Verbindungen ermöglichen. Ein anderes, weit verbreitetes Verfahren verwendet eine geringe Menge eines Katalysators, um die Silylierungsrate behinderter oder nichtreaktiver Gruppen zu erhöhen. Es ist meist besser, für die Silylierung behinderter Gruppen TMSIM zu verwenden, da die Silylierungskatalysatoren Trimethylchlorsilan (TMCS) und Trimethylbromsilan (TMBS) Spuren anorganischer Säuren erzeugen können, die eine Zersetzung des Analyten, z.B. die Dehydrierung eines tertiären Alkohols, katalysieren können. Ein typisches Verfahren, das einen Katalysator nutzt, ist im folgenden beschrieben:

a) Erwärmen Sie folgendes Gemisch 20 min bei 60 °C:
- Analyt   200 µg
- BSA   50 µl
- TMCS oder TMBS   1 µl

b) Verdampfen Sie die Reagentien und lösen Sie den Rückstand in EtOAc.

5.4.1.2 Tertiärbutyldimethylsilylderivate (TBDMS-Derivate)

Die allgemeine Reaktionsgleichung ist die gleiche wie die für die TMS-Bildung. Für die Einführung dieser Gruppe in Verbindungen gibt es keine große Auswahl kommerziell erhältlicher Silylierungsreagentien. Die Effektivität verschiedener Reagentien zur Einführung der TBDMS-Gruppe wurde in [6] studiert. Die TBDMS-Ether besitzen den Vorteil, daß sie viel stabiler als die TMS-Ether sind (s. Protokoll 5.3 und 5.4).

Mit diesem Verfahren können TBDMS-Derivate von Alkoholen und Phenolen hergestellt werden. Die Derivate sind stabil gegenüber Feuchtigkeit oder Chromatographie an Silicagel. Man kann mit diesem Verfahren auch Carbonsäurederivate darstellen, obwohl diese aufgrund der Säurewirkung des Imidazols zu Analytverlusten neigen. Das Verfahren ist für die Darstellung von TBDMS-Derivaten von Aminen nicht geeignet.

Es gibt einige gute Verfahren für die direkte Silylierung von Säuren des Krebs-Zyklus. Mit dem folgenden Verfahren erhält man stabile Produkte, und es wird das Risiko der Enolsilyletherbildung auf ein Minimum beschränkt.

Protokoll 5.3 TBDMS-Derivate unbehinderter Gruppen

1. Erhitzen Sie folgendes Gemisch 30 min bei 60 °C.

   - Analyt   200 µg
   - eine DMF-Lösung, die 1 M Tertiärbutyldimethylsilylchlorid und 1 M Imidazol enthält   100 µl

2. Kühlen Sie das Gemisch ab und lösen Sie es mit 100 µl EtOAc. Mischen Sie die Lösung gründlich und geben Sie 1 ml Hexan hinzu.

3. Leiten Sie das Gemisch zum Entfernen des überschüssigen Reagens durch eine kurze Säule mit Sephadex LH20 (alternativ kann das Produkt in 200 µl Hexan extrahiert werden).

4. Verdampfen Sie den Eluenten und lösen Sie den Rückstand in EtOAc.

Wenn die TBDMS-Gruppe in eine behinderte Hydroxylgruppe eingeführt wird, kann das Imidazol durch Diisopropylethylamid ersetzt werden [7]. Ein alternativer Basenkatalysator für die Umwandlung von Aminen, Thiolen und Carbonsäuren zu TBDMS-Derivaten scheint das 1,8-Diazabicyclo(5,4,0)undec-7-en (DBU) zu sein [8].

N-Tertiärbutylsilyl-N-methyltrifluoracetamid (MTBSTFA) ist eine kommerziell erhältliche analoge Verbindung zum MSTFA, die zur Bildung von TMS-Derivaten verwendet

> **Protokoll 5.4** TBDMS-Derivate von Säuren des Krebs-Zyklus
>
> 1. Erhitzen Sie folgendes Gemisch 1 h bei 60 °C:
>   - Analyt 200 µg
>   - eine Pyridinlösung, die 0,5 M TBDMSCl
>   und 1,25 M Imidazol enthält 100 µl
> 2. Kühlen Sie das Gemisch ab und lösen Sie es mit 100 µl EtOAc. Mischen Sie die Lösung sorgfältig und geben Sie 1 ml Hexan hinzu.
> 3. Leiten Sie die Lösung durch eine kurze Säule mit Sephadex LH20.
> 4. Verdampfen Sie den Eluenten und lösen Sie den Rückstand in EtOAc.

wird. Der Vorteil vom MTBSTFA besteht darin, daß es flüchtig, aber von geringer Reaktivität ist und nur mit Alkoholen reagiert, wenn eine Carboxylgruppe im gleichen Molekül vorhanden ist (D.G. Watson, unveröffentlichte Daten). Das MTBSTFA ist demnach für die Bildung von TBDMS-Derivaten von Säuren nützlich, da sie stabiler als die entsprechenden TMS-Derivate sind. Weiterhin wurde das MTBSTFA auch für die Darstellung der TBDMS-Derivate von Dipeptiden verwendet [9]. Das folgende Verfahren beschreibt die TBDMS-Bildung unter Verwendung von MTBSTFA.

a) Erwärmen Sie 1 h bei 90 °C ein Gemisch folgender Verbindungen:
   - Analyt   200 µg
   - MTBSTFA   100 µl
   - TMCS   1 µl

b) Verdampfen Sie die Reagentien und lösen Sie den Rückstand in EtOAc.

5.4.1.3 Andere Silylierungsreagentien

Isopropyldimethylsilylchlorid und Ethyldimethylsilylchlorid sind kommerziell erhältlich, Derivate wie z.B. die *N,O*-(Bis)silylacetamide dagegen nicht. Die Chloride können anstelle von TBDMSCl im Protokoll 5.3 zur Derivatisierung verwendet werden.. Aus diesen Substanzen wurden mehrere Silylierungsreagentien dargestellt und in Derivatisierungsreaktionen verwendet [10].

5.4.2 Acylierungsreaktionen

Die Reaktion ist vom allgemeinen Typ:

ROH   →   (R´COX)   ROCOR´

RNH$_2$ →   (R´COX)   RNHCOR´

RNHOH →   (R´COX)   RNHOCOR´

wobei R´COX ein Säureanhydrid, -chlorid oder Imidazol darstellt.

5.4.2.1 Acetatbildung

Das folgende Verfahren kann auf unbehinderte Alkohole, Phenole, Amine und Monosaccharide angewandt werden:

Protokoll 5.5 Bildung von Acetaten unbehinderter Gruppen

1. Erwärmen Sie ein Gemisch folgender Verbindungen 15 min bei 60 °C :

   - Analyt   200 µg
   - Pyridin   30 µl
   - Essigsäureanhydrid   30 µl

2. Verdampfen Sie die Reagentien und lösen Sie den Rückstand in EtOAc.

Das folgende Verfahren ist auf behinderte Alkohole anwendbar:

Protokoll 5.6 Bildung von Acetaten behinderter Gruppen

1. Lassen Sie das folgende Gemisch 2 h bei Zimmertemperatur stehen (anfangs kann leichtes Erwärmen zum Lösen des Analyten erforderlich sein):

   - Analyt   200 µg
   - Essigsäureanhydrid, das
     1% p-Toluolsulfonsäure enthält   50 µl

2. Verdampfen Sie die Reagentien und lösen Sie den Rückstand in 1 ml Dichlormethan.
3. Waschen Sie mit 1 ml Na_2CO_3. Entfernen Sie die organische Schicht und trocknen Sie sie.
4. Engen Sie ein. Lösen Sie den Rückstand in EtOAc.

Monosaccharide können als ihre Alditolacetate analysiert werden. Die Umwandlung von Monosacchariden in ihre Alditolderivate besitzt den Vorteil, daß diese Derivate *einen* Peak ergeben, wohingegen die unreduzierten Zucker als ihre Acetate (oder TMS-Derivate) wegen der Bildung der α- und β-Anomere ihrer Pyranose- und Furanoseformen nach der Derivatisierung vier Peaks zeigen.

Protokoll 5.7 Alditolperacetatbildung von Monosacchariden

1. Lassen Sie folgende Lösung 1 h bei Zimmertemperatur stehen:

   - Monosaccharid   1 mg
   - 1 M Ammoniaklösung   0,5 ml
   - $NaBH_4$ 10 mg

2. Geben Sie vorsichtig 100 ml Eisessig hinzu

Protokoll 5.7 Forts.

3. Dampfen Sie die Lösung ein und lösen Sie den Rückstand in 1 ml MeOH, das 20% Eisessig enthält.

4. Verdampfen Sie die MeOH/Eisessig-Lösung, wiederholen Sie dies dreimal und geben Sie weitere 1 ml-Portionen MeOH/Eisessig hinzu, um die Borsäure als Methylester zu entfernen (sie würde im letzten Acetylierungsschritt stören). Entfernen Sie die restliche Essigsäure durch Zugabe von weiteren 2 ml MeOH und engen Sie die Lösung ein.

5. Suspendieren Sie den restlichen Rückstand in 0,5 ml Essigsäureanhydrid und erwärmen Sie 1 h bei 90 °C.

6. Verdampfen Sie das Reagens, nehmen Sie den Rückstand in 1 ml Wasser auf und extrahieren Sie mit 2 ml EtOAc.

7. Entfernen Sie die organische Phase und trocknen Sie sie.

Das folgende Verfahren (Protokoll 5.8) nutzt die Tatsache, daß Essigsäureanhydride (oder -chloride) schneller mit Phenolen oder Aminen als mit Wasser reagieren. Die Methode ist vor allem für die Analyse biogener Amine nützlich, wie z.B. dem Dopamin, das amphoter ist und nicht direkt aus biologischen Flüssigkeiten extrahiert werden kann.

Protokoll 5.8 Acetylierung in wäßriger Phase

1. Stellen Sie folgende Lösung her:
   - Analyt   200 µg
   - Wasser   1 ml

2. Geben Sie hinzu:
   - Na_2CO_3 100 µl
   - Essigsäureanhydrid   50 µl

3. Schütteln Sie das Gemisch 1 min lang kräftig.

4. Extrahieren Sie das Produkt in 2 ml EtOAc und trocknen Sie den Extrakt.

5. Dampfen Sie zur Trockne ein und lösen Sie den Rückstand in EtOAc.

In dem Verfahren kann anstelle von Essigsäureanhydrid auch Propionsäureanhydrid verwendet werden. Da es mit Wasser langsamer reagiert, sind nur 10 µl notwendig. Das Verfahren kann auch zur Derivatisierung von Aminen, z.B. Adrenalin oder Phenolen wie das 3-Methoxy-4-hydroxyphenylethylenglycol angewendet werden. In diesen Fällen wird der zuletzt erhaltene Rückstand mit Essigsäureanhydrid/Pyridin behandelt (Protokoll 5.5).

5.4.2.2 Fluorierte Acylierungsgruppen

Dabei können Trifluoressigsäureanhydrid (TFAA), Pentafluorpropionsäureanhydrid (PFPA) und Heptafluorbuttersäureanhydrid (HFBA) verwendet werden. Mit diesen Reagentien kann man Alkohole (abgesehen von tertiären Alkoholen, die zur Dehydratisierung neigen), Phenole, Amine, Amide und Zucker derivatisieren. Die gebildeten Derivate sind im Falle der Alkohole und Phenole empfindlich gegen eine Hydrolyse, aber im Falle von Aminen ziemlich stabil. Das fluoracetylierte Derivat einer Verbindung hat eine erheblich geringere Retentionszeit im Vergleich zu deren Acetaten oder Trimethylsilylderivaten. Die Derivate sind stark elektronenanlagernd und damit für eine Detektion mittels Elektronenanlagerungsdetektor (ECD) geeignet. Alle diese Reagentien sind schlechte Lösungsmittel. Jedoch wird aufgrund ihrer hohen Reaktivität während der Acetylierung eine Substanz nach und nach in dem Anhydrid gelöst. Ein typisches Verfahren ist nachfolgend beschrieben:

a) Erwärmen Sie folgendes Gemisch 15 min bei 70 °C in einem Vial mit verschlossener Kappe:

- Analyt   200 µg
- Acetonitril   100 µl
- Fluoracylanhydrid   100 µl

b) Kühlen Sie die Lösung vor dem Entfernen der Vialkappe, verdampfen Sie die Reagentien und lösen Sie den Rückstand in EtOAc.

Die ECD-Response ist für die HFB-Derivate gewöhnlich am größten. Ein Nachteil dieser Derivate besteht aber darin, daß es aufgrund der geringeren Flüchtigkeit des HFBA schwierig ist, restliche Reagentienspuren zu entfernen, die bei einer Analyse mit dem ECD stören könnten. Wenn ein Amin analysiert wird, sollte man das Endprodukt besser in MeOH lösen und die restlichen Säure- oder Anhydridspuren in die flüchtigeren und damit leichter verdampfbaren Methylester umwandeln. Man kann auch MeOH zugeben, wenn in einem Molekül mit Hydroxylgruppen auch Aminogruppen vorhanden sind. In diesem Fall wird die Hydroxylgruppe durch das MeOH hydrolysiert. Nach Acylierung der Aminogruppe kann anschließend die freie Hydroxylgruppe acetyliert (Protokoll 5.5) oder trimethylsilyliert werden (Protokoll 5.1).

TFA-Imidazol, PFP-Imidazol und HFB-Imidazol können zur Acetylierung von Verbindungen verwendet werden, die empfindlich gegenüber Spuren von Säure sind. Diese Reagentien acylieren die gleichen Gruppen wie die Anhydride und werden auch für die Acylierung von Indolaminen empfohlen (s. Protokoll 5.9 als Beispiel für die Verwendung von TFA-Imidazol).

Die Acylierung mit Heptafluorbutyrylchlorid (HFBCl) in wäßriger Phase wurde bei der Extraktionsderivatisierung von biogenen Aminen wie dem Dopamin [11] verwendet und ist besonders für die Derivatisierung von Polyaminen, z.B. Putrescin (D.G. Watson, unveröffentlichte Daten) nützlich. Die Protokolle 5.10 und 5.11 enthalten typische Verfahren für den Gebrauch von HFBCl.

Protokoll 5.9 Fluoracylierung mit Fluoracylimidazolen

1. Erwärmen Sie folgendes Gemisch 2 h bei 90 °C:

    - Analyt   200 µg
    - Fluoracylimidazol   100 µl

2. Kühlen Sie das Gemisch ab und lösen Sie es mit 100 µl EtOAc: Mischen Sie es gründlich und geben Sie 1 ml Hexan hinzu. Leiten Sie das Gemisch durch eine kurze Sephadex LH20-Säule hindurch (alternativ kann das Produkt direkt mit Hexan extrahiert werden).

3. Verdampfen Sie den Eluenten und lösen Sie den Rückstand in EtOAc.

Protokoll 5.10 Derivatisierung von Polyaminen mit HFBCl

1. Stellen Sie folgende Lösung her:

    - Analyt   200 µg
    - MeOH   50 µl

2. Geben Sie hinzu.

    - 0,5 M wäßrige NaOH   1 ml
    - HFBCl   50 µl

3. Schütteln Sie danach kräftig 2 min lang.

4. Extrahieren Sie mit 2 ml EtOAc und trocknen Sie die organische Schicht. Wählen Sie ein für die Analyse geeignetes Volumen.

Protokoll 5.11 Derivatisierung von phenolischen Aminen mit HFBCl

1. Stellen Sie folgende Lösung her:

    - Analyt   200 µg
    - 1 M Phosphatpuffer, pH=7,5   200 µl

2. Geben Sie hinzu.

    - HFBCl   5 µl

3. Schütteln Sie danach kräftig 5 min lang.

4. Extrahieren Sie mit 1 ml Hexan.

5. Schütteln Sie die organische Schicht mit 2 × 200 µl Wasser

6. Trocknen Sie die organische Schicht, verdampfen Sie das Lösungsmittel und lösen Sie den Rückstand in EtOAc.

Zur Derivatisierung von Aminen und Phenolen kann Pentafluorbenzoylchlorid verwendet werden. Die Derivatisierung wird in wäßriger Phase ausgeführt, in der das Reagens bei der Extraktion des Produktes verbleibt (s. Protokolle 5.12 und 5.13). Die Derivate besitzen eine sehr hohe ECD-Response.

Die Protokolle 5.12 und 5.13 können auch mit 3,5-Ditrifluormethylbenzoylchlorid anstelle von PFBCl ausgeführt werden.

Protokoll 5.12 Derivatisierung eines Amins mit PFBCl

1. Stellen Sie folgende Lösung her:
   - Analyt   200 µg
   - MeOH   50 µl
2. Geben Sie hinzu:
   - 0,5 M wäßrige NaOH   1 ml
   - PFBCl   5 µl
3. Schütteln Sie danach kräftig 5 min lang und extrahieren Sie mit 2 ml Diethylether.
4. Entfernen und trocknen Sie die organische Phase, verdampfen Sie das Lösungsmittel und lösen Sie den Rückstand in EtOAc.

Protokoll 5.13 Derivatisierung eines Phenols mit PFBCl

1. Stellen Sie folgende Lösung her:
   - Analyt   200 µg
   - MeOH   50 µl
2. Geben Sie hinzu:
   - 1 M Kaliumphosphatpuffer, pH = 8,0   1 ml
   - PFBCl   5 µl
3. Schütteln Sie danach kräftig 5 min lang und extrahieren Sie mit 2 ml Diethylether.
4. Entfernen und trocknen Sie die organische Phase, verdampfen Sie das Lösungsmittel und lösen Sie den Rückstand in EtOAc.

5.4.3 Alkylierungsreaktionen

Alkylierungsreaktionen können zur Derivatisierung von Carbonsäuren, Sulfonsäuren, Phosphonsäuren, Aminen, Phosphaten, Barbituraten, Uracilen, Purinen, Penicillinen, Thiolen und anorganischen Anionen verwendet werden.

5.4 Derivatisierungsreaktionen mit einem Reagens

5.4.3.1 Methylierung

Das folgende Verfahren kann zur Veresterung von Carbonsäuren verwendet werden. Die allgemeine Reaktionsgleichung lautet:

$$RCOOH + R'OH \rightarrow RCOOR' + H_2O$$

a) Erwärmen Sie ein Gemisch folgender Verbindungen 30 min bei 60 °C:
- Analyt   200 µg
- trockenes MeOH, zu dem 3 Vol% Acetylchlorid frisch hinzugegeben wurde   100 µl

b) Verdampfen Sie die Reagentien und lösen Sie den Rückstand in EtOAC.

Anstelle von MeOH können auch andere Alkohole, z.B. Ethanol oder Isopropanol verwendet werden. Carbonsäuren können auch mit dem folgenden Verfahren methyliert werden.

Protokoll 5.14 Methylierung mit einem Bortrifluorid-MeOH-Komplex

1. Erwärmen Sie ein Gemisch folgender Verbindungen 15 min bei 60 °C:

   - Analyt   200 µg
   - MeOH, das 10% BF_3 enthält   100 µl

2. Extrahieren Sie mit 2 × 0,5 ml Hexan, waschen Sie die organische Phase mit 2 × 1 ml Wasser und trocknen Sie sie.

3. Verdampfen Sie das Lösungsmittel und lösen Sie den Rückstand in EtOAc.

Die Reaktion verläuft ebenfalls nach der oben angegebenen Gleichung.

Das folgende Verfahren (Protokoll 5.15) kann dazu verwendet werden, Carbonsäuren in einem Schritt zu hydrolysieren und zu methylieren.

Protokoll 5.15 Methylierung der Fettsäuren von Glyceriden

1. Stellen Sie folgende Lösung her:

   - Analyt   1 g
   - Petrolether   10 ml

2. Geben Sie hinzu:

   - 2 M methanolische KOH   1 ml

3. Schütteln Sie ca. 0,5 min kräftig und warten Sie, bis sich die Glycerolschicht abgesetzt hat.

4. Verdünnen Sie die untere Schicht und analysieren Sie sie mittels GC.

Zur Methylierung von Carbonsäuren, Phenolen, Barbituraten, Penicillinen, Aminen, Phosphon- und Sulfonsäuren kann man Diazomethan verwenden. Es kann aus 1-Methyl-3-nitro-1-nitrosoguanidin (MNNG) durch Reaktion mit 5 M Natriumhydroxid in einem Mini-Diazomethangenerator (Aldrich Chemical Inc.) bequem dargestellt werden. Mit der Apparatur zusammen werden Bedienungshinweise geliefert. Dazu ergänzend sollte bemerkt werden, daß eine stärkere Diazomethanlösung erhalten wird, wenn die Apparatur nach der Zugabe der Natriumhydroxidlösung zum MNNG 45 min in ein Eisbad getaucht wird. Das gleiche Verfahren kann man auch zur Erzeugung von Diazoethan nutzen.

$$RCOOH \rightarrow (CH_2N) \quad RCOOMe$$

$$RSO_3H \rightarrow (CH_2N) \quad RSO_3Me$$

$$RPO_3H \rightarrow (CH_2N) \quad RPO_3Me$$

$$ArOH \rightarrow (CH_2N) \quad ArOMe$$

Es werden alle aciden Wasserstoffatome im Molekül substituiert und folglich in Ureiden wie z.B. Barbituraten oder Uracilen zwei Methylgruppen eingeführt, die die beiden Amidprotonen ersetzen, wie in Struktur I für ein Barbiturat gezeigt wird.

Struktur I Barbituratderivat

Das folgende Verfahren kann für die Methylierung mit etherischem Diazomethan verwendet werden.

a) Lassen Sie folgendes Gemisch 10 min bei Zimmertemperatur stehen.
 - Analyt   200 µg
 - etherische Diazomethanlösung   0,5 ml

b) Verdampfen Sie das Lösungsmittel und lösen Sie den Rückstand in EtOAc.

Trimethylanilinhydroxid (TMPAH) kann wegen seiner hohen Reaktivität zur flash-Erwärmungs-Methylierung von Barbituraten, Xanthinen, Phenolen und Nucleotiden direkt im heißen GC-Injektor verwendet werden. Anstelle von TMPAH kann auch Tetramethylammoniumhydroxid oder Trimethylsulphoniumhydroxid (TMSH) verwendet werden [12]. Die Nachteile dieser Reagentien bestehen darin, daß man eine Säule benötigt, die nur für diesen Zweck bestimmt ist, da deren Rückstände die anschließend injizierten Verbindungen ungewollt methylieren. Das folgende Verfahren beschreibt die Methylierung mit TMPAH.

a) Injizieren Sie das folgende Gemisch in einen GC mit Injektortemperatur von 250 °C:
 - Analyt   200 µg
 - 0,1 M TMPAH in MeOH   100 µl (gepackt) oder 2 ml (Kapillare)

Das folgende Verfahren (Protokoll 5.16) kann bei der Methylierungsanalyse von Polysacchariden oder zur direkten Analyse von Oligosacchariden mittels GC verwendet werden, alternative Verfahren existieren auch für viele andere Verbindungen. Das Methylsulfinylcarbanion wird durch Auflösen von Natriumhydroxid in DMSO hergestellt [13].

5.4 Derivatisierungsreaktionen mit einem Reagens

Protokoll 5.16 Methylierung mit Methylsulfinylcarbanion/methyliodid

1. Stellen Sie die folgende Lösung in einem 5 ml Reacti-Vial her, das mit einem Reacti-Vial-Magnetrührer und einem Mininert-Druckventil (Pierce Chemical Co.) ausgestattet ist.

   - Analyt   500 µg
   - trockenes DMSO   1 ml

2. Entfernen Sie die Kappe und spülen das Vial mit trockenem Stickstoff oder Argon. Injizieren Sie 2 M Methylsulphinylcarbanionlösung (1 ml) über das Mininert-Ventil.

3. Rühren Sie die Lösung 30 min und kühlen Sie dann mit Eis. Injizieren Sie dann 1 ml Methyliodid und rühren Sie das Gemisch weitere 30 min.

4. Lösen Sie das Reaktionsgemisch mit 5 ml Wasser und extrahieren Sie mit 2 × 8 ml Chloroform.

5. Entfernen Sie das Chloroform im Rotationsverdampfer und lösen Sie den Rückstand in 10 ml Hexan. Waschen Sie die Hexanschicht mit 3 × 10 ml Wasser im Scheidetrichter, um das restliche DMSO zu entfernen, und trocknen Sie.

6. Entfernen Sie das Hexan im Rotationsverdampfer und lösen Sie den Rückstand in EtOAc.

5.4.3.2 Alkylierung mit Benzylhalogeniden

Die allgemeine Gleichung lautet:

$$RCOOH, RNH_2, ArOH \text{ usw.} + R'Br \rightarrow RCOOr', RNR_2', ArOR' + HBr$$

Pentafluorbenzylbromid (PFBBr) kann dazu verwendet werden, stark elektronenanlagernde Derivate von Carbonsäuren, Aminen, Barbituraten, Uracilen, Thiocarbamiden, Phenolen und Thiolen darzustellen (s. Protokoll 5.17). Ureide ergeben Strukturen der Art, wie in Struktur II für Urazil gezeigt wird. Beide Protonen an einem primären Amin können durch die PFB-Gruppe ersetzt werden.

Dieses Verfahren kann auch mit 3,5-Ditrifluormethylbenzylbromid ausgeführt werden. Die resultierenden Derivate haben eine geringere Neigung zum Tailing bei der chromatographischen Analyse als die äquivalenten PFB-Derivate [14]. PFBBr wurde auch dazu verwendet, anorganische Anionen zu derivatisieren [15].

Struktur II Uracilderivat

> **Protokoll 5.17** Direkte Reaktion mit PFBBr
>
> 1. Stellen Sie folgende Lösung her:
>
>   - Analyt   200 µg
>   - Acetonitril   60 µl
>
> 2. Geben Sie hinzu:
>
>   - PFBBr   10 µl
>   - Triethylamin   10 µl
>
> 3. Lassen Sie die Lösung 15 min bei Zimmertemperatur stehen, geben dann 0,5 ml EtOAc hinzu, mischen gründlich und geben weiterhin 0,5 ml Hexan hinzu
>
> 4. Lassen Sie die Lösung ca. 15 min bei Zimmertemperatur stehen, wobei sich ein weißer Niederschlag bildet. Waschen Sie dann die organische Schicht mit zweimal 1 ml 0,5 M HCl.
>
> 5. Trocknen Sie die organische Schicht, dampfen Sie sie ein und lösen Sie den Rückstand in EtOAc.

Das folgende Verfahren (Protokoll 5.18) kann zur Alkylierung von Säuren, Phenolen und Sulfonamiden verwendet werden.

> **Protokoll 5.18** Extraktive Alkylierung mit PFBBr
>
> 1. Stellen Sie folgende Lösung her:
>
>   - Analyt   200 µg
>   - Dichlormethan   1 ml
>
> 2. Geben Sie hinzu:
>
>   - wäßriges 0,1 M Tetrabutylammonium-
>   hydrogensulphat in 0,2 M wäßriger NaOH   1 ml
>   - PFBBr   20 µl
>
> 3. Schütteln Sie 30 min bei Zimmertemperatur.
>
> 4. Entfernen Sie die organische Schicht, trocknen Sie sie, dampfen Sie sie ein und lösen Sie den Rückstand in Diethylether.

Ein neueres Verfahren beschreibt die Verwendung von Octafluortoluol zur Alkylierung von Phenolen [16].

5.4.4 Kondensationsreaktionen

5.4.4.1 Oximbildung

Die allgemeine Reaktionsgleichung lautet.

$$RR'CO + R''ONH_2 \cdot HCl \rightarrow RR'CNOR'' + H_2O$$

Die Reaktion kann entweder in organischer oder in wäßriger Phase durchgeführt werden. Auf die Reaktion eines Aldehyds oder Ketons mit Hydroxylamin folgt gewöhnlich eine Acetylierung oder TMS-Bildung, um die Hydroxylgruppe am Oxim und andere Hydroxylgruppen im Molekül zu derivatisieren (s. Protokolle 5.19, 5.20, 5.21).

Protokoll 5.19 Reaktion mit Hydroxylamin

1. Stellen Sie das Derivat dar, indem Sie ein Gemisch folgender Stoffe 12 h bei Zimmertemperatur stehen lassen:

   - Analyt   200 µg
   - eine Hydroxylamin·HCl-Lösung
     20 mg/ml in Pyridin   50 µl

2. Geben Sie nach 12 h 50 µl BSA hinzu; erwärmen Sie die Lösung 15 min bei 60 °C.

3. Verdampfen Sie die Reagentien und lösen Sie den Rückstand in EtOAc.

Protokoll 5.20 Oximbildung aus Ketosäuren

1. Stellen Sie das Derivat dar, indem Sie ein Gemisch folgender Verbindungen 30 min bei 60 °C erwärmen:

   - Analyt   200 µg
   - 0,5 M wäßrige NaOH   1 ml
   - eine Hydroxylamin-HCl-Lösung
     25 mg/ml in Wasser   1 ml

2. Lassen Sie die Lösung abkühlen, säuern Sie sie mit 6 M HCl an und extrahieren Sie mit 2 ml EtOAc.

3. Trocknen Sie die organische Schicht, dampfen Sie sie ein und lösen Sie den Rückstand in BSA. (Anstelle von BSA kann MTBSTFA (s. Abschnitt 5.4.1.2) verwendet werden)

4. Erwärmen Sie 30 min bei 60 °C. Entfernen Sie nicht das Reagens, und verdünnen Sie die Lösung zu einem für die Analyse geeigneten Volumen.

> **Protokoll 5.21** Bildung von Alkyloximen
>
> 1. Erwärmen Sie ein Gemisch folgender Verbindungen 15 min bei 60 °C:
>
>   - Analyt   200 µg
>   - eine Methoxylamin-HCl-Lösung
>   80 mg/ml in Pyridin   50 µl
>
> 2. Lassen Sie die Lösung abkühlen und geben Sie 100 µl EtOAc hinzu. Mischen Sie die Lösung, geben Sie 1 ml Hexan hinzu und waschen Sie sie mit zweimal 1 ml 0,5 M HCl.
>
> 3. Trocknen Sie die organische Schicht, dampfen Sie sie ein und lösen Sie den Rückstand in EtOAc.

Bei sterisch behinderten Ketonen, wie z.B. einem Corticosteroid mit einer Ketogruppe am C_{11}-Atom kann eine längere Reaktionszeit bei höherer Temperatur, z.B. 90 °C zur vollständigen Derivatisierung erforderlich sein. Anstelle von Methoxyloxim·HCl können Ethyloxim· HCl, *tert*-Butyloxim·HCl oder Benzyloxim·HCl verwendet werden. Je länger die Alkylgruppe ist, desto weniger vollständig wird das Oxim mit einem sterisch behinderten Keton reagieren.

Die Reaktion einer Carbonylverbindung mit Pentafluorbenzylhydroxylamin·HCl (PFBO· HCl) ergibt ein stark elektronenanlagerndes Derivat, das bei der Detektion mittels ECD nützlich ist (s. Protokoll 5.22). PFBO·HCl ist weniger reaktiv, manche Ketone reagieren damit nur langsam und ergeben eine geringe Produktausbeute [17]. Es ist nicht klar, welche Faktoren maßgebend dafür sind, ob eine Derivatisierung stattfindet oder nicht. Mit Testosteron wird z.B. eine gute Produktausbeute erhalten, wohingegen sie für die Reaktion von PFBO·HCl mit dem strukurell eng verwandten Androstendion sehr gering ist.

> **Protokoll 5.22** Bildung von PFBO-Derivaten
>
> 1. Erwärmen Sie ein Gemisch folgender Verbindungen 15 min bei 60 °C:
>
>   - Analyt   200 µg
>   - PFBO·HCl-Lösung 100 mg/ml in Pyridin   50 µl
>
> 2. Lassen Sie die Lösung abkühlen und mischen Sie sie mit 100 µl, danach mit 1 ml Hexan.
>
> 3. Waschen Sie die Lösung mit zweimal 1 ml 0,5 M HCl.
>
> 4. Trocknen Sie sie, dampfen Sie ein und lösen Sie den Rückstand in EtOAc.

Für Ketone, die nicht so rasch mit PFBO·HCl reagieren, kann eine mehrtägige Reaktion bei Zimmertemperatur die Derivatausbeute verbessern.

5.4 Derivatisierungsreaktionen mit einem Reagens

5.4.4.2 Kondensation von Aminen mit Carbonylverbindungen

Die allgemeine Gleichung für die Reaktion lautet:

$$NH_2 + R'R''CO \rightarrow RNCR'R''$$

Ein typisches Verfahren für die Reaktion von Ketonen mit geringem Molekulargewicht ist das folgende:

a) Lassen Sie ein Gemisch folgender Verbindungen 2 h bei Zimmertemperatur stehen:
   - Analyt   200 µg
   - Acetone oder ein anderes flüchtiges Keton   100 µl oder 2 ml

b) Injizieren Sie das Gemisch direkt in den GC.

Das folgende Verfahren ist eine typische Prozedur für die Reaktion mit Pentafluorbenzaldehyd (PFBA):

a) Erwärmen Sie folgendes Gemisch 1 h bei 60° C:
   - Analyt   200 µg
   - Acetonitril   50 µl
   - PFBA   25 µl

b) Lassen Sie das Gemisch abkühlen und verdünnen Sie es mit EtOAC bis zu einem geeigneten Volumen.

Das Derivat hat eine hohe ECD-Response. Es ist jedoch schwer, das eventuell störende PFBA bei Analysen, die eine hohe Empfindlichkeit erfordern, zu entfernen.

5.4.5 Derivate verschiedener Typen

5.4.5.1 Hexafluoracetylacetonderivate (HFAA) von Guanidinen

Das hierbei gebildete Derivat ist ein Bis(trifluormethyl)pyrimidin, das in Struktur III gezeigt wird. Das Protokoll 5.23 beschreibt das allgemeine Derivatisierungsverfahren

Struktur III Bis(trifluormethyl)pyrimidinderivat

5.4.5.2 Derivatisierung tertiärer Amine

Das folgende Verfahren kann dazu verwendet werden, tertiäre Amine in elektronenanlagernde Carbamate umzuwandeln [18]. Die allgemeine Reaktionsgleichung lautet:

$$RN(CH_3)_2 + R'OCOCl \rightarrow RNCH_3OCOR'$$

und das Protokoll 5.24 beschreibt das Derivatisierungsverfahren.

> **Protokoll 5.23** Reaktion mit HFAA
> 1. Erwärmen Sie folgendes Gemisch 1 h bei 120 °C:
>   - Analyt   200 µg
>   - Pyridin   50 µl
>   - HFAA   50 µl
> 2. Lassen Sie das Gemisch abkühlen, geben Sie 1 ml Ether und danach 3 ml HCl hinzu.
> 3. Schütteln Sie das Gemisch, zentrifugieren Sie es, entfernen Sie die organische Phase und trocknen Sie sie.
> 4. Dampfen Sie ein und lösen Sie den Rückstand in EtOAc.

> **Protokoll 5.24** Reaktion tertiärer Amine mit Pentafluorbenzylchlorformiat (PFBCF)
> 1. Stellen Sie folgende Lösung her:
>   - Tertiäramin (freie Base)   200 µg
>   - Heptan   200 µl
> 2. Geben Sie hinzu:
>   - PFBCF   50 µl
>   - wasserfreies Na_2CO_3 10 µg
> 3. Erwärmen Sie das Gemisch in einem fest verschlossenem Vial 1 h bei 100 °C.
> 4. Schütteln Sie die Heptanschicht mit 1 ml 1 M NaOH und analysieren Sie die organische Schicht mittels GC.

In einem Amin, z.B. Imipramin, wird eine der zwei Methylgruppen am tertiären Stickstoff durch eine Pentafluorbenzylformiatgruppe ersetzt.

5.4.5.3 Derivatisierung quarternärer Amine

Weil quarternäre Amine eine Ladung tragen, können sie nicht mit Hilfe der GC analysiert werden. Das folgende Verfahren (s. Protokoll 5.25) wurde bei der Analyse von Acetylcholin angewandt und kann auch auf die Analyse anderer quarternärer Amine übertragen werden [19]. Die Reaktionsgleichung lautet:

$$(CH_3)_3 N^+ (CH_2)_2 OCOCH_3 \xrightarrow{(C_6H_5S^-)} (CH_3)_2 N(CH_2)_2 OCOCH_3$$

Das Verfahren entfernt eine der Methylgruppen am quarternären Stickstoff und wandelt das Acetylcholin in ein tertiäres Amin um.

> **Protokoll 5.25** Demethylierung eines quarternären Amins
>
> 1. Erwärmen Sie in einem mit Stickstoff gespültem Vial folgendes Gemisch 30 min bei 80 °C. Schütteln Sie dabei alle 5 min.
>   - Acetylcholin — 200 µg
>   - Butanon, das 6 mg/ml Natriumbenzolthiolat enthält — 500 µl
> 2. Lassen Sie abkühlen, geben Sie 0,1 ml 0,5 M wäßrige Zitronensäure und dann 2 ml Pentan hinzu.
> 3. Schütteln Sie kräftig, zentrifugieren Sie und verwerfen Sie die obere Schicht.
> 4. Waschen Sie die wäßrige Phase mit zweimal 1 ml Pentan und dampfen Sie dann Pentanspuren aus der wäßrigen Phase ab.
> 5. Geben Sie 50 µl $CHCl_3$ und 0,1 ml eines Gemisches aus 2 M Ammoniumcitrat und 7,5 M Ammoniumhydroxid hinzu. Schütteln Sie die Lösung und zentrifugieren Sie.
> 6. Entfernen Sie die organische Phase und verdünnen Sie sie für die GC-Analyse.

5.5. Gemischte Derivate

5.5.1. Silyl-Acyl- und Silyl-Carbamat-Derivate

Die Extraktion phenolischer Amine aus dem wäßrigen Milieu bereitet Probleme, weil sie amphoter sind und bei allen pH-Werten beträchtlich ionisiert werden. Durch eine Acylierung oder Alkylformylierung von Amino- oder phenolischen Gruppen in der wäßrigen Phase können Probleme bei der Extraktion vermieden werden. Das Produkt wird dann in die organische Phase extrahiert, und wenn die Acyl- oder Alkylformylgruppen, die an den phenolischen Sauerstoff gebunden sind, besonders voluminös sind, können sie selektiv durch Schütteln der organischen Phase mit 10 M Ammoniaklösung entfernt werden. Die freien phenolischen oder aliphatischen Gruppen im Molekül reagieren dann mit einem Silylierungsreagens, z. B. BSA (s. Protokoll 5.26). Die Entfernung der Acylgruppe vom phenolischen Sauerstoff ist nur dann notwendig, wenn die Gruppe sehr voluminös ist und sich die GC-Retentionszeiten stark verlängern oder wenn sie, wie im Falle von Alkylformiatgruppen, nicht stabil genug gegenüber einer weiteren Derivatisierung nach der Extraktion ist.

Die Reaktion mit PFBCl kann zur Darstellung elektronenanlagernder Derivate phenolischer Amine genutzt werden (s. Protokoll 5.27).

Protokoll 5.26 Derivatisierung phenolischer Amine in wäßriger Phase

1. Stellen Sie folgende Lösung her:

   - phenolisches Amin (Analyt)   200 mg
   - 1 M Kaliumphosphatpuffer, pH=7,5   1 ml

2. Geben Sie entweder Propionsäureanhydrid   10 µl
   oder Essigsäureanhydrid hinzu.   40 µl

3. Schütteln Sie 2 min kräftig. Extrahieren Sie dann die organische Phase mit 2 ml EtOAc. Entfernen Sie die organische Phase und trocknen Sie sie.

4. Verdampfen Sie das Lösungsmittel. Lassen Sie den Rückstand entweder mit einem Silylierungsreagens (Protokoll 5.1 oder Protokoll 5.3) oder mit Essigsäureanhydrid (Protokoll 5.5) reagieren.

Protokoll 5.27 PFB-Derivate phenolischer Amine

1. Stellen Sie folgende Lösung her.

   - phenolisches Amin (Analyt)   200 µg
   - 1 M Kaliumphosphatpuffer, pH=7,5   1 ml

2. Geben Sie PFBCl hinzu   5 µl

3. Schütteln Sie 5 min kräftig und extrahieren Sie mit EtOAc.

4. Extrahieren Sie mit 2 ml EtOAc, entfernen Sie die organische Schicht und schütteln Sie 5 min mit 0,5 ml 10 M Ammoniaklösung.

5. Entfernen Sie die organische Schicht, trocknen Sie sie und engen Sie sie ein.

6. Setzen Sie den Rückstand mit BSA (Protokoll 5.1) um, aber verdampfen Sie nicht das gesamte BSA, sondern lassen Sie einige Mikroliter übrig, um die chromatographische Analyse von Acylierungsreagensspuren zu erleichtern. Lösen Sie den Rückstand in EtOAc.

Anstelle von PFBCl kann 3,5-Ditrifluormethylbenzoylchlorid verwendet und können Silylgruppen wie z.B. TBDMS (Protokoll 5.3) anstatt von TMS eingeführt werden [20]. Struktur IV zeigt das PFB/TMS-Derivat von Adrenalin.

Alkylchlorformiate wie z.B. Methylchlorformiat können bei Derivatisierungen in wäßriger Phase verwendet werden (wie im Protokoll 5.28 gezeigt).

Struktur IV PFB/TMS-Derivat von Adrenalin

5.5. Gemischte Derivate

Protokoll 5.28 Alkylchlorformiat/TMS-Derivate phenolischer Amine

1. Stellen Sie folgende Lösung her.

   - phenolisches Amin in 50 ml MeOH   200 µg
   - 1 M Kaliumphosphatpuffer, pH=7,5   1 ml

2. Geben Sie 30 µl Methylchlorformiat hinzu und schütteln Sie 5 min kräftig.

3. Extrahieren Sie mit 2 ml EtOAc, entfernen Sie die organische Schicht und schütteln Sie 5 min mit 0,5 ml 10 M Ammoniak.

4. Entfernen Sie die organische Schicht, trocknen Sie sie und engen Sie sie ein.

5. Setzen Sie den Rückstand mit BSA (Protokoll 5.1) um.

Möchte man ein elektronenanlagerndes Derivat erhalten, kann man Trichlorethylchlorformiat verwenden und andere Silylgruppen, z.B. TBDMS (Protokoll 5.3) anstelle von TMS einführen.

Alkoholamine, einschließlich solcher Verbindungen wie z.B. Ephedrin und die Betablocker können direkt aus alkalischer Lösung extrahiert und in ein einzelnes Derivat, z.B. ein TMS- oder ein PFB-Derivat umgewandelt werden. Verwendet man ein nichtflüchtiges Derivatisierungsreagens, z.B. PFBCl, ist es vorteilhaft, das überschüssige Derivatisierungsreagens in der wäßrigen Phase zurückzulassen und die aliphatische Hydroxylgruppe nach der Extraktion zu derivatisieren (s. Protokoll 5.29).

Protokoll 5.29 PFB/TMS-Derivate von Alkohol/Aminen

1. Stellen Sie folgende Lösung her.

   - Alkoholamin in 50 µl MeOH   200 µg
   - 0,5 M wäßrige KOH   0,5 ml

2. Geben Sie 5 µl PFBCl hinzu, schütteln Sie 5 min und extrahieren Sie mit Ether.

3. Entfernen Sie die organische Schicht und trocknen Sie sie. Verdampfen Sie das Lösungsmittel.

4. Setzen Sie den Rückstand mit BSA um (s. Protokoll 5.1).

5.5.2 Acyl/Acylderivate

Das folgende Verfahren (Protokoll 5.30) kann zur Derivatisierung von Tryptamin, Serotonin, Melatonin und verwandten Strukturen verwendet werden. Die Struktur des gebildeten Derivats wird für Serotonin gezeigt (Struktur V).

Aufgrund der Bildung zweier geometrischer Isomere während der Derivatisierung werden für das Derivat zwei Peaks im Chromatogramm erhalten [22].

Struktur V Acyl/Acylderivat von Serotonin

Protokoll 5.30 Spirocyclische Derivate von Tryptaminen

1. Stellen Sie folgende Lösung her.
   - Tryptamin (Analyt)   200 µg
   - 0,4 M Perchlorsäure   0,5 ml
2. Geben Sie hinzu:
   - gesättigtes Na$_2$CO$_3$ 100 µl
   - Pyridin   10 µl
3. Geben Sie 50 µl Propionsäureanhydrid hinzu und schütteln Sie 5 min kräftig.
4. Verdampfen Sie das Lösungsmittel, lösen Sie den Rückstand in 0,5 ml PFPA und lassen Sie das PFPA verdampfen, indem Sie es in einem Vial ohne Kappe bei 60 °C erwärmen.
5. Lösen Sie den Rückstand in EtOAc.

5.5.3 Acyl/Alkylderivate

Der folgende Derivattyp (s. Protokoll 5.31) wurde im großen Umfang für die Analyse von Aminosäuren verwendet, wobei der Stickstoff im Molekül acyliert und die Carboxylgruppe alkyliert wurde. Er findet aber ebenso bei der Derivatisierung von Hydroxysäuren sowie nichtsteroiden, entzündungshemmenden Arzneimitteln, wie z.B. Aspirin oder Fenamat, und bei sauren Metaboliten biogener Amine Anwendung, wie z.B. Homovanillinsäure oder Gallensäuren.

Protokoll 5.31 Acyl- und Fluoralkylderivate von Aminosäuren und Hydroxysäuren

1. Erwärmen Sie folgendes Gemisch 30 min bei 60 °C:
   - Analyt   200 µg
   - Methanol, das 3% Acetylchlorid enthält   100 µl
2. Entfernen Sie die Reagentien, lösen Sie den Rückstand in 100 µl Trifluoressigsäureanhydrid und erwärmen Sie 30 min bei 60 °C.
3. Verdampfen Sie die Reagentien und lösen Sie den Rückstand in EtOAC.

5.5. Gemischte Derivate

Anstelle von Methanol können auch Propanol, Isopropanol und Butanol verwendet werden und das Trifluoressigsäureanhydrid durch Essigsäureanhydrid, Pentafluorpropionsäureanhydrid und Heptafluorbuttersäureanhydrid ersetzt werden.

Das folgende Verfahren liefert Derivate von Amino- oder Hydroxysäuren, die eine hohe ECD-Response haben [22]. Es ist auch auf acylierte Aminosäuren, z.B. Hippursäure anwendbar, wobei die Aminogruppe während der Derivatisierung acyliert wird. Dadurch verbessert sich das chromatographische Verhalten der Verbindung. Die Acylierung und Alkylierung wird in einem Schritt durchgeführt. Als Reagens kann man entweder Trifluorethanol (TFE) oder Hexafluorisopropanol nutzen.

a) Erwärmen Sie folgendes Gemisch 1 h bei 100 °C in einem Vial mit fest verschlossener Kappe:

- Analyt   200 µg
- TFE   5 µl
- PFPA   50 µl

b) Verdampfen Sie die überschüssigen Reagentien und lösen Sie den Rückstand in EtOAc.

Das folgende Verfahren (s. Protokoll 5.32) liefert Derivate von phenolischen Säuren wie z.B. dem Tyramin-Metabolit p-Hydroxyphenylessigsäure (PHPA) oder Salicylsäure, die eine hohe ECD-Response aufweisen [23]. Die Struktur des Derivats für PHPA wird in Struktur VI gezeigt.

Protokoll 5.32 Ditrifluorbenzyl/Propionyl/Acetylderivate

1. Stellen Sie folgende Lösung her:

   - Analyt   200 µg
   - 1 M Kaliumphosphatpuffer, pH=7,5   1 ml

2. Geben Sie 10 µl Propionsäureanhydrid hinzu, schütteln Sie die Lösung 5 min kräftig und extrahieren Sie mit 2 ml EtOAc.

3. Entfernen Sie die organische Schicht, trocknen Sie sie und engen Sie sie ein. Gewährleisten Sie, daß die Propionsäurespuren verdampft werden und lösen Sie den Rückstand in 50 µl Acetonitril.

4. Geben Sie 10 µl 3,5-Ditrifluorbenzylbromid und 10 µl Triethylamin hinzu. Lassen Sie die Lösung 15 min bei Zimmertemperatur stehen.

5. Geben Sie unter kräftigem Rühren 500 µl EtOAc, gefolgt von 500 µl Hexan hinzu und lassen Sie die Lösung stehen, wobei sich ein weißer Niederschlag bildet.

6. Waschen Sie die organische Schicht mit 0,5 ml 0,5 M HCl und trocknen Sie dann.

7. Verdampfen Sie das Lösungsmittel. Zur Derivatisierung aliphatischer Hydroxylgruppen setzen Sie den Rückstand mit Essigsäureanhydrid/Pyridin um (s. Protokoll 5.5).

$C_2H_5COO\text{-}\langle\text{phenyl}\rangle\text{-}CH_2COOCH_2\text{-}\langle\text{phenyl mit }CF_3, CF_3\rangle$

Struktur VI
p-Hyroxyphenylessigsäure-Derivat

5.5.4 Acyl/Amid-Derivate

Das folgende Verfahren (Protokoll 5.33) kann man für die Derivatisierung der Sulfonaminosäure Taurin (das Derivat wird in Struktur VII gezeigt) verwenden und kann sowohl für die Analyse von Amino- als auch von Sulphonsäuren angepaßt werden. Ein Amid einer Sulphonsäure ist viel stabiler als ein Ester.

$C_6F_5OC(H)N\text{-}CH_2\text{-}CH_2SO_2N(C_4H_9)(C_4H_9)$

Struktur VII Taurinderivat

Protokoll 5.33 PFB/Sulfonamidderivate

1. Stellen Sie folgende Lösung her:

   • Taurin (Analyt)   200 µg

   • 0,25 M wäßrige NaOH   1 ml

2. Geben Sie 20 µl PFBCl hinzu und schütteln Sie das Gemisch 2 min lang.

3. Stellen Sie den pH-Wert des Reaktionsgemisches mit 0,5 M HCl auf pH = 1–2 ein und waschen Sie mit 3 × 3 ml Ether.

4. Geben Sie 100 µl Tetrabutylammoniumhydrogensulphat in 0,2 M NaOH hinzu und extrahieren Sie mit 2 ml Dichlormethan durch dreiminütiges Schütteln bei Zimmertemperatur.

5. Zentrifugieren Sie 1 min. Überführen Sie die organische Schicht in ein anderes Röhrchen und engen ein.

6. Lösen Sie den Rückstand in 50 µl Thionylchlorid, erwärmen Sie 10 min bei 80 °C und verdampfen Sie das Thionylchlorid.

7. Geben Sie 100 µl Di-n-butylamin in Acetonitril hinzu und lassen Sie die Lösung 2 min bei Zimmertemperatur stehen. Säuern Sie das Reaktionsgemisch mit 1 ml 20%iger Orthophosphorsäure an und extrahieren Sie mit zweimal 3 ml Hexan.

8. Entfernen Sie die organische Schicht, engen Sie sie ein und lösen Sie den Rückstand in EtOAc.

5.5.5 Silyl/Alkyloxim- und Acyl/Oximderivate

Das folgende Verfahren (s. Protokoll 5.34) wird für die Analyse von Corticosteroiden verwendet, wobei die Oximbildung dazu benutzt wird, die Steroidseitenketten vor der Trimethylierung zu stabilisieren [24, 25].

Die Oximbildung der zwei Ketogruppen in Corticosteroiden kann vier mögliche Isomere erzeugen, d. h. es sind vier GC-Peaks möglich, jedoch sind oft ein oder zwei Formen vorherrschend. Bei der Derivatisierung von Steroiden wie z.B. Dexamethason, das eine behinderte Ketogruppe in Position 20 hat, oder von Cortison mit einer behinderten Ketogruppe in Position 11 ist beim Oximbildungsschritt eine zweistündige Erwärmung bei 90°C erforderlich. Im Falle des Dexamethasons, das eine stark behinderte Hydroxylgruppe am Kohlenstoffatom Nr. 17 enthält, schließt sich daran eine dreistündige Erwärmung auf 90°C mit TMS-IM an, um die Trimethylsilylierung zu bewirken.

Protokoll 5.34 Methoximtrimethylsilylderivate

1. Erwärmen Sie folgendes Gemisch 20 min bei 60 °C:

    - Corticosteroid   200 μg

    - eine Pyridinlösung, die 80 mg/ml
      Methoxylamin·HCl enthält   30 μl

2. Geben Sie dann 30 μl Trimethylsilylimidazol hinzu und erwärmen Sie weitere 20 min bei 60 °C.
3. Lassen Sie das Reaktionsgemisch abkühlen, geben Sie 100 μl EtOAc hinzu und mischen Sie kräftig. Geben Sie dann 1 ml Hexan hinzu.
4. Leiten Sie das Gemisch durch eine kurze Säule mit Sephadex LH20, verdampfen Sie den Eluenten und lösen Sie den Rückstand in EtOAc.

Protokoll 5.34 kann für andere Ketole verwendet werden, und wenn diese keine behinderten Hydroxylgruppen enthalten, kann BSA (Protokoll 5.1) im zweiten Schritt als Silylierungsreagens genutzt werden. Monosaccharide können als Trimethylsilyl/Methoximderivate analysiert werden. Jeder Zucker ergibt wegen der Bildung einer Syn- und einer Antiform des Methoxims zwei Peaks.

Das folgende Derivat ist kein Oxim, aber es wird durch ein einfaches Verfahren gebildet. Die Reaktion wandelt die Aldehydgruppe der Aldose in ein Nitril um. Die Derivate ergeben über ein einfaches Verfahren (s. Protokoll 5.35) einen einzelnen Peak für Aldosen und stellen eine Alternative zu dem langwierigen Verfahren dar, das für die Bildung von Alditolacetaten verwendet wird (Protokoll 5.7).

Die Derivate können sowohl mit FID- als auch mit ECD-Detektion analysiert werden.

Das nächste Derivat (s. Protokoll 5.36) wird für die Analyse von 18-Hydroxysteroiden genutzt. Die Struktur des Derivats des 18-Hydroxycorticosterons wird in Struktur VIII gezeigt.

Protokoll 5.35 Wohl-Derivate von Aldosen

1. Erhitzen Sie folgendes Gemisch 1 h bei 60 °C:

   - Aldose   200 µg
   - eine Methanollösung, die
     1 mg Hydroxylamin·HCl enthält   200 µl
   - trockenes Natriumacetat   2,5 mg

2. Verdampfen Sie das MeOH, geben Sie 200 µl Essigsäureanhydrid hinzu und erwärmen Sie 1 h bei 120 °C.

3. Verdampfen Sie die Reagentien und schütteln Sie den Rückstand mit 2 ml EtOAc, um das Produkt von den Reagentienrückständen zu trennen.

Protokoll 5.36 Heptafluorbutyl/Methoximderivate

1. Lassen Sie folgendes Gemisch bei Zimmertemperatur über Nacht stehen:

   - Analyt   200 µg
   - eine Pyridinlösung, die 16 mg/ml Methoxyl-
     amin·HCl enthält   100 µl

2. Verdünnen Sie die Lösung mit einer gesättigten wäßrigen NaCl-Lösung und extrahieren Sie mit zweimal 1 ml EtOAc.

3. Waschen Sie den Extrakt mit 1 ml 1 M HCl, trocknen Sie ihn und verdampfen Sie das EtOAc.

4. Lösen Sie den Rückstand in 50 µl Toluen/Pyridin (2:1), geben Sie 100 µl Heptafluorbuttersäureanhydrid hinzu und erwärmen Sie die Lösung 30 min bei 60 °C.

5. Verdampfen Sie die Reagentien und lösen Sie den Rückstand in EtOAc.

Struktur VIII
18-Hydroxycorticosteronderivat

5.5.6 Derivatisierungsverfahren für Prostaglandine

Prostaglandine können Hydroxyl-, Carboxyl- und Ketogruppen enthalten und erfordern, wie im Protokoll 5.37 angedeutet, drei Derivatisierungsstufen. Die Struktur eines typischen Derivats zeigt Struktur IX.

Struktur IX Prostaglandinderivat

Protokoll 5.37 Methyl/Trimethylsilyl/Methoxim-Derivate

1. Lassen Sie folgendes Gemisch 10 min bei Zimmertemperatur stehen:

   - Analyt in 20 µl MeOH 20 µg
   - etherische Diazomethanlösung
     (s. Abschnitt 5.4.3.1) 100 µl

2. Verdampfen Sie das Lösungsmittel. Wenn die Verbindung keine Ketogruppe ent-hält, gehen Sie zum Schritt 3 vor. Wenn die Verbindung eine Ketogruppe enthält, lösen Sie den Rückstand in 30 µl Pyridin, das 30 mg/ml Methoxylamin·HCl enthält und erwärmen Sie 10 min bei 60 °C. Verdünnen Sie das Reaktionsgemisch mit 500 µl EtOAc, gefolgt von 500 µl Hexan. Waschen Sie mit zweimal 0,5 ml 0,5 M HCl. Entfernen Sie die organische Schicht, trocknen Sie sie und engen Sie sie ein. Behandeln Sie den Rückstand wie in Schritt 3.

3. Geben Sie 30 µl BSA hinzu und erwärmen Sie 10 min bei 60 °C. Verdampfen Sie die Reagentien und nehmen sie den Rückstand in EtOAc (10µl oder 200 µl) auf.

Anstelle von Methoxylamin·HCl kann Pentafluorbenzylhydroxylamin·HCl zur Bildung eines elektronenanlagernden Derivats verwendet werden.

Ein anderes elektronenanlagerndes Prostaglandinderivat kann wie in Protokoll 5.38 beschrieben dargestellt werden. 3,5-Ditrifluormethylbenzylbromid kann anstelle von PFBBr verwendet werden.

Protokoll 5.38 Pentafluorbenzyl/Trimethylsilyl/Oximderivate

1. Lassen Sie folgendes Gemisch 15 min bei Zimmertemperatur stehen.

   - Analyt 20 µg
   - Acetonitril 20 µl
   - Pentafluorbenzylbromid (PFBBr) 2 µl
   - Triethylamin 2 µl

> **Protokoll 5.38 Forts.**
>
> 2. Verdünnen Sie das Gemisch mit 500 μl EtOAc, gefolgt von 500 μl Hexan. Lassen Sie es 30 min stehen, waschen Sie dann mit zweimal 0,5 ml 0,5 M HCl, und trocknen Sie dann die organische Phase.
>
> 3. Verdampfen Sie das Lösungsmittel und behandeln sie dann den Rückstand wie in Protokoll 5.37 vom Schritt 2 an beschrieben.

5.6 Bifunktionelle und gemischte mono- und bifunktionelle Derivate

Der Vorteil bifunktioneller Reagentien besteht in ihrer Selektivität. In einem Substanzgemisch derivatisieren sie selektiv solche Verbindungen, die reaktive funktionelle Gruppen entweder an benachbarten Kohlenstoffatomen besitzen oder bei denen diese Gruppen durch ein Kohlenstoffatom getrennt sind. Eine umfassende Darstellung dieses Derivattyps wurde bereits publiziert [26].

5.6.1 Bifunktionelle Silylierungsagentien

In einer Studie zu diesem Derivatyp wurde Di-*tert*-butyldichlorsilan zur Darstellung von Di-*tert*-butylsilylenderivaten von Diolen und Hydroxysäuren verwendet [27]. Die Struktur eines typischen Derivats ist in Struktur X gezeigt. Die Derivate sind im Vergleich zu den entsprechenden Dimethylsilylenderivaten stabil und ermöglichen es, Diole und Hydroxysäuren in komplexen Gemischen selektiv zu analysieren. Es wurde ein Silylierungsreagens untersucht, das sowohl mit monofunktionellen als auch bifunktionellen Verbindungen reagiert [28]. Im folgenden wird ein typisches Verfahren, das diesen Reagenztyp verwendet, dargestellt.

a) Erwärmen Sie folgendes Gemisch 15 min bei 80 °C:

- Analyt   200 μg
- Acetonitril   60 μl
- *N*-Methylmorpholin   20 μl
- 1-Hydroxybenztriazol (vor der Herstellung einer gesättigten Lösung 3 mg/ml in Acetonitril im Vacuum getrocknet)   9 μg
- Di-*tert*-butyldichlorsilan   3,5 μl

b) Verdünnen Sie das Gemisch mit EtOAc bis zu einem für die Analyse geeigneten Volumen.

Struktur X Di-*tert*-Butylsilylenderivat

5.6.2 Aldehyde und Ketone als bifunktionelle Derivatisierungsagentien

Zur Darstellung bifunktioneller Derivate wurden Benzaldehyd, Pentafluorbenzaldehyd und Hexafluorbenzaldehyd verwendet. Das nützlichste Reagens dieses Typs ist das Dichlortetrafluoraceton (DCTFA). Es bildet unter sehr milden Bedingungen zyklische Derivate mit Aminosäuren (Oxazolidinone) [29, 30] und Hydroxysäuren (Dioxolanone) [31]. Die erhaltenen Derivate sind stark elektronenanlagernd und stabil gegenüber einem chromatographischen clean-up (für ein typisches Verfahren s. weiter unten). Strukturen XI und XII zeigen typische Derivate. Ein Verfahren für die Darstellung eines DCTFA-Derivats wird im folgenden gezeigt.

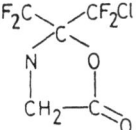

Struktur XI
Bifunktionelles Derivat einer Aminosäure mit Dichlortetrafluoraceton

a) Lassen Sie folgendes Gemisch 15 min bei Zimmertemperatur stehen:

- Analyt   200 µg
- Acetonitril   30 µl
- DCTFA   10 µl
- Pyridin   5 µl

b) Verdampfen Sie die Reagentien und lösen Sie den Rückstand für die Analyse in EtOAc oder, wenn eine Derivatisierung anderer funktioneller Gruppen notwendig ist, setzen Sie ihn mit BSA (Protokoll 5.1) oder Essigsäureanhydrid/Pyridin (Protokoll 5.5) um.

DCTFA bildet mit Diolen nur schwer zyklische Derivate, obwohl die Reaktion mit DCTFA mit anschließendem längerem Erwärmen in Essigsäureanhydrid zur Bildung dieser Derivate führen kann. Mit β-Hydroxyaminen bildet DCTFA entweder Schiffsche Basen oder das Ausgangsprodukt, das sich bei der Reaktion von DCTFA mit der Aminogruppe bildet, wird nicht zyklisiert.

Struktur XII
Bifunktionelles Derivat einer α-Hydroxysäure mit Dichlortetrafluoraceton

5.6.3 Alkylborate als bifunktionelle Derivatisierungsagentien

Alkylborate sind die am häufigsten genutzten bifunktionellen Derivatisierungsagentien. Sie werden unter sehr milden Reaktionsbedingungen gebildet und haben gute thermische und GC-Eigenschaften. Sie weisen aber folgende Nachteile auf: Sie sind hydrolytisch instabil. Sie bilden Teilderivate mit isolierten funktionellen Gruppen, z.B. Halbester mit isolierten Hydroxylgruppen, die schlecht oder gar nicht chromatographiert werden können. Sie können instabil gegenüber weiteren Reaktionen sein, bei denen andere funktionelle Gruppen im Molekül derivatisiert werden. Überschüssige Alkylborsäure reichert sich in der Säule an und kann eine „flash"-Derivatisierung nachfolgender Proben bewirken. Solche Reagentienrückstände können zum größten Teil entfernt werden, indem einige Zeit, nachdem das Arbeiten mit Boraten beendet wurde, einige Mikroliter 1,3-Propandiol injiziert werden.

Trotz dieser Nachteile erwiesen sich Alkylborate als selektive Derivatisierungsagentien bei der Analyse von Gemischen, wie z.B. vicinalen Sesquiterpendiolen als nützlich [32]. Alkylborsäuren reagieren mit 1,2-Diolen, 1,3-Diolen, 1,2-Hydroxysäuren, 1,3-Hydroxysäuren und aromatischen Verbindungen mit orthosubstituierten Phenol/Amin- und Phenol/Carboxygruppen. So können diese Derivate bei der Analyse von Steroiden, Lipiden, Nucleosiden, Kohlenhydraten, Catecholaminen und Prostaglandinen angewendet werden. Die Alkylborsäuren Methanborsäure, Butanborsäure, *tert*-Butanborsäure, Cyclohexanborsäure, Benzenborsäure, 3,5-Di-trifluormethylbenzenborsäure und Ferrocenborsäure sind für die Derivatisierung verwendet worden. Die Struktur eines Butanboranatderivats von einem vicinalen Diol ist in Struktur XIII gezeigt. Ein typisches Verfahren ist darunter angeführt.

Struktur XIII
Butanboratderivat eines vicinalen Diols

a) Lassen Sie folgende Lösung 15 min bei Zimmertemperatur stehen:

- Analyt   200 µg
- Pyridin oder EtOAc, das 100 µg Alkylborsäure enthält   50 µl

b) Verdampfen Sie das Lösungsmittel und lösen Sie den Rückstand in EtOAc.

Dieser Derivattyp kann für einfache Derivate einschließlich von Steroiddiolen und einigen Zuckern verwendet werden. Ferrocenborate erwiesen sich als besonders nützlich für die GC-MS-Analyse von Diolen und Hydroxysäuren mit geringem Molekulargewicht [33].

In den meisten Fällen können auch andere funktionelle Gruppen im Molekül nach der Boratbildung ohne Zerstörung des Derivats derivatisiert werden. Dies ist für Borate, die mit den Dihydroxyseitenketten von Corticosteroiden gebildet werden, nicht der Fall. Das Protokoll 5.39 ist typisch für die eingesetzten Verfahren.

> **Protokoll 5.39** Acetyl- und Trimethylsilylalkylborate
>
> 1. Für Acetylderivate lösen Sie den Rückstand von Schritt b) des oben geschilderten Verfahrens in folgendem Gemisch:
>   - trockenes Pyridin   100 µl
>   - Essigsäureanhydrid   20 µl
> 2. Lassen Sie das Gemisch 2 h bei Zimmertemperatur stehen, verdampfen Sie dann die Reagentien und lösen Sie den Rückstand in EtOAc.
> 3. Für TMS-Derivate lösen Sie den Rückstand von Schritt b) des obigen Verfahrens in folgendem Gemisch:
>   - Hexamethyldisilazan   100 µl
>   - Pyridin   100 µl
> 4. Lassen Sie das Gemisch 5 min bei Zimmertemperatur stehen, verdampfen Sie dann die Reagentien und lösen Sie den Rückstand in EtOAc.

5.7. Derivate für die Enantiomerentrennung

Enantiomere in einem Gemisch können durch die Umsetzung mit einem einzelnen Enantiomer eines chiralen Derivatisierungsreagens zu einem Diastereomerenpaar getrennt werden.

5.7.1 Acylierung mit chiralen Reagentien

Das folgende Verfahren (Protokoll 5.40) kann für die chirale Derivatisierung von Aminen und Phenolen genutzt werden.

> **Protokoll 5.40** Derivatisierung mit R-(−)2-Phenylbutyrylchlorid ((−)PBCl)
>
> 1. Lassen Sie folgendes Gemisch 1 h bei Zimmertemperatur stehen:
>   - (−)-2-Phenylbuttersäure   50 mg
>   - frisch destilliertes Thionylchlorid (ein leichtes Erwärmen kann zum Lösen der Säure notwendig sein)   1 ml
> 2. Verdampfen Sie das Thionylchlorid und lösen Sie den Rückstand in 1 ml trockenem Toluol. Geben Sie 50 µl dieser Lösung zu einer äquimolaren Menge Amin oder Alkohol (ca. 0,5 mg) und erwärmen Sie 1 h bei 60 °C.
> 3. Verdampfen Sie das Lösungsmittel und lösen Sie den Rückstand in EtOAc.

Auch chirale Naturprodukte wie z.B. (+)-Chrysanthemsäure können in diesem Verfahren als chirale Derivatisierungsreagentien verwendet werden [34]. Aminosäuren können durch dieses Verfahren, nach vorheriger Umwandlung zu ihren Methylestern, derivatisiert werden (s. Abschnitt 5.5.3). Das im folgenden Verfahren verwendete Reagens, N-Trifluoracetyl-L-prolylchlorid (TPCl), ist kommerziell als Chlorid erhältlich und kann zur Bestimmung der Enantiomerenzusammensetzung chiraler Amine verwendet werden.

a) Lassen Sie folgendes Gemisch 15 min bei Zimmertemperatur stehen:

- Analyt   200 µg
- Chloroform   50 µl
- 0,1 M TPCl in Chloroform   40 µl

b) Verdampfen Sie das Lösungsmittel und lösen den Rückstand in EtOAc.

Mittels folgendem Verfahren (Protokoll 5.41) können Enantiomerenanalysen phenolischer Amine, z.B. Adrenalin oder Phenylephrin, durchgeführt werden [35].

Protokoll 5.41 Derivatisierung mit L-(−)-N-Heptafluorbutyrylphenylalanylchlorid (HFBPALCl)

1. Zur Herstellung von L-(−)-HFBPALCl rühren Sie bei Zimmertemperatur das folgende Gemisch, bis sich das gesamte Phenylalanin gelöst hat (ca. 4 h):

   - L-(−)-Phenylalanin   1 g
   - Acetonitril   50 ml
   - Heptafluorbutyrylchlorid (HFBCl)   2 g

2. Entfernen Sie das Lösungsmittel und überschüssiges HFBCl im Rotationsverdampfer.

3. Lösen Sie 100 mg des Produkts Heptafluorbutyrylphenylalanin durch leichtes Erwärmen in 1 ml Thionylchlorid und lassen Sie die Lösung 1 h bei Zimmertemperatur stehen.

4. Verdampfen Sie das überschüssige Thionylchlorid. Lösen Sie den Rückstand in 2 ml EtOAc.

5. Um die Derivatisierung durchzuführen, stellen Sie folgende Lösung her.

   - phenolisches Amin   200 µg
   - 1 M Kaliumphosphatpuffer, pH = 7,5   1 ml

6. Schütteln Sie 10 min kräftig mit 50 µl der im Schritt 4 hergestellten Lösung und geben Sie dann 2 ml EtOAc hinzu.

7. Entfernen Sie die organische Schicht und schütteln Sie sie 5 min mit 0,5 ml 10 M Ammoniaklösung. Entfernen Sie dann die organische Schicht und trocknen Sie sie.

8. Engen Sie die organische Schicht ein. Setzen Sie dann den Rückstand mit BSA (Protokoll 5.1) oder TBDMSCl (Protokoll 5.3) um.

5.7. Derivate für die Enantiomerentrennung

Es ist am günstigsten, das HFBPALCl aus einem HFBPAL-Vorrat frisch herzustellen. Die Reaktion mit TBDMSCl führt zu Produkten, die bei einer Chromatographie an Silicagel stabil sind;diese kann zur Entfernung von Reagentienüberschüssen dienen. Die Struktur eines aus *p*-Synephrin hergestellten Derivats wird in Struktur XIV gezeigt.

Struktur XIV *p*-Synephrinderivat

5.7.2 Chirale Alkylierungsreagentien

Diese Derivate können bei chiralen Carbonsäuren angewendet werden, das Verfahren für Alkohole wird nachfolgend beschrieben.

1. Erwärmen Sie folgendes Gemisch 2 h bei 80 °C:

   - Analyt   200 µg
   - (-)- oder (+)-2-Butanol oder -2-Pentanol   80 µl
   - Acetylchlorid   20 µl

2. Verdampfen Sie die überschüssigen Reagentien und lösen Sie den Rückstand in EtOAc.

Das Verfahren (Protokoll 5.42) kann auch zur *trans*-Veresterung von Aminosäuren verwendet werden, die vorher zur Erhöhung ihrer Löslichkeit methyliert wurden.

Protokoll 5.42 Derivatisierung von Aminosäuren mit 2-Butanol

1. Erwärmen Sie folgendes Gemisch 30 min bei 60 °C:

   - Aminosäure   200 µg
   - MeOH, das 3% Acetylchlorid enthält 100 µl

2. Verdampfen Sie die Reagentien und behandeln Sie den Rückstand wie im obigen Verfahren, aber anstatt ihn in EtOAc zu lösen, lösen Sie ihn in 50 µl Acetonitril und geben 50 µl Trifluoressigsäureanhydrid hinzu.

3. Erwärmen Sie die Lösung 15 min bei 60 °C.

4. Verdampfen Sie die Reagentien und lösen Sie den Rückstand in EtOAc.

5.7.3 Bildung von diastereomeren Amiden

Dieses Verfahren (s. Protokoll 5.43) diente zur Bestimmung der Enantiomerenzusammensetzung von Ibuprofen.

> **Protokoll 5.43** Derivatisierung mit R-(+)-α-Phenylethylamin
>
> 1. Lassen Sie die folgende Lösung 1 h bei Zimmertemperatur stehen:
>   - Carbonsäure (Analyt)   200 µg
>   - frisch destilliertes Thionylchlorid   100 µl
> 2. Verdampfen Sie das Thionylchlorid und geben Sie zum Rückstand 50 µl Toluen hinzu, das 10 mg/ml R-(+)-α-Phenylethylamin enthält, und lassen Sie es 10 min bei Zimmertemperatur stehen.
> 3. Verdünnen Sie das Gemisch mit EtOAc bis zu einem für die Analyse geeigneten Volumen.

Literatur

[1] Knapp, D.: *Handbook of analytical derivatisation reactions*, Wiley Interscience, New York (**1979**).

[2] Blau, K.; King, G. (Hrsg.): *Handbook of derivatives for chromatography*, Heyden and Sohn, London (**1977**).

[3] Jäger, H. (Hrsg.): *Glass capillary chromatography in clinical medicine and pharmacology*, Marcel Dekker, New York (**1985**).

[4] Pierce, A.E: *Silylation of organic compounds*. Pierce Chemical Co. Rockford, IL (**1968**).

[5] Tanaka, K.; Hine, D.G.; West-Dull, A.; Lynn, T.B. *Clin. Chem.* **1980**, *261*, 1839.

[6] Woolard, P.M. *Biomed. Mass Spectrom.* **1983**, *10*, 143.

[7] Lombardo, L. *Tetrahedron Lett.* **1984**, *25*, 227.

[8] Aizpurua, J.M.; Palomo, C. *Tetrahedron Lett.* **1985**, *26*, 475.

[9] Corbett, M.E.; Scrimgeour, C.; Watt, P.W. *J. Chromatogr. Biomed. Appl.* **1987**, *419*, 263.

[10] Miyazaki, H.; Ishibashi, M.; Itoh, M.; Nambara, T. *Biomed. Mass Spectrom.* **1977**, *4*, 23.

[11] Bagghi, S.P. *J. Chromatogr. Biomed. Appl.* **1987**, *421*, 227.

[12] Färber, H.; Peldszus, H.; Schöler, H.F. *Vom Wasser* **1991**, *76*, 13.

[13] Hakomori, S. *J. Biochem.* **1964**, *55*, 205.

[14] Bates, C.D.; Watson, D.G.; Willmott, N.; Logan, H.; Goldberg, J. *J. Pharm. Biomed. Anal.* **1991**, *9*, 19.

[15] Wu, H.L.; Chen, S.-H.; Funazo, K.; Tanaka, M.; Shono, T. *J. Chromatogr.* **1984**, *291*, 409.

[16] Baker, M.H.; Howe, I.; Jarman, M.; McCague, R. *Biomed. Environ. Mass Spectrom.* **1988**, *16*, 211.

[17] Midgley, J.M.; Watson, D.G.; Healey, T.; McGhee, C.N.J. *Biomed. Environ. Mass Spectrom.* **1989**, *18*, 657.

[18] Hartvig, P.; Vessman, J. *J. Chromatogr. Sci.* **1974**, *12*, 722.

[19] Jenden, D.J.; Hann, I.; Lamb, S.I. *Anal. Chem.* **1968**, *40*, 125.

[20] Midgley, J.M.; MacLachlan, J.M.; Watson, D.G. *Biomed. Environ. Mass Spectrom.* **1988**, *15*, 535.

[21] Macfarlane, R.G.; Macleod, S.C.; Midgley, J.M.; Watson, D.G. *J. Neurochem.* **1989**, *53*, 1731.

[22] Macfarlane, R.G.;, Watson, D.G.; Midgley, J.M.; Evans, P.D. *J. Chromatogr. Biomed. Appl.* **1990**, *532*, 1.

[23] Midgley, J.M.; Watson, D.G.; Macfarlane, R.G.; Macfarlane, S.C.; MacGhee, C.N.J. *J. Neurochem.* **1990**, *55*, 842.

[24] Thenot, J.P.; Horning, E.C. *Anal. Lett.* **1972**, *5*, 905.

[25] Midgley, J.M.; Watson, D.G.; Healey, T.M.; Noble, M. *Biomed. Environ. Mass Spectrom.* **1988**, *15*, 479.

[26] Poole, C.F.; Zlatkis, A. *J. Chromatogr.* **1980**, *184*, 99.

[27] Brooks, C.J.W.; Cole, W.J.; Barrett, G.M. *J. Chromatogr.* **1984**, *315*, 119.

[28] Miyazaki, H.; Ishibashi, M.; Itoh, M.; Yamashita, K. *Biomed. Mass Spectrom.* **1984**, *11*, 377.

[29] Husek, P. *J. Chromatogr.* **1974**, *91*, 475.

[30] Macfarlane, R.G.; Watson, D.G.; Midgley, J.M. *Rapid Commun. Mass Spectrom.* **1990**, *4*, 34.

[31] Midgley, J.M.; Andrew, R.; Watson, D.G.; Macdonald, N.; Reid, J.L.; Williams, D.A. *J. Chromatogr.* **1990**, *399*, 207.

[32] Watson, D.G.; Rycroft, D.S.; Freer, I.M.; Brooks, C.J.W. *Phytochemistry* **1985**, *24*, 2195.

[33] Brooks, C.J.W.; Cole, W.J. *J. Chromatogr.* **1987**, *399*, 207.

[34] Brooks, C.J.W.; Gilbert, M.T.; Gilbert, J.D. *Anal. Chem.* **1973**, *45*, 896.

[35] Midgley, J.M.; Watson, D.G.; Macfarlane, R.G.; Shafi, N.; Brooks, C.J.W. *J. Pharm. Pharmacol.* **1988**, *40*, 86P.

6 Gaschromatographie in der analytischen Toxikologie: Prinzipien und Praxis

ROBERT J. FLANAGAN

6.1 Einleitung

Die analytische Toxikologie umfaßt Detektion, Identifizierung und, sofern nötig, quantitative Bestimmung von Pharmaka und Giftstoffen in biologischen und anderen Probenmaterialien mit dem Ziel, Diagnosen, Therapien sowie eventuelle Prognosen zu unterstützen und zur Vermeidung von Vergiftungen beizutragen. Die untersuchten Materialien reichen dabei von vergleichsweise einfachen Proben wie Ausatemluft bis hin zu den wohl komplexesten Proben überhaupt: Material aus Körpern Verstorbener. In der Regel beschränken sich die Untersuchungen jedoch auf leicht zugängliche Proben wie Blut oder Urin. Die Anwendung der Gaschromatographie in der analytischen Toxikologie hat gegenüber anderen weitverbreiteten Techniken wie HPLC und Immunoassays drei wesentliche Vorteile: Erstens verfügt die GC über eine Reihe hochempfindlicher Detektoren [universell einsetzbar: Flammenionisationsdetektor (FID); selektiv: Stickstoff-Phosphor-Detektor (NPD) und Elektroneneinfangdetektor (ECD)], die auch parallel verwendet werden können, zweitens sind hocheffiziente Kapillartrennsäulen mit verschiedenen stationären Phasen jederzeit kommerziell verfügbar, und drittens kann die GC relativ einfach mit Bestimmungsmethoden wie Massenspektrometrie (MS) oder Fourier-Transform Infrarotspektroskopie (FTIR) gekoppelt werden, wodurch zusätzlich direkte Informationen zur Identität der untersuchten Verbindung gewonnen werden. Dabei liefert die GC wie auch die HPLC qualitative und quantitative Aussage gleichzeitig. Die temperaturprogrammierte Arbeitsweise in der GC ist vergleichbar mit der Gradientenelution in der HPLC und erlaubt die Analyse von Verbindungen unterschiedlicher Flüchtigkeit. Im Gegensatz zur HPLC ist es einfacher, zu den Ausgangsbedingungen zurückzukehren, und die gegenseitige Abhängigkeit von Molekulargewicht, Retentionszeit und Temperatur erleichtert die Peakzuordnung bei der Suche nach unbekannten Verbindungen. Zusätzlich sind (unter gleichen Arbeitsbedingungen erhaltene) gaschromatographische Retentionsdaten auf andere Laboratorien, Laboranten, Geräte und Trennsäulen übertragbar. Nachteile der Gaschromatographie sind, daß die zu untersuchenden Analyten bzw. deren Derivate bei Analysentemperatur stabil sein müssen und daß oftmals eine Probenvorbereitung notwendig ist. Dieses Kapitel behandelt generelle Aspekte der gaschromatographischen Untersuchung von Drogen und Giftstoffen in biologischen Materialien und gibt Anregungen für weitere Literaturstudien.

6.2 Die Anwendung der GC in der analytischen Toxikologie

Die Gaschromatographie ist die Methode der Wahl zur Untersuchung von Gasen und leichtflüchtigen Verbindungen wie Alkohol und Inhalationsnarkotika. Sie findet außerdem vielfach Anwendung bei der Analyse anderer Verbindungen, beim Screening auf unbekannte Substanzen und als Interface zur Massenspektroskopie. Begrenzende Faktoren für ihren Einsatz sind die geringe Probenkapazität und die Empfindlichkeit des Detektors. Außerdem besteht immer die Gefahr von Peaküberlagerungen. Viele Analyten, insbesondere leichtflüchtige, und Metabolite wie *N*-Oxide sind zudem in biologischen Matrices oft instabil. Deshalb muß neben der Wahl einer geeigneten Probenvorbereitungstechnik, der richtigen Trennsäule und günstiger chromatographischer Bedingungen eine Reihe weiterer Einflußfaktoren einschließlich Probenahme und -aufbewahrung, Auswahl des internen Standards und Qualitätssicherung beachtet werden.

6.2.1 Probenahme und -aufbewahrung

Sofern möglich, ist vor der eigentlichen Probenahme die Analyse einer Blindprobe sehr zu empfehlen. Bei lebenden Patienten entnimmt man Proben venösen Blutes gewöhnlich an einer sichtbaren Vene im Ellenbogenbereich möglichst entfernt von etwaigen Infusionsstellen, während bei postmortalen Fällen häufig die vena femoralis verwendet wird. Dabei ist zu beachten, daß die Probe nicht durch Isopropanol oder andere, als lokale Desinfektionsmittel in Gebrauch befindliche Alkohole verunreinigt wird (siehe 6.3.4.3). Blutröhrchen aus Glas oder Polystyrol, belegt mit Lithiumheparin oder EDTA, sind für die meisten Zwecke geeignet. Nur bedingt geeignet sind dagegen evakuierte Ampullen mit Weichgummistöpseln, sog. Vacutainer, da hierbei Lösungsmittel und andere leichtflüchtige Verbindungen verloren gehen können. Außerdem besteht die Möglichkeit des Freiwerdens von Weichmachern und ähnlichen Stoffen, die später nicht nur die Analyse (siehe 6.3.4.3), sondern auch etwaige Extraktionsschritte stören [1]. Blutröhrchen, die Weichgelseparatoren enthalten, sollten ebenso gemieden werden. Die Verwendung von Blutröhrchen ohne Anticoagulantien und die Abtrennung des Plasmas ist günstig, wenn die Proben im tiefgefrorenen Zustand aufbewahrt werden müssen, da dann nicht soviel Niederschlag ausfällt, wie wenn man das Plasma in der gleichen Weise behandelt. Aufgetautes Plasma vor der Analyse zu zentrifugieren, ist eine mögliche Alternative zu dieser Vorgehensweise. Übermäßige Hämolyse sollte ebenfalls vermieden werden, da diese Plasma- oder Serumassays stark proteinbindender Analyten unmöglich machen kann (Abschnitt 6.2.2). Manche Analyten, wie Clonazepam, Kokain, Nifedipin, Nitrazepam, thiolische Wirkstoffe sowie viele Phenotiazine und deren Metaboliten sind bei Raumtemperatur in biologischen Matrices instabil. So kann bereits eine einstündige Aufbewahrung einer Serumprobe unter Lichteinwirkung zu einem 99%igen Verlust von Clonazepam führen. Um solche Verluste zu vermeiden, genügt es, das Gefäß in Aluminiumfolie zu wickeln. Die Entnahme von Proben für die Bestimmung flüchtiger Inhaltsstoffe wird in Abschnitt 6.3.4.4 gesondert behandelt.

N-Glucuronide, wie nomifensines *N*-Gucuronid, sind ebenfalls instabil und können im Plasma in hohen Konzentrationen enthalten sein. Bei ihrer Zersetzung wird die Ausgangsverbindung zurückgebildet [3]. Bei Ethanol und einer Reihe weiterer Analyten kann festes

Natriumfluorid (1 Masse%) zugesetzt werden, um mikrobielle und andere abbauende Enzyme zu inhibieren, während ein Überschuß an Neostigmin zur Hemmung der Cholinesterase nötig ist, um ein entsprechendes Substrat wie Physostigmin zu bestimmen [4]. Es ist zu empfehlen, die Proben bei Temperaturen von –5 bis –20 °C (oder darunter) aufzubewahren, wenn die Analyse nicht sofort durchgeführt werden kann. Dennoch ist auch das nicht ideal, da *N*-Oxide oder Sulfoxide zu ihren Ausgangsstoffen reduziert werden können [5]. Chinole wie 4-Hydroxypropanolol werden dagegen leicht oxydiert, weshalb sie durch Zugabe eines reduzierenden Agens (z.B. Ascorbat oder Natriummetabisulfit) stabilisiert werden müssen.

6.2.2 Probenvorbereitung

Im Normalfall erfordert die Verwendung der Gaschromatographie irgendeine Form der Probenvorbereitung, auch wenn diese nur in der Zugabe eines internen Standards besteht. Die Probenvorbereitung dient dem Entfernen von Wasser und/oder störenden Verbindungen sowie der Aufkonzentrierung oder Verdünnung der Analyten, um die Empfindlichkeit des Verfahrens zu erhöhen bzw. zu erniedrigen. Im Plasma binden viele saure und neutrale organische Verbindungen an Albumin und einige Basen an α_1-acides Glycoprotein. Für die Bestimmung des Gesamtgehaltes eines Analyten müssen entweder diese Bindungen gelöst werden, was sich leicht durch die Untersuchung von Plasma- oder Serumproben, die mit dem Wirkstoff versetzt wurden, überprüfen läßt, oder aber man trennt die freien und die gebundenen Anteile des Analyten mit Hilfe von Gleichgewichtsdialyse oder Ultrafiltration voneinander ab und bestimmt den freien Anteil direkt. Dieser steht oft im Gleichgewicht mit der Konzentration in der Cerebrospinalflüssigkeit (CSF). Für stark bindende Verbindungen (> 90%) ist die freie Plasmakonzentration und damit die CSF-Konzentration oftmals sehr gering, was ihre Bestimmung bedeutend erschwert, besonders, da die einsetzbare Probenmenge in der Regel begrenzt ist.

Abhängig von der Art und Anzahl der zu untersuchenden Proben, der notwendigen Nachweisstärke und davon, ob Metaboliten und andere Verbindungen mit erfaßt werden sollen, kommen für einen Analyten manchmal verschiedene Probenvorbereitungstechniken in Frage. So enthalten Urin und Galle weniger schwerlösliche Rückstände und dafür möglicherweise höhere Konzentrationen der interessierenden Substanzen als Blut, Plasma oder Serum. Das kann die Probenvorbereitung mitunter erleichtern. Es ist notwendig, Reaktionen des Analyten während der Probenvorbereitung zu vermeiden oder, sofern das nicht möglich ist, diese zu erkennen und zu verstehen. Zum Beispiel wird der Cholinesterasehemmer Physostigmin während einer Extraktion bei pH = 9,5 oder darüber schnell hydrolysiert [4], Nordextropropoxyphen, der wichtigste Plasmametabolit von Dextropropoxyphen (Abschnitt 6.3.2.10), dagegen lagert sich bei pH-Werten von 11 und darüber zu einem Amid um [6]. Für solche Untersuchungen hat die HPLC gegenüber der GC den entscheidenden Vorteil, daß bei ihr nicht die Gefahr einer thermischen Zersetzung des Analyten bei der Analyse besteht.

Verschiedene Aspekte der Probenvorbereitung in der biomedizinischen Analytik sind an anderer Stelle zusammengefaßt [7]. Zu den in der Gaschromatographie gebräuchlichsten Probenvorbereitungstechniken gehören die Purge-and-Trap-Analyse, die flüssig-flüssig-Extraktion und die Festphasenextraktion (SPE), auch bekannt als „Sorbensextraktion" (SE).

Die direkte Injektion einer Probe nach Zentrifugieren zum Entfernen von Partikeln und Zugabe eines internen Standards wird mitunter bei der Untersuchung von Blut- oder Urinproben auf Verbindungen wie Alkohole oder Glycole angewendet (Abschnitt 6.3.4.3).

6.2.2.1 Headspace-Analyse und Purge-and-trap-Technik

Die Headspace-Analyse beruht auf der Einstellung eines Verteilungsgleichgewichts flüchtiger Probenbestandteile zwischen der flüssigen Probe und dem darüber befindlichen Dampfraum (Kopfraum = „Headspace") in einem verschlossenen und auf eine bestimmte Temperatur thermostatisierten Probengefäß. Nach Abwarten einer entsprechenden Zeit für die Gleichgewichtseinstellung (in der Regel ca. 15 min) wird mit einer gasdichten Spritze ein Teil des Dampfvolumens entnommen und in den Gaschromatographen injiziert. Die Methode hat den Vorteil, daß eine Verunreinigung der Trennsäule durch schwerflüchtige Verbindungen weitgehend ausgeschlossen ist. Vor dem Verschließen des Probengefäßes kann ein interner Standard zugegeben werden. Nach Erstellen einer Kalibrationskurve (siehe Abschnitt 6.2.5.2) ist auch eine quantitative Bestimmung von Analyten möglich. Die Headspace-Technik wird häufig zur Analyse von Alkohol und anderen leichtflüchtigen Verbindungen in biologischen Matrices (siehe 6.3.4.3 und 6.3.4.4) verwendet. Protokoll 6.1 beschreibt die Vorgehensweise beim Screening einer Blutprobe auf eine Reihe von Lösungsmitteln und anderen leichtflüchtigen Verbindungen mit Hilfe der Headspace-Technik.

Bei der Purge-and-trap-Technik werden flüchtige Verbindungen aus der Probe durch Hindurchleiten eines Inertgases freigesetzt und anschließend entweder in einer Kühlfalle, die normalerweise mit Trockeneis oder flüssigem Stickstoff gekühlt wird, kondensiert, oder in einem Adsorberröhrchen, gefüllt mit Tenax-GC o.ä., adsorbiert (siehe Abschnitt 6.2.3.2). Die so getrappten Verbindungen werden dann blitzartig in einen Trägergasstrom hinein

---

Protokoll 6.1 Vorgehensweise beim Screening auf leichtflüchtige Verbindungen mittels Headspace-Analyse

1. Geben Sie mit Hilfe einer halbautomatischen Pipette 200 µl der Lösung des internen Standard (25 mg/l Ethylbenzol und 10 mg/l 1,1,2-Trichlorethan in einem Gemisch von Blut (aus einer Blutbank) und entionisiertem Wasser, 1 : 24) in ein 7 ml Headspace-Gefäß.

2. Verschließen Sie das Probenfläschchen mit einem Crimpverschluß unter Verwendung eines PTFE-beschichteten Silikonseptums.

3. Thermostatisieren Sie die Probe 15 min bei 65 °C und injizieren Sie anschließend zwischen 100 und 300 µl des Dampfraumes in den GC.

4. Fügen Sie dann mit Hilfe einer 1 ml Plastik-Einwegspritze 200 µl der Probe (Blut oder Plasma) hinzu und injizieren Sie nach weiteren 15 Minuten Thermostatisierzeit erneut 100–300 µl des Dampfraumes.

5. Entfernen Sie den Kolben der gasdichten Spritze und legen Sie diese bis zur nächsten Injektion auf einen Heizblock o.ä. um sicherzustellen, daß etwaige Reste flüchtiger Analyten bis dahin verdampft sind.

verdampft und so auf die Trennsäule überführt. Eine weitere Möglichkeit ist die Verwendung von Aktivkohleröhrchen zum Trappen der Analyten, die vor Analysenbeginn mit einer geringen Menge Schwefelkohlenstoff extrahiert werden. Diese Technik findet häufig Anwendung bei der Analyse flüchtiger Verbindungen in Trinkwasserproben, hat sich aber in der Analytik biologischer Proben nicht durchgesetzt. Das liegt vor allem daran, daß die Interpretation der Ergebnisse in Bereichen unterhalb der Konzentrationen, die durch Headspace zugänglich sind, sehr schwierig ist. Eine Reihe weiterer Anreicherungstechniken einschließlich der Thermodesorption sind in [9] überblicksmäßig beschrieben.

6.2.2.2 Flüssig-flüssig-Extraktion

In der Vergangenheit bestand die Probenvorbereitung für die GC [10] in der Regel in einer flüssig-flüssig-Extraktion der Probe mit einem Überschuß eines inerten, mit Wasser nicht mischbaren organischen Lösungsmittels bei einem geeigneten pH-Wert. Die Trennung der Phasen erfolgt im Normalfall durch Zentrifugieren, da bei Filtration immer die Gefahr des Eintrags von Weichmachern und anderen Verunreinigungen besteht, auch wenn diese durch vorheriges Waschen des Filters minimiert werden kann. Üblicherweise wird das Lösungsmittel zunächst im Preßluft- oder Stickstoffstrom verdampft, bevor man den getrockneten Extrakt in einem geeigneten Lösungsmittel aufnimmt. Zur Anreicherung der Analyten aus dem Extraktionsmittel ist auch die Verwendung einer für die Festphasenextraktion üblichen Kartusche möglich (siehe Abschnitt 6.2.2.3). Die Extraktion und anschließende Rückextraktion einer Säure oder Base in eine wäßrige Phase kann zur Entfernung neutraler Störkomponenten dienen. Das Abdampfen des Lösungsmittel ermöglicht nicht nur eine Aufkonzentrierung der Analyten und damit eine Verbesserung der Empfindlichkeit, sondern auch die Verwendung von Lösungsmitteln wie Dichlormethan als Extraktionsmittel, das sowohl am NPD, wie auch am ECD störende Signale geben würde. Durch sog. „Aussalzen", d.h. durch Zugabe eines Überschusses an NaCl zur wäßrigen Phase, kann die Extraktionsausbeute zusätzlich erhöht werden. Andererseits ist das Abdampfen des Lösungsmittels nicht nur zeitaufwendig, sondern birgt zudem die Gefahr des Aufkonzentrierens von Störkomponenten sowie des Verlustes flüchtiger Analyten wie Amphetamine in sich (Abschnitt 6.3.2.1).

Einige der meistverwendeten Extraktionsmittel sind in Tabelle 6.1 aufgeführt. Für spezielle Anwendungen kommen auch Lösungsmittelgemische zum Einsatz. So verwendet man seit langem ein Gemisch aus Chloroform und Isopropanol (Mischungsverhältnis 9:1, relative Dichte (RD) > 1) zur Extraktion von Morphium und anderen Opiaten (siehe Abschnitt 6.3.2.10). Ein Gemisch aus gleichen Teilen Dichlormethan und *n*-Hexan (RD < 1) ist besonders dann von Nutzen, wenn ein chlorhaltiges Lösungsmittel benötigt wird. Dabei erleichtert die Bildung einer oberen organischen Phase die Abtrennung des Extrakts bedeutend. Andererseits sollten die Giftigkeit beim Einatmen sowie weitere mögliche Schäden, die im Umgang mit organischen Lösungsmitteln entstehen können, nicht außer Acht gelassen werden. Benzol beispielsweise ist nachgewiesenermaßen beim Menschen krebserzeugend. Langanhaltende berufliche *n*-Hexan- oder *n*-Butylmethylketon-Expositionen werden mit der Entwicklung peripherer Neuropathien in Verbindung gebracht (Tabelle 6.2). Als sicherere Alternative zu *n*-Hexan wurde kürzlich *iso*-Hexan (Fisons), ein Gemisch aus Hexanisomeren mit weniger als 5% *n*-Hexananteil vorgestellt.

6.2 Die Anwendung der GC in der analytischen Toxikologie

Tabelle 6.1 Zusammenstellung einiger weitverbreiteter Extraktionsmittel

Lösungsmittel	relative Dichte	Siedepkt. (°C)
n-Butylacetat	0,88	125
Chloroform	1,49	61
Cyclohexan	0,78	81
1,2-Dichlorethan	1,32	40
Ethylacetat	0,90	77
n-Heptan	0,68	98
Methyl-tert-butylether	0,74	55
Petrolether[1]	0,65	40-60
Toluol	0,87	111
2,2,4-Trimethylpentan	0,69	99

[1] Gemisch aus Pentan- und Hexanisomeren, andere Siedebereiche möglich

Tabelle 6.2 Potentielle Gefahren im Umgang mit gebräuchlichen Lösungsmitteln

Lösungsmittel	mögliche Schäden
Benzol	krebserzeugend beim Menschen
Schwefelkohlenstoff	neurotoxisch
Tetrachlorkohlenstoff	deutliche Hepato- und Nephrotoxizität, möglicherweise krebserzeugend beim Menschen
Chloroform, 1,2-Dichlorpropan, 1,1,2,2-Tetrachlorethan, Dichlormethan	Kohlenmonoxidvergiftung (siehe 3.4.1)
Diethylether	leichtentzündlich, kann explosive Peroxide bilden
Diisopropylether	kann explosive Peroxide bilden
n-Hexan	periphere Neurotoxizität
Hexan-2-on, Trichlorethylen	kardiotoxisch

Einfache flüssig-flüssig-Extraktionsverfahren mit direkter gaschromatographischer Analyse des Extrakts kommen seit vielen Jahren zur Anwendung [11]. Wenn möglich, werden dabei zur Zugabe von Lösungsmitteln und Reagenzien Spender mit gasdichten Spritzen, deren Kanülen aus rostfreiem Edelstahl bestehen, verwendet. Die Verwendung von Glasprobenröhrchen (Länge 60 mm, Innendurchmesser 5 mm) als Extraktionsgefäß minimiert außerdem die Gefahr, den Extrakt bei der Abtrennung mit wäßriger Phase zu verunreinigen. Eine Hochgeschwindigkeitszentrifuge (z.B. Eppendorf 5412) ermöglicht eine schnelle Phasentrennung (30 s) und bricht auch etwaige während der Extraktion entstandene Emulsionen.

Diese Herangehensweise ist einfach und billig, aber sie birgt immer die Gefahr des Brechens der Glasröhrchen in der Zentrifuge. Die flüssig-flüssig-Extraktion kann durch Aussalzen unterstützt werden, allerdings bilden sich leichter Emulsionen, wenn ein Überschuß an Salz zugegeben wird. n-Butylacetat und Methyl-tert-butylether (MTBE) eignen sich als Extraktionsmittel für viele Wirkstoffe und Metaboliten, da sie für deren Extraktion aus Blut bei geeigneten pH-Werten gute Extraktionsausbeuten liefern und zudem die obere Phase bilden, wodurch die Abtrennung des Extrakts erleichtert wird. Auch geben sie keinen Response am ECD und NPD, und die Extrakte sind im allgemeinen frei von endogenen Störungen. Im Gegensatz zu anderen Ethern wie Diethyl- und Diisopropylether bildet MTBE bei Raumtemperatur keine explosiven Peroxide. Auf die Zugabe von Antioxidantien wie Chinonen kann daher verzichtet werden. Eine einfache Methode der flüssig-flüssig-Extraktion häufiger Wirkstoffe aus Urin mit anschließender GC-NPD Analyse beschreibt Protokoll 6.2 (siehe auch Abschnitt 6.3.1)

Ein Verfahren zur Flüssig-flüssig-Mikroextraktion von Nikotin und seinem Metaboliten Cotinin aus Urin, Plasma oder Speichel, ebenfalls mit anschließender GC-NPD-Analyse wird in Protokoll 6.3 dargestellt. Antifoam (Schaumbremser) und Phenolrot werden zugegeben, um die Emulsionsbildung zu verhindern und um die organische Phase besser sichtbar zu machen (siehe auch Abschnitt 6.3.4.5)

Protokoll 6.2 Flüssig-flüssig-Extraktion häufiger Wirkstoffe aus Urin

1. Geben Sie 1 ml Urin in ein 4,5 ml Polypropylengefäß und fügen Sie 0,25 ml einer 1 molaren wäßrigen NaOH-Lösung sowie 0,5 ml des internen Standards (5 mg/l Prazepam in *n*-Butylacetat) hinzu.

2. Schütteln Sie die Probe 30 s lang intensiv und zentrifugieren Sie sie dann (3000 U/min, Tischzentrifuge)

3. Injizieren Sie 2 µl des *n*-Butylacetat-Extrakts in den GC.

Protokoll 6.3 Flüssig-flüssig-Extraktion von Nikotin und Cotinin

1. Geben Sie 100 µl einer Probe oder eines Standards in ein Glasröhrchen von 60 mm Länge und 5 mm Innendurchmesser (Dreyer-Röhrchen).

2. Geben Sie außerdem hinzu: 100 µl des internen Standards (117 µg/l 5-Methyl-cotinin), 300 µl einer 5 M wäßrigen NaOH-Lösung, 20 µl Antifoam/Phenolrot-Gemisch (5 Vol% Dow Corning antifoam RD emulsion (BDH) in 200 mg/l Phenolrot(Sigma)) und 50 µl 1,2-Dichlorethan.

3. Schütteln Sie die Probe 1 min lang intensiv und zentrifugieren Sie sie dann (9950 g, 2 min, Eppendorf 5412 o.ä.)

4. Injizieren Sie 2 µl des 1,2-Dichlorethan-Extrakts in den GC.

6.2.2.3 Festphasenextraktion

Das Prinzip der Extraktion von Wirkstoffen durch Adsorption an einem Feststoff wie Florisil (ein synthetisches Magnesiumsilikat), Ionenaustauscherharzen oder Aktivkohle gefolgt vom „Waschen" des Adsorbens mit Wasser und anschließender Elution der interessierenden

6.2 Die Anwendung der GC in der analytischen Toxikologie

Verbindungen, z.B. mit Methanol, ist nicht neu. Die Verwendung von Silikaten oder anderen Materialien mit einer relativ kleinen Variationsbreite der Partikeldurchmesser (15–100 µm) in Einweg-Polypropylenkartuschen erlaubt nacheinander die Anreicherung, Reinigung und schließlich die reproduzierbare Elution von Wirkstoffen und anderen Analyten bei relativ niedrigen Drücken [14, 15]. Neben nicht modifiziertem Silicagel sind eine Reihe von Materialien mit gebundenen Phasen, wie sie auch als Packungsmaterialien in der HPLC üblich sind, erhältlich (s. Bild 6.1). In allen Fällen ist die gebundene Phase über eine Siloxanbindung (Si-O-Si) mit einer oberflächlichen Silanolgruppe verknüpft. Allerdings arbeiten die unterschiedlichen Hersteller mit verschiedenen Silicagelen als Grundlage, und auch die Bindung der Phase verläuft nach unterschiedlichen Reaktionsmustern, weshalb es nicht verwunderlich ist, daß die mit Materialien unterschiedlicher Hersteller für das gleiche Analysenproblem erzielten Ergebnisse stark variieren können, auch wenn die Phasen der beiden Materialien angeblich gleich sind.

Die Entwicklung von SPE-Methoden geschieht häufig durch Austesten verschiedener Adsorbentien und Bedingungen. Zur Überprüfung der Ergebnisse werden in der Regel Dünnschichtchromatgraphie und HPLC herangezogen. Für Urin, Blut oder Plasma können jeweils unterschiedliche Vorgehensweisen nötig sein; für die Untersuchung von Gewebeproben wurden bisher nur wenige Methoden entwickelt (siehe 6.2.2.4). Die einzelnen Schritte bei der Ausarbeitung einer Methode sind am Beispiel von Physostigmin in [5] ausführlich beschrieben. In jedem Falle sollte die zur Elution benötigte Lösungsmittelmenge so klein wie möglich sein. Ein großer Vorteil der Festphasenextraktion besteht darin, daß sie gut geeignet ist, die Probenvorbereitung in der Routineanalytik zu vereinfachen. Weiterhin ist es für Screeninganalysen günstig, daß mehrere Analyten gleichzeitig extrahiert werden können, obwohl das wiederum problematisch bei der Analytik einzelner Verbindungen ist. Darüber hinaus sind Kartuschen für die Festphasenextraktion zum einen recht teuer, und zum anderen werden stark wasserlösliche Analyten oft nicht ausreichend zurückgehalten. In vielen Fällen ist es daher einfacher, eine lipophile Verbindung mittels einfacher flüssig-flüssig Extraktion mit einem geeigneten Lösungsmittel zu reinigen, als durch Festphasenextraktion. Damit umgeht man gleichzeitig das Risiko, Störkomponenten aus dem Kartuschenmaterial zu extrahieren. Andererseits kann die Anreicherung von Analyten häufig besser mittels SPE als mit flüssig-flüssig-Extraktion erreicht werden, und die Anreicherung der Analyten aus einem Lösungsmittelextrakt mit Hilfe einer SPE-Kartusche ist mitunter eine schnelle und sichere Alternative zum Abdampfen des Lösungsmittels (siehe Abschnitt 6.2.2.2).

Eine einfache SPE-Methode zur Extraktion saurer, basischer oder neutraler Wirkstoffe aus Urin unter Verwendung vorgepufferter Tox-Elut-Kartuschen (Varian) wurde von Widdop entwickelt [16]. Dabei wurden zunächst 20 ml Urin auf die Säule gegeben und 2 min stehengelassen. Anschließend wurde mit einem Chloroform/Isopropanol-(9:1)-Gemisch (3 x 10 ml) eluiert, die vereinigten Eluate unter einem Preßluftstrom (60°C) zur Trockne eingedampft und der Rückstand in 100 µl Methanol aufgenommen. Allerdings treten bei dieser Methode mitunter Störungen in der GC-Analyse auf. Protokoll 6.4 [15] beschreibt eine speziell für die GC entwickelte Methode zur Extraktion saurer, basischer oder neutraler Wirkstoffe aus Urin (weitere Methoden für andere Analyten sind ebenfalls in [15] enthalten).

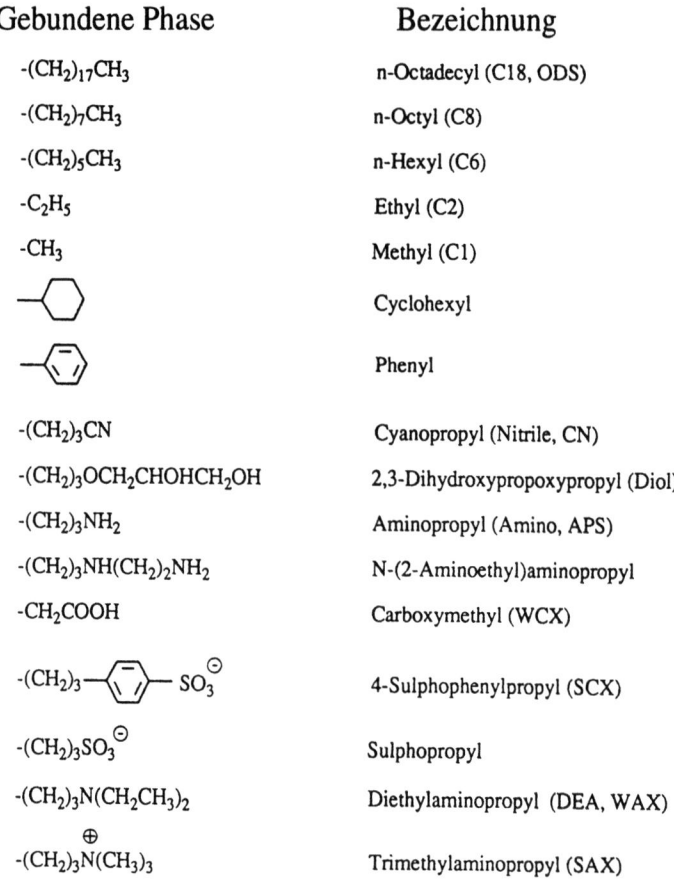

Bild 6.1 In der Festphasenextraktion gebräuchliche Stationärphasen auf Silicagelbasis

---

Protokoll 6.4 Festphasenextraktion von Wirkstoffen aus Urin

1. Geben Sie 5 ml Urin und 2 ml Phosphatpuffer (0,1 M, pH 6) in ein Reagenzglas und stellen Sie mittels 0,1 molarer wäßriger NaOH-Lösung oder 1 molarer wäßriger Essigsäurelösung einen pH-Wert von 5,5-6,5 ein.

2. Stecken Sie eine Kartusche auf die SPE-Apparatur und waschen Sie sie unter Vakuum mit 1 ml Methanol und 1 ml Phosphatpuffer (0,1 M, pH 6).

3. Befestigen Sie auf der Extraktionskartusche eine 8-ml-Kartusche mit einer Fritte und geben sie den Urin hinein. Trocknen sie nach dem Durchtropfen die Kartusche vorsichtig unter Vakuum.

4. Waschen Sie zuerst mit 1 ml Phosphatpuffer (0,1 M, pH 6) und anschließend mit 0,5 ml 1 molarer wäßriger Essigsäure.

5. Trocknen Sie die Kartusche 5 min unter Vakuum und waschen Sie sie dann mit 1 ml n-Hexan.

> **Protokoll 6.4 Forts.**
>
> 6. Eluieren Sie saure und neutrale Wirkstoffe mit 4 x 1 ml Dichlormethan.
>
> 7. Engen Sie das Eluat bei 30-40 °C im Stickstoffstrom bis zur Trockne ein, nehmen Sie den Rückstand in 0,1 ml Ethylacetat auf und injizieren Sie 1-2 µl.
>
> 8. Waschen Sie die Kartusche mit 1 ml Methanol und eluieren Sie die basischen Wirkstoffe mit 2 %iger (Vol) methanolischer Ammoniumhydroxidlösung.
>
> 9. Geben Sie zum Eluat 3 ml entionisiertes Wasser und 0,2-0,3 ml Chloroform. Schütteln Sie 15 s und injizieren Sie dann 1-2 µl der Chloroformphase in den GC.

6.2.2.4 Analyse von festen Geweben

Ein Teil der heutigen Erkenntnisse, so z.B. über die Verteilung von Wirkstoffen zwischen verschiedenen Geweben des menschlichen Organismus, stammen aus postmortalen Untersuchungen [17]. Allerdings weiß man noch recht wenig über die Verteilung von Pharmaka und Giften innerhalb fester Gewebe im Menschen. Es wird deshalb empfohlen, insgesamt etwa 5 g Probe von verschiedenen Stellen eines Organs zu entnehmen, sofern das ganze Organ zur Verfügung steht. Traditionell besteht die Probenvorbereitung bei der Untersuchung von Organteilen z.B. von Leber oder Gehirn in der mechanischen Homogenisierung und/oder sauren Digestion von ca. 5 g Probe mit anschließender Lösungsmittelextraktion bei einem geeigneten pH-Wert. Die Digestion der Probe mit Hilfe proteolytischer Enzyme führt im Vergleich zu herkömmlichen Methoden häufig zu weitaus höheren Wiederfindungsraten [18] und hat außerdem den Vorteil, daß nach Herstellung des Auszugs oftmals Methoden und Kalibrationsstandards aus der Plasmaanalytik übernommen werden können. Natürlich muß gesichert sein, daß durch die Verwendung von Enzymen keine Störkomponenten eingetragen werden. Ein weiteres Problem kann sein, daß Konjugate und andere Metaboliten diese Prozedur möglicherweise nicht überstehen. In [19] sind verschiedene Digestionsmethoden auf Enzymbasis beschrieben. Eine Methode zur Bestimmung von Lignocain in Gewebeproben nach Digestion mittels Subtilisin A [20] wird in Protokoll 6.5 vorgestellt.

> **Protokoll 6.5** Gewebedigestion mittels Subtilisin A
>
> 1. Stellen Sie eine Lösung (2 g/l) von lyophilisiertem Subtilisin A in Natriumdihydrogenorthophosphat/Dinatriumhydrogenorthophosphat-Puffer (7 mmol/l, pH 7,4) her.
>
> 2. Teilen Sie das Gewebe in Proben von je etwa 100 mg Feuchtgewicht und entfernen Sie Flüssigkeitsreste mit Hilfe eines Filterpapiers. Geben Sie die Proben in vorher gewogene, spitz zulaufende Glasröhrchen und bestimmen Sie die genauen Massen.
>
> 3. Fügen sie 1 ml Subtilisin-A-Lösung hinzu, verschließen Sie die Röhrchen mit Glasstöpseln und thermostatisieren Sie sie in einem Wasserbad etwa 16 h bei 50 °C.
>
> 4. Kühlen Sie die Röhrchen ab und mischen Sie den Inhalt auf einer Schüttelmaschine. Nehmen Sie dann Portionen von jeweils 0,2 ml ab und arbeiten Sie diese wie Plasma- oder Serumproben auf.

6.2.3 Säulen und Säulenpackungen

Je nach Art der stationären Phase unterscheidet man in der Gaschromatographie die Gasfest-Chromatographie (gas-solid chromatography, GSC), bei der ein körniger Feststoff mit großer Oberfläche, am besten ein Adsorbens, als stationäre Phase dient, und die Gas-flüssig-Chromatographie (gas-liqiud chromatography, GLC), bei der eine flüssige stationäre Phase auf ein inertes Trägermaterial aufgebracht ist. Mit der immer weiteren Verbreitung von Kapillartrennsäulen, deren flüssige stationäre Phase an der Innenseite der Kapillare chemisch gebunden ist, gewinnt daneben die Einteilung in GC mit gepackten Säulen und Kapillar-GC, die ebenso als GSC und GLC abläuft, mehr und mehr an Bedeutung. Da das Trägergas als mobile Phase keinen Einfluß auf die Selektivität und nur einen geringen Einfluß auf die Trennleistung der Säule hat, verwendet man üblicherweise Stickstoff für gepackte Säulen (Trägergasfluß ca. 30-60 ml/min) und Helium für Kapillartrennsäulen (Flußrate ca. 1–10 ml/min). Besonders wichtig ist die Verwendung sauerstofffreier Trägergase, da einige Stationärphasen sehr sauerstoffempfindlich sind, so daß schon geringe O_2-Spuren zu Oxidationsprozessen führen können. Auch der ECD (Abschnitt 6.2.4.3) reagiert sehr empfindlich auf Verunreinigungen im Trägergas oder in Spülgasen. Obwohl kommerziell vertriebene Gasflaschen relativ zuverlässige Quellen für die in der GC benötigten Gase darstellen, gibt es auch Alternativen, wie die Verwendung eines einfachen Kompressors für Preßluft, eines elektrolytischen Wasserstoffgenerators für Wasserstoff oder eines Generators für Stickstoff. Wie auch immer man sich entscheidet, eine regelmäßige Wartung und Kontrolle der Gasversorgungsanlage ist in jedem Fall notwendig. Das Vorschalten geeigneter Filter, die Öl, Sauerstoff und Feuchtigkeit zurückhalten sollen, ist auch bei der Verwendung kommerzieller Gasflaschen ratsam.

Viele Trennsäulen, besonders gepackte, müssen vor ihrem Einsatz zunächst konditioniert werden, um flüchtige Verunreinigungen zu entfernen. Säulen namhafter Hersteller werden in der Regel mit einer entsprechenden Installationsanleitung geliefert. Ist dies nicht der Fall, so sollte man die Säule (ohne sie in den Detektor einzubauen) zunächst einige Zeit mit Trägergas spülen, um allen Sauerstoff zu entfernen, und sie dann langsam aufheizen. Das kann entweder mit einem Temperaturprogramm oder durch schrittweises Erhöhen der Temperatur des Säulenofens geschehen. Die erreichte Konditioniertemperatur wird dann 12 h lang beibehalten. Sie entspricht normalerweise der maximalen Trenntemperatur, bei der die Säule später eingesetzt werden soll, oder liegt etwas darüber, darf jedoch nicht die vom Hersteller angegebene Maximaltemperatur für isotherme Arbeitsweise überschreiten. Kapillarsäulen sollten immer unter den vom Hersteller angegebenen Bedingungen konditioniert und durch Injektion eines geeigneten Substanzgemisches getestet werden. Bei temperaturprogrammierter Arbeitsweise ist zu beachten, daß die Säule nicht längere Zeit bei der Endtemperatur des Temperaturprogramms belassen wird. Desweiteren muß beim Konditionieren von Säulen sichergestellt sein, daß die Temperaturkontrolle des Säulenofens richtig funktioniert und daß eine ausreichende Menge Trägergas durch die Säule strömt, da kein Detektorsignal zur Verfügung steht, das auf etwaige Probleme hinweisen könnte.

6.2.3.1 Injektoren und Injektionstechniken

Die analytische Toxikologie ist gleichzusetzen mit Spurenanalytik und die Empfindlichkeit des GC-Systems ist oft der limitierende Faktor. Deshalb ist es meistens notwendig, so viel

Probe wie möglich zu injizieren und andere Faktoren wie das Signal-Rausch-Verhältnis eher unbeachtet zu lassen. Bei vielen GC-Methoden machen Schwierigkeiten bei der reproduzierbaren Injektion geringer Probenmengen die Verwendung eines internen Standards (siehe Abschnitt 6.2.5.2) notwendig. Bei gepackten Säulen erfolgt die Probengabe gewöhnlich mit einer Spritze durch ein Silikongummiseptum in den Injektor des Gaschromatographen. Es ist vor allem bei empfindlichen Detektoren wie dem ECD (Abschnitt 6.2.4.3) darauf zu achten, daß geeignete Septa, die nicht ausgasen (low-bleed-Septa), verwendet werden. Die Verwendung eines Glasliners im Injektor, der regelmäßig ausgebaut und gereinigt werden kann, reduziert weitgehend das Risiko des Ansammelns schwerflüchtiger Rückstände auf der Trennsäule. Für die Analyse thermolabiler Verbindungen empfiehlt sich allerdings die Anwendung der On-column-Technik. Falls eventuelle Ablagerungen im oberen Teil der Trennsäule beginnen, die Empfindlichkeit des Systems zu beeinflussen, muß das Säulenpackungsmaterial in diesem Bereich entfernt und durch neues ersetzt werden. Normalerweise hält man die injizierte Lösungsmittelmenge so gering wie möglich, um Solventeffekte am Detektor zu vermeiden. Von Gasen und Dämpfen können größere Mengen injiziert werden. Man bedient sich dazu entweder einer gasdichten Spritze (siehe 6.3.4.4) oder einer Gasprobenschleife.

In der Kapillargaschromatographie gibt es eine Reihe verschiedener Injektionstechniken, und die verwendete Terminologie ist mitunter recht verwirrend. Fest steht, daß gerade beim Einsatz von Kapillarsäulen die Wahl einer dem Analysenproblem angepaßten Injektionstechnik eine nicht zu unterschätzende Bedeutung hat. Es ist daher durchaus sinnvoll, sich mit diesem Problem eingehender zu befassen, will man die Leistungsfähigkeit moderner Trennkapillaren voll ausschöpfen. Bei sogenannten narrow-bore-Kapillarsäulen mit einem Innendurchmesser (ID) < 0,32 mm ist es in der Regel notwendig, die Probe nach der Injektion in einem bestimmten Verhältnis zu teilen, sie zu „splitten", um eine Überladung der Säule mit Lösungsmittel zu verhindern. Es muß jedoch gewährleistet sein, daß der auf die Säule gelangende Anteil dieselbe Zusammensetzung hat, wie der über den Splitausgang des Injektors abgeführte Anteil. Bei Kapillarsäulen mit größerem Innendurchmesser ist es im Vergleich zu narrow-bore-Kapillarsäulen erheblich einfacher, die splitless- (ohne Teilen der Probe) oder die On-column-Technik anzuwenden. Beide Techniken bieten die Gewähr, daß die Analyten vollständig auf die Säule gelangen. Während man bei der Splitlessinjektion mittels einer normalen Spritze in den Liner des Injektors injiziert, wird die Probe bei der on-column-Technik unter Verwendung einer Spritze mit einem Stück fused-silica-Kapillare als Kanüle direkt in den oberen Teil der Säule gebracht. Läßt nach längerer Anwendung einer dieser Techniken die Trennleistung des Systems nach, so kann dem normalerweise durch Abschneiden einiger Zentimeter oder, in hartnäckigen Fällen, einer ganzen Windung vom vorderen Teil der Kapillarsäule Abhilfe geschaffen werden. Dennoch empfiehlt es sich, 0,5–5 m unbelegte desaktivierte Fused-silica-Kapillare (retention gap) als Vorsäule zwischen Injektor und eigentlicher Analysensäule einzubauen, um letztere vor Verunreinigungen zu schützen.

6.2.3.2 Gepackte Säulen

In manchen Bereichen der Gaschromatographie finden für bestimmte Problemstellungen immer noch gepackte Säulen (Länge zwischen 0,5 und 4 m, Innendurchmesser 2-4 mm) Anwendung, wobei das Säulenrohr aus herkömmlichem Borosilikatglas, rostfreiem Edelstahl oder Edelstahl mit Glasbeschichtung auf der Innenseite besteht. Glas ist zwar weniger robust als Edelstahl, neigt aber weniger zur Adsorption polarer Analyten. Außerdem hat Glas den

Vorteil, daß die Homogenität der Säulenpackung sowie etwaige Verunreinigungen oder Oxidationsprozesse der stationären Phase visuell erkennbar sind. Eine etwa achtstündige Behandlung der Glassäulen mit einem silanisierenden Agens wie 10 Vol% Trimethylchlorsilan (TMCS) in Toluen und die Verwendung von Quarz- oder silanisierter Glaswolle zum Fixieren des Packungsmaterials hilft, Adsorptionseffekte weitgehend zu minimieren. Das Buch von Supina [21] enthält eine Vielzahl von Informationen zu diesen und anderen Problemen der Gaschromatographie mit gepackten Säulen.

Die Gas-fest-Chromatographie wird hauptsächlich in der Analytik von Gasen und Lösungsmitteln eingesetzt. Geeignete Packungsmaterialien für die Analytik von Permanentgasen und Kohlenmonoxid (siehe Kap. 6.3.4.1) sind Molsieb und Silicagel. Die unter den Namen Chromosorb und Porapack bekannten Adsorbensserien sind vernetzte Divinylbenzen-Polystyren-Copolymere mit poröser Oberfläche (maximale Arbeitstemperatur 250 °C). Die Trennung der Alkohole von Methanol bis n-Pentanol ist an Porapak Q oder Chromosorb 102 (siehe Abschnitt 6.3.4.3) möglich. Tenax-GC ist ein poröses Polymer aus 2,6-Diphenyl-p-phenylenoxid und kann sowohl als stationäre Phase, wie auch zur adsorptiven Anreicherung flüchtiger Verbindungen (siehe Abschnitt 6.2.2.1) verwendet werden. Bei Carbopack B und C handelt es sich um graphitierte Ruße mit einer spezifischen Oberfläche von 12 bzw. 100 m^2/g. Carbopack-Adsorbentien werden in der Regel in modifizierter Form, d.h. überzogen mit einem dünnen Film einer polaren stationären Phase wie Carbowax 20M, verwendet und liefern gute Trennungen und Peakformen für Alkohole und andere leichtflüchtige Verbindungen. Allerdings sind diese Materialien sehr bröselig, und ihre Güte variiert gewöhnlich von Charge zu Charge (siehe Abschnitt 6.3.4.4).

In der Gas-flüssig-Chromatographie mit gepackten Säulen sollte das Trägermaterial für die stationäre Phase keinen bzw. nur einen sehr geringen Einfluß auf die Trennung haben. Weit verbreitete Materialien sind calcinierte Kieselgure in verschiedenen Teilchengrößen (80–100 oder 100–120 Mesh). Handelsnamen dafür sind unter anderem Chromosorb W und Chromosorb G sowie Supelcoport. Die Materialien werden auf unterschiedlichste Weise desaktiviert, z.B. durch saures Waschen (Kennzeichnung AW=„acid washed"), um metallische Verunreinigungen zu entfernen oder durch Umsetzung oberflächlicher Silanolgruppen mit Hexamethyldisilazan (Kennzeichnung HMDS) bzw. einem anderen Silanisierungsreagenz. Die Aufbringung eines dünnen Films einer polaren Phase vor der eigentlichen Trennphase kann einerseits die Inertheit des Trägermaterials erhöhen, andererseits aber auch die gewünschte Trennwirkung beeinflussen. Eine Erstbelegung mit Natriumhydroxid (2-5 Ma%) wurde häufig verwendet, um für stark basische Verbindungen wie die Amphetamine (siehe 6.3.2.1) bessere Peakformen zu erzielen. Leider sind nicht alle stationären Phasen unter stark alkalischen Bedingungen stabil.

Die Beladung mit stationärer Phase wird üblicherweise als prozentualer Anteil des Gewichts der stationären Phase am Gewicht des Trägermaterials angegeben. Meistens wird die Phase in einem geeigneten Lösungsmittel auf den Träger aufgebracht. Nach einer bestimmten Zeit wird das Lösungsmittel entfernt. Das geschieht entweder durch vorsichtiges Abdampfen unter Vakuum im Rotationsverdampfer (wobei darauf zu achten ist, daß das Material nicht durch mechanische Einflüsse beschädigt wird) oder durch Filtration in einem Büchnertrichter mit anschließender Lufttrocknung. Bei ersterer Trocknungstechnik kann es passieren, daß die Belegung mit stationärer Phase nicht einheitlich ist. Die Filtrationsmethode liefert zwar besonders bei niedrigen Beladungen einen homogeneren Film, aber sie ist mit einem Verlust an stationärer Phase während der Filtration verbunden und erfordert daher

6.2 Die Anwendung der GC in der analytischen Toxikologie

eine gewisse Erfahrung, um die gewünschten Proportionen von Trägermaterial und stationärer Phase zu erhalten. Den Verlust an Stationärphase ermittelt man durch Einengen des Filtrats zur Trockne und Auswiegen des Rückstandes.

Derzeit gibt es einige hundert verschiedene stationäre Phasen, von denen jedoch nur wenige breitere Anwendung in der analytischen Toxikologie gefunden haben. An unpolaren Phasen wird die Retention hauptsächlich vom Molekulargewicht der Analyten beeinflußt. Für polare Analyten wie viele pharmakologische Wirkstoffe oder auch Pestizide liefern polare Phasen oftmals bessere Trennergebnisse und auch bessere Peakformen als unpolare. McReynolds [22] bediente sich der Retention von Benzol, *n*-Butanol, Pentan-2-on, Nitropropan und Pyridin, um die Polarität einer stationären Phase zu bewerten. Dabei wird aus der Summe der Differenzen der Retentionsindices aller Verbindungen auf einer bestimmten polaren Phase, gemessen unter denselben Bedingungen wie die entsprechenden Retentionsindices an einer unpolaren Vergleichsphase (i.d.R. Squalan), die sog. McReynolds-Konstante für die polare Phase bestimmt. Sie ist ein Maß für die Polarität der stationären Phase und dient in erster Linie der Klassifizierung. In Tabelle 6.3 sind die McReynolds-Konstanten einiger in der analytischen Toxikologie gebräuchlicher Phasen zusammengestellt.

Apolan-87 (24,24-Diethyl-19,29-dioctadecylheptatetracontan) wurde vor einigen Jahren mit dem Ziel eingeführt, Squalan als unpolare Bezugsphase in der GLC zu ersetzen. Es zeichnet sich gegenüber Squalan durch eine wesentlich höhere maximale Arbeitstemperatur (260 °C) aus. Wegen seiner Neigung zur Autoxidation ist es allerdings schwierig herzustellen und zu lagern und konnte sich deshalb nicht durchsetzen. Bei Apiezon L handelt es sich um eine Art Kohlenwasserstoffpaste, die im Gegensatz zu polymeren Silikonphasen den Vorteil hat, stabile Filme auf alkalisch vorbehandelten Trägermaterialien zu bilden Allerdings beträgt die max. Arbeitstemperatur nur 225 °C. SE-30, OV-1 und OV-101 sind reine Polydimethylsiloxanphasen, die als weitgehend äquivalent zu betrachten sind. Die an diesen Phasen auftretenden polaren Wechselwirkungen sind minimal, so daß die Trennung in erster Linie nach dem Molekulargewicht erfolgt. Ein Nachteil dieser Phasen ist, daß die Peaks polarer Komponenten mitunter ein Tailing aufweisen. An etwas polareren Phasen, zu denen SE-54, OV-7, OV-17 und OV-225 gehören (Tabelle 6.3), ist die Neigung zum Peaktailing generell geringer. Carbowax 20M (Polyethylenglycol mit einem mittleren Molekulargewicht von 20 000) ist zwar eine sehr polare Phase, hat aber eine relativ niedrige maximale Arbeitstemperatur. Wie bei Apiezon L minimiert eine Vorbehandlung des Trägers mit KOH auch hier sehr effektiv das Peaktailing stark basischer Verbindungen, ohne die maximale Arbeitstemperatur zu beeinflussen. Polyesterphasen (z.B. Cyclohexandimethanolsuccinat) haben sich ebenso wie Polyamidphasen (z.B. Poly A 103) für spezielle Trennungen polarer Verbindungen wie Barbiturate (siehe Abschnitt 6.3.2.5) bewährt. Für einige spezifische Trennprobleme werden hin und wieder auch Phasengemische verwendet. So fand zum Beispiel eine kommerzielle Mischphase aus SP-2110 und SP-2510-DA breite Anwendung in der Analytik weitverbreiteter Anticonvulsiva (siehe Abschnitt 6.3.2.3).

Tabelle 6.3 In der analytischen Toxikologie gebräuchliche stationäre Phasen

Stationäre Phase	Verbindungstyp der stationären Phase	Maximale Arbeitstemp. (°C)	McReynolds Konstante
Squalan	Kohlenwasserstoff	150	0
Apolan-87	C87-Kohlenwasserstoff	280	81
Apiezon L	Kohlenwasserstoff-Paste	300	143
Silikon SE-30	100% Polydimethylsiloxan	300	217
Silikon OV-1	100% Polydimethylsiloxan	350	222
Silikon OV-101	100% Polydimethylsiloxan	350	229
Silikon SP-2100	100% Polydimethylsiloxan	350	229
Apiezon L/KOH	Apiezon auf mit KOH behandeltem Trägermaterial	225	301
Silikon SE-54	94% Methyl-, 5% Phenyl-, 1% Vinylgruppen	300	337
Silikon OV-73	94,5% Methyl-, 5,5% Phenylgruppen	325	401
Silikon OV-7	80% Methyl-, 20% Phenylgruppen	350	592
Silikon OV-17	50% Methyl-, 50% Phenylgruppen	350	886
Silikon SP-2250	50% Methyl-, 50% Phenylgruppen	350	886
Poly-A 103	Polyamid	275	1072
Carbowax 20M/KOH	Carbowax auf mit KOH behandeltem Trägermaterial	225	1296
Silikon OV-210	50% Methyl-, 50% Trifluorpropylgruppen	275	1550
Silikon OV-225	50% Methyl-, 25% Cyanopropyl-, 25% Phenylgruppen	250	1813
CHDMS[a]	Cyclohexan-dimethanolsuccinat	250	2017
Carbowax 20M	Polyethylenglycol	225	2318
FFAP	substituierte Terephthalsäure	250	2546
SP-1000	substituierte Terephthalsäure	250	2546
DEGS[b]	Diethylenglycolsuccinat	200	3543

[a] Auch bekannt als Hi-EFF-8BP.
[b] Auch bekannt als Hi-EFF-1BP.

6.2.3.3 Kapillarsäulen

Kapillarsäulen wurden ursprünglich mit dem Ziel entwickelt, besonders komplexe Gemische zu trennen, und können über eine enorme Trennleistung verfügen. Früher waren Glas und Edelstahl die wichtigsten Säulenmaterialien, heute basieren die meisten Anwendungen in der analytischen Toxikologie auf fused-silica-Kapillarsäulen. Eine äußere Polyimidbeschichtung

6.2 Die Anwendung der GC in der analytischen Toxikologie

schützt vor Korrosion und gibt dem dünnwandigen fused-silica-Material die nötige mechanische Festigkeit und Flexibilität. Letzteres erleichtert die Handhabung ungemein, besonders wenn die Säule beim Einbau in den Detektor durch ein Gewirr von Leitungen geführt werden muß. Typische Abmessungen von fused-silica-Kapillarsäulen sind 0,1–0,53 mm Innendurchmesser und eine Länge von 10–50 m. Kapillarsäulen haben im Vergleich zu gepackten Säulen ein niedrigeres Säulenbluten und damit geringeres Detektorrauschen, weil erstens die vorhandene Menge an stationärer Phase viel geringer ist, und weil diese zweitens chemisch an die innere Kapillaroberfläche gebunden wurde. Die geringe thermische Masse dieser Säulen ist für die temperaturprogrammierte Arbeitsweise von großem Vorteil. Wegen des niedrigen Trägergasflusses sind sie auch besonders gut für die Kopplung mit der Massenspektrometrie geeignet. Eine weiterer Vorteil ist die im Vergleich zu gepackten Säulen erheblich geringere Bildung siliziumhaltiger Ablagerungen aus Polydimethylsiloxanphasen in ECD und NPD. Andererseits benötigen die meisten GC-Detektoren, anders als der massenspektrometrische Detektor, höhere als die gemeinhin für Kapillarsäulen üblichen Gasflüsse, was eine Versorgung des Detektors mit einem extra Trägergasstrom oder Spülgas (Make-up-Gas) nötig macht. Die Bezeichnungen PLOT (porous layer open tubular), SCOT (support-coated open tubular) und WCOT (wall-coated open tubular) zur Charakterisierung verschiedener Säulentypen sind mittlerweile geläufig.

Obwohl man Kapillarsäulen prinzipiell auch selbst herstellen könnte, ist es wesentlich einfacher, fertige Säulen zu kaufen. Die angebotenen Stationärphasen entsprechen im wesentlichen denen für gepackte Säulen (Tabelle 6.3), aber durch die bessere Desaktivierung des Säulenmaterials und die homogene Belegung mit stationärer Phase erhält man auch an unpolaren oder wenig polaren Phasen gute Peakformen für polare Analyten. Generell gilt, daß Kapillaren mit kleinem Innendurchmesser bzw. dünnem Film eine höhere Trennleistung haben als weite bzw. solche mit dickem Film. Allerdings besitzen letztere eine höhere Probenkapazität, wodurch nicht so leicht die Gefahr einer Überladung der Säule, die sich in einem „Fronting" (front-tailing) der Peaks äußert, besteht. Säulen mit 0,32 mm ID, einer Länge von 30-50 m und einer mittleren Filmdicke (0,2–0,3 µm) eignen sich in Verbindung mit einem passenden Injektionssystem (siehe Abschnitt 6.2.3.1) für viele Anwendungen in der analytischen Toxikologie, wie das Screening auf unbekannte Verbindungen (siehe Abschnitt 6.3.1). Säulen mit einem großen Innendurchmesser (0,53 mm), Längen zwischen 15 und 30 m, und einer relativ hohen Phasenbeladung (1–5 µm Filmdicke) zeigen eine ähnliche Probenkapazität und Trennleistung wie gepackte Säulen aber mit dem Vorteil besserer Peakformen und Reproduzierbarkeiten, sowie besserer Eignung für temperaturprogrammierte Arbeitsweise und GC-MS-Kopplung. Oft können gepackte Säulen innerhalb einer vorgegebenen Methode direkt durch wide-bore-Dickfilmkapillarsäulen ersetzt werden. Manche Hersteller bieten sog. Umstellkits an, mit deren Hilfe es möglich ist, solche Säulen in ursprünglich für gepackte Säulen konstruierten Geräten zu benutzen. Andere produzieren auch Mikrocomputer-Software für die Methodenoptimierung und -simulation in der Kapillar-GC. Ein solches Beispiel ist GCOPS (Phase Separations), das als Unterstützung bei der Entwicklung isothermer und temperaturprogrammierter Meßmethoden gedacht ist, aber auch gut als Lernhilfe verwendet werden kann.

6.2.4 Detektoren

Von den nachfolgend besprochenen GC-Detektoren arbeiten WLD, ECD und IRD nicht zerstörend und können deshalb theoretisch mit FID, NPD oder MSD in Reihe geschalten werden. Meistens arbeitet man jedoch mit Nachsäulen-Spliteinrichtungen, wenn eine Mehrfachdetektion gewünscht wird. Obwohl man in der Praxis selten davon Gebrauch macht, kann bei Mehrfachdetektion die relative Detektorempfindlichkeit als zusätzliche Information für die Peakidentifizierung dienen. Der Wärmeleitfähigkeitsdetektor (WLD), auch bekannt als Katharometer oder Hitzdrahtdetektor, ist zwar relativ unempfindlich, aber immer noch nützlich für die Detektion von Permanentgasen und Kohlenmonoxid (siehe Abschnitt 6.3.4.1), die an empfindlicheren Detektoren wie dem FID keinen Response geben. Der flammenphotometrische Detektor (FPD) kann selektiv nur für Schwefel- und Phosphorverbindungen ein Signal liefern, während der Photoionisationsdetektor (PID) für einige Verbindungen, wie z.B. Barbiturate, ein günstigeres Signal-Rausch-Verhältnis als der FID aufweist. Dennoch haben FPD und PID nur geringe Verbreitung gefunden. Auch der Atomemissionsdetektor (Hewlett-Packard), der quasi jedes Element außer Helium detektieren kann, hat sich bisher in der analytischen Toxikologie nur wenig durchgesetzt.

Die folgenden Abschnitte geben einen Überblick über die in der analytischen Toxikologie hauptsächlich verwendeten Detektoren.

6.2.4.1 Flammenionisationsdetektor (FID)

Der FID zeichnet sich durch hohe Empfindlichkeit (10^{-11} bis 10^{-12} g/s), gute Stabilität und einen großen linearen Bereich (bis zu 6 Zehnerpotenzen) aus. Diese Eigenschaften und die Tatsache, daß er für sehr viele Verbindungen (alle organischen Verbindungen mit C-H-Bindungen im Molekül) einen Response gibt, haben dazu beigetragen, daß der FID immer noch der am weitesten verbreitete gaschromatographische Detektor ist. Die Größe des Responses ist der Anzahl der C-Atome einigermaßen proportional, kann allerdings bei Anwesenheit von Stickstoff oder Sauerstoff im Molekül etwas gemindert sein. Da der FID nicht auf Wasser anspricht, ist auch die Injektion wäßriger Proben z.B. bei der Alkoholanalytik (siehe 6.3.4.3) möglich. Andererseits ist das Risiko von Peaküberlagerungen bei einem universellen Detektor wie dem FID natürlich besonders hoch, weshalb man für sehr komplexe, z.B. postmortal gewonnene Proben selektive Detektoren, hauptsächlich den NPD, bevorzugt. Der FID sollte parallel zu NPD oder ECD verwendet werden, wenn Retentionsmessungen auf der Basis von Kováts-Indices (siehe Abschnitt 6.2.5.3) vorgesehen sind.

6.2.4.2 Stickstoff-Phosphor-Detektor (NPD)

Aufgrund der Tatsache, daß viele Wirkstoffe und Gifte C-N-Bindungen enthalten, viele Lösungsmittel und potentielle Störkomponenten aber nicht, ist die Anwendung des NPD (auch bekannt als Thermoionisationsdetektor oder Alkali-Flammenionisationsdetektor, AFID) im N-selektiven Modus (Stickstoff : Kohlenstoff Response-Verhältnis ca. 5000:1) heutzutage weit verbreitet. Hier ist die Selektivität für Phosphor mitunter von Nachteil, da auch phosphorhaltige Weichmacher ein gutes Responseverhalten zeigen (Phosphor : Stickstoff Response-Verhältnis ca. 10:1, ref. [23]). In einigen Fällen kann die Phosphorselektivität (Phosphor : Kohlenstoff Response-Verhältnis ca. 50 000:1) jedoch günstig ausgenutzt werden, so zum Beispiel für die Analytik von Organophosphor-Pestiziden (s. Abschnitt 6.3.3.2). Moderne NPD's enthalten Rubidiumsilikat-Perlen und sind damit etwas stabiler als frühere Versionen, wo ein Rubidium-haltiges Bett quasi über einem FID balanciert wurde. Stark chlorhaltige Lösungsmittel wie Chloroform sind für den Gebrauch am NPD nicht zu empfehlen, da diese dazu neigen, mit dem Rubidium aus der Perle flüchtige Verbindungen zu bilden. n-Butylacetat hat sich als Extraktions- und Injektionslösungsmittel sowohl für den NPD, als auch für den ECD bewährt [24]. Die Verwendung nitrilhaltiger stationärer Phasen wie OV-225 (Tabelle 6.3) kann am NPD im Stickstoffmodus ein erhöhtes Grundrauschen verursachen.

6.2.4.3 Elektroneneinfangdetektor (ECD)

Dieser Detektor zeigt einen hohen (ca. 10^3 g/s mehr als der FID) und selektiven Response für halogenhaltige Verbindungen, Verbindungen mit Nitrogruppen und in geringerem Maße auch für Ketone. Er ist daher von großer Bedeutung für die Analyse halogenierter Lösungsmittel und Pestizide sowie für einige halogen- oder nitrohaltige Wirkstoffe, namentlich die Benzodiazepine (s. Abschnitt 6.3.2.6). Die Derivatisierung mit Reagenzien wie Heptafluorbuttersäureanhydrid wird häufig angewendet, um zum einen die Flüchtigkeit interessierender Verbindungen zu erhöhen und zum anderen die mit dem ECD erreichbare hohe Selektivität und Empfindlichkeit voll nutzbar zu machen. In der Tat übersteigt die Empfindlichkeit dieses Detektors für einige Verbindungen die des Massenspektrometers; Nachweisgrenzen von wenigen Femtogramm für Organochlor-Pestizide (s. Abschnitt 6.3.3.1) liegen durchaus im Bereich des möglichen. Moderne ECD's können mit konstanter Stromstärke betrieben werden und haben damit einen linearen Bereich von etwa 4 Zehnerpotenzen. Um optimal arbeiten zu können, benötigt der ECD Gasflüsse zwischen 30 und 60 ml/min, was in der Regel das Zuleiten eines sogenannten Make-up- oder Spülgases am Ende der Trennsäule notwendig macht. Sauerstofffreier Stickstoff ist für diesen Zweck geeignet. Das Zudosieren von „Quench-Gasen" wie Methan ist heutzutage normalerweise nicht mehr nötig.

6.2.4.4 Massenselektiver Detektor (MSD)

Die Kapillargaschromatographie stellt ein nahezu ideales Probeneinlaßsystem für die Massenspektrometrie dar, da die meisten der heute üblichen Vakuumsysteme in der Lage sind, die in der Kapillargaschromatographie verwendeten geringen Trägergasmengen hinreichend abzupumpen. Nur bei gepackten Säulen ist ein Interface zum Absplitten des Trägergases erforderlich, damit nicht zuviel Trägergas ins Spektrometer gelangt [25]. Durch die Entwicklung der sog. „bench-top"-Massenspektrometer in Form des massenselektiven Detektors (MSD, Hewlett-Packard), des Ion-trap-Detektors (ITD, Finnigan) oder des MD 800 (Fisons) wurde die GC-MS-Kopplung für viele analytische Laboratorien erschwinglich. Vor allem Quadrupolgeräte haben weite Verbreitung gefunden. Ein Massenspektrometer kann mit verschiedenen Ionisierungstechniken betrieben werden. Elektronenstoßionisation (electron impact, EI) wird angewendet, um entweder aus einem kompletten Massenspektrum oder aus dessen fünf größten Signalen Informationen zur Identität eines GC-Peaks zu erhalten. Die chemische Ionisation (chemical ionization, CI) dient der Bestimmung des Molekulargewichts des Analyten. Im SIM-Modus (single ion monitoring = durchgängige Registrierung ausgewählter Massenzahlen) kann unter Verwendung geeigneter Kalibrationsstandards auch eine Quantifizierung der Analyten erfolgen. Die Anwendung von bench-top-Geräten in der

Drogenanalytik als eines der Hauptanwendungsgebiete der GC-MS-Kopplung ist von Deutsch [26] zusammengefaßt worden. Generelle Aspekte des Einsatzes der Massenspektrometrie zum Aufspüren von Drogen wurden von Webb in [25] diskutiert.

6.2.4.5 Fourier-Transform-Infrarotspektrometrischer Detektor (IRD)

Die Idee, die Infrarotspektroskopie als gaschromatographisches Detektionsprinzip anzuwenden, ist nicht neu, wurde aber erst mit der Entwicklung der Fourier-Transform-Technik praktikabel. Bis heute hat die GC-FTIR-Kopplung in der analytischen Toxikologie nur wenig Verbreitung gefunden. Schuld daran sind zum einen sicherlich die hohen Kosten und zum anderen die Tatsache, daß, bis auf wenige Ausnahmen wie die Untersuchung von Isomeren oder flüchtigen Lösungsmitteln, die GC-MS-Kopplung meist ausreichende Informationen liefert. Einige biomedizinische Anwendungen der GC-FTIR-Kopplung stellt [27] vor.

6.2.5 Generelle Überlegungen

6.2.5.1 Häufige Störungen

Aus den Plastikbeuteln, in denen Transfusionsblut aufbewahrt wird, aus Infusionsschläuchen, oder aus den Weichplastikverschlüssen der Blutröhrchen werden häufig Phthalate und andere Weichmacher freigesetzt [28]. Polyvinylchlorid (PVC) enthält bis zu 40% Bis-2-ethylhexylphthalat, das in Blutproben, die 14 Tage in PVC-Beuteln aufbewahrt wurden, in Konzentrationen von bis zu 0,5 g/l nachgewiesen werden konnte [29]. Des weiteren ist zu beachten, daß postmortal gewonnene Proben Fäulnisbasen wie Phenylethylamine und Indole enthalten können, die evtl. die Analytik von Amphetaminen und anderen Stimulantien (Abschnitt 6.3.2.1) stören. Ramsey et al. [23] veröffentlichten die Retentionsindices einer Reihe von Weichmachern und ähnlichen für die analytische Toxikologie relevanten Störkomponenten.

Weitere mögliche Störungen ergeben sich durch Wirkstoffe (und deren Metabolite) aus unerwarteten Quellen wie z.B. Chinin aus Tonic-Wasser, Coffein aus entsprechenden Getränken (Tee, Kaffee, Cola) und zugelassenen Stimulantien, Chloroquin aus der Malaria-Prophylaxe und Phenylpropanolamin aus Medikamenten gegen Erkältung. Vielfach findet man auch meßbare Lignocain-Konzentrationen im Plasma. Diese stammen hauptsächlich aus der Verwendung von Lignocain in der Dentalanästhesie und Lignocain-haltiger Gele als Gleitmittel bei Blasenkathedern und in der Bronchoskopie. Blutbankblut und kommerziell erhältliches Pferdeserum enthalten häufig Lignocain, und mitunter dienen dessen Metaboliten auch als örtliche Desinfektionsmittel vor der Venenpunktur. Das Alkaloid Emetin konnte im Plasma von Patienten nachgewiesen werden, denen man wegen des Verdachts auf Drogen-Überdosis Ipecacuanha-Sirup (Ipecac) zum Auslösen von Erbrechen verabreicht hatte. Wirkstoffe wie Diazepam, Pethidin oder Phenothiazine können im Zusammenhang mit Computertomographie, Lumbalpunktur oder ähnlichen Untersuchungen eine Rolle spielen. Iodierte Hippursäurederivate kommen als Kontrastmittel bei Röntgenuntersuchungen zum Einsatz. Solche Verbindungen und auch Medikamente, die in Notfällen verabreicht werden, wie z.B. Anticonvulsiva sind mitunter in der Krankenakte nicht mit erfaßt. Manche dieser

6.2 Die Anwendung der GC in der analytischen Toxikologie

Verbindungen haben recht lange Halbwertszeiten und/oder unterliegen dem enterohepatischen Kreislauf, weshalb z.B. Promazin-Metabolite noch 18 Monate nach Therapieende im Urin nachweisbar sind [17].

6.2.5.2 Kalibration und Qualitätssicherung

In der GC bedient man sich verschiedener Kalibrationsmethoden (Methode des internen und des externen Standards, Standardadditionsmethoden). Die Methode des internen Standards ist die mit Abstand am häufigsten benutzte, da sich mit ihr sowohl Extraktionsverluste als auch leichte Variationen des injizierten Volumens ausgleichen lassen. Die Verwendung eines internen Standards ist auch vorteilhaft, wenn in der qualitativen Analyse eine Identifizierung auf der Basis relativer Retentionen erfolgen soll. Als interner Standard sollte eine Substanz dienen, die in ihrem Verhalten bei Extraktion, Derivatisierung, chromatographischer Trennung und Detektion den Analyten möglichst ähnlich ist, sich aber im Chromatogramm nicht mit anderen Komponenten überlagert. Die Methode der externen Kalibration wird häufig bei der Bestimmung absoluter Wiederfindungsraten oder in Verbindung mit der Festphasenextraktion (Abschnitt 6.2.2.3) angewendet, wo es mitunter sehr schwierig ist, einen geeigneten internen Standard zu finden. Weitere Aspekte zur Auswahl interner Standards beschreiben Peng und Chiou [30] sowie Huizer [31].

Die Kalibrationskurve bestimmt man gewöhnlich durch Analysieren unterschiedlich konzentrierter Standardlösungen des Analyten in analytfreiem Plasma oder Urin bzw. einer anderen geeigneten Flüssigkeit. Diese muß vor dem Herstellen der Standardlösungen blank untersucht werden, um sicherzugehen, daß keine Störkomponenten enthalten sind. Bei der Methode des internen Standards werden als Kalibrationskurve die relativen Peakhöhen oder -flächen, bezogen auf die Peakhöhen oder -flächen des internen Standards, gegen die Konzentration des Analyten aufgetragen. Blut, welches Citrat als Antikoagulanz enthält, sollte nicht zur Herstellung von Standardlösungen verwendet werden, da es erstens verdünnt vorliegt, zweitens Citrat eine hohe Pufferkapazität hat und drittens oft Interferenzen durch Weichmacher und andere Substanzen auftreten. Ein häufiger Fehler beim Herstellen von Standardlösungen ist die Nichtbeachtung des Gewichtsanteils des Gegenions bei Wirkstoffen, die als Salze vorliegen. Die Angabe von Analysenergebnissen in molaren Einheiten bringt in der klinischen Praxis keine Vorteile. Bei flüssigen Proben wird generell die Angabe in SI-Masseeinheiten (mg/l, g/l usw.) bevorzugt, da sich ältere Angaben in traditionellen Maßeinheiten so leichter umrechnen lassen, wie folgendes Beispiel zeigt:

0,1 mg% = 0,1 mg/100 ml = 0.1 mg/dl = 1 mg/l = 1 µg/ml = 1 ppm

Die untere Konzentrationsgrenze für eine richtige Messung (Empfindlichkeits-grenze) abzuschätzen, ist immer schwierig. Eine gute Möglichkeit ist, eine Standardlösung mit der angestrebten Konzentration herzustellen, diese mehrfach zu analysieren und die relative Standardabweichung (relative standard deviation, RSD oder Variationskoeffizient) zu bestimmen. Die Absicherung der Analysenergebnisse (Qualitäts-sicherung) erreicht man am besten durch Analysieren geeigneter Proben, die von jemand anderem vorbereitet wurden. Im Idealfall sollten solche Proben unabhängig voneinander und unter Verwendung von reinen Verbindungen aus unterschiedlichen Quellen hergestellt werden. So etwas kann möglicherweise unter Mitwirkung von Pharmaproduzenten, die entsprechendes Interesse an den durchzuführenden Analysen haben, arrangiert werden. Müssen die Vergleichsproben laborintern hergestellt werden, so sollte dies autonom und von einer erfahrenen Person geschehen. Für häufig vorkommende Wirkstoffe sind auch Standardreferenzmaterialien kommerziell erhältlich, allerdings sind sie oft für Immunoassays gedacht und enthalten daher mitunter viel zu viele Komponenten, um sie in der GC oder HPLC einsetzen zu können.

6.2.5.3 Retentionsindices

Retentionsdaten gibt man häufig als absolute Retentionszeiten bzw. Retentionsvolumina oder relative Retentionszeiten (bezogen auf eine ausgewählte Komponente, ggf. den internen Standard) an. Ein besserer Weg ist die Angabe von Retentionsindices nach Kováts [32], da diese von Säulenlänge und Trägergasgeschwindigkeit unabhängig sind und gegenüber der Säulentemperatur nur eine schwache, nahezu lineare Abhängigkeit zeigen. Als Bezugssubstanzen dienen die *n*-Alkane, deren Retentionsindex definitionsgemäß dem Hundertfachen ihrer C-Zahl entspricht (d.h. I_R von *n*-Decan = 1000). Der Retentionsindex eines bestimmten Analyten bei einer bestimmten Säulentemperatur wird durch Interpolation aus den Retentionsindices der vor und nach dem Analyten eluierenden *n*-Alkane berechnet (s. Kap. 1, 2 und 3). Retentionsindices können unter Verwendung der für die jeweilige Heizrate passenden Formel [33, 34] auch bei temperaturprogrammierter Arbeitsweise berechnet werden. Die Anwendung relativer Retentionsgößen und Retentionsindices in der analytischen Toxikologie wird von Huizer in [31] ausführlich beschrieben. Weitere Informationen enthalten außerdem die Kapitel 1 und 3.

6.2.5.4 Derivatisierung

Derivatisierung in der GC ist notwendig, um eine befriedigende Trennung zu erreichen, um die Detektion spezieller Eigenschaften des Analyten zu verbessern oder mitunter auch, um zusätzliche Informationen zur Identität des Analyten zu erhalten. Bei Bedarf kann auch die Retentionszeit des Analyten beeinflußt werden. Außerdem wird die Derivatisierung bei der Enantiomerentrennung (Abschnitt 6.2.5.5) angewendet. Eine notwendige Voraussetzung ist, daß der Analyt einer Derivatisierung zugänglich sein muß. Auch ein etwaiger interner Standard muß derselben Derivatisierungsreaktion unterliegen. In der Massenspektrometrie ist die Verwendung eines stabilen Isotops ideal. Die Derivatisierung kann entweder während der Extraktion bzw. überhaupt im Rahmen der Probenvorbereitung, an einem getrockneten Rückstand oder aber auch nach der Injektion auf die GC-Säule erfolgen. Wird die Derivatisierung vor der Injektion durchgeführt, muß die Umsetzung schnell und quantitativ erfolgen, da sonst Probleme in der Bestimmung der optimalen Reaktionszeit auftreten. Mitunter ist es nötig, überschüssiges Derivatisierungsreagenz zu entfernen. Außerdem besteht immer die Gefahr, daß sich das Derivatisierungsreagenz zersetzt und daß Verunreinigungen, Reaktionsnebenprodukte oder Zersetzungsprodukte die Analyse stören. Die On-column Derivatisierung kann von solchen Effekten weitgehend frei sein und hat zudem den Vorteil, daß der Analyt direkt injiziert wird. Sie birgt jedoch eine Reihe anderer Nachteile (z.B. kann es auch bei einer schnellen Umsetzung zur Verschlechterung von Peakform und Trennleistung kommen).

Verschiedene Aspekte zur Derivatisierung sind in [35] zusammengefaßt. Zu den am häufigsten angewendeten Derivatisierungsreaktionen gehören unter anderem die Acetylierung von primären und sekundären Aminen sowie von phenolischen Hydroxyverbindungen mit Hilfe von Anhydriden z.B. der Essigsäure, Propionsäure, Trifluoressigsäure, Heptafluorbuttersäure oder Pentafluorbenzoesäure. Bei Paracetamol ist eine extraktive Acetylierung des Paracetamols und des *N*-Butyryl-*p*-aminophenols (interner Standard) mit Acetanhydrid und *N*-Methylimidazol als Katalysator (siehe 6.3.2.11) möglich. Neben den beschriebenen Acetylierungsreaktionen spielt die Iminbildung als Folge der Umsetzung primärer Amine mit Aldehyden und Ketonen wie Aceton, Benzaldehyd oder Cyclohexanon eine wichtige Rolle. Viele aliphatische und aromatische Hydroxyverbindungen reagieren mit Trimethylsilylreagenzien entweder bei Raumtemperatur oder im Falle einer sterischen Hinderung unter Erhitzen zu Silylethern. Ein weitverbreitetes Silylierungsreagenz ist z.B. Hexamethyldisilazan. Ein etwas stärkeres Reagenz ist dagegen *N,O*-Bis(trimethylsilyl)trifluoracetamid mit 1 Vol% Trimethylchlorsilan. Alle Silylierungsreaktionen müssen unter vollständigem Ausschluß von Feuchtigkeit stattfinden, da sowohl die Silylierungsreagenzien als auch die Reaktionsprodukte leicht hydrolysierbar sind. Lediglich *tert*-Butyldimethylsilylimidazol bildet relativ hydrolysestabile Silylether. Ein Nachteil der Anwendung von Silylierungsreaktionen ist die Ablagerung von Zersetzungsprodukten im Detektor, was dessen regelmäßige Reinigung erforderlich macht.

Die Umsetzung von 1,2- und 1,3-Diolen mit Borsäuren wie Phenylborsäure unter Bildung cyclischer Borsäurederivate ist wertvoll zur gaschromatographischen Untersuchung von Ethylen- und Propylenglycolen an gepackten Säulen mit FID-Detektion (s. Abschnitt 6.3.4.3 und [36]). Diese Reaktion wurde auch zur Analyse von Meprobamat nach Hydrolyse zu einem 1,3-Diol ausgenutzt [37]. Für Barbiturate, Hydantoine und einige Carbonsäuren ist eine On-column-Methylierung durch Injektion des Analyten gemischt mit 0,2 molarer Lösung von Trimethylaniliniumhydroxid in Methanol möglich. Allerdings können bei späteren Injektionen Geisterpeaks auftreten, wenn sich unvollständig methylierte Verbindungen auf der Säule anreichern. Carbonsäuren lassen sich durch Erhitzen (60 – 100 °C, 30 min) mit Bortrifluorid (14 g/100 ml) in Methanol methylieren. Nach Abdampfen des größten Teils des Lösungsmittels und Zugabe von Wasser extrahiert man das Methylderivat in ein organisches Lösungsmittel wie *n*-Hexan. Auch Diazomethan kann als Methylierungsreagenz verwendet werden. Es reagiert in vitro bei Raumtemperatur sehr schnell, und überschüssiges Reagenz ist durch Eindampfen leicht zu entfernen. Allerdings ist Diazomethan sehr giftig und möglicherweise explosiv.

6.2.5.5 Chirale Trennungen

Gegenwärtig ist das Interesse an der chromatographischen Enantiomerentrennung chiraler Pharmaka, Pestizide und anderer Verbindungen sehr groß. Enthält der Analyt ein reaktives Zentrum, so ist seine Derivatisierung mit einem enantiomerenreinen Reagenz und die anschließende Trennung der erhaltenen Diastereomeren auf einer achiralen Säule ein möglicher Analysenweg. Eine Alternative dazu ist die Verwendung einer chiralen stationären Phase, um die Enantiomeren entweder direkt oder nach der Bildung diastereomerer Derivate zu trennen. Obwohl dies überwiegend mittels HPLC geschieht [38], findet vereinzelt auch die GC Anwendung. In Verbindung mit der GC sind verschiedene Derivatisierungstechniken bekannt, darunter auch die Reaktion von Aminen mit *N*-Trifluoracetylprolylchlorid [39] oder α-Chlor-isovalerylchlorid [40]. In der Literatur [41, 42] wurden eine Reihe chiraler stationärer Phasen auf der Basis von Amiden, Diamiden, Dipeptiden und Polysiloxanderivaten mit chiralen Gruppen vorgestellt, deren geringe Temperaturstabilität jedoch einer weiteren Verbreitung bisher entgegengewirkt hat. Erst die Modifikation von Polyphenylmethylsiloxanphasen durch Einführung von *L*-Valin-*tert*-butylamid- oder *L*-Valin-*S*-α-phenylethylamidresten [43, 44] lieferte temperaturstabile Stationärphasen bis etwa 230 °C. Einige dieser Phasen sind kommerziell verfügbar (z.B. Chirasil-Val) und haben verbreitet Anwendung gefunden. In jüngerer Zeit haben sich auch modifizierte Cyclodextrine als chirale GC-Phasen bewährt. Mit Hilfe von Cyclodextrin-belegten Glaskapillaren lassen sich z.B. halogenierte Anästhetika (Enfluran, Halothan, Isofluran) in ihre Enantiomeren trennen [45].

6.3 Anwendungsbeispiele der Gaschromatographie in der analytischen Toxikologie

Zur Lösung eines analytischen Problems müssen viele Faktoren in Betracht gezogen werden [30]. So ist es auch dann wichtig, Kenntnis vom Molekulargewicht und der Struktur der interessierenden Substanz zu haben, wenn eine schon bestehende Vorschrift nachgearbeitet werden soll. Zudem können Informationen über strukturell sehr ähnliche bzw. häufig mit dem Analyten gemeinsam auftretende Wirkstoffe sehr nützlich sein. Gaschromatographische Bestimmungsmethoden für spezielle Analyten finden sich neben der üblichen GC-Literatur vor allem in den Sammlungen von Moffat [46] und Baselt und Cravey [17]. Informationen zu Dosis, Struktur, Metabolismus etc. können ebenfalls aus diesen Quellen oder aus allgemeineren Publikationen [47-51] gewonnen werden. Oft sind die Hersteller bestimmter Verbindungen in der Lage, Hinweise zu Details der Bestimmung, zu aktueller Literatur und Empfehlungen zur Auswahl interner Standards zu geben.

6.3.1 Screening auf unbekannte Verbindungen

Das „Screening auf Unbekannte" oder „Wirkstoff-Screening" erfordert die Fähigkeit, so viele verschiedene Verbindungen wie möglich in so wenig wie möglich Probe (Blut/ Plasma/ Serum, Urin, Mageninhalt/Erbrochenes oder Gewebe) mit der größtmöglichen Empfindlichkeit zu detektieren, ohne dabei falsch positive Ergebnisse zu erhalten. Im Idealfall sollte ein Teil der Probe dazu verwendet werden, die erhaltenen Ergebnisse mit einer zweiten, unabhängigen Analysenmethode abzusichern und evtl. vorhandene Giftstoffe zu quantifizieren, um die klinische Interpretation der Ergebnisse zu unterstützen.

Das Konzept der Unterscheidungskraft wurde von Moffat et al. [52] mit dem Ziel eingeführt, die Fähigkeit der Papier-, Dünnschicht- und Gas-flüssig-Chromatographie, eine unbekannte Verbindung eindeutig zu identifizieren, in Zahlen zu fassen. Im Falle der Gaschromatographie wurde dabei festgestellt, daß die auf einer Reihe von Säulen unterschiedlicher Polarität erhaltenen Retentionsdaten hoch koreliert sind [53]. Das bedeutet, daß man beim Screening auf Unbekannte durch den Einsatz einer zweiten Trennsäule wenig erreicht. Relativ unpolare Säulen wie SE-30, OV-1, OV-101 sind für Screening-Tests offenbar am besten geeignet, jedenfalls konnten die meisten der von den Autoren untersuchten Verbindungen auf diesen Säulen eluiert werden. Rückblickend ist festzustellen, daß die hohe Korrelation der Retentionsdaten auf verschiedenen Säulen zu erwarten war, da in der GC die Wechselbeziehung von Molekulargewicht, Flüchtigkeit und Retention bestimmend für die Trennung ist. Der kombinierte Einsatz polarer und unpolarer gepackter Säulen zur Erzeugung von Diskriminierungseffekten bestimmter scharf umgrenzter Substanzgruppen ist für verschiedene Anwendungen beschrieben. Das Konzept der Diskriminierung hat keinen Einfluß auf die entweder durch die Probenvorbereitung oder die Detektion erreichte Selektivität. Wie Erfahrungen mit modernen hocheffizienten Kapillartrennsäulen jedoch gezeigt haben, ist die Verwendung einer einzelnen unpolaren bis mittelpolaren Säule in temperaturprogrammierter Arbeitsweise und in Verbindung mit einer selektiven Probenvorbereitung und einem einigermaßen selektiven Detektor für die meisten Aufgabenstellungen ausreichend.

Heutzutage verwendet man für toxikologische Screenings hauptsächlich Immunoassays und/oder Dünnschicht- und Kapillargaschromatographie sowie GC-MS für schwierige oder besonders wichtige forensische Fälle. Das Konzept der „Systematisch-toxikologischen Analyse" [54] verbindet viele Teilgebiete, aber es ist mitunter zu sehr für die absolute Reproduzierbarkeit von Retentionsdaten engagiert. In der Realität müssen viele Faktoren (klinische und andere aus den Umständen hervorgehende Hinweise, Zugang zu einem bestimmten Gift, medizinische Vorgeschichte, Beruf, Anzahl detektierter Peaks, Selektivität des Detektors) berücksichtigt werden, bevor ein Analysenergebnis als zuverlässig angesehen werden kann. Der Einsatz der GC mit NPD-Detektion hat sich als besonders vorteilhaft für das Screening auf basische Wirkstoffe erwiesen [12, 55-58], obwohl damit auch saure Wirkstoffe erfolgreich analysiert werden konnten [59].

Die Verwendung wenig polarer Säulen wie SE-30, OV-1, OV-101 für das Wirkstoff-Screening hat den Vorteil, daß frühere, an gepackten Säulen bestimmte Retentionsdaten für viele Wirkstoffe und andere Verbindungen zur Verfügung stehen [60] und in der Regel direkt auf Kapillarsäulen übertragen werden können [31]. Caldwell und Challenger [12] stellten fest, daß eine 25 m × 0,32 mm ID fused-silica Kapillarsäule mit einer HP-5-Phase (Hewlett-Packard) von 0,52 µm Filmdicke gut für ein Screening auf basische Wirkstoffe geeignet ist. Bild 6.2 zeigt ein Chromatogramm einer nach Protokoll 6.2 extrahierten Urinprobe, die mittels GC-NPD an einer HP-5 Kapillarsäule analysiert wurde. HP-5 ist eine Polydimethylsiloxanphase mit 5% Phenylanteil, deren McReynolds-Konstante denen von OV-73 bzw. SE-54 (s. Tabelle 6.3) entspricht. Im Laboratorium des Autors wurde sie für verschiedene Anwendungen eingesetzt, darunter auch für die Analyse von Organochlorpestiziden (s. Abschnitt 6.3.3.1). Eine der HP-5 direkt vergleichbare stationäre Phase ist DB-5 (J&W).

6.3.2 Wirkstoffe

Eine detaillierte Beschreibung der Analytik auch nur einiger interessierender Verbindungen zu liefern, würde den Rahmen dieser Darstellung sprengen. Deshalb sollen hier nur einige generelle Bemerkungen zusammen mit entsprechenden Literaturhinweisen angeführt werden. Für einige im Plasma/Serum enthaltene Wirkstoffe und Metaboliten sind Immunoassays in Kit-Form erhältlich, hauptsächlich von Abbott und Sigma (beides Fluoreszenz-Polarisations-Immunoassays) sowie von Syva (EMIT). Diese Produkte haben den Vorteil, daß Faktoren wie Selektivität, Empfindlichkeit und Reproduzierbarkeit im Voraus bestimmt wurden, aber sie können recht teuer sein und sind nicht immer direkt auf andere als Plasma- oder Urinproben anwendbar. Mit der Analytik von Alkoholen (Ethanol) und anderen flüchtigen Verbindungen wie chlorierten Kohlenwasserstoffen befaßt sich Abschnitt 3.4. Die Drogenanalytik als weiteres wichtiges Untersuchungsfeld wurde kürzlich in [31] beschrieben.

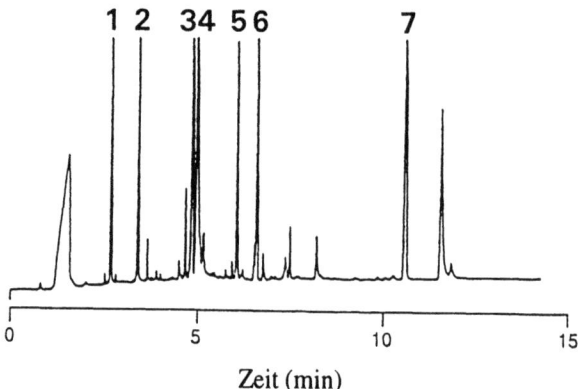

Bild 6.2 KGC-Analyse von Drogen in Urin: Urinprobe eines Patienten, dem Methadon verschrieben wurde, der aber zusätzlich noch Pethidin und Phentermin eingenommen hat. Säule: HP-5, 25 m × 0,32 mm ID, Filmdicke 0,52 µm; Trägergas: Helium (Trägergasfluß ca. 3,5 ml/min); Detektor: NPD; Extraktion: s. Protokoll 6.2; injiziertes Volumen: 2 µl Extrakt; Peaks: 1 – Phentermin, 2 – Nikotin, 3 – Pethidin, 4 – Norpethidin, 5 – EDDP (Methadon-Metabolit), 6 – Methadon, 7 – Prazepam (interner Standard); (Nachdruck aus Ref. [12])

6.3.2.1 Amphetamine und verwandte Verbindungen

Dexamphetamin ((S)-α-Methylphenylethylamin) und Methylamphetamin ((S)-N,α-Dimethylphenylethylamin) sind häufig mißbrauchte ZNS-Stimulantien. Gleichzeitig können viele strukturell ähnliche Verbindungen wie Phenylethylamine (Abschnitt 6.2.5.1) und N-Ethylbenzolamin [61] sowie andere Wirkstoffe wie Chlorphentermin, Diethylpropion, Ephedrin, Fenfluramin, Phentermin und Phenylpropanolamin (Norephedrin) mit auftreten. Deshalb müssen die angewendeten Analysenmethoden bzw. Methodenkombinationen in der Lage sein, sowohl zwischen diesen Verbindungen, als auch zwischen deren Enantiomeren zu differenzieren. Die Enantiomeren von Amphetamin und Methylamphetamin können nach Umsetzung mit (S)-N-Trifluoracetylprolylchlorid [31] getrennt werden. Wenn ein Abdampfen des Lösungsmittels zur Aufkonzentrierung des Extrakts nötig ist, sollten vorher 0,5 ml 0,2 %ige methanolische Salzsäure zugegeben werden, um Analytverluste (Abschnitt 6.2.2.2) zu vermeiden. Die Anwendung des NPD bei achiralen Trennungen beschreiben Caldwell und Challenger [12]. Pemolin ist ein gaschromatographisch schlecht analysierbares Stimulans, welches deshalb bevorzugt mittels HPLC untersucht wird [62].

6.3.2.2 Anticholinergika

Atropin wird zur präanesthetischen Medikation, bei Augenuntersuchungen und als Antidot bei Vergiftungen mit Cholinesterasehemmern verwendet. Die verwandte Verbindung Hyoscin (Scopolamin) dient der vorklinischen Therapie und der Prävention von Reisekrankheit. Atropin und Hyoscin sind zwar thermolabile Substanzen, aber die Dosen sind niedrig und deshalb wird bei Überblicksanalysen mitunter auf GC-NPD und, wenn das nicht reicht, auf GC-MS zurückgegriffen. Eine weitere Verbindung, Orphenadrin, wird primär als anti-Parkinson-Wirkstoff verwendet und üblicherweise mittels GC-NPD bestimmt [17].

6.3.2.3 Antikonvulsiva

Zu den häufig verwendeten Antikonvulsiva gehören Carbamazepin, Ethosuximid, Phenobarbital, Phenytoin (Diphenylhydantoin), Primidon und Natriumvalproat. Die meisten dieser Verbindungen sind schwache Säuren. Primidon wird zu Phenobarbital (Abschnitt 6.3.2.5) und anderen Verbindungen metabolisiert. Carbamazepin-10,11-epoxid ist der eigentlich wirksame Metabolit von Carbamazepin. Die Benzodiazepine Clobazam und Clonazepam (Abschnitt 6.3.2.6) sind Antikonvulsiva zur oralen Anwendung, während Diazepam, in hohen Dosen i.v. appliziert, zur Behandlung des Status Epilepticus dient. Chlormethiazol und das Barbiturat Thiopenton sind ebenfalls häufig i.v. applizierte Antikonvulsiva. Chlormethiazol dient außerdem als Schlafmittel im Alter und zur Behandlung von Alkoholismus und Drogenabhängigkeit. Chlormethiazol hat viele Metaboliten, und nur weniger als 5% der verabreichten Dosis werden unverändert mit dem Urin ausgeschieden. Phenobarbital (Abschnitt 6.3.2.5) ist ein Metabolit von Thiopenton und kann zum Auftreten toxischer Effekte bei längerer Thiopenton-Dosierung beitragen. Es existieren eine Reihe neuer Antikonvulsiva wie Progabid, Gabapentin, Vigibatrin und Lamotrigin, die sich größtenteils gerade in der klinischen Erprobung befinden.

Über die Bestimmung von Antikonvulsiva in Plasma/Serum wurde viel geschrieben, außerdem verfaßte Kapetanovic einen umfassenden Übersichtsartikel [63]. Im sogenannten „therapeutic drug monitoring" (TDM) werden GC und HPLC gleichermaßen eingesetzt. Die GC-NPD-Kombination verfügt über eine bessere Selektivität und Empfindlichkeit für viele Verbindungen, jedoch bedarf es der GC-FID-Kombination für Ethosuximid und Valproat. Andererseits können mit Hilfe der HPLC die hydrophilen und anderen Metaboliten von Carbamazepin ebensogut wie die Ausgangsverbindung nachgewiesen werden. Außerdem ist die HPLC möglicherweise besser für eine Automatisierung geeignet. Phenytoin, Primidon und Phenobarbital erfordern, sofern sie nicht derivatisiert sind, eine UV-Detektion in niedrigen Wellenlängenbereichen. Eine gemischte SP-2110/SP-2510-DA-Phase (Supelco) erlaubt die isotherme GC-Trennung von 11 häufig angewendeten Antikonvulsiva und der zugehörigen internen Standards an einer gepackten Säule. Chlormethiazol analysiert man am besten mit GC-NPD.

6.3.2.4 Antihistaminika

Bei den Antihistaminika handelt es sich um eine sehr heterogene Wirkstoffgruppe, die unter anderem Chlorpheniramin, Cyclizin, Diphenhydramin, Doxylamin, Pheniramin, Terfenadin und Tripelennamin sowie viele Phenothiazine (s. Abschnitt 6.3.2.12) umfaßt. Es treten viele N-demethylierte Metaboliten auf, weshalb GC-NPD in der Regel die Methode der Wahl darstellt, obwohl für einige Verbindungen auch HPLC-Methoden beschrieben wurden [17].

6.3.2.5 Barbiturate und verwandte Hypnotika

Barbiturate sind die 5,5'-disubstituierten Derivate der Barbitursäure. Der Ersatz des Sauerstoffatoms in Position 2 durch ein Schwefelatom führt zu Thiobarbituraten, z.B. Thiopenton. Letzteres wird, wie auch Phenobarbital, als Antikonvulsivum (s. Abschnitt 6.3.2.3) eingesetzt; andere Barbiturate werden zur Euthanasie in der Veterinärmedizin verwendet und Barbital/Natriumbarbital dient mitunter als Laborreagenz. Barbiturate mit relativ kurzen Halbwertszeiten wie Amylobarbital, Butobarbital, Pentobarbital und Chinalbarbital finden als

Hypnosedativa in der klinischen Praxis Großbritanniens nur noch selten Verwendung. Nichtsdestoweniger sind diese Verbindungen häufig Gegenstand von Mißbrauch (entweder direkt, oder um andere Substanzen zu strecken) und fallen deshalb auch unter die entsprechenden englischen Gesetzesbestimmungen gegen Drogenmißbrauch. Ähnlich wie viele Antikonvulsiva bestimmt man auch die Barbiturate meist mittels GC, da die UV-Detektion in der HPLC nur bei relativ kleinen Wellenlängen (200–220 nm) eine vergleichbare Empfindlichkeit aufweist. Eine On-column-Methylierung durch gemeinsame Injektion mit Trimethylaniliniumhydroxid in Methanol wurde sowohl bei Untersuchungen mit gepackten Säulen, als auch bei GC-MS-Untersuchungen erfolgreich angewendet [25, 31].

6.3.2.6 Benzodiazepine

Benzodiazepine werden hauptsächlich als Beruhigungsmittel und Hypnotica, sowie in einigen Fällen als Antikonvulsiva (s. Abschnitt 6.3.2.3) oder kurzzeitig wirkende Anästhetika verwendet. Derzeit sind etwa 60 verschiedene Verbindungen auf dem Markt. Temazepam (3-Hydroxydiazepam) wird dabei besonders häufig mißbraucht, meist gemeinsam mit anderen Drogen. Die meisten Benzodiazepine unterliegen einer umfassenden Biotransformation, viele von ihnen sind auch Metaboliten anderer Verbindungen. So wird z.B. Diazepam zu Nordiazepam, Temazepam und Oxazepam (3-Hydroxynordiazepam) metabolisiert und letztere als Glucuronide oder Sulfate ausgeschieden. Die chromatographische Analyse von Benzodiazepinen sowie Metabolismus und Analytik „neuerer" Benzodiazepine (Alprazolam, Clobazam, Flunitrazepam, Ketazolam, Lorazepam Midazolam und Triazolam) sind in [64] und [65] beschrieben. GC-ECD stellt die Standardanalysenmethode für diese Substanzklasse dar [24].

6.3.2.7 Cannabinoide

Cannabis wird in seinen verschiedenen Zubereitungen häufig mißbraucht. Mehr als 60 aktive Konstituenten (Cannabinoide) sind bekannt. Üblicherweise verwendet man Immunoassays für Screeninguntersuchungen an Urinproben, während die Bestätigung der Identität bzw. die Quantifizierung den Einsatz der Gaschromatographie oder GC-MS-Kopplung erfordern [25, 31]. Die HPLC bietet in der Regel keine Vorteile [66].

6.3.2.8 Lokalanästhetika

Lignocain (Lidocain) ist ein Lokalanästhetikum, welches jedoch häufig auch in Gleitmitteln für Blasen- und andere Katheder (s. 6.2.5.1) zu finden ist. Es dient außerdem als Antiarrhythmikum, ist allerdings nur in i.v. applizierter Form wirksam, da es einem starken systemischen Metabolismus unterliegt. Kokainhydrochlorid ist, in Konzentrationen von 1–20 Ma/Vol%, ebenfalls ein sehr wirksames Lokalanästhetikum; es wird jedoch nur lokal angewendet, da das Risiko einer systemischen Toxizität bei Applikation auf anderen Wegen sehr hoch ist. Kokain ist außerdem eine der am häufigsten mißbrauchten Drogen; dessen freie Base („Crack") bei Inhalation über die Nase oder beim Rauchen sehr schnell resorbiert wird. Weitere wichtige Lokalanästhetika sind Benzocain, Bupivacain, Mepivacain, Procain und Prilocain. Sowohl GC als auch HPLC haben in der Analytik dieser Substanzgruppe breite Anwendung gefunden [20, 67]. Für das Screening auf Kokain-Metabolite im Urin werden jedoch häufig nichtisotopische Immunoassays bevorzugt.

6.3.2.9 Monaminooxidaseinhibitoren (MAOI's)

Zu dieser Gruppe gehören unter anderem Phenelzin und Tranylcypromin. Die Plasmakonzentrationen dieser Stoffe sind in der Regel niedrig, da die Bindung an die Monoaminoxidase *in vivo* sehr schnell erfolgt und freier Wirkstoff ausgeschieden wird. Die Untersuchung erfolgt meist durch Kapillar-GC mit NPD [17].

6.3.2.10 Narkotische Analgetika

Dabei handelt es sich um eine sehr komplexe Wirkstoffgruppe, zu der neben Opiaten wie Morphin, Codein und Heroin (Diamorphin, Diacetylmorphin) auch deren synthetische Analoga wie Buprenorphin und Dihydrocodein gehören. Heroin wird durch Umsetzung von Morphin (oder im Falle ungesetzlicher Herstellung, durch Umsetzung von Opium) gewonnen. Sie alle unterliegen strengen gesetzlichen Vorschriften, aber Verbindungen mit sehr ähnlichen Strukturen wie z.B. das antitussiv wirkende Pholcodin (Morpholinylethylmorphin) haben praktisch keine opioide Schmerzaktivität und sind rezeptfrei erhältlich. Andere Verbindungen mit ähnlicher Struktur (Nalorphin, Naloxon) sind hochwirksame Opiumantagonisten. Der Metabolismus der Opiate ist sehr komplex, z.B. werden sowohl Heroin als auch Codein zu Morphin metabolisiert. Einen Überblick über gaschromatographische bzw. GC-MS-Analytik von Morphin und verwandten Verbindungen geben [25] und [31]. Auch die HPLC spielt bei dieser Substanzklasse eine wichtige Rolle, da viele der Analyten hydrophil, thermisch instabil oder anderweitig einer GC-Untersuchung im underivatisierten Zustand nicht zugänglich sind [68, 69].

Eine Reihe weiterer synthetischer Verbindungen wie z.B. Dextropropoxyphen (D-Propoxyphen) und Methadon sind wirksame narkotische Analgetika (opioide Antagonisten), deren Anwendung in den meisten Ländern gesetzlich überwacht wird. Dextropropoxyphen unterliegt einem starken Metabolismus; hauptsächlich über *N*-Demethylierung, aber auch auf anderen Wegen. Auch Methadon wird in erster Linie durch *N*-Demethylierung und Hydroxylierung metabolisiert. Dextropropoxyphen ist thermisch instabil, kann aber zusammen mit Nordextropropoxyphen mittels HPLC unter Verwendung eines elektrochemischen Detektors im Oxidationsmodus [6] bestimmt werden. Mit diesem System ist auch eine Bestimmung von Methadon nebst einigen seiner Metaboliten möglich.

6.3.2.11 Paracetamol

Paracetamol (Acetaminophen) ist ein weitverbreitetes Analgetikum und ist mitunter in Verbindung mit anderen Wirkstoffen wie Dextropropoxyphen (s. Abschnitt 6.3.2.10) zu finden. Die Detektion, Identifizierung und Bestimmung von Paracetamol ist in der klinischen Toxikologie von großer Bedeutung, da davon die klinische Beurteilung und Behandlung akuter Vergiftungsfälle abhängt. Die Zuverlässigkeit spektrophotometrischer Methoden ist hier nicht ausreichend, es müssen selektivere Methoden wie GC-FID nach Derivatisierung, HPLC oder Immunoassays auf Enzymbasis angewendet werden. In der extraktiven Acetylierung nach Huggett et al. [70] (Bild 6.3) kann, um die Identität der detektierten Peaks zu bestätigen, die Analyse auch ohne Zugabe des Acetylierungsreagenzes wiederholt werden. Eine weitere Möglichkeit ist die Verwendung eines anderen Anhydrids, um Derivate mit anderen Retentionszeiten zu erhalten (siehe Tabelle 6.4).

Tabelle 6.4 Retention von derivatisiertem Paracetamol und *N*-Butyryl-*p*-aminophenol am SP-2250 Säulensystem (Abschnitt 6.3.2.12)

Derivat	Acetylierungsreagenz[a]		Kóvats-Retentionsindex	
	Anhydrid	Katalysator	Paracetamol	*N*-Butyryl-*p*-aminophenol
Acetyl-	250	50	2145	2270
Propionyl-	250	50	2235	2370
n-Butyryl-	250	100	2330	2465
n-Heptanoyl-	250	100	2660	2805
Benzoyl-	250[b]	200	2915	3055

[a] µl in 1,5 ml Chloroform
[b] 20 Vol% Benzoesäureanhydrid in Chloroform

6.3.2.12 Phenothiazine und Haloperidol

Verbindungen wie Chlorpromazin, Perphenazin, Prochlorperazin, Promethazin, Thioridazin und Triflupromazin werden als Antihistaminika, als Beruhigungsmittel und zur Behandlung verschiedener psychiatrischer Störungen verwendet. Auch sie unterliegen häufig einem starken Metabolismus, vorwiegend durch *N*-Demethylierung und Sulphoxidation, aber auch über andere Stoffwechselwege. Für Chlorpromazin konnten bisher schon mehr als 20 Metaboliten isoliert werden; 168 sind insgesamt möglich [17]. Aspekte der Analytik dieser Verbindungsklasse einschließlich Stabilität der Analyten und Auftreten diastereomerer Metabolite des Thioridazins sind in [71] ausführlich beschrieben. Haloperidol, ein Butyrophenonderivat, ist ein weitverbreitetes Antipsychotikum. Ob seiner niedrigen Plasmakonzentration (3-5 µg/l nach einmaliger Applikation) ist seine Bestimmung mit allen derzeit verfügbaren Methoden recht schwierig [17].

6.3 Anwendungsbeispiele der Gaschromatographie in der analytischen Toxikologie   207

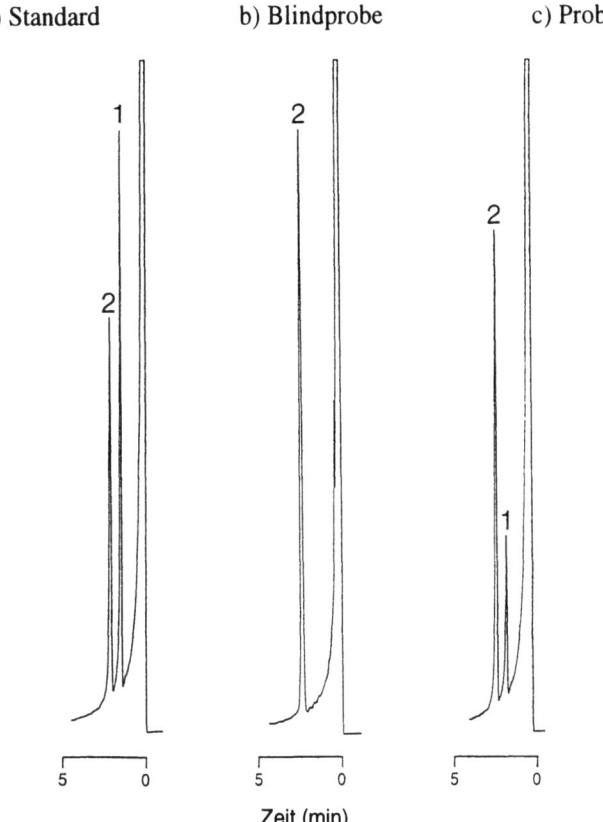

Bild 6.3 Gaschromatographische Bestimmung von Paracetamol in Plasma [70]. Trennsäule: Glasrohr, 1,5 m × 4 mm ID, gepackt mit 3% SP-2250 auf Chromosorb W HP (80-100 Mesh); Säulentemperatur: 235 °C; Trägergas: Stickstoff (40 ml/min); Detektor: FID; Probenvorbereitung: 1) 100 µl Probe oder Standard, 50 µl internen Standard (200 mg/l N-Butyryl-p-aminophenol in Chloroform), 50 µl Phosphatpuffer (pH 7,4) und 50 µl Acetylierungsreagenz (Acetanhydrid / N-Methylimidazol / Chloroform im Verhältnis 5:1:30) in ein Dreyer Tube (s. Abschnitt 6.2.2.2) geben; 2) 1 min schütteln und anschließend zentrifugieren (9950 g, 3 min); 3) 3-5 µl des Chloroformextrakts injizieren; Proben: a) 200 mg/l Paracetamol in Wasser, b) Paracetamolfreies humanes Plasma, c) Plasma von einem Patienten mit Paracetamolüberdosis (Paracetamolkonzentration 48 mg/l); Peaks: 1 – acetyliertes Paracetamol, 2 – acetyliertes N-Butyryl-p-aminophenol.

6.3.2.13 Trizyklische Antidepressiva

Dazu gehören Amitriptylin, Clomipramin, Dothiepin, Doxepin, Imipramin, Protriptylin und Trimipramin. N-dealkylierte Metabolite sind häufig und einige von ihnen, wie z.B. Nortriptylin und Desipramin werden ihrerseits als Wirkstoffe eingesetzt. Den trizyklischen Antidepressiva nahestehende Verbindungen sind weiterhin die tetrazyklischen Antidepressiva Maprotilin und Mianserin, sowie das Isochinolinderivat Nomifensin. Aspekte der Analytik dieser Verbindungen einschließlich von Problemen, die aus Adsorptionseffekten an Glasoberflächen resultieren, sind ebenfalls in [71] beschrieben. Die GC-NPD- und GC-MS-Analyse von Amitriptylin, Doxepin und Imipramin sowie von deren *N*-demethylierten Metaboliten wurde von Poklis et al. [72] dargestellt. Wilson et al. [73] stellten vergleichende Betrachtungen zur Leistungsfähigkeit chromatographischer Untersuchungsmethoden (GC und HPLC) für die Analytik von Amitriptylin, Nortriptylin, Imipramin und Desipramin in einem externen QA-Schema an.

6.3.3 Pestizide

6.3.3.1 Organochlorverbindungen

Die Gruppe der Organochlorpestizide umfaßt Substanzen wie Aldrin, Chlordan, Dicophan (DDT), Dieldrin, welches gleichzeitig ein Metabolit des Aldrins ist, Endrin, Heptachlor, Hexachlorbenzol (HCB), 1,2,3,4,5,6-Hexachlorcyclohexan (HCH, Benzolhexachlorid) und Lindan (γ-HCH). Diese Verbindungen wurden früher viel verwendet, aber da sie in der Natur sehr schlecht abgebaut werden, kommt in Europa und Nordamerika lediglich Lindan, das eine relativ kurze *in vivo*-Halbwertszeit hat, noch in größerem Umfang zum Einsatz. Die Methode der Wahl für die Bestimmung dieser Verbindungen in biologischen Matrices ist nach wie vor die Lösungsmittelextraktion mit anschließender GC-ECD-Analyse (siehe Bild 6.4 und [74-77]). Die phenolischen Metabolite des Lindans können nach saurer Hydrolyse ihrer Konjugate und anschließender Acetylierung ebenfalls per GC-ECD bestimmt werden [78]. Eine ähnliche Verbindung, Pentachlorphenol (PCP), wird vor allem in Holzschutz- und Desinfektionsmitteln sowie als Kontaktherbizid noch häufig verwendet. Lösungsmittelextraktion mit anschließender GC-ECD-Analyse der Acetylderivats ist auch hier eine geeignete Bestimmungsmethode [79, 80]. Pentachlorphenol wird über Konjugationsreaktionen metabolisiert, weshalb durch eine Hydrolyse der Urinprobe (Kochen mit einer starken Säure) eine gegenüber der direkten Extraktion bis zu 17fach höhere Ausbeute erzielt werden kann [81].

6.3.3.2 Organophosphate und Carbamate

Eine Reihe von Organophosphaten und Carbamaten werden als Herbizide und Fungizide eingesetzt. Die meisten von ihnen sind für den Menschen relativ ungiftig. Die Insektizide auf Organophosphat- und Carbamatbasis zeigen eine acetylcholinesterasehemmende Wirkung, weshalb einige von ihnen extrem toxisch sind. Die Bestimmung der Cholinesteraseaktivität in Plasma und Erythrozyten kann als Maß für die Stärke einer Exposition gegenüber diesen Stoffen herangezogen werden. Die Organophophate selbst bestimmt man nach Lösungsmittelextraktion mittels GC-NPD [82] oder GC-FPD [83, 84]. Mit Hilfe von Gelpermeationschromatographie mit anschließender GC-ECD-Analyse konnten auch chlorierte Organophophate wie Chlorpyriphos und sein wichtigster Metabolit bereits erfolgreich bestimmt werden [85]. Das gilt gleichermaßen für Organophosphate, die Nitrogruppen enthalten, wie Parathion [86]. Carbamate wie Carbaryl wurden per GC-ECD nach Derivatisierung mit Heptafluorbuttersäureanhydrid bestimmt [87].

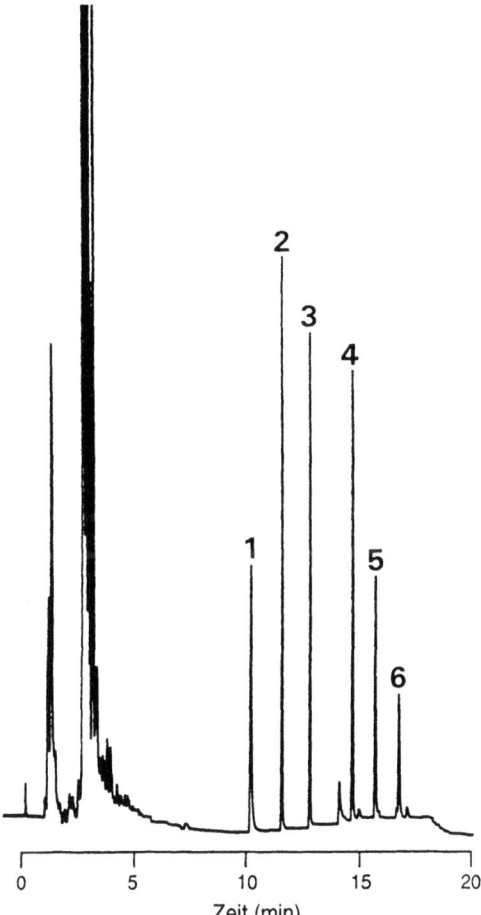

Bild. 6.4 Kapillargaschromatogramm chlorierter Pestizide Trennsäule: HP-5, 30 m × 0,32 mm ID, 0,52 µm Film; Temperaturprogramm: 60 °C, 20 °C/min bis 170 °C, 10 °C/min bis 290 °C, 2 min isotherm; Trägergas: Helium, Trägergasfluß ca. 2,5 ml/min; Detektor: ECD (GC Hewlett-Packard 5890), Empfindlichkeit 10 kHz f.s.d.; Make-up-Gas: 35 ml/min Stickstoff; Injektion: 1 µl Gemisch mit 0,1 ng/µl pro Verbindung, außer 0,2 ng/µl p,p'-DDT [2,2-Bis-(4-chlorphenyl-1,1,1-trichlorethan)] in Hexan (Isomerengemisch); Peaks: 1 – Lindan, 2 – Heptachlor, 3 – Isodrin, 4 – Endrin, 5 – p,p'-DDT, 6 – Methoxychlor.

6.3.4 Gase, Lösungsmittel und andere Gifte

6.3.4.1 Kohlenmonoxid

Kohlenmonoxid (CO) ist und bleibt die häufigste Ursache tödlicher Vergiftungen in den hochentwickelten westlichen Staaten und möglicherweise auch im Rest der Welt. Die wichtigsten Quellen dafür sind Fahrzeugabgase, defekte Heizsysteme und Rauch von Feuern jeglicher Art. Auch werden etwa 40% einer aufgenommenen Dichlormethandosis zu CO metabolisiert, allerdings ist die Bedeutung dieser Tatsache zumindest in Bezug auf akute Dichlormethanvergiftungen noch etwas strittig. Das Ausmaß einer CO-Vergiftung bestimmt man für gewöhnlich durch photometrische Messung des Carboxyhämoglobins (CO-Hb). Allerdings kann diese Methode bei Anwesenheit anderer Pigmente unzuverlässig sein. Die GC stellt die zuverlässigste Bestimmungsmethode für Carboxyhämoglobin dar, welches dann zu dem vorher spektralphotometrisch ermittelten Gesamthämoglobin ins Verhältnis gesetzt wird, um so den prozentualen Anteil von Carboxyhämoglobin (%HbCO) in der Probe zu erhalten. Eine übliche Methode ist auch die Freisetzung des CO durch Mischen der Probe mit Eisencyanid in einem Headspace-Gefäß und dessen anschließende Bestimmung an einer mit Molsieb (60/80 Mesh, 0,3 nm) gepackten Säule [88]. CO selbst gibt keinen Response am FID, aber seine Reduktion zu Methan mit Wasserstoff in Anwesenheit eines Nickelkatalysators erlaubt eine FID-Detektion, wodurch eine wesentlich höhere Empfindlichkeit als bei WLD-Detektion erreicht werden kann [88]. Einige Faktoren, die die Stabilität von CO in Blutproben beeinflussen, sind in [89] aufgezeigt.

6.3.4.2 Cyanid

Cyanidvergiftungen (CN⁻) entstehen durch Inhalation bzw. Aufnahme von Blausäure (HCN), oder durch Aufnahme von Natrium- oder Kaliumcyaniden. HCN wird z.B. aus den in der Galvanik verwendeten Cyanidlösungen freigesetzt, wenn diese angesäuert werden. Daneben werden eine Reihe natürlich vorkommender Nitrile *in vivo* zu Cyanid metabolisiert. Auch Thiocyanat-Insektizide verursachen einen Anstieg der *in vivo*-Cyanidkonzentration. Weiterhin ist Cyanid häufig im Blut der Opfer von Brandkatastrophen nachweisbar, da diese die bei der unvollständigen Verbrennung von Wolle, Seide und synthetischen Fasern aus Polyurethan und Polyacrylnitril entstehende Blausäure eingeatmet haben. Zusätzlich dazu ist auch CO zu finden. Obwohl es für die Messung des Cyanidgehaltes im Blut colorimetrische Methoden auf Mikrodiffusionsbasis gibt, wurde auch eine Methode der Headspace-GC beschrieben [90]. Diese basiert auf der Freisetzung von HCN und deren Bestimmung mit dem NPD unter Verwendung von Acetonitril als internen Standard. Faktoren, die die Stabilität von Cyanid in aufbewahrten Blutproben beeinflussen, sind in [89] beschrieben.

6.3.4.3 Alkohole

Die Blutalkoholbestimmung bleibt trotz der Einführung zuverlässiger Atemalkohol-Meßgeräte im Zusammenhang mit Verkehrsdelikten immer noch von großer Wichtigkeit. Sie spielt außerdem im klinischen Bereich bei der Diagnose von Alkoholvergiftungen eine Rolle. Mitunter treten auch noch Fälle von Vergiftungen mit vergälltem Alkohol auf, die in erster Linie durch darin enthaltenes Methanol verursacht sind. Ethanol wird zudem zur Behandlung von Methanol- oder Ethylenglycolvergiftungen eingesetzt. Methanol selbst ist nicht nur ein in chemischen Laboratorien weitverbreitetes Lösungsmittel, sondern auch in Frostschutzmitteln und Scheibenwaschanlagenzusätzen für Kraftfahrzeuge enthalten. Methanolhaltige „alkoholische" Getränke haben in den letzten Jahren in verschiedenen Ländern zu Massenvergiftungen mit Methanol geführt. Weit weniger toxisch hingegen ist Isopropanol (Propan-2-ol), da es im Körper zu Aceton metabolisiert wird. Es ist in Lösungen zur örtlichen Desinfektion, in Scheibenwaschanlagenzusätzen und als Lösungsmittel in Toilettenartikeln enthalten.

Obwohl enzymatische Methoden für die Blutalkoholbestimmung verfügbar sind, bleibt die GC doch die Methode der Wahl, wenn mehrere Verbindungen (vorwiegend Methanol,

Isopropanol und Aceton) bestimmt werden müssen. Für Ethanol fanden bisher sowohl Direkt- [92, 93] als auch Headspace-Injektion [94] Anwendung; Methoden, die oft auf andere Verbindungen übertragbar sind. Da Ethanol in biologischen Proben (*in vitro*) durch mikrobielle Vorgänge sowohl abgebaut als auch produziert werden kann, ist die korrekte Konservierung und Aufbewahrung der Proben hier besonders wichtig. Der Zusatz von 10 g/l Natriumfluorid ist in den meisten Fällen ausreichend. Das Problem ist außerdem in [95] ausführlich dargestellt.

Ethylenglycol wird vorwiegend als Frostschutzmittel für Kraftfahrzeuge verwendet. Es liegt dort als konzentrierte wäßrige Lösung (20–50 Vol%), manchmal auch im Gemisch mit Methanol, vor. Eine erhöhte Plasmaosmolalität kann ein wertvoller, wenn auch kein spezifischer Hinweis auf ein Ethylenglycolvergiftung sein. Allerdings ist eine genaue Bestimmung für eine zuverlässige Diagnose und Überwachung der Behandlung unumgänglich. Propylenglycol (Propan-1,2-diol) wird als Lösungsmittel in der pharmazeutischen und Lebensmittelindustrie verwendet und ist relativ ungiftig. Die direkte Bestimmung dieser Substanzen nach dem Verdünnen mit interner Standardlösung ist an einer mit einem porösen Polymer wie Chromosorb 101 gepackten Säule prinzipiell möglich. Eine wesentlich elegantere Methode stellt jedoch die Herstellung und Bestimmung der entsprechenden Phenylborate dar. So kann z.B. bei Plasma- oder Serumproben direkt im Anschluß an die Proteinfällung mittels Acetonitril, das gleichzeitig den internen Standard (Propan-1,3-diol) und das Derivatisierungsreagenz (15 g/l Phenylborsäure in 2,2-Dimethoxypropan) enthält, ein Aliquot (0,5–2 µl) der überstehenden Lösung an einer gepackten OV-101-Säule (siehe Bild 6.5, [36]) analysiert werden. Dabei ist zu beachten, daß die Phenylborate von Ethylen- und Propylenglycol an OV-101, nicht jedoch an polareren Phasen wie OV-17, getrennt werden können.

6.3.4.4 Lösungsmittel und andere leichtflüchtige Verbindungen

Heutzutage werden akute Vergiftungen mit Lösungsmitteln und anderen leichtflüchtigen Stoffen meist mutwillig durch Inhalation entsprechender Dämpfe, sogenanntes „Schnüffeln" (volatile substance abuse, VSA) herbeigeführt. Weiterhin betroffen sind neben den Schnüfflern vor allem Personen, die absichtlich oder akzidentiell Lösungsmittel oder lösungsmittelhaltige Produkte aufgenommen haben, Opfer von Unfällen im Haushalt oder in der Industrie [96]. Dagegen sind Vergiftungserscheinungen, die durch Desinfektionsmittel wie Brommethan oder durch ursprünglich als chemische Intermediate verwendete Substanzen verursacht werden, häufiger in Zusammenhang mit beruflicher Exposition gegenüber diesen Schadstoffen zu beobachten. Das Bekanntwerden der Konsequenzen des massiven Eintrags chlor- und bromhaltiger organischer Verbindungen wie z.B. der Fluorchlorkohlenwasserstoffe (FCKW's) in die Atmosphäre hat seit Mitte der 70er Jahre zu einer schrittweisen Verbannung flüchtiger chlorhaltiger Verbindungen aus vielen Anwendungsbereichen geführt [97]. In vielen Ländern haben kommerzielles Butan (Flüssiggas) und Diethylether, z.B. als Treibgas für Spraydosen, die FCKW's abgelöst. Es wird sich zeigen, welche halogenierten Verbindungen im Jahre 2000 noch in Verwendung sein werden. Im Bereich der Kühlschränke geht der Trend derzeit zu polyfluorierten Verbindungen wie 1,1,1,2-Tetrafluorethan (FC 134a).

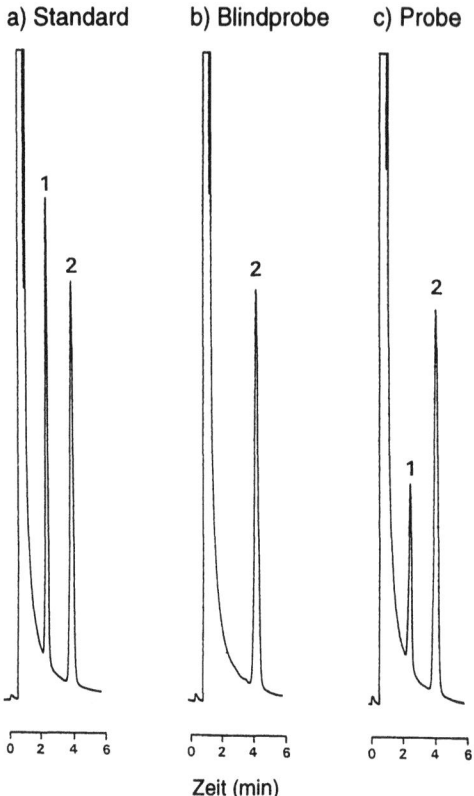

Bild 6.5 Gaschromatographische Bestimmung von Ethylenglycol in Plasma. Trennsäule: Glasrohr, 2,1 m × 4 mm ID, gepackt mit 3% OV-101 auf Chromosorb W HP (80-100 Mesh); Temperatur: 150 °C, isotherm; Trägergas: Stickstoff (50 ml/min); Detektor: FID; Probenvorbereitung: 1) 100 µl Probe oder Standard, 200 µl internen Standard (0,5 g/l Propan-1,3-diol in Acetonitril), 100 µl Derivatisierungsreagenz (15 g/l Phenylborsäure in 2,2-Dimethoxypropan mit 2 Vol% HCl) in ein Dreyer Tube (s. Abschnitt 6.2.2.2) geben; 2) 30 s im Vortex-Mixer mischen und anschließend zentrifugieren (9950 g, 1 min); 3) 2 µl der überstehenden Lösung injizieren; Proben: a) Standardlösung 1 g/l Ethylenglycol, hergestellt in heparinisiertem Rinderplasma; b) Ethylenglycolfreies Humanplasma; c) Plasma eines Patienten mit Ethylenglycolvergiftung (Konzentration 0,4 g/l); Peaks: 1 – Ethylenglycolphenylborat, 2 – Propan-1,3-diol-phenylborat. (Nachdruck aus Ref. [36])

Häufig ist die Headspace-GC an gepackten [98] oder Kapillarsäulen [8] in Verbindung mit einem entsprechenden Temperaturprogramm und FID/ECD-Paralledetektion nach Säulenausgangssplit eine geeignete Methode zur Bestimmung flüchtiger Verbindungen im Blut oder in Gewebeproben. Ramsey und Flanagan [98] verwendeten für derartige Untersuchungen eine gepackte Säule (2 m × 2 mm ID, 0,3% Carbowax 20M auf Carbopack C) temperaturprogrammiert von 35-175 °C. Es konnten bis zu 400 µl des Dampfraumes on-column injiziert und so eine hohe Empfindlichkeit (in der Größenordnung von 0,1 mg/l bei Injektion von 200 µl Probe) erzielt werden. Außerdem war für die meisten Analyten keine subambiente Trenntemperatur erforderlich.

6.3 Anwendungsbeispiele der Gaschromatographie in der analytischen Toxikologie

Nachteile der Methode sind vor allem die schlechte Trennung einiger besonders leicht flüchtiger Komponenten, die lange Analysenzeit von etwa 40 min und die mit unterschiedlichen Chargen des Säulenpackungsmaterials variierenden Peakformen alkoholischer Komponenten.

Demgegenüber hat die Verwendung einer mit unpolarem Polydimethylsiloxan belegten SPB-1-Dickfilmkapillare (60 m × 0,53 mm ID, 5 µm Filmdicke) eine Reihe von Vorteilen [8]. Sie liefert auch für polare Analyten wie Ethanol gute Peakformen, und die On-column-Injektion von bis zu 300 µl Dampfraum-Probe ist ohne nennenswerten Verlust an Trennleistung möglich. Die Empfindlichkeit ist deshalb genauso gut wie bei der Verwendung gepackter Säulen. Viele der häufig mißbrauchten Substanzen, besonders auch solche mit sehr niedrigen Siedepunkten wie Bromchlordifluormethan (BCF), n-Butan, Dichlordifluormethan (FC 12, DME), Fluortrichlormethan (FC 11), Isobutan und Propan, können so bei einer Starttemperatur von 40 °C und anschließendem Aufheizen auf 200 °C getrennt werden. Die Analysenzeit beträgt dabei 26 min. Die Einsparung an Kosten und vor allem an Zeit, die aus dem Arbeiten mit dieser relativ hohen Starttemperatur resultiert, sind enorm. Die quantitative Bestimmung der Verbindungen kann sowohl isotherm als auch temperaturprogrammiert erfolgen. Bild 6.6 zeigt die Analyse eines Standardgemisches gemäß Tabelle 6.5 auf der SPB-1-Säule in temperaturprogrammierter Arbeitsweise. Alles in allem sind Retentions- und Detektorresponse-Daten für insgesamt 244 Verbindungen verfügbar [8].

Tabelle 6.5 Headspace-Kapillar-GC flüchtiger Verbindungen: Zusammensetzung des Standardgemisches

a) Qualitatives Standardgemisch [hergestellt in einer 125 ml Gasprobenkugel (Supelco 2-2146)]		b) Gemisch der flüssigen Komponenten, von dem 10 µl in die Gasprobenkugel gegeben wurden	
Verbindung	Zugegebene Menge (ml) [a]	Verbindung	Zugegebene Menge (ml)
Bromchlordifluormethan	0,005	Aceton	7,5
n-Butan	[b]	Butanon	5,0
Dimethylether	1,0	Tetrachlorkohlenstoff	0,05
Isobutan	[b]	Chloroform	0,5
Fluortrichlormethan	0,02	Ethanol	5,0
Dichlordifluormethan	0,3	Ethylbenzol	2,5
1,1,2-Trichlortrifluorethan	0,5	Halothan	0,1
Propan	[b]	n-Hexan	5,0
		Methylisobutylketon	2,5
[a] Volumen der Gasphase im Headspacegefäß		Propan-2-ol	5,0
		Tetrachlorethylen	0,025
		Toluol	2,5
[b] 2,0 ml kommerzielles Butan zugegeben (Gemisch aus n-Butan, Isobutan und Propan)		1,1,1-Trichlorethan	0,25
		1,1,2-Trichlorethan	1,0
		Trichlorethylen	0,25
		2,2,2-Trichlorethanol	0,015

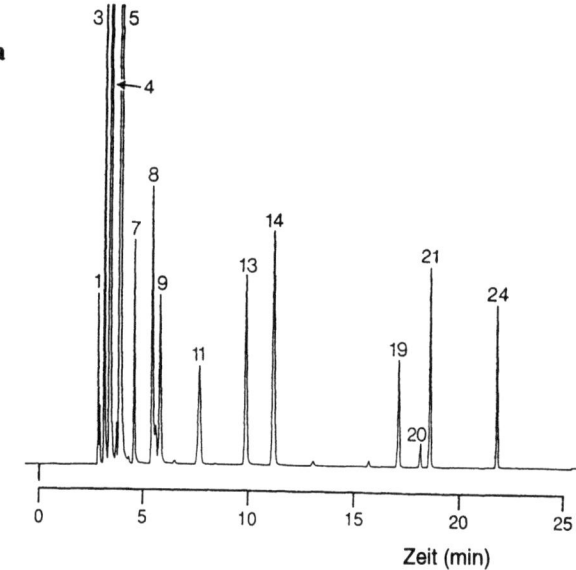

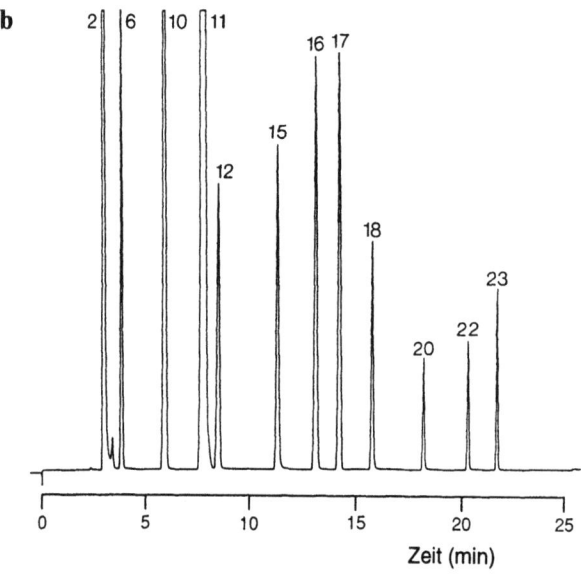

Bild 6.6 Screening auf leichtflüchtige Verbindungen mittels Headspace-GC: Trennsäule: SPB-1, 60 m × 0,53 mm ID, 0,52 μm Filmdicke; Temperaturprogramm: 40 °C, 6 min, 5 °C/min bis 80 °C, 10 C°/min bis 200 °C; Trägergas: Helium (8,6 ml/min); Detektorempfindlichkeit: FID: 3,2 nA, ECD: 64 kHz (Hewlett-Packard 5890); Injektion bei Splitverhältnis 5:1: ca. 10 μl qualitatives Standardgemisch gemäß Tabelle 6.5; Peaks: 1 – Propan, 2 – Dichlordifluormethan, 3 – Dimethylether, 4 – Isobutan, 5 – n-Butan, 6 – Bromchlordifluormethan, 7 – Ethanol, 8 – Aceton, 9 – Isopropanol, 10 – Fluortrichlormethan, 11 – 1,1,2-Trichlortrifluorethan, 12 – Halothan, 13 – Butanon, 14 – n-Hexan, 15 – Chloroform, 16 – 1,1,1-Trichlorethan, 17 – Tetrachlorkohlenstoff, 18 – Trichlorethylen, 19 – Methylisobutyl-keton, 20 – 1,1,2-Trichlorethan (als interner Standard), 21 – Toluol, 22 – Tetrachlorethylen, 23 – 2,2,2-Trichlorethanol, 24 – Ethylbenzol (interner Standard). (Nachdruck aus Ref. [8])

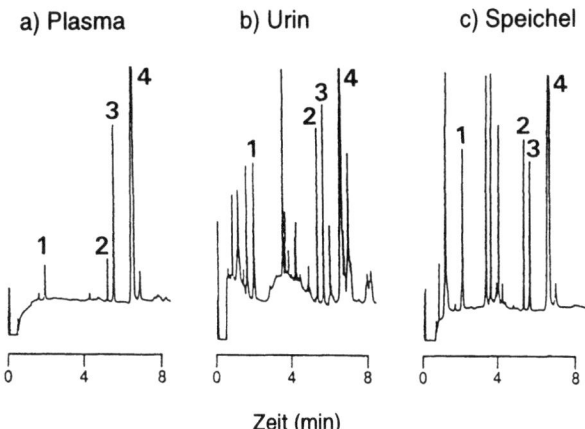

Bild 6.7 Gaschromatogramme von Nikotin und Cotinin in Plasma, Urin und Speichel: Trennsäule: HP-FFAP, 7 m × 0,32 mm ID, 0,52 µm Film; Temperaturprogramm: 70 °C, 40 °/min bis 115 °C, 1,5 min isotherm, 40 °/min bis 200 °C, 2,25 min isotherm, 40 °/min bis 210 °C, 2,75 min isotherm, Analysenzeit: 10 min; Trägergas: Helium (Säulenvordruck 105 kPa); Detektor: NPD; Extraktion: s. Protokoll 6.3; Injektion: 2 µl Extrakt; Konzentrationen von Nikotin und Cotinin: a) im Plasma 23 und 27 µg/l, b) im Urin 73 und 100 µg/l, c) im Speichel 115 und 130 µg/l; Peaks: 1 – Nikotin, 2 – Cotinin, 3 – 3-Methylcotinin (interner Standard), 4 – Coffein. (Nachdruck aus Ref. [13])

6.3.4.5 Nikotin

Nikotin als Bestandteil des Tabaks reicht nicht aus, um akute Vergiftungen auslösen zu können, es sei denn, Tabak wird von kleinen Kindern aufgenommen. Allerdings ist Nikotin in einigen pflanzlichen Medikamenten in höherer Dosis enthalten und wird zum Teil auch im Gartenbau zum Ausräuchern von Schädlingen verwendet. Im Körper wird es durch *N*-Demethylierung zu Cotinin metabolisiert. Neben der Möglichkeit akuter Nikotinvergiftungen sind vor allem Studien zum Rauchverhalten häufig der Grund für eine Bestimmung von Nikotin und/oder Cotinin in biologischen Proben. Zur Bestimmung von Nikotin und Cotinin in Körperflüssigkeiten ist KGC-NPD dabei immer noch die Methode der Wahl (s. Bild 6.7, [13]).

6.4 Zusammenfassung

Die Verbesserung der Kapillarsäulentechnologie innerhalb der letzten 10 Jahre und die Einführung billigerer Bench-top-Massenspektrometer haben zu einer Wiederbelebung des Einsatzes der Gaschromatographie in der analytischen Toxikologie geführt. Dieser Trend scheint sich fortzusetzen. Es gibt viele Informationsquellen, die bei der Anpassung alter Methoden oder der Erstellung neuer hilfreich sein können. Auch eine Zusammenstellung möglicher gebildeter Artefakte wurde bereits veröffentlicht [99].

Herstellerkataloge enthalten in vielen Fällen neueste Informationen, auch wenn wichtige experimentelle Details hier und da fehlen. So können z.B. Chromatogramme unter Verwendung der reinen Verbindungen oder konzentrierter Lösungen aufgenommen worden sein, und mitunter ist die tatsächlich injizierte Menge nicht angegeben. Der Trend zu von Firmen bzw. der Werbung getragenen Publikationen hat die Reihe der üblichen wissenschaftlichen Literatur um einige nützliche Magazine bereichert, LC-GC International (Advanstar) ist eines davon. Derartige Publikationen helfen außerdem, mit den neuesten Entwicklungen, nicht nur in der Gaschromatographie (GC), sondern auch in HPLC, Kapillarzonenelektrophorese (CZE) und superkritischer Fluidchromatographie (SFC), Schritt zu halten [100].

Danksagung

Mein Dank gilt meinen Kollegen, die bei der Vorbereitung dieser Zusammenstellung mitgeholfen haben, besonders Herrn J. Ramsey (St George's Hospital Medical School), sowie Herrn Dr. M. Ruprah und Herrn P.J. Streete (Poisons Unit).

Literatur

[1] Shang-Qiang, J.; Evenson, M. A. *Clin. Chem.* **1983**, *29*, 456.

[2] Wad, N. *Ther. Drug Mon.* **1986**, *8*, 368.

[3] Dawling, S.; Braithwaite, R. *J. Pharm. Pharmacol.* **1980**, *32*, 304.

[4] Hurst, P. R.; Whelpton, R. *Biomed. Chromatogr.* **1989**, *3*, 226.

[5] Whelpton, R. *Acta Pharmacol. Suecica* **1978**, *15*, 458.

[6] Flanagan, R. J.; Ramsey, J. D.; Jane, I. *Human Toxicol.* **1984**, *3*, 103.

[7] McDowall, R. D. *J. Chromatogr.* **1989**, *492*, 3.

[8] Streete, P. J.; Ruprah, M.; Ramsey, J. D.; Flanagan, R.J. *Analyst* **1992**, *117*, 1111.

[9] Thomas, C. L. P. *Chromatogr. Anal.* April **1991**, 5.

[10] Whelpton, R. *Trends Pharmacol. Sci.* **1989**, *10*, 182.

[11] Flanagan, R. J.; Withers, G. *J. Clin. Pathol.* **1972**, *25*, 899.

[12] Caldwell, R.; Challenger, H. *Ann. Clin. Biochem.* **1989**, *26*, 430.

[13] Feyerabend, C.; Russel, M. A. H. *J. Pharm. Pharmacol.* **1990**, *42*, 450.

[14] Van Horne, K. C. (Hrsg.): *Sorbent exctractio technology*, Analytichem International, Harbor City, California **(1985)**.

[15] Harkey, M. R. in: *Analytical aspects of drug testing*, (Hrsg. D. G. Deutsch): Wiley, New York **(1989)**, S. 59.

[16] Widdop, B. in: *Toxicological Aspects.Proceedings of the IXth Congress of the European Association of Poison Control Centres and the European Meeting of the International Association of Forensic Toxicologists*, (Hrsg. A. Kovatsis): TIAFT, Thessaloniki **(1980)**, S. 231.

[17] Baselt, R. C.; Cravey, R.H.: *Disposition of toxic drugs and chemicals in man*, (3. Aufl.), Year Book Medical, Chicago **(1989)**.

[18] Osselton, M. D. *J. Forensic Sci.* **1977**, *17*, 189.

[19] Shankar, V.; Damodaran, C.; Sekharan, P. C. *J. Anal. Toxicol.* **1987**, *11*, 164.

[20] Monkman, S. C.; Armstrong, R.; Flanagan, R. J.; Holt, D. W.; Rosevear, S. *Biomed. Chromatogr.* **1989**, *3*, 88.

[21] Supina, W. R.: *The packed cloumn in gas chromatography*, Supelco, Bellefonte, Penssylvania (**1974**).

[22] McReynolds, W. O. *J. Chromtogr. Sci.* **1970**, *8*, 685.

[23] Ramsey, J. D.; Lee, T. D.; Osselton, M. D.; Moffat, A. C. *J. Chromatogr.* **1980**, *184*, 185.

[24] Rutherford, D. M. *J. Chromatogr.* **1977**, *137*, 439.

[25] Webb, K. S. in: *The analysis of drugs of abuse*, (Hrsg. T. A. Gough): Wiley, Chichester (**1991**), S. 175.

[26] Deutsch, D. G. in: *Analytical aspects of drug testing*, (Hrsg. D. G. Deutsch): Wiley, New York (**1989**), S. 87.

[27] Lacroix, B.; Huvenne, J. P.; Deveaux, M. *J. Chromatogr.* **1989**, *492*, 109.

[28] Ching, N. P. H.; Jham, N. G.; Subbarayan, C.; Grossi, C.; Hicks, R.; Nealon, T. F. *J. Chromatogr.* **1981**, *225*, 196.

[29] Dine, T.; Luyckx, M.; Cazin, M; Brunet, Cl.; Cazin, J. C.; Goudaliez, F. *Biomed. Chromatogr.*, **1991**, *5*, 94.

[30] Peng, G. W.; Chiou, W. L. *J. Chromatogr.* **1990**, *531*, 3.

[31] Huizer, H. in: *The analysis of drugs of abuse*, (Hrsg. T.A. Gough): Wiley, Chichester (**1991**), S. 24.

[32] Kovats, E. *Z. Anal. Chem.* **1961**, *181*, 351.

[33] Van den Dool, H.; Kratz, P. D. *J. Chromatogr.* **1963**, *11*, 463.

[34] Lee, J.; Taylor, D. R. *Chromatographia* **1983**, *16*, 286.

[35] Blau, K.; King, G. S.: *Handbook of Derivatives for chromatography*, Heyden, Chichester (**1977**).

[36] Flanagan, R. J.; Dawling, S.; Buckley, B. M. *Ann. Clin. Biochem.* **1987**, *24*, 80.

[37] Flanagan, R. J.; Chan, M. W. J. *Analyst* **1989**, *114*, 703.

[38] Zief, M.; Crane, L. J.: *Chromatographic chiral Separations*, Marcel Dekker Inc., New York (**1988**).

[39] Hoopes, E. A.; Pelzer, E. T.; Bada, J. L. *J. Chromatogr. Sci.* **1978**, *16*, 556.

[40] König, W. A.; Stölting, K.; Kruse, K. *Chromatographia* **1977**, *10*, 444.

[41] König, W. A. *J High Resolut. Chromatogr. Chromatogr. Commun.* **1982**, *5*, 588.

[42] Liu, R. H.; Ku, W. W. *J. Chromatogr.* **1983**, *271*, 309.

[43] König, W. A.; Benecke, I.; Sievers, S. *J. Chromatogr.* **1981**, *217*, 71.

[44] König, W. A.; Benecke, I. *J. Chromatogr.* **1983**, *269*, 19.

[45] Meinwald, J.; Thompson, W. R.; Pearson, D. L.; König, W. A.; Runge, T.; Franke, W. *Science* **1991**, *251*, 560.

[46] Moffat, A. C. (Hrsg.): *Calrke's isolation and identification of drugs* (2. Aufl.), Pharmaceutical Press, London (**1986**).

[47] Budavari, S. (Hrsg.): *The Merck index*, (11. Aufl.), Merck & Co, Rahway, New Jersey (**1989**).

[48] Hayes, W. J.; Laws, E. R. (Hrsg.): *Handbook of Pesticides*, Academic Press, San Diego (**1991**).

[49] McEnvoy, G. K. (Hrsg.): *AHFS drug information*, American Society of Hospital Pharmacists, Bethesda (**1991**).

[50] Proctor, N. H.; Hughes, J. P.; Fischman, M. L.: *Chemical hazards of the workplace*, J. B. Lippincott Co., Philadelphia (**1988**).

[51] Reynolds, J. E. F. (Hrsg.): *Martindale, the extra pharmacopoeia*, (29. Aufl.), Pharmaceutical Press, London (**1989**).

[52] Moffat, A. C.; Smalldon, K. W.; Brown, C. *J. Chromatogr.* **1974**, *90*, 1.

[53] Moffat, A. C.; Stead, A. H.; Smalldon, K. W. *J. Chromatogr.* **1974**, *90*, 19.

[54] De Zeeuw, R. A. *J. Chromatogr.* **1989**, *488*, 199.

[55] Hime, G. W.; Bednarczyk, L. R. *J. Anal. Toxicol.* **1982**, *6*, 247.

[56] Fretthold, D.; Jones, P.; Sebrosky, G.; Sunshine, I. *J. Anal. Toxicol.* **1986**, *10*, 10.

[57] Taylor, R. W.; Greutink, C.; Jain, N. C. *J. Anal. Toxicol.* **1986**, *10*, 205.

[58] Watts, V. W.; Simonick, T. F. *J. Anal. Toxicol.* **1986**, *10*, 198.

[59] Bogusz, M.; Bialka, J.; Gierz, J.; Klys, M. *J. Anal. Toxicol.* **1986**, *10*, 135.

[60] DFG/TIAFT: *Gas-chromatographic retention indices of toxicologically relevant substances on SE-30 or OV-1*, (2. Aufl.), VCH Verlagsges., Weinhein (**1985**).

[61] Ckristopherson, A. S.; Bugge, A.; Dahlin, E.; Møorland, J.; Wethe, G. *J. Anal. Toxicol.* **1988**, *12*, 147.

[62] Tomkins, C. P.; Soldin, S. J.; MacLeod, S. M.; Rochefort, J. G.; Swanson, J. M. *Ther. Drug Monit.* **1980**, *2*, 255.

[63] Kapetanivic, I. M. *J. Chromatogr.* **1990**, *531*, 421.

[64] Jones, G. R.; Singer, P. P. in: *Advances in analytical toxicology* (Hrsg. R. C. Baselt), Band 2. Year Book Medical, Chicago (**1989**), S. 1.

[65] Sioufi, A.; Dubois, J. P. *J. Chromatogr.* **1990**, *531*, 459.

[66] Harvey, D.J. in: *Analytical methods in human toxicology*, Part 1, (Hrsg. A. S. Curry), Macmillan, London (**1984**), S. 257.

[67] Tucker, G. T.; Lennard, M. S. in: *Analytical methods in human toxicology*, Part 1, (Hrsg. A. S. Curry), Macmillan, London (**1984**), S. 159.

[68] Daltrup, T.; Michalke, P.; Szathmary, S in: *Practice of high performance liquid chromatography*, (Hrsg. H. Engelhardt), Springer, New York (**1985**), S. 241.

[69] Tagliaro, F.; Franchi, D.; Dorizzi, R.; Marigo, M. *J. Chromatogr.* **1989**, *488*, 215.

[70] Huggett, A.; Andrews, P.; Flanagan, R. J. *J. Chromatogr.* **1981**, *209*, 67.

[71] Whelpton, R. in: *Analytical methods in human toxicology*, Part 1, (Hrsg. A. S. Curry): Macmillan, London (**1984**), S. 139.

[72] Poklis, A.; Soghoian, D.; Crooks, C. R.; Saady, J. *J. Clin. Toxicol.* **1990**, *28*, 235.

[73] Wilson, J. F.; Tsanaclis, L. M.; Williams, J.; Tedstone, J. E.; Richens, A. *Ther. Drug. Monit.* **1989**, *11*, 196.

[74] Dale, W. E.; Miles, J. W.; Gaines, T. B. *J. Assoc. Off. Anal. Chem.* **1971**, *53*, 1287.

[75] Radomski, J. L.; Deichmann, W. B.; Rey, A. A.; Merkin, T. *Toxicol. Appl. Pharmacol.* **1971**, *20*, 175.

[76] Barquet, A.; Morgade, C.; Pfaffenberger, C. D. *J. Toxicol. Environ. Health* **1981**, *7*, 469.

[77] Saito, I.; Kawamura, N.; Uno, K.; Takeuchi, Y. *Analyst* **1985**, *110*, 263.

[78] Angerer, J.; Heinrich, R.; Laudehr, H. *Int. Arch. Occup. Environ. Health* **1981**, *48*, 319.

[79] Woiwode, W.; Wodarz, R.; Drysch, K.; Weichardt, H. *Int. Arch. Occup. Environ. Health* **1980**, *45*, 153.

[80] Siqueira, M. E. P. B.; Fernicola, N. A. G. G. *Bull. Environ. Contam. Toxicol.* **1981**, *27*, 380.

[81] Egerton, T. R.; Moseman, R. F. *J. Agric. Food Chem.* **1979**, *27*, 197.

[82] Osterloh, J.; Lotti, M.; Pond, S. M. *J. Anal. Toxicol.* **1983**, *7*, 125.

[83] Gabica, J.; Wyllie, J.; Watson, M.; Benson, W. W. *Anal. Chem.* **1971**, *43*, 1102.

[84] Heyndrickx, A.; Van Hoff, F.; De Wolff, L.; Van Peteghem, C. *Forensic Sci. Soc.* **1974**, *14*, 131.

[85] Guinivan, R. A.; Thompson, N. P.; Bardalaye, P. C. *J. Assoc. Off. Anal. Chem.* **1981**, *64*, 1201.

[86] Kadoum, A. M. *Bull. Environ. Contam. Toxicol.* **1968**, *3*, 247.

[87] Mount, M. E.; Oehme, F. W. *J. Anal. Toxicol.* **1980**, *4*, 286.

[88]) Guillot, J. G.; Weber, J. P.; Davoie, J. Y. *J. Anal. Toxicol.* **1981**, *5*, 264.

[89] Chace, D. H.; Goldbaum, L. R.; Lappas, N. T. *J. Anal. Toxicol.* **1986**, *10*, 181.

[90] Zamecnik, J.; Tam, J. *J. Anal. Toxicol.* **1987**, *11*, 47.

[91] Bricht, J. E.; Inns, R. H.; Tuckwell, N. J.; Marrs, T. C. *Human Exp. Toxicol.* **1990**, *9*, 125.

[92] Curry, A. S.; Walker, G. W.; Simpson, G. S. *Analyst* **1966**, *91*, 742.

[93] Manno, B. R.; Manno, J. E. *J. Anal. Toxicol.* **1978**, *2*, 257.

[94] Penton, Z. *Clin. Chem.* **1985**, *31*, 439.

[95] Cory, J. E. L. *J. Appl. Bacteriol.* **1978**, *44*, 1.

[96] Flanagan, R. J.; Ruprah, M.; Meredith, T. J.; Ramsey, J. D. *Drug Safety* **1990**, *5*, 359.

[97] Flanagan, R. J. in: *Toxicology and Drug Analysis*, (Hrsg. H. Brandenburger, and R.A.A. Maas): W. de Gruyter, Berlin (**1993**).

[98] Ramsey, J. D.; Flanagan, R. J. *J. Chromatogr.* **1982**, *240*, 423.

[99] Middleditch, B. S. *J. Analytical Artifacts. GC, MS HPLC, TLC and PC*, J. Chromatogr. Libr., Vol. 44, Elsevier, Amsterdam (**1989**).

[100] Novotny, M. *J. Pharmaceut. Biomed. Anal.* **1989**, *7*, 239.

7 Gaschromatographie in der klinischen Chemie

JAGADISH CHAKRABORTY

7.1 Einleitung

Die in den letzten 2 Jahrzehnten gemachten Fortschritte bezüglich der Säulentechnologie und Detektionssysteme sowie die Automatisierung der Probenaufgabe und der Datenverarbeitung haben zur allgemeinen Akzeptanz der Gaschromatographie (GC), insbesondere gekoppelt mit der Massenspektrometrie (MS), als unentbehrliches analytisches Hilfsmittel in der biomedizinischen Forschung geführt. In einzigartiger Form verbindet die Gaschromatographie die für die Multikomponentenanalyse biologischer Proben notwendige hochaufgelöste Trennung der Verbindungen mit deren nachweisstarker Detektion und simultaner Charakterisierung und Quantifizierung.

Während einer Phase der Expansion klinisch-chemischer Laboratorien in den 60er und 70er Jahren geschah die Auswahl von Ausrüstung und Methoden unter dem Gesichtspunkt eines hohen Probendurchsatzes biologischer Proben in Krankenhauslaboratorien. Eingesetzt wurden automatisierte Systeme mit zunehmend höherem Entwicklungsstand und Flexibilität, die es ermöglichen sollten, mit der großen Anzahl notwendiger Analysen ohne nennenswerte Erhöhung des Personalbestandes fertig zu werden. Die wichtigsten Kriterien bei der Auswahl solcher Systeme sind:

a) Möglichkeit der Nutzung für unterschiedliche erforderliche Untersuchungen und Aufgabenstellungen

b) Kosten und Kosten-Effektivität

c) Geräteeigenschaften wie Bedienerfreundlichkeit, Robustheit, Wartung

d) analytische Leistungsfähigkeit, d.h. Qualität und Zuverlässigkeit der Analyse, sowie Probendurchsatz.

Instrumentarium und Methoden der Gaschromatographie erfüllen die genannten Kriterien nicht ganz, da die vor der GC-Analyse notwendige Probenvorbereitung sich schlecht mit der Routineanalytik klinisch-chemischer Laboratorien und dem Ziel kurzer Bearbeitungszeiten vereinbaren läßt. Das erklärt, warum die GC in der klinischen Chemie immer noch eine spezielle Methode darstellt und nur in den folgenden drei Anwendungsgebieten eine wichtige Rolle spielt.

a) Untersuchung auf Drogen und andere Toxine

b) Referenzmethode zu anderen Verfahren

c) Entwicklung neuer Methoden, speziell zur Untersuchung komponentenreicher Proben.

Die Untersuchung auf Drogen und ähnliche Verbindungen wurde in Kapitel 6 ausführlich behandelt. In den folgenden Abschnitten soll auf weitere Anwendungsmöglichkeiten der Gaschromatographie eingegangen werden, die für den klinischen Chemiker zur Untersuchung von Patienten oder in der medizinischen Forschung von Interesse sind.

7.2 Anwendungen der Gaschromatographie

7.2.1 Flüchtige organische Verbindungen

Menschliche Ausatemluft, Körperflüssigkeit, Plasma, Urin und Speichel enthalten eine große Anzahl flüchtiger organischer Verbindungen, bei denen es sich um essentielle Nährstoffe, metabolische Zwischen- und Endprodukte, Umweltschadstoffe und niedermolekulare Verbindungen, die bei unterschiedlichen Stoffwechselprozessen eine Rolle spielen, handelt. Die Kenntnis der Zusammensetzung dieses komplexen Gemisches bietet beachtliche Möglichkeiten zur Erkennung biochemischer Fingerprints, die für Ätiologie, Pathogenese und Diagnose von Krankheiten charakteristisch sind. Die für derartige Untersuchungen effektivste Analysenmethode ist die Gaschromatographie, speziell in Verbindung mit der Massenspektrometrie. Dennoch sind solche Systeme häufig nur in spezialisierten Einrichtungen anzutreffen. Wegen ihrer großen Zahl und chemischen Verschiedenheit stellt die Untersuchung flüchtiger organischer Verbindungen hohe Anforderungen bezüglich Probenvorbereitung, Auflösung, Nachweisstärke und Auswertung der bei solchen Messungen anfallenden großen Datenmengen. Wie auch in den meisten anderen klinisch-chemischen Anwendungsgebieten der Gaschromatographie gehören Kapillarsäulen und massenspektrometrischer Detektor zur Standardausrüstung. Die Probenvorbereitung umfaßt je nach Natur der biologischen Probe und durchzuführender Analyse Techniken unterschiedlicher Komplexität und Effizienz.

7.2.1.1 Probenvorbereitung

Der Probenvorbereitung für die gaschromatographische Analyse biologischer Proben auf flüchtige organische Verbindungen wurde in den letzten Jahren zunehmend mehr Aufmerksamkeit zuteil. Die in der Literatur beschriebenen Methoden lassen sich in drei Kategorien einteilen.

- Lösungsmittelextraktion
- Headspace-Techniken
- direkte Chromatographie

Die Extraktion der Probe mit einem geeigneten organischen Lösungsmittel mit anschließendem Einengen des Extrakts wurde bisher auf Urin, Plasma, Blut, Muttermilch, Fruchtwasser und Speichel angewandt. Die Grenzen dieser Methode werden u.a. bestimmt durch:

- Bedarf an hochreinen Lösungsmitteln
- Analytverluste beim Einengen
- Eignung der Lösungsmittel für die Analyten.

Bei der direkten Headspace-Analyse wird die Probe, z.B. Blut oder Urin, mit dem darüber befindlichen Dampfraum in einem verschlossenen Gefäß thermostatisiert und ein Aliquot des Dampfraumes in den GC injiziert. Weiterentwickelte Headspace-Geräte kombinieren die Abtrennung der Analyten von der Probenmatrix mit deren Anreicherung. Ein solches, für geringe Mengen von Körperflüssigkeiten geeignetes Vorgehen bezeichnet man als *Transevaporation-Sampling-Technique*. Bei dieser „Probengabe mit anreicherndem Umverdampfen" wird die Probe in eine mit Porosil E (poröses Silicagel) gepackte Mikrosäule injiziert. Die flüchtigen Komponenten können dann entweder durch Spülen der Säule mit Helium freigesetzt und an einem Adsorbens (an einem porösen Polymer, z.B. an Tenax-GC, oder an 2,6-Diphenyl-*p*-phenylenoxid) gesammelt oder durch den Dampf eines geeigneten Lösungsmittels (z.B. 2-Chlorpropan) „eluiert" und ebenfalls an einem Adsorbens wie Tenax-GC oder porösen Glasperlen aufgefangen werden. Die in dieser Adsorptionsfalle befindlichen Verbindungen werden anschließend in einen Heliumstrom thermisch desorbiert, auf einer kurzen Vorsäule kondensiert und durch deren extrem schnelles Aufheizen (flash chromatography) schließlich schlagartig auf die Trennsäule überführt.

Auf gleiche Weise wird bei der Analyse von Ausatemluft die Probe über ein Adsorbens geschickt, welches die organischen Verbindungen zurückhält, während Stickstoff und Sauerstoff ungehindert passieren. Dieser Vorgang kann durch eine Kühlfalle, chemische Wechselwirkungen oder adsorptive Bindungen begünstigt werden. Auch geeignet verdünnte Proben von Körperflüssigkeiten wurden auf diese Weise für die Analyse von z.B. Ethanol, Aceton und anderen Metaboliten direkt aufgegeben. Wenn nötig, können flüchtige Verbindungen auch an einer kleinen, gekühlten Vorsäule mit Adsorbensfüllung oder einer mit flüssigem Stickstoff gekühlten Edelstahlkapillare gesammelt und aufkonzentriert werden.

7.2.1.2 Alkane

Obwohl man annimmt, daß oxidativer Streß in der Pathophysiologie einiger Krankheiten und bei Alterungsprozessen eine Rolle spielt, gibt es noch keinen Labortest, der den Nachweis im menschlichen Körper erlaubt. Einer der im Hinblick auf einen solchen Nachweis möglichen Marker für einen Zustand oxidativen Stresses ist die Analyse der Endprodukte der Lipidperoxidation Pentan und Ethan in der Ausatemluft. Speziell bei quantitativer Bestimmung können bei der Probenahme, und -aufbewahrung, bei der Injektion, aber auch durch Kontaminanten gleicher Flüchtigkeit eine Vielzahl von Fehlern auftreten. Die Probenahme erfolgt gewöhnlich durch Sammeln von Ausatemluft in einem Gassammelgefäß, aus dem anschließend eine definierte Menge über eine mit flüssigem Stickstoff gekühlte adsorbensgefüllte Vorsäule geleitet wird. Zur Analyse werden die adsorbierten Alkane thermisch desorbiert. Tabelle 7.1 enthält einige Beispiele für normale Konzentrationen von Alkanen in menschlicher Ausatemluft. Die angewendete Methode ist im folgenden dargestellt [1].

a) Proben von Alveolarluft werden mit Hilfe eines Haldan-Bristley-Tube genommen, in 50-ml-Plastikspritzen aufbewahrt und innerhalb der nächsten 5 Stunden analysiert. Für die Probenahme von kompletter Atemluft verwendet man gasdichte Probentaschen. Flüchtige Alkane sind in Polyethylenspritzen 10 Stunden haltbar, danach beginnen ihre Konzentrationen abzunehmen. Um trotz hoher Probenvolumina Peakverbreiterungen zu vermeiden, sollten die Probenkomponenten auf der Trennsäule fokussiert werden.

b) Die Atemluftanalyse wird mit einem Gaschromatographen mit Gasprobendosierventil und FID unter folgenden Bedingungen durchgeführt.

- Säule   2 m Edelstahlsäule, gepackt mit Chromosorb 102
- Temperaturprogramm   50 °C, 1 min isotherm, 50 °C/min bis 100 °C, 15°C/min bis 190 °C
- Injektortemperatur   150 °C
- Detektortemperatur   225 °C
- Retentionszeiten   Ethan 2,7 min, Propan 4,56 min, n-Butan 6,74 min, n-Pentan 8,85 min

Die Bestimmung von Pentan in Ausatemluft (s. Bild 7.1) kann als gutes Anzeichen für eine Lipidperoxidation dienen und stellt einen empfindlichen Test für die Ermittlung des Vitamin-E-Status dar.

7.2.1.3 Aceton und andere kleine Moleküle

Einige Beispiele für Verbindungen, die sich bei bestimmten Krankheiten, z.B. Diabetes oder Nierenleiden, im Körper ansammeln können, sind in Tabelle 7.2 zusammengestellt [3]. Für die normale Headspace-Analyse wurden Retentionsindices von mehr als 60 flüchtigen Verbindungen für das Screening aus Blut veröffentlicht [4]. Eine Blutprobe (0,5 ml Blut, verdünnt mit 2 ml destilliertem Wasser) wird in einem verschlossenen Gefäß 20 min bei 55 °C thermostatisiert. Ein Aliquot der Dampfphase wird anschließend gaschromatographisch (Glassäule, 2,1 m × 2,6 mm ID, gepackt mit 100% OV-17 auf Chromosorb W HP, 80-100 mesh oder Porapak P, Detektor: FID) untersucht.

Tabelle 7.1 Normale Konzentration der Alkane in menschlicher Atemluft

Alkan	mmol/l Luft (Mittelwert ± Standardabweichung)		
	Alveolarluft	Atemluft	Raumluft
Ethan	0,88 ± 0,04	0,85 ± 0,04	0,80 ± 0,39
Propan	0,81 ± 0,20	0,87 ± 0,08	0,44 ± 0,57
Butan	0,64 ± 0,09	0,54 ± 0,12	1,45 ± 0,88
Pentan	3,70 ± 1,20	2,4 ± 0,71	0,03 ± 0,06

Tabelle 7.2 Flüchtige Metaboliten, die bei bestimmten Krankheiten in Körperflüssigkeiten nachweisbar sind.

Zustand	Körperflüssigkeit	Metaboliten
Urämie	Plasma	Methylmercaptan, Aceton, 2-Butanon, Chloroform, Benzen, Toluol, Dipropylketon, 4-Heptanon, Cyclohexanon
Diabetes	Urin	1-Ethanol, 1-Propanol, 2-Propanol, 2-Methyl-1-propanol, 1-Butanol, 2-Methyl-1-butanol, 3-Methyl-1-butanol, 1-Pentanol, 1-Octanol, 2-Pentanon, Aceton, 2-Heptanon, 3-Hepten-2-on, Cyclohexanon

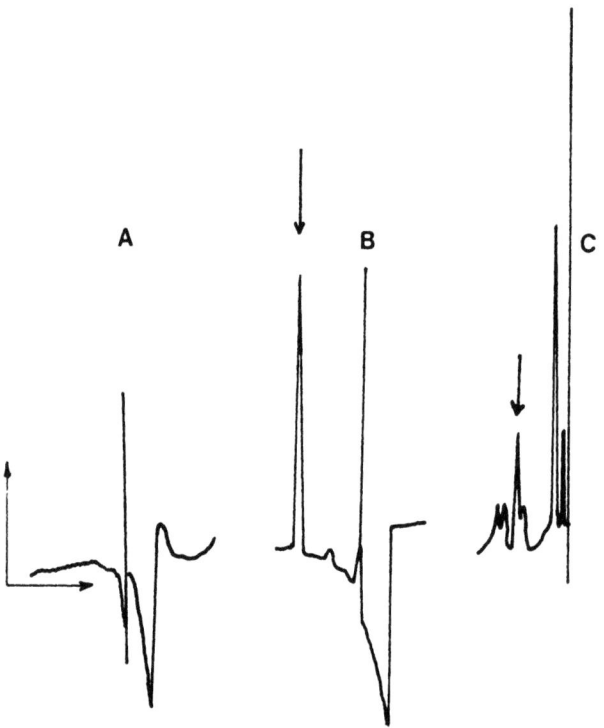

Bild 7.1 GC-Analyse von Pentan in Ausatemluft. (A) kohlenwasserstofffreie Luft, (B) reines Pentan, (C) Atemluftprobe eines Patienten. Pentanpeaks sind mit Pfeilen markiert. Trennung isotherm bei 60 °C an mit Porasil-D gepackter Edelstahlsäule (2,6 m × 3,15 mm ID), Detektion mit FID. (Nachdruck aus Ref. [2])

Die Nachweisgrenzen flüchtiger Verbindungen liegen bei direkter Injektion zwischen 0,1 und 1 ng und bei Anwendung der Headspace-Technik zwischen 50 ng und 20 µg, bei polaren Komponenten noch darüber.

Ein ähnliches Verfahren (s. Bild 7.2), bei dem die verdünnte Blutprobe vor der Analyse mit 3-Hydroxybutyratdehydrogenase, Acetoacetatdecarboxylase und Lactatdehydrogenase behandelt wird, verbessert die Bestimmung von Hydroxybutyrat, Acetoacetat und Aceton [5] und ist im folgenden beschrieben.

a) Verdünnen Sie Plasma mit der dreifachen Menge Phosphatpuffer (pH 8), welcher 3 mg/l Methylethylketon als internen Standard enthält. Incubieren Sie mit oder ohne Enzymreagenzien bei 50 °C in einem 10 ml Gefäß mit aluminiumbeschichteter Silicondichtung und injizieren Sie zum Nachweis von Aceton 1 ml des Dampfraumes in den GC.

b) Die Analyse erfolgt an einem Gaschromatographen mit FID unter folgenden Bedingungen:

- Glassäule 2 m × 3 mm ID, gepackt mit 10% PEG 600 auf Chromosorb WAW, 80/100 mesh.
- Injektortemperatur 140 °C

7.2 Anwendungen der Gaschromatographie

- Detektortemperatur   140 °C
- Säulentemperatur   77 °C isotherm
- Trägergasfluß: 30 ml/min Stickstoff

Die niedrigste im Plasma detektierbare Konzentration von 3-Hydroxybutyrat beträgt 2 µmol/l, die relative Standardabweichung der Aceton-, Acetoacetat- und 3-Hydroxybutyratbestimmung liegt bei Konzentrationen zwischen 75 und 334 µmol/l unter 4%.

Headspace-Gaschromatographie an einer gepackten PEG-Säule ist auch für die Bestimmung von Blutacetatspiegeln geeignet. Die Methylierung des Acetats, z.B. durch BF_3-Reagenzien macht die Methode ausreichend reproduzierbar und zuverlässig [6].

Methoden zur Bestimmung aus Ausatemluft und aus Körperflüssigkeiten sind für Aceton, Ethanol und ähnliche endogene Verbindungen bekannt [7]. Wie bereits beschrieben, kann die Empfindlichkeit der Analyse durch Aufkonzentrierung relevanter flüchtiger Verbindungen aus Atemluft vor der Analyse mittels Cryotrapping, chemischer Wechselwirkungen oder adsorptiver Bindungen erhöht werden (s. Protokoll 7.1, Bild 7.3). Ein solches Verfahren zur Atemalkoholbestimmung umfaßt die Aufkonzentrierung auf der Säule und deren anschließendes schrittweises Aufheizen von 35 °C auf 190 °C zur Analyse [8]. In normalen Probanten wurden Atemalkoholgehalte zwischen 2,23 und 6,51 nmol/l gefunden. Außerdem wurden regelmäßig auch Peaks für Acetaldehyd, Aceton und Methanol beobachtet.

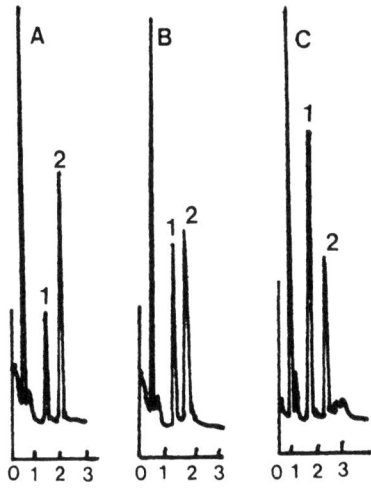

Zeit (min)

Bild 7.2 GC-Analyse der Plasma-Ketonkörper eines Diabetes-Patienten. Chromatographische Bedingungen s. S. 218; Peaks: 1 – Aceton, 2 – Methylethylketon (interner Standard); Probe: deproteiniertes Plasma (A) unbehandelt, (B) behandelt mit Acetoacetatdecarboxylase und (C) behandelt mit Acetoacetatdecarboxylase und 3-Hydroxybutyratdehydrogenase. (Nachdruck aus Ref. [5])

Protokoll 7.1 Nachweis von endogenem Aceton in Ausatemluft [a] [7].

1. Sammeln Sie die Atemluftprobe in Myler-Bags, die vorher mit 13,2 nmol Isopropanol als internem Standard beladen wurden. Erwärmen Sie den Beutel auf 65 °C und pumpen Sie die Probe in die Trennsäule (Säulentemperatur: 35 °C). Heizen Sie die Säule auf 320 °C auf und bestimmen Sie die eluierenden Komponenten.

2. Die Analyse erfolgt an einem GC mit FID unter folgenden Bedingungen:

    - Säule   Porapak Q, 80–100 mesh
    - Detektortemperatur   225 °C
    - Temperaturprogramm   35 °C, 2 °C/min bis 120 °C, 25 min isotherm, 2 °C/min bis 190°C.
    - Trägergasfluß   70 ml/min Stickstoff.

3. Tragen Sie das Peakflächenverhältnis $PF_{Aceton}/PF_{int.Std.}$ gegen die Acetonkonzentration auf.

[a] Die Untersuchung einer Kontrollprobe (20 nmol/l) ergab 25 ± 2,3 (Mittelwert ± Standardabweichung, $n = 6$) und eine relative Standardabweichung von 9,2%. Die Acetonkonzentrationen in normaler menschlicher Ausatemluft liegen zwischen 10,0 und 48,4 nmol/l mit einem Mittelwert von 23,2 und einer Standardabweichung von 12 nmol/l.

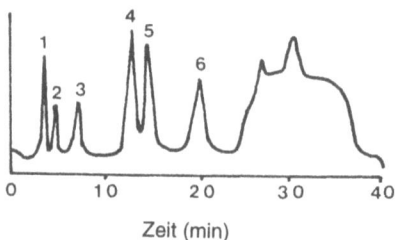

Bild 7.3 GC-FID-Analyse der Atemluft einer normalen Person. Peaks: 1 – Methanol, 2 – Acetaldehyd, 3 – Ethanol, 4 – Aceton, 5 – Isopropanol (interner Standard), 6 – Isopren; Trennung an einer Säule mit Porapak Q (80-100 mesh) bei 120 °C, Detektion: FID. (Nachdruck aus Ref. [7]).

7.2.2 Organische Säuren

Kurzkettige, mit dem Stuhl ausgeschiedene Fettsäuren sind im Zusammenhang mit Dickdarmerkrankungen von Interesse, da sie als Marker für Verdauungsvorgänge im proximalen Abschnitt des Dickdarms zu betrachten sind. Für ihre Bestimmung ist die GC bestens geeignet [9]. Gehalt und Komposition von Aminosäuren sowie gesättigten und ungesättigten Fettsäuren in Körperflüssigkeiten spielen bei vielen Untersuchungen an gesunden und kranken Personen eine Rolle. Mit Ausnahme der Diagnostik einiger seltener familiärer Umstände ist die Aminosäureanalyse in Körperflüssigkeiten oft Teil der pathophysiologischen Erforschung von Erkrankungen, die die Ernährung, Neurotransmitter, Muskeln und endokrinen Systeme betreffen. Die Gaschromatographie ist eine Möglichkeit der Durchführung solcher Bestimmungen. Für die Bestimmung von Fettsäuren in Körperflüssigkeiten ist sie als Analysenmethode jedoch besser geeignet. Derartige Säuren, die bei Störungen des Lipidhaushalts interessant sind, können entweder als freie Fettsäuren vorliegen, oder durch chemische Hydrolyse aus Triacylglycerolen, Cholesterolestern, Phospholipiden oder anderen komplexen Lipiden erhalten werden. Eine weitere, hauptsächlich in der pharmakologischen Forschung bedeutsame Anwendung von GC und GC-MS ist die Untersuchung von Prostanoiden, wie Prostaglandinen, Thromboxanen und deren Metaboliten in biologischen Proben [10].

Als „organische Säuren" soll hier eine spezielle Gruppe saurer Metabolite, die in Serum und Urin in Konzentrationen zwischen 10 µg und 100 mg/l gefunden wurden, bezeichnet werden. Diese entstehen aus Aminosäuren, Kohlenhydraten, Fettsäuren, biogenen Aminen sowie bei der Ketogenese. In einer Studie wurden im Urin gesunder Personen bis zu 143 dieser organischen Säuren in Bezug auf ihre chemische Struktur identifiziert (s. Tabelle 7.3, Ref. [11]). Sie konnten als Dicarbonsäuren, Oxocarbonsäuren, Hydroxycarbonsäuren, aromatische Säuren, Furancarbonsäuren, stickstoffhaltige Carbonsäuren und Säurekonjugate klassifiziert werden. Weiterhin wurde festgestellt, daß das qualitative Verteilungsmuster der Exkretion konstant und reproduzierbar ist. Studien der Profile der organischen Säuren haben dabei geholfen, die biochemischen Defekte, welche den im Zusammenhang mit erblichen, metabolische Störungen verursachenden Krankheiten wie *Diabetes mellitus*, Leber- und Nierenerkrankungen auftretenden Acidämien und Acidurien zugrunde liegen, aufzudecken und zu charakterisieren [11]. Außer in pathophysiologischen Zuständen, wo eine starke Veränderung der Säureexkretion stattfindet, wird eine Vortrennung der extrahierten Probe mittels Dünnschicht- oder Säulenchromatographie im Vorfeld der GC-Analyse auch bei Verwendung einer hocheffizienten Kapillartrennsäule nötig sein.

Tabelle 7.3 Liste organischer Säuren, deren Gehalt im Urin von Patienten mit einer durch *Diabetes Mellitus* oder andere metabolische Störungen hervorgerufenen Ketoacidose erhöht war [3].

Adipinsäure, Suberinsäure,	Bernsteinsäure, Milchsäure,
2-Hydroxybuttersäure,	3-Hydroxyisobuttersäure,
2-Methyl-3-hydroxybuttersäure,	2-Hydroxyisovaleriansäure,
3-Hydroxyvaleriansäure,	3-Hydroxyoctansäure,
5-Hydroxyhexansäure,	2-Hydroxy-2-methyllevulinsäure,
3-Hydroxyoctandisäure,	3-Hydroxyoctendisäure,
3-Hydroxydecandisäure,	3-Hydroxydecendisäure,
3-Hydroxydodecandisäure,	3-Hydroxydodecendisäure,
3-Hydroxytetradecendisäure,	3-Hydroxytetradecadiendisäure

7.2.2.1 Analyse organischer Säuren

Für die Isolierung kurzkettiger Fettsäuren aus biologischen Materialien wie Stuhl verwendete man Wasserdampfdestillation, allerdings stellen Vakuumtransfer in Kombination mit alkalischer Gefriertrocknung sowie die Anwendung der Ultrafiltration möglicherweise effizientere Methoden dar [9]. Körperflüssigkeiten, z.B. Serum müssen vor der GC-Analyse durch Ausfällung deproteiniert oder mit Dialyse, Ultrafiltration oder Ausfällung behandelt werden. Kleine Volumina biologischer Proben können auch mit einem vergleichsweise größeren Volumen eines organischen Lösungsmittels wie Methanol oder Methanol-Chloroform-Gemisch behandelt werden, wobei Ausfällung der Proteine und Isolierung der sauren Analyten miteinander verbunden werden (s. Protokoll 7.2, Bild 7.4). Urin ist generell anzusäuern, bevor die organischen Säuren mittels Lösungsmittelextraktion oder Säulenchromatographie isoliert werden. Als Extraktionsmittel kommen Ethylacetat, Ethanol, Ether oder Gemische aus selbigen in Frage. Die Methode ist einfach und schnell, jedoch reicht ihre Effizienz für einige Säuren, z.B. Polyhydroxysäuren nicht aus. Anorganische Säuren entfernt man durch Ausfällen mit Bariumhydroxid. Dabei ist allerdings auch ein Verlust an organischen Säuren möglich. Einige wichtige Hilfsmittel zur Isolierung und Fraktionierung acidischer Verbindungen aus Körperflüssigkeiten sind Dünnschichtchromatographie, Ionenaustauscherharze, kommerziell erhältliche Kartuschen (z.B. Extrelut, Sep-Pak) und Immunoaffinitätschromatographie [13]. Organische Säuren werden vor der Analyse gewöhnlich in Alkylester, halogenierte Alkylester, halogenierte Arylalkylester oder Trimethylsilyl-(TMS)-ester überführt. Methylester, welche vorhersehbare massenspektrometrische Muster geben, sind durch Reaktion mit Diazomethan leicht zugänglich; allerdings macht dessen Reaktion mit Carbonylgruppen, Aminogruppen und Doppelbindungen die Auswertung der Daten kompliziert. Hydroxygruppen überführt man in TMS-Ether, Aminogruppen in N-Acylderivate und Carbonylgruppen werden durch Umsetzung zu O-Methyl- oder Ethyloximen stabilisiert. Die Art und Anzahl der zur Probenreinigung und Vortrennung notwendigen Schritte sowie die Wahl der Art der Derivatisierung hängen von der durchzuführenden Analyse ab. Halogenierte Derivate erlauben den Einsatz des sehr empfindlichen Elektroneneinfangdetektors (ECD). Eine wesentlich bessere Variante der Detektion ist, besonders für die Untersuchung von Prostaglandinen, Thromboxanen und ähnlichen Verbindungen in Körperflüssigkeiten, die Verwendung eines Massenspektrometers mit chemischer Ionisierung im Negativ-Ionen-Modus (NICI) und Single Ion Monitoring (SIM) oder, in neuester Zeit, eines Tandem-MS-Gerätes (NICI-MS-MS). Protokoll 7.3 enthält ein Beispiel für eine solche Methode der Bestimmung zweier Thromboxan-A_2-Produkte aus Urin. Das Schema in Bild 7.5 zeigt die Grundlagen dieser Analysen.

Protokoll 7.2 Bestimmung von Plasmafettsäuren [12].

1. Extrahieren Sie Plasma (0,4 ml) und internen Standard mit eisgekühltem Methanol und Chloroform.

2. Dampfen Sie den Extrakt zur Trockne ein und trennen Sie die Lipidgruppen mittels Dünnschichtchomatographie.

3. Eluieren Sie die Lipidfraktionen und methylieren Sie sie mit BF_3-Methanol.

7.2 Anwendungen der Gaschromatographie

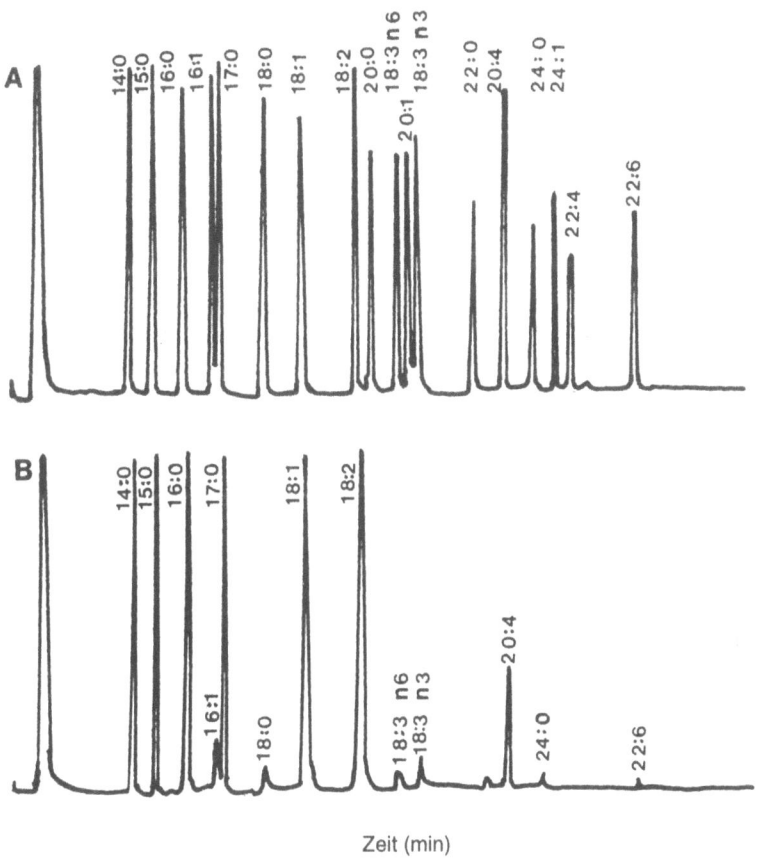

Bild 7.4 Chromatogramme eines Fettsäure-Standardgemisches und der Fettsäureacylanteile der Cholesterylesterfraktion menschlichen Plasmas. (A) Standardgemisch von Fettsäuremethylestern (die Komponenten sind in üblicher Schreibweise gekennzeichnet); (B) Fettsäureacylanteil der Cholesterylesterfraktion normalen Humanplasmas. Analysenbedingungen s. Protokoll 7.2. (Nachdruck mit freundl. Genehmigung aus Ref. [12], 1990 © Elsevier Science Publishers).

Protokoll 7.2 Forts.

4. Die Analyse erfolgt an einem Gaschromatographen mit FID unter folgenden Bedingungen:

   - Säule   CP-Sil 88, 50 m × 0,22 mm ID, 0,2 µm Film
   - Säulentemperatur   180 und 225 °C
   - Trägergasgeschwindigkeit   30 cm/s (Helium).

> **Protokoll 7.3** Nachweis zweier Metaboliten von Thromboxan A_2 in Urin [a] [10].
>
> 1. Säuern Sie Aliquote des Urins, gemischt mit dem entsprechenden tetradeuterierten Standard auf pH 3 an, incubieren Sie 2 Stunden (nur bei 11-Dehydrothromboxan B_2) und geben Sie die Probe über eine RP-18 Kartusche.
>
> 2. Verestern Sie die Analyten mittels PFBBr zu den entsprechenden PFB-Estern und geben Sie diese über eine Silicagel-Normalphasen-Kartusche. Entfernen Sie nach Überführung in die Methoxime und anschließender Silylierung überschüssiges Reagenz ebenfalls mit Hilfe einer Silicagel-Normalphasen-Kartusche.
>
> 3. Analysieren Sie die Probe[a] mit einem Tandem-Massenspektrometer mit chemischer Ionisation im Negativ-Ionen-Modus unter folgenden Bedingungen:
>
>   - Säule DB-1, 30 m × 0,25 mm ID
>   - Temperaturprogramm 100 °C, 2 min isotherm, 30 °C/min bis 250 °C, 5 °C/min bis 300 °C, 10 min isotherm.
>   - Säulenvordruck 750 Torr Helium.
>
> [a] Wiederfindungen für 2,3-Dinorthromboxan B_2 und 11-Dehydrothromboxan B_2 bei Konzentrationen zwischen 100 und 1500 pg/ml 93-95%.

7.2.2.2 Analyse von Aminosäuren

Bei der Analyse von Aminosäuren steht die Wahl zwischen der HPLC und der GC als möglichen Analysentechniken, wobei die Gaschromatographie als die empfindlichere Technik betrachtet wird. Mit ihr lassen sich bei ECD-Detektion 10-100 pg halogenierter Aminosäurederivate nachweisen, mit GC-MS sogar noch niedrigere Konzentrationen. Um einer gaschromatographischen Bestimmung zugänglich zu sein, müssen Aminosäuren in geeignete Derivate überführt werden. Vor der eigentlichen Derivatisierungsreaktion ist es in der Regel notwendig, die Proben einem Clean-up-Schritt, wie z.B. einer Deproteinierung oder besser einer Reinigung mit Hilfe eines Kationenaustauscherharzes unterworfen werden. An der Derivatbildung können sowohl die Carboxyl- als auch die Aminogruppe beteiligt sein. Einige Beispiele acylierter oder veresterter Reaktionsprodukte sind: N-Fluoracetylbutylester, N-Heptafluorbutyryl-(HFB)-n-propylester, HFB-isoamylester, HFB-isobutylester sowie Pentafluorpropionyl-hexafluorisopropylester. Zusammenstellung und Validierung der gesamten Methode, d.h. der Probenvorbereitung und Derivatisierung, müssen immer mit Hinblick auf die Eigenschaften der zu bestimmenden Aminosäuren erfolgen.

Für die Detektion der Aminosäuren bietet die GC-MS-Kopplung im SIM-Betrieb einige Vorteile gegenüber der Detektion mittels FID oder ECD (s. Tabelle 7.4). Die Empfindlichkeit der Detektion ist bei chemischer Ionisierung (CI) und Elektronenstoßionisation (EI) gleich, allerdings haben die bei der CI gebildeten Ionen eine höhere Masse, wodurch die Selektivität der Detektion von Aminosäuren in Körperflüssigkeiten erhöht werden kann [14]. Die Verwendung eines GC-MS-Gerätes erlaubt außerdem die Unterscheidung natürlicher Aminosäuren von mit ^{15}N angereicherten Analoga, was zur Bestimmung der Qualität einer Methode oder, im Zusammenhang mit bestimmten Krankheiten, für Studien des Aminosäurestoffwechsels interessant sein kann.

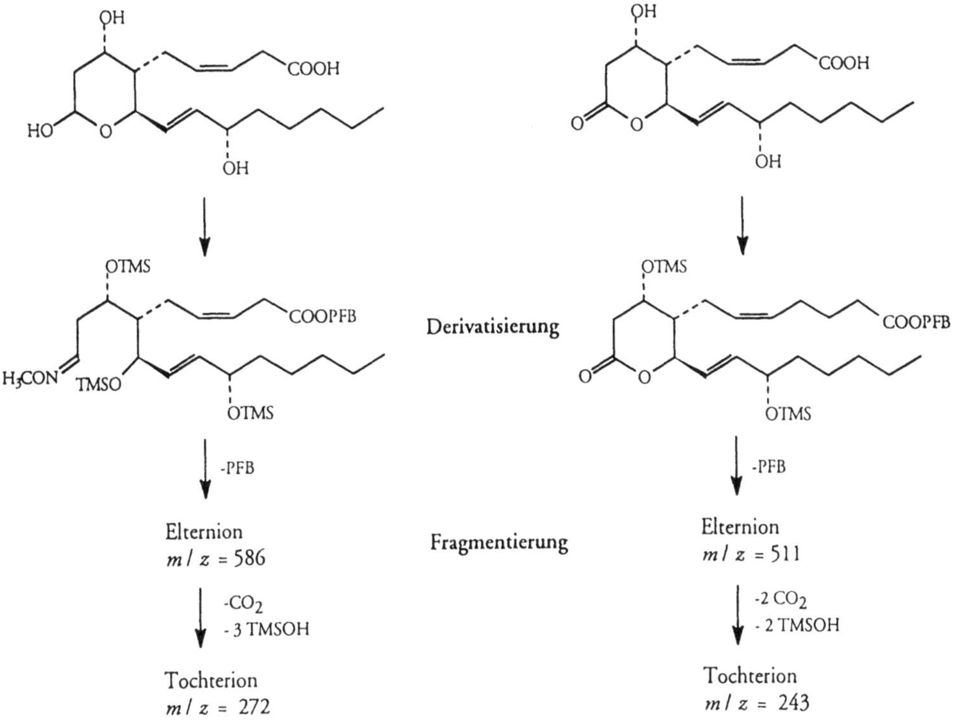

7.2 Anwendungen der Gaschromatographie

Bild 7.5 Schema der Derivatisierung und MS-Detektion von 2,3-Dinorthromboxan B_2 und 11-Dehydrothromboxan B_2 [10]. PFB: Pentafluorbenzyl- $(CH_2C_6F_5)$; TMS: Trimethylsilyl- $[Si(CH_3)_3]$; MO: Methoxim- $(NOCH_3)$.

Die in Tabelle 7.4 aufgeführten Aminosäuren wurden mittels GC-MS als Pentafluorpropionyl-(PFO)- und Hexafluorisopropyl-(HFIP)-ester unter folgenden Bedingungen analysiert: Injektortemperatur: 180 °C, Temperaturprogramm: 60 °C, 3 min isotherm, 5 °C/min bis 180 °C; Säule: DB-5, 30 m × 0,25 mm ID.

7.2.3 Cholesterin und verwandte Verbindungen

Die Bestimmung von Cholesterin in Körperflüssigkeiten steht im Mittelpunkt der aktuellen Forschung und Labordiagnostik auf dem Gebiet cardiovaskulärer Erkrankungen. Obwohl gaschromatographische Bestimmungsmethoden für Cholesterin in Körperflüssigkeiten schon lange bekannt sind, blieb ihre Anwendung bisher auf wissenschaftliche Studien und zu Vergleichszwecken beschränkt. Die früher übliche Bestimmung von Cholesterin in Serum mit Hilfe spektrophotometrischer Verfahren wurde heute weitgehend von Enzymassays abgelöst. In gleicher Weise haben Immunoassays die GC in der Routineanalytik von Steroiden fast vollständig verdrängt. Ausnahmen sind spezielle Untersuchungen, z.B. bei angeborenen

Tabelle 7.4 Auswahl der Ionen für die GC-MS-Analyse von Aminosäuren im SIM-Betrieb [14].

Aminosäure	Ionisierungsmodus			
	EI		CI	
	Ion (m/z)	Abundance (%)	Ion (m/z)	Abundance (%)
GABA	176	100	232	100
			206	80
Tyrosin	253	100	478	100
Glycin	176	100	372	100
Alanin	190	100	238	100
Glutaminsäure	202	100	230	100
Glutamin	202	100	230	100
	230	80	426	50
Aspartinsäure	384	100	384	100
Ornithin	216	100	–	–
	176	80	–	–
Phenylalanin	298	100	426	100
Lysin	230	100	589	100
	176	80	–	–
Leucin	203	100	428	100
	232	70	232	80
	371	60	–	–
Isoleucin	202	100	232	100
	232	70	428	20
	371	60	–	–
Methionin	202	100	446	100
Prolin	216	100	260	100
Tryptophan	245	100	481	100
Valin	203	100	414	100
	218	75	–	–

Störungen des Steroidstoffwechsels, besonders bei Neugeborenen, beim polyzystischen Ovarialsyndrom oder virilisierenden Tumoren, bei denen das gesamte Steroidmuster oder eine erkennbare Diskriminierung von größerer diagnostischer Bedeutung ist als ein einzelnes Steroid [15, 16]. Die GC ist außerdem ein wichtiges analytisches Werkzeug für die Analyse von Gallensäuren und deren Metaboliten in Gallenflüssigkeit, Darminhalt, Stuhl und Serum im Zusammenhang mit Erkrankungen von Leber, Galle und Intestinaltrakt.

7.2.3.1 Analyse von Cholesterin, seinen Metaboliten und Gallensäuren

Cholesterin kann aus Körperflüssigkeiten auch gemäß Protokoll 7.4 [17] mit Hilfe organischer Lösungsmittel extrahiert werden. Zu Beginn der Probenvorbereitung muß generell ein chemischer oder enzymatischer Hydrolysierungsschritt eingefügt werden, um die Cholesterinester in Cholesterin zu überführen. Die Verdünnung der Körperflüssigkeit mit etwa 0,1 M NaOH löst die Bindung der Gallensäuren an Albumin. Gallensäuren und ihre Konjugate können mit Anionenaustauscherharzen wie Amberlite XAD-2 extrahiert werden. Kartuschen, gepackt mit RP-18-Silicagel oder einem vergleichbaren Material, sind die einfachste und effektivste Möglichkeit, Gallensäuren und Steroide zurückzuhalten, die dann mit organischen Lösungsmitteln eluiert werden können [18]. Konjugierte Metaboliten von Steroiden und Gallensäuren müssen vor der GC-Analyse erst auf chemischem oder enzymatischem Wege hydrolysiert werden, wobei der entsprechende Alkohol bzw. die entsprechende Säure entstehen. Die Säuren werden zu Methyl-, Ethyl- oder einer Form von Fluoralkylestern derivatisiert. Die Hydroxylgruppen am Steroidgerüst können zu Acetat- oder Fluoracetatgruppen, Silyl- oder Methylethern umgesetzt, die Carbonylgruppe in ein Oxim überführt werden. Die Probenvorbereitung für Serum- und Urinproben sowie die Herstellung der Derivate für die Analyse von Gallensäuren und 17-O-Steroiden (Metaboliten von Androgenen und Corticosteroiden) sind in den Protokollen 7.5 und 7.6 beschrieben. Bild 7.6 zeigt das mit FID aufgenommene Chromatogramm eines Urin-Steroidprofils. Für die Bestimmung von Spurenkomponenten in Körperflüssigkeiten (z.B. 0,16 ± 0,08 nmol/l 3a-Hydroxy-7-oxo-5-b-cholansäure in Serum) ist die Verwendung einer GC-MS-Kopplung im Single-ion-monitoring (SIM)-Betrieb und einer deuteriummarkierten Verbindung als interner Standard (Bild 7.7) am besten geeignet.

Protokoll 7.4 Nachweis von Cholesterin in Körperflüssigkeiten [a] [17].

1. Mischen Sie Urin oder Speichel (2 ml) mit Wasser und internem Standard Epicoprostanol, extrahieren Sie mit einem Chloroform/Methanol-Gemisch (2:1) und dampfen Sie den Extrakt zur Trockne ein.

2. Erhitzen Sie den Rückstand mit methanolischer KOH 1 Stunde lang auf 65 °C.

3. Extrahieren Sie das Hydrolysat mit Hexan und dampfen Sie den Extrakt zur Trockne ein. Lassen Sie den Rückstand 1 Stunde bei 90 °C mit Pentafluorbenzoylchlorid reagieren.

4. Entfernen Sie überschüssiges Reagenz, lösen Sie den Rückstand in Ethylacetat und analysieren Sie mit GC-ECD unter folgenden Bedingungen:

   - Säule   HP-1 (Methylpolysiloxan), 5 m x 0,53 mm ID
   - Säulentemperatur 253 °C, isotherm.
   - Trägergasfluß   6 ml/min Methan (5%) in Argon (95%)

[a] Cholesterin in normalem Urin 2,29 µmol/l ± 0,9; in Speichel 3,8 µmol/l ± 2,3. (Relative Standardabweichung RSD: innerhalb einer Meßreihe 4,2%, zwischen Meßreihen 8,2%; Nachweisgrenze: 100 pg Cholesterin absolut).

> **Protokoll 7.5** Bestimmung der Serum-Gallensäuren [18].
>
> 1. Verdünnen Sie Serum (0,2–0,5 ml) und internen Standard (multi-Deuterium-markierte Gallensäuren) mit 0,1 M NaOH und incubieren Sie 1 Stunde bei 65 °C.
> 2. Geben Sie die Probe über eine Bond-Elut RP-18-Kartusche, spülen Sie mit Wasser, eluieren Sie die Gallensäuren mit 90%igem Methanol und dampfen Sie das Lösungsmittel im Vakuum ab.
> 3. Hydrolysieren Sie den Extrakt mit Cholylglycinhydrolase 18 Stunden bei 37 °C. Geben Sie das Hydrolysat zum Clean-up über eine RP-18-Kartusche und solvolysieren Sie den Rückstand 18 Stunden bei 37 °C.
> 4. Extrahieren Sie die Gallensäuren aus der angesäuerten Reaktionsmischung mit Ethylacetat und überführen Sie sie in Ethylester-dimethylethylsilylether (DMES) bzw., wo nötig, in Ethylester-methyloxim-DMES.
> 5. Analysieren Sie mittels GC-FID und GC-MS unter folgenden Bedingungen:
>   - Säule HiCap-CBP-1, FSOT-Säule, 20 m × 0,2 mm
>   - Säulentemperatur 275 °C, isotherm.
>   - Trägergasgeschwindigkeit 40 cm/s (Helium)

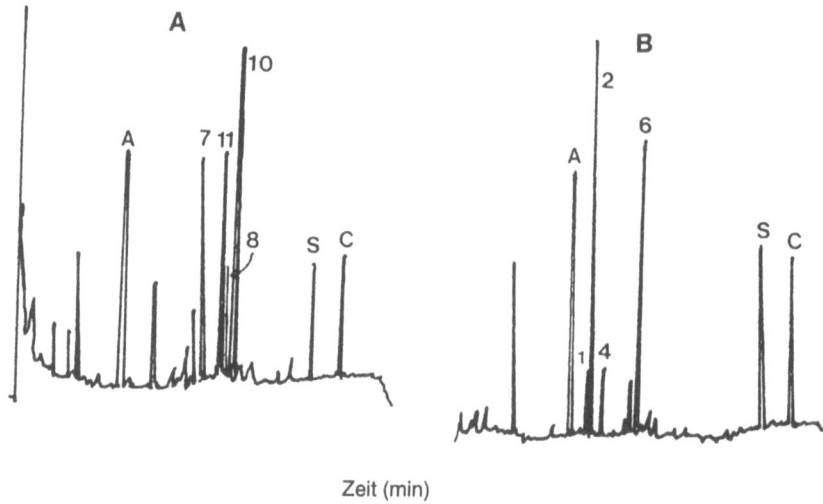

Zeit (min)

Bild 7.6 GC-Analyse der 17-O-Steroide aus Urin eines Patienten **A** mit kongenitaler adrenaler Hyperplasie, verursacht durch einen 17-Hydroxlase-Defekt und eines Patienten **B** mit 5-Reduktasedefizienz. Chromatographische Bedingungen s. Protokoll 7.6; Peaks: *1* – 5a-Androstan-3a, 17b-diol, *2* – 5b-Androstan-3a,17b-diol, *4* – Aetiocholanolon, *6* – 11-Hydroxyaetiocholanolon, *7* – Pregnandiol, *8* – 17b-Formyl-5b-androstan-3a,11b-diol, *10* – Pregana-3a,11b,20b-triol; Interne Standards: *A* – 5a-Androstan-3a,17b-diol; *S* – Stigmasterol, *C* – Cholesterylbutyrat. (Nachdruck mit freundl. Genehmigung aus Ref. [16], © Amer. Assoc. Clin. Chem., 1990)

7.2 Anwendungen der Gaschromatographie

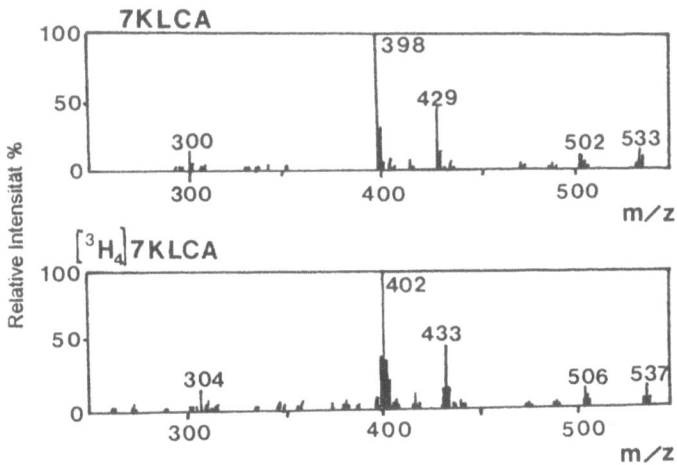

Bild 7.7 Massenspektren der ET-MO-DMES-Etherderivate von 3a-Hydroxy-7-oxo-5b-cholansäure (7KLCA) und [^{3}H$_4$]7KLCA. (Nachdruck mit freundl. Genehmigung aus Ref. [18], © Elsevier Science Publishers, 1990)

Protokoll 7.6 Bestimmung der 17-O-Steroide in Urin [16].

1. Stellen Sie den pH-Wert der Urinprobe (5 ml) mit 0,1 M NaOH auf pH 7 ein.

2. Reduzieren Sie die Probe mit NaBH$_4$ (10 Ma% in 0,1 M NaOH) 45 min bei 60-65 °C. Entfernen Sie überschüssiges NaBH$_4$ durch Erhitzen mit Essigsäure.

3. Oxidieren Sie mit wäßrigem Natriummetaperiodat (10% in Wasser) 10 min bei 60-65 °C.

4. Hydrolysieren Sie mit 5 M NaOH und extrahieren Sie die freien Steroide mit 15 ml CHCl$_3$. Trocknen Sie den Extrakt bei 40 °C. Nehmen Sie den Rückstand in 1 ml Ethanol auf, fügen Sie die internen Standards hinzu und dampfen Sie das Gemisch zur Trockne ein.

5. Stellen Sie die Ethoxim- (60 °C, 1 h) und die Trimethylsilyletherderivate (25 °C, 4 h) her. Trocknen Sie die Probe unter Stickstoff und lösen Sie den Rückstand für die GC-Analyse in 250 µl Cyclohexan.

6. Analysieren Sie mittels GC-FID und GC-MS unter folgenden Bedingungen:

   - Säule   OV-1, 20 m × 0,1 mm ID
   - Detektortemperatur   250 °C
   - Injektortemperatur   180 °C
   - Temperaturprogramm   180 °C, 2,5 °C/min bis 270 °C

7.2.4 Amine und verwandte Verbindungen

Wichtige Verbindungen innerhalb dieser Substanzgruppe sind u.a. Katecholamine, Polyamine, 5-Hydroxytryptamine und deren Metaboliten. Bis auf wenige Fälle, wo Amine in der klinischen Diagnose Anwendung finden, wie z.B. Katecholamine und deren Metaboliten in Pheochromocytoma sowie 5-Hydroxyindolessigsäure bei Krebstumoren, dient die Analyse biogener Amine in der Regel Forschungszwecken, z.B. bei psychischen Störungen, zur Regelung der sympathischen Aktivität, Blutzirkulation, hormoneller Kontrolle, mentalen Anomalien, Schizophrenie, Anorexia nervosa und Diabetes mellitus. Über veränderte Muster der erythrozytalen Polyamine wurde im Zusammenhang mit chronischem Nierenversagen, Sichelzellanämie, zystischer Fibrose und Lebererkrankungen berichtet. Sie scheinen jedoch besser geeignet, das Ausmaß des chemo- oder radiotherapeutisch induzierten Tumorzelltodes bei Krebspatienten zu ermitteln [19].

7.2.4.1 Analyse der Katecholamine

Katecholamine können aus Körperflüssigkeiten zunächst mit Diethylether oder Ethylacetat extrahiert und anschließend in eine saure wäßrige Phase zurückextrahiert werden. Dafür anwendbare Festphasenmaterialien sind u.a. aktiviertes Aluminiumoxid, Kationenaustauscherharze und borsäuregebundene Affinitätsgele. Für die Analyse saurer Metabolite müssen die Proben vor der Extraktion mit organischem Lösungsmittel angesäuert werden [19]. Für Polyamine sind folgende Probenvorbereitungsschritte notwendig: Extraktion mit alkalischem Butanol, Kationenaustauschchromatographie, Adsorption an Silicagel. Amine und deren Metabolite müssen vor der GC-Analyse in geeignete Derivate überführt werden.

7.2.4.2 Analyse von Katecholen und Indolen

Obwohl die HPLC in den letzten Jahren für die Analyse endogener Amino- und Indolverbindungen starke Verbreitung gefunden hat, wird die GC mit ECD- und insbesondere mit MS-Detektion häufig als zuverlässige und präzise Alternativmethode angewendet. Die Derivate der Wahl sind für neutrale Katechole Haloacyl- (z.B. Trifluoracetyl-, Pentafluorpropionyl-) und/oder Silyl- (z.B. Trimethylsilyl-, *tert*-Butyldimethylsilyl-, Dimethyl-*n*-propylsilyl-) ether. Steht kein massenspektrometrischer Detektor zur Verfügung, ist die GC mit ECD ausreichend empfindlich für die Bestimmung der Fluorderivate von Plasma-Katecholamin und 5-Hydroxytryptamin, während die GC mit FID für die Bestimmung vieler Metaboliten, wie z.B. Homovanillinsäure, Vanillylmandelsäure und 5-Hydroxyindolessigsäure aus Urin geeignet ist. Protokoll 7.7 beschreibt die Analyse acidischer und alkoholischer Produkte der Katecholamine aus Cerebrospinalflüssigkeit (CSF), Plasma und Urin. Diese Bestimmungen sind mit hoher Präzision möglich, wenn phenolische Hydroxylgruppen acyliert oder silyliert, Carboxylgruppen verestert (Pentafluorbenzylester) und aliphatische Hydroxylgruppen acyliert werden [20]. Von den möglichen MS-Arbeitsweisen bietet NICI die höchste Empfindlichkeit. Protokoll 7.8 beschreibt als weitere in der GC übliche Vorgehensweise die Verwendung eines Massenspektrometers in Verbindung mit deuteriummarkierten Analoga der Analyten, in diesem Fall zur Bestimmung von 6-Hydroxytryptamin [21].

Protokoll 7.7 GC-Bestimmung acidischer Metaboliten der Katecholamine [20].

1. Verwenden Sie Proben von 1 ml Plasma, 0,1 ml Urin bzw. 0,5 ml Cerebrospinalflüssigkeit.

2. Extrahieren Sie die Probe zunächst bei einem sauren pH-Wert mit Ethylacetat und extrahieren Sie dann die Analyten zurück in eine Pufferlösung bei pH 7,7.

3. Acetylieren Sie im wäßrigen Medium, extrahieren Sie im Sauren mit Ethylacetat und dampfen Sie den organischen Extrakt zur Trockne ein.

4. Verestern Sie die Probe zu den Pentafluorbenzylderivaten, extrahieren Sie im Sauren mit Ethylacetat und dampfen Sie den Extrakt zur Trockne ein.

5. Acetylieren Sie in wasserfreiem Medium, extrahieren Sie im Sauren mit Ethylacetat und dampfen Sie den Extrakt zur Trockne ein.

6. Analysieren Sie [a] mittels GC-ECD und GC-MS unter folgenden Bedingungen:

    - Säule   CP Sil-19, 20 m × 0,22 mm ID
    - Temperaturprogramm 260 °C, 2 min isotherm, 5 °C/min bis 300 °C.
    - Trägergasfluß   0,55 ml/min Helium.

[a] Wiederfindungen für Homovanillinsäure, Vanillylmandelsäure und Dihydroxyphenyl-essigsäure: 86-94%.

Protokoll 7.8 Bestimmung von 5-Hydroxytryptamin (HT)[a] in Plasma [21].

1. Fügen Sie zu 200 µl Plasma 100 ng deuteriertes HT hinzu und mischen Sie den deproteinierten Überstand mit 200 µl Boratpuffer (pH 10) und 5 ml n-Butanol/ Diethylethergemisch (1:4)

2. Dampfen Sie den organischen Extrakt zur Trockne ein und setzen Sie den Rückstand mit Pentafluorpropionsäureanhydrid um (100 µl, 140 °C, 4 h). Dampfen Sie das Gemisch anschließend zur Trockne ein und nehmen Sie den Rückstand in 20 µl Ethylacetat auf.

3. Analysieren Sie mittels GC-MS im SIM-Betrieb (Massenzahlen 451 und 454) unter folgenden Bedingungen:

    - Gepackte Säule   2 m × 3 mm ID, 1,5% OV-1 als stationäre Phase
    - Injektortemperatur   220 °C
    - Säulentemperatur   200 °C
    - Trägergasfluß   50 ml/min Stickstoff.

[a] HT war im pg-Bereich detektierbar, im Plasma normaler Patienten lagen die Konzentrationen bei $295 \pm 0,92$ ng/ml.

7.2.4.3 Analyse der Polyamine

Die simultane Bestimmung von Polyaminen wie 1,3-Diaminopropan, Putrescin, Cadaverin, Spermidin, und Spermin in Körperflüssigkeiten oder Erythrozyten ist mittels Gaschromatographie unter Verwendung von Kapillarsäulen und FID-, ECD-, NPD- oder MS-Detektion möglich. Die im Urin vorkommenden Metaboliten müssen vor der Analyse mit Säure hydrolysiert werden (s. Bild 7.8). Die Probenvorbereitung beinhaltet häufig einen Adsorptionsschritt an einer Festphase, z.B. Silicagel, gefolgt von einer Derivatisierung zu den Haloacylderivaten, z.B. zu Heptafluorbutyrylamin.

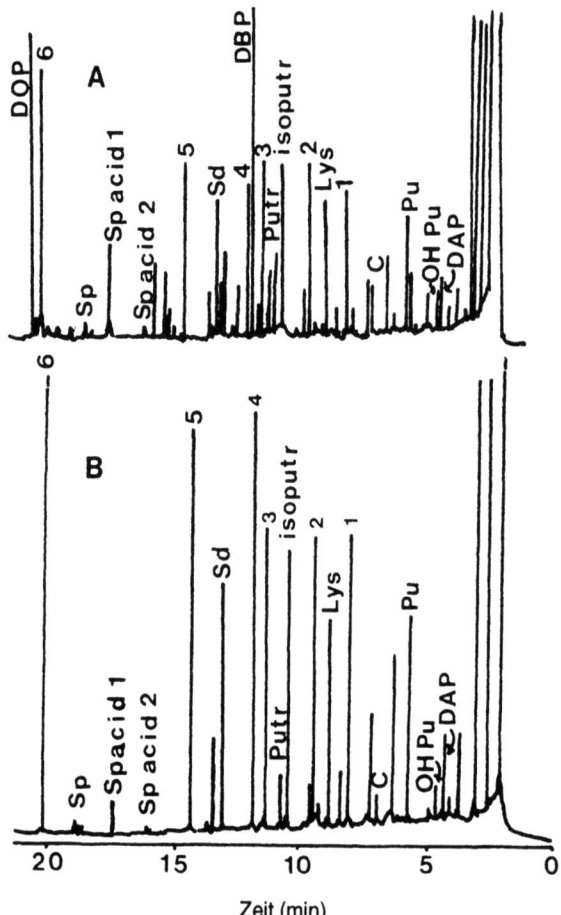

Bild 7.8 GC-Analyse der Methylheptafluorbutyrylderivate der Polyamine und ihrer Metaboliten aus säurehydrolysiertem Normalurin. Detektoren: (A) FID, (B) NPD; Säule: 35 m × 0,2 mm ID, quervernetztes Polydimethylsiloxan, 0,11 µm Filmdicke. Abkürzungen: *DAP* – 1,3-Diaminopropan, *OHPu* – 2-Hydroxyputrescin, *Pu* – Putrescin, *C* – Cadaverin, *1* – 1,6-Diaminohexan, *Lys* – Lysin, *2* – 1,7-Diaminoheptan, *Isoputr* – Isoputreanin, *Putr* – Putreanin, *3* – N-Methylisoputreanin, *DBP* – Dibutylphthalat, *4* – bis-(3-Aminopropyl)-amin, *Sd* – Spermidin, *5* – N-(3-Aminopropyl)-1,5-diaminopentan, *Spacid1, Spacid2* – Spermin-Säuren, *Sp* – Spermin, *6* – N,N-bis-(3-Aminopropyl)-1,5-diaminopentan, *DOP* – Dioctylphthalat; Verbindungen *1-6* sind interne Standards.

7.2.5 Polyole und Zucker

Die reduktiven Abbauprodukte von Zuckern wie Inositol, Glycerol und Sorbitol spielen bekanntermaßen eine wichtige Rolle in biologischen Prozessen, die mit der Physiologie und Pathologie des Menschen eng verknüpft sind. Gaschromatographische Methoden zur Bestimmung der Polyole in Körperflüssigkeiten und Geweben wurden entwickelt und für Studien des cerebralen Kohlenhydratstoffwechsels in gesundem und krankem Zustand angewendet.

7.2.5.1 Analyse von Polyolen aus Plasma und Cerebrospinalflüssigkeit (CSF)

Zur Probenvorbereitung werden Plasma und CSF, mit zugegebenem internem Standard (z.B. Rhamnose), mit einem organischen Lösungsmittel wie Methanol ausgeschüttelt. Nach dem Trocknen des Extrakts im Vakuum werden die Polyole vor der Analyse gewöhnlich in Silylether überführt [22]. Die Wiederfindungen für die Polyole liegen bei CSF zwischen 84 und 92%, während sie bei Plasma niedriger sind, etwa zwischen 45 und 75%. Die Verwendung von Kapillarsäulen (z.B. 25 m × 0,3 mm ID, quervernetztes Polydimethylsiloxan, 0,5 µm Film) gewährleistet die notwendige Auflösung. Als Detektoren fanden FID und MS Anwendung (s. Bild 7.9). Die CSF-Konzentrationen der Aldosen, Ketosen und Polyole einer Gruppe gesunder Probanten zeigt Tabelle 7.5.

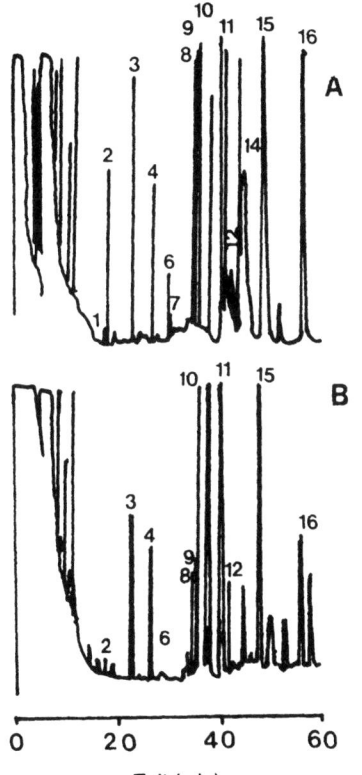

Bild 7.9
Chromatogramme der Aldosen und Ketosen sowie der Polyole aus Cerebrospinalflüssigkeit (A) und Plasma (B); Säule: 25 m × 0,31 mm ID, quervernetztes Polydimethylsiloxan, 0,52 µm Film; Temp.-programm: 50 °C, 10 °C/min bis 140 °C, 1 °C/min bis 190 °C, 30 °C/min bis 260 °C. Peaks: *1* – Threitol, *2* – Erythreitol, *3/4* – interne Standards, *6* – Arabitol, *7* – Ribitol, *8/12* – Mannose, *9* – Fructose, *10* – Anhydroglucitol, *11/15* – Glucose, *14* – Glucitol, *16* – Myoinositol; (gen. Nachdruck aus Ref. [22]).

Tabelle 7.5 GC-Analyse der Aldosen, Ketosen und Polyole in der CSF gesunder Probanten

Kohlenhydrat	Konzentration[a] in mg/l	Präzision innerhalb eines Tages[b]	
		Mittelwert in mg/l	RSD in %
Erythriol	2,4 ± 0,9	4,1	9
Arabitol	4,8 ± 0,9	4,9	8
Ribitol	1,61 ± 0,1	1,6	6
Mannose	10,1 ± 2,3	12,6	11
Fructose	25,5 ± 11,1	23,3	9
Anhydrglucitol	19,4 ± 5,3	20,2	8
Glucose	613 ± 8,83	543	3
Glucitol	7,7 ± 1,5	6,0	5
Myoinositol	33,0 ± 4,6	45,2	5

[a] zehn männliche und 4 weibliche Personen
[b] gemischte CSF von fünf gesunden Personen

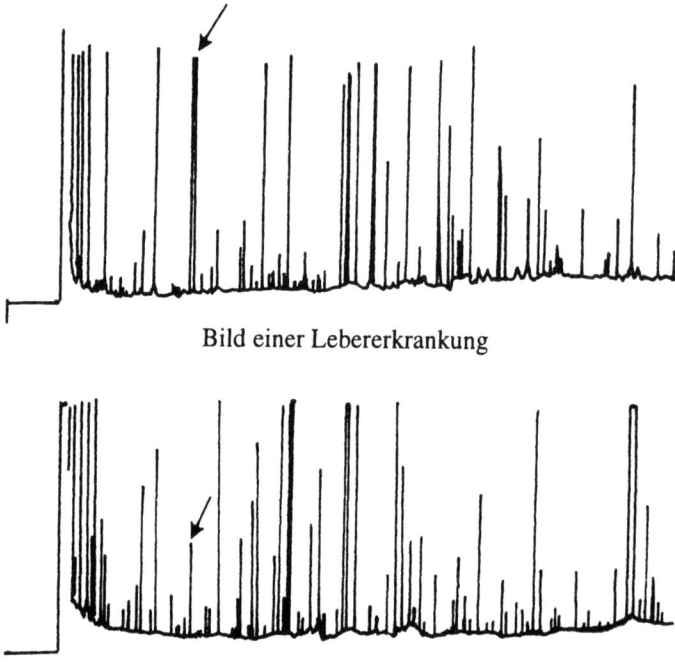

Bild 7.10 GC-Profil des Speichels einer gesunden Person und eines Patienten mit einer Lebererkrankung. Der diagnostische Peak hat im Chromatogramm des Leberkranken eine Retentionszeit von 12,02 min (Pfeil). Die Silylderivate wurden an einer CP Sil-8 CB-Säule, 50 m × 0,22 mm ID, 0,13 µm Film chromatographiert. Temperaturprogramm: 150 °C, 4 °C/min bis 300 °C; Trägergas: Helium, 2 ml/min; Detektor: Finnigan MAT GC/MS 1020/OWA. (Nachdruck aus Ref. [23])

7.3 Zusammenfassung

Mit der Verfügbarkeit automatischer Probengeber, einer guten Auswahl an Kapillartrennsäulen, empfindlichen und robusten Stickstoff-Phosphor-Detektoren, der Massenspektrometrie in verschiedenen Arbeitsweisen und modernen Datenverarbeitungssystemen ist die Gaschromatographie prädestiniert, auch in Zukunft eine zentrale Stellung in der biomedizinischen Forschung einzunehmen. Es wäre unpassend, ihre Rolle in der klinischen Biochemie nach der notwendigen Analysenzeit für die Untersuchung von Routineprobe zu beurteilen. Die Möglichkeiten der GC als Analysentechnik übersteigen bei weitem die der derzeit in biochemischen Laboratorien angewendeten automatisierten Analysensysteme.

Die Gaschromatographie vervollständigt die modernen klinisch-chemischen Untersuchungsmethoden, indem sie eine sehr effektive und in vielen Fällen die einzige aussagefähige Methode zur Durchführung komplexer Multikomponentenanalysen darstellt. Vor allem in der pathobiologischen Forschung und bei den für die Diagnose, Behandlung und Verhütung humaner Krankheiten notwendigen Laboruntersuchung ist die Anwendung der GC unumgänglich.

Große Vorteile für die medizinische Diagnostik sind bei der Analyse flüchtiger Verbindungen in Atemluft und Körperflüssigkeiten zu erwarten. Wie Bild 7.10 und [23] anhand von Speichel verdeutlicht, ist die Zusammensetzung solcher Proben sehr komplex und nur zum Teil charakterisiert. Unter Verwendung moderner GC-Techniken in Verbindung mit geeigneten Datenbanken wäre es möglich, so etwas wie „metabolische Profile" oder „chromatographische Fingerprints" für bestimmte klinische Zustände zu ermitteln. Die Aussagen aus einer solchen Multikomponentenanalyse, sei es nun für Umweltschadstoffe, Toxine, Drogen oder endogene Stoffwechselendprodukte erlauben einen größeren Überblick über die biochemischen Prozesse, die möglicherweise mit der Aetiologie pathologischer Veränderungen verknüpft sind oder deren Folgen darstellen. Jeder Fortschritt in dieser Richtung wird nicht nur dazu beitragen, die Qualität des klinisch-chemischen Service zu verbessern, sondern auch unser Verständnis für die komplizierten biochemischen Mechanismen, die den Erkrankungen des Menschen zugrunde liegen, vertiefen.

Literatur

[1] Zarling, E.J.; Clapper, M. *Cli. Chem.* **1987**, *33*, 140

[2] Lemoyne, M.; Gossum, A. Van; Kurian, R.; Ostro, M.; Axler, J.; Jeejeebhoy, K.N. *Am. J. Clin. Nutr.* **1987**, *46*, 267

[3] Niwa, T. *J. Chromatogr.* **1986**, *379*, 313

[4] Uehori, R.; Nagata, T.; Kimura, K.; Kudo, K.; Noda, M. *J. Chromatogr.* **1987**, *411*, 251

[5] Kimura, K.; Kabayashi, K,; Matsuoka, A.; Hyashi, K.; Kimura, Y. *Clin. Chem.* **1985**, *31*, 596

[6] Akane, A.; Shoju, F.; Kazuo, M.; Setsunori, T.; Hiroshi, S. *J. Chromatogr.* **1990**, *529*, 155

[7] Phillips, M.; Greenberg, J. *J. Chromatogr.* **1987**, *422*, 235

[8] Phillips, M.; Greenberg, J. *Anal. Biochem.* **1987**, *163*, 165

[9] Scheppach, M.; Fabian, C.E.; Kasper, H.W. *Am. J. Clin. Nutr.* **1987**, *46*, 641

[10] Uedelhoven, W.M.; Messe, C.O.; Weber, P. *J. Chromatogr.* **1989**, *497*, 1

[11] Liebich, H.M. *J. Chromatogr.* **1990**, *525*, 1

[12] Roemen, T.H.M.; Keizer, H.; Van der Vusse, G.J. *J. Chromatogr.* **1990**, *528*, 447

[13] Mackert, G.; Reinka, M.; Schweer, H.; Seyberth, H.W. *J. Chromatogr.* **1989**, *494*, 13

[14] Singh, A.K.; Ashraf, M. *J. Chromatogr.* **1988**, *425*, 245

[15] Weykemp, C.W.; Penders, T.J.; Schmidt, N.A.; Borburgh, A.J.; Caiseyde, J.F.V.; Wolthers, B.J. *Clin. Chem.* **1989**, *35*, 2281

[16] Honour, J.W.; Tsang, W.M.; Patel, H. *Ann. Clin. Biochem.* **1990**, *27*, 338

[17] Schwertner, H.; Johnson, E.R.; Lane, T.E. *Clin. Chem.* **1990**, *36*, 519

[18] Eguchi, T.; Miyazaki, H.; Nakayama, F. *J. Chromatogr.* **1990**, *525*, 25

[19] Muskiet, F.A.J.; Berg, G.A.V.; Kingma, A.W.; Halley, R. *Clin. Chem.* **1984**, *30*, 687

[20] De Jong, A.P.M.; Rock, R.M. *J. Chromatogr.* **1986**, *382*, 19

[21] Baba, S.; Uton, M.; Horie, M. *J. Chromatogr.* **1984**, *307*, 1

[22] Kusmierz, J.; De George, J.J.; Sweeney, D.; May, C.; Rapoport, S.I. *J. Chromatogr.* **1989**, *497*, 39

[23] Lochner, A.; Weisner, S.; Zlatkis, A.; Middleditch, N.S. *J. Chromatogr.* **1986**, *378*, 267

8 Chirale Trennungen mittels Gaschromatographie

DAVID R. TAYLOR

8.1 Einleitung

Die Trennung eines Enantiomers (optisches Isomer) von einem anderen ist durch chromatographische Verfahren schwierig zu erreichen, weil jedes der beiden Enantiomeren strukturell in der gleichen Weise wie ein Objekt und sein Spiegelbild miteinander verwandt sind. Die beiden Enantiomeren zeigen deshalb identische physikalische und chemische Eigenschaften, solange sie in einer achiralen (symmetrischen) Umgebung bleiben. Nur wenn sie in linearpolarisiertem Licht wie z.B. in einem Polarimeter beobachtet werden oder mit einem chiralen (asymmetrischen) Reagens bzw. einer chiralen Oberfläche wechselwirken, zeigen zwei Enantiomeren Unterschiede, die zur Analyse oder Trennung genutzt werden können.

Dieses, die Analyse von Enantiomeren außerordentlich komplizierende Problem würde nicht besonders bedeutend sein, wäre nicht die Asymmetrie von lebendem Gewebe, die aus der biologischen Nutzung von häufig nur einem Aminosäure- oder Kohlenhydratenantiomer folgt. Deren Bedeutung zeigte sich mit besonderer Deutlichkeit als Reaktion schwangerer Frauen auf die beiden Enantiomeren des Thalidomids, dessen aktiver Bestandteil ein 50:50-Gemisch (racemisches Gemisch) beider Enantiomeren der Struktur I war. Wegen ihrer völlig unterschiedlichen Metabolisierungswege im asymmetrischen Biosystem zeigte das (S)-Enantiomer (Struktur Ia) vorher nicht vermutete teratogene Wirkungen. Der erwünschte therapeutische Effekt liegt ausschließlich beim (R)-Enantiomer (Struktur Ib).

Nachdem die Bedeutung dieses Phänomens erkannt wurde, erwartete man eine strengere Kontrolle der Reinheit von Enantiomeren, die in der Medizin, in Nahrungsmitteln und in der Landwirtschaft verwendet werden. Deshalb benötigen die Analytiker nun zuverlässige Methoden zur Konzentrationsbestimmung beider Enantiomeren in chiralen Produkten, chiralen

Struktur I Thalidomid: (a) teratogene Form, (S)-(–)-*N*-Phthalylglutaminsäureimid; (b) therapeutische Form, (R)-(+)-*N*-Phthalylglutaminsäureimid

Zwischenverbindungen, bei ihrer Synthese sowie der Abbauprodukte und Metaboliten. Die chirale Gaschromatographie ist eine der verfügbaren Methoden und stellt eine brauchbare Alternative zur chiralen Flüssigchromatographie und chiralen spektroskopischen Techniken dar. Sie bietet die typischen Vorteile jeder GC-Methode, nämlich eine hohe Peakkapazität, Einfachheit, große Genauigkeit sowie eine hohe Analysengeschwindigkeit. Jüngste Entwicklungen haben es ermöglicht, daß die chirale GC gegenüber der chiralen HPLC Vorteile hinsichtlich der enantioselektiven Auflösung von Substanzen mit fehlender Funktionalität gewann. Bevor die Verfahren für die chirale Gaschromatographie detaillierter beschrieben werden, werden einige hilfreiche Termini und Definitionen behandelt. Ebenso wird auf allgemeine Reviews hingewiesen [1-3].

8.1.1 Terminologie und Definitionen

Historisch gesehen begann das Studium von optischen Isomeren mit der Arbeit von Pasteur im späten 19. Jahrhundert. Es ist kaum überraschend, daß die früher verwendete Terminologie weiterentwickelt und vervollkommnet werden mußte. Besonders bedeutend ist die eindeutige Zuweisung einer einzigen absoluten Konfiguration zu einem bestimmten Isomer, und dieser Aspekt verursacht normalerweise die meiste Verwirrung.

Mittels Polarimetrie kann ein einzelnes Enantiomer mit (+) oder (−) entsprechend der Drehung des linear-polarisierten Lichts im Uhrzeigersinn oder diesem entgegengesetzt bezeichnet werden. Gemische, in denen das (+)-Isomer überwiegt, zeigen eine Drehung im Uhrzeigersinn, während ein racemisches Gemisch mit exakt gleichen Anteilen des (+)- und des (−)-Isomers diese Eigenschaft nicht besitzt. Die absolute Konfiguration eines Enantiomers kann auf verschiedene Weise, z.B. mittels Röntgenkristallographie, aber nicht durch Polarimetrie bestimmt werden, weil es keine Möglichkeit gibt, die Richtung und Größe der Drehung des polarisierten Lichts aus der Kenntnis der Struktur vorherzusagen. Einmal bestimmt, wird die Konfiguration beschrieben, indem jedem asymmetrischen Zentrum im Molekül die Bezeichnung (R) oder (S) zugeordnet wird, die durch die Anwendung einer von Cahn, Ingold und Prelog stammenden Reihe von Regeln ermittelt wird. Diese Regeln ersetzen die älteren Ausdrücke wie z.B. (D) und (L), die dennoch in bestimmten Gebieten der Chemie, besonders diejenigen, die sich mit Aminosäuren und Zuckern beschäftigen, weiterbestehen.

Ein Atom trägt die Bezeichnung (R), wenn an ihm vier Substituenten so angeordnet sind, daß – entlang der Achse gesehen, die von diesem Atom zum Substituenten mit der geringsten Priorität zeigt – die restlichen Substituenten eine fallende Priorität im Uhrzeigersinn haben (Bild 8.1). Umgekehrt wird ein Atom mit (S) gekennzeichnet, wenn, entlang der gleichen Achse gesehen, die übrigen Substituenten Prioritäten haben, die entgegen dem Uhrzeigersinn fallen (Bild 8.2). Im Sinne dieser Regeln wird die Priorität durch Berücksichtigung der relativen Atommasse (RAM) derjenigen Atome bestimmt, die direkt mit dem Atom verbunden sind, dessen Chiralität ermittelt werden soll. Eine höhere Atommasse bedeutet eine höhere Priorität. Wenn zwei Substituenten dasselbe Atom haben, das mit dem chiralen Zentrum verbunden ist, wird die Priorität durch Berücksichtigung der Atommasse der eine Bindung weiter entfernten Atome bestimmt, usw., bis eine Priorität festgelegt werden kann. Mit einer Doppelbindung verknüpfte Atome werden doppelt, aber mit derselben Masse berücksichtigt. Für weitere Einzelheiten zu diesen Regeln sei auf ein Lehrbuch hingewiesen [4].

8.2 Die Rolle der Derivatisierung bei chiralen Trennungen

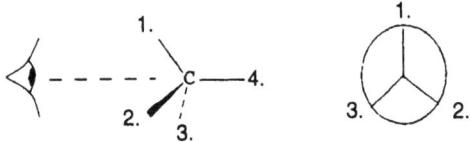

Bild 8.1 (R)-Enantiomer (1 = höchste Priorität)

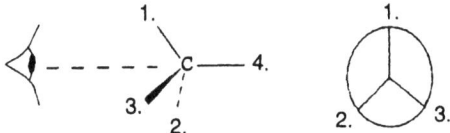

Bild 8.2 (S)-Enantiomer (1 = höchste Priorität)

Wenn ein Molekül wie z.B. die Weinsäure zwei asymmetrische Atome enthält, steigt die Anzahl möglicher Isomere auf vier an. In einem solchen Fall kann die eine Molekülhälfte ein Spiegelbild der anderen Hälfte darstellen. Wenn zwei Enantiomeren äquivalent sind, führt das zu einer geringeren Anzahl möglicher Diastereomere.

Folglich ist in der Weinsäure das (R,R)-Isomer nicht mit dem (S,R)-Isomer (Struktur II) identisch; die beiden Isomere sind zwei optisch aktive Enantiomere. Das (R,S)-Enantiomer ist mit seinem Spiegelbild, dem (S;R)-Enantiomer, identisch, und so gibt es nur drei und nicht vier Diastereomere. Das ist für das Monoethyltartrat nicht der Fall. Hier gibt es vier Enantiomere: (2R,3S); (2R,3R); (2S,3R); (2S,3S) (Bild 8.3). Es sollte beachtet werden, daß in einer derartigen Reihe von Isomeren das (2R,3R)-Isomer nicht enantiomer in Bezug auf das (2R,3S)-Enantiomer ist. Die zwei Substanzen sind Diastereomeren und haben unterschiedliche, detektierbare physikalische, spektroskopische und chemische Eigenschaften. Solche Diastereomeren können deshalb, zumindest theoretisch, mittels konventioneller Verfahren getrennt werden.

Struktur II

Struktur III

PhOCHMeCO$_2$H

8.2 Die Rolle der Derivatisierung bei chiralen Trennungen

Weil Diastereomere, die nicht enantiomer sind, unterschiedliche Eigenschaften haben, können sie durch konventionelle Techniken, z.B. Chromatographie, Destillation oder Rekristallisation getrennt werden. Somit ist die Umwandlung zweier Enantiomeren, wie z.B. dem (R)- und dem (S)-Isomer der 2-Phenoxypropionsäure (Struktur III), in trennbare Diastereomeren durch Reaktion mit einem optisch reinen Reagens ein Standardverfahren für die Bestimmung

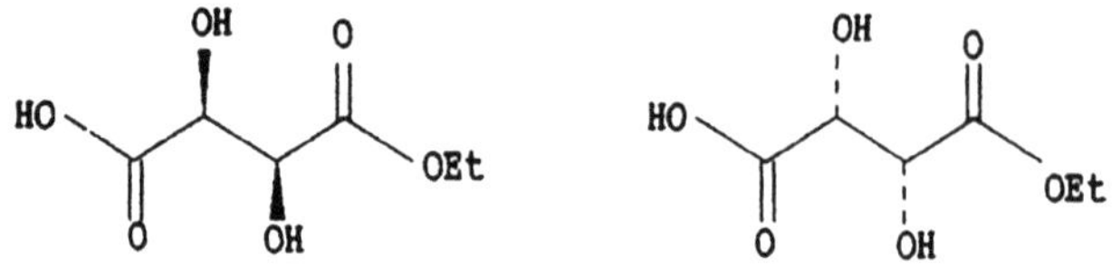

(S,S) Spiegelbild von (R,R)

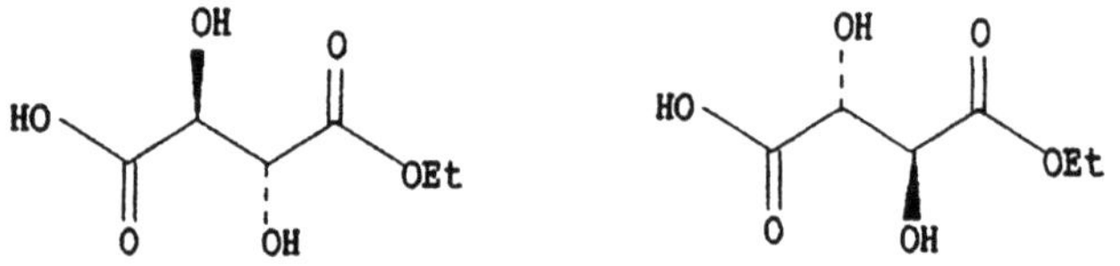

(S,R) Spiegelbild von (R,S)

Bild 8.3 Enantiomeren des Monoethyltartrats

des relativen Enantiomerenüberschusses. Versetzt man diese zwei Säuren z.B. mit (R)-1-Phenylethanol (Struktur IV) im molekularen Verhältnis, würden sich die (R,R)- und (S,R)-Ester (Struktur V und VI) bilden. Diese sind für analytische Zwecke prinzipiell mittels GC oder HPLC an konventionellen achiralen stationären Phasen trennbar.

Mögliche Nachteile der chemischen Derivatisierung mit anschließender GC-Analyse des Diastereomerengemisches sind:

a) die Kosten eines geeigneten chiralen Reagens von hoher Reinheit;

b) keine quantitative Reaktion des chiralen Reagens mit beiden Substratenantiomeren;

c) unterschiedliche chromatographische Responsefaktoren für Diastereomere;

d) Ungenauigkeiten, die sogar aus nur geringfügig verunreinigten chiralen Reagentien entstehen,

e) geringe Flüchtigkeit der Diastereomeren.

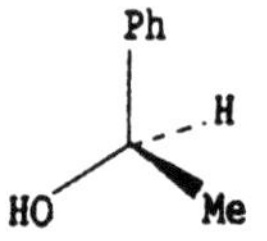

Struktur IV

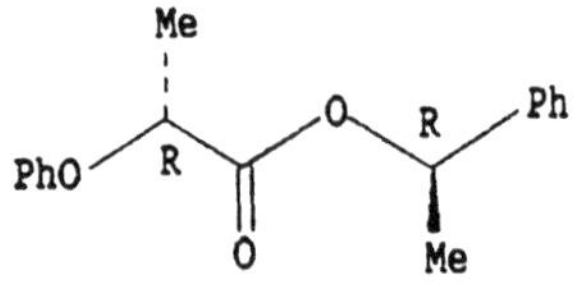

Struktur V

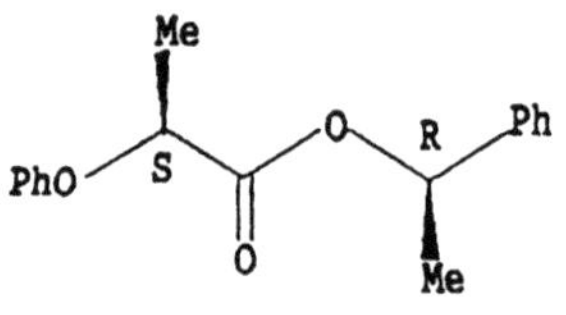

Struktur VI

$Me_2CHCHClCOOH$

Struktur VII

8.2 Die Rolle der Derivatisierung bei chiralen Trennungen

Trotz dieser Nachteile wurde die Diastereomerenbildung vor einer GC-Analyse seit vielen Jahren in großem Umfang genutzt und sollte als brauchbare Alternative zu direkteren analytischen GC-Verfahren, die eine chirale stationäre Phase verwenden, betrachtet werden.

In Tabelle 8.1 sind mehrere, allgemein verwendbare chirale Derivatisierungsreagentien für die Synthese trennbarer Diastereomeren aufgeführt. Ein allgemeines Prinzip für ihre Auswahl besteht darin, daß sie eine hohe Reaktivität gegenüber der verfügbaren Funktionalität im Analyten unter Bedingungen zeigen müssen, bei denen jedwede Racemisierung im Analyten oder im chiralen Reagens vermieden wird. In der GC ist die durch diesen Prozeß erfolgende Umwandlung von funktionellen Gruppen mit hohem Siedepunkt wie z.B. Hydroxyl-, Carboxyl- und Aminogruppen in funktionelle Gruppen mit geringeren zwischenmolekularen Kräften besonders nützlich.

Infolgedessen sind viele der in Tabelle 8.1 aufgeführten Reagentien chirale Säurechloride und Chlorformiate. Für die GC-Analyse sollten sie nicht von zu hoher relativer Molekülmasse sein, obwohl auch *N*-Trifluoracetylaminosäuren verwendet werden. Die Säurechloride der 2-Chlorisovaleriansäure (Struktur VII), Mosher`s Säure (Struktur VIII) und (–)-Menthol (Struktur IX) sowie die Chlorformiate- und Hydroxylaminoderivate (Struktur X und XI) sind die am meisten genutzten Reagentien für diese Form der Diastereomerenanalytik mittels GC nach einer Derivatisierung.

Enttäuschend ist, daß es wenige leicht erhältliche, optisch aktive Organosilane hoher Reinheit gibt. Diese Reagentien, wie z.B. das kürzlich beschriebene Chlor-(menthyl-oxy)-dimethylsilan (Struktur XII) [5] dürften äußerst nützlich für die routinemäßige Bildung flüchtiger diastereomerer Silylester und -ether vor einer GC-Analyse sein.

8.2.1 Typische Verfahren für die Derivatisierung von Diastereomeren

Protokoll 8.1 und 8.2 beschreiben das Verfahren, dem zu folgen ist, wenn flüchtige Diastereomeren aus racemischen Aminosäuren und Alkoholen darzustellen sind. Für eine kritische Betrachtung der verfügbaren Reagentien sowie zu Hinweisen für ihren Gebrauch sowie den optimalen Analysenbedingungen wird auf König verwiesen [3].

Struktur VIII

Strukturen IX – XII
(IX) R = H; (X) R = COCl; (XI) R = NH_2; (XII) R = $SiMe_2Cl$

Struktur XIII

Struktur XIV

Tabelle 8.1 Chirale Derivatisierungsreagentien für die Gaschromatographie[a]

Gruppe/Reagens	gebildetes Derivat[b]	geeignet für folgende Analyttypen
Aminogruppe		
2-Chlorisovalerylchlorid	NHCOCHClCHMe$_2$	Aminosäuren, Amine
Drimanoylchlorid	NHCOR^1	Aminosäuren, Amine
trans-Chrysanthemoylchlorid	NHCOR^2	Aminosäuren, Amine
N-Trifluoracetylprolylchlorid	NHCOR^3	Aminosäuren, Amine
N-Pentafluorbenzoylprolylchlorid	NHCOR^4	Amine
N-Trifluoracetylalanylchlorid	NHCOCHMeCOCF$_3$	Amine
(S)-2-Methoxy-2-trifluormethyl-phenylacetylchlorid	NHCOR^5	Amine
(−)-Menthylchloroformiat	NHCOR^6	Aminosäuren, Amine
Hydroxylgruppe		
2-Phenylpropionylchlorid	OCOCHMePh	Hydroxysäuren, Alkohole
2-Phenylbutyrylchlorid	OCOCHEtPh	Alkohole
O-Acetylmilchsäurechlorid	OCOCHMeOAc	Alkohole
Drimanoylchlorid	OCOR^1	Hydroxysäuren
trans-Chrysanthemylchlorid	OCOR$_2$	Hydroxysäuren, Alkohole
N-Trifluoracetylalanylchlorid	OCOCHMeNHCOCF$_3$	Alkohole
(S)-2-Methoxy-2-trifluormethyl-phenylacetylchlorid	OCOR^5	Amphetamine
(−)-Menthylchlorformiat	OCOR^6	Hydroxysäuren, Alkohole
1-Phenylethylisocyanat	OCONHCHMePh	Hydroxysäuren, Alkohole
1-(1-Naphthyl)ethylisocyanat	OCONHCHMeNaph	Alkohole
Chlordimethyl(menthyloxy)silan	OSiMe$_2$R^6	Alkohole
Chlordimethyl(bornyloxy)silan	OSiMe$_2$R^7	Alkohole
Carbonsäuren (COOH)		
Butan-2-ol	CO$_2$CHMeEt	Aminosäuren, Hydroxy-säuren, Ketosäuren
3-Methylbutan-2-ol	CO$_2$CHMeCHMe$_2$	Alkansäuren, Aminosäuren, Hydroxysäuren, *N*-Methylaminosäuren
(−)-Menthol	COR^6	Alkansäuren, Aminosäuren, Hydroxysäuren
2-Amino-4-methylpentan	CONHCHMeBu-i	Aminosäuren
Ethylester der Aminosäuren	CONHCHRCO$_2$Me	Aminosäuren

8.2 Die Rolle der Derivatisierung bei chiralen Trennungen

Tabelle 8.1 Forts.

Carbonylgruppe		
(+)-2,2,2-Trifluorphenylethylhydrazin	>C=NNCH(CF$_3$)Ph	Ketone
O-(–)-Menthylhydroxylamin	>C=NR^6	Kohlenhydrate
2,3-Butandiol	MeCHOCR^{2}OCHMe$_2$	Ketone, Lactone
Butan-2-ol	But-2-yl-glycosid	Kohlenhydrate

^{a} Das Buch von W.A. König [1] enthält noch mehr nützliche Informationen und Schlüsselreferenzen, die sich mit der Präparation chiraler Reagentien und mit Derivatisierungsverfahren beschäftigen.

^{b} Schlüssel für die Gruppen R$_1$ bis R$_6$

Protokoll 8.1 Synthese und Analyse von *N*-Pentafluorpropionylaminosäure-*O*-(S)-alkylestern [6]

1. Stellen Sie *N*-Pentafluorpropionylaminosäure-*O*-(S)-alkylester (Struktur XIII) her, indem Sie 0,6 mg der Aminosäure mit 0,1 ml eines Gemischs von Acetylchlorid (20 Vol%) im (S)-2-Hydroxyalkan (z.B. Butan-2-ol (Fluka), 3-Methylbutan-2-ol (Chemical Dynamics), Hexan-2-ol (Chemical Dynamics) oder Octan-2-ol (Fluka)) in einem „Reacti-Vial" 1h bei 100 °C im Ultraschallbad erhitzen:

2. Dampfen Sie im Stickstoffstrom zur Trockne ein, lösen Sie den Ester in 100 μl DCM und erhitzen Sie ihn mit 25 μl Pentafluorpropionsäureanhydrid (Pierce) 20 min bei 100 °C:

3. Entfernen Sie die Reagentien im Stickstoffstrom und lösen Sie wieder in 50 μl/ml DCM.

4. Analysieren Sie den *N*-TFA-Aminosäureester in DCM in einem geeigneten GC unter folgenden Bedingungen^a:

   - Kapillarsäule   CP-SIL 5, 25 m × 0,32 mm ID
   - Temperaturbereich   100–200 °C
   - Splitinjektion   1 μl
   - Trägergas   He bei 100 kPa
   - Detektor   FID oder ECD

^{a} Diese Bedingungen sollten t$_R$ von ca. 6–12 min und Selektivitäten (α) von 1,02–1,06 ergeben.

> **Protokoll 8.2** Synthese und Analyse diastereomerer Carbamate von racemischen Alkoholen [7]
>
> 1. Stellen Sie die diastereomeren Carbamate (Struktur XIV) racemischer Alkohole her, indem Sie 1 µl des racemischen Alkohols und 1,5 ml (R)-1-Phenylethylisocyanat 7 h bei 110 °C in einem 1 ml „Reacti-Vial" erhitzen. Geben Sie danach 0,5 ml Methanol hinzu, um überschüssiges Reagens zu zerstören.
> 2. Analysieren Sie die Derivate in einem geeignetem GC bei folgenden Bedingungen:
>   - Kapillarsäule   SE54, DB210 oder Carbowax 20M) 25 m × 0,32 mm ID
>   - Temperatur: isotherm   170–180 °C
>   -   oder programmiert   von 170 °C mit 2 °C/min
>   - Trägergas   He bei 100 kPa
>   - Detektor   FID oder NPD

8.3 GC an chiralen stationären Phasen

Als Alternative zur Bildung solcher flüchtiger Diastereomerenderivate kann ein Enantiomerengemisch mittels Gaschromatographie unter Verwendung chiraler stationärer Phasen, allgemein als CSP bezeichnet, direkt analysiert werden. Kommerziell erhältliche chirale Stationärphasen (Tabelle 8.2), die idealerweise sowohl hochsiedende als auch stabile Flüssigkeiten sein sollten, umfassen Peptide, chirale Polysiloxane, bestimmte asymmetrische Übergangsmetallkomplexe und die kürzlich entwickelten flüssigen Polyalkylderivate der Cyclodextrine. Bevor auf die einzelnen Phasen mit ihren speziellen Besonderheiten, Möglichkeiten und Grenzen eingegangen wird, soll zunächst der grundlegende Wirkungsmechanismus der chiralen Trennung betrachtet werden.

In der GC gibt es keine chirale mobile Phase: Die üblichen Gase wie z.B. Helium und Stickstoff sind symmetrische Moleküle. Deshalb ist der Einsatz chiraler stationärer Phasen der einzige Weg, um eine asymmetrische Retentionsumgebung zu erzielen. Auf molekularer Ebene bedeutet dies, daß sich die enantiomeren Analyten im Gleichgewicht zwischen der mobilen und einer chiralen stationären Phase so verteilen, daß die Lage des Gleichgewichts, das sich mit jedem theoretischen Boden einstellt, für beide Enantiomeren unterschiedlich ist. Mit anderen Worten, da das Phasenverhältnis β für die zwei Enantiomeren gleich ist, gilt: wenn $k'(R) \neq k'(S)$, dann ist $K(R) \neq K(S)$. Die molekulare Tragweite besteht darin, daß die Enantiomeren eine reversible diastereomere Komplexbildung mit chiralen Strukturen in der CSP eingehen müssen. Da K entsprechend der bekannten thermodynamischen Beziehungen mit Enthalpie- und Entropieänderungen verknüpft ist, bedeutet dies, daß sich die Enthalpie- und Entropieänderungen für die zwei Enantiomeren in der entsprechenden Art und Weise unterscheiden müssen, wenn sie diese kurzlebigen, reversiblen Komplexe bilden, so daß gilt:

$$-RT \log K = \Delta H - T \Delta S \quad \text{und}$$

$$K(R) \neq K(S)$$

8.3 GC an chiralen stationären Phasen

Tabelle 8.2 Kommerziell erhältliche CSP für direkte chirale GC-Analysen

Art/Selektor	Temperaturlimit [°C]	Anwendungen	Lieferant
Lauroyl-prolin-naphthylethylamid	170	Aminosäurederivate	Sumitomo
Lauroyl-valin-tert-butylamid	190	N-TFA-Aminosäuremethylester	Supelco
Chirasil-VAL (L oder D)	200–230	viele Typen	Chrompack, Macherey-Nagel
XE-60-VAL.NHCHMePh	200–220	viele Typen	Chrompack
Chiraldex Cyclodextrinphasen (eine Reihe modifizierter α, β, γ-Cyclodextrine)	300	viele Typen	Astec, Technicol
Permethyl-β-Cyclodextrin gelöst in CP-Sil	250	Barbitale, freie Diole, Dioxalane etc.	Chrompack
Lipodex Cyclodextrinphasen (eine Reihe modifizierter α, β, γ-Cyclodextrine)	300	viele Arten	Macherey-Nagel

Allgemein gesagt, könnten diese ΔH- und ΔS-Werte durch Prozesse wie z.B.

- Wasserstoffbrückenbindung
- Dipol-Dipol-Wechselwirkungen
- π-π-Wechselwirkungen
- van-der-Waals-Wechselwirkungen (sterische Effekte)
- hydrophobe Wechselwirkungen (Dispersionskräfte)

zwischen dem Analytmolekül und den asymmetrischen Bereichen der CSP verursacht werden. Wären diese Prozesse in ihren Einzelheiten genauer bekannt, wären wir in der Lage, chirale stationäre Phasen präziser zu entwerfen. Leider muß zugegeben werden, daß das Verständnis solcher Prozesse derzeit gering ist. Als Ergebnis davon bleibt die Auswahl der CSP für eine bestimmte Analyse eine empirische Angelegenheit. Im Fall der chiralen stationären Phase für die GC ist die wichtigste Einschränkung bei der Säulenauswahl immer noch das im Vergleich zur HPLC begrenztere Angebot kommerziell erhältlicher CSP. Ob sich diese Situation in naher Zukunft ändern wird, hängt in hohem Maße von der Nachfrage ab. In jüngster Vergangenheit waren es die HPLC-Analytiker, die verbesserte CSP gefordert haben, weil sie mit den strengen Anforderungen an die Überwachung der Reinheit pharmazeutischer und agrochemischer Produkte konfrontiert waren.

Aufgrund der begrenzten Auswahl chiraler stationärer Phasen für die gaschromatographische Enantiomerenanalytik sollten folgende, allgemeine Überlegungen berücksichtigt werden:

- Temperaturlimit der CSP
- Leistungskriterien wie z.B. Säuleneffizienz

- Reproduzierbarkeit der Herstellung
- Kosten
- chirale Analyten, die an der CSP trennbar sind

Obwohl einige GC-Analytiker ihre eigenen Kapillarsäulen herstellen, wollen wir in den folgenden Abschnitten einige Informationen über die Entwicklung von chiralen stationären Phasen geben. Die Kenntnis der damit verbundenen Chemie führt zu einem größerem Verständnis der Grenzen der verschiedenen CSP und der zu überwindenden Probleme bei ihrer Herstellung.

8.3.1 Auf monomeren Peptiden basierende Phasen

Das Verdienst um die Entwicklung der ersten CSP im Jahre 1966 geht an Gil-Av und Feibush [8], ein Beitrag, der nicht unterschätzt werden sollte, weil er der enantioselektiven Analyse mittels HPLC um einige Jahre vorausging. Die israelische Gruppe beschichtete 50–100 m lange Glaskapillaren mit Trifluoracetylderivaten langkettiger Aminosäuren [8]. Dabei fanden sie, daß N-TFA-(S)-Isoleucinlaurylester (Struktur XV) in einem geeigneten Temperaturbereich einen Flüssigkeitsfilm mit geringer bis ausreichender thermischer Stabilität bildet, und konnten mäßige Trennungen von Estern des racemischen N-TFA-Valins, N-TFA-Leucins und N-TFA-Alanins mit α-Werten im Bereich von 1,02-1,06 melden.

Nachdem Gil-Av, Feibush und andere das Potential eines solchen Vorgehens demonstriert hatten, untersuchten sie Leistung und Auflösungsvermögen ähnlicher CSP (Tabelle 8.3). In diesen Untersuchungen vor nahezu 20 Jahren hat sich die Diamidphase N-Lauryl-(S)-valin-*tert*-butylamid (Struktur XVI) als eine der leistungsfähigsten herausgestellt [9]. Sie wurde kommerziell weiterentwickelt und war als Supelco SP-300 GC, gepackt auf Supelcoport, mit einem empfohlenen oberen Temperaturlimit von 140 °C erhältlich. Die Applikationsschrift 765 von Supelco empfiehlt deren Gebrauch für N-Trifluoracetylaminosäuremethylester. Für diese Analyten werden an einer 52 m Glaskapillare α-Werte von 1,06–1,28 angegeben, ähnliche Werte wurden mit einer 4 m gepackten Säule, beladen mit 10 Ma% der stationären Phase, erhalten[10].

Die Literatur dieser Zeit zitiert viele analoge Mono-, Di- und Tripeptide, die vor allem für die Trennung racemischer, flüchtiger Aminosäurederivate wie z.B. N-Docosanoylvalin-*tert*-butylamid {Struktur XVII, [10]}, Carbonylbis-(N-Valinisopropylester) {Struktur XVIII, [11]} sowie Cyclohexyl- und N-TFA-Valinylvalin {Struktur XIX, [12]} geeignet sind. Später konnten Trennungen der N-TFA-β- und -γ-Aminosäureester [11], der Trifluoracetylderivate der Aminoalkohole [13] und -amine [14] sowie der *tert*-Butylamide der 2-Halogencar-

Struktur XV

Struktur XVI

bonsäuren [15] erzielt werden. Es wurden vier grundlegende Strukturtypen chiraler stationärer Phasen, nämlich *N*-TFA-α-Aminosäureester, *N*-TFA-Dipeptidester, Carbonyl-bis(aminosäureester) [11] (sogenannte Ureidphasen) und *N*-Lauroylaminosäureamide, besonders deren *tert*-Butylamide, *tert*-Octylamide [16] und Arylalkylamide untersucht. Der letztgenannte Typ (Struktur XX) war kommerziell von der Sumitomo Chemical Company als Sumipax-CC OA 500 erhältlich. Die Aminosäure war in diesem Fall (S)-Prolin und das vom (S)-1-(α-Naphthyl)ethylamin abgeleitete Amid. Es zeigte sich, daß auch das *N*-Lauroyl-α-(1-naphthyl)ethylamid (Struktur XXI) und sein *N*-(1R,2R)-*trans*-Chrysanthemoylanaloges (Struktur XXII) [18] als Phasen für Kapillarsäulen geeignet sind.

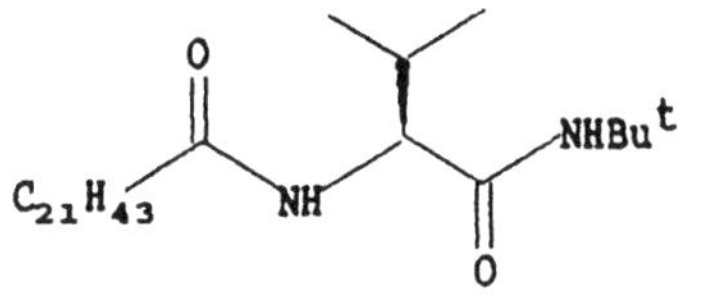

Struktur XVII

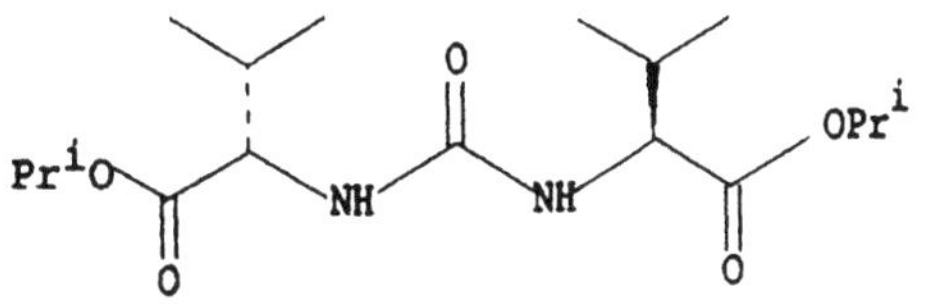

Struktur XVIII

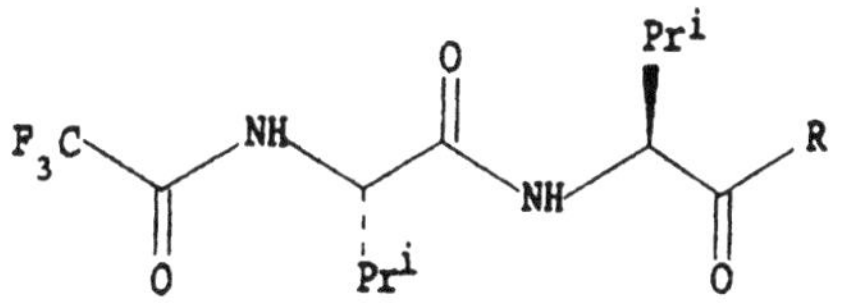

Struktur XIX R = *i*-Pr oder c-C_6H_{11}

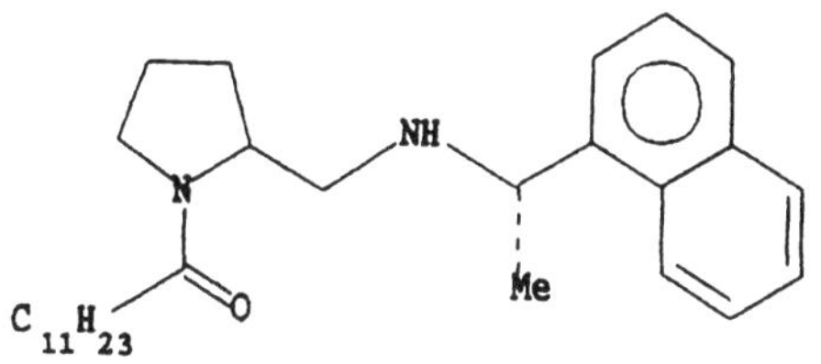

Struktur XX

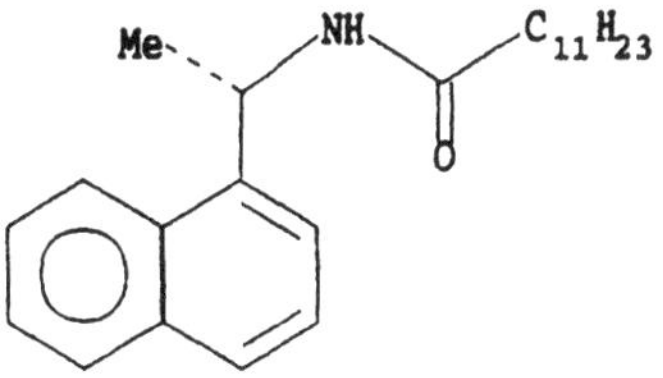

Struktur XXI

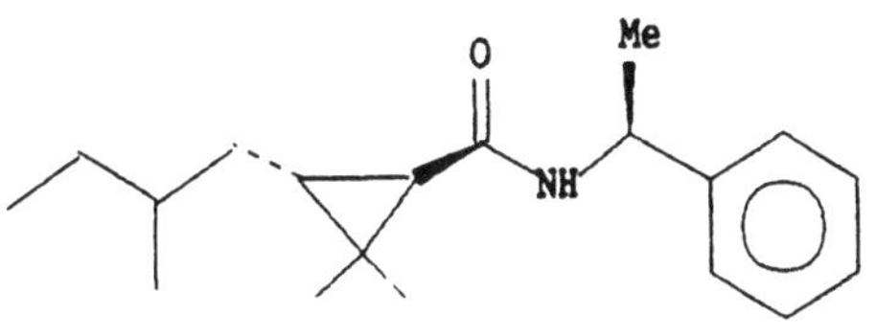

Struktur XXII

Tabelle 8.3 Amidphasen für die Gaschromatographie

Art des Selektors und Beispiele	Temperatur-limit [°C]	Applikationen	Literatur
Amide			
$C_{11}H_{23}$CONHCHMePh	120	N-TFA-Amine, Amide, N-TFA-Aminosäureester	[69]
$C_{11}H_{23}$CONHCHMeNaph	130	N-TFA-Amine, Amide, N-TFA-Aminosäureester	[69]
'RCONHCHMeNaph. [R=(1R,2R)-*trans*-chrysanthemoyl]	110	Chrysanthemamide	[18]
RCO_2CHPhCONHCHMeNaph, [R=(1R,2R)-*trans*-chrysanthemoyl]	110	Chrysanthemamide	[18]
$C_{11}H_{23}CO_2$CHPhCONHCHMeNaph	130	N-TFA-Amine	[3]
Aminosäureamide			
$C_{11}H_{23}$CO.VAL.NHBu-t	190	N-TFA-Aminosäure-isopropylester, N-TFA-Aminosäuremethylester	[9] [10]
$C_{11}H_{23}$CO.VAL.NHCMe$_2$C$_{15}$H$_{31}$	110	N-TFA-Aminosäure-isopropylester	[19]
$C_{11}H_{23}$CO.VAL.NHCH(Hexan)C$_5$H$_{11}$	140	N-TFA-O-Acylaminoalkohole	[13]
$C_{21}H_{43}$CO.VAL.NHBut	190	N-TFA-Aminosäure-isopropylester, N-TFA-Aminosäuremethylester	[19] [10]
$C_{21}H_{43}$CO.VAL.NHCMe$_2$C$_{15}$H$_{31}$	170	N-TFA-Aminosäure-isopropylester, N-TFA-Aminosäuremethylester	[19] [10]
tert-BuCO.VAL.NHC$_{12}$H$_{25}$	130	N-TFA-Aminosäureester	[19]
$C_{11}H_{23}$CO.PRO.NHCHMeNaph	160	N-Pentafluorpropanoylarylamine	[70]
Dipeptidester			
N-TFA-ALA.ALA.O C$_6$H$_{11}$	120	N-TFA-Aminosäureester	[71]
N-TFA-LEU.LEU.O C$_6$H$_{11}$	110	N-TFA-Aminosäureethylester	[72]
N-TFA-LEU.VAL.O C$_6$H$_{11}$	110	N-TFA-Aminosäureethylester	[72]
N-TFA-MET.MET.O C$_6$H$_{11}$	150	N-TFA-Aminosäure-isopropylester	[73]
N-TFA-NLEU.NLEU.O C$_6$H$_{11}$	130	N-TFA-Aminosäure-isopropylester	[74]
N-TFA-NVAL.NVAL.O C$_6$H$_{11}$	130	N-TFA-Aminosäureester	[74]
N-TFA-PHE.ASP.(O C$_6$H$_{11}$)$_2$	165	N-PFP-Aminosäureester, Chlorisovalerylaminosäureester	[75] [76]

8.3 GC an chiralen stationären Phasen

N-TFA-PHE.LEU.O C$_6$H$_{11}$	140	N-TFA-Aminosäure-isopropylester	[77]
N-TFA-PHE.PHE.O C$_6$H$_{11}$	165	N-(2-Cl-3-Me-pentanoyl)amine, N-PFP-Aminosäureisopropylester,	[75]
		Chlorisovalerylamine	[76]
N-TFA-PRO.PRO.OC$_6$H$_{11}$	110	N-TFA-Prolinester	[78]
N-TFA-Sarcosylprolincyclohexylester	110	Prolin	[78]
N-PFP-VAL.LEU.OC$_6$H$_{11}$	110	N-TFA-Aminosäureethylester	[72]
N-TFA-VAL.LEU.OC$_6$H$_{11}$	110	N-TFA-Aminosäureethylester	[72]
N-Ac-VAL.VAL.OCHMe$_2$	140	N-TFA-Aminosäureester	[12]
C$_5$H$_{11}$CO.VAL.VAL.OC$_6$H$_{11}$	160	N-TFA-Aminosäureester	[79]
N-TFA-VAL.VAL.OCHMe$_2$	140	N-TFA-Aminosäureester	[12]
N-TFA-VAL.Val.OC$_6$H$_{11}$	110	N-TFA-Aminosäureester	[14]
Tripeptidester			
N-TFA-LEU.LEU.LEU.OC$_6$H$_{11}$	110	N-PFP-Aminosäuremethylester	[72]
N-TFA-VAL.VAL.VAL.OCHMe$_2$	140	N-TFA-Aminosäure-*tert*-butylester	[12]
Ureide			
[Pr^{i}O.LEU.NH]$_2$CO	150	N-TFA-Amine	[809
[Pr^{i}O.VAL.NH]$_2$CO	150	N-TFA-Amine und Aminosäureester	[11]
[EtO.VAL.NH]$_2$CO	150	N-PFP-Amine	[80]
[Bu^{t}O.VAL.NH]$_2$CO	150	N-HFB-Amine	[80]
[Pr^{i}O.VAL.VAL.NH]$_2$R (R=6-Ethoxy-2,5-triazinyl)	150	N-TFA-Amine	[81]
[Pr^{i}O.VAL.VAL.VAL.NH]$_2$R (R=6-Ethoxy-2,5-triazinyl)	180	N-PFP-Amine	[81]
Polysiloxanamide			
Chirasil-VAL	200-230	viele Typen	[73]
OV225-VAL.NHBu^t	230	N-Perfluoracylaminosäureester	[26]
Z.LEU.OV225	130	Bis(TFA)aminole	[27]
Z.VAL.OV225	130	N-TFA-Amine	[27]
Silar-10C-VAL.NHBu^t	150	N-TFA-Aminosäure-isopropylester	[82]
XE-60-VAL.NHCHMePh	200-220	viele Typen	[30]
XE-60-VAL.NHBu^t	220	N-Perfluoracylamino-säureester	[34]
Me$_2$SiO-enthält 7% (CH$_2$)$_3$OC$_6$H$_4$CONHCHMePh	280	N-PFP-Aminosäure-isopropylester	[36]
Carbowax 20M crosslinked zu CH$_2$=CHO.VAL.NHCHMePh	190	N-TFA-Aminosäure-isopropylester	[35]

Der Mechanismus der enantioselektiven Retention an solchen monomeren Phasen wurde oft diskutiert, ist aber noch nicht genau verstanden. Die übliche mechanistische Theorie beinhaltet die reversible Bildung diastereomerer Komplexe über Wasserstoffbrückenbindungen zwischen dem Analyten und den Amidgruppen der CSP. Jede Theorie dieser Art muß die Elutionsfolge der getrennten Enantiomeren erklären und, wenn möglich, voraussagen können. Dies verdeutlicht man gewöhnlich als Leichtigkeit der Bildung diastereomerer Komplexe wie z.B. dem in Bild 8.4 gezeigten, die auf assoziativen Wechselwirkungen der gefalteten Proteinschichten [13] basieren.

Merkwürdig ist, daß sich die Art und Weise, wie man sich solche Wechselwirkungen in der Theorie der chiralen Gaschromatographie vorstellt, völlig von ähnlichen Wechselwirkungen in der chiralen HPLC unterscheidet. In der chiralen GC gelten die Wasserstoffbrückenbindungen als dominierend und werden in koplanaren Anordnungen zwischen dem angekoppelten Analytmolekül und der Struktureinheit der chiralen stationären Phase, neben der angedockt wird, gezeichnet (Bild 8.4). In der chiralen HPLC geht man davon aus, daß die polaren Bindungen über- und untereinander in einem Dipolstapel liegen (Bild 8.5). Für die Richtigkeit dieser Annahme gibt es aus Röntgenanalysen typischer Komplexe gute Beweise. Die experimentelle Beobachtung zeigte, daß sowohl an der jüngeren CSP (S)-Isoleucinmonoamid- als auch an der älteren (S)-Valindiamid-*tert*-Butylamidphase die (S)-Enantiomeren von Aminosäuren stärker und die (R)-Enantiomeren geringer retendiert werden und damit als erste eluieren. Bis zum Erweis grundlegender Ausnahmen kann man diese Beobachtung zur Bestimmung der im Überschuß vorhandenen Konfiguration und damit des Enantiomerenüberschusses (*ee*) von flüchtigen α-Aminosäurederivaten verwenden. Es wurde berichtet, daß *N*-Trifluoracetyl-β- und -γ-aminosäureester in umgekehrter Reihenfolge eluieren, d.h. das (R)-Isomer wird mehr und das (S)-Isomer weniger an der (S)-CSP vom Peptidtyp [19] retardiert, während behauptet wird, daß an Carbonyl-bis[(S)-valin]phasen die Elutionsfolge für verschiedene Analyttypen durch Berücksichtigung des sterischen Platzbedarfs von Gruppen um das chirale Kohlenstoffzentrum vorhersagbar ist [11], so daß Analytenantiomere, deren Größe der funktionellen Gruppen in Richtung des Uhrzeigersinns sinkt, später eluieren und diejenigen mit einer Sequenz entgegen dem Uhrzeigersinn früher.

Solche halbempirischen Berechnungen sind nützlich, wenn eine Reihe strukturell verwandter Analyten beteiligt ist und die Schlüsselfunktionalität konstant bleibt. Die Theorie ist nicht ausreichend gut entwickelt, um eine Vorhersage der Elutionsreihenfolge zu erlauben oder umgekehrt die absolute Konfiguration aus der Elutionsfolge für unterschiedliche Analyten mit verschiedenen Funktionalitäten zu bestimmen. Ich habe lange die Benutzung von

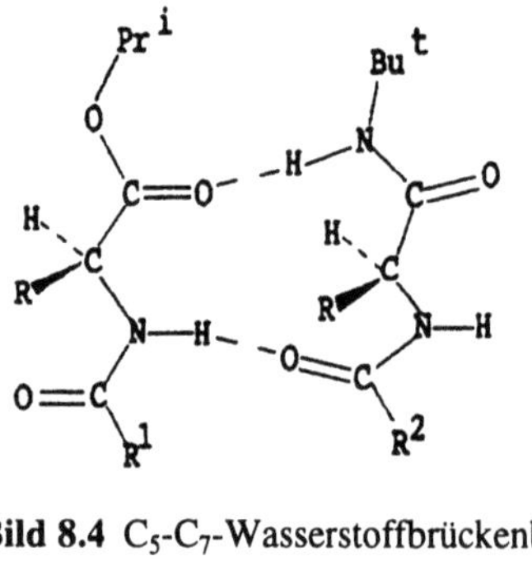

Bild 8.4 C_5-C_7-Wasserstoffbrückenbindungen-Assoziationskomplex zweier (S)-Aminosäurederivate

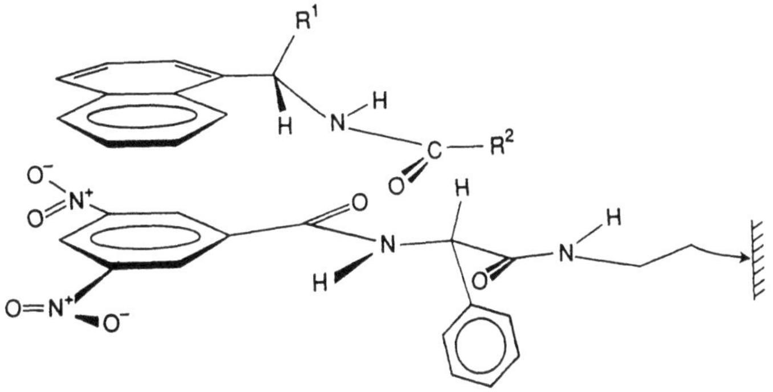

8.3 GC an chiralen stationären Phasen

Bild 8.5 Der Dipolstapelmechanismus (nach Pirkle) zeigt die Wechselwirkung der Komplexe von N-DNB(R)-Phenylglycin mit Acylderivaten des 1-(1-Naphthyl)-alkylamins.

computerunterstützten Molekülgraphiken befürwortet, jedoch ist diese Technik bis jetzt nicht industriell nutzbar. Die Methode wird in der chiralen GC jedoch selten auf diesen Phasentyp angewandt.

8.3.2 Auf polymeren Amiden basierende Phasen

1977 wurde ein neues Konzept bei chiralen stationären GC-Phasen eingeführt, das wie alle brillianten Erfindungen naheliegend erschien, als es entwickelt wurde. Frank et al. kopolymerisierten Dimethylsiloxan mit (2-Carboxypropyl)methylsiloxan und koppelten die resultierenden Carboxylgruppen des Polysiloxans mit (S)-Valin-*tert*-butylamid (Schema 8.1), um ein Polysiloxan (Struktur XXIII) mit chiralen Diamidseitenketten zu erhalten. Dieses Material zeigte ein solch günstiges Auflösungsvermögen, daß es schnell unter dem Handelsnamen Chirasil-Val kommerziell erhältlich wurde. Es besitzt eine exzellente Enantioselektivität und hat eine obere Temperaturgrenze von ca. 200 °C. Die Leistungsfähigkeit wird im Bild 8.6 durch die gleichzeitige Trennung aller in Proteinen vorkommenden Aminosäuren als ihre N-Pentafluorpropanoylisopropylester an einer 20 m Chirasil-Val-Kapillare temperaturprogrammiert mit 4 °C/min gut verdeutlicht [21]. Wie an analogen monomeren Diamidphasen wird das (S)-Isomer stärker zurückgehalten.

Andere Substanzklassen, die an diesen CSP effizient getrennt werden, sind 2-Hydroxycarbonsäuren [22], 3-Hydroxycarbonsäuren [23], 2-Aminoalkohole [24] sowie verschiedene Alkohole und Diole [25].

In den Folgejahren wurden weitere chirale Polysiloxanphasen für die GC entwickelt. Die verschiedenen Verfahren können wie folgt veranschaulicht werden:

1. Hydrolyse der Cyanogruppen des kommerziell erhältlichen Polysiloxans OV225, gefolgt von einer Amidverknüpfung mit (S)-Valin-*tert*-butylamid, s. Schema 8.2. [26]

2. Lithiumaluminiumhydridreduktion der Nitrilgruppe vom OV225, gefolgt von einer Amidverknüpfung der resultierenden Aminogruppe zu N-Benzyloxycarbonyl-(S)-valin oder -leucin, s. Schema 8.3. [27]

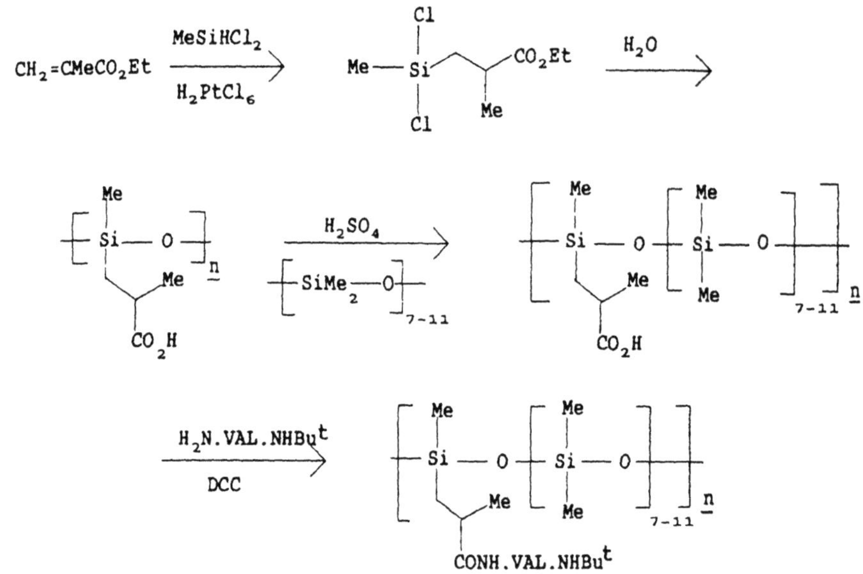

258   8 Chirale Trennungen mittels Gaschromatographie

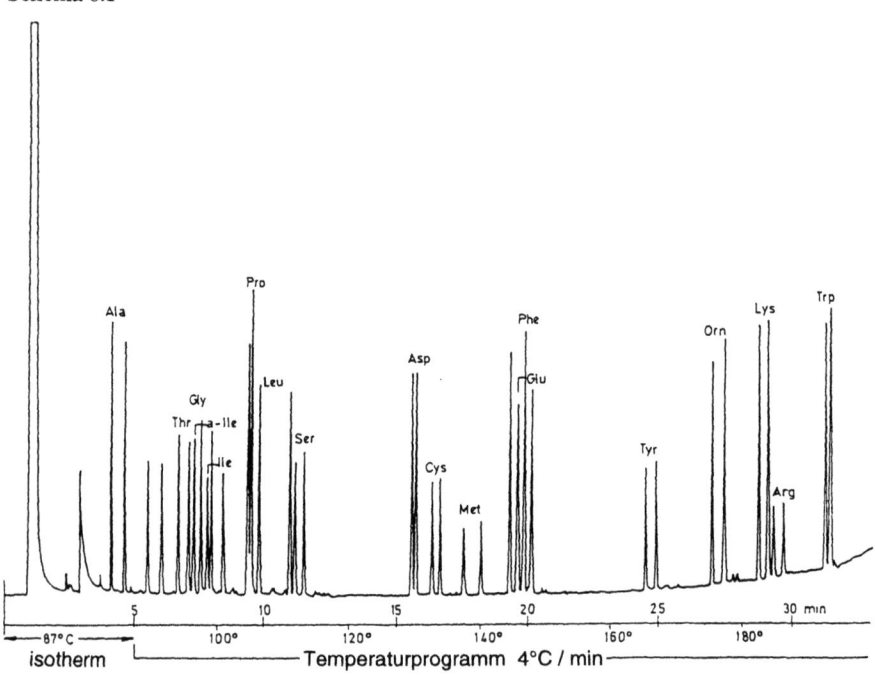

Struktur XXIII

Schema 8.1

Bild 8.6 Trennung aller in Proteinen vorkommenden Aminosäuren als *N*-(O,S)-Pentafluorpropanoylisopropylester an einer 20 m Chirasil-Val-Kapillare, temperaturprogrammiert mit 4 °C/min

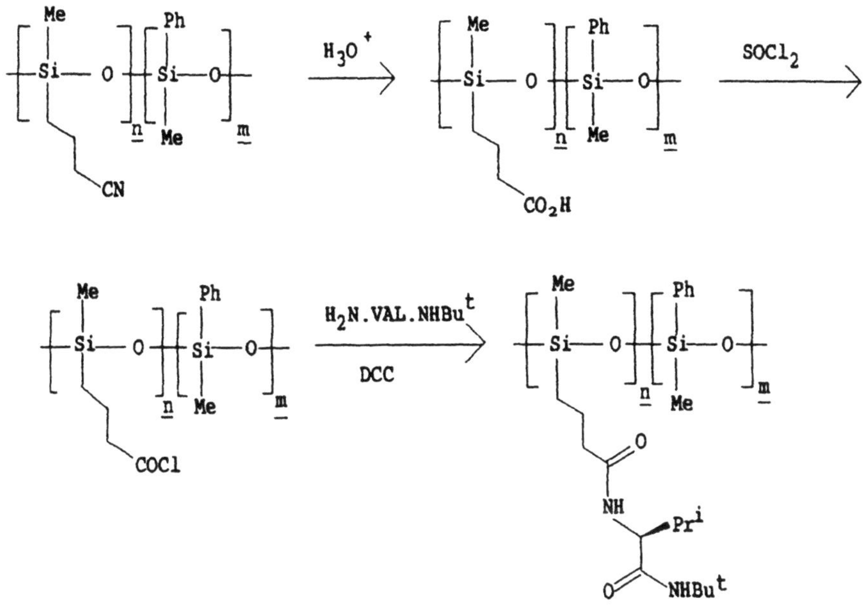

8.3 GC an chiralen stationären Phasen

Schema 8.2

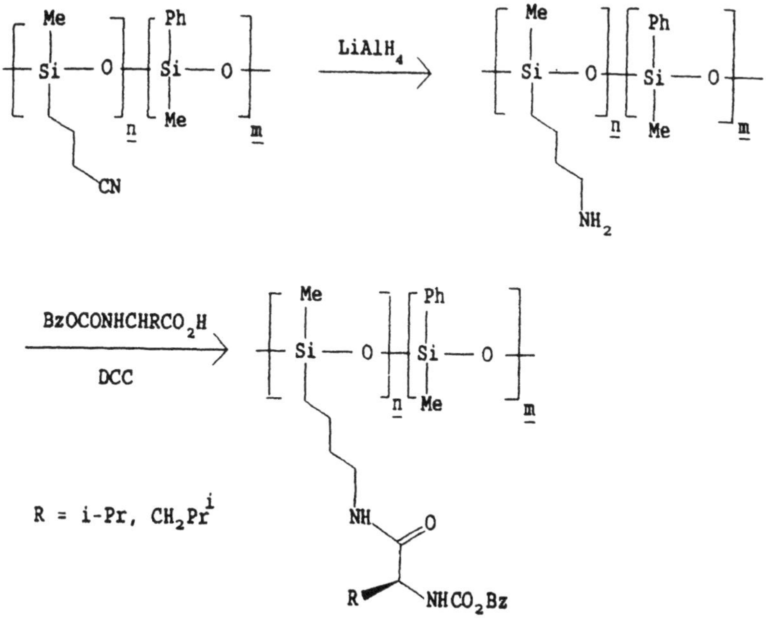

Schema 8.3

Die Anwendung des ersten Verfahrens auf ein anderes Polysiloxan (XE-60), aber unter Verwendung von (S)-Valin als dessen (R)- oder (S)-α-Phenylethylamid [28], ergibt eine Phase, von der behauptet wird, sie sei für die Kapillar-GC sogar noch vielseitiger. Obwohl bemerkenswerte Trennungen vieler Analyten der α-Hydroxysäuren als Isopropylester und Isopropylurethane [29] und *sec*-Alkylamine als flüchtige Urethane erzielt wurden, scheint sie doch weniger weit verbreitet zu sein. Die kommerziell erhältliche Form dieses Phasentyps ist das XE60-(S)-Valin-(S)-α-Phenylethylamid (Struktur XXIV). Es wurde für die enantioselektive Analyse der folgenden Substanzklassen erfolgreich verwendet:

a) Isopropylester der *N*-TFA-Aminosäuren und *N-tert*-Butylureidderivate von Aminosäuren, s [30]

b) Methylester der *N-tert*-Butylureidderivate α-alkylierter Aminosäuren

c) *N,O*-Perfluoracylderivate von sowohl kommerziellen β-Blockern [31] als auch aliphatischen Aminoalkoholen [28]

d) Barbiturate [31]

e) Harnstoffderivate chiraler Amine [29]

f) Urethanderivate von Hydroxysäuren [29]

g) TFA-Peracylierte Polyole [32]

h) Isopropylurethane chiraler Alkohole [33]

Die thermische Stabilität dieses Phasentyps wurde auf folgenden Wegen verbessert:

a) durch Verwendung von Methylcyclopolysiloxanen bei einer Kettenöffnungspolymerisation, s. Schema 8.4, [34]

b) durch deren cross-linking on-column unter Verwendung von Peroxiden oder Azoalkanen, [35]

c) durch eine Pfropfungstechnik, bei der eine Hydrosilylierung der Polyhydromethylsiloxane auf chirale Allyloxybenzamide angewandt wird, s. Schema 8.5. [35]

Struktur XXIV XE60-L-VAL-(S)-a-PEA

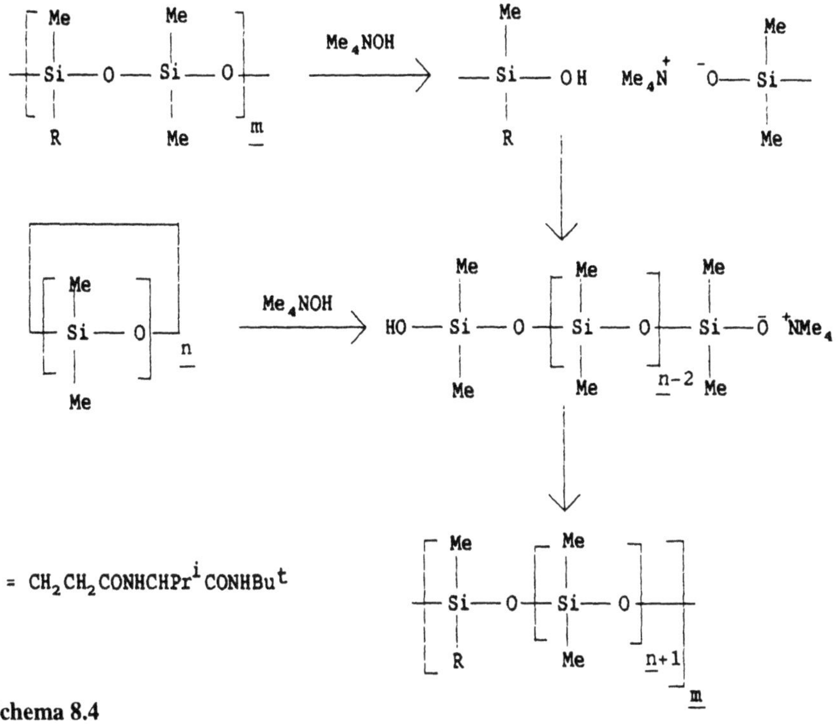

8.3 GC an chiralen stationären Phasen

R = CH$_2$CH$_2$CONHCHPr^{i}CONHBu^t

Schema 8.4

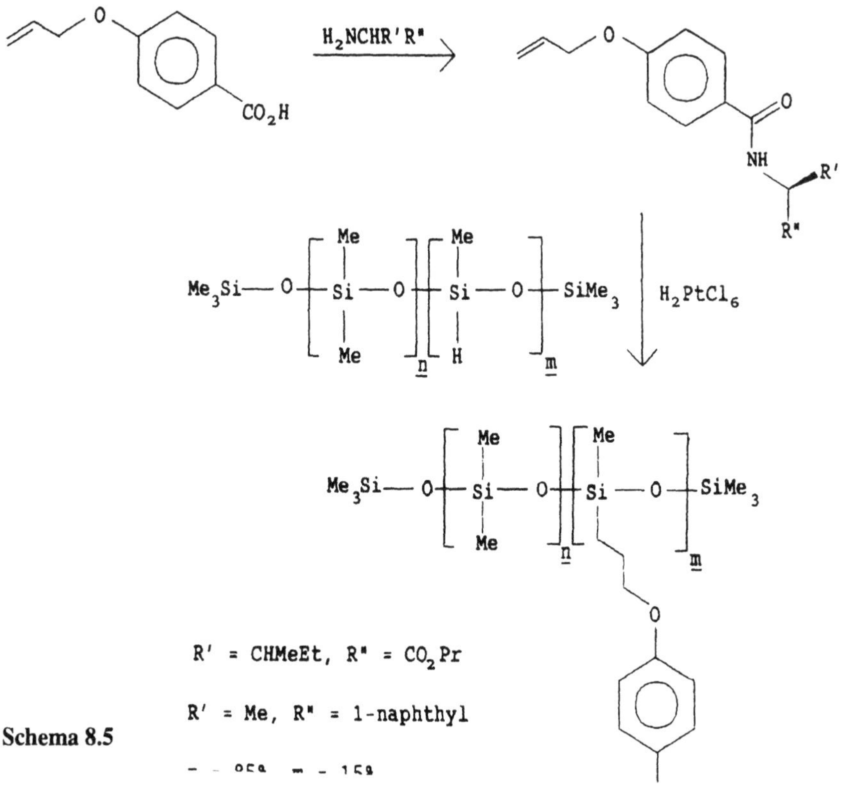

R' = CHMeEt, R" = CO$_2$Pr

R' = Me, R" = 1-naphthyl

Schema 8.5

8.3.2.1 Die Herstellung von chiralen Polymerphasen für die GC und die Belegung von Kapillaren

Protokoll 8.3 erläutert die Herstellung chiraler Polymerphasen für die GC [1]. Protokoll 8.4 beschreibt das Belegungsverfahren für die verwendeten Fused-silica-Kapillarsäulen [1]. Obwohl auch bei Borosilikatglaskapillarsäulen anwendbar, werden solche Säulen gewöhnlich nicht eingesetzt.

Protokoll 8.3 Herstellung chiraler Polymerphasen für die GC

1. Stellen Sie BOC-(S)-Valin-α-phenylethylamid dar, indem Sie eine Lösung aus 10 mmol BOC-(S)-Valin in 25 ml DCM bereiten.
2. Kühlen Sie die Lösung auf –10°C ab und geben Sie 10,5 mmol Et_3N sowie 10,1 mmol Ethylchlorformiat hinzu. Geben Sie nach 30 min unter Rühren tropfenweise 10 mmol (R)- oder (S)-α-Phenylethylamin hinzu.
3. Lassen Sie nach 15 min die Lösung langsam auf Zimmertemperatur erwärmen und rühren Sie weiter über Nacht. Waschen Sie die organische Schicht nacheinander mit Wasser, 1%igem wäßrigen $KHSO_4$, 5%igem wäßrigen $NaHCO_3$ und noch einmal mit Wasser und trocknen Sie über $MgSO_4$.
4. Dampfen Sie zur Trockne ein und kristallisieren Sie den Rückstand mit Diethylether/Benzin (Kp. 60–80 °C) um. Das Produkt, BOC-(S)-Valin-α-phenylethylamid, besitzt einen Schmelzpunkt von 202 °C.
5. Setzen Sie die Aminogruppe des BOC-Aminosäureamids frei, indem Sie 6,2 mmol BOC-Aminosäureamid und 35 ml Eisessig/HCl-Gas (1,5 mol/l) 1,5 h rühren.
6. Verdampfen Sie im Vakuum, schütteln Sie den Rückstand mit 15 ml wäßriger NaOH und stellen Sie die Lösung auf pH = 10 ein.
7. Extrahieren Sie mit Ethylacetat, trocknen Sie die organische Schicht über $MgSO_4$, filtrieren Sie und dampfen Sie ein.
8. Kristallisieren Sie den Rückstand aus Diethylether/Benzin (Kp. 60–80 °C) um.[a]
9. Um das Polysiloxan herzustellen, erhitzen Sie 3 g Polysiloxan XE-60 mit 100 ml konzentrierter HCl und 100 ml Dioxan 1 h unter Rückfluß.
10. Dampfen Sie ein und lösen Sie den Rückstand in Chloroform. Filtrieren Sie, um abgeschiedene oder unlösliche Stoffe zu entfernen. Trocknen Sie über $MgSO_4$ oder Na_2SO_4.
11. Für die Bildung der COCl-Gruppe[b] lösen Sie 1,3 g der Säure aus Schritt 10 in 5 ml trockenem Toluol und geben Sie langsam 4 g Oxalylchlorid hinzu. Erhitzen Sie 4 h unter Rückfluß und engen Sie im Vakuum zur Trockne ein.
12. Bereiten Sie eine Lösung aus 2 mmol des Säurechlorids aus Schritt 11 in 5-10 ml DCM. Kühlen Sie die Lösung auf 0 °C ab und geben Sie portionsweise 0,3 g Et_3N sowie 2,2 mmol des (S)-Aminosäure-(R oder S)-α-phenylethylamids gelöst in 5 ml DCM hinzu.

8.3 GC an chiralen stationären Phasen

Protokoll 8.3 Forts.

13. Rühren Sie über Nacht bei Zimmertemperatur, engen Sie ein und rühren Sie den Rückstand mit trockenem Ether, um das Abfiltrieren des Triethylamin zu ermöglichen.
14. Waschen Sie die Etherschicht zweimal mit wäßriger Salzsäure und Wasser und engen Sie die getrocknete Etherschicht ein.
15. Reinigen Sie das Polysiloxan durch Chromatographie an Sephadex LH20 mit n-Butanol als Eluent.[c]

[a] Das Produkt (S)-Valin-α-phenylethylamid hat einen Schmelzpunkt von 52 °C mit $[\alpha]_D$ –112,8 ° (ca. 0,8, CHCl$_3$)

[b] Die Bildung der COCl-Funktion wird durch eine IR-Bande bei $\nu = 1850$ cm^{-1} angezeigt.

[c] Die Hauptfraktion sollte einen Drehwinkel von $[\alpha]_D$ –40,7 ° haben (ca. 0,76, CHCl$_3$), wenn (S)-Valin-α-phenylethylamid das hergestellte Zwischenprodukt ist.

Protokoll 8.4 Belegung von Fused-silica-Kapillarsäulen

1. Reinigen Sie das Fused-silica-Kapillarrohr (FSOT, ID 0,25 mm), das kommerziell z.B. von SGE oder J & W Scientific erhältlich ist, durch wiederholtes Spülen mit DCM. Füllen Sie die Kapillare mit Silanox (0,5%) suspendiert in CHCl$_3$ (durch Ultraschall homogenisiert) mittels der Quecksilberpfropfentechnik.
2. Verdampfen Sie das CHCl$_3$, indem Sie ein sauerstofffreies Gas (z.B. N$_2$, Ar oder He) mindestens 1 h hindurchströmen lassen.
3. Installieren Sie die Säule im Säulenofen (nur den Säulenanfang anschließen) und spülen Sie 1 h mit Helium bei 300–310 °C.
4. Belegen Sie die FSOT-Säule mit stationärer Phase durch die statische Pfropfenmethode mit einer Lösung des (S)-Aminosäure-α-phenylethylamidpolysiloxans (0,25%) in DCM wie folgt:

   a) Füllen Sie die FSOT-Säule mit der Lösung und verschließen Sie ein Ende mit einer Wasserglaslösung (verhindert Luftblasen) und lassen Sie sie über Nacht stehen.

   b) Legen Sie die Säule in ein Wasserbad bei 20–25 °C und evakuieren Sie langsam über das offene Ende, indem Sie eine Auffangleitung, die zur Vakuumpumpe führt, befestigen.

   c) Wiederholen Sie das Verfahren, wenn sich Luftblasen bilden, die den Lösungsmittelpropfen aus der Säule drängen.

5. Konditionieren Sie die Säule durch Spülen mit Helium vor der Befestigung am Detektor zunächst 5 h bei 75–100 °C und dann weitere 5 h bei 150–175 °C.
6. Testen Sie die Säule auf symmetrische Peakform und Effizienz sowohl mit Standardsubstanzen als auch mit chiralen Analyten.[a]

[a] Arbeiten Sie nicht längere Zeit über 200 °C und kontrollieren Sie die Retentionszeiten und die Effizienz von Zeit zu Zeit.

8.3.3 Chirale GC an Metallkomplexen

Obwohl schon vor einigen Jahren chirale Komplexierungsphasen für die Gaschromatographie hergestellt wurden, ließ die erste erfolgreiche Trennung des 3-Methylcyclopentens an einer Lösung des Dicarbonylrhodium-β-diketonats vom 3-Trifluoracetyl(1R)-campher (Struktur XXV) in Squalan bis zum Jahre 1977 auf sich warten [1]. In diesem Experiment, das trotz der geringen α-Werte wegen der minimalen Funktionalität des Analyten bedeutsam war, wurde eine 200 m lange Stahlkapillare verwendet [37]. Anschließend wurden ähnliche CSP hergestellt und getestet. Dazu gehörten das Eu(III)-tris[trifluoracetyl(1R)camphorat] (Struktur XXVI) [38], das Ni(II)-bis[trifluoracetylcamphorat] (Struktur XXVII) [39] und das Heptafluorbutanoylanaloge [40, 41]. Ursprünglich wurden alle diese Phasen vor der Belegung in Squalan gelöst. Man fand jedoch später, daß Lösungen in Polysiloxan eine bessere Trennleistung und höhere Arbeitstemperaturen ergaben.

Es zeigte sich schnell, daß einige Alkene an diesen Säulen getrennt werden können, woraufhin sich die Aufmerksamkeit auf Analyten mit besseren Chancen auf eine Trennung über eine reversible Koordination richtete. Es waren dies vor allem sauerstoff-, stickstoff- und schwefelhaltige Analyten wie z.B. Oxirane, Oxetane, Tetrahydrofurane, Tetrahydropyrane, Thiirane, Thietane, Aziridine, Alkohole und Ketone. Als desaktivierte fused silica-Kapillaren die Stahl- und Nickelkapillaren für die Komplexierungs-GC ersetzten, erwiesen sich weitere Substanzklassen, darunter Spiroketale, Acetale, Ester und Lactone als trennbar, weil man Säulen mit höherer Effizienz erhielt [42]. Dazu veröffentlichte Schurig, der Initiator dieses Weges zur chiralen GC verschiedene Übersichtsartikel [43-46].

Aufgabe des Heteroatoms (häufig Sauerstoff) bei diesen Trennungen ist es zu sichern, daß der Analyt reversibel an das Metallion bindet. Im allgemeinen ist Ni(II) das Metallatom, aber auch andere Metalle wie z.B. Kobalt(II), Mangan(II), Rhodium(I), Kupfer(I) und Europium(III) werden verwendet. Der chirale Ligand der CSP sichert, daß dieser Prozeß enantioselektiv ist, und sorgt dafür, daß die Bildungskonstante für jeden Analyt-Enantiomerkomplex unterschiedlich ist. Ursprünglich wurde der chirale Ligand ausschließlich vom (1R)-Campher durch Perfluoracetylierung des C3-Anions abgeleitet, später wurde eine weitere Variante durch Veränderung des Startketons, z.B. in (R)-Pulegon (Struktur XXVIII) [47] und (1R,2S)-Pinanon (Struktur XXIX) [21] erreicht.

Ein typisches Herstellungsverfahren der asymmetrischen Metallkomplexe für die chirale Komplexierungs-GC ist im Protokoll 8.5 [39] beschrieben. Im Protokoll 8.6 ist ein Beispiel für das Beschichten von Kapillaren mit solchen Metallkomplexen angeführt.

Struktur XXV

Struktur XXVI

8.3 GC an chiralen stationären Phasen

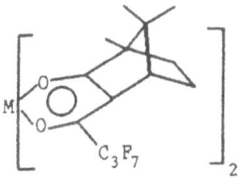

Struktur XXVII

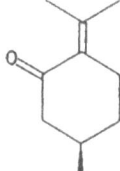

Struktur XXVIII

Struktur XXIX

Protokoll 8.5 Synthese von Metallkomplexen für die Komplexierungs-GC

1. Mischen Sie unter Rühren bei –20 °C unter Argon 10,2 g (+)-(1R)-Campher, gelöst in 100 ml wasserfreiem Ether, mit 67 mmol Lithiumdiisopropylamid, gelöst in 50 ml wasserfreiem Ether.
2. Kühlen Sie nach 30 min auf –60 °C ab und geben Sie unter kräftigem Rühren eine frische Lösung von 66 mmol Perfluoracylchlorid hinzu. Wählen Sie die Zugabegeschwindigkeit so, daß die Temperatur von –60 °C beibehalten wird.
3. Rühren Sie 1h, erwärmen Sie dann auf –20 °C, bevor Sie die Reaktion unterbrechen, indem Sie unter Rühren eine Mischung aus 150 ml 1 M HCl mit soviel Eis wie nötig zugeben.
4. Trennen Sie die Phasen und extrahieren Sie die wäßrige Phase mit 4 × 120 ml Ether. Waschen Sie die vereinigten Extrakte mit 2 × 50 ml wäßrigem NaCl, trocknen Sie über Na_2SO_4 und engen Sie im Vakuum ein.
5. Entfernen Sie den nicht umgesetzten Campher durch Sublimation bei 40 °C mit einer Wasserstrahlpumpe und destillieren Sie den Rückstand bei 1 mm/Hg[a].
6. Stellen Sie Natriumenolat her, indem Sie unter Argon eine Lösung von 7,5 mmol Perfluoracylcampher in 80 ml wasserfreiem Benzol[b] zu einer Suspension von 10 mmol paraffinfreiem Natriumhydrid in 70 ml wasserfreiem Benzol unter insgesamt 3-stündigem Rühren zugeben.
7. Engen Sie die Lösung sorgfältig[c] im Vakuum ein und lösen Sie den Rückstand bei leichter Erwärmung in $CHCl_3$. Filtrieren Sie dann.
8. Geben Sie das gleiche Volumen trockenen Ethers hinzu und kühlen Sie auf –5 °C ab, um den gewünschten gallertartigen Niederschlag des Natriumsalzes zu erhalten.
9. Trennen Sie durch Absaugen und kristallisieren Sie zweimal mit $CHCl_3$/Ether um. Trocknen Sie bei Zimmertemperatur.
10. Mischen Sie zum Lösen 5 mmol des Natriumsalzes mit 50 ml wasserfreiem Ethanol.
11. Geben Sie unter Argon 2,6 mmol wasserfreies, pulverisiertes Nickel(II)chlorid hinzu und erhitzen Sie über Nacht unter Rückfluß.
12. Entfernen Sie das NaCl durch Filtrieren, engen Sie im Vakuum[c] ein und sublimieren Sie das Nickelcamphorat im Vakuum[d].

[a] Es kann eine weitere Reinigung mittels Säulenchromatographie erforderlich sein (z.B. Silicamaterial, Benzol/n-Hexan, 1:1)
[b] gefährliche Chemikalie
[c] Es kann ein Schäumen auftreten.
[d] Der Rückstand kann mit Pentan extrahiert und der Extrakt eingeengt werden, um mehr Nikkel(II)camphorat zu erhalten.

> **Protokoll 8.6** Beschichtung von Kapillaren mit Metallkomplexen [39]
>
> 1. Stellen Sie die Komplexe in Squalan auf Kapillaren her, indem Sie 15 mg des Metallkomplexes mit 200 mg Squalan, 2 ml Ethanol (höchste Reinheit) und 2 ml CHCl$_3$ (säurefrei) bei mäßigem Erwärmen mischen.
> 2. Verwenden Sie die dynamische Pfropfenmethode, d.h. leiten Sie die Lösung bei Zimmertemperatur durch die Kapillare (N$_2$-Druck 0,6 atm) und leiten Sie weitere 5 h N$_2$ hindurch.
> 3. Verbinden Sie die Kapillare mit dem GC-Einlaß, aber nicht mit dem Detektor, und konditionieren Sie 12 h durch Erwärmen bei 100 °C und ständigem Trägergasfluß.
> 4. Entfernen Sie sorgfältig durch Abbrennen flüchtige Stoffe vom Säulenausgang, bevor die Säule mit dem Detektor verbunden wird.[a]
>
> [a] Betreiben Sie solch eine Säule nicht über 90 °C und beachten Sie, daß H$_2$ nicht als Trägergas verwendet werden darf. Achten Sie darauf, daß H$_2$ und O$_2$ von der belegten Säule jederzeit ferngehalten werden. Alle Säuleneluenten sollten in geeignete Abzüge geleitet werden. Es sollten Totvolumina am Säuleneingang und -ausgang vermieden werden, da die Trennungen sehr oft im Grenzbereich liegen.

Obwohl diese Kapillaren kommerziell nicht erhältlich sind, hat Prof. Schurig angeboten, sie auf Anforderung zu liefern. Es hat sich gezeigt, daß lange Säulen zur Erlangung einer angemessenen Effizienz unnötig sind. WCOT-Säulen mit 10-30 m Länge, die diese Komplexe in SE54 (0,2 µm Film) enthalten, ergaben exzellente Trennungen in 2 min. An diesen Säulen kann man viele Analyten ohne Derivatisierung trennen. Dazu gehören Oxirane, Aziridine, Spiroketale, Tetrahydrofurane, Ketone, Alkohole und 2-Bromcarbonsäureester. Diole können als cyclische Borate oder cyclische Acetale [48] und Halohydrine als Acetate [49] getrennt werden.

8.3.3.1 Synthese von Polysiloxan-Komplexierungsphasen

Kürzlich wurde über die Synthese einer für die chirale Komplexierungs-GC geeigneten Polysiloxanphase berichtet [45]. Die Synthese umfaßt die Hydrosilylierung eines 10-Methylen-3-perfluoracyl(1S)- oder -(1R)-camphers mit Methyldimethoxysilan mit nachfolgender Hydrolyse der Methoxygruppen nach der Komplexierung mit Ni(II) und einer Copolymerisation mit hydrolysiertem Dimethoxymethylvinylsilan (Schema 8.6).

Das Verfahren zur Herstellung von Kapillarsäulen mit solchen CSP wird ausführlich im Protokoll 8.7 beschrieben.

Protokoll 8.7 Herstellung von Polysiloxancamphorat-beschichteten FSOT-Säulen

1. Um die Herstellung der CSP zu initiieren, mischen Sie unter trockenem Argon bei 50 °C 5 mmol Methyldimethoxysilan mit 5 mmol 3-Perfluoracyl-10-methylen-(1R)-campher und frisch hergestellter Hexachlorplatinsäure in 0,1 ml Propan-2-ol (1%). Rühren Sie anschließend über Nacht.

2. Geben Sie dann nochmals 1 mmol Methyldimethoxysilan zu und rühren Sie weitere 4 h, bevor Sie 10 ml Methanol zugeben. Kochen Sie 5 h unter Rückfluß, entfernen Sie dann das Methanol im Vakuum und reinigen Sie den Rückstand durch Säulenchromatographie mit Silicagel und einem Gemisch aus Toluol/Petrolether (Kp. 100–120 °C) 3:1 als Eluenten. Sammeln Sie die Hauptfraktion, engen Sie sie ein und destillieren Sie den Rückstand bei 0,3 mm/Hg. Sammeln Sie die Fraktion, die bei 40–45 °C siedet, $[\alpha]_D$ 11,1° (0,1 dm rein).

3. Hydrolysieren Sie 50 ml Dimethoxymethylvinylsilan mit 25 ml 20%igem wässrigem Ethanol durch 1stündiges Rühren bei 90 °C. Extrahieren Sie das Silan mit Ether und trocknen Sie durch azeotrope Destillation mit Benzol.[a]

4. Stellen Sie das 3-Perfluoracyl-10-dimethoxymethylsilylnickel-(II)-camphorat wie für die 10-unsubstituierte Verbindung beschrieben (s. Protokoll 8.5, Schritte 6-12) her und hydrolysieren Sie das Rohprodukt mit 50 ml wäßrigem Methanol durch 10stündiges Rühren bei Zimmertemperatur. Extrahieren Sie das Produkt mit DCM, verdampfen Sie das Lösungsmittel und lösen Sie den Rückstand in Methanol. Filtrieren Sie und engen Sie die Lösung im Vakuum ein.

5. Mischen Sie 2,5 g hydrolysiertes Diethoxymethylvinylsilan mit 0,06 g Trimethylsilanol und 0,5 g des Konzentrats vom Schritt 3. Verdampfen Sie das Lösungsmittel und polymerisieren Sie das Gemisch durch Zugabe von 8 µl Tetramethylammoniumhydroxid (TMAH) in Methanol (2%). Erwärmen Sie auf 100–110 °C und rühren Sie 10 h. Geben Sie weiteres TMAH in kleinen Mengen zu, bis die Viskosität unverändert bleibt.

6. Lösen Sie das Polymer in DCM und fraktionieren Sie 3 mal durch Zugabe von Methanol und anschließende Filtration. Waschen Sie das Polymer wiederholt mit Methanol und endcappen Sie unter Verwendung von 1,3-Divinyltetramethyldisilazan in DCM bei 20 °C. Verdampfen Sie alle flüchtigen Verbindungen und bewahren Sie das Produkt unter Argon auf.

7. Belegen Sie mit Diphenyltetramethyldisilazan desaktivierte fused-silica-Kapillaren mit Hilfe der statischen Methode mit chiralem Polysiloxan (0,5–0,8%) in DCM/ Pentan (1:9).

8. Konditionieren Sie die Säule 12 h im GC temperaturprogrammiert von 60–190 °C.

[a] gefährliche Chemikalie

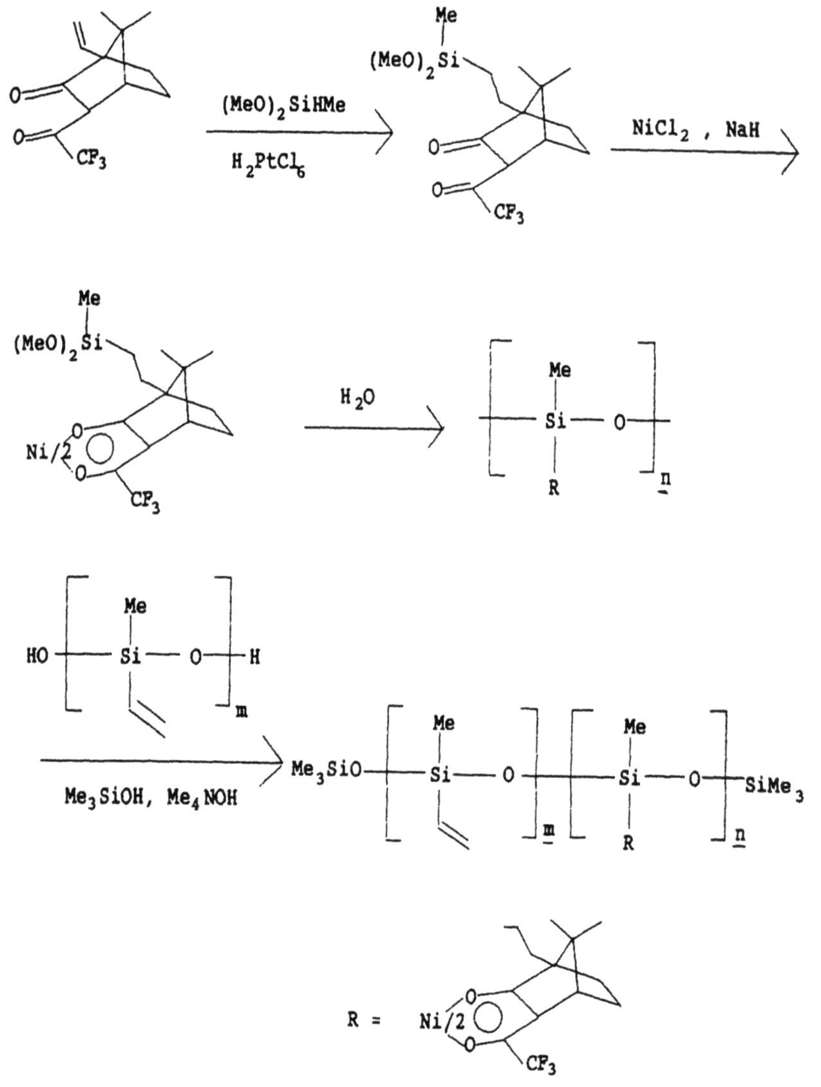

Schema 8.6

8.3.3.2 Aus der chiralen Komplexierungs-GC abgeleitete thermodynamische Daten

Durch Verwendung relativer Retentionsdaten für Säulen mit reiner Siloxanphase und Säulen, die bekannte molare Konzentrationen (normalerweise im Bereich von 0,05–0,1 molar) eines Metallcamphorats in Siloxan enthalten, kann man thermodynamische Parameter erhalten. Definiert man den Unterschied der freien Energie zwischen zwei Enantiomeren, die an einer CSP getrennt werden, als $-\Delta_{S,R} \Delta G°$, so daß:

$$-\Delta_{S,R} \Delta G° = RT \ln \alpha$$

dann folgt, daß

8.3 GC an chiralen stationären Phasen

$$\ln \alpha = - \Delta_{S,R} \Delta H° / RT + \Delta_{S,R} \Delta S° / R$$

Das Konzept des Retentionszuwachses R' wurde eingeführt, um die zusätzliche, aus der chiralen Erkennung resultierende Retention im Gegensatz zum normalen Retentionsprozeß darzustellen. Folglich ist R' definiert als:

$$R' = K\, a_A$$

wobei K die Assoziationskonstante des Analyten B mit dem chiralen Selektor A und a_A die Aktivität von A ist, so daß:

$$K = a_{AB} / (a_A\, a_B)$$

Da die molaren Konzentrationen der Analyten extrem gering sind, können sie die Aktivitäten ersetzen, und somit gilt:

$$K = [A\,B] / [A][B] \text{ und } R' = K\,[A]$$

Der Retentionszuwachs R' ist gegeben durch:

$$R' = (t' - t'_0)/t'_0$$

wobei t' die reduzierte Retentionszeit des Analyten B auf der Säule ist, die den chiralen Selektor A gelöst in einer Flüssigkeit S enthält und t'_0 die reduzierte Retentionszeit des Analyten B auf einer Säule mit reinem S ist. Experimentell verwendet man relative Retentionen von B im Vergleich zu einem chiralen Referenzanalyten. Der jeweilige Retentionszuwachs für ein Enantiomerenpaar kann dazu genutzt werden, $-\Delta_{S,R}\Delta G°$ mit Hilfe des folgenden Ausdrucks zu berechnen:

$$-\Delta_{S,R}\Delta G° = RT \ln(R'_S - R'_R)$$

$$= RT \ln[(t'_S - t'_0) / (t'_R - t'_0)]$$

Dieser Ausdruck ist nur dann gleich $RT \ln\alpha$, wenn $t' \gg t'_0$ ist. Ausgedrückt als relative Retentionen in Bezug auf einen Analyten, der keinen Komplex mit dem Metallcamphorat bildet, wird diese Gleichung zu:

$$-\Delta_{S,R}\Delta G° = RT \ln[(r_R - r_0) / (r_S - r_0)]$$

einem Ausdruck, der unabhängig von [A] ist. Der Wert r_0 kann durch Extrapolation aus Daten, die man für jedes Enantiomer auf zwei Säulen mit unterschiedlichen Konzentrationen des Selektors A erhält, berechnet werden oder, wenn sie dieselbe für beide Enantiomeren ist, indem die relative Retentionrelative Retention des Racemats auf einer Säule ohne chiralen Selektor bestimmt wird.

Die Arbeitsgruppe von Prof. Schurig hatte aus solchen Messungen typische Werte für $-\Delta_{S,R}\Delta G°$ von 60 kJ / mol, für $-\Delta_{S,R}\Delta H°$ von 215 kJ / mol und für $-\Delta_{S,R}\Delta S°$ von 1,8 Entropieeinheiten ermittelt. Außerdem sind die thermodynamischen Parameter der chiralen Erkennung sehr ähnlich, wenn chirale geometrische Isomeren, die ziemlich unterschiedliche Assoziationskonstanten haben, verglichen werden. Bemerkenswert war vor allem die Tendenz, daß die Trennung bei niedrigen Temperaturen enthalpiekontrolliert ist und chirale Trennungen bei hohen Temperaturen entropiekontrolliert verlaufen. Letzterer Punkt führte zu dem Vorschlag, daß für einige Enantiomerenpaare, für die diese zwei Faktoren entgegengesetzt sind, eine Temperatur existiert, bei der diese zwei Terme sich aufheben: die sogenannte isoenantioselektive Temperatur. Beim Durchlaufen dieser Temperatur wird eine Umkehr der Elutionsfolge beobachtet, die Trennfaktoren werden bei Annäherung an diese Temperatur geringer und steigen dann anschließend wieder.

Die Beobachtung der Peakkoaleszenz bei der isoenantioselektiven Temperatur in der Komplexierungs-GC ist mit Schwierigkeiten verbunden, da geringe Arbeitstemperaturen bedeuten, daß sich die Analyten nicht mehr in der Gasphase befinden und höhere Temperaturen für solche Säulen ausgeschlossen sind. Dieses Phämonen tritt nur dann auf, wenn sich ein chemisches Gleichgewicht bildet, d.h. es würde nicht bei Inclusionsphasen zu erwarten sein. Es wurde kürzlich für die Enantiomeren des (E)-2-Ethyl-1,6-dioxaspiro[4,4]nonan (Struktur XXX) an einer Nickel(II)camphorat-CSP zusammen mit der erwarteten Peakumkehr beobachtet. Die isoenantioselektive Temperatur wurde mit 80 °C bestimmt (Bild 8.7), zwischen 70 °C und 90 °C war keine Peaktrennung erkennbar [50].

Über einen anderen Typ der Peakkoaleszenz wurde bei der Verwendung von Komplexierungsphasen berichtet. In diesem Fall zeigt sich das Auftreten der Koaleszenz durch eine auffällige Peakform. Die Hauptenantiomerensignale wurden als scharfe Peaks an beiden Seiten eines breiten Plateaus beobachtet (Bild 8.8). Solch eine Peakform deutet darauf hin, daß die Enantiomeren einer Inversion der Konfiguration *während der Elution* in der gaschromatographischen Säule unterliegen. Eine Substanz, die dieses Phänomen deutlich zeigt, ist das *N*-Chlor-2,2-dimethylaziridin (Struktur XXXI), das einer Inversion des Stickstoffs unterliegt und die zwei Enantiomeren während der Komplexierungs-GC ineinander überführt. Mittels computergestützter Analyse der Peakform konnte die Geschwindigkeitskonstante 1. Ordnung für diesen Inversionsprozeß bei mehreren Temperaturen und somit die freie Aktivierungsenergie zu $\Delta G = 25{,}1$ kcal/mol bestimmt werden [51].

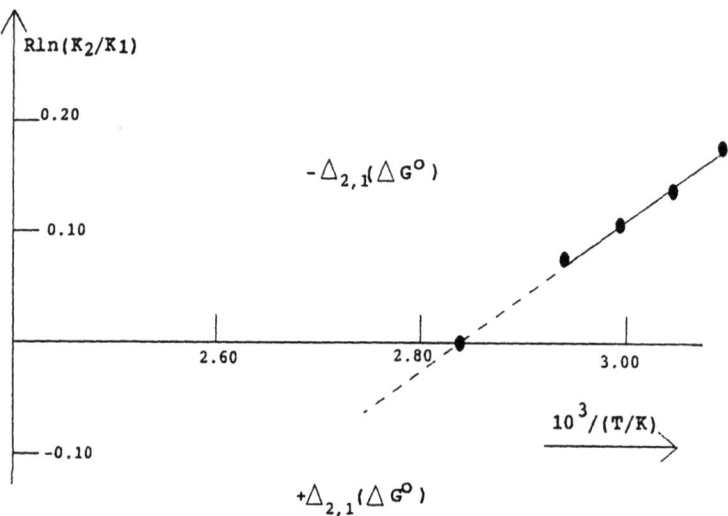

Bild 8.7 Extrapolation zur Bestimmung der isoenantioselektiven Temperatur für die Trennung von (XXX) an einer chiralen Komplexierungsphase, s. [40]. Es sind 1, 2R,5S; 2, 2S,5R.

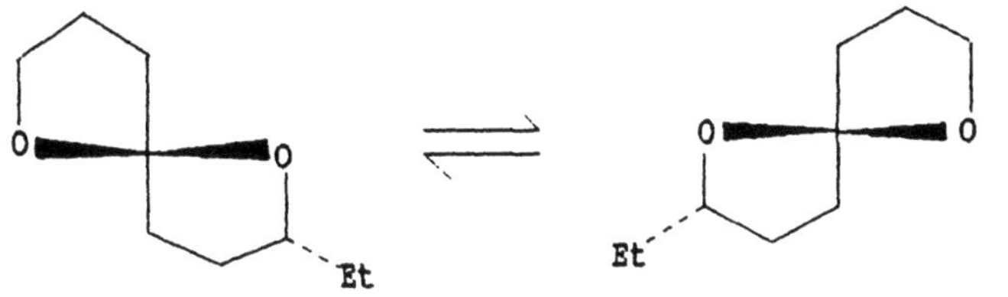

8.3 GC an chiralen stationären Phasen

Struktur XXX

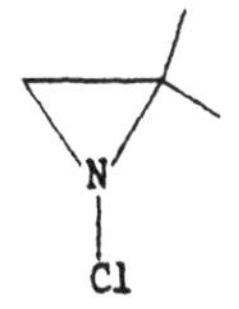

Struktur XXXI

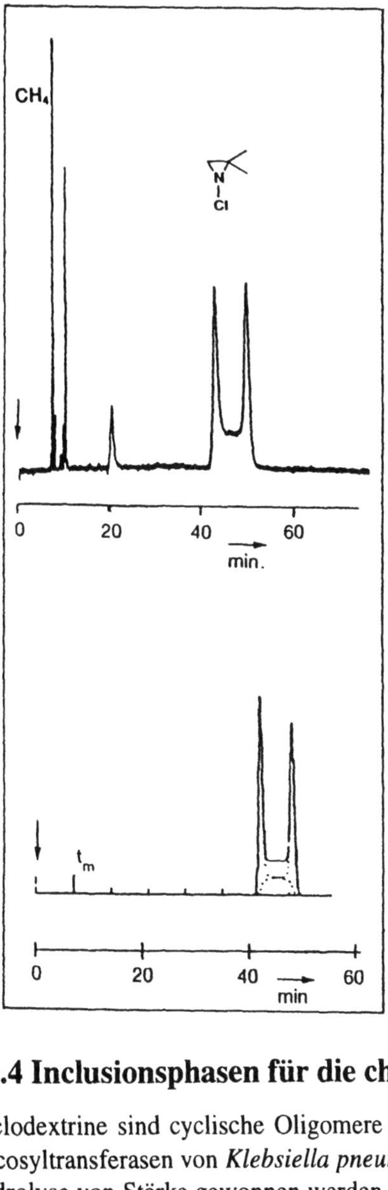

Bild 8.8
Gaschromatographisches Koaleszenzphänomen von (XXXI) wegen einer Konfigurationsumkehr während der Analyse an einer Nickelkapillare bei 60 °C, die mit einer Squalanlösung von (XXVI), M = Ni beschichtet wurde (Nachdruck aus Ref. [31]).

8.3.4 Inclusionsphasen für die chirale Gaschromatographie

Cyclodextrine sind cyclische Oligomere der α-D-Glukose, die mit Hilfe von Cyclodextringlycosyltransferasen von *Klebsiella pneumonia, Bacillus macerans* usw. durch enzymatische Hydrolyse von Stärke gewonnen werden. Sie enthalten 6 (α), 7 (β) oder 8 (γ) D-Glukoseeinheiten. Als Ergebnis ihrer α-1,4-Verknüpfungen zwischen angrenzenden D-Glucopyranoseeinheiten bestehen sie aus ringförmigen Molekülen (Becherform) und werden kommerziell häufig als Reinigungsmedien verwendet. Ihr Inneres ist hydrophob, so daß sie dazu neigen, unpolare Moleküle entsprechender Dimensionen einzuschließen: So kristallisiert z.B. β-Cyclodextrin mit in dem ringförmigen Hohlraum eingeschlossenen Cyclohexan aus. Um den engeren Rand sind die primären CH_2OH-Gruppen (eine pro Glukoseeinheit) und um den weiteren Rand Paare vicinaler sekundärer Hydroxylgruppen gebunden an die C-2- und C-3-Atome der Glukose angeordnet. Jede Glukose befindet sich in einer starren Sesselkonformation. In Tabelle 8.4 werden Dimensionen und physikalische Konstanten angeführt.

Auf Grundlage der Pionierarbeit der polnischen Wissenschaftlerin Danuta Sybilska und ihrer Kollegen an der Polnischen Akademie der Wissenschaften, die zeigten, daß Cyclodextrine und ihre Alkylderivate als Zusätze zur mobilen Phase in der chiralen HPLC verwendet werden können [52], wurden verschiedene, auf Cyclodextrinen basierende CSP für die HPLC in den frühen 80iger Jahren kommerziell anwendbar. Ein Problem für deren Verwendung in der chiralen GC war die Tatsache, daß die meisten beschriebenen Derivate unterhalb von 250 °C kristalline Festkörper sind und oberhalb dieser Temperatur beginnen, sich zu zersetzen. Deshalb wurde in früheren Arbeiten vorwiegend über ihre Verwendung in der GC mit gepackten Säulen berichtet, die z.B. mit Lösungen von α-Cyclodextrin in Formamid oder Ethylenglycol beschichtet waren. Solche Säulen ermöglichten die Trennungen geometrischer Isomere von Alkenen und Arenen und sogar der Enantiomeren des α-Pinens, aber mit sehr geringer Effizienz und oberen Temperaturlimits von 80 °C [53]. Feste, underivatisierte Cyclodextrine wurden als Säulenpackungen in der GSC untersucht [54]. Die besten Ergebnisse wurden jedoch in der Kapillar-GC erhalten, wenn festes, permethyliertes β-Cyclodextrin als Lösung in OV-1701 verwendet wurde [53].

Das Problem der hohen Schmelzpunkte von Cyclodextrinen wurde schließlich von König et al. aus Hamburg gelöst, deren Idee es war, flüssige Perpentyl-, Acetyldipentyl- und Butyryldipentyl-Cyclodextrine (Strukturen XXXII – XXXIV) als chirale GC-Phasen zu verwenden. Seit 1988 wurde über zahlreiche Trennungen an solchen Phasen berichtet [56-61]. Die Säuleneffizienz ist exzellent und die Säulen sind auch unter dem Namen Lipodex kommerziell erhältlich [62].

Tabelle 8.4 Dimensionen und physikalische Eigenschaften von Cyclodextrinen

Cyclodextrin	α	β	γ
Anzahl der Glukoseeinheiten	6	7	8
Anzahl der chiralen CHOH-Einheiten	12	14	16
Gesamtzahl chiraler Zentren	30	35	40
Molekülmasse [Dalton]	972,86	1135,01	1297,15
Mittlerer äußerer Durchmesser [pm]	1415	1535	1720
Mittlerer innerer Durchmesser [pm]	495	625	800
Hohlraumvolumen [nm³]	0,176	0,346	0,510
Löslichkeit in 100 ml Wasser [g]	14.5	18,5	23,2
Schmelzpunkt [K] (kann sich zersetzen)	551	572	540

8.3 GC an chiralen stationären Phasen

[Structure of cyclodextrin with OR, R'O, RO substituents] n = 6, 7 or 8

Strukturen XXXII-XXXIV (XXXII) R = R´= n-pentyl; (XXXIII) R = n-pentyl, R´= acetyl; (XXXIV) R = n-pentyl, R´= butanoyl

Es sind zwei interessante Varianten dieses Ansatzes erschienen. Armstrong et al. [63] fanden beim Vergleich von Dipentyl-Cyclodextrinen (Struktur XXXV) und Permethyl-(S)-hydroxypropyl-Cyclodextrinen (Struktur XXXVI) eine interessante Umkehr der Elutionsfolge. Die exzellente Leistungscharakteristik dieser Materialien machte sie schnell kommerziell verfügbar, so daß in kurzer Zeit mehrere verschiedene Cyclodextrinphasen (Tabelle 8.5) von unterschiedlichen Herstellern erhältlich waren. Die jüngste Entwicklung beschäftigte sich damit, Cyclodextrine chemisch an ein Siliconpolymer zu binden (Schema 8.7) und führte somit zu einem dritten Typ eines Oberflächenfilms für solche chiralen stationären Phasen [64, 65].

Tabelle 8.5 Kommerziell erhältliche Cyclodextrinphasen für die GC

Stationäre Phase	Ringgröße	Lieferant	maximale Temperatur
Lipodex A	6	Macherey & Nagel[a]	>200 °C
Lipodex B	6	Macherey & Nagel	>200 °C
Lipodex C	7	Macherey & Nagel	>200 °C
Lipodex D	7	Macherey & Nagel	>200 °C
Chiraldex A-PH[b]	6	Adv. Sep. Tech.[c]	260 °C
Chiraldex B-PH	7	Adv. Sep. Tech.	260 °C
Chiraldex G-PH	8	Adv. Sep. Tech.	260 °C
Chiraldex A-DA[d]	6	Adv. Sep. Tech.	260 °C
Chiraldex B-DA	7	Adv. Sep. Tech.	260 °C
Chiraldex G-DA	8	Adv. Sep. Tech.	260 °C
Chiraldex A-TA[e]	6	Adv. Sep. Tech.	180 °C
Chiraldex B-TA	7	Adv. Sep. Tech.	180 °C
Chiraldex G-TA	8	Adv. Sep. Tech.	180 °C
CP-CD-β-2,3,6-M-19[f]	7	Chrompack[g]	250-275 °C

[a] Macherey & Nagel, Düren, Germany.
[b] Permethyliertes Hydroxypropylderivat
[c] Advanced Separation Technology Inc., Whippany, NJ, USA
[d] Dipentylderivat
[e] 3-Trifluoracetyl-2,6-dipentyliertes Derivat
[f] 2,3,6-Trimethylderivat gelöst in CPSil-19-Polysiloxan
[g] Chrompack, Middelburg, Netherlands

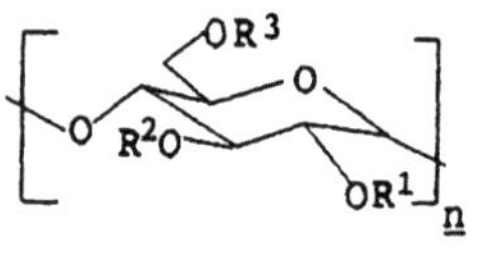

n = 6, 7 or 8

Strukturen XXXV-XXXVII (XXXV) $R^1 = R^3 = n$-pentyl, R^2 = H; (XXXVI) $R^1 = R^2$ = Me, R^3 = (S)-$CH_2CH(OMe)CH_3$; XXXVII $R^1 = R^3$ *n*-pentyl, $R^2 = COF_3$

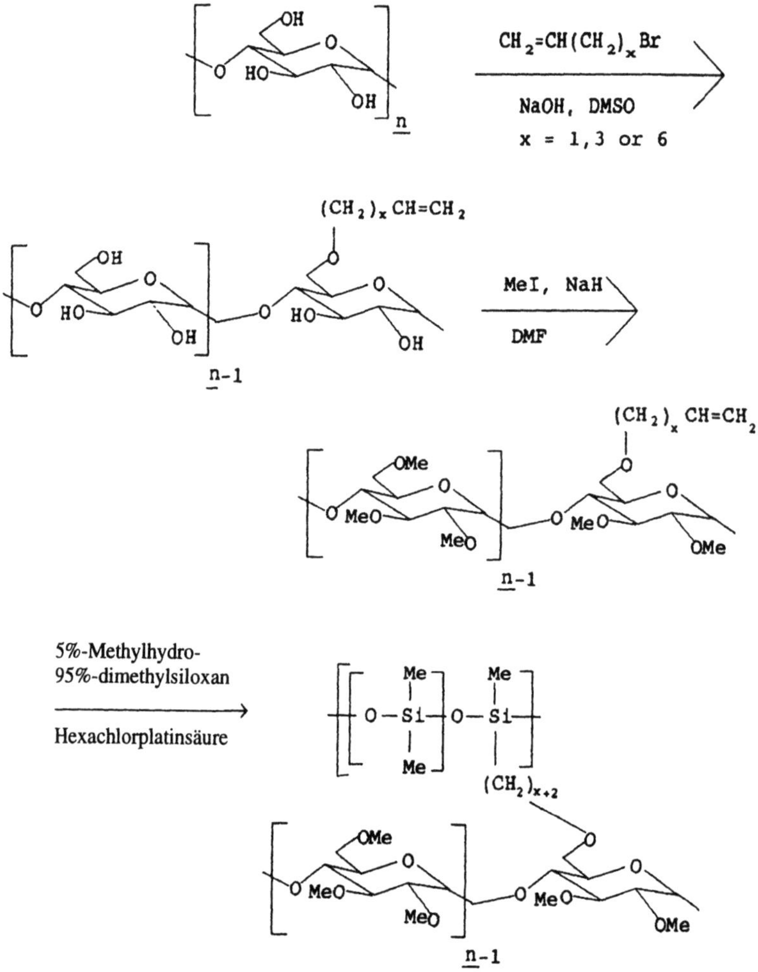

Schema 8.7

8.3.4.1 Synthese von Acyl/Alkyl- und Peralkyl-Cyclodextrinen

Das Verfahren zur Darstellung modifizierter Cyclodextrine beschreibt Protokoll 8.8.

8.3 GC an chiralen stationären Phasen

Protokoll 8.8 Darstellung von Acyl/Alkyl- und Peralkyl-Cyclodextrinen

1. Um ein 2,6-Di-*O*-alkyliertes Cyclodextrin darzustellen, lassen Sie:

   a) ein Gemisch aus 0,1 mol α- oder β-Cyclodextrin, 0,3 – 0,4 mol des Bromalkans, 30 ml DMSO pro g Bromalkan sowie 0,3 – 0,4 mol pulverisiertem NaOH 5 Tage bei Zimmertemperatur stehen.

   b) Geben Sie nach ungefähr der Hälfte der obengenannten Zeitdauer unter kräftigem Rühren weitere 0,3 – 0,4 mol des Bromalkans sowie 0,3 – 0,4 mol pulverisiertes NaOH hinzu.

   c) Gießen Sie das Gemisch auf Wasser und extrahieren Sie zweimal mit *tert*-Butylmethylether. Waschen Sie die organische Phase mit Wasser und trocknen Sie sie über wasserfreiem Na_2SO_4.

   d) Engen Sie unter Verwendung eines Hochvakuums ein und reinigen Sie das Produkt (2,6-Dialkylcyclodextrin) durch Elutionschromatographie an SiO_2 mit Toluol/Etylacetat 9:1 als Eluenten.

2. Um das 2,3,6-Tri-*O*-alkylierte Cyclodextrin darzustellen, kochen Sie 0,1 mol des Produkts von Schritt 1, 0,2 mol des Bromalkans und 0,1 mol einer Natriumhydridsuspension in 200-500 ml THF 14 Tage unter Rückfluß.

3. Um das 2,6-Di-*O*-alkyl-3-*O*-acetylcyclodextrin darzustellen:

   a) kochen Sie 0,1 mol des Produkts von Schritt 1, 0,7 mol Essigsäureanhydrid, 0,8 mol Et_3N und 0,0175 mol 4-Dimethylaminopyridin in 200-500 ml trockenem DCM 24 h unter Rückfluß.

   b) Geben Sie 0,8 mol Et_3N und 0,7 mol Essigsäureanhydrid hinzu und kochen Sie weitere 72 h unter Rückfluß.

   c) Engen Sie zur Entfernung flüchtiger Verbindungen ein und geben Sie etwas Methyl-*tert*-butylether hinzu. Waschen Sie nacheinander mit Wasser, wäßriger Na_2CO_3-Lösung, Wasser, wäßriger NaH_2PO_4-Lösung und Wasser.

   d) Trocknen Sie und engen Sie im Hochvakuum bei 0,05 Torr ein. Reinigen Sie das Produkt durch Chromatographie an einem SiO_2-Adsorbens.

4. Um das 2,6-Di-*O*-alkyl-3-*O*-butanoylcyclodextrin darzustellen:

   a) Kochen Sie 0,1 mol des Produkts vom Schritt 1, 1 mol Buttersäureanhydrid, 1,2 mol Et_3N sowie 0,033 mol 4-Dimethylaminopyridin in DCM 48 h unter Rückfluß.

   b) Geben Sie nochmals 1 mol Buttersäureanhydrid und 1,2 mol Et_3N hinzu und kochen Sie weitere 8 Tage.

   c) Entfernen Sie überschüssiges Reagens und Lösungsmittel, indem Sie N_2 durch die gerührte Lösung hindurchleiten und lösen Sie den Rückstand in Methyl-*tert*-butylether.

   d) Waschen Sie die Lösung nacheinander mit Wasser, wäßriger Na_2CO_3-Lösung, Wasser, wäßriger NaH_2PO_4-Lösung und nochmals Wasser und trocknen Sie die organische Phase mit wasserfreiem Na_2SO_4.

   e) Engen Sie den Rückstand ein, bevor Sie ihn mittels Elutionschromatographie an einem SiO_2-Adsorbens und Toluol/Etylacetat (5:1) als Eluenten reinigen[a].

[a] Die Reinheit des derivatisierten Cyclodextrins kann durch reduktive Depolymerisation und anschließende GC-MS-Analyse bestimmt werden (s. [66]).

8.3.4.2 Belegung von Kapillaren mit derivatisierten Cyclodextrinen

Pyrex-Glaskapillaren (z.B. 40 m × 0,2 mm ID) können mit diesen Materialien mit einer 0,2%igen Lösung in DCM mittels der statischen Methode beschichtet werden. Dem geht eine Vorbehandlung voraus, bei der eine Silanox-Zwischenschicht gebildet wird. Dies wird mit einer 0,3–0,5%igen Silanox-Suspension in CCl_4 unter Anwendung der Quecksilbertropfen-Methode erreicht. Anschließend wird das Lösungsmittel mit N_2 entfernt und die Säule 1 h in einem H_2-Strom bei 300 °C beheizt. Die Phasen werden häufig mit Wasserstoff als Trägergas in einem Temperaturbereich von 40–220 °C benutzt und können sogar eine noch höhere thermische Stabilität zeigen [67].

8.3.4.3 Permethylierte Cyclodextrine in OV-1701

Ein alternatives Verfahren der Anwendung von Cyclodextrinen in der GC wurde von Schurig et al. eingeführt. Sie verwendeten Lösungen mit 0,07 mol/l permethylierten α-oder β-Cyclodextrinen in einem mittelpolaren Polysiloxan OV-1701 zur Beschichtung von vorbehandelten Pyrexglas- oder fused-silica-Kapillarsäulen. Vor kurzem zeigte dieselbe Gruppe, wie man ein Cyclodextrin an ein Polysiloxan gebunden erhält [65]. Das Verfahren ist im Protokoll 8.9 beschrieben.

Die an die Polysiloxane gebundenen Cyclodextrine können als 0,4%ige Lösung in Diethylether ohne Desaktivierung der Oberfläche durch die statische Methode auf fused- silica-Kapillaren aufgebracht werden. Die erhaltenen Kapillaren sind bei geringeren Temperaturen verwendbar, als sie für Lösungen permethylierter Cyclodextrine in OV-1701 möglich sind, welche unterhalb von 80 °C eine schlechte Leistung zeigen.

Protokoll 8.9 Herstellung polysiloxangebundener permethylierter Cyclodextrine

1. Um 3-O-(5-pent-1-enyl)-CD darzustellen:

    a) Rühren Sie 3 mmol wasserfreies CD zusammen mit 15 mmol pulverisiertem NaOH und 75 ml wasserfreiem DMSO 1h unter Stickstoff bei Zimmertemperatur.

    b) Geben Sie 15 mmol 5-Brompent-1-en und 10 ml DMSO hinzu und rühren Sie 48 h unter Stickstoff.

    c) Filtrieren Sie und engen Sie bei 0,01 Torr bis zur Trockne ein.

    d) Lösen Sie das Gemisch in 10 ml MeOH und fällen Sie es durch Zugabe von 200 ml Diethylether wieder aus.

    e) Filtrieren Sie und trocknen Sie den Feststoff unter Erwärmen im Vakuum[a].

2. Um das Produkt von Schritt 1 zu permethylieren:

    a) Geben Sie unter trockenem Argon vorsichtig[b] ein Gemisch von 1,5 g Pentenylcyclodextrin in 100 ml wasserfreiem DMF zu einer Suspension von 0,126 mmol paraffinfreiem NAH in n-Hexan.

    b) Geben Sie bei Zimmertemperatur langsam 0,095 mol Iodmethan hinzu und rühren Sie 30 min.

    c) Wiederholen Sie das zweimalige Zugeben unter Verwendung von jeweils weiteren 1,5 g Pentenylcyclodextrin und 0,095 mol Iodmethan.

> **Protokoll 8.9 Forts.**
> d) Rühren Sie 1 h, dekantieren Sie vom nicht umgesetzten NaOH-Rückstand ab und gießen Sie das Gemisch in 200 ml Wasser.
> e) Extrahieren Sie nacheinander mit 3 × 70 ml CHCl$_3$ und 3 × 15 ml Wasser und trocknen Sie die organische Phase mit wasserfreiem Na$_2$SO$_4$.
> f) Engen Sie ein und reinigen Sie den gelben, festen Rückstand[c] wiederholt durch Elutionschromatographie an Sephadex LH20 mit DCM/MeOH (2:1) Eluenten. Trocknen Sie zum Schluß bei 40 °C unter Vakuum über P$_2$O$_5$.
> 3. Um das Endprodukt zu erhalten:
> a) Kochen Sie 1 mmol Dimethylpolysiloxan (5% SiH) mit 72 g (ca. 0,5 mmol) Di-*O*-methyl-3-*O*-(5-pent-1-enyl)CD in 100 ml wasserfreiem Toluol unter trockenem N$_2$ und Rückfluß.
> b) Geben Sie in Abständen von 2,5 h wiederholt einige mg Hexachlorplatinsäure und 1 ml wasserfreies THF hinzu.
> c) Dampfen Sie nach 24 h zur Trockne ein, lösen Sie den Rückstand in 50 ml wasserfreiem MeOH und dekantieren Sie, um die schwarze untere Schicht zu entfernen.
> d) Engen Sie zur Trockne ein und extrahieren Sie den Rückstand mit Petrolether (Kp. 60–80 °C). Filtrieren Sie, engen Sie ein und trocknen Sie unter Vakuum.
> [a] Dieses Verfahren liefert teilweise Pent-1-enyliertes CD
> [b] Es wird H$_2$ erzeugt. Vorsicht!
> [c] Man kann eventuell einen weißen, trockenen Rückstand erhalten.

8.3.4.4 Hydrophile, auf Cyclodextrinen basierende CSP

Im Gegensatz zu den beschriebenen hydrophoben Peralkyl- und Acylalkylcyclodextrinen haben Armstrong et al. hydrophile Hydroxyalkylcyclodextrine für die GC entwickelt [63]. Die Herstellung dieser Materialien geschieht gemäß Protokoll 8.10 (s. auch Schema 8.8).

Vorläufige Ergebnisse mit dieser Phase deuten darauf hin, daß es vorteilhaft ist, die Flüchtigkeit stark polarer Verbindungen zu erhöhen, z.B. durch Überführung in Acetyl-, Trifluoracetyl- oder Chloracetylderivate. Der Typ der Acetylierung beeinflußt die erreichbare Auflösung signifikant [68].

> **Protokoll 8.10** Herstellung einer CSP mit hydrophilen Cyclodextrinen
> 1. Mischen Sie das erforderliche Cyclodextrin mit wäßriger NaOH (5% Ma/Vol der Lösung) und rühren Sie bei 0–5 °C. Geben Sie dann langsam (S)-Propylenoxid hinzu.
> 2. Lassen Sie das Gemisch nach 6 h langsam auf Zimmertemperatur erwärmen und rühren Sie weitere 24 h.
> 3. Neutralisieren und dialysieren Sie kurz, um vor dem Filtrieren Salze zu entfernen. Isolieren Sie das Produkt durch Gefriertrocknung.
> 4. Permethylieren Sie das Produkt aus Schritt 3 mit Iodmethan, Natriumhydridsuspension und DMSO.
> 5. Belegen Sie eine 20-30 m × 0,25 mm ID FSOT-Kapillare durch die statische Methode.

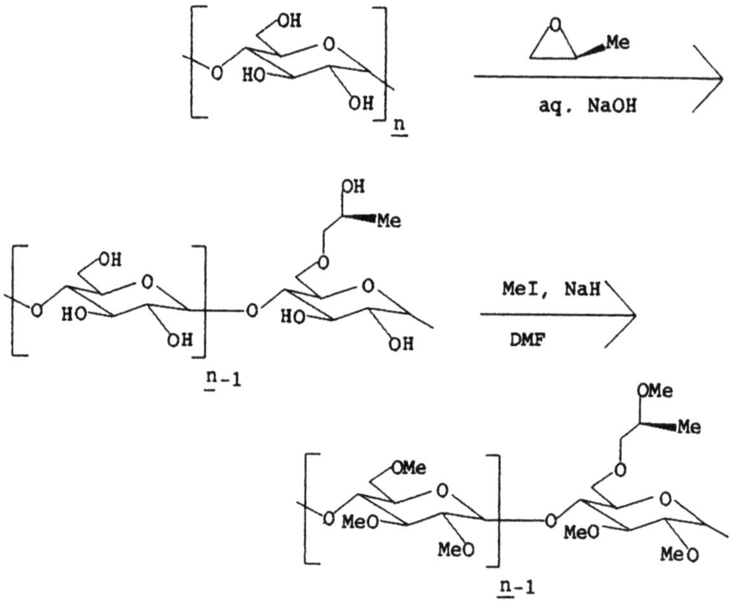

Schema 8.8

8.4 Anwendung chiraler stationärer Phasen in der GC

Hauptproblem eines Analytikers, der die chromatographische Auflösung eines Enantiomerengemisches erreichen möchte, ist die Auswahl einer geeigneten Säule. Zwar gibt es in der chiralen GC kein vergleichbares Problem mit demjenigen in der HPLC, eine mobile Phase auszuwählen, jedoch existieren in der chiralen GC andere, spezifische Faktoren, die zu beachten sind:

a) Die Wahl des Temperaturregimes der Säule (isotherm oder temperaturprogrammiert),

b) Die Wahl der Injektionstemperatur,

c) Die Auswahl des Derivatisierungsreagens, wenn der Analyt für eine GC-Analyse nicht ausreichend flüchtig ist.

Mit einer Entscheidung für die eine oder andere Option sollte man normalerweise warten, bis die Säulenauswahl erfolgt ist, die den Arbeitstemperaturbereich der stationären Phase bestimmt. Außerdem darf eine Derivatisierung keine Auswirkungen auf die enantioselektiven Wechselwirkungen zwischen dem Analyten und der CSP haben.

Beste Orientierung hinsichtlich der geeignetsten Säule für eine gegebene Analyse liefert die Literatur. Die Tabellen dieses Kapitels wurden mit diesem Ziel zusammengestellt. Wenn keine analogen Trennbeispiele für unsere Aufgabe zu finden sind, müssen unsere Überlegungen durch Ausprobieren verschiedener Varianten ersetzt werden. Als limitierender Faktor erweist sich auch, ob die gewünschte Säule überhaupt verfügbar ist.

8.5 Schlußfolgerungen und Ausblick

Die vielversprechendsten Phasen für die chirale GC sind zweifellos die von den Cyclodextrinen abgeleiteten CSP, und sie werden auch in nächster Zukunft die erste Wahl bleiben, wenn es um chirale Trennungen geht. Die anderen, auf chiralen Polysiloxanen basierenden Phasen, die seit einigen Jahren erhältlich sind, und haben zu vielen eleganten Enantiomerentrennungen geführt.

Die in Zukunft erwartete Entwicklung besteht hauptsächlich in einem besseren Verständnis der Art und Weise, wie Enantiomerentrennungen überhaupt stattfinden, so daß bessere CSP entworfen werden können. Ein solches Verständnis der grundlegenden Mechanismen würde auch dem praktisch tätigen Analytiker helfen, die Wahl der geeigneten CSP für eine bestimmte Trennung leichter und rationeller zu treffen. Die Anwendung von Expertensystemen auf diesem Gebiet könnte ebenfalls eine zukunftsweisende Entwicklung sein.

Literatur

[1] König, W.A.: *The practice of enantiomer separation by capillary gas chromatography.* Hüthig, Heidelberg, (**1987**).

[2] Schurig, V.: *Kontakte* (Darmstadt) **1986**, *1*, 3.

[3] Allenmark, S.G.: *Chromatographic enantioseparation: methods and applications*, 2. Auflage, Ellis Horwood, Chichester (**1991**).

[4] Hauptmann, S.; Mann, G.: *Stereochemie.* Spektrum Akademischer Verlag, Heidelberg (**1996**).

[5] Kaye, P.T.; Learmonth, R.A.: *J. Chromatogr.* **1990**, *503*, 437.

[6] Brückner, H.; Langer, M.: *J. Chromatogr.* **1990**, *521*, 109.

[7] Deger, W.; Gessner, M.; Heusinger, G.; Singer, G.; Mosandl, A.: *J. Chromatogr.* **1986**, *366*, 385.

[8] Gil-Av, E.; Feibush, B.; Charles-Sigler, R.: *Tetrahedron Lett.*, **1966**, 1009.

[9] Feibush, B.: *J. Chem. Soc. Chem. Commun.*, **1971**, 544.

[10] Charles, R.; Beitler, U.; Feibush, B.; Gil-Av, E.: *J. Chromatogr.* **1975**, *112*, 121.

[11] Feibush, B.; Gil-Av, E.; Tamari, T.: *J. Chem. Soc. Perkin Trans.* II, **1972**, 1197.

[12] Feibush, B.; Gil-Av, E.: *Tetrahedron* **1970**, *26*, 1361.

[13] Feibush, B.; Balan, A.; Altmann, B.; Gil-Av, E.: *J. Chem. Soc. Perkin Trans* II, **1979**, 1230.

[14] Gil-Av, E.; Feibush, B.: *Tetrahedron Lett.*, **1967**, 3345.

[15] Chang, S.-C.; Gil-Av, E.; Charles, R.: *J. Chromatogr.* **1984**, *289*, 53.

[16] Charles, R.; Watabe, K.: *J. Chromatogr.* **1984**, *298*, 253.

[17] Watabe, K.; Gil-Av, E.: *J. Chromatogr.* **1985**, *318*, 235.

[18] Oi, N.; Doi, T., Kitahara, H.; Inda, Y.: *J. Chromatogr.* **1982**, *239*, 493.

[19] Beitler, U.; Feibush, B.: *J. Chromatogr.* **1976**, *123*, 149.

[20] Frank, H.; Nicholson, G.J.; Bayer, E.: *J. High Res. Chromatogr. Chromatogr. Commun.* **1979**, *2*, 411.

[21] Nicholson, G.J.; Frank, H.; Bayer, E.: *J. High Res. Chromatogr. Chromatogr. Commun.* **1979**, *2*, 411.

[22] Frank, H.; Gerhardt, J.; Nicholson, G.J.; Bayer, E.: *J. Chromatogr.* **1983**, *270*, 159.

[23] Koppenhöffer, B.; Allmendinger, H.; Nicholson, G.; Bayer, E.: *J. Chromatogr.* **1983**, *260*, 63.

[24] Frank, H.; Nicholson, G.J.; Bayer, E.: *J. Chromatogr.* **1978**, *146*, 197.

[25] Koppenhöffer, B.; Allmendinger, H.; Nicholson, G.J.: *Angew. Chem. Int. Ed. Engl.* **1985**, *24*, 48.

[26] Saeed, T.; Sandra, P.; Verzele, M.: *J. Chromatogr.* **1979**, *186*, 611, .

[27] König, W.A.; Benecke, I.: *J. Chromatogr.* **1981**, *209*, 91.

[28] König, W.A.; Benecke, I.; Sievers, S.: *J. Chromatogr.* **1981**, *217*, 71.

[29] König, W.A.; Benecke, I.; Sievers, S.: *J. Chromatogr.* **1982**, *238*, 427.

[30] König, W.A.; Benecke, I.; Lucht, N.; Schmidt, E.; Schulze, J.; Sievers, S.: *J. Chromatogr.* **1983**, *279*, 555.

[31] König, W.A.; Ernst, K.: *J. Chromatogr.* **1983** *280*, 135.

[32] König, W.A.; Benecke, I.: *J. Chromatogr.* **1983**, *269*, 19.

[33] König, W.A.; Francke, W.; Benecke, I.: *J. Chromatogr.* **1982**, *239*, 227.

[34] Abe, I.; Kuramato, S.; Musha, S.: *J. Chromatogr.* **1983**, *258*, 35.

[35] Schomburg, G.; Benecke, I.; Severin, G.: *J. High Res. Chromatogr. Chromatogr. Commun.* **1985**, *8*, 391.

[36] Bradshaw, J.S.; Aggarwal, S. K.; Rouse, C.A.; Tarbet, B.J.; Markides, K.E.; Lee, M.L.: *J. Chromatogr.* **1987**, *405*, 169.

[37] Schurig, V.: *Angew. Chem. Int. Ed. Engl.* **1977**, *16*, 110.

[38] Golding, B.T.; Sellars, P.J.; Wong, A.K.: *J. Chem. Soc. Chem. Commun.*, **1977**, 570.

[39] Schurig, V.; Bürkle, W.: *Angew. Chem. Int. Ed. Engl.* **1978**, *17*, 132.

[40] Schurig, V.; Bürkle, W.: *J. Am. Chem. Soc.* **1982**, *104*, 7573.

[41] Schurig, V.; Weber, R.: *Angew. Chem. Int. Ed. Engl.* **1983**, *22*, 772.

[42] Schurig, V.; Weber, R.: *J. Chromatogr.* **1984**, *289*, 321.

[43] Schurig, V.: *J. Chromatogr.* **1988**, *441*, 135.

[44] Schurig, V. in: *Asymmetric Synthesis* (J.D. Morrison, Herausg.), Academic Press, New York, Band 1 (**1983**), S. 59.

[45] Schurig, V.; Link, R. in: *Chiral Separations* (D. Stevenson und I. Wilson, Herausg.), Plenum Press, New York (**1988**), S. 91.

[46] Schurig, V. in: *Bioflavour '87* (P. Schreier Herausg.), de Gruyter, Berlin (**1988**), S. 35.

[47] Weber, R.; Schurig, V.: *Naturwissenschaften* **1981**, *68*, 330.

[48] Schurig, V.; Wistuba, W.: *Tetrahedron Lett.* **1984**, *25*, 5633.

[49] Joshi, N.N.; Srebnik, M.: *J. Chromatogr.* **1989**, *462*, 458.

[50] Schurig, V.; Össig, J.; Link, R.: *Angew. Chem. Int. Ed. Engl.* **1989**, *28*, 194.

[51] Burkle, W.; Karfunkel, H.; Schurig, V.: *J. Chromatogr.* **1984**, *288*, 1.

[52] Debrowski, D.; Sybilska, D.; Jurczak, J.: *J. Chromatogr.* **1982**, *237*, 303.

[53] Koscielski, T.; Sybilska, D.; Jurczak, J.: *J. Chromatogr.* **1983**, *280*, 131.

[54] Mraz, J.; Feltl, L.; Smolkova-Keulemansova, E.: *J. Chromatogr.* **1984**, *286*, 17.

[55] Schurig, V.; Nowotny, H.-P.: *J. Chromatogr.* **1988**, *441*, 155.

[56] König, W.A.; Lutz, S.; Mischnik-Lubbecke, P.; Brassat, B.: *J. Chromatogr.* **1988**, *447*, 193.

[57] Kömig, W.A.; Lutz, S.; Wenz, G.; von der Bay, E.: *J. High Res. Chromatogr. Chromatogr. Commun.* **1988**, *11*, 506.

[58] König, W.A.; Lutz, W.; Cloberg, C.; Schmidt, N.; Wenz, G.; von der Bay, E.; Mosandl, A.; Gunther, C.; Kustermann, A.: *J. High Res. Chromatogr. Chromatogr. Commun.* **1988**, *11*, 621.

[59] König, W.A.; Lutz, S.; Hagen, M.; Krebber, R.; Wenz, G.; Baldenius, K.; Ehlers, J.; tom Dieck, H.: *J. High Res. Chromatogr.* **1989**, *12*, 35.

[60] König, W.A.; Krebber, R.; Mischnick, P.: *J. High Res. Chromatogr.* **1989**, *12*, 732.

[61] König, W.A.; Krebber, R.; Wenz, G.: *J. High Res. Chromatogr.* **1989**, *12*, 790.

[62] König, W.A.; Krebber, R.; Wenz, G.: *J. High Res. Chromatogr.* **1989**, *12*, 641.

[63] Armstrong, D.W.; Li, W.; Pitha, J.: *Anal. Chem.* **1990**, *62*, 214.

[64] Schurig, V.; Nowotny, H.-P.: *Angew. Chem. Int. Ed. Engl.* **1990**, *29*, 939.

[65] Mischnick-Lübbecke, P.; Krebber, R.: *Carbohydrate Res.* **1989**, *187*, 197.

[66[Fischer, P.; Aichholz, R.; Bölz, U.; Juza, M.; Krimmer, S.: *Angew. Chem. Int. Ed. Engl.* **1990**, *29*, 427.

[67] König, W.A.; Lutz, S.; Mischnick-Lübbecke, P.; Brassat, B.; von der Bay, E.; Wenz, G.: *Starch/Stärke* **1988**, *40*, 472.

[68] Armstrong, D.W.; Jin, H.L.: *J. Chromatogr.* **1990**, *502*, 154.

[69] Weinstein, S.; Feibush, B.; Gil-Av, E.: *J. Chromatogr.* **1976**, *126*, 97.

[70] Oi, N.; Kitahara, H.; Inda, Y.; Doi, T.: *J. Chromatogr.* **1981**, *213*, 137.

[71] Parr, P.; Howard, P.Y.: *J. Chromatogr.* **1972**, *66*, 141.

[72] Corbin, J.A.; Rhoad, J.E.; Rogers, L.B.: *Anal. Chem.* **1971**, *43*, 327.

[73] Andrawes, F.; Brazell, R.; Parr, W.; Zlatkis, A.: *J. Chromatogr.* **1975**, *112*, 197.

[74] Parr, W.; Howard, P.Y.: *Anal. Chem.* **1973**, *45*, 711.

[75] König, W.A.; Nicholson, G.J.: *Anal. Chem.* **1972**, *47*, 951.

[76] König, W.A.; Stolting, K.; Kruse, K.: *Chromatographia* **1977**, *10*, 444.

[77] Parr, W.; Yang, C.; Bayer, E.; Gil-Av, E.: *J. Chromatogr. Sc.* **1970**, *8*, 591.

[78] Stolting, K.; König, W.A.: *Chromatographia* **1976**, *9*, 331.

[79] Abe, I.; Kohno, T.; Musha, S.: *Chromatographia* **1978**, *11*, 393.

[80] Lochmüller, C.H.; Stouter, R.W.: *J. Chromatogr.* **1974**, *88*, 41.

[81] Horiba, M.; Kitahara, H.; Yamamoto, S.; Oi, N.: *Agric. Biol. Chem.* **1980**, *44*, 2987.

[82] Saeed, T.; Sandra, P.; Verzele, M.: *J. High Res. Chromatogr. Chromatogr. Commun.* **1980**, *3*, 35.

9 Umweltanalytik mit der Gaschromatographie

GERRY A. BEST und PAUL DAWSON

9.1 Einleitung

Innerhalb der letzten zehn Jahre ist das Thema Umweltverschmutzung zunehmend in den Mittelpunkt des öffentlichen Interesses gerückt. Dadurch sind regulatorische Organe und Forschungseinrichtungen unter Druck geraten, Informationen über Verschmutzungsgrade und deren Bedeutung zu liefern. Das hat nun dazu geführt, daß eine große Anzahl von Analysen an unterschiedlichen umweltrelevanten Probenmaterialien durchgeführt wird. Dabei hat sich der Bereich der Bestimmung organischer Verunreinigungen wohl am schnellsten weiterentwickelt. Dies ist nicht zuletzt in den großen Fortschritten, die auf dem Gebiet der Gaschromatographie gemacht wurden, begründet.

Jahrelang wurde der Gehalt an organischer Materie nur mit unspezifischen Tests wie dem Chemischen (CSB) und dem Biologischen Sauerstoffbedarf (BSB) erfaßt. Wegen der steigenden Anzahl anthropogener, künstlicher Schadstoffe, die in die Umwelt gelangen, genügen diese Techniken bei weitem nicht mehr den Anforderungen der modernen Umweltanalytik. Einige dieser Schadstoffe, z.B. Dioxine, sind schon in sehr geringen Mengen extrem toxisch; andere sind sehr persistent und außerdem gut bioakkumulierbar. Letztere werden noch Jahrzehnte nach ihrer Verwendung in Umweltproben anzutreffen sein.

9.1.1 Eintragswege in die Umwelt

Schätzungen haben ergeben, daß jährlich mehr als 1000 neue Verbindungen erfunden bzw. synthetisiert und in Verkehr gebracht werden. Viele davon finden ihren Weg in die Umwelt. Bild 9.1 zeigt die möglichen Eintragswege und auch die unterschiedlichen Probentypen, die zu nehmen sind, um den Verbleib eines Schadstoffs zu untersuchen.

Dieses Kapitel beschreibt, wie diese Proben auf die wichtigsten organischen Schadstoffe untersucht und deren Konzentrationen mittels Gaschromatographie bestimmt werden können.

9.1.2 Instrumentarium

Innerhalb der letzten Jahre hat sich auf dem Gebiet der Kapillarsäulen eine rasante Entwicklung vollzogen. Obwohl gepackte Säulen immer noch eine gewisse Rolle spielen, werden Narrow-bore- und Wide-bore-Kapillarsäulen ob ihrer höheren Trennleistung von vielen Analytikern bevorzugt. Das Thema Säulenauswahl wird in den Abschnitten 9.3 und 9.4 detailliert behandelt.

9.1 Einleitung

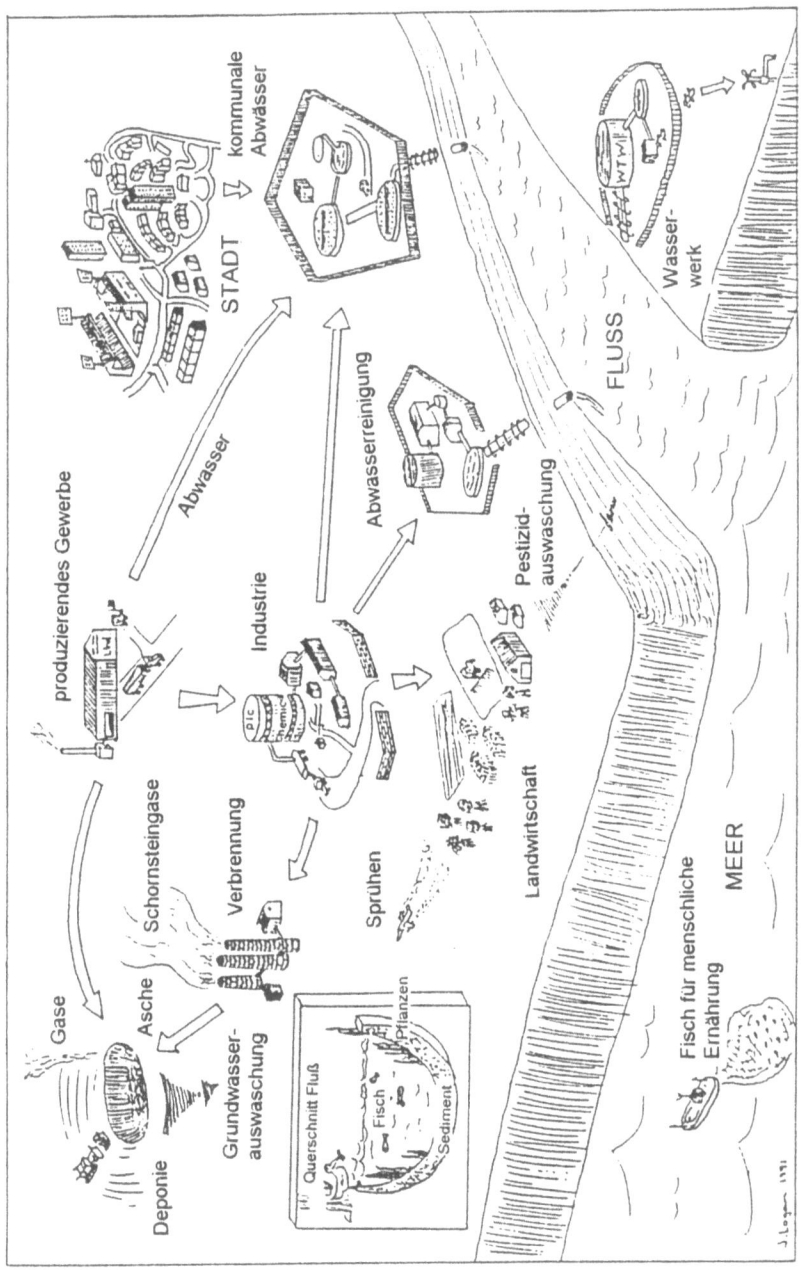

Bild 9.1 Darstellung der unterschiedlichen Eintragswege von Schadstoffen in die Umwelt sowie der Probentypen, die zur Untersuchung eines Schadstoffs zu nehmen sind

Zur Ausführung der in diesem Kapitel beschriebenen Untersuchungstechniken sollte der Leser über einen „Standard"-Gaschromatographen, der entweder mit einem Flammenionisationsdetektor (FID), einem Elektroneneinfangdetektor (ECD) und/oder einem Stickstoff-Phosphor-Detektor (NPD) ausgerüstet ist, verfügen. Die Einführung der mit der Gaschromatographie koppelbaren Bench-top-Massenspektrometer zu erschwinglichen Preisen hat allerdings dazu geführt, daß die GC-MS-Kopplung mittlerweile fast zur Standardausrüstung eines jeden mit Umweltanalytik beschäftigten chemischen Labors gehört. Als massenselektive Detektoren sind diese sehr empfindlich und, was noch wichtiger ist, extrem spezifisch. Mit ihnen können nicht nur die Chromatogrammspuren ausgewählter Massenzahlen von Fragmentionen (im SIM-Modus) aufgezeichnet, sondern auch die Molmassen der aus der GC-Säule eluierenden Verbindungen sowie charakteristische Fragmentierungsmuster (im Scan-Modus) ermittelt werden.

Die Interpretation dieser Massenspektren ermöglicht oft eine praktisch eindeutige Identifizierung der meisten in Umweltproben vorkommenden organischen Verbindungen. Unterstützt wird die Interpretation durch die in Spektrenbibliotheken gesammelten Spektren (z.B. NIST-Bibliothek, 59 000 Einträge), die jeweils zum aktuellen, aus der Probe erhaltenen Massenspektrum aufgerufen und mit diesem verglichen werden können.

9.2 Die Notwendigkeit der GC-Analytik bei der Untersuchung von Umweltproben

9.2.1 Probleme der Umweltverschmutzung

Wie Bild 9.1 zeigt, gibt es viele Wege, auf denen eine organische Verbindung in die Umwelt gelangen und dort Konzentrationen erreichen kann, die im Hinblick auf mögliche Schadwirkungen wie Gefährdung der Gesundheit des Menschen oder Schädigung der Pflanzen- und Tierwelt im betroffenen Gebiet inakzeptabel sind. Die Literatur enthält eine ganze Reihe von Beispielen, wie Unglücksfälle untersucht und die entsprechenden Giftstoffe unter Kontrolle gebracht worden sind. Einige neuere Veröffentlichungen befassen sich u.a. mit der Bestimmung von Pestiziden in Meerwasser [1], Shrimps [2] und den Sickerwässern von Holzlagerplätzen [3], der Konzentration chlorhaltiger Lösungsmittel in Grundwasser [4] sowie dem Wasseraustrag von Herbiziden aus einem landwirtschaftlichen Einzugsgebiet [5]. Eine vollständige Literaturliste würde den Umfang dieses Buches sprengen. Ausgewählte Publikationen sollen aber einen Überblick über die Vielfalt der mittels GC untersuchten Umweltproben geben.

9.2.2 Gesetzliche Bestimmungen

Mit der zunehmenden Forderung der Öffentlichkeit nach einer saubereren Umwelt und mehr Informationen über die Wirkungen relevanter Verbindungen haben sich die staatlichen Kontrollen von Abwasser, Abgasen und anderen Rückständen verstärkt. Deshalb enthalten die gesetzlichen Regelungen für den Eintrag von Abgasen in die Atmosphäre oder die Einleitung

9.2 Die Notwendigkeit der GC-Analytik bei der Untersuchung von Umweltproben

von Abwasser z.T. auch Grenzwerte für bestimmte organische Verbindungen. Ihre Einhaltung muß durch regelmäßige Untersuchung geeigneter Proben der entsprechenden Matrix überprüft werden.

Mittlerweile leitet sich ein Großteil der Umweltgesetzgebung von der der Europäischen Union (EU) ab, an deren Richtlinien sich alle Mitgliedsstaaten zu halten haben. In einigen dieser Richtlinien sind konkrete Grenzwerte für organische Schadstoffe in Abprodukten festgeschrieben und Verfahren zur gaschromatographischen Bestimmung empfohlen. In Tabelle 9.1 sind die für die Wasseranalytik relevanten EU-Richtlinien zusammengestellt.

Bei einer Zusammenkunft der Nordeseeanrainerstaaten in jüngerer Zeit kam man außerdem überein, für eine Reihe von Schadstoffen die in die Nordsee entsorgten Mengen drastisch zu reduzieren. Auf der Dritten Nordseekonferenz veröffentlichte die britische Regierung eine Liste der nach ihrem Dafürhalten gefährlichsten dieser Schadstoffe. Diese Liste wurde unter dem Namen „Rote Liste von Verbindungen" bekannt. Gleichzeitig verpflichtete sich die britische Regierung, den geschätzten Eintrag bis 1995 auf die Hälfte des Wertes von 1985 zu reduzieren. Der Roten Liste wurden seit ihrer Veröffentlichung ständig neue Substanzen hinzugefügt, von denen jetzt für einige eine Reduzierung des Eintrags um 75% angestrebt wird. Den derzeitigen Stand der Roten Liste zeigt Tabelle 9.2, während die sogenannten „Priority Pollutants", die zu einem späteren Zeitpunkt ebenfalls in die Rote Liste aufgenommen werden sollen, in Tabelle 9.3 enthalten sind.

Aus dem Gesagten ist leicht zu erkennen, daß die Anforderungen an die gaschromatographische Umweltanalytik rapide gestiegen sind. Viele Laboratorien sind gezwungen, sich mit neuen Techniken auseinanderzusetzen, um die benötigten Daten in einer angemessenen Zeit und mit Vertrauen in die Richtigkeit der Ergebnisse produzieren zu können.

Tabelle 9.1 Richtlinien, in denen Grenzwerte für mit der GC bestimmbare organische Schadstoffe festgelegt sind.

Nr.	Bezeichnung	Organische Komponenten	Grenzwerte (µg/l)
75/440/EEC	Oberflächenwasserrichtlinie	Cyfluthrin	0,001
		Kohlenwasserstoffe	50–1000 [a]
		Permethrin	0,01
		Pestizide	1–5,0 [a]
		Phenole	1–100 [a]
		Polycyclische Aromatische Kohlenwasserstoffe	0,2–1,0 [a]
80/778/EEC	Qualität von Wasser, das für den menschlichen Verzehr bestimmt ist	Pestizide einzeln	0,1
		Pestizide Summe	0,5
		Benzo-3,4-pyren	0,01
		Tetrachlorkohlenstoff	3,0
		Trichlorethan	30,0
		Tetrachlorethan	10,0
		Phenole	100,0
		Polyaromatische Kohlenwasserstoffe	0,5

Tabelle 9.1 Forts.

76/659/EEC	Qualitätsstandards für Frischwasser für die Fischzucht	Cyfluthrin	0,001 [b]
		Flucofuron	1,0 [b]
		PCSD's und PAD	0,05 [b]
		Permethrin	0,01 [b]
		Sulcofuron	25,0 [b]
76/464/EEC	Richtlinie für gefährliche Stoffe: Verbindungen der Liste 1	Tetrachlorkohlenstoff	12,0 [c]
		Chloroform	12,0 [c]
		DDT	0,025
		p-DDT	0,01
		Summe „-drine"	0,03
		Endrin	0,005
		Aldrin	0,01
		Dieldrin	0,01
		Isodrin	0,005
		Hexachlorbenzol (HCB)	0,03
		Hexachlorbutadien (HCBD)	0,01
		Hexachlorcyclohexan, HCH oder Lindan	0,11
		Pentachlorphenol	2,0
		1,2-Dichlorethan (DCE)	10,0 [a]
		Perchlorethylen (PER)	10,0 [a]
		Trichlorbenzol (TCB)	0,1 [a]
		Trichlorethylen (TRI)	10,0 [d]

[a] Grenzwerte abhängig von zu bearbeitender Menge
[b] tritt 1992 in Kraft
[c] Gilt sowohl für Süß- als auch Salzwasser
[d] Empfohlene Wasserqualitätsstandards, noch nicht endgültig

9.3 Analytische Qualitätskontrolle der GC-Daten

Vor der Anwendung einer Methode auf Realproben ist es unbedingt nötig, die Extraktionsausbeute, Verluste beim Clean-up, die Reinheit von Blindproben und die Zuverlässigkeit der Trennung mit Hilfe der Analytischen Qualitätskontrolle (AQC) zu überprüfen [1].

Die folgende Prozedur sollte bei jeder neuen Probenserie wiederholt werden.

a) Zu den Proben sollten interne Standards bekannter Konzentrationen zugegeben werden, z.B. *trans*-Heptachlorepoxid (*trans*-HCE), Decachlorbiphenyl (DCBP) und ε-Hexachlorcyclohexan (ε-HCH). Diese Verbindungen eluieren von der Clean-up-Kartusche in den verschiedenen Fraktionen, wodurch Verluste beim Clean-up erkennbar werden. Sie kommen in Realproben selten vor, so daß die gemessenen Konzentrationen die zugefügte Menge widerspiegeln.

9.3 Analytische Qualitätskontrolle der GC-Daten

Tabelle 9.2 Rote Liste der als gefährlich geltenden Substanzen, deren Eintrag in die Umwelt reduziert werden muß

Quecksilber	Simazin
Cadmium	Atrazin
Kupfer	Tributylzinnverbindungen
Zink	Triphenylzinnverbindungen
Blei	Azinphosethyl
Arsen	Azinphosmethyl
Chrom	Fenitrothion
Nickel	Fenthion
„-drine" (Aldrin, Endrin, Dieldrin)	Malathion
γ-HCH (Lindan)	Parathion
DDT	Parathionmethyl
Pentachlorphenol (PCP)	Dichlorvos
Hexachlorbenzol (HCB)	Trichlorethylen
Hexachlorbutadien (HCBD)	Tetrachlorethylen
Tetrachlorkohlenstoff	Trichlorbenzol
Chloroform	1,2-Dichlorethan
Trifluralin	Trichlorethan
Endosulphan	Dioxine

Tabelle 9.3 In die Rote Liste aufzunehmende Substanzen

Demeton O	Cyanursäurechlorid
Dimethoat	1,1-Dichlorethylen
Mevinphos	1,3-Dichlorpropan-2-ol
2,4-D	2-Chlorethanol
Linuron	Ethylbenzol
Pyrazon	Biphenyl
2-Amino-4-chlorphenol	1,4-Dichlorbenzol
Anthracen	1,3-Dichlorpropen
Chloressigsäure	Hexachlorethan
4-Chlor-2-nitrotoluol	1,1,1-Trichlorethan

2,4-D = 2,4-Dichlorphenoxyessigsäure

a) Von einer der Umweltproben sollte eine Doppelbestimmung gemacht werden, um die Wiederholbarkeit des Vorgangs zu testen.

b) Für Wasser- oder Abwasserproben dient deionisiertes Wasser als Blindprobe, handelt es sich um Gewebe- oder Sedimentproben, kann man Referenzproben zur Blindwertbestimmung von entsprechenden Firmen, die Referenzmaterialien herstellen, beziehen.

Jede der AQC-Proben wird exakt derselben Behandlung wie die Umweltproben unterzogen. Zusätzlich wird am Anfang und am Ende der Probenserie jeweils mit mindestens vier unterschiedlich konzentrierten Standardlösungen der interessierenden Verbindungen, denen außerdem der interne Standard zugesetzt wurde, kalibriert. Die Kalibrationskurven werden entweder mit den Peakhöhen oder, wenn ein Integrator vorhanden ist, mit den Peakflächen erstellt. Aus ihnen berechnet man die Konzentration der Analyten in den Proben. Bei wiederholter Messung gleichartiger Proben genügt es, zwischendurch die Kalibration mit nur zwei Standardlösungen zu überprüfen.

Ist die Methode einmal erstellt, sollten die folgenden Kriterien erfüllt oder die Analyse wiederholt werden:

a) Vergleicht man die Konzentration des internen Standards (z.B. *trans*-HE), der die gesamte Probenvorbereitung durchlaufen hat mit der des internen Standards, der in den Standardlösungen der interessierenden Verbindungen enthalten ist, so sollte die Wiederfindungsrate zwischen 50 und 130% liegen.

b) Bei der Berechnung der prozentualen Wiederfindung der interessierenden Verbindungen in der Kontrollprobe und der gespiketen Umweltprobe sollte ein zuvor für den internen Standard ermittelter Korrekturfaktor (Response-Faktor – s.u.) berücksichtigt werden. Die Wiederfindungen sollten dann zwischen 80 und 120% liegen.

c) Die Ergebnisse der Doppelbestimmung sollten nicht mehr als 25% voneinander abweichen.

d) In den Blindproben sollten keine meßbaren Konzentrationen der interessierenden Verbindungen enthalten sein.

9.4 Isolation interessierender Verbindungen aus der Probenmatrix

Bevor eine gaschromatographische Trennung und Quantifizierung der Komponenten einer Umweltprobe möglich ist, müssen die interessierenden Verbindungen zunächst aus der Probenmatrix isoliert und störende Begleitsubstanzen mit Hilfe eines Clean-up-Schrittes entfernt werden. Für einige Matrices ist diese Prozedur relativ kompliziert und zeitaufwendig und oft mit Verlusten an Analyten verbunden. Diese Verluste müssen abgeschätzt und die in der GC-Analyse ermittelten Konzentrationen der interessierenden Verbindungen entsprechend korrigiert werden.

Gemäß Bild 9.1 können für die Umweltanalytik relevante Proben sein:

- *Wasser* – Flußwasser, Seewasser, Trinkwasser
- *Abwasser* – industrielles oder urbanes
- *Klärschlamm*
- *Sediment* – Süßwasser- oder marines Sediment
- *biologisches Gewebe* – verschiedene Organismen, z.B. Fischen, Wirbellosen, Vögeln
- *Gase* – aus Schornsteinen, Mülldeponien oder Industrieumfeldern emittierte Gase
- *Öl* – aus von Ölunfällen betroffenen Gebieten und aus den vermuteten Quellen

9.4 Isolation interessierender Verbindungen aus der Probenmatrix

Abgesehen von Gasen und Öl sind die am häufigsten zu bestimmenden Schadstoffe Pestizide, Lösungsmittel, Polycyclische Aromatische Kohlenwasserstoffe (PAH's) und Polychlorierte Biphenyle (PCB's). Zu den Pestiziden gehören sowohl Insektizide als auch Herbizide, in der Mehrzahl handelt es sich um Organochlor-, Organophosphor- und Organostickstoffverbindungen. Die Zahl der Pestizide ist mittlerweile enorm; ein aktueller Führer ist bei der Royal Society of Chemistry erhältlich [6]. Es ist nicht Anliegen dieses Kapitels, Extraktion und Quantifizierung aus unterschiedlichen Matrices für jede Verbindung einzeln zu beschreiben, vielmehr sollen nur die allgemeinen Prinzipien für die am häufigsten vorkommenden Substanzgruppen, die Organochlor-, Organophosphor- und Organostickstoffverbindungen dargestellt werden. Methoden zur Bestimmung vieler künstlicher organischer Schadstoffe in Umweltproben sind an anderer Stelle [7, 8] ausführlich beschrieben.

Alle diese Verbindungen kommen in Umweltproben generell in sehr niedrigen Konzentrationen, d.h. im pg bis µg Bereich (10^{-12} bis 10^{-6} g/l), seltener im mg Bereich (10^{-3} g/l) vor. Allerdings ist die Gaschromatographie auch eine sehr empfindliche Analysenmethode, besonders wenn als Detektor ein ECD Verwendung findet.

Wegen ihrer Empfindlichkeit ist sie aber auch anfällig gegenüber Kontaminationen und Störungen aus dem Untergrund.

9.4.1 Kontaminationen

Kontaminationen der Proben, der Probenahmeapparaturen und -gefäße sowie des GC-Instruments sind oft eine zeitraubende und für den Analytiker frustrierende Angelegenheit. Einige der häufigsten Störungen sind im folgenden kurz beschrieben.

9.4.1.1 Materialien

Jedes Material, das einigermaßen flüchtige organische Verbindungen enthält und mit der Probe in Kontakt kommt, wird Interferenzen verursachen. Das betrifft vor allem Plastikschläuche, sofern sie nicht aus PTFE sind, Flaschenverschlüsse aus Plastik, Dichtungen in Flaschenverschlüssen, Septa für GC-Vials, Gummiteile im Gasversorgungssystem, Verunreinigungen im Trägergas und Verunreinigungen der Lösungsmittel, die nicht selten aus der Laborluft stammen.

9.4.1.2 Memoryeffekte

Diese Störungen können auftreten, wenn eine Probe mit einem sehr niedrigen Gehalt einer Verbindung unmittelbar nach einer Probe mit einem sehr hohen Gehalt derselben Verbindung analysiert wird.

9.4.1.3 Häufig vorkommende Störkomponenten

Es sind insbesondere zwei Phthalate, Di-*n*-Butylphthalat und Di-(2-Ethylhexyl)phthalat, die in fast allen Analysen im mg/l Bereich vorkommen.

9.4.1.4 Reinigung der Glasgeräte

Eine für alle Glasgeräte geeignete Reinigungsmethode ist die folgende:

a) Waschen Sie die Gefäße gründlich mit heißem Wasser unter Verwendung eines passenden Reinigungsmittels.

b) Spülen Sie dreimal mit klarem Wasser, anschließend mit destilliertem Wasser und heizen Sie die Geräte dann 1 Stunde bei 105 °C im Trockenschrank aus.

c) Lassen Sie die Gefäße auf Raumtemperatur abkühlen.

d) Vor der Verwendung sollten Probenflaschen und Zubehör noch einmal mit Aceton und anschließend mit Hexan gespült werden.

9.4.2 Methode zur Extraktion von Organochlorverbindungen und PCB's aus Wasser

Man gibt die Wasserprobe in eine vorbereitete 1/2 Liter-Glasflasche, die entweder mit einem Glasstopfen oder einem Plastikverschluß mit PTFE-Dichtung verschlossen wird. Weitere Informationen zu Probenahmetechniken und dem Aufbau von Probenahmeprogrammen können anderen Quellen [9, 10] entnommen werden und sollen nicht Gegenstand dieses Abschnitts sein. Für die Extraktion der interessierenden Verbindungen aus der Wasserprobe ist der in Protokoll 9.1 beschriebenen Prozedur zu folgen.

Protokoll 9.1 Lösungsmittelextraktion von Organochlorpestiziden aus Wasser

Materialien und Geräte
- Hexan (für Rückstandsanalytik oder HPLC-Grad)
- trockenes Natriumsulfat (hergestellt durch Aufheizen auf 500 °C für 4 h)
- 2 × 250 ml Rundkolben
- 2 l Scheidetrichter
- 2 l Meßzylinder
- 100 ml Meßzylinder
- Trichter mit Whatman Nr. 1 Filterpapier
- Rotationsverdampfer
- Stickstoffversorgung *

* Die Stickstoffversorgung sollte mit einem Gasflußregler ausgestattet sein und in einem dünnen Glasrohr enden. Die Vesorgungsleitung sollte außerdem mit Molsieb (Typ 13x) und Silicagel (15–40 Mesh) gefüllt werden. Alternativ dazu kann auch eine Luftpumpe (z.B. eine Aquarienpumpe) verwendet werden, vorausgesetzt, die beiden o.g. Filter sind in den Luftstrom eingebaut.

Weitere Möglichkeiten sind die Verwendung eines
- Kuderna-Danish-Verdampfers [7] oder einer
- Mikro-Snyder-Säule [7]

9.4 Isolation interessierender Verbindungen aus der Probenmatrix

Methode

1. Schütteln Sie die Wasserprobe, um abgesetzte Partikel gleichmäßig zu verteilen, und überführen Sie sie in einen 2 l Scheidetrichter.

2. Fügen Sie 2 interne Standards hinzu. Geeignet sind z.B. 40 µl Octachlornaphtha-linlösung (1000 µg/l) und 40 µl ε-Hexachlorcyclohexanlösung (1000 µg/l).

3. Geben Sie 50 ± 0,5 ml Hexan in die Probenflasche und schütteln Sie die verschlossene Flasche für etwa 3 min. Überführen Sie anschließend den Inhalt in den Scheidetrichter.

4. Schütteln Sie den Scheidetrichter kräftig und belüften Sie ihn in regelmäßigen Abständen unter einem Abzug.

5. Warten Sie, bis sich die Phasen getrennt haben und lassen Sie dann die Wasserphase zurück in die Probeflasche laufen. Überführen Sie die Hexanphase in einen 250 ml Rundkolben.

6. Eine eventuell gebildete Emulsion bricht man am besten durch Zentrifugieren. Geben Sie dazu den Extrakt einschließlich Emulsion in vorbereitete Zentrifugengläser und zentrifugieren Sie ihn 5 min bei 400 g. Pipettieren Sie anschließend die wäßrige Phase ab. Geben Sie die Hexanphasen in einen 250 ml Rundkolben, spülen Sie die Gläser mit Hexan nach und geben sie dieses ebenfalls in den Kolben.

7. Extrahieren Sie die Wasserprobe in der Probenflasche erneut mit 50 ± 0,5 ml Hexan und warten Sie die Trennung der Phasen ab. Füllen Sie die wäßrige Phase in einen Meßzylinder und bestimmen Sie das extrahierte Volumen.

8. Geben Sie zu den vereinigten Hexanextrakten etwa 3 g trockenes Natriumsulfat und schütteln Sie ca. 30 s. Lassen Sie das Natriumsulfat absetzen und filtrieren Sie dann den getrockneten Extrakt durch ein Nr. 1 Filterpapier in einen anderen 250 ml Rundkolben. Spülen Sie das Natriumsulfat mit 10 ± 0,5 ml Hexan und gießen Sie dieses ebenfalls über den Filter in den Kolben. Fügen Sie anschließend zum Extrakt 1 ml Isooctan als Keeper zu, um Verluste beim Einengen zu vermeiden.

9. Engen Sie den Extrakt unter Vakuum am Rotationsverdampfer auf etwa 10 ml ein. Vermeiden Sie, den Extrakt auf weniger als 10 ml einzuengen, da sonst Verluste an Organochlorverbindungen auftreten. Überführen Sie den eingeengten Extrakt mit Nachspülen des Kolbens in ein graduiertes 10 ml Röhrchen und dampfen Sie ihn im Abzug unter Verwendung des Stickstoff- oder Luftstroms vorsichtig (nur leichte Bewegung an der Oberfläche) auf unter 1 ml ein.

Die Bilder 9.2 und 9.3 zeigen die Mikro-Snyder-Säule und den Kuderna-Danish-Verdampfer.

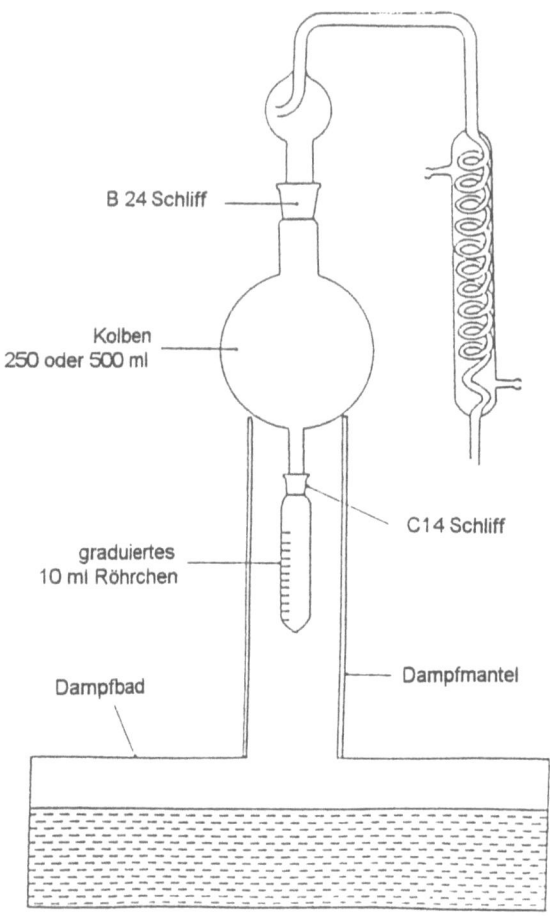

Bild 9.2 Mikro-Snyder-Säule (Nachdruck aus: J. A. Burke; P. A. Mills und D. C. Bostwick: *J. Assoc. Offic. Anal. Chem.* **1966**, *49*, 999)

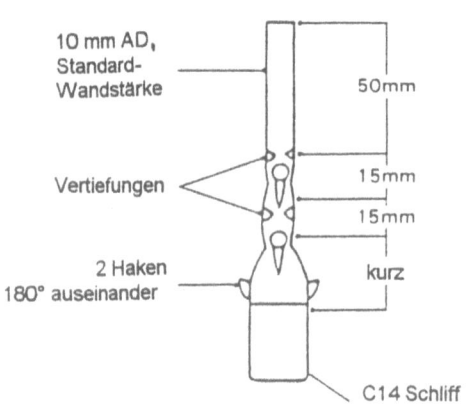

Bild 9.3 Kuderna-Danish-Verdampfer zum Einengen von Pestizidlösungen

9.4.3 Methode zur Extraktion von Organochlorverbindungen aus Abwasserproben

Die anzuwendende Methode ist prinzipiell dieselbe wie bei reinen Wasserproben, daher kann gemäß Protokoll 9.1 verfahren werden. Allerdings neigen Abwasserproben stärker dazu, Emulsionen zu bilden. Die Zugabe von 1 g reinem Natriumchlorid zusammen mit den internen Standards im Schritt 2 bremst die Emulsionsbildung etwas.

Mitunter enthalten Abwasserproben auch Schwefelverbindungen, die mit ihren zusätzlichen Peaks die Analytik stören. Diese Gefahr besteht besonders bei stark verunreinigten Proben, die in irgendeiner Form gealtert sind, wie das z.B. bei stehenden Gewässern der Fall sein kann. Schwefelverbindungen können mit Quecksilber oder Tetrabutylammoniumsulfat (TBAS) entfernt werden. Wie eine neuere Untersuchung [11] belegt, ist das Ergebnis bei beiden Methoden zufriedenstellend. Wegen der Gefährlichkeit des Quecksilbers und der schwierigen Entsorgung wird die TBAS-Methode meist bevorzugt. Sie ist in Protokoll 9.2 beschrieben.

9.4.4 Extraktion von Organochlorverbindungen aus Sedimentproben

Bei der Probenahme von Sedimentmaterial ist unbedingt dem unterschiedlichen Charakter des Sediments in verschiedenen Teilen des Gewässers Rechnung zu tragen. Da mehr als 90% der Organochlorverbindungen an das feinste Material, d.h. dasjenige mit der geringsten Partikelgröße, gebunden vorliegen, sollte die Probe davon genommen werden. In Flüssen erfolgt die Probenahme besser in Ablagerungs- als in Auswaschungszonen. Dementsprechend ist wegen der Wellenbewegungen in Seen ebenfalls der Randbereich zu meiden. Mit Hilfe einer Schaufel gibt man die Probe in einen Edelstahl- oder Glasbehälter und siebt sie anschließend durch ein Metallsieb mit 63 Mesh Porengröße, wobei der feine Anteil aufgefangen wird.

Die Proben sollten wenn möglich ohne vorherige Trocknung extrahiert werden, da der Trocknungsvorgang zu Verlusten an Pestiziden und anderen organischen Verbindungen führen kann. Kann das Sediment nicht sofort extrahiert werden, sollte man es bei niedriger Temperatur, am besten in einem Gefrierschrank aufbewahren. Sedimente enthalten mitunter Sulfide und Carbonate, die vor dem Extrahieren der Organochlorverbindungen entfernt werden müssen.

Zur Extraktion gibt es zwei Möglichkeiten: entweder mit Hexan im Ultraschallbad oder durch kontinuierliche Soxhlet-Extraktion. Beide Methoden liefern befriedigende Ergebnisse, so daß es hauptsächlich vom verfügbaren Instrumentarium abhängt, welche Methode man bevorzugt.

Die Extraktionsausbeute überprüft man anhand interner Standards, die mit extrahiert und anschließend quantifiziert werden. Dies ist jedoch nicht immer repräsentativ für die Extraktionseffizienz des Verfahrens, da die Chlororganika in der Probe stärker an das Sediment gebunden sein können als die zugegebenen Standards. Der Gehalt der Probe an Organochlorverbindungen muß mit deren Trockenmasse und Gesamtgehalt an organischem Material

> **Protokoll 9.2** Entfernung von Schwefelverbindungen aus verunreinigten Abwasserproben.
>
> *Materialien und Geräte*
> - Isopropanol
> - TBAS-Lösung (hergestellt durch Auflösen von 3,5 g Tetrabutylammoniumsulfat in 100 ml destilliertem Wasser, Extraktion eventueller Verunreinigungen mit Hexan, Verwerfen der Hexanphase und Sättigung der Lösung mit Natriumsulfit)
> - Natriumsulfit
> - Hexan
> - destilliertes Wasser (mit Hexan extrahiert)
> - trockenes Natriumsulfat (geglüht 4 h bei 500 °C)
> - 2 × 25 ml verschließbare Probengefäße
> - Pasteurpipetten
> - Trichter mit Whatman Nr. 1 Filterpapier
>
> *Methode*
> 1. Geben Sie den gemäß Protokoll 9.1 erhaltenen aufkonzentrierten Extrakt in ein 50 ml Gefäß und fügen Sie 100 µl Isopropanol, 2 ml TBAS-Lösung und 200 mg Natriumsulfit hinzu.
> 2. Schütteln Sie das Gemisch per Hand 3 min und warten Sie die Trennung der Phasen ab.
> 3. Überführen Sie mit einer Pasteurpipette die wäßrige Phase in ein verschließbares 25 ml Gefäß. Fügen Sie 5 ml Hexan hinzu, schütteln Sie 1 min und warten Sie die Trennung der Phasen ab. Nehmen Sie die Hexanphase mit einer Pasteurpipette ab und vereinigen Sie sie mit der übrigen.
> 4. Waschen Sie den Hexanextrakt, indem Sie ihn mit 5 ml Wasser 3 min schütteln. Verwerfen Sie die Wasserphase.
> 5. Geben Sie zur Trocknung des Extraktes etwa 0,5 g trockenes Natriumsulfat zu und schütteln Sie 30 s.
> 6. Filtrieren Sie den Extrakt durch ein Filterpapier Nr. 1 in ein sauberes 25 ml Gefäß. Spülen Sie das Natriumsulfat mit 5 ml Hexan und gießen Sie dieses, ebenfalls über den Filter, zu dem anderen. Der Extrakt ist damit bereit für weitere Schritte.

in Beziehung gesetzt werden. Die Trockenmasse bestimmt man separat durch Trocknen einer eingewogenen Menge bei 105 °C in einem Trockenschrank. Den Gesamtgehalt an organischem Material ermittelt man, indem man ebenfalls eine eingewogene Menge in einem Muffelofen anzündet oder durch Oxidation mit Chromsäure. Die Extraktionsmethode beschreibt Protokoll 9.3.

Protokoll 9.4 beschreibt die Extraktion von Chlororganika mittels Soxhlet-Extraktion.

9.4.5 Extraktion von Organochlorverbindungen aus Gewebeproben

Die Methode ist dieselbe wie für Sedimentproben, d.h. entweder Ultraschall- oder Soxhlet-Extraktion, sie unterscheidet sich lediglich hinsichtlich der Vorbereitung des Probenmaterials. Die zu extrahierende Menge wird in erster Linie vom Lipidgehalt der Probe bestimmt,

9.4 Isolation interessierender Verbindungen aus der Probenmatrix

denn je höher dieser ist, desto aufwendiger gestaltet sich das Clean-up. So sollten von einer Fischleberprobe nur 2 g extrahiert werden, während man bei Muskelfleisch, das weniger Fett enthält, die Probenmenge auf bis zu 5 g erhöhen kann.

Protokoll 9.3 Extraktion von Organochlorverbindungen aus Sedimentproben im Ultraschallbad

Materialien und Geräte

- Eisessig
- destilliertes Wasser (mit Hexan extrahiert)
- Isopropanol
- 100 ml Erlenmeyerkolben
- Ultraschallbad
- Schüttelmaschine
- Pasteurpipetten
- Zentrifuge

Methode

1. Zentrifugieren Sie die Probe unmittelbar nach der Probenahme bzw. nach dem Auftauen und entfernen sie überschüssiges Wasser mit einer Pasteurpipette.
2. Wiegen Sie in einen sauberen 100 ml Erlenmeyerkolben etwa 5 g des feuchten Sediments genau ein. Entfernen Sie Sulfide und Carbonate durch Zugabe von 5 ± 0,5 ml Isopropanol. Schütteln Sie kräftig, lassen Sie dabei entstehende Gase entweichen.
3. Geben Sie mit Hilfe einer Mikroliterspritze die internen Standards (z.B. 40 µl ε-HCH-Lösung, 1000µg/l) zu.
4. Befestigen Sie, am besten mit einer Stativklemme, den unverschlossenen Erlenmeyerkolben im Ultraschallbad und extrahieren sie etwa 30 min.
5. Geben Sie 15 ml Hexan hinzu, verschließen Sie den Kolben und schütteln Sie 5 min mit der Schüttelmaschine.
6. Überführen Sie den Hexanextrakt und die gebildete Emulsion mit einer Pasteurpipette in ein 100 ml Zentrifugenglas.
7. Balancieren Sie die Zentrifuge durch ein zweites, wassergefülltes Glas aus und zentrifugieren Sie dann 5 min bei 1500 U/min
8. Nehmen Sie die Hexanphase mittels einer Pasteurpipette ab und geben Sie sie in ein verschließbares 60 ml Gefäß.
9. Wiederholen Sie die Hexanextraktion mit Schritt 5 beginnend noch zweimal, vereinigen Sie die Extrakte in dem 60 ml Gefäß und verwerfen Sie dann das Sediment.
10. Entfernen Sie Schwefelverbindungen aus dem Extrakt gemäß Protokoll 9.2.

> **Protokoll 9.4** Soxhlet-Extraktion von Organochlorverbindungen aus Sedimentproben
>
> *Materialien und Geräte*
> - gereinigter Mörser und Stößel
> - Soxhlet-Apparatur
> - verschließbares Glasprobengefäß (Glasverschluß oder PTFE-Dichtung)
> - Rotationsverdampfer
> - Stickstoff- oder Druckluftquelle
> - Extraktionshülsen 20 × 120 mm
> - Methyltertiärbutylether (MTBE)
>
> *Methode*
> 1. Entfernen Sie etwaiges überstehendes Wasser mit einer Pasteurpipette, wägen Sie bis zu 10 g des feuchten Sediments mit einer Genauigkeit von 0,01 g in ein Uhrglas ein und transferieren Sie es in den Mörser.
> 2. Zermörsern Sie das Sediment mit soviel trockenem Natriumsulfat, daß ein trockenes, frei rieselfähiges Pulver entsteht. Geben Sie die internen Standards hinzu.
> 3. Überführen Sie das Pulver in die Extraktionshülse und plazieren Sie diese in die Soxhlet-Apparatur, die zuvor mit 120 ± 10 ml eines Ether/Hexan-Gemisches (20:80) gefüllt wurde.
> 4. Lassen Sie die Probe mindestens 10 Extraktionszyklen durchlaufen, was etwa 3 h in Anspruch nimmt.
> 5. Überführen Sie die Hexanphase in einen Rotationsverdampfer und engen Sie sie ein, jedoch nicht auf weniger als 10 ml.
> 6. Entfernen Sie Schwefelverbindungen gemäß Protokoll 9.2.

Der Fettgehalt wird separat an einem anderen Teil der Probe bestimmt, indem man die Fette mit Petrolether extrahiert und diesen dann bis zur Massenkonstanz abdampft. Für die Extraktion der Organochlorverbindungen wird die Gewebeprobe zunächst mit einer geeigneten Methode wie Ultraturex homogenisiert und anschließend feucht eingewogen. Eine andere Möglichkeit ist, die Probe einer Gefriertrocknung zu unterziehen und das Material dann zu einem feinen Pulver zu zermörsern.

9.5 Clean-up Methoden

Bei allen bisher beschriebenen Extraktionsmethoden ist es möglich, daß der Extrakt Verunreinigungen enthält, die zusätzliche Peaks im Chromatogramm geben. Das betrifft besonders häufig Extrakte aus Abwasser, Sediment und Gewebe, welche Fette, Öle und andere natürliche Verbindungen enthalten. Eine lange etablierte Methode zum Entfernen dieser Verbindungen ist die über eine Aluminiumoxidsäule und die anschließende Trennung der interessierenden Komponenten in verschiedene Fraktionen an einer Silicagelsäule. In jüngerer Zeit wurde die Clean-up-Prozedur durch die Verwendung kommerzieller Festphasenkartuschen oder -discs wesentlich rationalisiert. Alle drei genannten Techniken werden im folgenden näher erläutert.

9.5.1 Clean-up und Auftrennung von Extrakten mit Hilfe von Aluminiumoxid- und Silicagelsäulen

Mit dieser Technik entfernt man interferierende Verbindungen, indem man den Extrakt über basisches und saures Aluminiumoxid gibt und anschließend die Organochlorverbindungen an einer Silicagelsäule aufspaltet.

9.5.1.1 Vorbehandlung fester Adsorbentien

Für feste Adsorbentien, d.h. basisches und saures Aluminiumoxid sowie Silicagel wird folgende Vorbehandlung empfohlen.

1. Basisches Aluminiumoxid
Als Ausgangsmaterial eignet sich Merck Nr. 1097 oder etwas Vergleichbares. Man gibt etwa 100 g in ein Quarzgefäß, glüht es 4 h lang in einem Muffelofen bei 800 °C und läßt es dann auf ca. 200 °C sowie anschließend in einem Exsikkator auf Raumtemperatur abkühlen. Einen Teil davon wiegt man in ein verschließbares Glasgefäß, wie z.B. einen Erlenmeyerkolben mit Schraubverschluß mit PTFE-Dichtung, ein und gibt 4% der eingewogenen Masse destilliertes Wasser hinzu. Das Gemisch wird zur besseren Durchmischung noch einmal kräftig geschüttelt und dann gut verschlossen aufbewahrt.

2. Saures Aluminiumoxid
Ein Teil des Aluminiumoxids wird mit 1 M HCl gewaschen, indem man in einem Becherglas eine Aufschlämmung macht, diese durch einen Frittenfilter absaugt, das Material in einem Quarzgefäß bei 150 °C 4 h trocknet und in einem Exsikkator auf Raumtemperatur abkühlt. Zu einem eingewogenen Anteil in einem Erlenmeyerkolben gibt man anschließend 4 Ma% destilliertes Wasser, schüttelt kräftig und bewahrt die Mischung gut verschlossen auf.

Diese Aluminiumoxidzubereitungen desaktivieren unter Lufteinwirkung langsam und sollten deshalb nach 2 Wochen verworfen werden.

3. Silicagel
Etwa 100 g Silicagel (Merck Kiesel-Gel 60 oder Merck 7754) werden in einem Quarzgefäß 2 h im Muffelofen bei 500 °C geglüht, abgekühlt und in einen Exsikkator gegeben. Einen Anteil davon wägt man in ein Glasgefäß ein und gibt 3 % der Masse destilliertes Wasser hinzu. Das Gemisch wird noch einmal kräftig geschüttelt und gut verschlossen aufbewahrt. Da Silicagel schneller desaktiviert als Aluminiumoxid, sollte die Mischung täglich neu hergestellt werden.

Clean-up-Prozedur und Auftrennung sind in Protokoll 9.5 beschrieben.

Tabelle 9.4 zeigt eine Zusammenstellung derjenigen Verbindungen, die, sofern sie in den Originalproben vorkommen, im Extrakt enthalten sind.

Protokoll 9.5 Clean-up und Auftrennung von Organochlorverbindungen mit Aluminiumoxid- und Silicagelsäulen

Materialien und Geräte

- Chromatographiesäulen von etwa 1 m Länge und 6 mm Innendurchmesser. Diese Säulen können entweder an einem Ende verjüngt und dort mit einem zuvor gewaschenen Glaswollepfropf verschlossen oder gleich mit einem PTFE-gedichteten Absperrhahn ausgerüstet werden (s. Bild 9.4).
- Hexan (HPLC-Grad)
- Pasteurpipetten
- 2 × 25 ml Gefäße mit Glasstöpseln

Methode

1. Spülen Sie die Säulen zunächst mit Aceton und dann mit HPLC-Grad-Hexan und lassen Sie sie trocknen.

2. Geben Sie in die Aluminiumoxidsäule erst 2 ± 0,1 g saures Aluminiumoxid, dann 1 g basisches Aluminiumoxid und stoßen Sie die Säule auf, damit sich das Material setzt.

3. Geben Sie in die Silicagelsäule 2,5 ± 0,1 g Silicagel und stoßen Sie sie auf.

4. Befeuchten Sie die Aluminiumoxidsäule, indem Sie 10 ± 1 ml Hexan darübergeben und dieses solange durchlaufen lassen, bis es auf gleicher Höhe mit der Säulenpackung steht.

5. Überführen Sie den Hexan-/Isooctanextrakt mit einer Pasteurpipette auf die Säule und warten Sie, bis er absorbiert wurde. Spülen Sie das Probengefäß mit 1 ml Hexan und geben Sie dieses ebenfalls auf die Säule.

6. Die Organochlorverbindungen können nun durch Zugabe von Hexan in drei Fraktionen von der Säule eluiert werden. Sammeln Sie die ersten 4 ml Eluat als erste Fraktion in ein Glasprobengefäß und die nächsten 6 ml als zweite Fraktion in ein anderes Glasprobengefäß, beschriften Sie dieses mit Eluat 3. Sammeln Sie in ein weiteres Gefäß die restlichen 20 ml Eluat als dritte Fraktion und beschriften Sie dieses mit Eluat 4.

7. Engen Sie die erste Fraktion im Stickstoffstrom auf 1 ml ein und geben Sie sie zur weiteren Auftrennung auf die trockene Silicagelsäule. Warten Sie, bis sie absorbiert ist und verwerfen Sie einen etwaigen Überschuß. Eluieren Sie die Organochlorverbindungen mit Hexan in zwei Fraktionen, indem Sie die ersten 6 ml und dann die nächsten 7 ml getrennt auffangen. Beschriften Sie sie mit Eluat 1 und 2.

8. Engen Sie jedes der Eluate im Stickstoffstrom langsam auf etwa 0,5 ml ein. Bewahren sie die Proben in kleinen Glastopfenflaschen auf, wobei vorher das Volumen durch Nachspülen der Glasprobengefäße mit Hexan auf 1 ml aufgefüllt wurde. Die Proben können nun in den GC injiziert werden.

9.5 Clean-up Methoden

Tabelle 9.4 Liste der Verbindungen in den Eluaten aus Protokoll 9.5

\multicolumn{4}{c}{Eluat Nr.}			
1	2	3	4
Hexachlorbenzol (HCB)	pp-DDT	pp-TDE	Heptachlorepoxid
Hexachlorbutadien (HCBD)	op-DDT	HCH	Dieldrin
Heptachlor	Endosulphan B	Endosulphan A	Chlorpyrifos
Aldrin			Endrin
pp-DDE			
Methoxychlor			
PCB's			

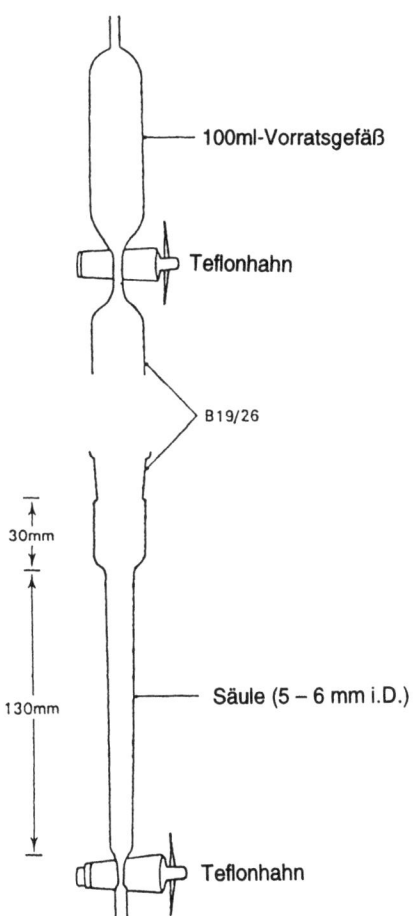

Bild 9.4 Schematische Darstellung einer Säule für die Adsorptionschromatographie

9.5.2 Modifizierte Methode für Clean-up und Auftrennung mit Aluminiumoxid/Silbernitrat und Silicagel

Bei dieser modifizierten Methode werden die Eluate nur in zwei, anstelle von vier Fraktionen aufgespalten [12]. Der aufkonzentrierte Extrakt wird an einer Aluminiumoxid/Silbernitrat-Säule gefolgt von Silicagel gereinigt. Die Vorbereitung der Adsorbentien ist im folgenden beschrieben.

9.5.2.1 Vorbereitung der festen Adsorbentien

1. Aluminiumoxid
Etwa 100 g Aluminiumoxid (Woden 200 neutral oder vergleichbares) werden in einem Quarzgefäß 4 h bei 500 °C geglüht und abgekühlt. Dann gibt man zu einem abgewogenen Anteil in einem verschließbaren Glasgefäß 7% der Aluminiumoxidmasse destilliertes Wasser und schüttelt kräftig zur besseren Durchmischung. Das Aluminiumoxid bewahrt man in einem verschlossenen Behälter auf. Es ist nach erneutem Kontakt mit Luft nur eine Woche haltbar.

2. Aluminiumoxid/Silbernitrat
Das Material wird für die Zugabe in die Säule wie folgt aufbereitet: Man löst 0,75 g $AgNO_3$ in 0,75 ± 0,1 ml Wasser und gibt 4 ± 0,2 ml Aceton hinzu. Anschließend fügt man in einem unverschlossenen Erlenmeyerkolben noch 10 ± 0,2 g getrocknetes Aluminiumoxid hinzu und schüttelt kräftig. Danach läßt man das Aceton verdampfen und bewahrt die Zubereitung unter Lichtabschluß bis zur Verwendung auf. Das Adsorbens sollte täglich neu hergestellt werden.

3. Silicagel
Das Silicagel wie in Abschnitt 9.5.1.1 beschrieben vorbereiten.

9.5.2.2 Methode für Clean-up und Auftrennung von Organochlorverbindungen

Protokoll 9.6 beschreibt die Methode für das Clean-up und die Auftrennung von Organochlorverbindungen mit Hilfe von Aluminiumoxid/Silbernitrat- und Silicagelsäulen.

Protokoll 9.6 Clean-up und Auftrennung von Organochlorverbindungen mit Aluminiumoxid/Silbernitrat- und Silicagelsäulen

Materialien und Geräte
- aktiviertes Aluminiumoxid
- aktiviertes Aluminiumoxid/Silbernitrat
- Silicagel
- Hexan (HPLC-Grad)
- Diethylether/Hexan-Gemisch (20:80)
- Glas-Chromatographiesäulen
- Pasteurpipetten
- Gefäße mit Glasstöpseln
- 100 ml Rundkolben
- Rotationsverdampfer

9.5 Clean-up Methoden

Protokoll 9.6 Forts.

Methode

1. Verschließen Sie das untere Ende einer Chromatographiesäule mit einem Pfropfen aus zuvor mit Hexan gespülter Glas- oder Baumwolle und füllen Sie 15 ml Hexan hinein. Geben Sie dann 1 ± 0,2 g Aluminiumoxid/Silbernitrat in die Säule und lassen Sie es sich setzen. Wiederholen Sie dies mit 2 ± 0,2 g Aluminiumoxid (7% Wasser). Füllen Sie mit etwas trockenem Natriumsulfat auf.

2. Lassen Sie das überflüssige Hexan ablaufen bis der Flüssigkeitsstand mit dem oberen Säulenende auf gleicher Höhe ist. Geben Sie den aufkonzentrierten Hexanextrakt einschließlich des zum Nachspülen verwendeten Anteils hinzu.

3. Geben Sie 30 ± 1 ml Hexan durch die Säule und fangen Sie das Eluat in einem 100 ml Rundkolben auf.

4. Engen Sie das Eluat an einem Rotationsverdampfer auf etwa 10 ml ein, transferieren Sie es in ein Probenfläschchen und engen Sie es im Stickstoffstrom weiter bis auf 1 ml ein.

5. Bereiten Sie die Silicagelsäule vor, indem Sie in eine unten verschlossene Chromatographiesäule 2 ± 0,1 g Silicagel und obenauf etwas trockenes Natriumsulfat geben.

6. Geben Sie das eingeengte Hexaneluat von der Aluminiumoxid/Silbernitrat-Säule einschließlich Spül-Hexan auf die Säule und warten Sie, bis es adsorbiert ist.

7. Geben Sie 10 ± 0,2 ml Hexan auf die Säule und fangen Sie die ersten 7 ml Eluat in einem Probengefäß auf (Eluat 1).

8. Geben Sie dann 12 ± 1 ml Diethylether/Hexan-Gemisch (20:80) auf die Säule und fangen Sie das gesamte restliche Eluat in einem zweiten Gefäß auf (Eluat 2).

9. Engen Sie jedes der beiden Eluate im Stickstoffstrom auf 1 ml ein und bewahren Sie es bis zur Injektion in den GC in einem dicht verschlossenen Vial auf.

Die Verbindungen, die in den Eluaten enthalten sein können, sind in Tabelle 9.5 zusammengestellt.

Tabelle 9.5 Liste der Verbindungen in den Eluaten 1 und 2 aus Protokoll 9.6

Eluat Nr. 1	Eluat Nr. 2
Aldrin	Dieldrin
pp-DDE	Endrin
op-DDT	Chlorpyrifos
PCB's	HCH
Endosulphan B	Heptachlorepoxid
HCB	op-DDT
HCBD	pp-TDE
Heptachlor	Endosulphan A

9.5.3 Clean-up und Auftrennung von Extrakten mittels Kartuschen für die Festphasenextraktion (SPE)

Kommerziell werden unterschiedliche Festphasenkartuschen angeboten (z.B. Bond-Elut). Sie sind mit modifizierten Silicagelen als Adsorbentien gefüllt und werden entsprechend den Eigenschaften der zu extrahierenden Stoffe ausgewählt. Für das Clean-up von Organochlorverbindungen haben sich Aminopropylkartuschen bewährt.

Man kann die Clean-up-Prozedur durch die Verwendung einer Spritze, die gemäß Bild 9.5 auf der Kartusche befestigt wird, beschleunigen.

Protokoll 9.7 beschreibt das Clean-up mittels Festphasenkartusche.

Die in den Eluaten 1 und 2 aus Protokoll 9.7 zu findenden Verbindungen enthält Tabelle 9.6.

Tabelle 9.6 Liste der Verbindungen in den Eluaten 1 und 2 aus Protokoll 9.7

Eluat Nr. 1	Eluat Nr. 2
HCB	HCH
HCBD	Endosulphan A
Aldrin	Dieldrin
Heptachlor	Endrin
pp-DDE	Heptachlorepoxid
op-DDE	op-DDT
Endosulphan B	pp-TDE
PCB's	Chlorpyrifos

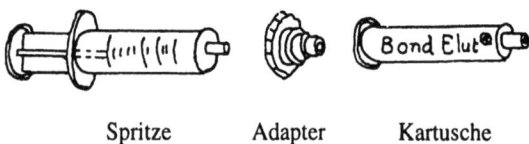

Spritze   Adapter   Kartusche

Bild 9.5 Festphasenkartusche mit Spritze (Nachdruck nach Analytichem International)

> **Protokoll 9.7** Clean-up und Auftrennung von Extrakten mit Silicagel
>
> *Materialien und Geräte*
>
> - Bond-Elut Aminopropylkartusche
> - 10 ml Glasprobengefäße
> - Silicagelsäule
> - Stickstoffversorgung
> - Methanol (HPLC-Grad)
> - Hexan (HPLC-Grad)
> - MTBE/Hexan-Gemisch (20:80)
>
> *Methode*
>
> 1. Befestigen Sie eine 10 ml Glasspritze mit Hilfe des Adapters auf einer Bond-Elut Aminopropylkartusche.
> 2. Geben Sie über die Spritze 5 ml Methanol auf die Kartusche. Lassen Sie diese dabei nicht trockenlaufen.
> 3. Spülen Sie mit 5 ml Hexan das überschüssige Methanol aus der Kartusche, wiederum ohne daß diese trockenläuft.
> 4. Entfernen Sie die Spritze, füllen Sie die Kartusche bis zum Rand mit dem Hexan/Isooctanextrakt und lassen Sie diesen durchlaufen. Fangen Sie den sauberen Extrakt in einem Glasprobengefäß auf.
> 5. Geben Sie mit Hilfe der Spritze weitere 3 ml Hexan über die Kartusche und fangen Sie dieses in demselben Gefäß auf. Der Extrakt sollte nun frei von stark gefärbten Verunreinigungen sein. Ist das Eluat noch gefärbt, reinigen Sie es mit einer zweiten Kartusche.
> 6. Entsorgen Sie die benutzten Kartuschen, da diese nicht wiederverwendbar sind.
> 7. Engen Sie das Eluat im Stickstoffstrom auf 1 ml ein.
> 8. Der Extrakt dürfte nun keine Störkomponenten mehr enthalten. Vor der GC-Analyse ist jedoch eine Vortrennung an einer Silicagelsäule notwendig. Bereiten Sie die Silicagelsäule gemäß Protokoll 9.5 durch Einfüllen von 3 g 3%igem desaktiviertem Silicagel vor.
> 9. Geben Sie das Clean-up Eluat auf die Säule und lassen Sie es adsorbieren.
> 10. Eluieren Sie anschließend mit 7 ml Hexan und fangen Sie das Eluat in einem Glasprobengefäß auf. Markieren Sie dieses als Eluat 1.
> 11. Geben Sie nun 20 ml Ether/Hexan-Gemisch (20:80) auf die Säule. Sammeln Sie das Eluat in ein zweites Gefäß und markieren Sie dieses mit Eluat 2.

9.5.4 Extraktion mittelflüchtiger organischer Verbindungen aus Wasserproben mit Hilfe von Extraction Discs

Diese Methode [13] wurde vor nicht allzu langer Zeit von den Environmental Health Laboratories des US-Bundesstaates Indiana für die amerikanische Umweltschutzbehörde entwickelt und validiert. Sie ist nur auf Wasserproben anwendbar. Die interessierenden Verbindungen werden bei der Filtration der Wasserprobe durch die Extraction Disc von dieser zurückgehalten und anschließend mit einem geeigneten Lösungsmittel extrahiert.

Protokoll 9.8 beschreibt die Extraktion von Organochlorverbindungen aus Wasser mit Hilfe von Extraction Discs.

Protokoll 9.8 Extraktion von Organochlorverbindungen aus Wasser mit Hilfe von Extraction Discs.

Materialien und Geräte

- Empore 3M C_{18} Extraction Disc (Analytichem International)
- Extraktionsapparatur mit Glasfritte
- 1 l Vakuum-Erlenmeyerkolben
- 50 ml Glasprobengefäße
- Vakuumpumpe

- Filter mit Whatman Nr. 1 Filterpapier
- Stickstoffversorgung
- Methylenchlorid/Ethylacetat-Gemisch (50:50)
- destilliertes Wasser, mit Hexan extrahiert
- Ethylacetat (HPLC-Grad)
- trockenes Natriumsulfat

Methode

1. Geben Sie zu 1 Liter Probe in einer vorher gereinigten Glasflasche 50 %ige HCl, bis der pH-Wert unter 2 ist.
2. Fügen Sie zu der angesäuerten Probe die internen Standards hinzu.
3. Plazieren Sie die Extraction Disc in die Filterapparatur (s. Bild 9.6) und spülen Sie sie mit 10 ml Methylenchlorid/Ethylacetat-Gemisch. Lassen Sie sie 1 min trocknen.
4. Spülen Sie die Disc mit 10 ml Methanol, legen Sie dann das Vakuum an und spülen Sie mit 10 ml hexanextrahiertem destilliertem Wasser. Entfernen Sie das Vakuum, bevor die Disc trockenläuft und verwerfen Sie das Filtrat.
5. Filtrieren Sie bei angelegtem Vakuum 1 Liter Probe mit einem Fluß von etwa 50 ml/min über die Disc. Verwerfen Sie das Filtrat.
6. Stellen Sie ein 50 ml Glasprobengefäß so in den Vakuumkolben, daß es sich unter dem Filter befindet (s. ebenfalls Bild 9.6)
7. Spülen Sie die Probenflasche mit 5 ml Ethylacetat und geben Sie dieses in die Filterapparatur. Spülen Sie auch die Ränder der Apparatur mit etwas Ethylacetat.
8. Legen Sie Vakuum an, so daß das Eluat durch die Disc fließt. Entfernen Sie das Vakuum und lassen Sie das Lösungsmittel für ca. 1 min die Disc durchdringen.
9. Legen Sie wieder ein geringes Vakuum an, so daß das Eluat nun mit etwa 1–2 Tropfen pro Minute in das Sammelgefäß tropft.
10. Wiederholen Sie die Schritte 7–9 mit weiteren 5 ml Ethylacetat.
11. Entfernen Sie das Sammelgefäß und trocknen Sie das Eluat, indem Sie es über ein Filterpapier mit 3 g trockenem Natriumsulfat geben.
12. Engen Sie das Eluat im Stickstoffstrom bis auf 0,5 ml ein und überführen Sie es in ein Probenvial. Spülen Sie das Gefäß mit etwas Methylenchlorid/Ethylacetat-Gemisch und vereinigen Sie dieses mit dem eingeengten Eluat. Füllen Sie die Lösung auf 1 ml auf. Der Extrakt ist nun bereit für die GC-Analyse.

9.6 Bestimmung von Pentachlorphenol

Pentachlorphenol ist eine häufig in Umweltproben gefundene Organochlorverbindung. Es findet als Holzschutzmittel und Klebstoffzusatz, aber auch als Insektizid, Herbizid und Entlaubungsmittel Anwendung und konnte in Abwasserproben von Papierfabriken, Gerbereien und Textilfirmen nachgewiesen werden.

Zur Extraktion derivatisiert man Pentachlorphenol durch Umsetzung mit Acetanhydrid (s. Protokoll 9.9), welches vor Licht geschützt aufbewahrt werden muß, da es sich sonst zersetzt.

Protokoll 9.9 Extraktion von Pentachlorphenol (PCP) aus Wasser und Derivatisierung mit Acetanhydrid.

Materialien und Geräte

- reines Natriumtetraborat (Borax)
- Acetanhydrid (Fluka)
- Isooctan (HPLC-Grad)
- 50 ml Schraubfläschchen
- Pasteurpipetten

Methode

1. Geben Sie 40 ml Probe (bei Abwasserproben nur 20 ml) in ein 50 ml Schraubfläschchen.
2. Fügen Sie 0,2 g Borax und 0,2 ml Acetanhydrid hinzu.
3. Schütteln Sie das Gefäß zur besseren Durchmischung.
4. Geben Sie dann 2 ml einer α-Hexachlorcyclohexan-Lösung (10 µg/l in Isooctan) als internen Standard.
5. Extrahieren Sie das PCP-Acetat mit etwas Hexan. Schütteln Sie dazu das Gefäß und lassen Sie dabei immer wieder die Lösungsmitteldämpfe entweichen. Hat sich eine Emulsion gebildet, überführen Sie das Gemisch in ein Zentrifugenglas und zentrifugieren Sie es ca. 2 min bei 1000 U/min oder verwenden Sie ein Ultraschallbad.
6. Transferieren Sie etwa 1 ml des Hexanextrakts in ein GC-Vial. Der Extrakt ist damit fertig zur Injektion.

9.7 Bestimmung nichtstabiler Pestizide in Wasser

Wegen ihrer Neigung zur Bioakkumulation und der damit verbundenen hohen Persistenz einiger Organochlorpestizide in der Umwelt haben viele Herstellerfirmen neue, „umweltfreundlichere" Pestizide, vor allem auf Stickstoff- und Phosphorbasis, entwickelt. Das illustrieren die Strukturen I – IV für Simazin, Azinphosethyl, Fenitrothion und Dichlorvos. Eine andere Gruppe von Pestiziden basiert auf der Insektizidwirkung der natürlichen Pyrethroide, die aus der Pyrethrumpflanze (*Chrysamthemum cinerariae-folium*) extrahiert werden können. Ein Beispiel für ein analoges synthetisches Pyrethroid ist Permethrin (Struktur V).

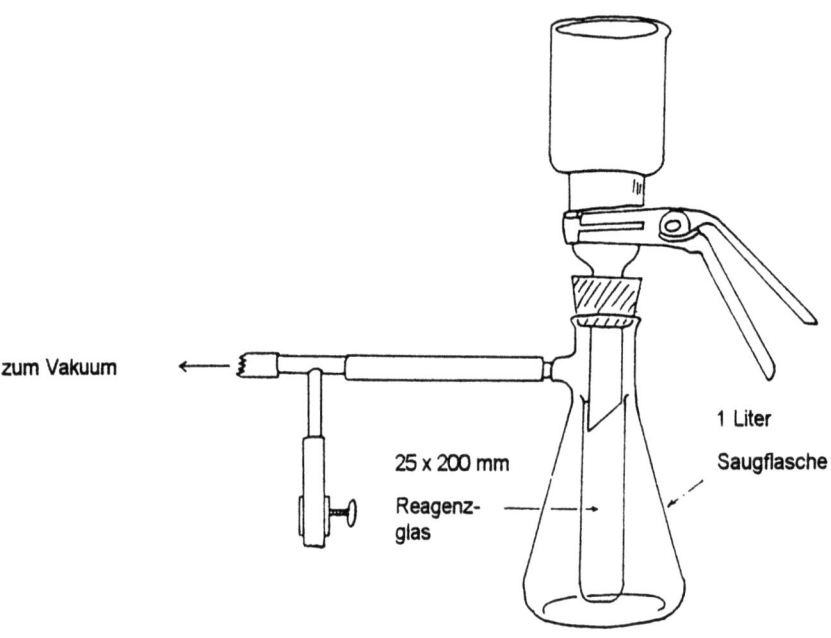

Bild 9.6 Filtrationsapparatur für die Verwendung von Extraction Discs mit Auffanggefäß (Nachdruck nach Analytichem International)

Struktur I

Struktur II

Struktur III

Struktur IV

Struktur V

9.7 Bestimmung nichtstabiler Pestizide in Wasser

Eine dritte Wirkstoffgruppe sind die Herbizide auf der Basis von 2,4-Dichlorphenoxyessigsäure (2,4-D). Sie wurden viele Jahre lang als selektive Unkrautbekämpfungsmittel eingesetzt. Ihre Wirkung beruht darauf, daß sie in den Unkräutern ein rapides Wachstum induzieren und diese somit ihren Lebenszyklus in kurzer Zeit durchlaufen. Die Strukturen VI – X illustrieren die wichtigsten Vertreter dieser Wirkstoffgruppe: 2,4-D, Dicambra, MCPA, Silvex und 2,4,5-T.

Diese Verbindungen kommen normalerweise in Form ihrer Natriumsalze in Unkrautbekämpfungsmittellösungen vor.

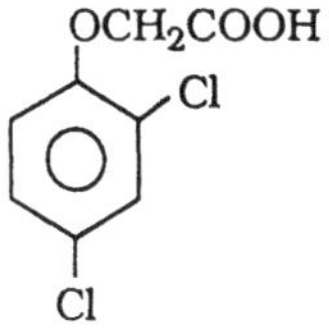

Struktur VI

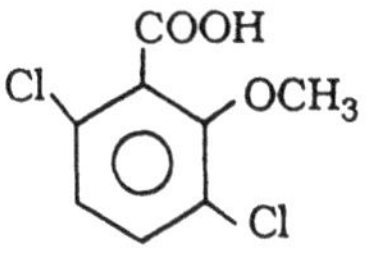

Struktur VII

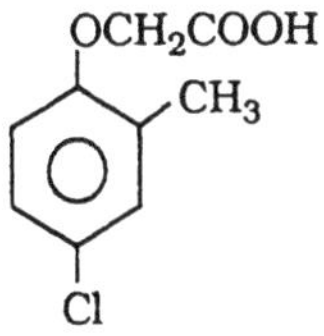

Struktur VIII

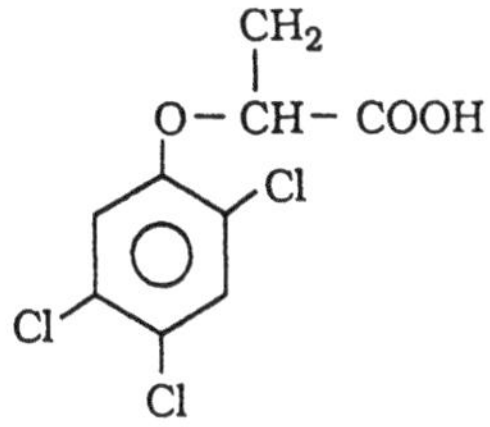

Struktur IX

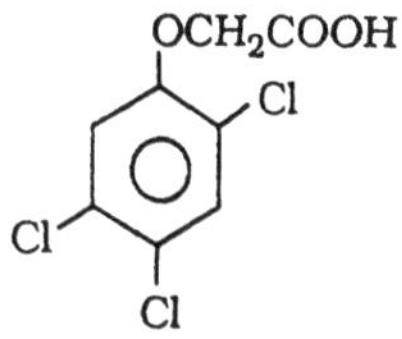

Struktur X

9.7.1 Extraktion und Bestimmung von Organophosphor- und Organostickstoffverbindungen in Wasser

Diese Verbindungen werden aus Wasser mit Dichlormethan extrahiert, der Extrakt getrocknet, eingeengt und in den GC injiziert. Da Dichlormethan gesundheitsschädlich beim Einatmen und bei Resorption durch die Haut ist, sollte man mit Handschuhen, Schutzbrille und unter einem Abzug arbeiten. Protokoll 9.10 beschreibt Extraktion und Clean-up.

Tabelle 9.7 enthält eine Auflistung der mit dieser Methode bestimmbaren Pestizide.

Tabelle 9.7 Liste der gemäß Protokoll 9.10 bestimmbaren Organophosphor- und Organostickstoffpestizide.

Dichlorvos	Fenitrothion
Trifluralin	Malathion
Simazin	Fenthion
Atrazin	Chlorfenvinphos
Propazin	Chlordazon
Azinphosethyl	

Protokoll 9.10 Extraktion und Clean-up von Organophosphor- und Organostickstoffpestiziden.

Materialien und Geräte

- reines Natriumchlorid
- Dichlormethan
- trockenes Natriumsulfat
- zwei 1 l Glasscheidetrichter
- 1 l Glasmeßzylinder
- verschließbare Glasgefäße
- Filter mit Whatman Nr. 1 Filterpapier

- Vollglas-Rotationsverdampfer
- Stickstoffversorgung

Letztere beide Geräte können ersetzt werden durch:

- Kuderna-Danish-Verdampfer
- Mikro-Snyder-Säule

oder:

- Turbo-Vap-Verdampfer

Methode

1. Transferieren Sie die Wasserprobe in einen 1 l Scheidetrichter. Arbeiten Sie unter einem Abzug.
2. Fügen Sie 30 ± 2 g Natriumchlorid zu und schütteln Sie, bis sich das Salz löst.
3. Spülen Sie die Probenflasche mit 50 ± 1 ml Dichlormethan aus und überführen Sie dieses ebenfalls in den Scheidetrichter. Schütteln Sie den Scheidetrichter zuerst vorsichtig unter häufigem Belüften und dann kräftig für 2 min. Warten Sie die Trennung der Phasen ab.
4. Transferieren Sie die unten befindliche organische Phase in den zweiten Scheidetrichter.
5. Ist der kombinierte Extrakt eine Emulsion, schütteln Sie kräftig, um diese zu brechen, und warten Sie dann, bis sich die Phasen getrennt haben.
6. Filtrieren Sie das Lösungsmittel durch ein Nr. 1 Filterpapier mit 3 g trockenem Natriumsulfat in einen Kolben.
7. Engen Sie den Extrakt am Rotationsverdampfer unter Vakuum auf ca. 10 ml ein.
8. Transferieren Sie den Extrakt in ein graduiertes 10 ml Röhrchen und engen Sie ihn im Stickstoffstrom weiter auf etwa 1 ml ein (s. Protokoll 9.1). Der Extrakt ist nun für die GC-Analyse bereit.

9.7.2 Extraktion von Permethrin aus Wasserproben und Clean-up

Permethrin kommt zunehmend häufig in Fällen zum Einsatz, in denen ein hochwirksames Insektizid benötigt wird, das keine negativen Folgen für die Umwelt hat. Man verwendet es zum Beispiel, um Leitungsnetze von Krustentieren zu befreien, als Mottenschutzmittel in der Teppichherstellung und in einer Reihe von Schädlingsbekämpfungsmitteln.

Saubere Wasserproben können direkt mit Hexan extrahiert, der Extrakt getrocknet und eingeengt und anschließend mittels GC untersucht werden. Bei der in Protokoll 9.11 beschriebenen, für verunreinigte Wasserproben anwendbaren Methode arbeitet man mit Festphasenextraktion (s. auch Protokoll 9.6).

Protokoll 9.11 Extraktion und Clean-up von Proben für die Permethrin-Bestimmung.

Materialien und Geräte

- Hexan
- trockenes Natriumsulfat
- Methanol
- Ether
- Ether/Hexan-Gemisch (5:95)
- Bond-Elut C_{18} (Octadecyl) Kartusche
- Bond-Elut-Silicagelkartusche
- 1 l Scheidetrichter
- 1 l Meßzylinder
- Glastrichter mit Whatman Nr. 1 Filter-papier
- graduiertes 10 ml Röhrchen
- 5 ml Probengefäß
- Stickstoffversorgung

Methode

1. Transferieren Sie den Inhalt der Probenflasche (500 ml) in einen 1 l Scheidetrichter. Säuern Sie die Probe bis auf pH 2 an. Spülen Sie die Probenflasche zweimal mit je 50 ml Hexan aus.
2. Verschließen Sie den Scheidetrichter, schütteln Sie ihn 3 min kräftig und warten Sie die Trennung der Phasen ab. Bildet sich eine Emulsion, zentrifugieren Sie die Probe wie in Protokoll 9.3 beschrieben.
3. Lassen Sie die unten befindliche wäßrige Phase in einen Meßzylinder ablaufen und bestimmen Sie das Volumen.
4. Filtrieren Sie die Hexanphase durch ein Nr. 1 Filterpapier mit etwa 2 g trockenem Natriumsulfat in ein graduiertes Probenröhrchen.
5. Engen Sie den Extrakt im Stickstoffstrom auf ca. 1 ml ein.
6. Bereiten Sie eine C_{18}-Kartusche vor, indem Sie sie mit 1 ml Methanol, gefolgt von 20 ml Hexan waschen. Verwerfen Sie die Waschflüssigkeit.
7. Geben Sie den Hexanextrakt auf die Kartusche und warten sie, bis er absorbiert ist.
8. Plazieren Sie ein 5 ml Probengefäß unter die Kartusche. Geben Sie mit Hilfe einer Spritze 5 ml Hexan über die Kartusche. Fangen Sie davon nur die ersten 2 ml in dem Probengefäß auf.
9. Engen Sie die 2 ml Eluat auf etwa 1 ml ein.
10. Bereiten Sie eine Silicagelkartusche durch Waschen mit 3 ml Ether, gefolgt von 20 ml Hexan vor. Verwerfen Sie die Waschflüssigkeit.
11. Geben Sie das Eluat auf die Kartusche und warten Sie, bis es absorbiert ist.
12. Waschen Sie die Kartusche mit 10 ml Hexan und verwerfen Sie das Eluat. Lassen Sie die Kartusche nicht trockenlaufen.
13. Eluieren Sie mit 6 ml Ether/Hexan-Gemisch, indem Sie dies mit Hilfe der Spritze durch die Kartusche in ein Probenröhrchen drücken. Verwerfen Sie die ersten 2,5 ml und fangen Sie die nächsten 3 ml auf. Diese enthalten evtl. vorhandenes Permethrin.
14. Engen Sie den Extrakt im Stickstoffstrom langsam auf 1 ml ein. Er ist nun bereit für die GC-Analyse.

9.7.3 Extraktion und Bestimmung von Herbiziden auf der Basis von Phenoxyessigsäure

Das Herbizid wird zunächst in seine saure Form überführt, dann mit Ether extrahiert und zur Trockne eingedampft. Den Rückstand überführt man anschließend in einen Butylether und extrahiert das Derivat mit Hexan [14]. Die Methode ist in Protokoll 9.12 beschrieben.

Protokoll 9.12 Bestimmung von Phenoxyessigsäureherbiziden in Wasserproben.

Materialien und Geräte

- Diethylether
- 5%ige NaOH-Lösung
- Hexan
- trockenes Natriumsulfat
- konz. Schwefelsäure (suprarein)
- 100 ml Scheidetrichter
- Trichter mit Whatman Nr. 1 Filterpapier
- 250 ml und 50 ml Rundkolben
- 5 M Schwefelsäure
- Dichlormethan
- Butan-1-ol
- Aceton
- zwei 1 l Scheidetrichter
- Probenfläschchen mit Glasstopfen
- Pasteurpipetten
- Rotationsverdampfer und Stickstoffversorgung

Methode

1. Geben Sie zu der Wasserprobe, die in einer 1,2 l Glasstopfenflasche genommen und aufbewahrt wurde, 5 ml 5 M Schwefelsäure, so daß der pH-Wert unter 2 ist.
2. Geben Sie dann 150 ± 5 ml Diethylether in die Probenflasche und schütteln sie 2 min kräftig. Belüften Sie die Flasche dabei in regelmäßigen Abständen in einen Abzug. Transferieren Sie das Gemisch in einen 1 l Scheidetrichter und warten Sie die Trennung der Phasen ab.
3. Spülen Sie die Probenflasche mit weiteren 5 ml Diethylether und geben Sie diesen ebenfalls in den Scheidetrichter.
4. Lassen Sie die wäßrige Phase in einen 1 l Scheidetrichter ablaufen und trocknen Sie die Etherphase, indem Sie sie durch ein Nr. 1 Filterpapier mit etwa 5 g trockenem Natriumsulfat filtrieren und in einem 50 ml Rundkolben auffangen.
5. Extrahieren Sie die wäßrige Phase mit weiteren 50 ± 5 ml Diethylether. Bestimmen Sie das Volumen der wäßrigen Phase mit einem 1 l Meßzylinder und verwerfen Sie diese. Filtrieren Sie die Etherphase ebenfalls über das Natriumsulfat in den Rundkolben.
6. Engen Sie den Extrakt am Rotationsverdampfer auf etwa 5 ml ein. Transferieren Sie ihn einschließlich Spülflüssigkeit in ein Probenröhrchen und dampfen Sie ihn im Stickstoffstrom zur Trockne ein.
7. Fügen Sie 5 ml 5%ige NaOH-Lösung hinzu, schütteln Sie das Röhrchen und stellen Sie es dann 1 h in einen Becher mit heißem Wasser in ein Wasserbad.

> **Protokoll 9.12 Forts.**
>
> 8. Überführen Sie die Lösung in einen 100 ml Scheidetrichter und spülen Sie das Röhrchen mit etwas destilliertem Wasser. Geben Sie dieses ebenfalls in den Scheidetrichter.
> 9. Reinigen Sie die wäßrige Lösung durch zweimalige Extraktion mit Hexan und verwerfen Sie die Hexanphasen.
> 10. Fügen Sie 2 ± 0,2 ml konzentrierte Schwefelsäure hinzu und schütteln Sie, damit sich die saure Form des Herbizids bildet. Geben Sie dann 20 ± 2 ml Dichlormethan in den Scheidetrichter und schütteln Sie 2 min. Warten Sie, bis sich die Phasen getrennt haben und filtrieren Sie die Dichlormethanphase durch neues Natriumsulfat. Fangen Sie die getrocknete organische Phase in einem Rundkolben auf.
> 11. Engen Sie den Extrakt auf 5 ml ein, überführen Sie ihn in ein Probenröhrchen und dampfen Sie ihn bis zur Trockne ein.
> 12. Geben Sie 0,5–1 ml Butan-1-ol und 2 Tropfen konzentrierte Schwefelsäure hinzu. Stellen Sie das Gefäß für 1 h in ein Wasserbad mit heißem Wasser und lassen Sie es dann abkühlen.
> 13. Füllen Sie mit etwas destilliertem Wasser und 1 ± 0,1 ml Hexan auf. Verschließen Sie das Gefäß und schütteln Sie 30 s. Warten Sie die Trennung der Phasen ab und pipettieren Sie die Hexanphase für die GC-Analyse in ein verschließbares Probenfläschchen ab.

9.8 Gaschromatographische Trennung und Quantifizierung der interessierenden Verbindungen

9.8.1 Säulenauswahl

Wie schon in früheren Abschnitten erwähnt, steht dem Analytiker eine große Auswahl unterschiedlicher Kapillarsäulen und Stationärphasen zur Verfügung. So sind die in den nächsten Abschnitten angegebenen Säulen nicht als feststehende Liste zu betrachten, sondern die Erfahrung hat gezeigt, daß diese für das jeweilige Trennproblem am besten geeignet sind. Bei Kapillartrennsäulen spielt die Auswahl der stationären Phase ohnehin keine so große Rolle wie bei gepackten Säulen; viele Verbindungen können sowohl an unpolaren (OV-1), als auch an polaren (Carbowax 20 M) Phasen erfolgreich getrennt werden.

9.8.1.1 Narrow-bore-Säulen und ihre Anwendung zur Bestimmung unterschiedlicher Zielverbindungen

Zu den häufig verwendeten Narrow-bore-Kapillaren gehören u.a. 30 m × 0,25 mm DB-5 (J & W Scientific) und SP608 (Supelco) Säulen mit Filmdicken von 0,15 oder 0,25 μm. Im folgenden sind einige Anwendungen zusammengestellt.

Typische GC-Bedingungen für die Analyse chlororganischer Verbindungen sind:

- Detektor				ECD
- Trägergas				Helium, 1 ml/min
- Make-up-Gas			Stickstoff, 60 ml/min
- Temperaturprogramm	Starttemp. 60 °C, isotherm 1 min
  20 °C/min bis 140 °C, isotherm 1 min,
  3 °C/min bis 190 °C, isotherm 1 min,
  15 °C/min bis 280 °C, isotherm 1 min.
- injiziertes Volumen	1 µl
- Injektionstechnik		cool on-column

Für Organophosphor- und Organostickstoffpestizide sind folgende GC-Bedingungen geeignet:

- Detektor				NPD, Gasflüsse wie oben
- Temperaturprogramm:	Starttemp. 35 °C, isotherm 1 min,
  10 °C/min bis 160 °C, isotherm 2 min,
  2 °C/min bis 200 °C, isotherm 1 min,
  10 °C/min bis 300 °C, isotherm 5 min.
- injiziertes Volumen	3 µl
- Injektionstechnik		splitless

9.8.1.2 Wide-bore-Kapillaren und ihre Anwendung zur Bestimmung von Organochlorpestiziden

Obwohl Wide-bore-Säulen lange nicht so häufig verwendet werden wie Medium- oder Narrow-bore-Säulen, sind sie doch als Alternative zu gepackten Säulen für Pestizide und andere wichtige Schadstoffgruppen geeignet, wenn eine schnelle Analytik gefragt ist. Als Beispiele für Wide-bore-Kapillaren seien 30 m × 0,53 mm DB-5, DB-608 (J&W Scientific) Säulen mit 1 µm Film genannt.

Typische GC-Bedingungen sind:

- Trägergas				Helium, 6 ml/min
- Make-up-Gas			Stickstoff, 60 ml/min
- Temperaturprogramm	Starttemp. 140 °C, isotherm 4 min,
  5 °C/min bis 225 °C,
  2 °C/min bis 250 °C, isotherm 10 min.
- injiziertes Volumen	4 µl

9.8.1.3 Anwendung von gepackten Säulen zur Bestimmung unterschiedlicher Zielverbindungen

Gepackte Säulen können auch ohne weitreichende Spezialkenntnisse zur Bestimmung unterschiedlicher Verbindungsgruppen verwendet werden, da ihre Herstellung technisch wesentlich weniger kompliziert ist als die von Kapillarsäulen. Allerdings sind sie für Aufgaben, bei denen es, wie z.B. bei komplexen Gemischen, auf eine sehr effiziente Trennung ankommt, nicht zu empfehlen. Auch der Bereich der an einer Säule analysierbaren Verbindungen wäre dann eingeschränkt.

Für die Untersuchung von Phenoxyessigsäureherbiziden sind folgende Bedingungen geeignet:

- Säule   Glas, 1,5 m × 3 mm, gepackt mit Chromosorb WHP (8-100 Mesh), mit 4% DC200 als stationäre Phase.
- Trägergas   Stickstoff, 60 ml/min
- Injektortemperatur   250 °C
- Säulentemperatur   200 °C
- Detektortemperatur   210 °C
- injiziertes Volumen 5 µl

Für Organochlorverbindungen gelten folgende Bedingungen:

- Säule   Glas, 1,5 m × 2 mm, gepackt mit Chromosorb WHP (8-100 Mesh), mit 5% OV-1 als stationäre Phase.
- Trägergas   Stickstoff, 60 ml/min
- Injektortemperatur   240 °C
- Säulentemperatur   200 °C
- Detektortemperatur   320 °C
- injiziertes Volumen 5 µl

9.8.2 Berechnung des Gehaltes in der Probe mittels internem Standard

Bei dieser Methode werden die Peakflächen oder -höhen sowohl der Kalibrationslösungen als auch der Probenlösung auf die Peakfläche bzw. -höhe des internen Standards normiert. Die Konzentration in der Probenlösung wird unter Verwendung des Korrekturfaktors K

$$K = \frac{c_{IS} \cdot h_S}{c_S \cdot h_{IS}}$$

errechnet, wobei c_S die Konzentration des Standards, c_{IS} die Konzentration des internen Standards, h_S die Peakhöhe des Standards und h_{IS} die Peakhöhe des internen Standards bezeichnen.

Zur Berechnung der Konzentration der Zielverbindungen c_t dient eine umgestellte Form der obigen Gleichung:

$$c_t = \frac{c_{IS} \cdot h_t}{K \cdot h_{IS}}$$

wobei h_t die Peakhöhe der Zielverbindung und c_t deren Konzentration darstellt. Die Peakhöhen h_t, h_S, und h_{IS} können durch die entsprechenden Peakflächen A_t, A_S, und A_{IS} ersetzt werden.

Die folgenden gaschromatographischen Daten sollen ein Beispiel für eine Quantifizierung mittels GC unter Verwendung der Methode des internen Standards geben.

Permethrin Standard   22 Einheiten
DCPB-Standard   33 Einheiten

$$K = \frac{0{,}02 \times 22}{0{,}2 \times 33} = 0{,}067$$

Für die Probenlösung gleichen Anfangsvolumens mit einem Gehalt von 0,02 mg/l Decachlorbiphenyl (DCBP) ergaben sich bei gleichem injiziertem Volumen folgende Peakhöhen:

Peakhöhe der Permethrinprobe   18 Einheiten
Peakhöhe für internen Standard 0,02 mg/l DCBP   36 Einheiten

$$\text{Permethrinkonzentration in der Probe} = \frac{0{,}02 \times 18}{0{,}067 \times 36} = 0{,}15 \text{ mg}/l$$

9.8.3 Typische Gaschromatogramme unterschiedlicher Verbindungsgruppen

Zur besseren Illustration der gaschromatographischen Untersuchung von Umweltproben wurden einige typische Beispielchromatogramme in dieses Kapitel aufgenommen. Die Bilder 9.7 bis 9.10 zeigen Chromatogramme von Organochlorverbindungen und einer Reihe unbekannter Verbindungen, die aus geklärten Abwässern eines Wasserwerks in Paisley extrahiert wurden. Die enthaltenen Spuren entsprechen den Verbindungen der Eluate 1 und 2 aus Protokoll 9.7 bzw. Tabelle 9.6. Die Bilder 9.11 und 9.12 zeigen das Chromatogramm einer Standardlösung von Pentachlorphenol mit α-HCH als internem Standard sowie das Chromatogramm des Extrakts eines vollständig geklärten Abwassers aus einem Glasgower Wasserwerk. In den Bildern 9.13 und 9.14 sind die Chromatogramme eines Standardgemisches, das auch Permethrin enthält und eines Abwasserextrakts eines geklärten Abwassers, beide getrennt an einer Narrow-bore-Kapillarsäule, dargestellt. Bild 9.15 zeigt das Chromatogramm einer Standardlösung von Organophosphor- und Organostickstoffpestiziden und -herbiziden.

9.8 Gaschromatographische Trennung und Quantifizierung 315

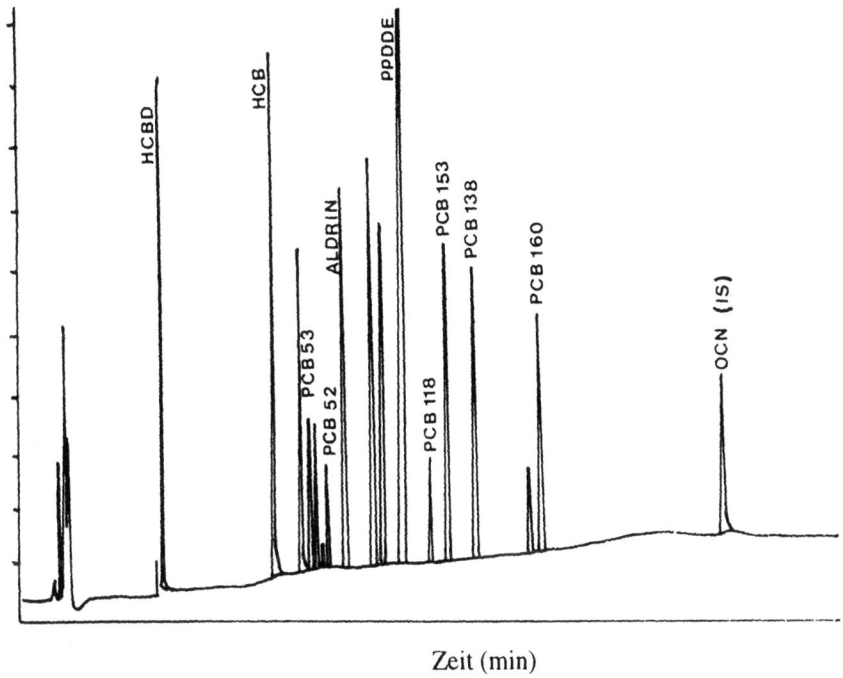

Bild 9.7 Eluat 1 eines gemäß Protokoll 9.7 vorbereiteten Standardgemischs aus HCBD, HCB, Aldrin, pp-DDE und einigen PCB's

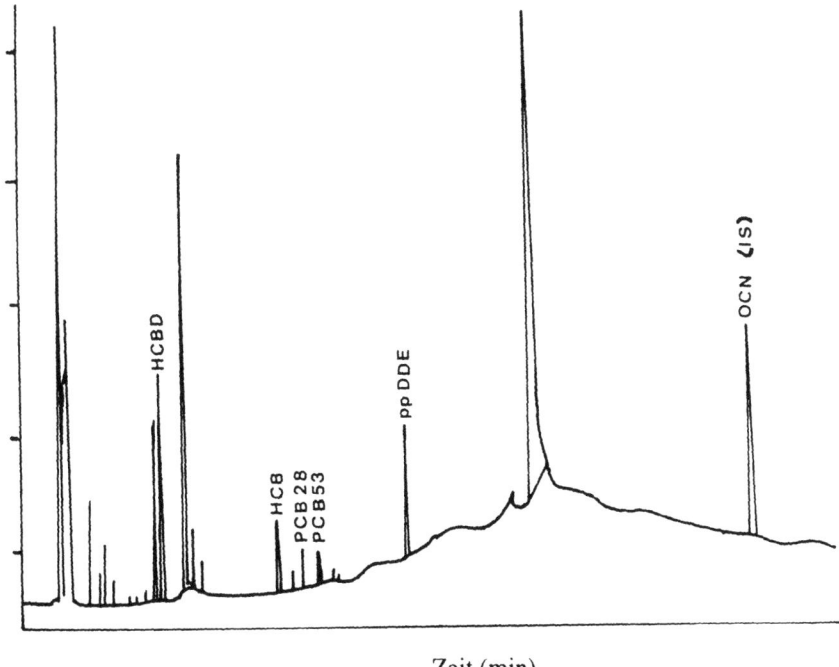

Bild 9.8 Eluat 1 eines aus Protokoll 9.7 erhaltenen Extrakts eines geklärten Abwassers eines Wasserwerks in Paisley, in dem HCBD, HCB, pp-DDE und einige PCB's vorkommen

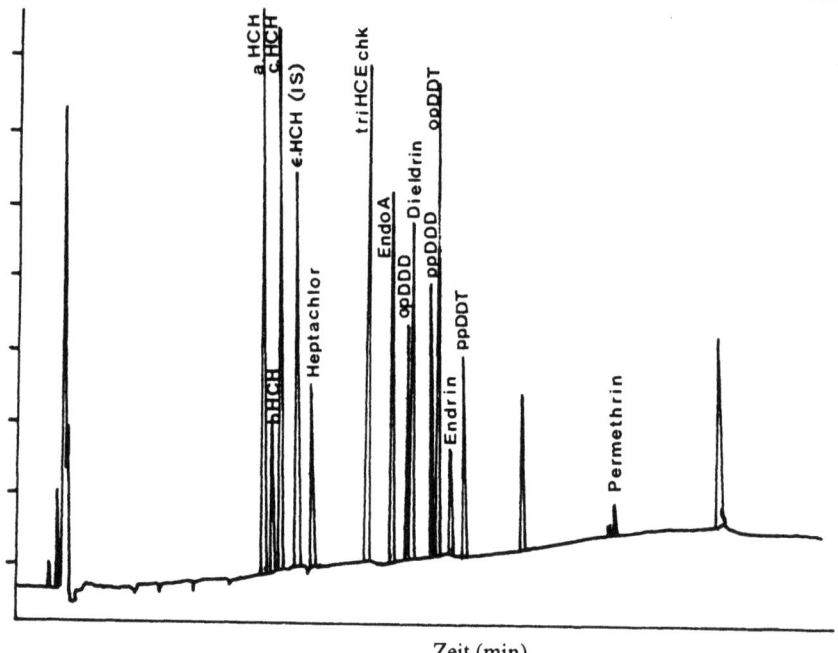

Bild 9.9 Eluat 2 eines gemäß Protokoll 9.7 vorbereiteten Standardgemischs aus HCH, Heptachlorepoxid, Endosulphan A, op-DDD, Endrin, pp-DDT und Permethrin

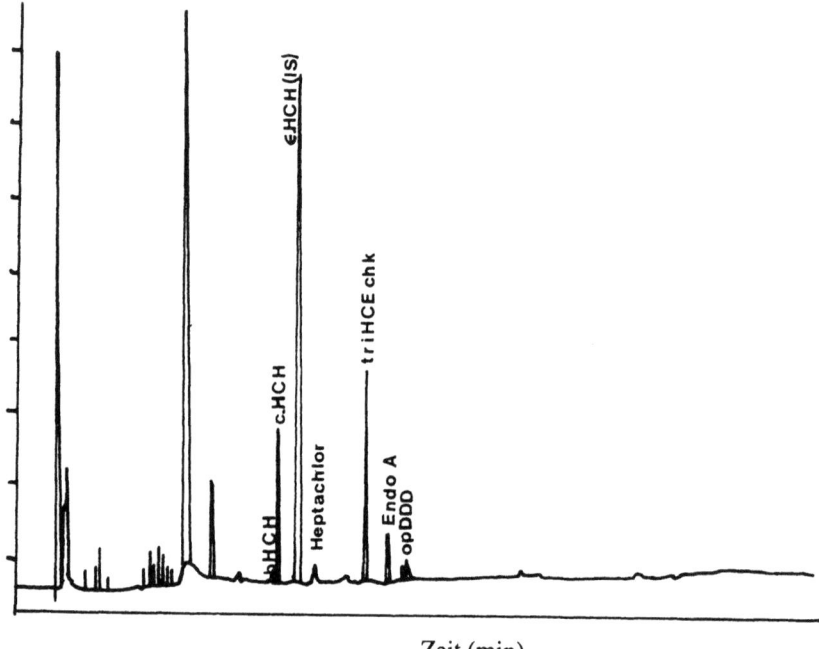

Bild 9.10 Eluat 2 des aus Protokoll 9.7 erhaltenen Extrakts eines geklärten Abwassers des Wasserwerks Paisley, in dem HCH, Heptachlorepoxid, Endosulphan A und op-DDD vorkommen

9.8 Gaschromatographische Trennung und Quantifizierung 317

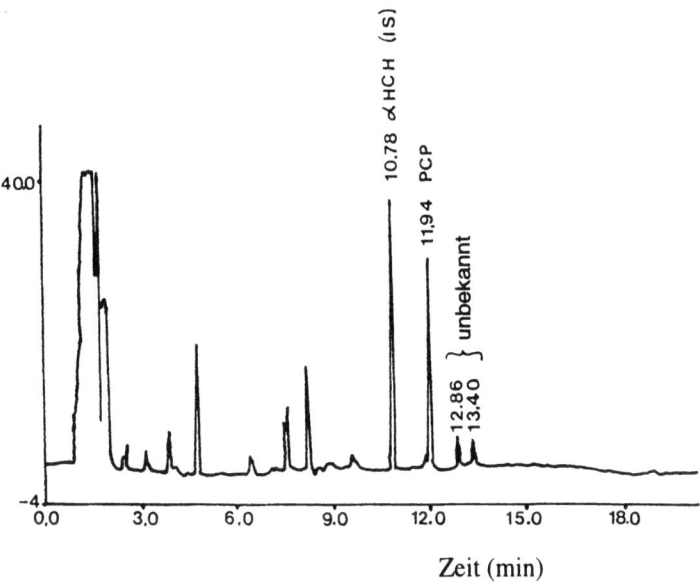

Bild 9.11 Chromatogramm einer Standardlösung von PCP mit α-HCH als internem Standard

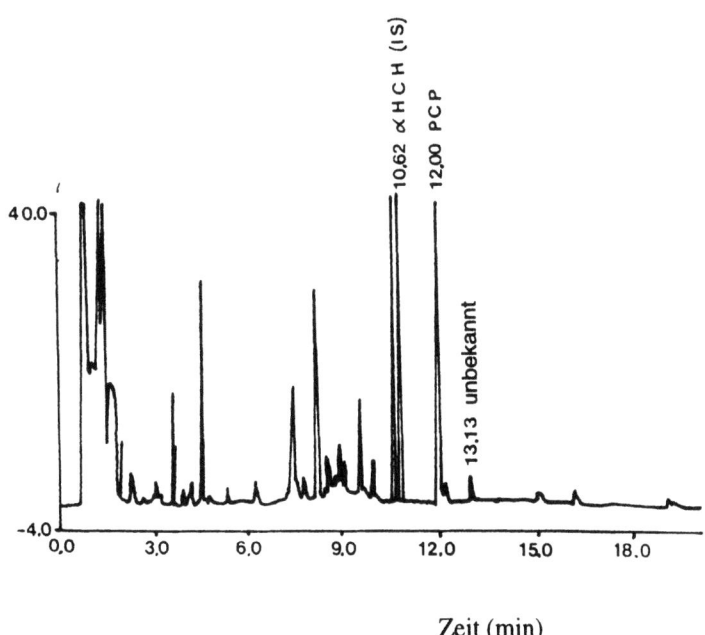

Bild 9.12 Chromatogramm eines PCP-haltigen Extrakts eines vollständig geklärten Abwassers des Glasgower Wasserwerks, interner Standard: α-HCH

318 9 Umweltanalytik mit der Gaschromatographie

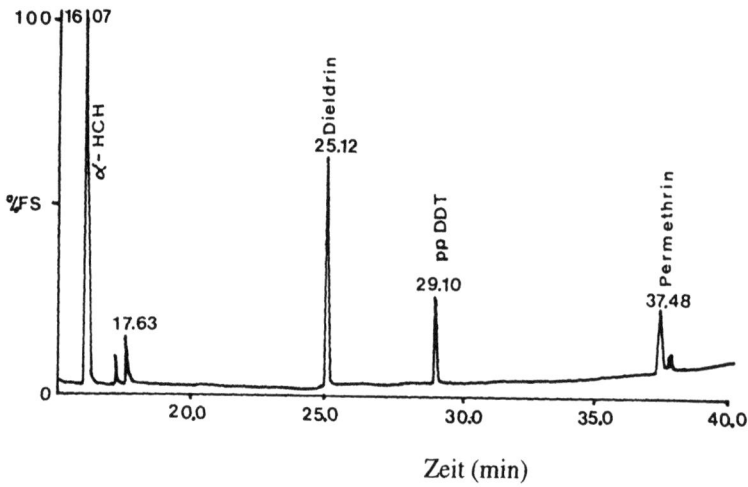

Bild 9.13 Chromatogramm eines Permethrin enthaltenden Standardgemischs

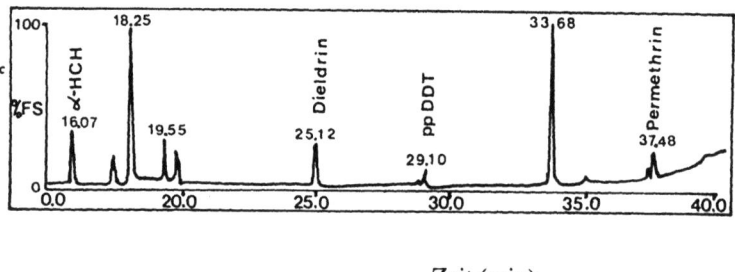

Bild 9.14 Chromatogramm des Abwasserextrakts, in dem Permethrin vorkommt

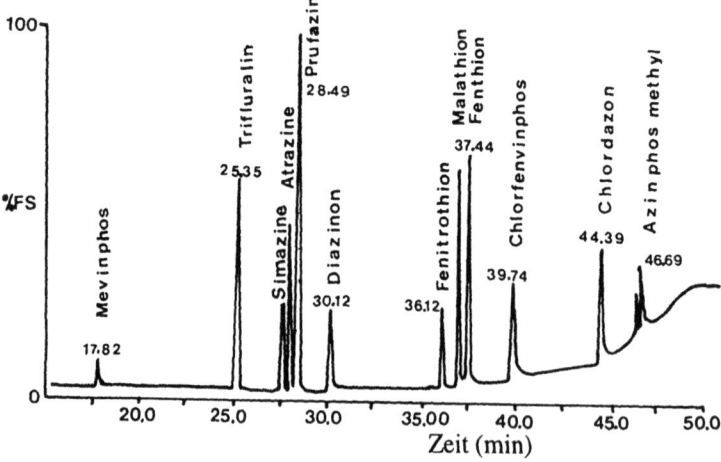

Bild 9.15 Chromatogramm einer Standardlösung von Organophosphor- und Organostickstoffherbiziden und -pestiziden, getrennt an einer Narrow-bore-Säule

9.9 Probenahme und Analytik von Gasen und leichflüchtigen Verbindungen

Die drei wichtigsten Quellen umweltrelevanter Proben von Gasen oder leichtflüchtigen Verbindungen sind:

a) Luft an Arbeitsplätzen und in Wohnräumen (z.B. bei Gaslecks),

b) Schornsteingase von Müllverbrennungsanlagen, Kraftwerken und Fabriken,

c) Gase aus Deponien, verschütteten Gütern oder absichtlichen Emissionsquellen (z.B. fand während des Golfkriegs aus Angst vor chemischen Kampfstoffen eine regelmäßige Luftüberwachung statt).

9.9.1 Probenahme

An jeder dieser drei Quellen erfordert die Probenahme eine spezielle Ausrüstung. Häufig kommen die Schadstoffe nur in sehr geringen Konzentrationen vor, weshalb spezielle Techniken zur Aufkonzentrierung angewendet werden müssen.

9.9.1.1 Gasatmosphären

Sind für die zu untersuchenden Verbindungen Konzentrationen im ppm-Bereich zu erwarten, erfolgt die Probenahme in der Regel mit Gasmäusen von 250 ml Fassungsvermögen. Gasmäuse besitzen ein Ventil an jedem Ende (A und B) und ein Probenahmeseptum (C) in der Mitte (s. Bild 9.16). Um eine repräsentative Probe der zu untersuchenden Gasatmosphäre zu erhalten, koppelt man die Gasmaus mit geöffneten Ventilen an eine kleine Vakuumpumpe und saugt soviel Gas hindurch, daß ein mindestens fünffacher Volumenaustausch stattfindet. Die dafür benötigte Zeit errechnet man aus der Ansaugrate der Pumpe. Anschließend verschließt man die Ventile und transportiert die Gasmaus zur Analyse ins Labor. Die Probe für die GC-Analyse erhält man, indem man mit einer gasdichten Spritze das Probenahmeseptum durchsticht und 1-2 ml Gas ansaugt. Liegen die nachzuweisenden Verbindungen in sehr niedrigen Konzentrationen vor, müssen sie vor der Analyse durch Adsorption an einem geeigneten Adsorbens aufkonzentriert werden.

Die drei wichtigsten Typen von Adsorptionsröhrchen sind:

a) Aktivkohleröhrchen, von denen das adsorbierte Material mit Lösungsmittel desorbiert wird,

b) Tenaxröhrchen, die thermisch desorbiert werden und so den Vorteil haben, daß man keinen Lösungsmittelpeak hat [15],

c) Graphitröhrchen, die ebenfalls thermisch desorbiert werden.

Die Probenahme kann auch mit Hilfe einer Kryofalle erfolgen [16]. Diese kann zwar die meisten flüchtigen Verbindungen sehr effektiv trappen, ist jedoch schwierig zu handhaben und stellt eine sehr spezielle Technik dar.

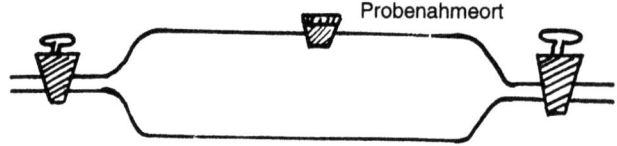

Bild 9.16 Gasmaus zur Entnahme von Gasproben

Bild 9.17 Adsorptionsröhrchen zur Gasprobenahme

Je nach Konzentration der Analyten findet die Adsorption am Adsorptionsröhrchen entweder passiv durch Diffusion oder aktiv durch Hindurchsaugen des Gases durch das Röhrchen statt. Zur Untersuchung einer Arbeitsplatzatmosphäre wird in der Regel ein Adsorptionsröhrchen (s. Bild 9.17) mittels eines Ansteckers an der Kleidung des Arbeiters befestigt.

Bei niedrigeren Konzentrationen wird die Gasprobe mit Hilfe einer Pumpe über das Adsorptionsröhrchen gesaugt. Die angesaugte Probenmenge kann wiederum aus der Ansaugrate der Pumpe berechnet werden. Für die Messung der Exposition eines einzelnen Arbeiters stehen auch transportable Pumpen, mit denen das an der Kleidung befestigte Adsorptionsröhrchen gekoppelt wird, zur Verfügung.

Die Probenahme von Schornsteingasen ist eine sehr spezielle Technik und in offiziellen Methoden [16, 17] ausführlich beschrieben. Dabei kommt es darauf an, die Probe im Schornstein mit derselben Rate anzusaugen, mit der sie emittiert wird. Das zu erreichen, gibt es verschiedene Wege. Die Probe wird durch Überleiten über Kühler gekühlt und, wenn es sich um ein Gas handelt, in eine Gasmaus überführt, während leichtflüchtige Verbindungen an Tenax oder einem anderen Adsorbens adsorbiert werden.

Zur Beprobung von Deponiegasen, besonders Methan, C2–C4-Kohlenwasserstoffen, Wasserstoff und Sauerstoff, verwendet man eine Probenahmesonde, die in den abgelagerten Abfall geschoben wird (s. Bild 9.18). In der gewünschten Tiefe werden die Gase angesaugt und eine Probe für die GC-Analytik in eine Gasmaus überführt.

Für leichtflüchtige Verbindungen in Konzentrationen zwischen 0,1 und 400 mg/m^3 stellt die Adsorption an Tenax-GC die Methode der Wahl dar [18]. Gewöhnlich genügen 25 ml Probe, die im Anfangsteil des Adsorptionsröhrchens adsorbiert werden. Um sicherzustellen, daß auf dem Weg zum Labor keine Substanzverluste auftreten, sollten die Tenax-GC-Röhrchen dicht verschlossen werden, am besten mit Swagelok-Dichtungen. Vor dem Entfernen der Kappen vor der GC-Analyse sollten die Röhrchen gekühlt werden.

Tenax-GC-Röhrchen sind nicht für Alkohole, Säuren und Amine im C1-C4-Bereich geeignet. Für diese Verbindungen bevorzugt man die Kryokondensation, bei der man aus etwa 30 Litern Gas 1 ml Kondensat erhält. Die Konzentrationen liegen im Bereich von 0,1–2000 mg/m^3.

Von besonders großer Bedeutung ist die Qualitätskontrolle der GC-Daten. Prinzipiell sollte immer mit einem internen Standard gearbeitet werden, um Wiederfindungsraten sowie die Effizienz der Probenahmeapparatur überprüfen zu können. Eine dafür geeignete Verbin-

9.9 Probenahme und Analytik von Gasen und leichflüchtigen Verbindungen 321

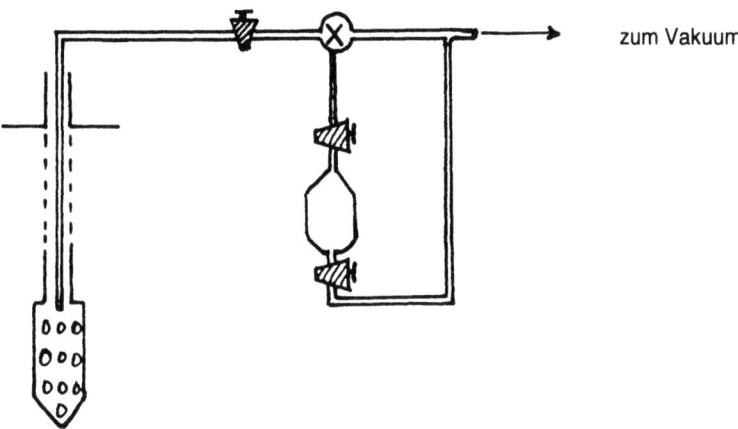

Bild 9.18 Probenahme von Deponiegasen

dung ist Anisol, welches vor der Probenahme als methanolische Lösung bekannter Konzentration in das Adsorptionsröhrchen injiziert wird. Die Methode kann durch die Probenahme eines Standardgasgemischs überprüft und kalibriert werden.

9.9.2 Desorption der Komponenten

Die auf dem Adsorptionsröhrchen getrappten Verbindungen werden entweder thermisch durch Ausheizen im Strickstoffstrom, der direkt mit dem GC gekoppelt wird (s. Bild 9.19) oder bei Verwendung von Aktivkohle als Adsorbens durch Desorption mit einem geeigneten Lösungsmittel freigesetzt. Das bevorzugte Adsorptionsmittel ist Tenax-GC, da es unter vielen Bedingungen einsetzbar und für einen großen Bereich unterschiedlicher Substanzen geeignet ist. Die Desorptionstemperatur wird von der Flüchtigkeit der angereicherten Verbindungen bestimmt.

Wesentlich bessere Chromatogramme erzielt man, indem man die desorbierten Komponenten, wie in Bild 9.20 dargestellt, vor der Trennung in einer Kühlfalle auffängt (Kryotrapping). Diese kann je nach Flüchtigkeit der Analyten mit Eis, Trockeneis oder flüssigem Stickstoff gekühlt werden. Die getrappten Komponenten werden dann durch schnelles Aufheizen der Kühlfalle auf 300 °C in den Trägergasstrom freigesetzt.

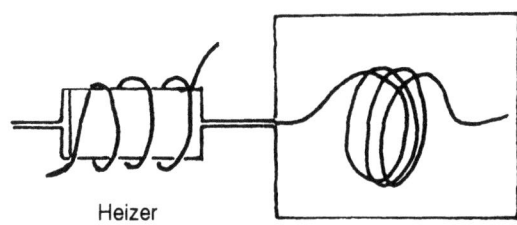

Bild 9.19 Thermische Desorption der Analyten vom Adsorptionsröhrchen

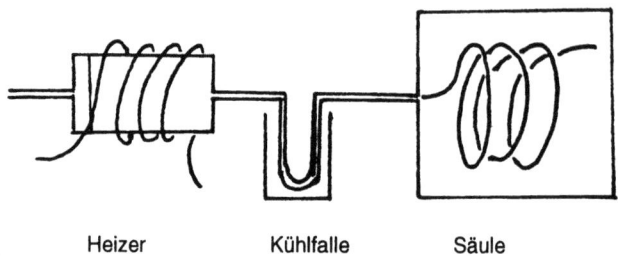

Heizer   Kühlfalle   Säule

Bild 9.20 Thermodesorption mit anschließendem Kryotrapping der Analyten

Die mit diesen Techniken erzielten Ergebnisse sind in zwei Chromatogrammen dargestellt. Bild 9.21 zeigt das Chromatogramm einer Luftprobe aus einer über einer Schuhreparaturwerkstatt gelegenen Wohnung, wobei 2 l Luft über ein Adsorptionsröhrchen mit 0,13 g Tenax-GC gesaugt und die desorbierten Analyten vor der GC-Untersuchung in einer Kühlfalle getrappt wurden.

Die verwendete Säule und GC-Bedingungen sind wie folgt:

- Säule   15 m × 0,32 mm ID fused-silica-Kapillarsäule mit stationärer Phase OV-1, Filmdicke 1 µm.

- Temperaturprogramm   20 °C, 5 min isotherm,
                            4 °/min bis 32 °C, dann bis 200 °C

- Detektor   Massenspektrometer mit EI-Ionenquelle

- Injektion   Splitinjektion, Splitverhältnis 1 : 10

In Bild 9.22 ist das Chromatogramm einer Deponiegasprobe, 25 ml, adsorbiert an 0,12 g Tenax-GC, dargestellt. Die Meßbedingungen entsprechen denen für das Chromatogramm in Bild 9.21.

9.10 Bestimmung der Ölart in ölbelasteten Proben

9.10.1 Fingerprint-Untersuchungen von Öl

Öl ist ein in Gewässern, einschließlich Meeren, weit verbreiteter Schadstoff und kann aus unterschiedlichen Quellen wie z.B. Tankerunglücken, Undichtigkeiten oder Überfüllung von Vorratstanks oder Pipeline-Brüchen stammen. Die Ölbestandteile können gaschromatographisch getrennt werden und das Gesamtbild des Chromatogramms, der sogenannte „Fingerprint" als Hinweis auf die Art des die Kontamination verursachenden Öls dienen. Dies geschieht, indem man das Chromatogramm der verunreinigten Probe mit den Chromatogrammen möglicher Ölquellen in der Nähe der kontaminierten Unglücksstelle vergleicht. Diejenige der möglichen Kontaminationsquellen, deren Chromatogramm die größte Ähnlichkeit mit dem der Probe aufweist, kommt als Verursacher am ehesten in Betracht. Allerdings kann das

9.10 Bestimmung der Ölart in ölbelasteten Proben

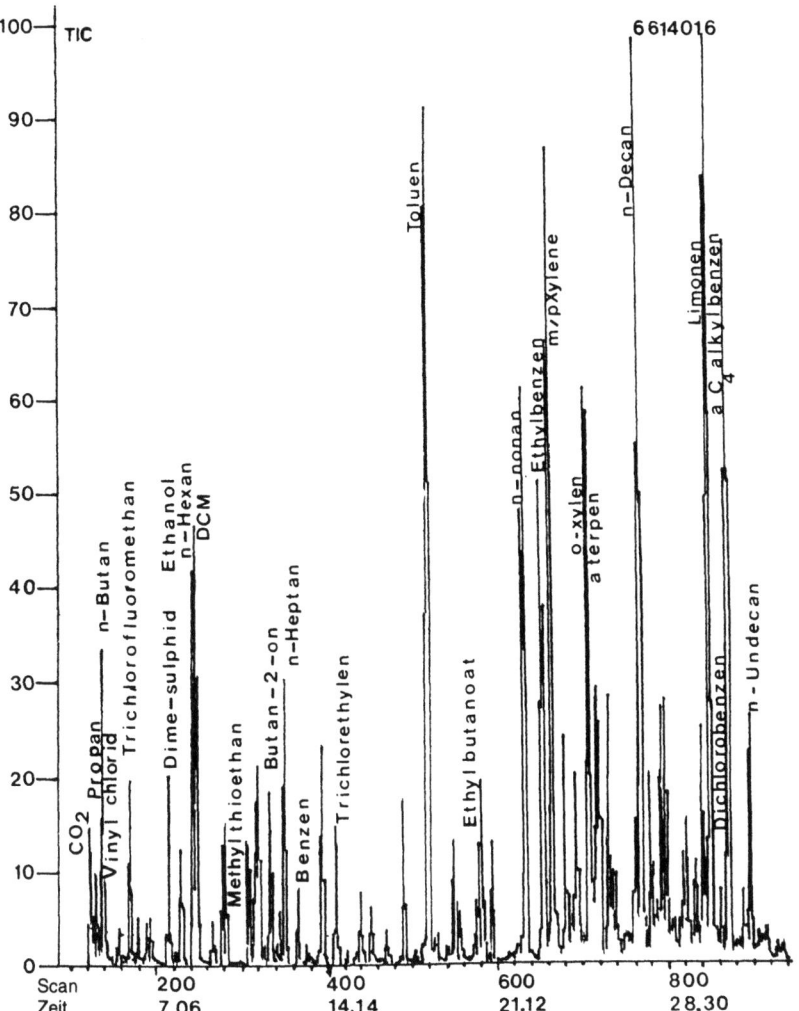

Bild 9.21 Luftprobe aus einer Wohnung über einer Schuhreparaturwerkstatt, deren Bewohner sich über Lösungsmittelgeruch beschwerten. Probe: 2,05 l Luft über 0,13 g Tenax-GC mit 40 ng internem Standard gesaugt (der interne Standard wird in dieser Probe vollständig von den relativ hoch konzentrierten Kontaminationen überdeckt). Injektion: Thermodesorption (200 °C) mit Kryotrapping, Splitverhältnis 1:10. Säule: 25 m × 0,32 mm FSOT OV-1701, Filmdicke 1 μm. Temperaturprogramm: 20 °C, 5 min, dann von 32 °C bis 200 °C mit 4°/min. Detektor: Massenspektrometer mit EI und fast-scanning-Modus.

Öl, bevor die Kontamination entdeckt wird, bereits eine Zeitlang der Luft ausgesetzt gewesen sein, wodurch die flüchtigeren Bestandteile bereits verdampft sein können. Für solche verwitterten Proben wird sich das Chromatogramm der Probe von denen möglicher Kontaminationsquellen spürbar unterscheiden, da die Peaks der niedermolekularen, leichtflüchtigen Fraktionen fehlen. Durch die Bestimmung der Verhältnisse einiger häufiger Kohlenwasserstoffpeaks zu denen angrenzender Isoprenoidpeaks ist es jedoch bei an Kapillarsäulen aufgenommenen Chromatogrammen in vielen Fällen möglich, die Quelle der Verunreinigung zu ermitteln.

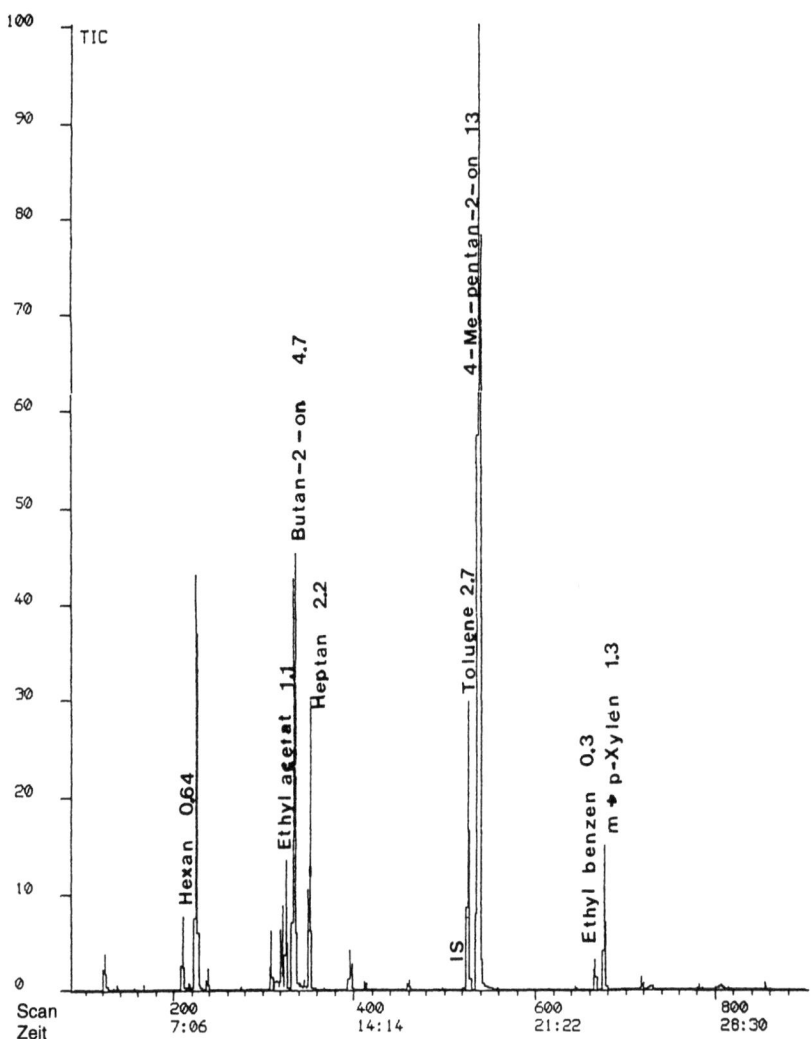

Bild 9.22 Analyse leichtflüchtiger Verbindungen in einer Deponiegasprobe (an der Quelle). Probe: 25 ml Gas über 0,13 g Tenax-GC mit 200 ng internem Standard gesaugt. Injektion, Säule und Detektor entsprechend Bild 9.21. Die Zahlen in Klammern bezeichnen die Gehalte in mg/m^3.

Einen „Fingerprint" eines Öls erhält man am besten an einer gepackten Säule mit FID-Detektion, während eine Kapillarsäule mit FID gekoppelt die notwendigen Details zur Differenzierung zwischen Kohlenwasserstoff- und Isoprenoidpeaks liefert. Detaillierte Angaben zu GC-Bedingungen finden sich weiter unten.

9.10.2 Fingerprint-Untersuchungen von Öl-GC-Bedingungen

9.10.2.1 Säulen und GC-Bedingungen für Schmier- und Heizöle

Bei der Verwendung von gepackten Säulen sind die Bedingungen wie folgt:
- Edelstahlsäule, gepackt mit 5% OV-1-Phase auf Chromosorb W HP 80-100 Mesh
- Trägergas   Stickstoff, 25 ml/min
- Detektorgase   Wasserstoff, 25 ml/min; Luft, 250 ml/min
- Temperaturprogramm   75 °C, 10 °/min bis 280 °C
- injiziertes Volumen   0,3 µl

Ein typisches Chromatogramm zeigt Bild 9.23.

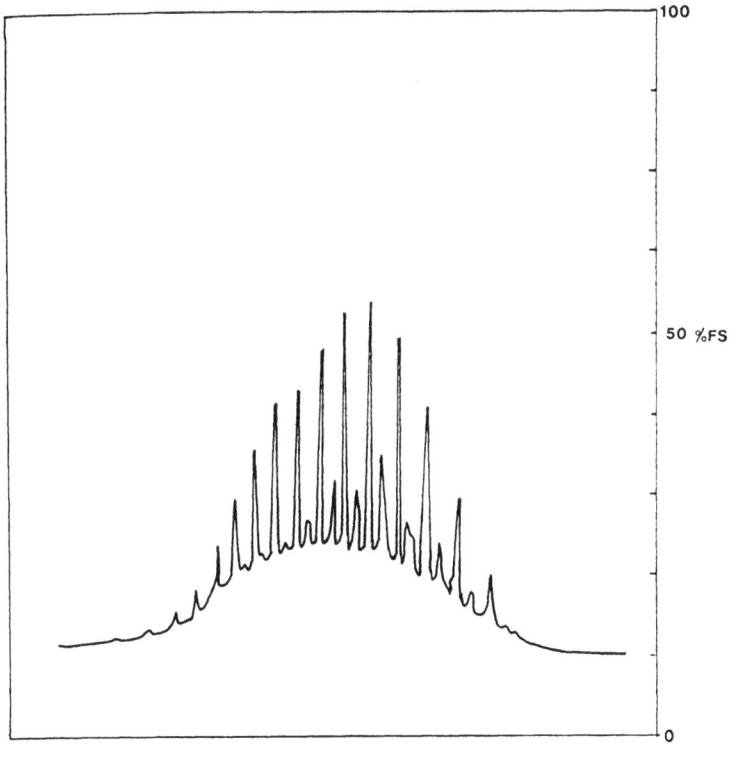

Zeit (min)

Bild 9.23 Typisches chromatographisches Profil eines Standarddieselöls unter niedrig auflösenden GC-Bedingungen

Für die Analyse mittels Kapillarsäulen gelten folgende Bedingungen:

- Säule   30 m × 0,25 mm DB-5-Säule, Filmdicke 0,25 µm
- Trägergas   Helium, 1 ml/min
- Splitverhältnis   1:60
- Make-up-Gas   Stickstoff, 25 ml/min
- Detektorgase   Wasserstoff, 25 ml/min; Luft, 250 ml/min
- Temperaturprogramm   100 °C, 4 °/min bis 220 °C
- injiziertes Volumen   0,3 µl

Ein typisches Chromatogramm ist in Bild 9.24 dargestellt.

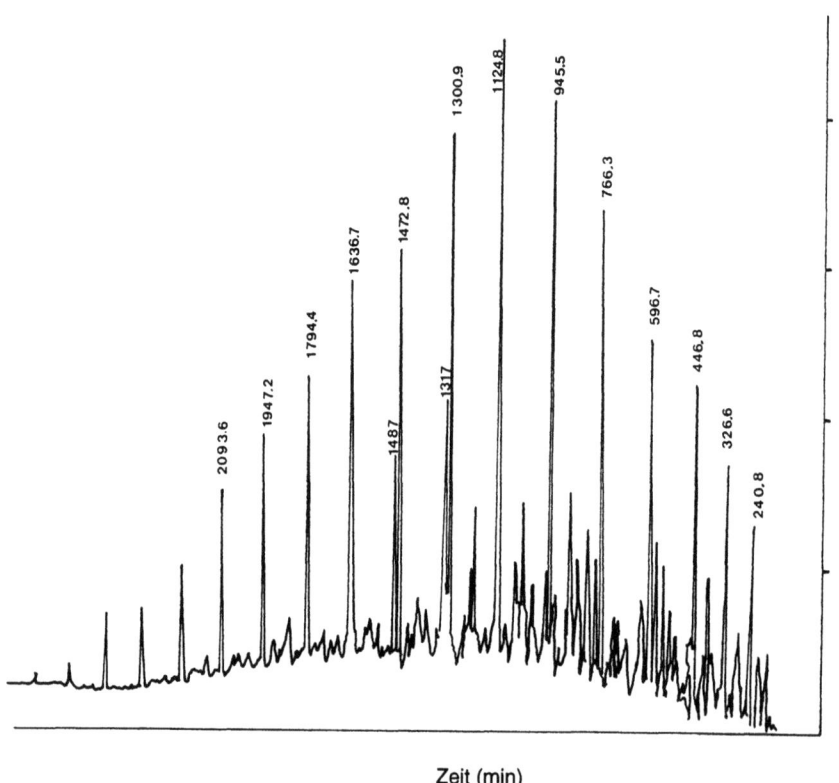

Zeit (min)

Bild 9.24 Typisches chromatographisches Profil eines Standarddieselöls unter hochauflösenden GC-Bedingungen. 1317 = Pristan, 1487 = Phytan.

Kapillarsäulen sind prinzipiell für die Analyse von Schmier- und Heizölen geeignet. Die dazu anzuwendenden GC-Bedingungen sind wie folgt:

- kurze Kapillarsäule   15 m × 0,25 mm, DB-5, Filmdicke 0,25 µm
- Trägergas   Helium, 1 ml/min
- Splitverhältnis   1:60
- Make-up-Gas   Stickstoff, 25 ml/min
- Detektorgase   Wasserstoff, 25 ml/min; Luft, 250 ml/min
- Temperaturprogramm   100 °C, 4 °/min bis 290 °C
- injiziertes Volumen   0,3 µl

Literatur

[1] Hinckley, D.A., Bidleman, T.F. *Environ. Sci. Technol.* **1989**, *23* (8), 995.

[2] Murray, H.E., Beck, J.N. *Bull. Environ. Contam. Toxicol.* **1990**, *44* (5), 789.

[3] McNeill, A. *J. Inst. Water Environ. Manag.* **1990**, *4* (4), 330.

[4] Rivett, M.O., Lerner, D.N., Lloyd, J.W. *J. Inst. Water Environ. Manag.* **1990**, *4* (3), 242.

[5] Williams, R.J., Bird, S.C., Clare, R.W. *J. Inst. Water Environ. Manag.* **1991**, *5* (1), 80.

[6] RSC *The agrochemicals handbook*, (2. Aufl.), Information Services, Nottingham (**1987**).

[7] HMSO, *Methods for the examination of water and associated materials*, HMSO, London.

[8] US-EPA *Methods for the determination of organic compounds in drinking water and waste water*, PB 89-220-461, Serien 500 und 600, Methodologies, Environmental Monitoring and Support Laboratory, Cincinati, Ohio (**1988**).

[9] Hunt, D.R.E., Wilson, A.L. *The chemical analysis of water, general principles and techniques*, RSC, London (**1986**).

[10] Ellis, J.C. *Handbook on the design and interpretation of monitoring programmes*, WCR Report NS 269, Medmenham (**1989**).

[11] Brannon, J.M., Karn, R. *Bull. Environ. Contam. Toxicol.* **1990**, *44* (4), 542.

[12] HMSO *Methods for the examination of water and associated materials*, Chlorobenzenes in water, organochlorine pesticides and PCB's in turbid water, halogenated solvents and related compounds in sewage sludge and water. HMSO, London (**1986**), 1-44.

[13] Environmental Health Laboratories *Analysis of semi-volatile organic chemicals in water by capillary gas chromatography/mass spectrometry*, EPA Method 525, 3M Empore Disk Extraction, Version 1.0, Environmental Health Laboratories (**1989**).

[14] HMSO *Methods for the examination of water and associated materials*, Chlorophenoxy acidic herbicides, trichlorobenzoic acid, chlorophenols, triazines and glyphosphate in water. HMSO, London (**1985**), 1-50.

[15] US-EPA *EPA compendium of methods for the determination of toxic organic compounds in ambient air*, Environmental Monitoring and Support Laboratory, Cincinati, Ohio (**1988**).

[16] Hawksley, P.G.W., Badzioch, S., Bracket, J.H. *Measurement of solids in flue gases* (2. Aufl.), British Coal Utilization Research Association (BCURA), The Institute of Fuel, London (**1977**)

[17] US-EPA *Standards of performance for new stationary sources*, Federal Register 36 (247), US-EPA, Springfield, VA (**1971**).

[18] Brookes, B.I., Young, P.J. *Talanta* **1983**, *30*, 665.

10 Die Rolle der Gaschromatographie in der Erdölforschung

GARETH E. HARRIMAN

10.1 Einleitung

Die Gewißheit, daß Erdöl biogenen Ursprungs ist, da es aus pflanzlichen oder tierischen Überresten oder beidem entstand, hat sich mittlerweile allgemein durchgesetzt. Nach dem Absterben zersetzen sich die meisten Organismen und Pflanzenteile und kehren (durch oxidative Prozesse) als CO_2 in die Atmosphäre zurück. Ein geringer Anteil (< 1%) der organischen Substanz wird jedoch in reduzierend wirkenden aquatischen Systemen abgelagert, mit dem Ergebnis, daß die organische Materie im Zuge des Sedimentationsprozesses konserviert wird. Mit fortschreitender Sedimentation vergrößert sich die Tiefe, in der sich die an organischer Materie reichen Schichten befinden. Die organische Materie unterliegt dabei biologischen und chemischen Veränderungen (Diagenese), was zur Entstehung von Erdölquellmineralen führen kann. In diesen bilden sich unter geeigneten Temperatur- und Druckbedingungen flüssige Kohlenwasserstoffe, die dann an günstige Stellen migrieren können, wo sie sich als Erdölvorkommen sammeln.

Die Gaschromatographie stellt eine besonders leistungsfähige Trenntechnik dar, die in der Lage ist, Hunderte von Verbindungen zu trennen, die in ihrer Gesamtheit Erdöl darstellen. Geochemiker nutzen GC-Techniken seit vielen Jahren, um Erdölarten und Extrakte von Quellmineralen zu charakterisieren. Durch Variation der Säulenlängen, stationären Phasen und Temperaturprogramme sowie Einsatz des Flammenionisationsdetektors (FID) fand man heraus, daß die Öle häufig unterschiedliche chromatographische Retentionsmuster zeigten, von denen jedes seine eigene geochemische Aussage enthält. In den meisten der auf diese Weise erhaltenen Chromatogramme dominieren n-Alkan-Peaks, und es ist die Verteilung dieser n-Alkane, die es dem Geochemiker erlaubt, größere Unterschiede zwischen Ölen und Quellmineralien zu erkennen und Vermutungen über die Natur des Quellminerals eines bestimmten Öls anzustellen.

Obwohl sich die Geochemiker in der Vergangenheit hauptsächlich auf die aus dem n-Alkan-Verteilungsmuster ableitbaren Informationen konzentriert haben, wendet sich ihre Aufmerksamkeit mehr und mehr den komplexeren Verbindungen zu, die in Quellmineralen und Erdölen in viel niedrigeren Konzentrationen enthalten sind als die vorherrschenden n-Alkane. Stearane und Triterpane sind zwei dieser Substanzgruppen, die gewöhnlich als „chemische Fossilien" oder „Biomarker" bezeichnet werden und die wegen ihres wertvollen Informationsgehaltes in Bezug auf die Wechselbeziehung zwischen Produkt und Ursprungssubstanz häufig benutzt werden, um die Entstehungsgeschichte eines Erdöls zu untersuchen, und um Einblick in dessen Entstehung, Reifung und Migration zu gewinnen. Da diese Verbindungen im Erdöl nur in sehr geringen Konzentrationen (im unteren ppm-Bereich) vorkommen, ist ihre gaschromatographische Untersuchung und Quantifizierung nur sinnvoll, wenn zur Detektion anstatt des FID ein Massenspektrometer verwendet wird. Die Kombination aus hochauflösender Kapillargaschromatographie und hochauflösender Massenspektrometrie in Verbindung mit leistungsfähigen Computern hat einen wichtigen Beitrag zum geochemischen Verständnis der Erdölentstehung geleistet.

Dieses Kapitel befaßt sich mit der gaschromatographischen Analyse von Rohöl unter Verwendung von Fused-silica-Kapillartrennsäulen. Detektion und Identifizierung erfolgten entweder mittels FID oder Massenspektrometer, wobei letzteres vor allem als stark strukturspezifischer Detektor zu betrachten ist.

10.2 Zusammensetzung von Rohölen und Quellmineral-Extrakten

Erdöl sowie die löslichen Anteile der Quellminerale enthalten eine große Anzahl von Kohlenwasserstoffen und Nicht-Kohlenwasserstoff-Verbindungen. Außer bei Extrakten thermisch unausgereifter Quellminerale und bei Ölen mit starken Zersetzungserscheinungen sind für gewöhnlich speziell die gesättigten Kohlenwasserstoffe die vorherrschenden Komponenten. Den Hauptanteil der gesättigten Fraktion eines Erdöls bilden n-Alkane und in geringeren Anteilen auch *iso*- und Cycloalkane. Benzol, Toluol, Naphthaline und Phenanthrene hingegen dominieren bei den aromatischen Kohlenwasserstoffen. Harze und Asphaltene, welche die Nicht-Kohlenwasserstofffraktion von Ölen und Quellmineralextrakten ausmachen, sind hauptsächlich hochmolekulare polycyclische Verbindungen, die nicht selten Stickstoff, Schwefel oder Sauerstoff enthalten. Die Verteilung dieser Komponenten in einem Öl oder Extrakt variiert mit Quelle und Reifegrad des Öls, kann jedoch auch durch sekundäre Umwandlungsprozesse wie biologischen Abbau beeinflußt werden.

Die gesättigten Kohlenwasserstoffe stellen die wichtigste der 4 Hauptgruppen eines Rohöls dar. Für ihre gaschromatographische Charakterisierung müssen sie von den aromatischen und Nicht-Kohlenwasserstofffraktionen abgetrennt werden. Dazu werden aus dem Rohöl zunächst die Asphaltene mit Hilfe eines niederen Kohlenwasserstoffs (meist Pentan oder Heptan) ausgefällt. Die verbleibende pentanlösliche Fraktion wird dann mittels Flüssigchromatographie an aktiviertem Silicagel oder Aluminiumoxid als Stationärphase aufgearbeitet. Die gesättigten Kohlenwasserstoffe werden von der Säule mit einem unpolaren Lösungsmittel wie Hexan eluiert. Für die Elution der aromatischen Kohlenwasserstoffe kommt ein etwas polareres Lösungsmittel wie Toluol oder Dichlormethan zum Einsatz; die Harzfraktion eluiert man mit Methanol.

Ein analytisches Schema zur Beurteilung von Rohölen, Quellmineralextrakten und deren isolierten Fraktionen zeigt Bild 10.1.

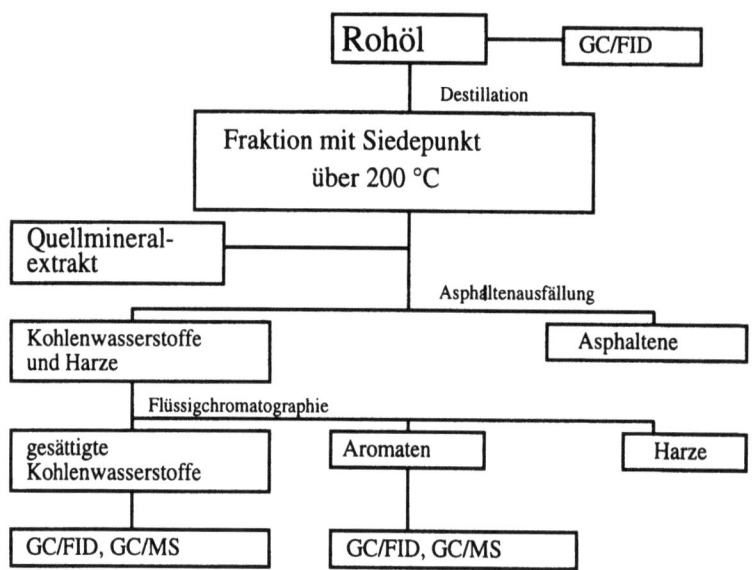

Bild 10.1 Typisches Fraktionierungsschema für die Auftrennung von Erdöl und Quellmineralextrakten

10.3 Gaschromatographische Untersuchung von Vollöl

Um aus der GC-Analyse von Vollöl ein Maximum an Informationen erhalten zu können, sind sorgfältige Probenahme und -aufbewahrung Grundvoraussetzung. Zur Beurteilung einer neuen Quelle sind für die GC-Analyse Proben von Bohrkernen am besten geeignet, da sie unter den im Quellgestein herrschenden Temperatur- und Druckbedingungen gewonnen wurden. Leider ist eine solche Art der Probenahme sehr teuer, denn sie erfordert den Einsatz komplizierter Druckgefäße. Deshalb wird ein großer Teil der Proben an der Erdoberfläche und damit unter Atmosphärendruck genommen. Dabei ist ein anteiliger Verlust der Niedrigsieder aus der *n*-Alkanfraktion unvermeidbar. Dieser kann jedoch minimiert werden, wenn man die Proben in gasdichte Flaschen abfüllt und bis zur Analyse bei +4 °C aufbewahrt. Derart gelagerte Proben enthalten zum Zeitpunkt der Analyse noch die Hauptmenge ihres ursprünglichen Anteils flüchtiger *n*-Alkane. Aus der relativen Intensität und dem Verteilungsmuster der Rohölkomponenten kann der Geochemiker Informationen zu dessen Quelle, Reifung und dem Ausmaß eventueller Veränderungen ableiten.

Protokoll 10.1 beschreibt die Vorgehensweise, wie Informationen über die Benzinkomponenten eines Rohöls und wie ein Chromatogramm der Vollölfraktion in einem einzigen Analysenlauf zu erhalten sind. Eine bessere Trennung der Benzinkomponenten wäre durch die Verwendung von Säulen mit anderen Stationärphasen, ggf. größerer Filmdicke sowie Kryotemperaturprogrammierung möglich. In der Regel geht das aber zu Lasten einer guten Auflösung der längerkettigen ($>C_{15+}$) *n*-Alkane; oft sind deshalb zwei Analysen desselben Öls an unterschiedlichen Trennsäulen nötig. Die hier beschriebene Methode wurde mit dem

10.3 Gaschromatographische Untersuchung von Vollöl

Ziel entwickelt, die maximale Information über die Zusammensetzung eines Rohöls aus einem einzigen Analysenlauf zu erhalten.

Die Rohöle werden mittels Kapillargaschromatographie unter folgenden Bedingungen untersucht:

- Gaschromatograph ein für den Gebrauch von Kapillarsäulen ausgelegtes, kommerziell erhältliches Gerät mit FID.
- Trennsäule Fused-silica-Kapillarsäule DB-5[1], 60 m × 0,32 mm ID, 0,25 µm Filmdicke.
- Temperaturprogramm 3 min bei 25 °C, 7 °/min bis 310 °C, 15 min isotherm.
- Injektor-/ Detektortemperatur 310 °C
- Trägergas / Säulenvordruck Helium, 50 kPA
- Probenvolumen. 0,1 µl, splitlos dosiert

Protokoll 10.1 Gaschromatographische Analyse eines kompletten Rohöls.

1. Stellen Sie alle GC-Parameter wie oben beschrieben ein, öffnen Sie die Tür des Säulenofens und tauchen Sie die ersten Zentimeter der Kapillarsäule (injektorseitig) in ein Dewar-Gefäß mit flüssigem Stickstoff [a].

2. Lassen Sie die Säule etwa 2-3 min abkühlen und injizieren Sie die Probe dann mittels einer graduierten 1-µl-Spritze in den beheizten Injektorblock.

3. Warten Sie 2 min, um einen vollständigen Transfer der Probe aus dem Injektor auf die Säule zu gewährleisten, und entfernen Sie erst dann den flüssigen Stickstoff.

4. Schließen Sie die Tür des Säulenofens und starten Sie das Temperaturprogramm.

[a] Vorsicht, ansonsten flexible Fused-silica-Säulen können bei grober Behandlung brechen!

Bild 10.2 zeigt das Chromatogramm eines sibirischen Öls mit 41° API Gravität[2]. Das Chromatogramm verdeutlicht, daß die niedermolekularen Benzin-(C_4–C_7)- und Kerosin-(C_7–C_{11})-Kohlenwasserstoffe vorherrschend sind und die Gehalte der Kohlenwasserstoffe > C_{12} stark abnehmen. Ein solcher Kohlenwasserstoff -„Fingerprint" ist charakteristisch für ein leichtes, unverändertes Rohöl hoher Gravität. Unter den in Protokoll 10.1 angegebenen chromatographischen Bedingungen werden fast alle früh eluierenden Kohlenwasserstoffpeaks basislinienengetrennt. Diese Verbindungen können mit Hilfe von Kováts-Indices und internen Standards identifiziert und die Verteilung der Benzin-Kohlenwasserstoffe (s. Auflistung in Tabelle 10.1) entweder als absolute Intensitäten oder, was weitaus üblicher ist, als prozentuale Zusammensetzung angegeben werden.

---

[1] Kapillarsäulen, in denen die stationäre Phase an der Fused-silica-Oberfläche chemisch gebunden ist, sind für diese Analysen besonders geeignet, da sie mit Lösungsmittel gespült werden können und sich so die Anreicherung polarer Verbindungen auf der Säule und damit eine Verminderung der Trennleistung weitgehend verhindern läßt.

[2] API Gravität ist ein vom American Petroleum Institute festgelegtes Maß für die Dichte von Erdöl, berechnet aus: °API = 141,5°/ (Dichte bei 16 °C minus Dichte bei 131,5 °C). Schwere Öle haben < 25°API, mittlere zwischen 25 und 35°API und leichte > 45°API.

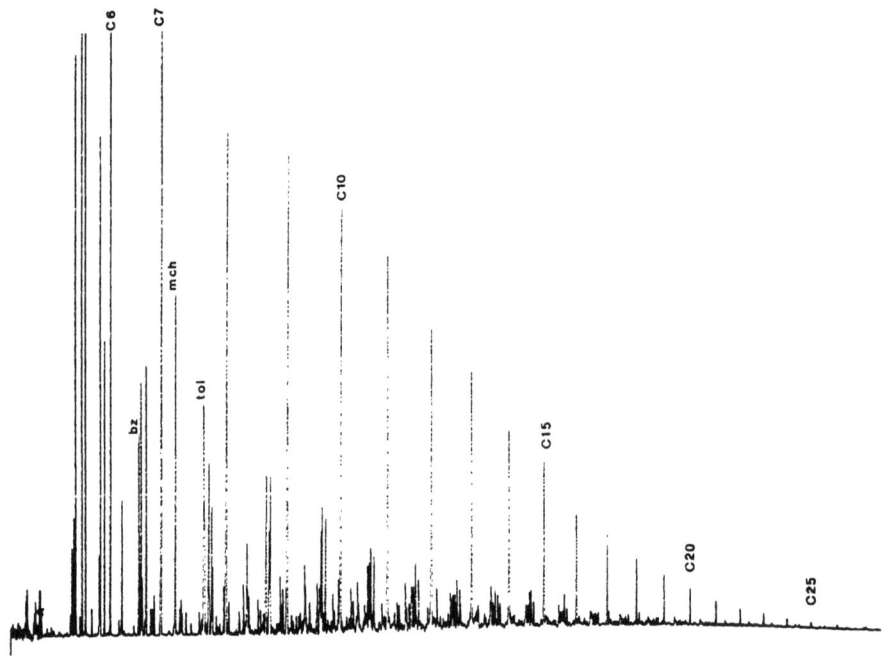

Bild 10.2 Vollöl-Chromatogramm eines 41° API Öls aus Sibirien

Obwohl die ursprüngliche Zusammensetzung eines Rohöls in erster Linie durch die Art des organischen Materials im Quellmineral bestimmt wird, hat die Temperatur, bei der die Kohlenwasserstoffbildung stattfindet, einen signifikanten Einfluß auf die Verteilung der niedermolekularen Kohlenwasserstoffe. Diese thermische Reifung der organischen Masse findet nicht nur im Quellmineral, sondern auch im Ölvorkommen statt und führt zur Bildung leichter Rohöle hoher Gravität bei gleichzeitiger Reduzierung des Anteils verzweigter, cyclischer und aromatischer Kohlenwasserstoffe.

Die Konzentrationsverhältnisse bestimmter niedermolekularer Kohlenwasserstoffe können damit als Parameter für den Reifezustand unveränderter Rohöle herangezogen werden [1]. So sind zum Beispiel die Verhältnisse *n*-Hexan/Methylcyclopentan und *n*-Heptan/Methylcyclohexan bei stark gereiften Ölen höher als bei weniger stark gereiften.

Thermische Reifung ist jedoch nicht der einzige, die Qualität eines Rohöls bestimmende Faktor. Wo Ansammlungen von Öl mit fließendem Wasser in Verbindung kommen, kann ihre Zusammensetzung durch aerobe Bakterien verändert werden [2], die Petroleum zersetzen und einen ökonomisch wertlosen Rückstand zurücklassen. Das Ausmaß der Biodegradation eines Öls hängt zum Teil von Tiefe und Temperatur des Öl-Pools ab und ist eng mit der Überlebenstemperatur der Mikroorganismen verknüpft. In frühen Biodegradationsstadien werden zunächst die *n*-Alkane abgebaut mit dem Ergebnis, daß die relative Konzentration der verzweigten und cyclischen Kohlenwasserstoffe steigt. Dieser Prozeß wird immer von einer Auswaschung durch Wasser begleitet, obwohl diese auch ohne Biodegradation vor sich gehen kann. Im Falle einer Auswaschung sind die stattfindenden Veränderungen der Ölzusammensetzung am ehesten in der Fraktion der Benzinkohlenwasserstoffe erkennbar, wo die höhere Löslichkeit einiger Komponenten dazu führen kann, daß Benzol, Toluol und die vor den Naphthalinen liegenden *n*-Alkane stärker ausgewaschen werden. Eine Bestimmung des Auswaschungsgrades kann somit über Konzentrationsverhältnisse, die von Auswaschung und Biodegradation betroffen sind, erfolgen. So beobachtet man bei starker Auswaschung z.B. eine Erhöhung der Verhältnisse 3-Methylpentan/Benzol und Methylcyclohexan/Toluol. In gleicher Weise reflektieren die Verhältnisse Methylbutan/*n*-Pentan und 3-Methylpentan/ *n*-Hexan Veränderungen in der Ölzusammensetzung, die auf Auswaschung und Biodegradation zurückzuführen sind. Einige der häufiger hinzugezogenen Verhältnisse sind in Tabelle 10.1 aufgeführt.

Die mit der GC ermittelte Zusammensetzung eines Öls kann außerdem Informationen zu dessen Quelle liefern. Bild 10.3 zeigt ein weiteres Beispielchromatogramm, diesmal eines

Tabelle 10.1 Benzin-Kohlenwasserstoffe, die für die meisten Rohöle typisch sind

Peak-Nr.	Verbindung	Peak-Nr.	Verbindung
1	Isobutan	14	Benzol
2	*n*-Butan	15	Cyclohexan
3	Isopentan	16	3,3-Dimethylpentan
4	*n*-Pentan	17	1,1-Dimethylcyclopentan
5	2,2-Dimethylbutan	18	2-Methylhexan
6	Cyclopentan	19	3-Methylhexan
7	2,3-Dimethylbutan	20	1,*c*,3-Dimethylcyclopentan
8	2-Methylpentan	21	1,*t*,3-Dimethylcyclopentan
9	3-Methylpentan	22	1,*t*,2-Dimethylcyclopentan
10	*n*-Hexan	23	*n*-Heptan
11	Methylcyclopentan	24	Methylcyclohexan
12	2,2-Dimethylpentan	25	Toluol
13	2,4-Dimethylpentan		

Signifikante Verhältnisse	Bedeutung
Heptanwert = $100 \times \dfrac{23}{15, 17 - 24}$	Reifeparameter
Isoheptanwert = $\dfrac{18 + 19}{20 + 21 + 22}$	Reifeparameter
Peak 10/11	Reifeparameter
Peak 23/24	Quelle-/Reifeparameter
Peak 19/14	Auswaschung durch Wasser
Peak 24/25	Auswaschung durch Wasser
Peak 9/10	biologischer Abbau

39° API-Öls aus Pakistan. Im Gegensatz zu dem Öl aus Sibirien ist jenes aus Pakistan bei Zimmertemperatur fest, allerdings schon bei leicht erhöhten Temperaturen flüssig. Die Ursache für den relativ hohen Fließpunkt dieses Öls läßt sich aus seinem Chromatogramm ableiten. Dieses zeigt einen sehr viel höheren Anteil längerkettiger (> C_{15}) Kohlenwasserstoffe als das Öl in Bild 10.2. Diese Alkane, besonders n-C_{20} bis n-C_{35}, bei denen jene mit ungeradzahligen C-Zahlen gegenüber denen mit geradzahligen C-Zahlen dominieren, werden aus Wachsen höherer Pflanzen gebildet und sind damit ein eindeutiger Hinweis darauf, daß Material höherer Pflanzen an der Entstehung dieses Öls beteiligt war.

10.4 GC-Analyse isolierter Fraktionen aus Rohölen und Quellmineralextrakten

Die GC-Analyse von Vollöl ist eine wertvolle Methode für den Vergleich von Rohölen und die Bestimmung des Reife- und Zersetzungsgrades. Allerdings sind die erhaltenen Chromatogramme oft sehr komplex und schwer zu interpretieren. Mehr noch, da viele Rohöle von der leichten Kohlenwasserstofffraktion (< C_{12}) dominiert werden, gehen häufig wichtige Informationen über die schwerere Fraktion (> C_{15}) verloren. Dieses Problem kann durch Analyse der gesättigten und aromatischen Kohlenwasserstofffraktion, die gemäß des Schemas in Bild 10.1 isoliert werden, umgangen werden. Da sich diese Fraktionen aus dem über 210 °C siedenden Ölanteil ableiten, nennt man sie häufig auch „> C_{15}-Fraktionen". Bild 10.4 zeigt das typische Chromatogramm einer gesättigten > C_{15}-Fraktion, aufgenommen unter den unten angegebenen Bedingungen.

- Gaschromatograph   ein für den Gebrauch von Kapillarsäulen ausgelegtes, kommerziell erhältliches Gerät mit FID.
- Trennsäule   Fused-silica-Kapillarsäule DB-1, 30 m × 0,32 mm ID, 0,25 µm Filmdicke.
- Temperaturprogramm   60 °C, 7 °/min bis 310 °C, 10 min isotherm.
- Injektor-/ Detektortemperatur 310 °C
- Trägergas / Säulenvordruck Helium, 50 kPa
- Probenvolumen   1 µl, splitlos dosiert.

Signifikante Unterschiede zwischen den unterschiedlichen Typen von Quellmaterialien, die einem Öl zugrunde liegen können, spiegeln sich in der mittels GC ermittelbaren Kohlenwasserstoffverteilung wider, weshalb die > C_{15}-Fraktion der gesättigten Kohlenwasserstoffe als „Fingerprint" für ein bestimmtes Öl oder einen bestimmten Quellmineralextrakt dienen kann. Wie am Beispiel des pakistanischen Öls erkennbar, sind Öle aus terrestrischen Quellen durch hochmolekulare (C_{25}-C_{35}) Alkane charakterisiert, die, besonders wenn das Öl wenig gereift ist, einen Überschuß ungeradzahliger Verbindungen zeigen [3]. Im Unter-

10.4 GC-Analyse isolierter Fraktionen aus Rohölen und Quellmineralextrakten

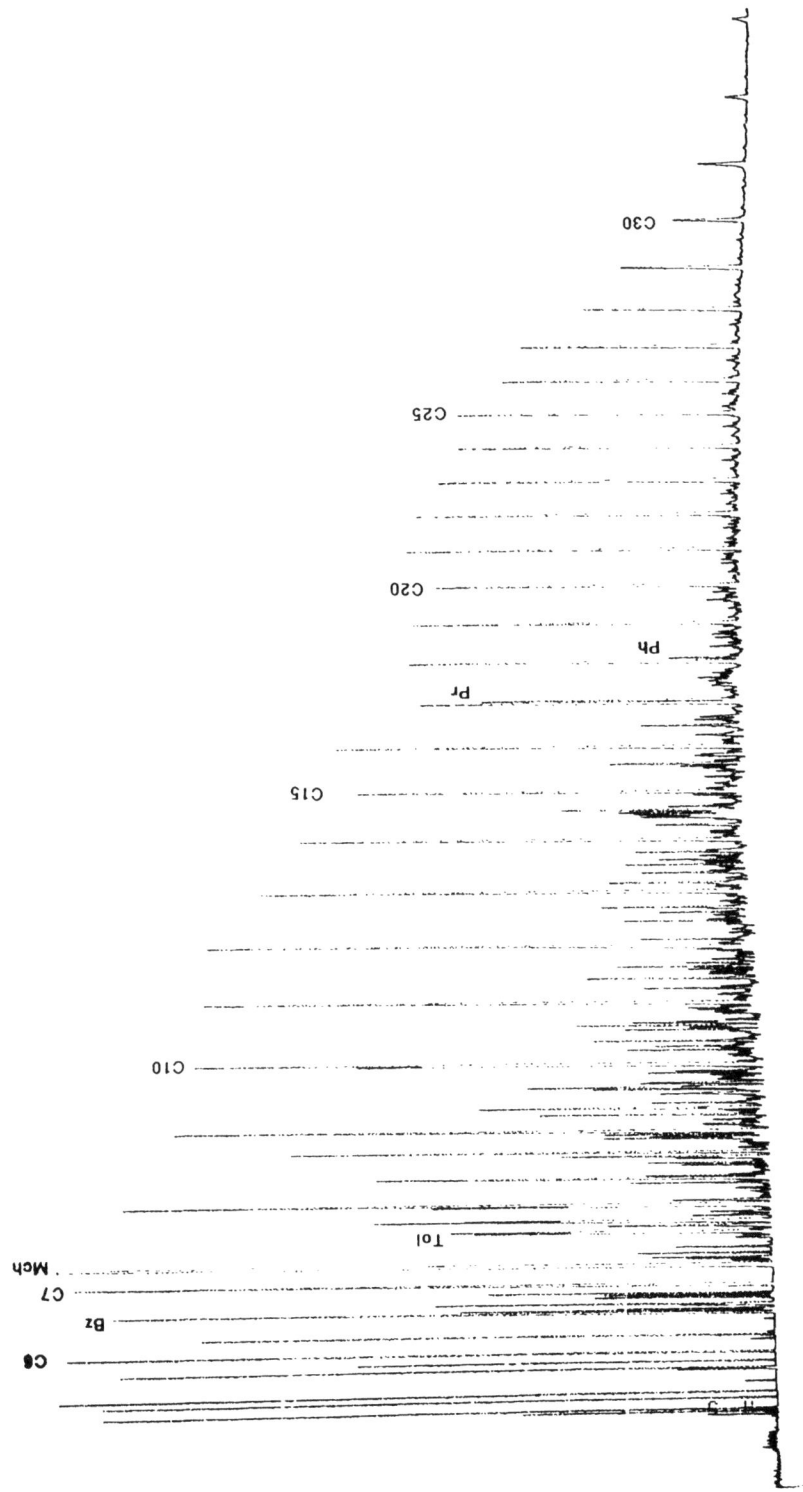

Bild 10.3 Vollöl-Chromatogramm eines 39° API Öls aus Pakistan, Pr – Pristan, Ph – Phytan

schied dazu werden Öle aus marinen Quellmineralen in der Regel von n-Alkanen im C-Zahlbereich zwischen C_{15} und C_{20} (aus Algen gebildet) dominiert und weisen niedrigere Gehalte an höheren n-Alkanen auf. Das Chromatogramm eines Öls, das vorwiegend aus mariner organischer Masse gebildet und in mariner Umgebung abgelagert wurde, ist in Bild 10.4 dargestellt. Bild 10.5 hingegen zeigt das Verteilungsmuster von n-Alkanen, die aus einem in einer deltaförmig fließenden Umgebung abgeschiedenen Quellmineral isoliert wurden, und an deren Bildung ausschließlich organische Masse terrestrischen Ursprungs beteiligt war. Die wesentlich höhere Konzentration höhermolekularer n-Alkane ($> C_{20}$) des Öls in Bild 10.5 verdeutlicht die wächserne Natur der aus Überresten höherer Pflanzen gebildeten Alkane. Auch die Isoprenoide Pristan und Phytan, die als charakteristisches Duplett nach n-Heptadecan und n-Octadecan eluieren, können als Indikator für die Umgebung, in der die Ölabscheidung erfolgte, dienen [4, 5]. Dem liegt zugrunde, daß Phytan (Ph) in stark reduzierender (anoxischer) Umgebung dominiert, während unter weniger stark reduzierenden Bedingungen Pristan (Pr) vorherrschend ist. Über die Jahre wurden viele Versuche unternommen, Pr/Ph-Verhältnisse zur Unterscheidung mariner von nichtmarinen Ölen heranzuziehen. Da dieses Verhältnis jedoch auch von Veränderungen, die auf eine erhöhte Belastung des Öls während des Reifeprozesses zurückzuführen sind, sowie von einer Reihe anderer Faktoren beeinflußt wird, muß bei der Identifizierung von Quellen über das Pr/Ph-Verhältnis mit besonderer Vorsicht vorgegangen werden.

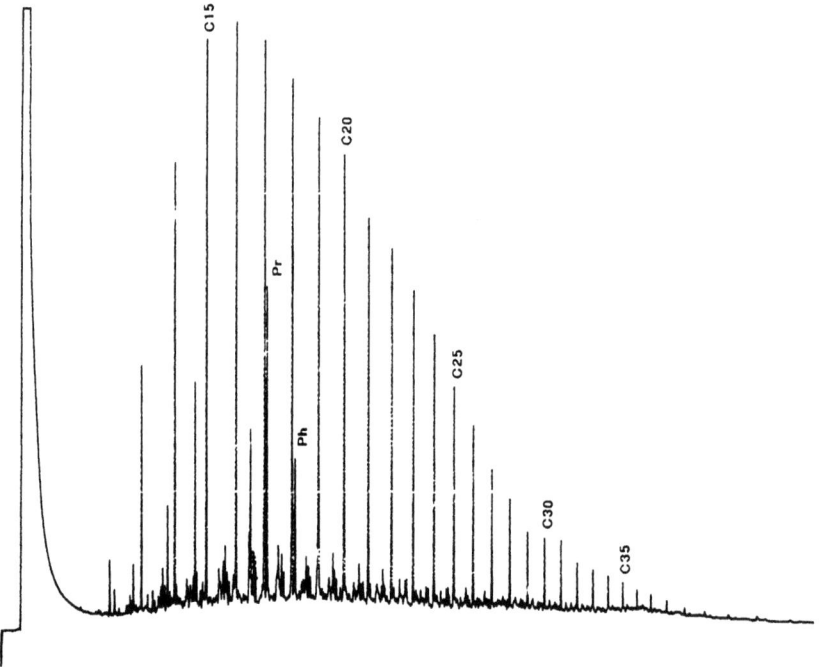

Bild 10.4 Chromatogramm der gesättigten Fraktion eines marinen Öls

10.4 GC-Analyse isolierter Fraktionen aus Rohölen und Quellmineralextrakten

Die allgemeine Verteilung der *n*-Alkane im Chromatogramm gesättigter Verbindungen kann, speziell bei Quellmineralextrakten, auch Informationen über die relative Reife der Probe liefern. In oberflächennahen, ungereiften Sedimenten wurde ein Überwiegen der *n*-Alkane mit ungerader C-Zahl gegenüber jenen mit gerader C-Zahl beobachtet.

Im Zuge der Reife des Quellminerals wird dieser Überschuß reduziert bis letztendlich ungeradzahlige und geradzahlige *n*-Alkane in gleichen Mengen vorliegen. Zum Überwachen eines solchen C-Zahl-Überschusses kann jedes beliebige, in der Literatur veröffentlichte CPI-Konzept (CPI = carbon preference indices) herangezogen werden. Eines der am häufigsten verwendeten [6] ist im folgenden dargestellt, wobei Werte über 1 für Extrakte aus ungereiften Quellmineralen stehen und Werte kleiner 1 für einen gereiften Extrakt.

$$\frac{1}{2} \cdot \frac{(C_{25}+C_{27}+C_{29}+C_{31}+C_{33})}{(C_{24}+C_{26}+C_{28}+C_{30}+C_{32})} + \frac{(C_{25}+C_{27}+C_{29}+C_{31}+C_{33})}{(C_{26}+C_{28}+C_{30}+C_{32}+C_{34})}$$

Leider ist die aus der *n*-Alkanverteilung ableitbare geochemische Information oft irreführend oder wird durch die Auswirkungen von Biodegradationsvorgängen bzw. durch beim Bohren eingeschleppte Kontaminationen bis zur Bedeutungslosigkeit reduziert.

Die Bilder 10.6a und 10.6b verdeutlichen die Auswirkungen von Biodegradationsvorgängen auf das Verteilungsmuster der *n*-Alkane. Öl A, aus einer eozänen Quelle in der Nordsee stammend, unterlag sowohl der Auswaschung durch Wasser, als auch der Biodegradation mit dem Ergebnis, daß alle Alkane und ein Großteil der Isoalkane verschwanden. Was übrigbleibt, sind vorwiegend cyclische Alkane, die resistenter gegen bakteriellen Angriff sind, sowie Naphthaline (verantwortlich für den charakteristischen „Berg" im Chromatogramm vieler Rohöle), die von den Bakterien nicht abgebaut werden können. Öl B, aus dem Mittleren Osten stammend, unterlag nur einer leichten Biodegradation, die sich lediglich in einer leichten Reduzierung des Anteils längerkettiger *n*-Alkane und einer Erhöhung der Konzentrationen der steroidalen und pentacyclischen Terpenkohlenwasserstoffe niederschlägt. Diese Klassen von Biomarkern werden bei der GC-Analyse gereifter, aber unveränderter Rohöle gewöhnlich nicht beobachtet, da sie dort in sehr viel niedrigeren Konzentrationen vorliegen und, wie Bild 10.6b zeigt, die Komplexität ihrer Strukturen und ihr Elutionsmuster eine Identifizierung mit den Methoden der Routine-GC praktisch unmöglich machen. Dennoch können sie, da sie weitaus weniger anfällig gegenüber sekundären Umwandlungsprozessen wie Biodegradation sind, mehr geochemische Informationen liefern als die *n*-Alkane, und es ist daher mitunter von Nutzen, ihr Verteilungsmuster in einem Öl oder Quellmineralextrakt zu ermitteln.

Mit Hilfe neuester Technologien, d.h. durch Kombination der Trennleistung hochauflösender Fused-silica-Kapillarsäulen mit den Vorzügen eines Massenspektrometers als Detektor, ist es dem Geochemiker möglich, Informationen über die Struktur nicht nur der Verbindungen, die große Peaks liefern, sondern auch jener, die scheinbar in der Basislinie versteckt sind, zu erhalten.

338   10 Die Rolle der Gaschromatographie in der Erdölforschung

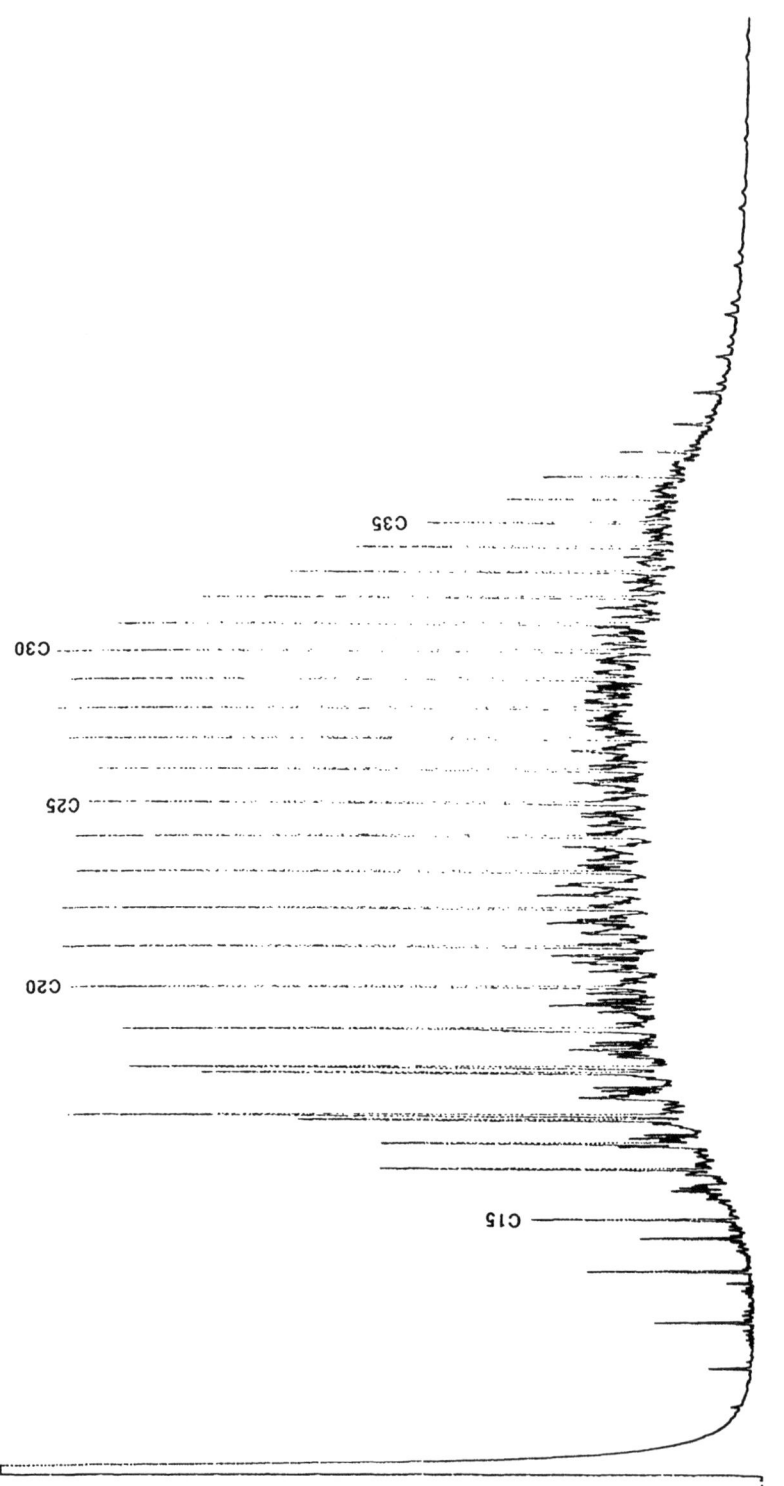

Bild 10.5 Chromatogramm der gesättigten Fraktion eines nichtmarinen Öls

10.4 GC-Analyse isolierter Fraktionen aus Rohölen und Quellmineralextrakten

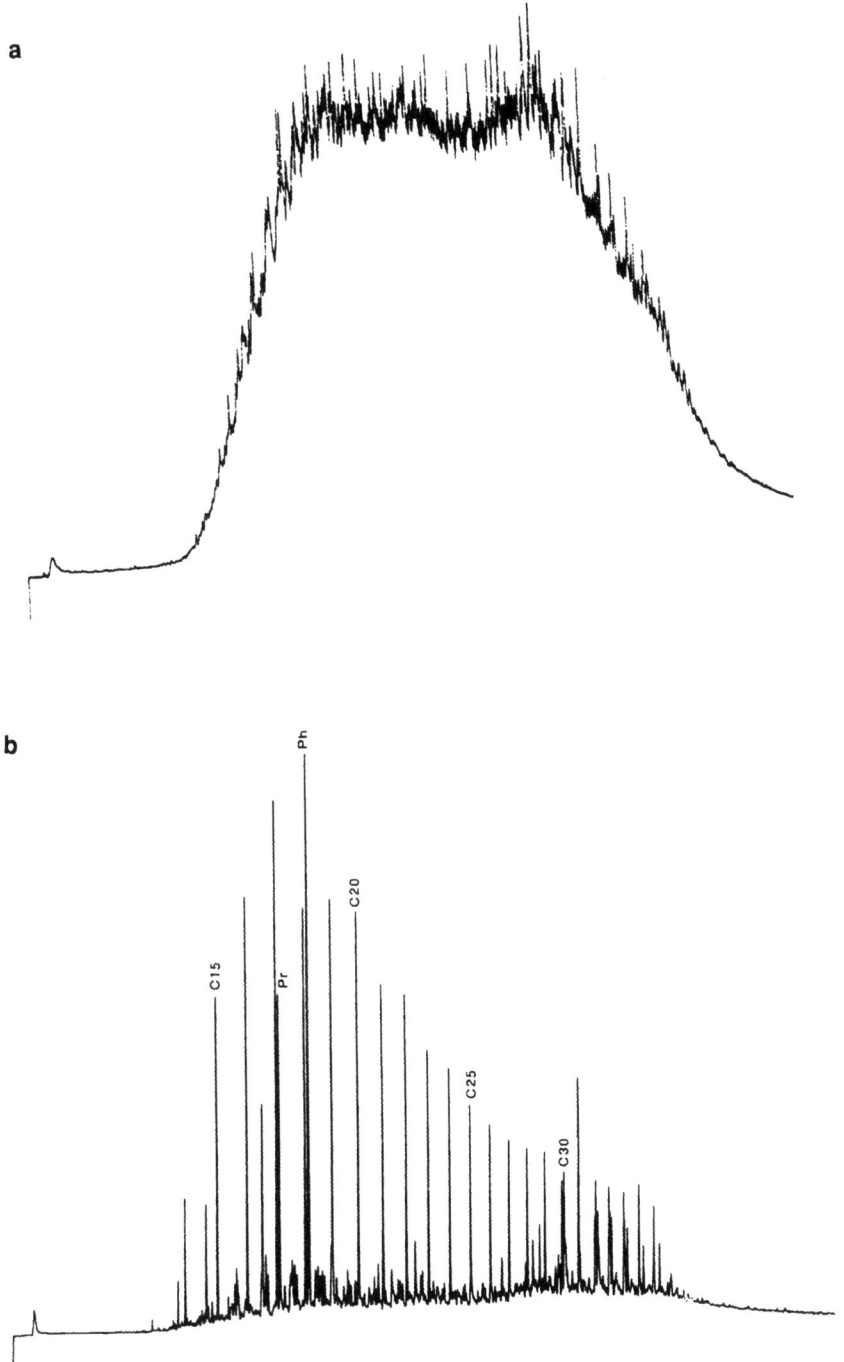

Bild 10.6 GC-Analyse (A) eines aus dem britischen Sektor der Nordsee stammenden, biodegradierten Öls und (B) eines nur wenig biodegradierten Öls aus dem Mittleren Osten

10.5 GC-MS-Analyse isolierter Fraktionen aus Rohölen und Quellmineralextrakten

Ersetzt man den FID als gaschromatographischen Detektor durch ein Massenspektrometer (MS), so eluieren die an der Säule getrennten Verbindungen direkt in die Ionenquelle des MS, wo sie mit einem hochenergetischen Elektronenstrahl beschossen, damit ionisiert und z.T. in Fragmentionen zerlegt werden. Im Massenanalysator erfolgt anschließend eine Beschleunigung und Auftrennung der Ionen entsprechend ihrer Masse-/Ladung-Verhältnisse (m/z). Sie können dann detektiert und die entstehenden Daten entsprechend weiterverarbeitet werden. Auf diese Weise ist es möglich, komplette Massenspektren aufzunehmen, die zum Zwecke der Identifizierung einzelner Komponenten entweder mit Bibliotheksspektren oder denen von Standardverbindungen verglichen werden können. Man kann auch Ionen, die für bestimmte Substanzklassen typisch sind, selektiv detektieren. Terpane zum Beispiel fragmentieren mit zwei charakteristischen Ionen. Das erste, stärker charakteristische, resultiert aus der Spaltung der Ringe A und B (Struktur I) und hat die Massenzahl 191. In einer weiteren Fragmentierung, die auch die Ringe D und E betrifft, bildet sich ein zweites Fragmention, dessen Massenzahl von dem am C-Atom 21 befindlichen Substituenten (R = H oder C_nH_{n+1}) abhängt.

In ähnlicher Form fragmentieren die Sterane (Struktur II) mit einem charakteristischen Ion der Massenzahl 217. Verfolgt man die relativen Intensitäten beider Ionen – d.h. sowohl bei (m/z) 217 als auch 191 – während eines Analysenlaufs, läßt sich die Verteilung der Sterane und der Triterpane in einer Probe ermitteln. Diese als *selective ion recording* (SIR), bezeichnete Technik ist um einige Größenordnungen empfindlicher als Messungen im Scan-Betrieb und ist auf viele Klassen von Biomarkern anwendbar, indem man einfach charakteristische Fragmentionen auswählt. In Tabelle 10.2 sind Massenzahlen, die bei einer typischen Biomarker-Analyse einer gesättigten Kohlenwasserstofffraktion gemessen werden, zusammen mit den zugehörigen Stoffklassen (Spalte 2) aufgelistet.

In Protokoll 10.2 ist die Vorgehensweise für eine niedrigaufgelöste (nur ganze Massenzahlen) SIR-GC-MS-Analyse gesättigter Kohlenwasserstofffraktionen dargestellt. Die Methode beschreibt Analysen, die an einem VG TS250-Massenspektrometer in Kopplung an einen HP5890-Gaschromatographen durchgeführt wurden. Sie ist jedoch für alle modernen, in niedrigen Massenbereichen ausreichend empfindlichen GC-MS-Systeme geeignet.

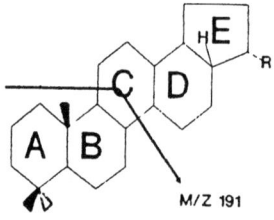

Struktur I

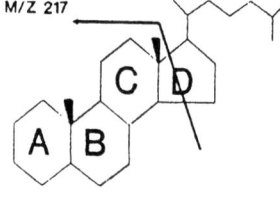

Struktur II

Protokoll 10.2 Niedrigaufgelöste SIR-GC-MS-Analyse gesättigter Kohlenwasserstofffraktionen, isoliert aus Rohölen und Quelmineralextrakten

Bedingungen

- Gaschromatograph: HP5890
- Säule: FSOT Kapillarsäule[a], DB-5, 30 m × 0,32 mm ID, 0,25 µm Film.
- Temperaturprogramm: 60 °C, 4°/min bis 310 °C, 10 min isotherm.
- Trägergas: Helium
- Säulenvordruck: 50 kPa
- Injektortemperatur: 310 °C
- Interfacetemperatur: 250 °C
- Massenspektrometer: VG TS250
- Temperatur der Ionenquelle: 210 °C
- Elektronenenergie: 70 eV
- Filamentstrom: 500 µA

Methode

1. Tunen Sie das Massenspektrometer mit Hilfe einer Referenzsubstanz, z.B. Pentafluortributylamin, um eine hohe Empfindlichkeit und gute Peakformen (Gauß-Profile) zu erhalten. Die Kalibrationssubstanz sollte über den direkten Einlaß in die Ionenquelle gebracht und das Tuning entsprechend dem vom Hersteller mitgelieferten Referenzhandbuch durchgeführt werden.

2. Magnetsektorinstrumente wie das TS250 setzen die gerätebedingte Auflösung auf 500. An diesem Punkt kann es notwendig sein, das Tuning neu einzustellen.

3. Kalibrieren Sie das Gerät über den gewünschten Massenbereich. Dieser wird in Abhängigkeit von den zu analysierenden Massenzahlen variieren. Folgen Sie dafür den Anweisungen im Benutzerhandbuch.

4. Mit dieser Methode lassen sich sowohl gesättigte als auch aromatische Kohlenwasserstofffraktionen analysieren. Vor der Analyse müssen sie in Dichlormethan (1 mg auf 1 ml) verdünnt werden.

5. Injektion[b]: Wenden Sie die Splitlos-Technik an, um Analytverluste bei der Injektion zu reduzieren. Einen Feststoffinjektor belädt man mit einem Aliquot von 1–3 µl der Probe und läßt das Lösungsmittel verdampfen. Mit Start der GC-MS-Messung injizieren Sie mit Hilfe der Feststoffspritze die Probe in den heißen Injektor. Während dieses Vorgangs ist die Spülleitung zum GC-Injektor für eine vorbestimmte Zeitspanne (normalerweise 30 s) geschlossen, bevor sie für den Rest der Probe wieder geöffnet wird. Die Verwendung einer Feststoffspritze verhindert, daß größere Mengen Lösungsmittel in die Ionenquelle des MS gelangen. Für gute Ergebnisse sollte man eine schnelle Injektion vermeiden und die Spritze 15-20 s im Injektor belassen, um eine vollständige Verdampfung und Überführung der Probe auf die Trennsäule sicherzustellen. Ist der Gaschromatograph mit einem automatischen Probengeber ausgerüstet, müssen die Proben erst in geeigneter Form verdünnt werden, bevor man sie in den Probengeber einbringt.

> **Protokoll 10.2 Forts.**
>
> 6. Die Datenaufnahme kann entweder vom GC oder vom MS aus gestartet werden, sollte aber aus Gründen der Reproduzierbarkeit der Daten immer mit der Injektion konform gehen.
>
> [a] Fused-silica-Kapillarsäulen können durch das GC-Interface direkt in die Ionenquelle geführt werden. Damit läßt sich das Risiko von Substanzablagerungen im Interface reduzieren und ein Verlust an chromatographischer Auflösung vermeiden. Man muß jedoch daran denken, die Säule zu entfernen, bevor man die Ionenquelle zu Reinigungszwecken ausbaut.
>
> [b] GC-Injektoren müssen regelmäßig gereinigt werden. Ein verunreinigter Injektor kann erhebliche Empfindlichkeitseinbußen zur Folge haben.

Tabelle 10.2 Typische Ionen für die Analyse von Biomarkern im SIR-Betrieb

	Ion (m/z)	Substanzklasse
gesättigte Fraktion	85, 127	n-Alkane
	109, 123, 179, 193	Diterpane, bicyclische Alkane
	191	Terpane (tri-, tetra- und pentacyclisch)
	177	demethylierte Hopane
	205	Methylhopane
	217, 218	Sterane
	231	4-Methylsterane
	259	umgelagerte Sterane
aromatische Fraktion	178	Phenanthrene
	192	Methylphenanthrene
	206	Dimethylphenanthrene
	184	Dibenzothiophene
	198	Methyldibenzothiophene
	212	Dimethyldibenzothiophene
	231	triaromatische Sterane

Die Steran- und Terpanverteilungen eines typischen Nordseeöls sind in den Bildern 10.7 und 10.8 dargestellt. Massenfragmentierungsmuster wie diese sind von unschätzbarem Wert in Öl zu Öl- bzw. Öl zu Quelle-Korrelationsstudien. Sie liefern dem Geochemiker jedoch auch Informationen zu Ausgangsmaterialien, Reife und Migration eines Öls [7]. Es ist z.B. gut dokumentiert, daß die in Rohölen enthaltenen Sterane ihren Ursprung in Algen, Plankton oder höheren Pflanzen haben, wobei die relativen Verteilungen der Sterane mit den C-Zahlen C_{27}, C_{28} und C_{29} die Anteile der drei biologischen Quellen repräsentieren. Da marine Organismen generell Sterane enthalten, in denen die C_{27}-Verbindungen dominieren und organische Masse aus höheren Pflanzen wiederum durch C_{29}-Sterane charakterisiert ist, sollte eine dreidimensionale Darstellung der Steranverteilung [8] bei der Unterscheidung mariner und

10.5 GC-MS-Analyse isolierter Fraktionen aus Rohölen und Quellmineralextrakten

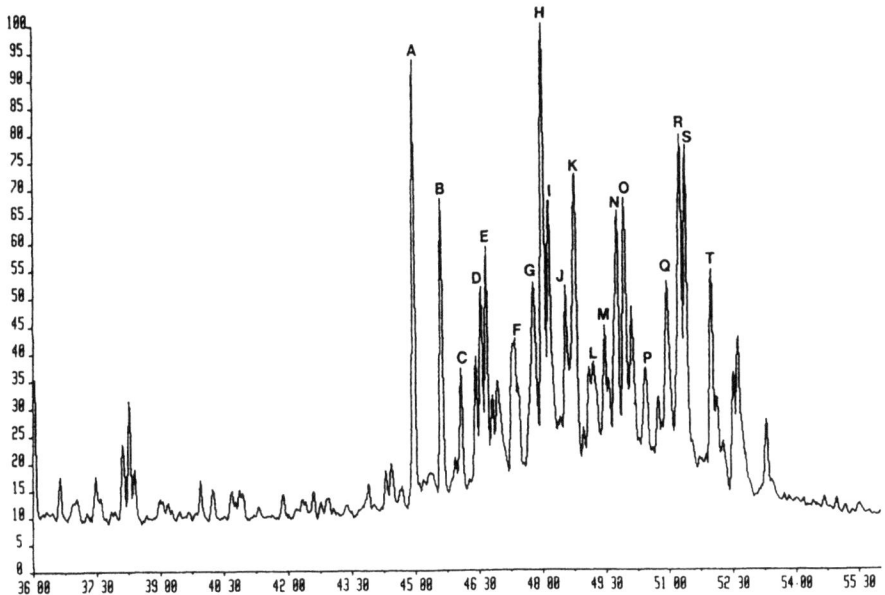

Bild 10.7 Steranverteilung in einem typischen Nordseeöl. Zur Identifizierung der Komponenten A-T s. Tabelle 10.3

Tabelle 10.3 Identifizierung der Sterane (Bild 10.7)

A	13β, 17α-Diacholestan (20S)
B	13β, 17α-Diacholestan (20R)
C	13α, 17β-Diacholestan (20S)
D	13α, 17β-Diacholestan (20R)
E	24-Methyl-13β, 17α-diacholestan (20S)
F	24-Methyl-13β, 17α-diacholestan (20R)
G	24-Methyl-13β, 17α-diacholestan (20S) + 14α, 17α-Cholestan (20S)
H	24-Ethyl-13β, 17α-diacholestan (20S) + 14β, 17β-Cholestan (20R)
I	14β, 17β-Cholestan (20S) + 24-Methyl-13α, 17β-diacholestan (20R)
J	14α, 17α-Cholestan (20R)
K	24-Ethyl-13β, 17α-diacholestan (20R)
L	24-Ethyl-13α, 17β-diacholestan (20R)
M	24-Methyl-14α, 17α-cholestan (20S)
N	24-Methyl-14β, 17β-cholestan (20R) + 24-Ethyl-13α, 17β-diacholestan (20R)
O	24-Methyl-14β, 17β-cholestan (20S)
P	24-Methyl-14α, 17α-cholestan (20R)
Q	24-Ethyl-14α, 17α-cholestan (20S)
R	24-Ethyl-14β, 17β-cholestan (20R)
S	24-Ethyl-14β, 17β-cholestan (20S)
T	24-Ethyl-14α, 17α-cholestan (20R)

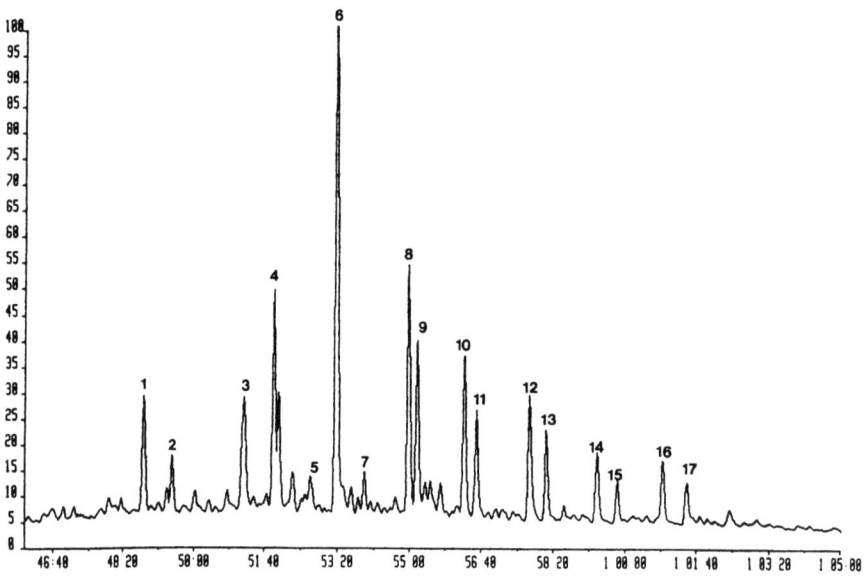

Bild 10.8 Terpanverteilung in einem typischen Nordseeöl. Zur Identifizierung der Komponenten 1-17 s. Tabelle 10.4

Tabelle 10.4 Identifizierung der Terpane (Bild 10.8)

1	18α(H)-22,29,30-Trisnorhopan (T_s)	10	C_{32} Bishomohopan (22S)
2	17α(H)-22,29,30-Trisnorhopan (T_m)	11	C_{32} Bishomohopan (22R)
3	17α(H)-28,30-Bisnorhopan	12	C_{33} Trishomohopan (22S)
4	17α(H)-Norhopan	13	C_{33} Trishomohopan (22R)
5	17β-Normoretan	14	C_{34} Tetrakishomohopan (22S)
6	17α-Hopan	15	C_{34} Tetrakishomohopan (22R)
7	17β-Moretan	16	C_{35} Pentakishomohopan (22S)
8	C_{31} Homohopan (22S)	17	C_{35} Pentakishomohopan (22R)
9	C_{31} Homohopan (22R)		

nichtmariner Öle von großem Nutzen sein. Leider ist diese Betrachtungsweise zu stark vereinfacht, wird doch die Bestimmung der Steranverteilungen oft durch Co-Elutionen von Diasteranen höherer C-Zahl mit regulären Steranen niedrigerer C-Zahl gestört. Außerdem sind sowohl Grün- als auch Braunalgen – beide typisch für marine, nicht jedoch für nichtmarine Sedimente – durch C_{29}-Sterane charakterisiert [9] und können einen bedeutenden Anteil an der das Öl bildenden Biomasse haben. Dieser Sachverhalt ist in Bild 10.9 deutlich erkennbar, das die Dominanz der C_{29}-Sterane im Chromatogramm der Massenzahl 217 eines Öls aus einem marinen, lange Zeit vor der Entwicklung von Landpflanzen gebildeten Quellmineral, zeigt.

Auch die Stereochemie der Sterane ist wichtig, da sie dem Geochemiker Auskunft über den Reifegrad eines Öls oder Quellmineralextraktes geben kann. Für die Abschätzung des Reifegrades bedient man sich am häufigsten der C_{29}-Sterane, da diese relativ wenig von Co-Elutionen mit anderen Steranisomeren beeinflußt werden. In thermisch nicht gereiften Proben dominieren die biologischen Steranisomeren mit $\alpha\alpha\alpha 20R$ Stereochemie, die mit zunehmender Reife in $\alpha\alpha\alpha 20S$ Stereoisomere umgewandelt werden. Bei weiterem thermischen Reifen wandeln sich die $20S$ Epimere bis zum Erreichen des thermodynamischen Gleichgewichts in Sterane mit $\alpha\beta\beta$ Stereochemie um.

Veränderungen in der Stereochemie der Hopane können auch dazu dienen, Unterschiede in der Reife verschiedener Öle zu ermitteln. In Quellmineralen niederen Reifegrades z.B. sind die 17β Hopane (Moretane) wie auch die höheren Hopane (C_{31}–C_{35}) vorherrschend, letztere bevorzugt mit $22R$ Stereokonfiguration. Mit zunehmender Reife nimmt die Konzentration der 17β Hopane ab und die der 17α Hopane zu. Selbiges gilt auch für die C_{31}–C_{35} Hopane, bei denen die Konzentration der $22R$ Epimere zugunsten der $22S$ Epimere abnimmt, bis die Isomerenverteilung einen Gleichgewichtszustand gleich dem der Sterane (um 60%) erreicht. Zur Reifebeurteilung können noch weitere Terpanverhältnisse herangezogen werden. Besonders das T_s/T_m-Verhältnis (Definition s. Tabelle 10.4) ist ein exzellenter Parameter für das Monitoring unterschwelliger Veränderungen im Reifezustand von Rohölen. Das T_s/T_m-Verhältnis ist jedoch auch quellspezifisch und daher immer nur für Öle aus einem Quellmineral anwendbar. In Tabelle 10.5 sind einige der Biomarkerverhältnisse, die häufig zur Beurteilung des Reifegrades von Rohölen oder Quellmineralextrakten herangezogen werden, zusammengestellt.

Einige Hopane haben sich, ähnlich wie bei den Steranen, als nützliche Quellindikatoren erwiesen. Peak 3 im Bild 10.8 z.B. wurde als 28,30-Bisnorhopan identifiziert. Obwohl dieses C_{28}-Terpan seine Konzentration in unterschiedlichen Reifezuständen variiert, ist es ein ubiquitärer Marker für Nordseeöle, die aus Quellmineralen des oberen Jura (Kimmeridge Clay Formation) gebildet wurden. Dem ähnlich ist Gammaceran, ein Terpan, welches häufig in Ölen aus hypersalinen, lacustrinen oder Carbonat-ausgedunsteten Quellen vorkommt. Dagegen hält man Perhydrocaroten für einen nicht-marinen Marker, der nicht-marine Quellen, wie die aus dem mittleren Devon stammenden Quellen des „Inner Moray Firth" oder des Beatrice-Rohöls charakterisiert [10].

Mitunter sind die gemäß dem Verfahren in Protokoll 10.2 aufgenommenen Massenspektren irreführend oder von geringem Nutzen, da Überlagerungen mit Verbindungen, die in der Probe in höherer Konzentration vorliegen, die interessierenden Verbindungen maskieren können. Bei besonders niedrigen Biomarkerkonzentrationen werden Untergrundsignale, die zu falschen bzw. co-eluierenden Peaks oder einem Ansteigen der Basislinie (Säulenbluten) führen können, zu einem signifikanten Problem. Dieses behindert sowohl die Identifizierung als auch die Quantifizierung interessierender Verbindungen und kann nur durch vorherige Anreicherung des Biomarkers mittels Molekularsieb oder Harnstoffklathration, oder durch Analysieren der Probe an einem hochauflösenden (über 2500) GC-MS-System überwunden werden. Letzteres erlaubt eine Beurteilung von Rohölen oder Quellmineralextrakten ohne bzw. mit nur geringer Probenvorbereitung. Protokoll 10.3 beschreibt die Analyse von Rohölen, wieder mit Hilfe eines TS250 Massenspektrometers, das allerdings mit einer Auflösung von 2500 betrieben wird.

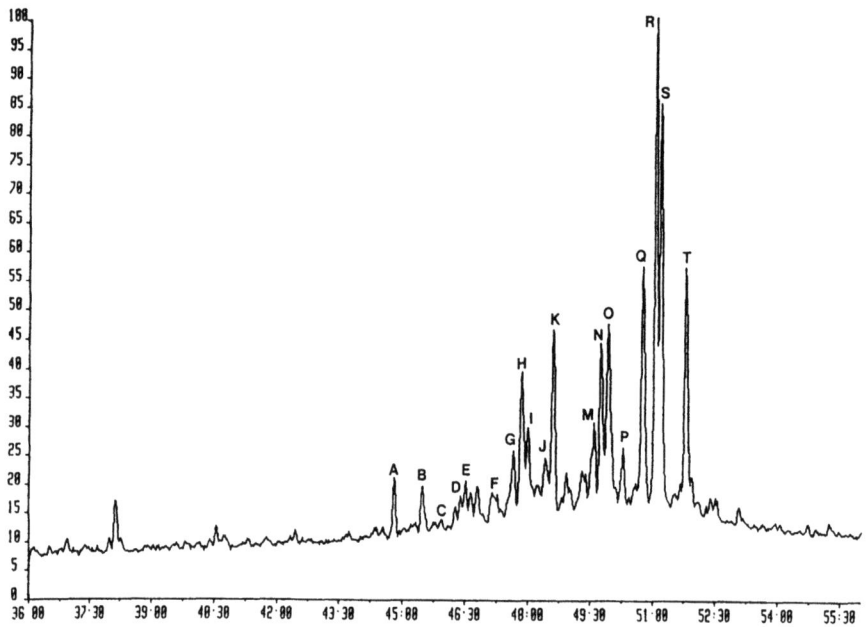

Bild 10.9 Steranverteilung eines Öls aus einem marinen, aus Algen gebildeten Quellmineral. Identifizierung der Verbindungen A-T s. Tabelle 10.3

Tabelle 10.5 Biomarker-Reifeparameter

Parameter[a]	Ungereift	Frühes Reifestadium	Höchstes Reifestadium	Spätes Reifestadium
Sterane				
$C_{29} \dfrac{20S}{20S + 20R}$	<-->			
$C_{29} \dfrac{\alpha\beta\alpha}{\alpha\alpha\alpha + \alpha\beta\beta}$	<-->			
Mono-/triaromatische Sterane, Triterpane		<--->		
T_S/T_m		<--->		
Moretane/Hopane		<------------------------>		
$C_{31} \dfrac{22S}{22S + 22R}$	<------------------->			

[a] <----------> = Bereich, in dem das Verhältnis aussagefähig ist.

> **Protokoll 10.3** SIR-GC-MS-Analyse mittlerer Auflösung (2500) von Rohölen und Quellmineralextrakten
>
> *Bedingungen*
>
> - Gaschromatograph: HP5890
> - Trennsäule: FSOT-Kapillarsäule DB-5, 30 m × 0,32 mm ID, 0,25 µm Filmdicke.
> - Temperaturprogramm: 60 °C, 4°/min bis 310 °C, 10 min isotherm.
> - Trägergas: Helium
>
> - Injektortemperatur: 310 °C
> - Massenspektrometer: VG TS250
> - Temperatur der Ionenquelle: 210 °C
> - Elektronenenergie: 70 eV
> - Filamentstrom: 1000 µA
>
> *Methode*
>
> Es wird dieselbe Methode wie in Protokoll 10.2 verwendet. Lediglich in folgenden Punkten wird abgewichen:
>
> 1. Die Auflösung des Instruments wird auf 2500 gesetzt.
> 2. Eingabe der Massenzahlen der zu untersuchenden Fragmentionen s. Tabelle 10.4.
> 3. Zusätzliche Eingabe einer Schlüsselmassenzahl, um eine etwaige Basisliniendrift, die während der Analyse infolge Instabilität des magnetischen Feldes auftreten kann, auszugleichen.
> 4. Verdünnen Sie das Öl bzw. den Quellmineralextrakt im Verhältnis 1:10 mit Chloroform und injizieren Sie 1–2 µl Probe bei einem Splitverhältnis von 10:1.

Der Vorteil der Verwendung eines Massenspektrometers mit höherer Auflösung (als das in Protokoll 10.2 für die Analyse unbehandelter Öle) ergibt sich aus dessen Fähigkeit, auch Ionen geringer Massenunterschiede zu trennen. Die Auflösung ist als die Massendifferenz (Δm) zwischen zwei überlappenden massenspektrometrischen Peaks der Massen m_1 und m_2 definiert [11]. Man betrachtet diese als getrennt, wenn 100 h/H gleich oder kleiner 10 ist, wobei H die Höhe der Peaks und h die Tiefe des Tals zwischen ihnen bezeichnet. Für einen Wert von 100 h/H = 10 ist die Auflösung $m_1/\Delta m$. Die Trennung der typischen Fragmentionen 231,1174 (triaromatische Sterane) und 231,2113 (Methylsterane) erfordert somit eine Auflösung von 231,1174/0,0939, d.h. 2460.

Bei einer Biomarker-Analyse mißt man gewöhnlich die Ionen der Massenzahlen 191, 217 und 218. Führt man die Analyse an einer isolierten Fraktion gesättigter Kohlenwasserstoffe oder an einer Probe aus, der die Kohlenwasserstoffe mittels Molsieb entfernt wurden, sind die resultierenden Ionenchromatogramme interferenzfrei und repräsentativ für die gemessenen Ionen. Andererseits können chemische Vorbereitungsschritte vor der GC-MS-Analyse die Verteilung der Biomarker beeinflussen und so zu irreführenden Ergebnissen führen. Darüber hinaus ist es oft wünschenswert, die aromatischen Kohlenwasserstoffe gleichzeitig mit den gesättigten Markern messen zu können, was aber wegen der beschriebenen Interferenzprobleme mit niedrigauflösenden GC-MS-Systemen nicht möglich ist.

Mit hochauflösender Massenspektrometrie (HRMS) und ihrer Kopplung an Gaschromatographie (GC-HRMS) läßt sich dieses Problem umgehen. Man erhält damit getrennte Ionenchromatogramme aller interessierenden Stoffgruppen. Nicht nur die wichtigen Gruppen

Tabelle 10.6 Genaue Massenzahlen von Fragmentionen für die
SIR-GC-MS-Analyse mit mittlerer Auflösung

Ion (m/z)	Verbindungsklasse
85,1017	Alkane
123,1174	Diterpane, bicyclische Alkane
177,1642	Demethylierte Hopane
178,0782	Phenanthrene
184,0344	Dibenzothiophene
191,1798	Terpane
192,0928	Methylphenanthrene
198,0501	Methyldibenzothiophene
205,1956	Methylhopane
206,1088	Dimethylphenanthrene
212,0457	Dimethyldibenzothiophene
217,1956	14-α-Sterane
218,2034	14-β-Sterane
231,1174	Triaromatische Sterane
231,2113	Methylsterane
253,1956	Monoaromatische Sterane
259,2427	Umgelagerte Sterane

gesättigter Sterane und Triterpane, sondern auch die aromatischen Sterane und die Serie der Phenanthrenverbindungen, die zusätzliche Informationen zu Quelle und Reifegrad liefern können, werden erfaßt. Die genauen Massenzahlen einiger häufig verwendeter Fragmentionen sind in Tabelle 10.6 zusammengestellt.

In Bild 10.10 ist erkennbar, wie mittels hochauflösender GC-HRMS die monoaromatischen Sterane (m/z 253,1956), die bei niedriger Auflösung mit den Alkanen (m/z 253,2895) überlagert sind, analysiert und so wertvolle Informationen zur Identifizierung der Quelle des Öls gewonnen werden können [12]. Die Bilder 10.10 und 10.11 zeigen zwei Beispiele für GC-HRMS-Analysen eines Öls aus Nordafrika. In einem Analysenlauf erhält man die Massenfragmentogramme der Triterpane (Bild 10.10a), Sterane (Bild 10.10b), mono- und triaromatischen Sterane (Bild 10.10c und d) sowie der Phenanthrene (Bild 10.11) und damit ein Maximum an Informationen zu Quelle und Reifegrad der untersuchten Probe.

Die oben beschriebenen Vorteile hochauflösender GC-HRMS sind offensichtlich, insbesondere wenn eine große Anzahl Proben sowohl auf gesättigte als auch aromatische Marker zu untersuchen ist. Ein großer Nachteil dieser Methode besteht darin, daß bei der Analyse kompletter Öle die schweren asphaltenischen Verbindungen dazu neigen, auf der Säule zurückzubleiben, wodurch deren Leistungsfähigkeit rapide abnimmt. Dieser Effekt kann durch Verwendung einer Vorsäule bis zu einem gewissen Grad umgangen werden. Allerdings ist es ebenso einfach, das Öl vor der Analyse zu deasphaltieren.

10.5 GC-MS-Analyse isolierter Fraktionen aus Rohölen und Quellmineralextrakten   349

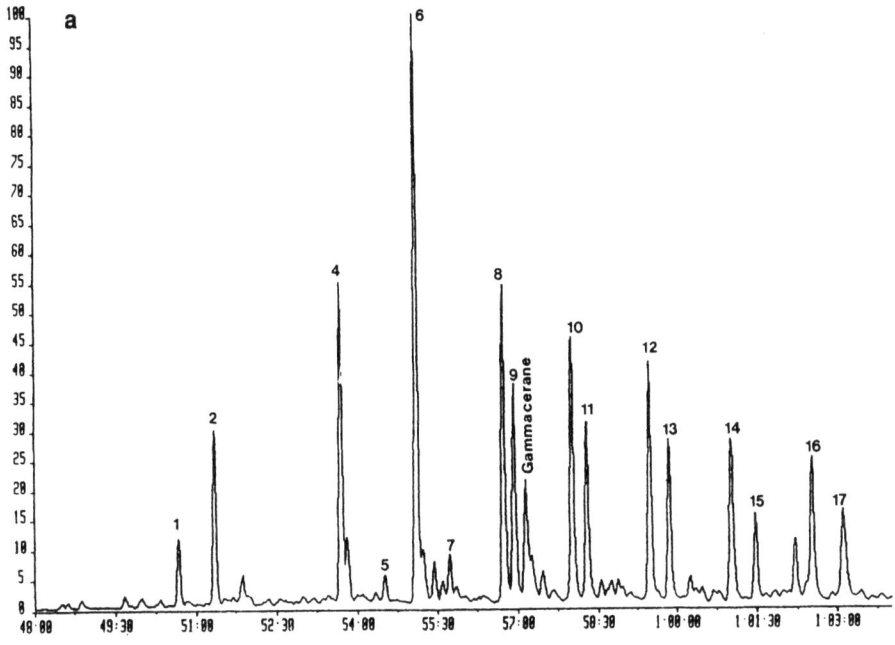

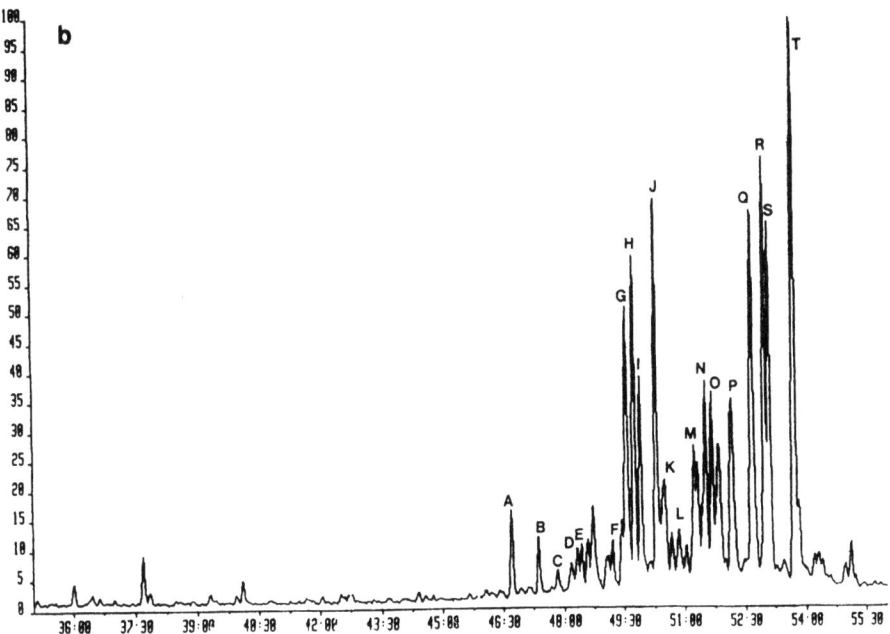

Bild 10.10a und **b** Genaue Massenfragmentogramme der (a) Terpane, m/z 191,1798 und (b) Sterane, m/z 217,1956

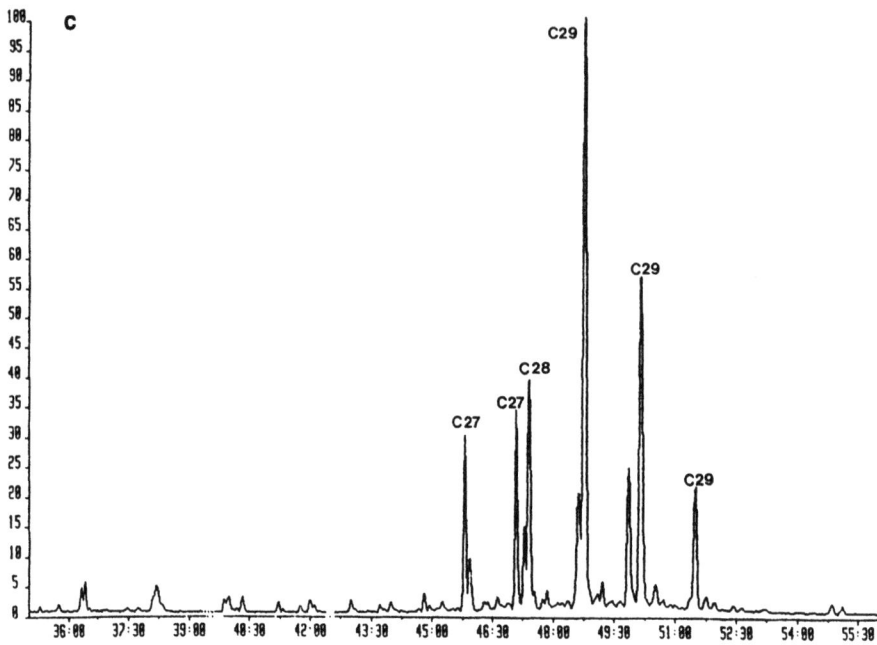
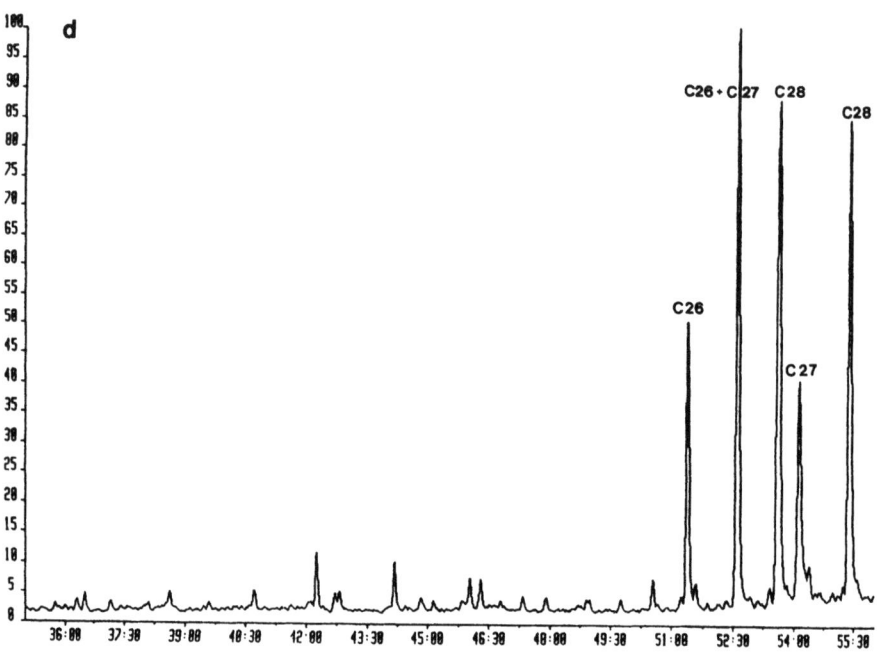

Bild 10.10c und **d** Genaue Massenfragmentogramme der (c) monoaromatischen Sterane, *m/z* 253, 1956 und (d) triaromatischen Sterane, *m/z* 231,1200

10.5 GC-MS-Analyse isolierter Fraktionen aus Rohölen und Quellmineralextrakten

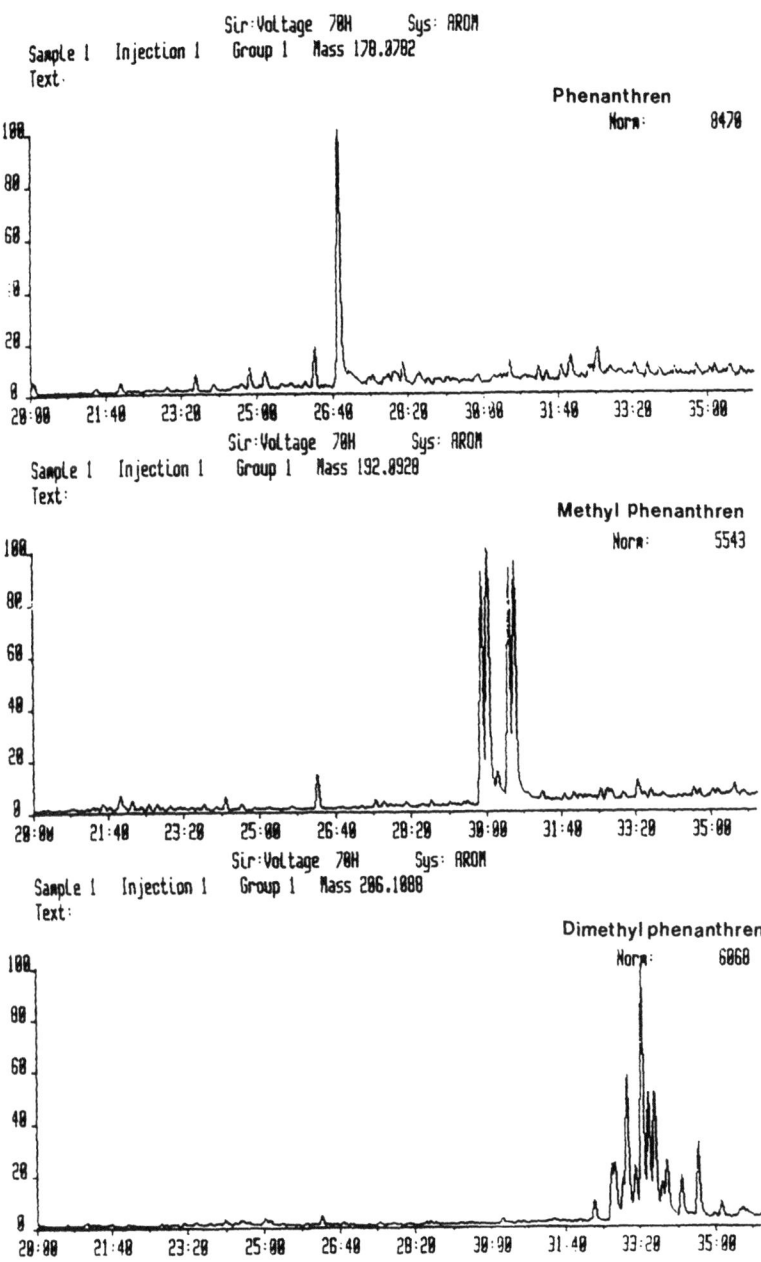

Bild 10.11 Aromatische Kohlenwasserstoffe in einem Rohöl, detektiert im SIR-Betrieb mit genauen Massenzahlen

Der Erfolg einer GC-HRMS-Messung hängt auch von der Art des verwendeten Massenspektrometers ab. Die Vorteile, die die höhere Auflösung bietet, bezahlt man aber mit einem Verlust an Empfindlichkeit. Beim TS250 beträgt der Empfindlichkeitsverlust beim Übergang von Auflösung 500 auf ca. 2500 mehr als 90%. Für einige Ölproben ist die Empfindlichkeit für ein hochaufgelöstes Messen nicht ausreichend. Da bei hoher Auflösung oft die Messung instabil ist, wird entweder bei jeder Analyse eine Schlüsselmasse zur Korrektur der vorgenommenen Kalibrierung mitgemessen oder nach jedem Analysenlauf neu kalibriert.

10.6 Zusammenfassung

Dieses Kapitel sollte den Nutzen von Kapillar-GC und GC-MS als Methoden zur Charakterisierung von Erdölproben und organischen Gesteinsextrakten demonstrieren. Die Art der verwendeten Trennsäule hängt von der Komplexität der zu untersuchenden Probe und der Natur der zu trennenden Verbindungen ab. Rohöle, wie die in Bild 10.2 und 10.3 dargestellten, enthalten viele hundert Komponenten und erfordern eine Analyse an langen Säulen mit hoher Trennleistung. Für weniger komplexe Proben verwendet man besser kürzere Säulen, deren Vorteile kürzere Analysenzeiten und geringeres Säulenbluten sind. Gekoppelt mit selektiver Detektion an einem Massenspektrometer stellen Kapillarsäulen hochspezifische analytische Werkzeuge dar, die die Trennung und Identifizierung vieler Verbindungen zulassen und so zum besseren Verständnis der sich bei der Bildung, Reife und Migration von Erdöl abspielenden Vorgänge beitragen.

Das Hauptanwendungsgebiet von Kapillar-GC und GC-MS in der Erdölforschung war und ist die Identifizierung und Charakterisierung von Kohlenwasserstoffquellmineralen und Rohölen, sowie die Ermittlung von Korrelationen zwischen Öl und Öl bzw. Öl und Quelle. In letzter Zeit hat die Gaschromatographie auch einen Platz in der Entstehungs-Geochemie, in der Charakterisierung von Reservoir-Fluiden zur Ermittlung der Kontinuität eines Reservoirs, zur Beurteilung gemischter Öle und zur Identifizierung nichtproduktiver Zonen gefunden. Verbesserungen der Säulen- und Gerätetechnik haben außerdem eine Reihe neuer Untersuchungsgebiete eröffnet, so z.B. die Analyse hochmolekularer Marker ($>C_{40}$) mit Hilfe aluminiumbemantelter Fused-silica-Säulen, die temperaturstabiler als konventionelle Säulen sind. Weiterhin hat die jüngste Entwicklung der MS-MS-Techniken [13] den Geochemiker in die Lage versetzt, komplexe Gemische von Biomarkern so aufzulösen, daß die relativen Konzentrationen verschiedener Isomeren mit gleicher C-Zahl gemessen werden können. Diese Technik erlaubt außerdem die Identifizierung von Verbindungen, die sonst von coeluierenden, höher konzentrierten Komponenten verdeckt würden.

Die geochemische Forschung richtet ihre Aufmerksamkeit nun auf die in fossilen Brennstoffen enthaltenen Schwefel- und Stickstoffverbindungen. In diesem Teilbereich wird die Gaschromatographie, gekoppelt mit schwefelselektiven Detektoren und Massenspektrometern, auch in der Zukunft eine bedeutende Rolle spielen.

Literatur

[1] Welte, D.H.; Kratochvil, H.; Rullkoter, J.; Ladwein, H.; Schaefer, R.G. *Chem. Geol.* **1982**, *35*, 33.

[2] Bailey, N.J.L.; Jobson, A.M.; Rogers, M.A. *Chem. Geol.* **1973**, *11*, 203.

[3] Blumer, M. *Angew. Chem.* **1975**, *14*, 507.

[4] Brooks, J.D.; Gould, K.; Smith, J. *Nature* **1969**, *222*, 257.

[5] Powell, T.; McKirdy, D.M. *Nature* **1973**, *243*, 37.

[6] Bray, E.E.; Evans, E.D. *Geochim. Cosmochim. Acta* **1961**, *22*, 2.

[7] Seifert, W.K.; Moldowan, J.W. *Geochim. Cosmochim. Acta* **1978**, *422*, 77.

[8] Huang, W.-Y.; Meinschien, W.G. *Geochim. Cosmochim. Acta* **1979**, *43*, 739.

[9] Goodwin, T.W., in: *Lipids and biomarkers of eukaryotic microorganisms* (Hrsg. J.A. Erwin), Academic Press, New York (**1973**), 1-40.

[10] Bailey, N.J.L.; Burwood, R.; Harriman, G.E. *Org. Geochem.* **1990**, *16*, 1157.

[11] Rose, M.E.; Johnstone, R.A.W. *Mass spectrometry for chemists and biochemists*, Cambridge University Press, Cambridge (**1982**).

[12] Moldowan, M.J.; Seifert, W.K.; Gallegos, E.J. *Am. Assoc. Petrol. Geol.* **1985**, *69*, 1255.

[13] Harriman, G.E.; Owen, R.; Parr, V.C.; Weir, O.; Wood, D., in: *Novel techniques in fossil fuel mass spectrometry*, ASTM STP 1019 (Hrsg. T.R. Ashe und K.V. Wood), American Society for Testing and Materials, Philadelphia (**1989**), 59.

11 Gaschromatographie-Massenspektrometrie-Kopplung

RICHARD P. EVERSHED

11.1 Allgemeines

Die Kopplung Gaschromatographie-Massenspektrometrie (GC-MS) erweist sich als effektivste Analysenmethode für die Trennung, Detektion und Charakterisierung von Bestandteilen komplexer organischer Gemische [1]. GC und MS gelten im Vergleich zu anderen chromatographisch/massenspektrometrischen Kopplungstechniken als eine „natürliche" Kombination, da die GC-MS mit flüchtigen oder mittelflüchtigen Stoffen dann eine optimale Leistung zeigt, wenn die Probenmenge pro Komponente im Nanogrammbereich liegt [2]. In seiner einfachsten Form betrachtet ist ein Massenspektrometer eine Vorrichtung zur Produktion und Unterscheidung von Ionen. Im Falle organischer Moleküle sind die Masse und die relative Menge von Molekül- (M^+), Pseudomolekülionen (z.B. $[M+H]^+$) und Fragmentionen eine direkte Widerspiegelung ihrer Molekülstruktur. Daher bietet die Massenspektrometrie auf einzigartige Weise oftmals die Möglichkeit, ohne Hinzunahme einer weiteren physikochemischen Methode eine vollständige Strukturzuweisung zu treffen. Obwohl man isomere Strukturen allein auf der Grundlage ihrer Massenspektren unterscheiden kann, sollte zur Unterstützung auch die gaschromatographische Elutionsfolge berücksichtigt werden.

Die Komplexität der massenspektrometrischen Gerätetechnik bedeutete anfangs, daß Analysen traditionell von hochqualifizierten Operatoren durchgeführt wurden. Die zunehmende Verfügbarkeit von weniger anspruchsvollen, bedienerfreundlichen computergesteuerten GC-MS-Tisch-Geräten ermöglicht es jedoch auch dem relativ untrainierten Analytiker, viele GC-MS-Analysen nur mit einem Minimum an Expertenunterstützung durchzuführen. Obwohl die meisten Analytiker ohne detaillierte Kenntnisse über Massenspektrometer auskommen, kann ein Verständnis der grundlegenden Arbeitsweise des Vakuumsystems, der Ionenquelle, des Massenanalysators und des Ionennachweises ohne Zweifel nützlich sein und für die Sicherheit und einen effizienteren Umgang mit der teuren Gerätetechnik sorgen. Die Monographie von Chapman „Practical Organic Mass Spectrometry" berichtet über die meisten modernen GC-MS-Techniken [3].

Im Abschnitt 11.2.3 wird ein Überblick über die gewöhnlich bei MS-Analysen verwendeten Ionisierungsmethoden gegeben, deren Wahl das Analysenergebnis außerordentlich beeinflussen kann. Dies wird durch Kenntnisse über mögliche Probenahmestrategien einschließlich chemischer Umwandlungen oder Derivatisierungen ergänzt, die dazu dienen können, den Strukturinformationsgehalt der massenspektrometrischen Daten zu vergrößern oder die Nachweisgrenze bei Spurenanalysen zu verbessern. Im Abschnitt 11.3 sind einige Beispiele dazu angeführt. Eine detailliertere Behandlung von Derivatisierungsmethoden ist in [3-6] verfügbar. Zusätzlich benötigt der Analytiker noch Kenntnisse über die Fähigkeiten der verschiedenen Betriebsarten des Massenspektrometers, z.B. die Nutzung des Scans über den gesamten Massenbereich für Strukturuntersuchungen im Gegensatz zum Einzelionennachweis (selected ion monitoring, SIM), der die Detektionsempfindlichkeit bei Spurenanalysen verbessert. Letzteres wird im Abschnitt 11.3 ausführlich betrachtet.

11.2 GC-MS-Instrumentierung

Die Diskussion der Theorie und der allgemeinen Prinzipien der Arbeitsweise eines GCs, die in anderen Kapiteln behandelt wurde, gilt genauso gut auch für die GC-MS-Kombination. Bild 11.1 zeigt die Baueinheiten eines modernen GC-MS-Geräts. Massenspektrometer arbeiten bei verringertem Druck (üblicherweise $<10^{-6}$ Torr), um die Ionisation der kleinen Substanzmengen (Subnanogramm oder Mikrogramm), die routinemäßig analysiert werden, zu ermöglichen. Weitere Details zur Theorie und Arbeitsweise der Baueinheiten moderner Massenspektrometer werden im folgenden dargestellt.

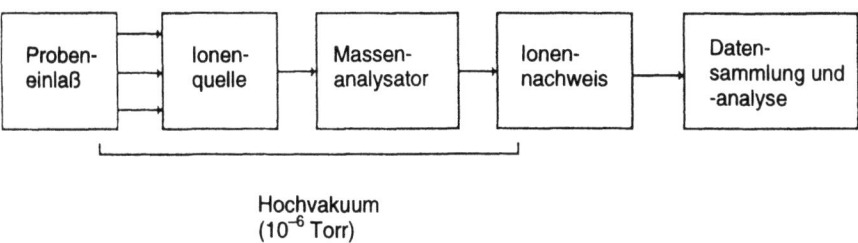

Bild 11.1 Baueinheiten eines Massenspektrometers mit einem GC-Probeneinlaß

11.2.1 Verwendung von gepackten Säulen

Bei der GC-MS-Kopplung werden heute nur noch selten gepackte Säulen verwendet, da der höhere Trägergasfluß (ca. 50 ml/min) mit dem massenspektrometrischen Vakuumsystem inkompatibel ist. Ein Großteil des Trägergases muß vor Erreichen des Massenspektrometers in einem Separator abgetrennt und dadurch die Konzentration der eluierten Analytkomponenten im verbleibenden Trägergasstrom angereichert werden. Sehr oft werden als Anreicherungsvorrichtungen der Ryhage-Jetseparator und der Watson-Biemann-Membranseparator verwendet. Diese Trennvorrichtungen sind notorisch störend, da sie Ansatzpunkte zur Adsorption und zur Zersetzung höhermolekularer und thermisch instabiler Verbindungen bieten. Ebenso wie bei gepackten Säulen sind die hohen Trägergasflüsse der zunehmend populäreren Wide-bore-Kapillarsäulen (0,53 mm ID) mit dem Hochvakuumpumpensystem inkompatibel. Für die Verwendung dieser Säulen sind bei GC-MS-Kopplung ebenfalls Separatoren oder Anreicherungsvorrichtungen notwendig.

11.2.2 Verwendung von Kapillarsäulen

Die in der Kapillar-GC verwendeten Trägergasflüsse (ca. 2 ml/min) können ohne weiteres vom Vakuumpumpensystem moderner Massenspektrometer aufgenommen werden. Für die GC-MS-Kopplung werden heute flexible Fused-silica-Kapillarsäulen bevorzugt, weil sie direkt vom GC-Säulenofen in die Ionenquelle des Massenspektrometers geführt werden können [7]. Dieses ist die optimale Anordnung, da sie ohne gesonderte Transferleitung von der Trennsäule in die Ionenquelle auskommt und dadurch die effiziente Überführung des Analyten in das Massenspektrometer sichert. Die Temperatur der Transferleitung zwischen dem GC und dem MS (oder der entsprechende Abschnitt der Kapillarsäule muß auf der maximalen Analysentemperatur gehalten werden, um zu verhindern, daß Probenbestandteile in dieser Region kondensieren bzw. verzögert eluieren. Man sollte allerdings vorsichtig sein, wenn metallbeschichtete Säulen direkt in die Ionenquelle eines magnetischen Sektorfeld-Massenspektrometers geführt werden, weil diese Ionenquelle bei einigen Kilovolt Spannung arbeitet. Vor Einführung aluminiumbeschichteter Fused-silica-Kapillarsäulen in die Ionenquelle sollte mittels Natronlauge die Aluminium-Beschichtung auf ca. 5 cm Länge entfernt werden, um die Isolation der Kapillarsäule gegen die Spannung der Ionenquelle zu gewährleisten [8].

Zur Verbindung von Kapillarsäule und Massenspektrometer wird auch häufig ein Interface mit offenem Split verwendet [9]. Diese Kopplungsart ist dort von besonderem Vorteil, wo ein häufiger Säulenwechsel zu erwarten ist, da es dabei nicht notwendig ist, das Vakuumsystem während des Säulenwechsels zu öffnen. Das Interface mit offenem Split wird durch eine Eingangsrestriktorkapillare gebildet, die in die Ionenquelle des Massenspektrometers führt. Der Innendurchmesser der Restriktorkapillare wird so gewählt, daß ein konstanter Gasfluß von 2 ml/min in das Massenspektrometer gelangt. Das Ende der Kapillarsäule grenzt unmittelbar an die Restriktorkapillare mit einer auf Atmosphärendruck gehaltenen

---

Protokoll 11.1 Behandlung[1] aluminiumbeschichteter Kapillarsäulen für die Verbindung zu einem magnetischen Sektorfeld-Massenspektrometer

1. Entfernen Sie den die Ionenquelle enthaltenden Rückflansch und das Bauteil der Ionenquelle.
2. Führen Sie die letzten 0,5 m der aluminiumbeschichtete Kapillarsäule durch die GC-MS-Transferleitung ins Labor.
3. Tauchen Sie die letzten 5 cm der Säule in eine 50%ige wäßrige NaOH-Lösung, während ein normaler Trägergasfluß von z.B. Helium aufrechterhalten wird.
4. Wenn die Beschichtung vollständig abgelöst wurde, waschen Sie das Säulenende mit destilliertem Wasser und lassen Sie es an der Luft trocknen (ggf. unterstützt durch eine Heißluftdusche).
5. Ziehen Sie die Säule vorsichtig zurück.
6. Bringen Sie das Bauteil der Ionenquelle und den Rückflansch wieder an Ort und Stelle.
7. Schieben Sie die Säule in der Ionenquelle in ihre optimale Position.

[1] Der 5 cm lange, isolierte Säulenabschnitt sichert eine vollständige elektrische Isolation, die durch die effektive Aufrechterhaltung aller Quellenspannungen angezeigt wird.

11.2 GC-MS-Instrumentierung

Verbindung. Ein Heliumstrom über die Kapillarsäule/Restriktor-Verbindung verhindert, daß Luft in das MS eindringt. Die Auswahl der Materialien, die zur Konstruktion des Interface verwendet werden, sollte gut überlegt sein. Aus Pyrexglas oder flexiblen Fused-silica-Kapillarrohr konstruierte Interfaces mit offenem Split überwinden viele der mit einigen kommerziellen Systemen verbundenen Probleme [10, 11].

Da das GC-Säulenende auf Atmosphärendruck gehalten wird, tritt bei der Verwendung der Kopplung mit offenem Split kein Effizienzverlust auf. Dies steht im Gegensatz zur direkten Kopplung, wo der Druck zwischen dem Injektor und dem Säulenausgang bis auf das Hochvakuum der Ionenquelle abfällt, was insbesondere bei Kapillarsäulen mit geringem Strömungswiderstand (kurze Säulenlänge und/oder weiter Innendurchmesser) stört. Das chromatographische System arbeitet dann nicht mit optimaler Auflösung.

11.2.3 Ionenquellen

Die Elektronenstoßionisation (EI) und die chemische Ionisation (CI) sind die beiden am häufigsten verwendeten Ionisierungstechniken in der GC-MS. Der folgende Abschnitt beschreibt die Arbeitsweise dieser beiden Ionisierungstechniken. Für Leser, die eine detailliertere Diskussion der Ionisierungstechniken wünschen, wird auf spezielle MS-Literatur verwiesen [12-14].

11.2.3.1 Elektronenstoßionisation (EI)

Die EI wird durch die Beschleunigung von Elektronen aus einem heißen Hitzdraht mittels einer Potentialdifferenz von üblicherweise 70 eV erzeugt. Organische Moleküle, die durch Elution aus der Säule in den Elektronenstrahl eingebracht werden, unterliegen dann der Ionisierung und Fragmentierung. Das Endprodukt in der Ionenquelle ist ein Radikalkation, das durch Entfernung eines Elektrons aus dem Analytmolekül entsteht (Schema 11.1). Wenn das einfach geladene Teilchen stabil ist, stellt es im Massenspektrum dieser Substanz das Ion mit der höchsten Masse dar. Es wird als Molekülion M^+ bezeichnet und liefert die Molekülmasse der Substanz (gemessen in Atommasseeinheiten, amu oder Dalton Da). Gewöhnlich besitzt der Elektronenstrom genügend Energie, um eine Fragmentierung des Molekülions durch die Abspaltung von Radikalen oder neutralen Molekülen hervorzurufen (s. Schema 11.1).

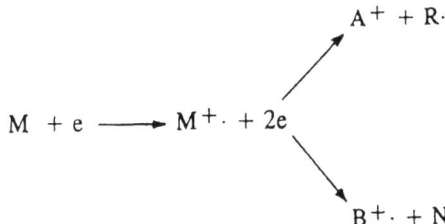

Schema 11.1 Die Elektronenstoßionisation (EI) erzeugt durch den Zusammenstoß von einem Elektron mit einem Molekül ein Molekülion (M^+), das durch die Abspaltung eines Radikals (R·) oder eines Neutralmoleküls (N) die Fragmentionen A^+ (Kation) oder $B^{+·}$ (Radikalkation) ergibt.

Wenn die EI eine umfangreiche Fragmentierung auslöst, die z.B. bei Strukturuntersuchungen von Fetten nützlich sein kann, ist das Molekülion M^+ im Spektrum häufig schwach zu erkennen oder fehlt ganz. Die relative Menge von M^+ kann durch eine niedrigere Temperatur des Ionenquellenblocks oder ein geringeres Elektronenstrahlpotential (ca. 20 eV) erhöht werden. Bleibt letzteres Verfahren erfolglos, sollte man die chemische Ionisierung (CI) einsetzen, um Informationen zur Molekülmasse zu erhalten.

11.2.3.2 Chemische Ionisation (CI) mit positiven Ionen

Die CI erzeugt gewöhnlich Massenspektren eher mit Hilfe ionischer Reaktionen als durch den Elektronenbeschuß. Die Technik wird als eine „weiche" Ionisierungstechnik bezeichnet, da die Spektren im Wesentlichen nur die Information der Molmasse liefern. Eine Fragmentierung fehlt oder ist im Vergleich zur EI sehr gering. Es existieren viele Varianten der CI. Für gewöhnlich wird ein Reaktantgas, z.B. Methan, Ammoniak oder Isobutan, bei einem Druck von ca. 1 Torr in die Ionenquelle eingeführt. Der Beschuß des Reaktantgases mit Elektronen liefert eine Anzahl von Ionen und Neutralmolekülen. Die Ionen des Reaktantgases führen zu Ionen-Molekül-Reaktionen mit den in der Ionenquelle verdampfenden Probemolekülen (Schema 11.2). Durch den Elektronenbeschuß von Methan werden als Reaktantgasionen am meisten CH_5^+ und $C_2H_5^+$ gebildet. In [12-14] sind ausführliche Beschreibungen der theoretischen und praktischen Aspekte der MS mit chemischer Ionisierung enthalten.

$$M + C_2H_5^+ \rightarrow MH^+ + C_2H_4$$

Schema 11.2 Durch Elektronenbeschuß von Methan erzeugte Reaktantgasionen reagieren mit Analytmolekülen zu positiv geladenen Quasimolekül-Adduktionen.

Gewöhnlich treten als Folge einer Protonenübertragung (s. Schema 11.2) hochmolekulare Ionen mit großer Masse auf, die als Pseudo- oder Quasimolekülionen bezeichnet werden. Zu beobachten sind auch hochmolekulare Ionen, die durch eine elektrophile Addition von Reaktantgasionen an Probenmoleküle entstehen. Solche Moleküladduktionen sind z.B. $[M+CH_5]^+$, $[M+C_2H_5]^+$, $[M+C_3H_5]^+$ usw. Das Quasimolekülion und die Adduktionen sind für die Ableitung des Molekulargewichts der Probenmoleküle nützlich. Das Fehlen von Fragmentionen im CI-Spektrum ergibt sich aus dem im Vergleich zur EI geringeren Energietransfer bei CI-Prozessen. Außerdem sind Ionen mit geradzahliger Elektronenanzahl $[M+H]^+$ energetisch stabiler als die durch die EI erzeugten Radikal-M^+-Ionen.

11.2.3.3 Chemische Ionisation (CI) mit negativen Ionen

In Massenspektrometern werden unter besonderen Umständen auch negative Ionen erzeugt. Die Mehrheit der organischen Moleküle bildet unter EI-Bedingungen (durch hochenergetische Elektronen) keine negativen Ionen. Dennoch lagern viele organische Verbindungen niedrigenergetische Elektronen an. Die chemische Ionisierung mit negativen Ionen (NICI) wird in Verbindung mit der GC-MS umfassend bei der Spurenanalyse und in geringerem Maße auch bei Strukturuntersuchungen genutzt. Es existieren hauptsächlich zwei Arten der Bildung negativer Ionen:

11.2 GC-MS-Instrumentierung

a) durch die Anlagerung thermischer Elektronen an Probenmoleküle des Reaktantgases als ein Mittel zum Erzeugen thermischer Elektronen und als Quelle von Molekülen zur Stabilisierung der Zusammenstöße der gebildeten negativen Ionen (Schema 11.3),

b) durch Ionen-Molekül-Reaktionen, wenn durch das Reaktantgas entsprechend den zwischen Gasphasenanionen und Probenmolekülen für Ionen-Molekül-Reaktionen existierenden Möglichkeiten stabile Anionen gebildet werden (Schema 11.4).

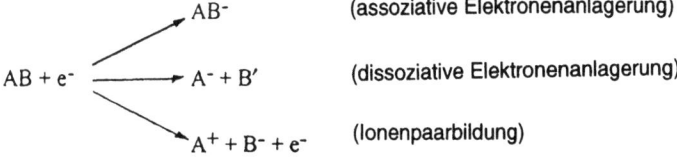

Schema 11.3 Erzeugung negativer Ionen durch Elektronenanlagerung

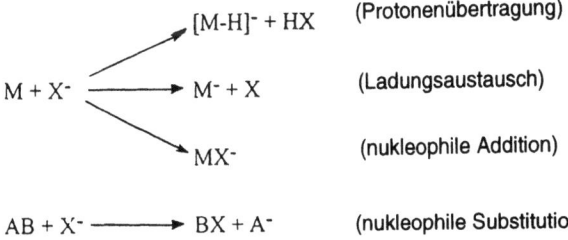

Schema 11.4 Erzeugung negativer Ionen aus organischen Molekülen durch Ionen-Molekül-Reaktionen mit stabilen Anionen

Ein Beispiel für die Verwendung der CI mit negativen Ionen in Verbindung mit der Hochtemperatur-GC-MS zur Strukturaufklärung und Analyse eines Gemischs wird im Abschnitt 11.3.1.2 gegeben.

11.2.4 Verwendung verschiedener Massenanalysatoren

Es gibt mehrere Arten von Massenanalysatoren, die die Ionenmasse entsprechend ihrem Masse-zu-Ladung-Verhältnis (m/z) messen. In GC-MS-Geräten werden am häufigsten Quadrupolmassenfilter, magnetische Sektoranalysatoren oder Ion-Trap-Detektoren verwendet. Die folgenden Abschnitte diskutieren grundlegende Prinzipien sowie Vor- und Nachteile dieser Massenanalysatoren hinsichtlich ihrer Eignung für die GC-MS-Arbeit.

11.2.4.1 Magnetsektorfeldanalysatoren

Der doppelt fokussierende Analysator ist die gebräuchlichste Magnet-Sektorfeld-Geräteanordnung, die hauptsächlich für die Analyse organischer Verbindungen verwendet wird. Bei den üblichen Anordnungen geht dem magnetischen Sektor ein elektrostatisches Sektorfeld voran (konventionelle Nier-Johnson-Geometrie). Das elektrostatische Sektorfeld ist eine energiefokussierende Einrichtung: Die produzierten und beschleunigten Ionen werden dort entsprechend ihrer Translationsenergie unabhängig von ihrem m/z-Verhältnis fokussiert. Der Magnet seinerseits bildet einen Momentanalysator, der die Ionen entsprechend ihrem m/z-Verhältnis trennt. Die Kombination aus einem elektrostatischen Sektorfeld und einem magnetischen Analysator ist äußerst flexibel und ermöglicht das Arbeiten bei hoher Auflösung. Letztere Eigenschaft erlaubt es, genaue Massenbestimmungen durchzuführen, aus denen die Elementarzusammensetzung der Ionen ermittelt werden kann. Bei kommerziell hergestellten Geräten sind mehrere alternative Anordnungen elektrostatischer und magnetischer Sektoren erhältlich, die einen weiten Scanbereich ermöglichen [15].

11.2.4.2 Quadrupolmassenfilter

Quadrupolmassenfilter sind im Vergleich zu Magnetsektorfeldgeräten anders konstruiert und arbeiten auf völlig verschiedene Art und Weise. Der Quadrupolanalysator umfaßt vier parallele Stäbe mit hyperbolischem oder kreisförmigem Querschnitt. Eine Hochfrequenzspannung (r_f) und eine Gleichspannung (dc) werden zwischen entgegengesetzten Stabpaaren angelegt. Die Ionen werden durch eine kleine Beschleunigungsspannung (10–20 V) in das oszillierende Feld injiziert und unterliegen unter dem Einfluß des Feldes komplexen Oszillationen. Die Massentrennung wird durch Scannen der Spannung an den Quadrupolstäben erreicht, wobei das r_f/dc-Verhältnis konstant gehalten wird. An jedem einzelnen Punkt im Scan kann jeweils nur eine Masse das System passieren.

Quadrupolgeräte sind wegen ihrer relativ einfachen Arbeitsweise im Vergleich zu Magnetsektorfeldgeräten besonders bei GC-MS-Systemen sehr populär. Da die Quadrupolionenquelle beim Grundpotential arbeitet, läßt sich das GC-MS-Interface sehr stark vereinfachen. Obwohl der Massenbereich eines Quadrupolinstruments wesentlich kleiner als der vieler Magnetsektorfeldgeräte ist, genügt er für GC-MS-Analysen meistens. Da es keine Verluste im Quadrupolmassenfilter gibt, ist die Übertragung der Ionen sehr effizient. Dies ist bei der Analyse mit Beobachtung einzelner Ionen (selected ion monitoring) von besonderem Vorteil, da dabei routinemäßig Nachweisgrenzen im Picogramm- bis Femtogrammbereich erreicht werden. Bei der quantitativen GC-MS wird die schnellere Scangeschwindigkeit, die durch Quadrupolmassenfilter (und Ion-trap-Detektoren, s. Abschnitt 11.2.4.3) erreicht wird, bevorzugt, besonders dann, wenn WCOT-Kapillarsäulen mit kleinen Innendurchmessern verwendet werden. In Tabelle 11.1 werden Eigenschaften von Magnetsektor- und Quadrupolgeräten verglichen.

11.2.4.3 Ionenfalle (Ion-trap)

Die dreidimensionale Quadrupolionenaufbewahrungsfalle (QUISTOR oder Ion-trap [18]) ist ein Gerät, das aus zwei Endkappen und einer Ringelektrode besteht. Die durch eine Elektronenstoßquelle in der Ionenfalle produzierten Ionen werden durch eine Kombination von r_f- und dc-Potentialen, die an den Elektroden angelegt werden, im Quadrupolfeld eingefangen.

Das Scannen des Massenbereichs wird durch Verändern der r_f- und dc-Spannung, entweder zusammen oder einzeln, erreicht. Jede eingefangene Ionenart (m/z) wird instabil, d.h. die Ionen zeigen Flugbahnen, die die Grenzen des Fallenfeldes überschreiten. Die Ionen verlassen durch Perforationen in der dem Feld vorgeschriebenen Struktur das Feld und treffen auf einen Detektor, z.B. einen Elektronenvervielfacher. Die Ionenfalle ist ein empfindlicher und wenig kostender Massenanalysator für die GC-MS. Der Massenbereich und das

11.2 GC-MS-Instrumentierung

Tabelle 11.1 Vorteile/Nachteile von Massenspektrometern, die Magnetsektorfeld- oder Quadrupolmasseanalysatoren verwenden

Magnetsektorfeld-MS	Quadrupol-MS
Vorteile	Vorteile
größere Vielseitigkeit	kompakt
exakte Massenbestimmung	leicht zu bedienen
mehr spezielle Arten des Selected Ion Monitoring (SIM)	Interface weniger problematisch, da die Quelle auf Erdpotential liegt
Analyse metastabiler Ionen	positive wie negative Ionen leicht erfaßbar
großer Massebereich >2000 Dalton	viel billiger als Magnetsektorfeldgeräte
Nachteile	Nachteile
sehr kompliziert	begrenzter Massenbereich
verhältnismäßig teuer	nur geringes Auflösungsvermögen
hohe Quellenspannung bedeutet ein Interface-Problem	begrenzte Datentypen im Vergleich zu Magnetsektorfeldgeräten

Auflösungsvermögen sind mit denen von Benchtop-Quadrupol-GC-MS-Systemen vergleichbar [18]. Die CI kann auch in einer Ionenfalle realisiert werden, indem man eine Einrichtung für das Injizieren von Ionen aus einer externen Ionenquelle verwendet [19].

11.2.4.4 Tandem-Massenspektrometer

Die Bezeichnung Tandem-MS bezieht sich auf das Verbinden von wenigstens zwei aufeinanderfolgenden Stufen der Massentrennung. Ein Vorteil des Tandem-MS ist die Fähigkeit, in einem Gerät Trenn- und Identifizierungsprozesse miteinander zu verbinden. Die Kopplung der GC mit der Tandem-MS fügt im wesentlichen einen weiteren Trennschritt hinzu, mit dem Ergebnis, daß bei der Analyse komplexer Gemische sehr hohe Selektivitäten und Empfindlichkeiten erreicht werden können. Aufgrund der hohen Selektivität, die die MS-MS-Kombination bietet, genügen oft schon kurze Trennsäulen, so daß kürzere Analysenzeiten und ein höherer Probendurchsatz möglich werden. Die Tandem-MS hat breite Akzeptanz gefunden, und es sind zahlreiche Reviews erschienen, die Applikationsbeispiele und detaillierte Beschreibungen der Instrumentierung enthalten [20, 21].

Die allgemein gebräuchlichen Arten der Tandem-MS sind:

a) vier Sektorfeldgeräte, die verschiedene Anordnungen von elektrostatischen (E) und magnetischen Sektoren (B) enthalten, z.B. BEEB und EBEB;

b) Hybridgeräte, die sich aus elektrostatischem, magnetischem und Quadrupolanalysator (Q) und einem r_f-Quadrupol (q) in einem Einzelgerät zusammensetzen, z.B. EBqQ und BEqQ;

c) Dreifachquadrupolgeräte, die nur Quadrupolanalysatoren enthalten, z.B. QqQ.

Nur Hybrid- und Dreifachquadrupol-MS sind in merklichem Umfang in Verbindung mit der GC verwendet worden. Obwohl Tandem-Massenspektrometer breite Anwendung gefunden haben, um Strukturinformationen und Selektivität bei Spurenanalysen zu verbessern, ist es in erster Linie die letztgenannte Aufgabe, bei der die GC-MS-MS verwendet wird. Die Nutzung der GC-MS-MS für ausgewählte Reaktionsbeobachtungen wird im Abschnitt 11.3.2.3 detailliert besprochen.

Andere Anwendungsarten von Tandem-Massenspektrometern umfassen die Aufzeichnung von vollständigen Produktionenspektren ausgewählter Vorgängerionen. Diese Produktionenspektren können auf die gleiche Weise wie konventionelle Massenspektren verwendet werden, z.B. durch Interpertation oder Vergleich unbekannter Spektren mit denen, die von authentischen Verbindungen abgeleitet sind. Vorgängerionenscans zeigen Ionen mit verschiedenen m/z -Verhältnissen desjenigen Fragments, das ein gemeinsames Produkt ergibt, während Neutralverlustscans den Verlust spezifischer Neutralfragmente aus Vorgängerionen zeigen. Sowohl die Vorgänger- als auch die Neutralverlustscans werden für das Screening von Gemischen hinsichtlich der Anwesenheit von speziellen Substanzklassen verwendet.

11.2.5 Ionennachweis

Der kleine Strom (üblicherweise im Bereich von 10^{-9} bis 10^{-17} A), der von den durch den Massenanalysator hindurchgehenden Ionen erzeugt wird, muß verstärkt und in eine Spannung umgewandelt werden, die digitalisiert oder auf einem Aufzeichnungsgerät dargestellt werden kann. Für diesen Zweck werden häufig Elektronenvervielfacher angewendet. Diese Geräte enthalten Kupfer-Beryllium-Dynoden, die beim Auftreffen der vom Massenanalysator fokussierten Ionen Elektronen emittieren. Emissionskaskaden von Elektronen durch eine Serie von Dynoden ergeben Verstärkungen in der Größenordnung von 10^6. Die Enddynode eines Elektronenvervielfachers ist mit einem Vorverstärker verbunden, um den Strom in eine für das Aufzeichnen geeignete Spannung umzuwandeln.

Eletronenvervielfacher sind die wesentlichsten Detektoren für Universalmassenspektrometer. Wenn die Detektion negativer Ionen erforderlich ist, empfiehlt es sich, eine Umwandlungsdynode einzubeziehen. Dies ist besonders bei Niederspannungsgeräten wie Quadrupol- und Ion-trap-MS der Fall. Auch Photomultiplier werden als Detektoren in Massenspektrometern verwendet. Sie sind mit Elektronenvervielfachern identisch, außer daß die Dynoden in einem Glas mit einer Photokatode vakuumverschlossen sind, die auf der inneren Glasoberfläche vor der ersten Dynode beschichtet ist. Die auf der Photokatode auftreffenden Ionen bewirken die Emission von Elektronen, die zur ersten Dynode beschleunigt werden.

11.2.6 Datensammlung und Interpretation

Für die effiziente Arbeitsweise moderner Massenspektrometer sind Computer unerläßlich. Die Art der eingesetzten Computer variiert von großen, leistungsfähigen Anlagen bis zu Desktop PCs. Der Computer ist gewöhnlich in moderne MS-Geräte voll integriert, steuert die verschiedenen Massenspektrometer-Funktionen, den Einlaß, die Ionisierung und die Scanfunktionen. Zusätzlich stellt der Computer eine unentbehrliche Datensammlungs- und

Speichermöglichkeit dar. Der große Datenumfang, der bei GC-MS-Analysen komplexer Gemische erzeugt wird, erfordert eine weitgehende Datenverarbeitung nach der Analyse. Die Interpretation dieser großen Menge von GC-MS-Daten wird durch die vollautomatische Suche in MS-Spektrenbibliotheken unterstützt, die im Speicher der MS-Computer vorhanden sind. Bild 11.2 zeigt einen Teil der Ausgabe eines kommerziell erhältlichen Datenverarbeitungsprogramms.

Zusätzlich zur Darstellung der ähnlichsten Bibliotheksspektren werden in Bild 11.2 statistische Bewertungen der Suche gezeigt.

Obwohl die Ergebnisse der Suche sehr nützlich sind, dürfen sie auf keinen Fall als endgültig angesehen werden. Sie müssen auf der Grundlage der statistischen Bewertung der Spektrenübereinstimmung sowie unter Berücksichtigung der Beschränkung der Spektrenbibliothek auf ausgewählte Applikationsfelder und der GC-Elutionsfolge, in der die Massenspektren durch kombinierte GC-MS-Analyse erhalten wurden, sorgfältig eingeschätzt werden. Es sind verschiedene Spektrenbibliotheken mit EI-Massenspektren erhältlich. Es besteht auch die Möglichkeit, massenspektrometrische Datenverarbeitungssoftware und Spektrenbibliotheken auf anderen PCs für eine off-line-Datenverarbeitung zu installieren.

11.3 GC-MS-Anwendungen

Die folgenden Abschnitte zeigen Beispiele ausgewählter Applikationen von modernen GC-MS-Techniken zum Lösen spezieller Probleme, die in Gemischen und bei der Spurenanalyse auftreten. Die Beispiele wurden so ausgewählt, daß erkennbar wird, welche Möglichkeiten nunmehr für die Kombination spezieller GC- und MS-Techniken einschließlich neuartiger Derivatisierungsmethoden, komplizierter GC-Trennungen mit verschiedenen Ionisierungsarten, selektiven Detektionstechniken und gezielten Datenverarbeitungsstrategien existieren.

11.3.1 Analyse von Gemischen

11.3.1.1 GC-MS-Analyse von Alkylporphyrinen

Alkylporphyrine sind in Sedimentmaterialien, z.B. Rohölen und ihren Quellengesteinen, weit verbreitet. Sie werden als Petroporphyrine bezeichnet, bestehen häufig aus sehr komplexen Gemischen mit bis zu mehreren hundert eng miteinander verwandten Verbindungen und stellen als solches eine analytische Herausforderung dar. Das Anwendungsbeispiel der GC-MS-Technik wurde ausgewählt, um folgendes zu demonstrieren:

a) eine neuartige Derivatisierungsstrategie

b) die Verwendung von hochauflösenden, flexiblen Fused-silica-Kapillarsäulen in Verbindung mit der On-column-Injektion

c) computerunterstützte Datenverarbeitungstechniken nach der Analyse zur Auflösung komplexer Gemische koeluierender Verbindungen.

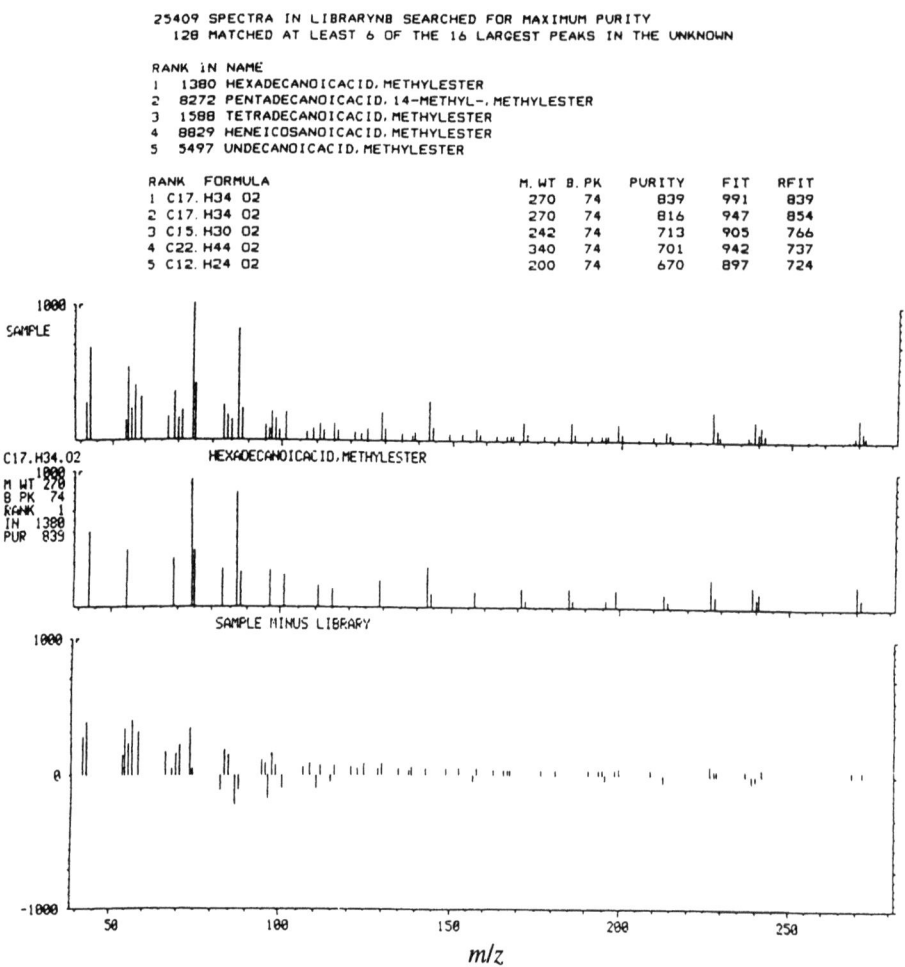

Bild 11.2 Beispiel für einen Report eines Bibliothekssuchprogramms mit den ähnlichsten Verbindungsvorschlägen und der statistischen Bewertung der Bibliothekssuche

i. Derivatisierung

Die Derivatisierung war zur Lösung von Problemen erforderlich, die mit der direkten GC-MS-Analyse der Petroporphyrine, die allgemein als Nickel(II)- oder Vanadylkomplexe (V = O) oder nach der Entmetallisierung als freie Basen vorliegen, verbunden sind. Sowohl die Alkylporphyrinmetallkomplexe als auch die freien Basen werden in der GC stark zurückgehalten, d.h. sie eluieren im Pseudo-Kováts-Retentionsindexsystem im Bereich von 5200–5500 mit schlechter Peaksymmetrie und mit größeren Peakbreiten als n-Alkane mit ähnlichen Retentionszeiten [22]. Die GC-MS-Methode basierte auf der Verwendung von Bis(trimethylsiloxy)silizium(IV)-Derivaten, die ursprünglich von Boylan und Calvin beschrieben wurden [23]. Die Derivatisierung erfolgte durch die Reaktion der freien Basen der Porphyrine (die durch Entmetallisierung der natürlich vorkommenden Metallkomplexe erhalten wurden) mit Hexachlordisilazan zu Dichlor-Si(IV)-Porphyrinen. Die Umwandlung der Dichlor-

11.3 GC-MS-Anwendungen

Si(IV)-Porphyrine zu den entsprechenden Dihydroxyverbindungen wurde durch eine Hydrolyse mit methanolischem Natriumhydroxid erreicht. Eine wesentliche Abweichung von Boylans und Calvins Originalmethode betraf die Darstellung der Bis(*tert*-butyldimethyl-siloxy)-Si(IV)-Derivate durch Behandlung des Dihydroxysilizium(IV)-porphyrins mit *tert*-Butyldimethylchlorsilan/imidazol oder *N*-Methyl-*N*-(*tert*-butyldimethylsilyl)-trifluoracetamid (MTBSTFA). Im Falle letzterer Verbindung wurden zwei Tropfen MTBSTFA zum Dihydroxysilizium(IV)porphyrin (0,1 mg) in trockenem Pyridin (0,3 ml) gegeben und das Gemisch 10 h bei 60 °C erwärmt [24]. In manchen Fällen wurden die Pophyrinderivate vor der GC-MS zur Entfernung von Verunreinigungen vakuumsublimiert. Das Derivatisierungsprotokoll ist in Schema 11.5 zusammengefaßt.

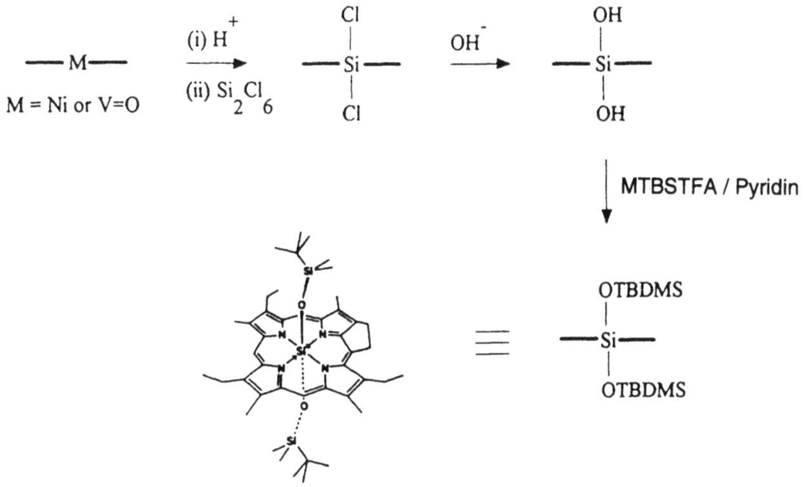

Schema 11.5 Entmetallisierung und Derivatisierung von Alkylporphyrinen

ii.. GC-MS-Analyse

Den Bis-TBDMS-Derivaten wurde gegenüber den entsprechenden TMS-Derivaten wegen ihrer größeren chemischen Stabilität und ihren angenehmeren MS-Eigenschaften der Vorzug gegeben. Das Bis(TBDMSO)Si(IV)-Derivat der Alkylporphyrine zeigte ein exzellentes GC-Verhalten an flexiblen Fused-silica-Kapillarsäulen, die mit immobilisiertem (cross-linked) Polydimethylsiloxanphasen beschichtet sind (weitere experimentelle Details sind in der Legende zu Bild 11.3 angegeben). Die On-column-Injektion wurde der splitlosen Injektion vorgezogen, um Probleme des Probentransfers auf die GC-Säule wegen der relativ unflüchtigen Natur der Petroporphyrine zu vermeiden. Hochauflösende Fused-silica-Kapillarsäulen sichern die optimale Trennung der komplexen Gemische und ermöglichen das direkte Einführen der GC-Säule in die MS-Ionenquelle (s. Abschnitt 11.2.2). Obwohl Bis-TBDMS-Derivate ca. 380 Kováts-Retentionseinheiten (KRI) höher als die entsprechenden Bis-TMS-Derivate eluieren, ist der Unterschied in den Temperaturanforderungen unbedeutend. Die natürlich vorkommenden Alkylporphyrine eluieren überwiegend im KRI-Bereich von 3400–

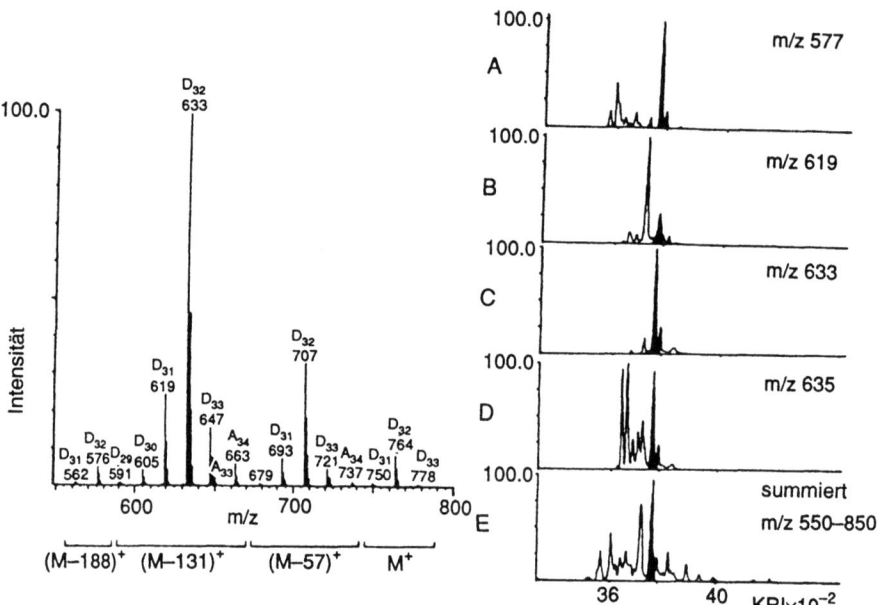

Bild 11.3 Ausgewählte Massenchromatogramme (rechts) und voll interpretiertes, summiertes Massenspektrum (links) für den schattierten Peak (KRI 3755–3800) vom Boscan-Gesamtporphyrinchromatogramm (Spur E). Um einer falschen Zuweisung massenchromatographischer Peaks entgegenzutreten, müssen die Massenspektren sorgfältig untersucht werden. Die Massenchromatogramme A und D enthalten Peaks, die nicht zum charakteristischen Fragmention [M-131]$^+$ passen, sondern von ^{13}C-Isotopenpeaks kleinerer Massenfragmentionen herrühren. Eine vollständige Interpretation dieser Peaks wird in [24] gezeigt. Die Retentionszeitskala wurde durch Computerinterpolation von mitinjizierten n-Alkanen (deren Peaks nicht im Chromatogramm gezeigt sind) in die KRI-Skala umgewandelt. Die Analyse wurde an einer Fused-silica-Kapillarsäule (25 m × 0,31 mm ID, 0,17 µm Filmdikke cross-linked Dimethylpolysiloxan [Hewlett Packard, Ultra-Serie]) durchgeführt. Trägergas war Helium mit einer Strömungsgeschwindigkeit von 50 cm/s. Nach der On-column-Injektion wurde die Säule ballistisch auf 150°C, dann temperaturprogrammiert mit 3 K/min auf 290°C aufgeheizt. Das GC-MS-Gerätesystem umfaßte einen Finigan 9610 GC mit einem SGE OCI-2 On-column-Injektor, ein Finnigan 4000 Quadrupol-MS und ein Finnigan INCOS-2300 Datensystem, das die Gerätesteuerung sowie die Datenerfassung und -verarbeitung besorgte. (Nachdruck aus Ref. [24])

4000 (Bild 11.3). Die EI-Massenspektren der TBDMS-Derivate ergeben sehr viele M$^+$-Ionen. Das intensive [M-R$_3$SiO]$^+$-Ion [M-131]$^+$, das vom TBDNS-Derivat erzeugt wird, ist für die Vereinfachung der in geologischen Materialien vorkommenden komplexen Gemische von Porphyrinen am nützlichsten.

iii. Computerunterstützte Dateninterpretation

Die Stärke der GC-MS für die Analyse komplexer Petroporphyringemische liegt in der Fähigkeit, die vielen koeluierenden Verbindungen durch unterschiedliche Massenchromatogramme aufzulösen. Bild 11.3 stellt das voll interpretierte Massenspektrum und ausgewählte

[M-131]$^+$-Massenchromatogramme für die Hauptpeaks der Petroporphyrine eines Boscan-Rohöls dar. Die einzelnen Massenchromatogramme zeigen eine Vielzahl von Peaks, von denen viele echten Strukturisomeren mit der gleichen Summenformel entsprechen. Es war eine sorgfältige Überprüfung der Massenspektren der einzelnen Massenchromatogrammpeaks notwendig, um zu bestätigen, daß sie vom echten [M-131]$^+$-Ion abgeleitet wurden und nicht anderen Fragmentionen koeluierender Verbindungen entsprachen. Die Umwandlung der Retentionszeit- (oder Scananzahlskala) zu KRI-Werten geschah mittels einer Computerinterpolation, die auf dem Mitchromatographieren eines n-Alkan-Gemischs beruhte. Dieses Verfahren diente zur Eliminierung von Veränderungen der GC-Parameter bei verschiedenen Läufen und vereinfachte somit den Vergleich zwischen unabhängig analysierten Proben. Es gab Hinweise dafür, daß viele der anwesenden Verbindungen zu homologen oder pseudohomologen Reihen gehören. Den Beweis dafür lieferten Darstellungen von C_n gegen die KRI-Werte für die Peaks in den [M-131]$^+$-Massenchromatogrammen [24]. Weiterhin fand man durch den Vergleich mit dem Retentionsverhalten von authentischen Standards, daß die Punkte auf den Kováts-Darstellungen, die sich durch gerade Linien mit einem Gradienten von ca. 40–50 KRI-Einheiten pro Kohlenstoffatom verbinden lassen, strukturell verwandte Petroporphyrine pseudohomologer Reihen repräsentieren [25]. Eine Unterstützung dieser Aussage erhielt man aus Experimenten mit gleichzeitiger Injektion von Verbindungen bekannter Struktur. Solche linearen Beziehungen werden gewöhnlich für homologe oder pseudohomologe Verbindungsreihen gefunden. Bild 11.4 zeigt eine KRI-C_n-Darstellung für pseudohomologe Reihen verwandter Alkylporphyrine, die exocyclische Alkanoringe tragen und im Gilsenitbitumen vorkommen [25]. Die Anwendung dieser Methodik auf die Analyse von Petroporphyrinen, die aus einer Reihe von Sedimentmaterialien isoliert wurden, hat ihre komplexe Zusammensetzung bestätigt. Zum Beispiel ließ die computerunterstützte GC-MS-Analyse von Petroporphyrinen eines Boscan-Rohöls wenigstens 224 Verbindungen erkennen, die zu fünf verschiedenen Strukturklassen gehören [26].

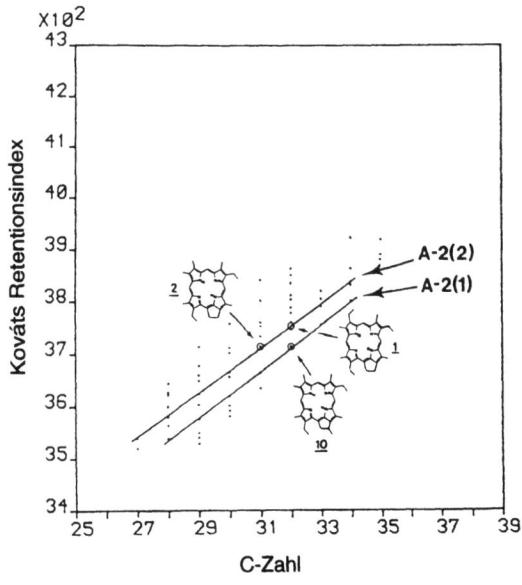

Bild 11.4
Graphische Darstellung des Kováts-Retentions-Index (KRI) gegen die Anzahl der Kohlenstoffatome C_n für die Porphyrine des Gilsonit-Bitumens, die 13,15-Ethano- und 13^1-Methyl-13,15-Ethanoringe besitzen und den im Massenspektrum in Bild 11.3 gezeigten Verbindungen, die mit D_n bezeichnet sind, entsprechen. Die Verbindungen, die mit Substanzen bekannter Struktur koeluieren, sind mit Pfeilen markiert. (Nachdruck aus Ref. [25])

11.3.1.2 Hochtemperatur-GC-MS-Analyse von Triacylgycerolen

Natürliche Triacylglycerolgemische sind potentiell sehr komplex, da die Anzahl der möglichen molekularen Spezies gleich dem Quadrat der Anzahl der Fettsäuren ist. Folglich liefern die meisten Triacylglycerolanalysen keine vollständige Information über die Zusammensetzung. Die am häufigsten angewandte Methode zur Analyse von Triacylglycerolen besteht darin, die freien Fettsäuren chemisch oder enzymatisch freizusetzen und nach einer geeigneten Derivatisierung, z.B. einer Methylierung, eine GC-MS-Analyse durchzuführen. Ein scheinbar attraktives Herangehen ist die Analyse der intakten Triacylglycerole mittels MS unter Anwendung einer direkten Probeneinlaßtechnik [27, 28]. Dieses Herangehen kann eine bestimmte Menge an Informationen hinsichtlich der Verteilung der Kohlenstoffatome und der Art der Fettacylteile im Triacylglycerolgemisch liefern. Über die Verteilung der verschiedenen Fettacylteile unter den einzelnen Triacylmolekülspezies werden aber nur wenig Informationen erhalten. Der folgende Abschnitt diskutiert anhand von Beispielen:

a) die Verwendung von Fused-silica-Kapillarsäulen mit hochtemperaturstabilen stationären Phasen für die GC-MS-Analyse von Triacylglycerolen,

b) die Verwendung unterschiedlicher Ionisierungstechniken zur Ableitung von Strukturinformationen,

c) Probleme, die mit der Stabilität von Acyllipiden im Verlauf der Hochtemperatur-Gaschromatographie der GC-MS-Analyse zusammenhängen.

Die Verwendung von hochtemperaturstabilen, polarisierbaren immobilisierten Stationärphasen war eine bemerkenswerte Entwicklung für die GC und GC-MS. Eine solche Phase ist z.B. ein immobilisiertes OV-22-Polymer (65% Phenylmethylpolysiloxan), das mit steigender Temperatur polarer wird und bis zu 360 °C stabil ist. Diese Stationärphase ist imstande, Molekülspezies zu trennen, die sich in ihrer Polarität nur wenig unterscheiden. So besitzen Triacylglycerole eine unterschiedliche Anzahl von Doppelbindungen. Obwohl verschiedentlich demonstriert wurde, daß es effektiv ist, derartige Stationärphasen für die GC-Analyse von Triacylgycerolen zu verwenden, wurden nur wenige Arbeiten mittels GC-MS durchgeführt [29, 30]. Kuksis et al. [30] lieferten ein elegantes Beispiel für die Nutzung einer solchen Stationärphase bei der GC- und GC-MS-Analyse eines flüchtigen Destillats vom Butteröl, das der geringeren Hälfte der Molekulargewichtsverteilung eines Rindermilchfettes ähnelt [31]. Ein Problem bei der Analyse von höhermolekularen Triacylglycerolen ist das hohe Niveau des Untergrundes, das aus dem Säulenbluten während einer Hochtemperatur-GC-MS-Analyse mit Elektronenstoßionisation (EI) resultiert. Ein hoher Untergrund kann eine zufriedenstellende Spektreninterpretation verhindern. Eine Teillösung des Problems wird durch die Ausführung der Analysen im SIM-Modus erreicht, wobei man die Peakretentionszeiten in geeigneten Massenchromatogrammen zur Bestimmung der Art der verschiedenen Fettacylteile in den einzelnen Molekülspezies, die durch die polarisierbare Säule getrennt werden, heranzieht. Dazu werden das RCO+-Ion und das [M-OCOR]+-Ion verwendet. Man erkannte, daß Triacylglycerole, die ungesättigte Fettacylteile enthalten, bei einer niedrigeren Ionenquellentemperatur (ca. 200 °C) intensivere [RCO–1]+- und [RCO–2]+-Ionen als RCO+-Ionen bilden [27, 33]. Allerdings ist die Nutzung dieser Ionen für die Identifizierung ungesättigter Fettacylteile bei der Hochtemperatur-GC-MS-Analyse mit EI wegen der thermischen Zersetzung in der Ionenquelle wahrscheinlich problematisch [32]. Eine zu niedrige

11.3 GC-MS-Anwendungen

Ionenquellentemperatur kann infolge längerer Verweilzeit in der Transferkapillare zur Aufhebung der erzielten chromatographischen Auflösung führen.

Eine alternative Strategie beruht auf der Verwendung der chemischen Ionisierung mit negativen Ionen (NICI) [34]. Das mit Ammoniak als Reaktantgas bei einer Ionenquellentemperatur von 300 °C erhaltene Spektrum (Bild 11.5) zeigt nur intensive $[RCO_2]^-$, $[RCO_2-H_2O]^-$ und $[RCO_2-H_2O-H]^-$-Ionen, die vermutlich durch eine Gasphasenreaktion abgeleitet wurden (vgl. zur Ammoniak-NICI von Stearylfettacylestern [35, 36]). Dabei ist es wichtig, daß die Spektren bei einer Ionenquellentemperatur von 300 °C aufgenommen werden und deshalb ohne Probleme die Kompatibilität mit der Hochtemperatur-GC-MS gegeben ist. Obwohl im NICI-Spektrum Informationen zur Kohlenstoffanzahl der intakten Triacylglycerole fehlen, kann diese Technik in komplexen Gemischen mit verschiedenen Molekülspezies sehr bequem zur Bestimmung der Art der Fettacylgruppen benutzt werden Die Bestimmung der Anzahl der Kohlenstoffatome geschieht durch den Vergleich der Retentionszeiten von Peaks bei der GC-MS-Analyse mit denen von Standardverbindungen mit bekannter Kohlenstoffanzahl. Die Kombination aus chemischer Ionisierung mit negativen Ionen und der Verwendung von Kapillarsäulen mit hochtemperaturstabilen Stationärphasen stellt eine sehr nützliche Technik für die Analyse intakter Triacylglycerole dar.

Das in Bild 11.6 gezeigte Gesamtionenchromatogramm der GC-MS-Analyse von Butter wurde an einer aluminiumbeschichteten Fused-silica-Kapillarsäule aufgenommen. Die ersten 5 cm der Aluminiumumhüllung der Säule mußten durch Auflösen mit wäßrigem Alkali (s. Protokoll im Abschnitt 11.2.2) entfernt werden, damit die aluminiumbeschichtete Kapil-

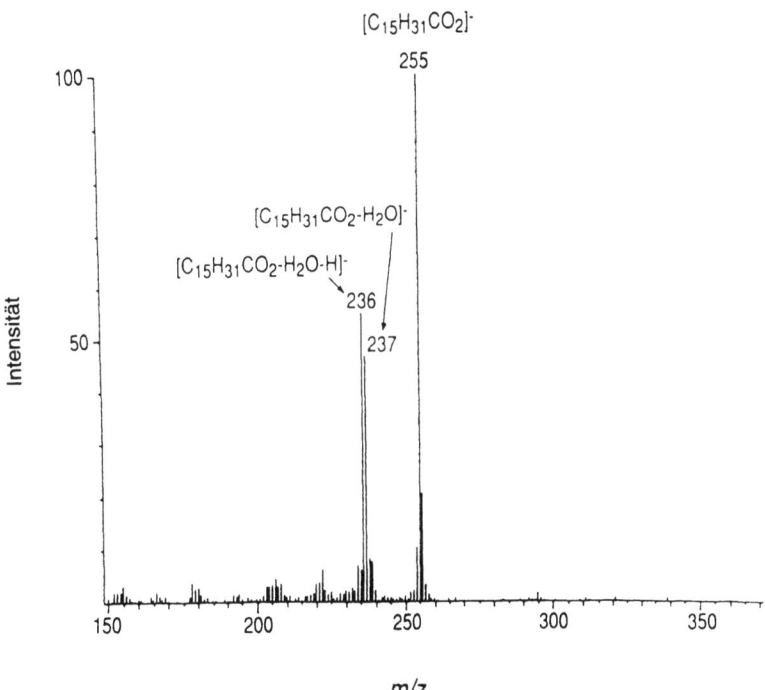

Bild 11.5 Mittels Hochtemperatur-GC-MS aufgenommenes Ammoniak-NICI-Massenspektrum von Tripalmitin (Nachdruck aus Ref. [34])

larsäule zur Kopplung in die Ionenquelle des Magnetsektorfeldmassenspektrometers eingeführt werden konnte, ohne elektrische Entladungen auszulösen. Die chromatographische Auflösung ist wegen des langsamen Scanzyklus von 3,5 s des bei dieser Untersuchung verwendeten Massenspektrometers etwas geringer als bei der bloßen GC-Analyse. Der Scanbereich von 800–1050 im Totalionenstromchromatogramm (TIC) ist zusammen mit den Massenchromatogrammen bei m/z = 255, 281 und 283 gezeigt, um die Verteilung der Palmitat-, Oleat- und Stearatteile in den später eluierenden Triacylglycerolverbindungen zu zeigen. Die Peakgruppen, die in den Massenchromatogrammen bei jeder Kohlenstoffanzahl erscheinen, sind auf die Auflösung der Molekülspezies entsprechend dem Grad der Ungesättigtheit ihrer Fettacylteile zurückzuführen.

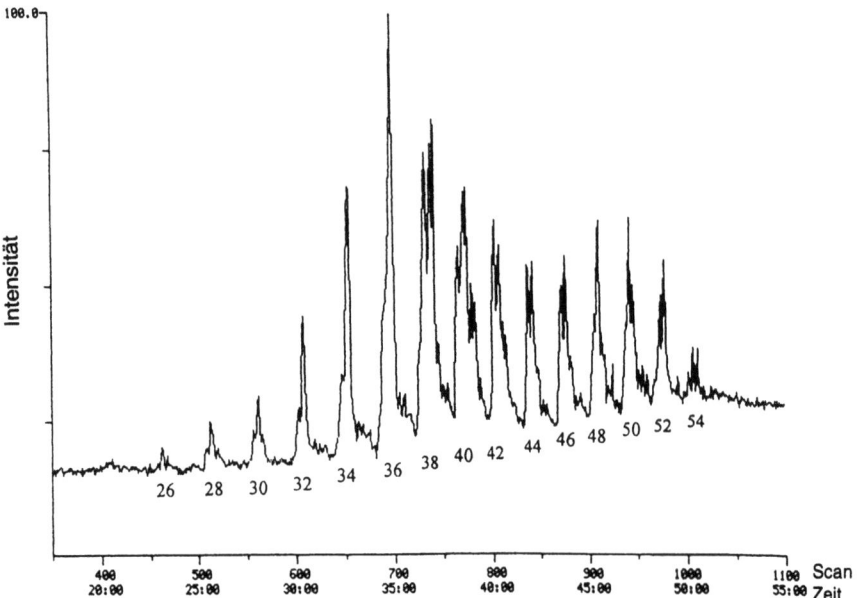

Bild 11.6 Totalionenstromchromatogramm (TIC) von Buttertriacylglycerolen, erhalten durch Hochtemperatur-GC-MS-Analyse mit negativer chemischer Ionisation. Die Zahlen unter den Peaks entsprechen der Gesamtanzahl der Acylkohlenstoffatome in jeder Gruppe. Die Probenaufgabe erfolgte durch On-column-Injektion in eine aluminiumbeschichtete Fused-silica-Kapillarsäule von 25 m × 0,25 mm ID mit 0,1 µm Filmdicke 65%-Phenyl-Methylpolysiloxan als stationäre Phase (Quadrex Corp.). Die Ofentemperatur wurde 2 min bei 50 °C gehalten, bevor temperaturprogrammiert mit 10 K/min auf 350 °C aufgeheizt wurde. Die GC-MS-Transferleitung und der Ionenquellenblock wurden auf 360 °C und 300 °C gehalten. Zur Charakterisierung der mit den Triacylglycerolen verbundenen Fettacylteile, die durch die polarisierbare stationäre Phase getrennt werden konnten, wurde die Ammoniak-NICI verwendet. Das GC-MS-System bestand aus einem Pye Unicam 204 GC und einem VG 7070H doppelfokussierenden Magnetsektorfeldgerät. Das GC-MS-Gerät wurde für das Arbeiten bei 350–400 °C modifiziert [35]. Die Scankontrolle, die Datenaufnahme und -verarbeitung besorgte ein Finnigan INCOS 2300-Datensystem.

11.3 GC-MS-Anwendungen

Die Massenspektren für die Peaks im TIC mit einem Maximum bei den Scans 975 und 979 sind in Bild 11.7 gezeigt. Die Peaks in diesem Bereich entsprechen Triacylglycerolen mit 52 Acylkohlenstoffatomen. Folglich bestehen diese Komponenten wegen der feststehenden Zusammensetzung der Butter aus Kombinationen von einem C_{16}-Fettacylteil und zwei C_{18}-Fettacylteilen, wobei die C_{18}-Fettacylteile entweder vollständig gesättigt oder monoungesättigt sind. Beachtet man dies, ist die Interpretation der Peaks im TIC und in den auf den Ammoniak-NICI-Spektren basierenden Massenchromatogrammen unproblematisch. Die Hauptionen RCO_2^- in dem in Bild 11.8a gezeigten Spektrum bei $m/z = 255$, 281 und 283 leiten sich von den $C_{16:0}$, $C_{18:1}$ und $C_{18:0}$ Fettacylteilen ab. Die Anwesenheit dieser Fettacylbestandteile wird durch die Existenz der passenden $[RCO_2-H_2O]^-$ und $[RCO_2-H_2OH]^-$ Ionen, das sind $m/z = 237$ und 236 für $C_{16:0}$, $m/z = 263$ und 262 für $C_{18:1}$ und $m/z = 265$ und 264 für $C_{18:0}$, bestätigt.

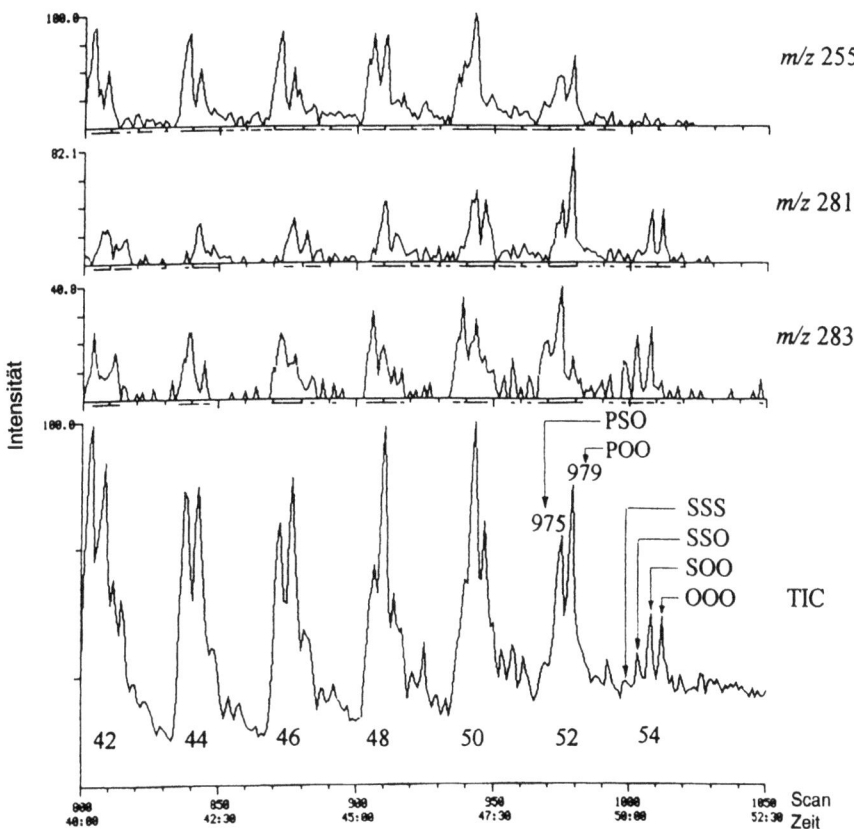

Bild 11.7 Ausschnitt des Scanbereichs von 800-1050 des in Bild 11.6 gezeigten Totalionenstromchromatogramms und entsprechende Massenchromatogramme der mit Ammoniak-NICI erzeugten RCO_2^--Ionen für $C_{16:0}$ (Palmitat = P; m/z 255), $C_{18:1}$ (Oleat = O; m/z 281) und $C_{18:0}$ (Stearat = S; m/z 283). Alle anderen experimentellen Einzelheiten sind mit den in der Legende zu Bild 11.6 angeführten identisch.

Das Massensspektrum für den letzten eluierenden Peak der C_{52}-Gruppe mit einem Maximum bei Scan 979 ist in Bild 11.8b gezeigt. Wie erwartet gibt es eine starke Ähnlichkeit zwischen diesem Spektrum und dem des früher eluierenden Peaks in dieser Gruppe, was bestätigt, daß er auch vom Triacylglycerol mit 52 Acylkohlenstoffatomen abgeleitet ist. Ein bemerkenswerter Unterschied zwischen den Spektren dieser Peaks ist die große Intensität des RCO_2^--Ions bei $m/z = 281$ und die vernachlässigbare Intensität von $m/z = 283$ im Spektrum des zuletzt eluierenden Peaks. Folglich entsprechen diese Peaks einem Triacylglycerol mit einem $C_{16:0}$ - und zwei $C_{18:1}$-Fettacylteilen. Diese Beobachtungen stehen in völliger Übereinstimmung mit der vorhergesagten Elutionsfolge dieser zwei Verbindungen an der eingesetzten polarisierbaren Stationärphase, und zwar eluiert das einfach ungesättigte Triacylglycerol vor dem zweifach ungesättigten Triacylglycerol (s. Bild 11.7). Verwendet man ähnliche Argumente, können bedeutende

Fortschritte bei der Identifizierung anderer, ganz oder teilweise aufgelöster Peaks im TIC gemacht werden. Die Identitäten der C_{54}-Triacylglycerole auf Grundlage ihrer NICI-Spektren sind in Bild 11.7 durch ein weiteres Beispiel belegt.

Die Analyse von Triacylglycerolen mittels GC-MS ist eine besonders anspruchsvolle Anwendung der Hochtemperatur-GC und GC-MS, die auch für mehrere andere Substanzklassen, z.B. Wachsester, Sterylester usw. empfohlen werden kann. Man sollte sich aber darüber im klaren sein, daß die für die Elution einiger hochmolekularer Lipide erforderlichen hohen Arbeitstemperaturen (im allgemeinen > 300 °C) große Verluste durch eine thermische Zersetzung oder irreversible Adsorption hervorrufen können. Die sorgfältigsten Einschätzungen der Wiederfindungsrate bei Hochtemperatur-GC-Analysen wurden an Triacylglycerolen durchgeführt. Der Substanzverlust ist von der Molekülmasse und dem Grad der Ungesättigtheit der gegebenen Verbindung abhängig [37]. Während für Analysen vieler Fette und Öle gute Wiederfindungsraten erhalten werden, scheinen gegenwärtig die Hochtemperatur-GC und die GC-MS für die Analyse nativer Fischöle und intakter hochmolekularer Lipide anderer mariner Meeresorganismen, die einen hohen Gehalt an polyungesättigten Fettsäuren in ihren Acyllipiden aufweisen, ungeeignet zu sein. Der auftretende Verlust ungesättigter Spezies ist auf die irreversible Sättigung der stationären Phase zurückzuführen. Es gibt einen vernachlässigbaren Verlust an Lipiden mit geringerer Molmasse, z.B. Wachsestern, Diacylglycerolen und Triacylglycerolen mit geringerer Anzahl von Kohlenstofatomen.

Die Verluste können am besten durch die Analyse von Standardverbindungen eingeschätzt werden. Die Analyse äquimolarer Gemische von reinen Analogen der zu untersuchenden Verbindungen ermöglichen eine Kalibrierung oder eine Korrektur, und es können Faktoren berechnet werden, die den Verlust während der GC- und GC-MS-Analysen berücksichtigen. Wenn eine Substanz nicht erhältlich ist, können nur annähernd richtige Faktoren von eng verwandten Verbindungen abgeleitet werden. Ein nützlicher Test für den Verlust an polyungesättigten Verbindungen während der GC- oder GC-MS-Analysen von unbekannten Proben ist es, eine katalytische Hydrierung im Mikromaßstab durchzuführen und dann die Analyse zu wiederholen. Bedeutende Verluste zeigen sich durch die Anwesenheit von neuen Peaks im Chromatogramm der wiederholten Analyse. Der chemische oder enzymatische Abbau und die nachfolgende Analyse der freigesetzten einfacheren Lipidteile kann ersatzweise für das Testen von Substanzverlusten bei Hochtemperatur-GC- oder GC-MS-Analysen verwendet werden.

11.3 GC-MS-Anwendungen

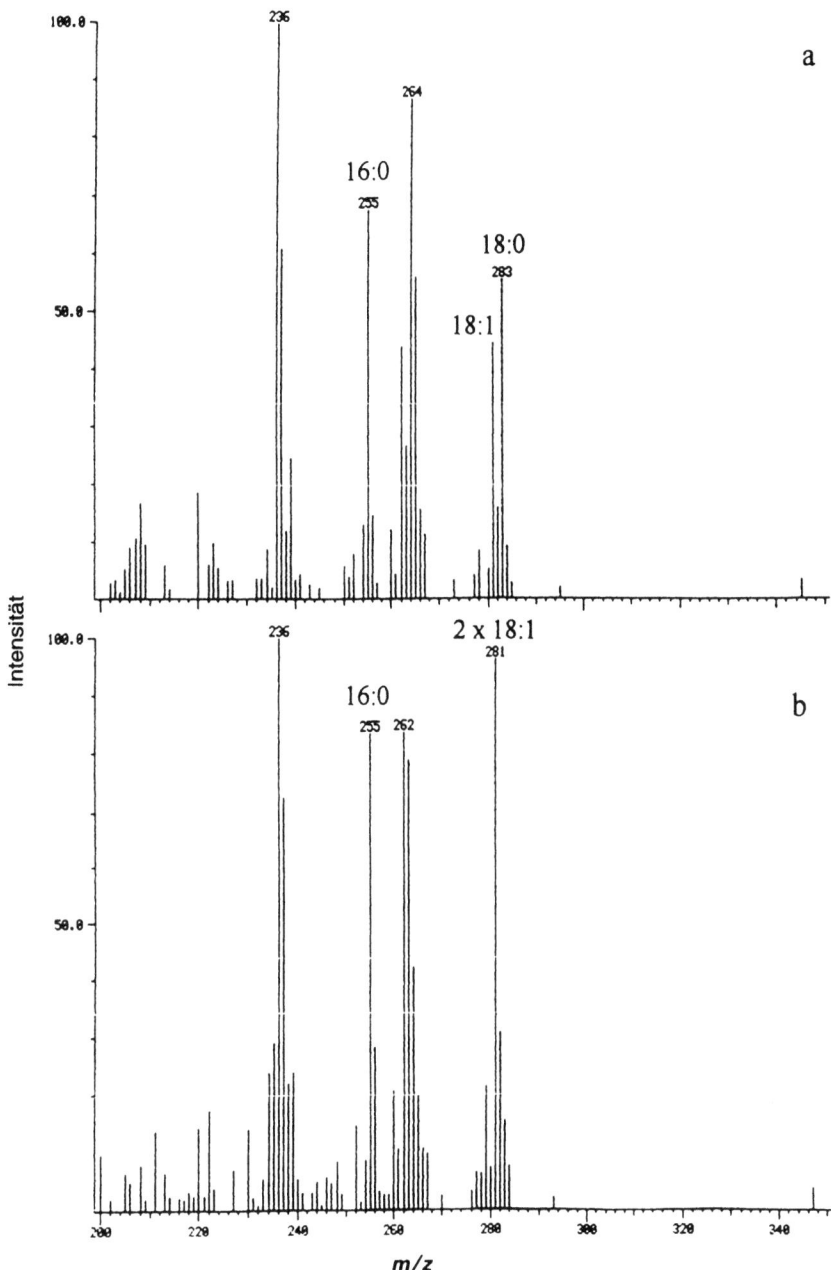

Bild 11.8 Ammoniak-NICI-Massenspektrum für die Triacylglycerolpeaks mit einem Maximum bei den Scanzahlen 975 (a) und 979 (b) in Bild 11.6 und Bild 11.7. Für die weitere Beschreibung der Spektreninterpretation s. Text.

Eine Methode, die kürzlich bei der Hochtemperatur-GC-MS-Analyse von Stearylfettacylestern mit polyungesättigten Fettacylteilen eingesetzt wurde, nutzte eine Deuteriumreduktion in Anwesenheit eines homogenen Katalysators (Wilkinsonscher Katalysator), um Deuteriumatome spezifisch an Doppelbindungen einzuführen [38]. Die auf diesem Wege ausgeführte selektive Markierung bewahrt Strukturinformationen hinsichtlich der Anzahl der Kohlenstoffatome und des Grades der Ungesättigtheit. Obwohl diese Methode ursprünglich für die Analyse von Diacylglycerolen entwickelt wurde, fand sie auch schon für die Analyse von Triacylglycerolen Anwendung [39].

11.3.1.3 Die Analyse von Pestiziden unter Verwendung kurzer Trennsäulen und der Kopplungen GC-MS und GC-MS-MS

Die Anwendung kurzer Säulen hat für manche GC-MS-Anwendungen folgende Vorteile:

a) Es sind sehr schnelle Analysen möglich.

b) Es ergeben sich minimale Peakbreiten, die im Detektor höhere Probenkonzentrationen erzeugen und somit zu einer verbesserten Nachweisempfindlichkeit führen.

c) Es ist möglich, auch leichtflüchtige Proben zu analysieren, deren Direkteinlaß ins Massenspektrometer problematisch wäre.

d) Es ist möglich, Verbindungen zu analysieren, die entweder zu wenig flüchtig oder thermisch instabil sind, um der GC mit konventionellen Säulenlängen zugänglich zu sein [40-43].

Yost und Mitarbeiter [41-43] verwendeten kurze GC-Säulen in Verbindung mit GC-MS und Tandem-MS für die Analyse des thermisch labilen Pestizids Aldicarb (2-Methyl-2-(methylthio)propanal-O-[(methylamino)carbonyl]oxim) und seiner toxischen Rückstände. Ein bedeutender Nachteil der GC-Methoden für die Analyse von Aldicarb folgt aus seinem thermischen Abbau zu Aldicarbnitril (2-Methyl-2-(methylthio)-propannitril), das auch über einen chemischen Abbau in der Umwelt vorkommt. Somit kann das in der Umwelt vorkommende Abbauprodukt eine positive Überlagerung für Aldicarb geben, wenn das Aldicarbnitril nicht vor der GC-Analyse entfernt wird [41]. Man fand heraus, daß sich von den untersuchten Säulen eine 2,6 m kurze Kapillarsäule (J&W DB5 ≡ SE-54-Äquivalent) am besten für die GC-MS-Analyse von Aldicarb eignete. Wegen der geringen Ofentemperatur, die für die Elution in akzeptabler Analysenzeit an der kurzen Säule genügte, entfielen die Probleme einer thermischen Zersetzung. Die GC-MS-Analyse von Aldicarb wird in Bild 11.9 gezeigt. Die Gesamtanalysenzeit beträgt ca. 35 min. Weitere experimentelle Einzelheiten sind in der Legende zu Bild 11.9 angeführt. Injektionsart und Injektorbedingungen können einen beträchtlichen Einfluß auf die erreichte Wiederfindungsrate für jede mittels GC analysierte Verbindung haben. Dies ist im Falle komplizierter Verbindungen, wie z.B. des Aldicarbs, wo die Injektorbedingungen die Empfindlichkeit und die Linearität der Response beeinflussen können, besonders interessant. Es zeigte sich, daß ein sauberer, silanisierter Injektorliner notwendig war, um eine lineare Response von 1,5 bis 150 ng injiziertes Aldicarb zu erhalten [41]. Die schmalen GC-Peaks, die bei der Verwendung kurzer Säulen erhalten werden, machen die Verwendung schneller MS-Scanraten notwendig, um ein adäquates Abtasten der Peaks und eine adäquate Genauigkeit bei quantitativen GC-MS-Analysen zu erzielen. Bei

11.3 GC-MS-Anwendungen

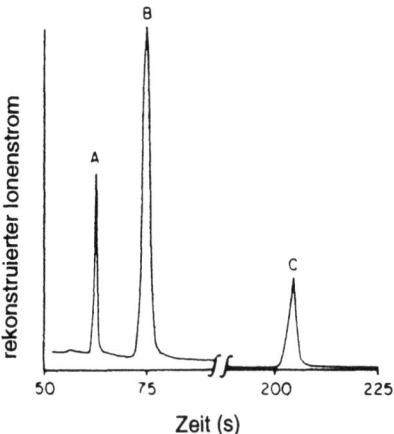

Bild 11.9 Rekonstruiertes Ionenchromatogramm für einen Methylenchloridextrakt von Wasser, dem Aldicarb (Peak C) zugesetzt wurde. Der Peak C entspricht dem Aldicarboxim, das durch Hydrolyse aus Aldicarb gebildet wurde. Peak B ist der interne Standard Ethylbenzoat. 2,5 m DB-5-Fused-silica-Kapillarsäule, (J&W SE-54-Äqivalent), Splitlos-Injektion, Ofentemperatur: 1 min bei 40 °C, 10 K/min auf 100 °C, Helium als Trägergas mit 14 kPa Vordruck, GC-MS-Transferleitung bei 135 °C, Gerätesystem: Dreistufiges Finnigan-Quadrupolmassenspektrometer (Nachdruck aus Ref. [4])

der Analyse von Aldicarboxim (2-Methyl-2(methylthio)-propanaloxim), in Bild 11.9 gezeigt, wurde eine Scanrate von 0,27 Scans/min verwendet, um den 1,5 s breiten Peak abzutasten. Für Analysen, die schnelle Scanraten benötigen, sind Quadrupolmassenspektrometer besonders gut geeignet (s. Abschnitt 11.2.4.2).

Zwei andere Zersetzungsprodukte des Aldicarbs, das Aldicarbsulfoxid und das Aldicarbsulfon erwiesen sich als so thermisch labil, daß sie unter den Analysenbedingungen des Aldicarbs nicht bestimmt werden konnten. Die Analyse war aber bei Verwendung von On-column-Injektion und einer 1 m DB-5-beschichteten Kapillarsäule erfolgreich [43]. Das rekonstruierte Ionenstromchromatogramm für die GC-MS-Analyse von Aldicarb, Aldicarbsulfon und Aldicarbsulfoxid ist in Bild 11.10 gezeigt. Die Untersuchung der Massenspektren der zwei Peaks zeigte, daß der später eluierende Peak das Ergebnis einer Überlagerung von Sulfon und Sulfoxid ist. Die GC-MS-MS im Produktionenmodus kann dazu verwendet werden, die Selektivität der in Bild 11.10 gezeigten Analyse und somit die durch die kurze Säule verringerte chromatographische Auflösung zu verbessern. Die Art der Bildung von Produktionenmassenspektren durch die stoßinduzierte Dissoziation (CID) in einem Dreifachquadrupolmassenspektrometer ist in Bild 11.11 schematisch dargestellt. Bild 11.12 zeigt die Produktionenmassenspektren für die koeluierenden Verbindungen Aldicarbsulfon und Aldicarbsulfoxid zusammen mit denen reiner Standards. Obwohl die GC-MS-MS nicht die Empfindlichkeit verbessert, besitzt sie Vorteile bei der Erzeugung von ganz besonders überlagerungsfreien Spektren für die einzelnen Verbindungen. Wird diese Möglichkeit genutzt, können Identifizierungen sehr stark erleichtert werden, besonders wenn Bibliothekssuchalgorithmen verwendet werden.

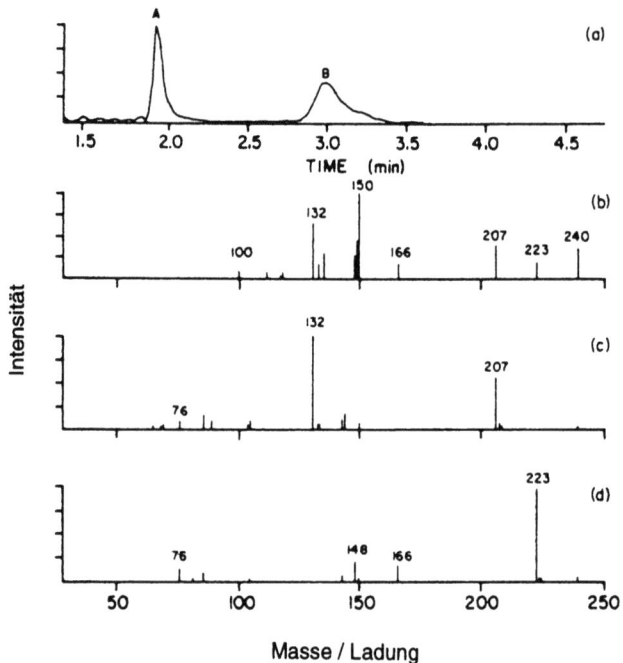

Bild 11.10 Der rekonstruierte Ionenstrom (a) für die GC-MS-Bestimmung (mit positiver Ionen-Methan-CI) für Aldicarb (Peak A), Aldicarbsulfoxid und Aldicarbsulfon (beide in Peak B koeluierend). Trennung an einer 1 m × 0,25 mm ID DB5-Kapillarsäule (SE-54-Äquivalent)

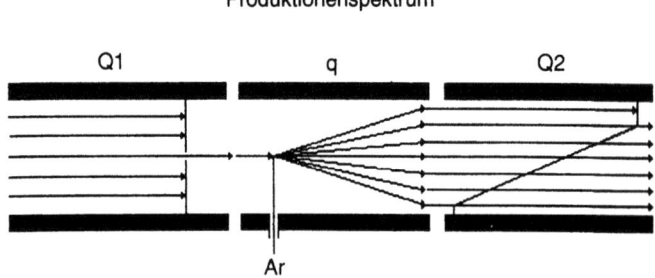

Bild 11.11 Bildung von Produktionen durch stoßinduzierte Dissoziation (CID) von einem ausgewählten Vorgängerion in einen Dreifachquadrupolmassenspektrometer

11.3 GC-MS-Anwendungen

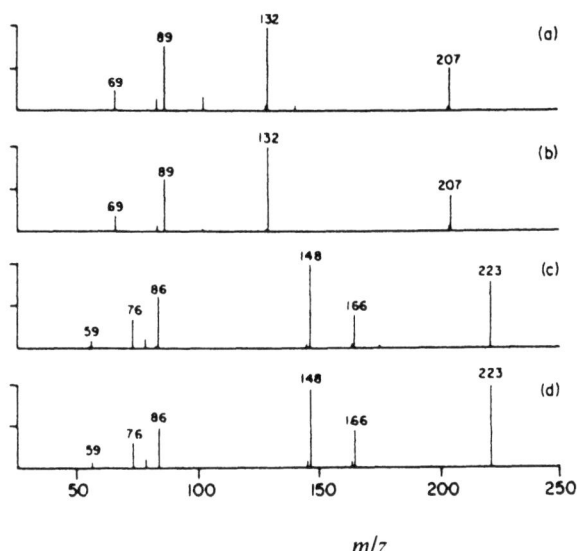

Bild 11.12 MS-MS-Produktionenmassenspektren für Aldicarbsulfoxid [M+H]$^+$, m/z 207, (a) authentisch und (b) vom Gemisch von Peak B in Bild 11.10b und das Produktionenspektrum von Aldicarbsulfon [M+H]$^+$, m/z 223, (c) die authentische Verbindung und (d) vom Gemisch von Peak B in Bild 11.10b (Nachdruck aus Ref. [43])

11.3.2 Spurenanalyse

11.3.2.1 SIM-Modus (Selected Ion Monitoring)

Für die Spurenanalyse wird die Fähigkeit der Massenspektrometrie genutzt, nur ein vorher ausgewähltes Ion oder mehrere ausgewählte Ionen im Spektrum einer Verbindung zu beobachten. Diese als SIM-Modus oder Selected Ion Monitoring bezeichnete Technik führt zu einer Verbesserung sowohl der Empfindlichkeit, weil das Instrument keine Zeit für das Abtasten überflüssiger Bereiche des Massenspektrums verbraucht, als auch zu einer Verbesserung der Selektivität, indem nur bestimmte ausgewählte Ionen (Molekül- oder Fragmentionen) beobachtet werden, die für den interessierenden Analyten charakteristisch sind. Die größte Empfindlichkeit erreichen SIM-Analysen, wenn ein einzelnes intensives Ion beobachtet wird. In solchen Fällen werden Nachweisgrenzen im Picogrammbereich (10^{-12} g) routinemäßig erreicht, und unter günstigen Umständen sind auch Nachweisgrenzen im Subpicogrammbereich möglich.

Wie schon weiter oben angedeutet, wird der SIM-Modus häufig in Verbindung mit der GC-MS verwendet, um neben Bereitstellung eines hochauflösenden chromatographischen Trennschrittes eine zusätzliche Selektivität der Analyse hinzuzufügen. Bei einer Spurenanalyse, die die GC-MS mit SIM-Modus nutzt, würde die Bestätigung der Anwesenheit eines ausgewählten Analyten auf der Detektion eines charakteristischen Ions in Form eines Peaks im Ionenchromatogramm bei der erwarteten GC-Retentionszeit beruhen. Die erwartete Retentionszeit *bestimmt* man durch vorherige Analyse einer Standardprobe des interessierenden Analyten. Eine zusätzliche Verbesserung der Selektivität kann erreicht werden, indem mehr als ein Ion aus dem Massenspektrum des Analyten beobachtet wird. Es besteht dann die Möglichkeit, das Vorhandensein des Analyten durch Vergleich der im SIM-Modus bestimmten Responseverhältnisse dieser Ionen mit ihren Intensitätsverhältnissen im vollständigen Massenspektrum zu bestätigen. Bild 11.13 zeigt hypothetische Ergebnisse, die für die Suche nach einem bestimmten Zielanalyten mittels GC-MS-SIM für drei Ionen erhalten werden können.

Für die Detektion des Zielanalyten ist die niedrigauflösende MS im SIM-Modus (selected ion monitoring) die gebräuchlichste Technik. Bevor das SIM durchgeführt werden kann, muß das Massenspektrum der interessierenden Substanzen sorgfältig untersucht werden. Die auszuwählenden Ionen sollten eine angemessene Intensität aufweisen und dürfen nicht mit möglichen Störungen, z.B. Ionen aus dem Säulenbluten, überlagern. Ionen mit großer Masse werden bevorzugt, da dies im allgemeinen die Möglichkeit von Überlagerungen aus Untergrundionen und koeluierenden Verunreinigungen begrenzt. Es wird sogar die Verwendung von Ionen geradzahliger Masse empfohlen, da diese relativ selten im Massenspektrum organischer Verbindungen vorkommen. Bei quantitativen Untersuchungen mittels massenspektrometrischer Isotopenverdünnungsanalyse (s. Abschnitt 11.2.3.4) ist es wichtig, Ionen auszuwählen, die stabile Isotopenmarkierungen enthalten. Die Erzeugung von Ionen mit großer Masse ist durch die Wahl des Derivatisierungsagens stark beeinflußbar, wobei die Analytverbindungen funktionelle Gruppen erhalten.

Wenn die EI keine intensiven Ionen hoher Masse erzeugt, kann die CI verwendet werden mit dem zusätzlichen Vorteil, daß die Anzahl der möglichen überlagernden Ionen deutlich verringert wird. Die höheren Scanraten bei SIM-Studien im Vergleich zu Analysen, bei denen man vollständige Scandaten aufnimmt, sichern das häufige Abtasten der einzelnen Kapillar-GC-Peaks, um eine hohe quantitative Genauigkeit zu erreichen. (s. Abschnitt 11.3.2.4 für weitere Diskussionen zu Techniken der quantitativen GC-MS). Besonders effektiv sind bei der SIM-Arbeit Quadrupolgeräte, da bei diesen ein schnelles Umschalten zwischen den einzelnen Massen einfach durchgeführt werden kann. Bild 11.14 zeigt die Ergeb-

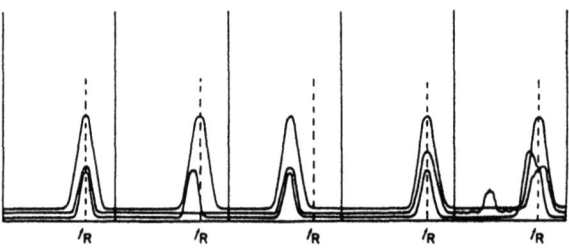

relative Intensitäten	korrekt	nicht korrekt	korrekt	verzerrt	verzerrt
Retentionszeiten	korrekt	nicht korrekt	nicht korrekt	korrekt	verzerrt
Substanz vorhanden?	ja	nein	nein	wahrscheinlich	möglich

Bild 11.13 Hypothetische Ergebnisse der GC-MS-SIM-Analyse für eine Zielverbindung (Nachdruck aus Ref. [8])

11.3 GC-MS-Anwendungen

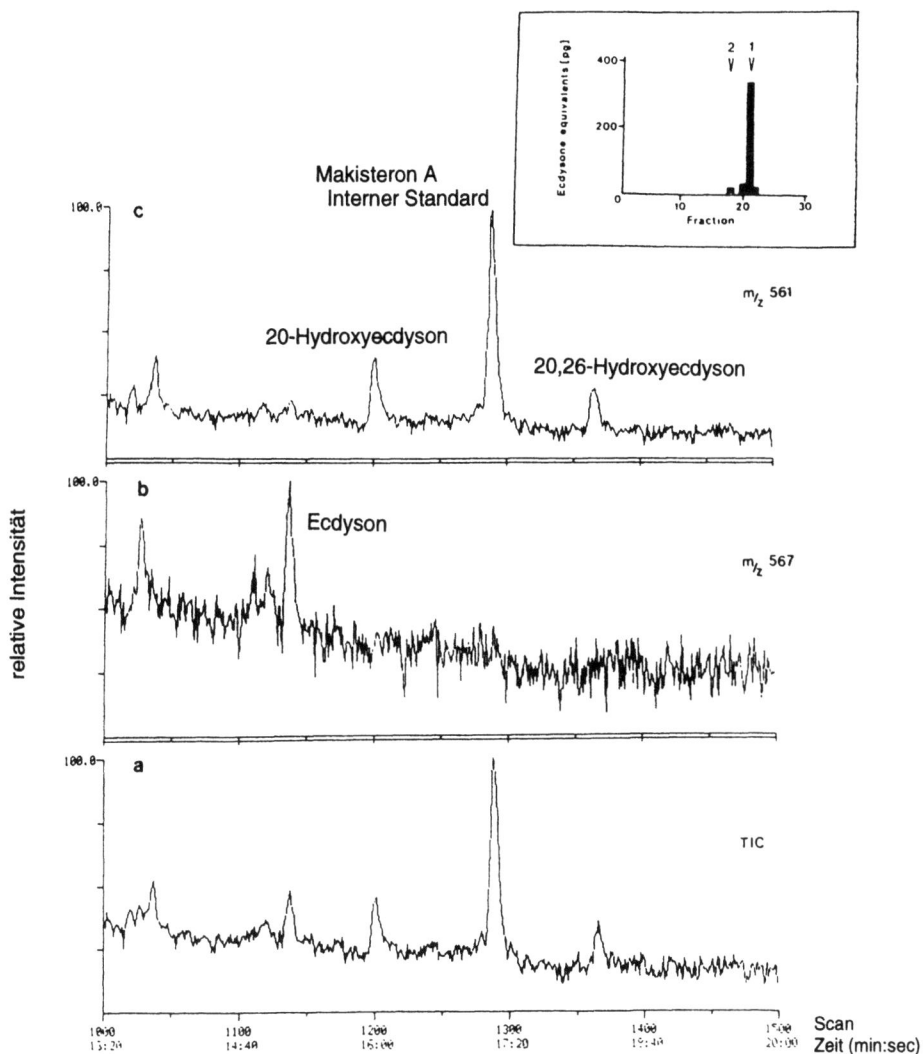

Bild 11.14 Partiell rekonstruierte Ionenströme für (b) m/z 567 und (c) m/z 561 für die Kapillar-GC-MS mit niedrigauflösender SIM-Analyse von trimethylsilylierten Ecdysteroiden, die durch Hydrolyse der polaren Konjugatfraktion des Bandwurms, *Hymenolepis diminuta*, freigesetzt wurden. Es wurde eine flexible Fused-silica-Kapillarsäule (25 m × 0,22 mm ID, 0,1 µm Filmdicke immobilisiertes Dimethylpolysiloxan DB-1, von SGE) verwendet. Nach On-column-Injektion bei 50 °C wurde die Ofentemperatur ballistisch auf 200 °C erhöht, dann mit 8 K/min auf 320 °C erhöht und isotherm gehalten. Ionisation mittels EI bei 70 , SIM-Modus durch Schalten der Beschleunigungsspannung realisiert. Die Nummern 1 und 2 im beigefügten Diagramm bezeichnen die Elutionspositionen von 20-Hydroxyecdyson und Ecdyson in der Umkehrphasen-HPLC (Nachdruck aus Ref. [44])

nisse einer GC-MS-SIM-Analyse von Ecdysteroiden (polyhydroxylierte Steroide, die Häutungshormone der Gliederfüßer darstellen), die von einer Bandwurmart extrahiert wurden. Die Ionen mit m/z 567 und 561 wurden beobachtet, um zwischen den Ecdysteroiden, die strukturell mit dem Ecdyson (es fehlt die 20-Hydroxygruppe) und dem 20-Hydroxyecdyson verwandt sind, zu unterscheiden [44].

11.3.2.2 Hochauflösender SIM-Modus

Während Bild 11.14 nur eine geringe oder keine Spur chemischer Überlagerungen im Massenchromatogramm aufweist, trifft man bei der Analyse biologischer Substanzen oder umweltrelevanter Stoffe häufig auf sich überlagernde Peaks, die durch Probenverunreinigungen hervorgerufen wurden. Diese Verunreinigungspeaks verdecken häufig die Analytpeaks und verhindern so ihre zuverlässige Bestimmung. In Bild 11.15a ist dafür ein Beispiel zu sehen, das die Analyse eines Prostaglandins in menschlichem Hirngewebe mit einer Massenauflösung von 1000 zeigt [45].

Man fand, daß der Zielanalyt $PGF_{2\alpha}$ bei dieser Auflösung als eine Schulter auf dem Peak einer Verunreinigung eluierte und so eine zuverlässige Bestätigung der Anwesenheit und eine entsprechende Quantifizierung verhinderte. Eine Methode zur Lösung dieses Problems stützt sich auf die Anwendung des hohen Massenauflösungsvermögens von doppelt fokussierenden Magnetsektormassenspektrometern, um Ionen ausgewählter Elementarzusammensetzung zu beobachten. In dem in Bild 11.15b gezeigten Beispiel bringt die Einstellung der massenspektrometrischen Auflösung auf 5000 eine ausreichende Selektivität in die Analyse ein, um genügend Überlagerungen der Verunreinigungen zu entfernen und die Anwesenheit von Prostaglandin F_{2a} (α) in dem Hirnextrakt zu bestätigen. Außerdem ist die Auflösung ausreichend, um eine Quantifizierung durch Vergleich der Peakfläche mit der eines pentadeuterierten internen Standards vorzunehmen. Der im Hirnextrakt detektierte Peak entspricht ca. 40 pg $PGF_2\alpha$.

11.3.2.3 Die Verwendung von Tandem-Massenspektrometern für die Spurenanalyse

Die Tandem-Massenspektrometrie (auch MS-MS genannt) kann bequem in Verbindung mit der GC verwendet werden, um die Selektivität bei Spurenanalysen zu verbessern. Die Nütz-

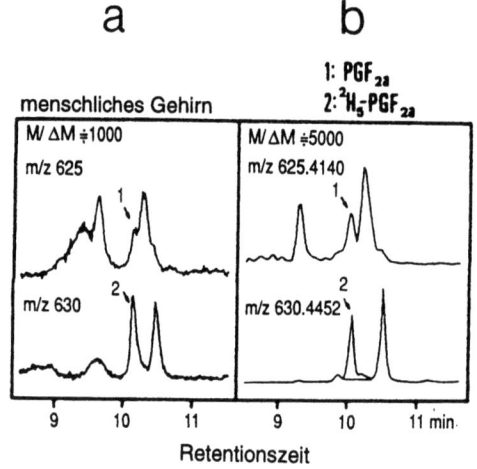

Bild 11.15
GC-MS-SIM Analyse von Dimethylisopropylsilyletherderivaten von Prostaglandin- $F_{2\alpha}$ (1) $PGF_{2\alpha}$- und (2) [$^2H_5$]$PGF_{2\alpha}$-methylestern in einem menschlichen Hirnextrakt (arachnoid). Die Analyse wurde bei a) mit niedriger und b) mit hoher Auflösung durchgeführt (Nachdruck aus Ref. [45]).

11.3 GC-MS-Anwendungen

lichkeit der MS-MS bei der Erzeugung charakteristischer Produktionenspektren von zwei in einem GC-Peak überlagernden Verbindungen wurde im Abschnitt 11.3.1.3 gezeigt. Eine verwandte Technik, der SRM-Modus (Selected Reaction Monitoring), ist die am weitesten verbreitete GC-MS-MS-Technik für Spurenanalysen. Bild 11.16 veranschaulicht die Arbeitsweise eines GC-MS-MS-Systems, das einen Dreifachquadrupolanalysator im SRM-Modus enthält. Es laufen folgende Ereignisse der Reihe nach ab:

a) Die mittels GC getrennten Verbindungen eluieren in die Ionenquelle und werden ionisiert.

b) Die Ionen werden in Q1 entsprechend ihrem Masse-zu-Ladung-Verhältnis (m/z) getrennt.

c) Ein Ion (Precursor) wird aus Q1 ausgewählt und in q durch den Zusammenstoß mit einem Neutralgasmolekül fragmentiert, um die Fragment(Produkt)ionen zu erzeugen. Dieser Vorgang stellt eine stoßinduzierte Dissoziation (CID) dar.

d) Um optimale Selektivität und optimale Empfindlichkeit zu erzielen, werden dann ein oder mehrere Produktionen beobachtet.

Die SRM-Technik, dem konventionellen SIM (selected ion monitoring) vergleichbar, bietet eine viel höhere Sicherheit in der Aussage der experimentellen Ergebnisse auf Grund der Auswahl der Precursor- und Produktionen. Wie unten diskutiert wird, kann die Selektivität des Analyten durch die Verwendung von Hybridgeräten, die den Vorteil der höheren Auflösung der Precursorionen ausnutzen, noch weiter verbessert werden.

Gaskell et al. [46] haben die positiven Eigenschaften der TBDMS-Derivate bei der Entwicklung von hochempfindlichen und selektiven GC-MS Techniken für den Nachweis und die Quantifizierung von Steroiden in biologischen Matrices genutzt. Ein Überblick über die von seiner Gruppe entwickelten verschiedenen Probenvorbereitungs- und MS-Strategien wurde publiziert. Eine frühere Studie dieser Gruppe verglich die Verwendung von hochauflösendem SIM mit Beobachtungstechniken metastabiler Peaks für die Detektion von Plasma-Testosteron als sein TBDMS-Ether-, Methyloxim/TBDMS-Ether- oder TBDMS-Oxim/TBDMS-Ether-Derivat [47]. Wie im Abschnitt 11.3.2.2 diskutiert wurde, detektiert die hochauflösende SIM nur Ionen einer ausgewählten exakten Masse und folglich nur die einer vorgeschriebenen Elementarzusammensetzung, nicht aber alle Ionen der entsprechenden

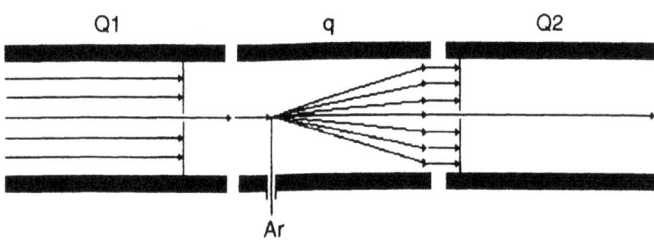

Bild 11.16 Funktionsweise des SRM nach dem CID eines ausgewählten Precursorions in einem Dreifachquadrupolmassenspektrometer

Nominalmasse [48]. Die EI-Massenspektren der TBDMS-Ether von Steroiden enthalten viele hochmoleklulare Ionen, z.B. $[M-57]^+$, die zur Verbesserung der Nachweisgrenzen bei Spurenanalysen dienen können. Durch das Beobachten metastabiler Peaks werden ebenfalls hohe Selektvitäten erreicht. Die Detektion metastabiler Peaks erfaßt die Fragmentierungen im ersten feldfreien Raum eines doppeltfokussierenden Magnetsektorfeldmassenspektrometers. Die Technik ist abgesehen von einer niedrigeren Auflösung für das Precursorion mit der SRM an MS-MS-Geräten vergleichbar. Bei der Beobachtung metastabiler Ionen und Anwendung des SRM wird eine hohe Selektivität erreicht, die sich von der Vorauswahl sowohl von Precursor- als auch von Produktionen mit spezifischem m/z-Verhältnis ableitet [49].

Gaskell et al. [50] haben durch Verwendung eines Hybrid-Tandem mit doppeltfokussierendem Quadrupolgerät sowohl die Vorteile von hochauflösendem SIM als auch von Detektionstechniken metastabiler Ionen zusammengeführt und gemeinsam genutzt. Die TBDMS-Derivate von Steroiden ergeben günstige metastabile Zersetzungen, wie z.B. $[M^{+\cdot}] \rightarrow [M-C_4H_9]^+$. Bild 11.17 zeigt die Ergebnisse von GC-MS-MS-Analysen des Bis-TBDMS-Ethers von Östradiol im Blutplasma, wobei die vorher diskutierten Techniken zur Verbesserung der analytischen Spezifität genutzt wurden. Bei einer Precursorion-Auflösung von 5000 und dem SRM des $[M-C_4H_9]^+$-Produktions betrug die Nachweisgrenze für Östradiol 10 pg, und es wurde mit Auswahl des Analyten nur diese eine Verbindung detektiert.

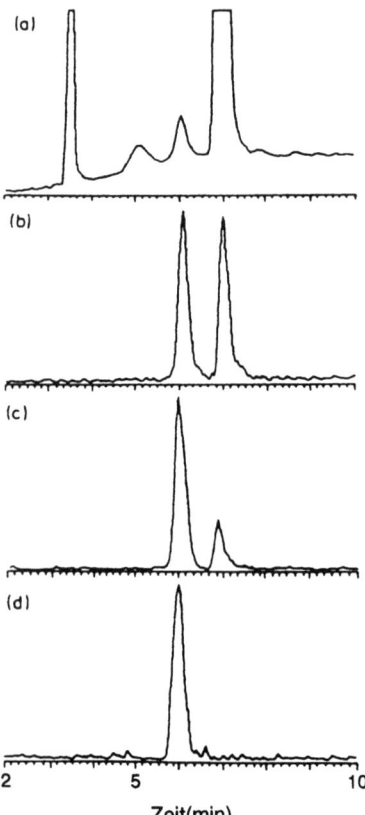

Bild 11.17
GC-MS-Analyse von Östradiol-17β als Bis-TBDMS-Ether in einem Plasmaextrakt: (a) geringe Auflösung ($m/\Delta M = 1000$) SIM von m/z 500; (b) SRM von m/z 500 → 443 (Precursorion-Auflösung $m/\Delta M = 1000$); (c) wie (b) mit Precursorion-Auflösung $m/\Delta M = 2500$; (d) wie (b) mit Precursorion-Auflösung $m/\Delta M = 5000$ (Nachdruck aus Ref. [50])

11.3.2.4 Quantitative Analyse

Die Effektivität der MS bei quantitativen Analysen folgt aus der Möglichkeit, mit äquivalenter Spezifität simultane Messungen der Konzentrationen des gegebenen Analyten und eines hinzugefügten internen oder externen Standards zu machen. Eine optimale Genauigkeit wird bei der quantitativen MS dann erreicht, wenn der interne Standard ein stabiles isotopenmakiertes (am häufigsten ^{2}H-, ^{13}C- oder ^{18}O-) Analoges des Analyten ist. Diese Methode der quantitativen MS ist als massenspektrometrische Isotopenverdünnungsanalyse bekannt.

Die hohe Präzision, die bei quantitativen MS-Analysen erreicht werden kann, führte zu deren Übernahme als Referenzverfahren für weniger spezifische analytische Techniken, z.B. für das Radioimmunoassay. Ein Überblick über die methodischen Aspekte der quantitativen MS wird in [51] gegeben.

Bild 11.18 zeigt ein analytisches Protokoll, wie es für die Verwendung bei der quantitativen Analyse mittels MS empfohlen werden kann. Die Wiederfindungsrate des internen Standards während des Isolationsverfahrens sollte mit der des Analyten bis hin zur letzten MS-Detektionsstufe identisch sein und nicht von der des Analyten abweichen. Stabile isotopenmarkierte Analoge erfüllen im allgemeinen diese Forderung. Die Positionierung der Isotopenmarkierung muß sorgfältig überlegt werden, um das Risiko des Isotopenwechsels gering zu halten. Andere Faktoren, die berücksichtigt werden müssen, betreffen den Anteil an unmarkierter Substanz im synthetisch markierten internen Standard und die Möglichkeit der chromatographischen Trennung zwischen dem Analyten und dem isotopenmarkierten internen Standard. Interne Standards, die drei oder vier Isotopenmarkierungen enthalten, werden als ideal angesehen, obwohl in vielen Fällen auch zwei Markierungen ausreichen.

Die Menge des zugegebenen internen Standards sollte im Hinblick auf den zu bestimmenden Analyten von vergleichbarer Konzentration sein. Wichtig ist ferner ein Homogenisierungsschritt, um zu gewährleisten, daß der physikochemische Zustand des Analyten mit dem des internen Standards identisch ist. Eine akzeptable Äquilibrierungsmethode wäre die Zugabe der Kalibriersubstanz in einem geringen Volumen Ethanol (< 2% des Probevolumens) zur Plasmaprobe, gefolgt von einer Äquilibrierung für einige Stunden bei 4–20 °C [51]. Vorausgesetzt, die Kalibriersubstanz wurde gut ausgewählt, können wie in jedem anderen analytischen Protokoll Standardisoliertechniken und che mische Derivatisierungsverfahren eingesetzt werden. Das Hauptanliegen ist eine maximale Wiederfindungsrate des internen Standards und des Analyten.

Die GC-MS mit Isotopenverdünnungsmethode ist bei quantiativen Analysen wegen der Vorteile der on-line ausgeführten Verknüpfung eines hochauflösenden chromatographischen Schrittes mit der Massenspektrometrie weit verbreitet. Diese Kombination verringert das Risiko der Überlagerung von Ionen mit gleichem m/z des Analyten und des internen Standards. Kapillarsäulen werden gepackten Säulen im allgemeinen vorgezogen, da die höhere Effizienz der Kapillarsäulen das Signal-Rausch-Verhältnis vergrößert und damit die Nachweisgrenze stark verbessert. Bild 11.15 lieferte ein Beispiel für den Nachweis und die quantitative Analyse von Prostaglandin in menschlichem Gehirn unter Zugabe eines pentadeuterierten internen Standards unter Einsatz hochauflösender GC-MS im SIM-Modus.

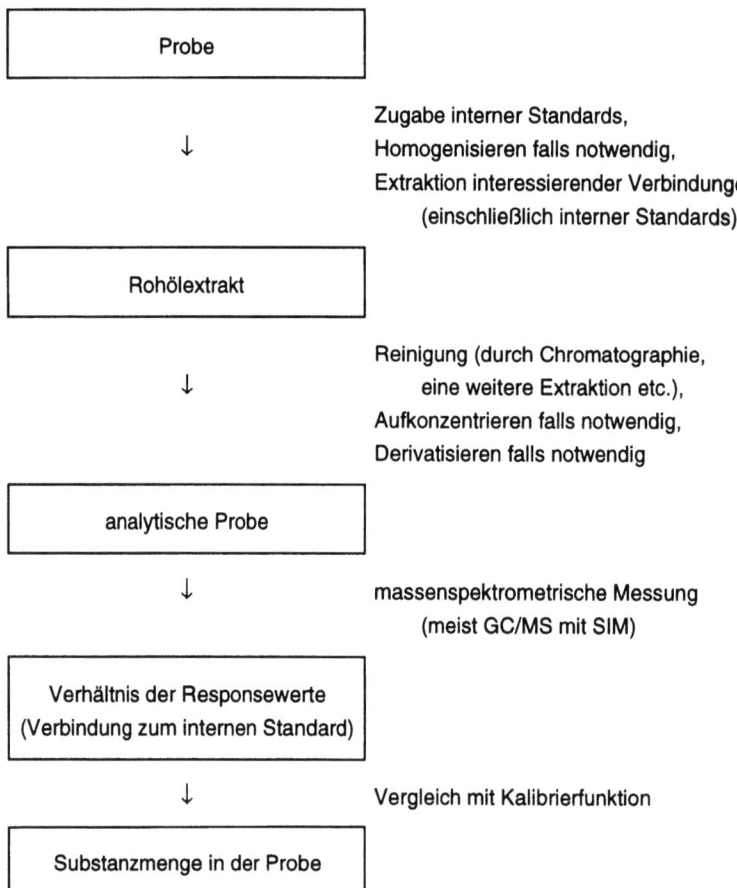

Bild 11.18 Ein analytisches Protokoll bei der quantitativen Massenspektrometrie (Nachdruck aus Ref. [52])

Literatur

[1] Evershed, R.P. in: Specialist Periodical Reports: *Mass Spectrometry* (Hrsg.: M. E: Rose), Vol. 9, Royal Society of Chemistry, London (**1987**), 196-263.

[2] Evershed, R.P. in: Specialist Periodical Reports: *Mass Spectrometry* (Hrsg.: M. E: Rose), Vol. 10, Royal Society of Chemistry, London (**1989**), 181-221.

[3] Chapman, J.R.: *Practical Organic Mass Spectrometry*, John Wiley & Sons, Chicester (**1985**).

[4] Knapp, D.R.: *Handbook of Analytical Derivatisation Reactions*, John Wiley & Sons, New York (**1979**).

[5] Lau, K.; King, G.S. (Hrsg.): *Handbook of Derivatives for Chromatography*, 1. Aufl., Heyden & Sons Ltd., London (**1977**).

[6] Blau, K.; Halket, J.M. (Hrsg.): *Handbook of Derivatives for Chromatography*, 2. Aufl., John Wiley & Sons, Chicester (**1993**).

[7] Hurst, R.E.; Settine, R.L.; Fish, F.; Roberts, E.C. *Anal. Chem.* **1981**, *53*, 2175.

[8] Evershed, R.P.; Prescott, M.C. *Biomed. Environ. Mass Spectrom.* **1989**, *18*, 503.

[9] Henneberg, D.; Henrichs, U.; Schomburg, G. *J. Chromatogr.* **1975**, *112*, 343.

[10] Arrendale, R.F.; Stevenson, R.F.; Chortyk, O.T. *Anal. Chem.* **1984**, *56*, 2997.

[11] Pankow, J.F.; Isabelle, L.M. *J. High Resolut. Chromatogr. Chromatogr. Commun.* **1987**, *10*, 617.

[12] Richter, W.J.; Schwarz, H. *Angew. Chem. Int. Ed. Engl.* **1978**, *17*, 424.

[13] Mather, R.E.; Todd, J.F.J. *Int. J. Mass Spectrom. Ion Phys.* **1979**, *30*, 1.

[14] Harrison, A.G. *Chemical Ionisation Mass Spectrometry*, CRC Press, Boca Raton (**1983**).

[15] Jennings, K.R.; Dolnikowski, G.G. *Methods Enzymol.* **1990**, *193*, 37.

[16] Hyver, K.J.; Phillips, R.J. *J. Chromatogr.* **1987**, *399*, 33.

[17] Hyver, K.J. *J. High Resolut. Chromatogr. Chromatogr. Commun.* **1988**, *11*, 69.

[18] Stafford, G.C.; Kelley, P.E.; Syka, J.E.P.; Reynolds, W.E.; Todd, J.F.J. *Int. J. Mass Spectrom. Ion Process.* **1984**, *60*, 85.

[19] McLuckey, S.A.; Glish, G.L.; Asano, K.G.; Grant, B.C. *Anal. Chem.* **1988**, *60*, 2220.

[20] Gross, M.J. *Methods Enzymol.* **1990**, *193*,131.

[21] Yost, R.A.; Boyd, R.K. *Methods Enzymol.* **1990**, *193*, 154.

[22] Marriott, P.J.; Gill, J.P.; Evershed, R.P.; Eglinton, G.; Maxwell, J.R. *Chromatographia* **1982**, *16*, 304.

[23] Boylan, D.B.; Calvin, M. *J. Am. Chem. Soc.* **1967**, *89*, 5472.

[24] Marriott, P.J.; Gill, J.P.; Evershed, R.P.; Hein, C.S.; Eglinton, G. *J. Chromatogr.* **1984**, *301*, 107.

[25] Gill, J.P.; Evershed, R.P.; Eglinton, G. *J. Chromatogr.* **1986**, *369*, 281.

[26] Gill, J.P.; Evershed, R.P.; Chicarelli, M.I.; Wolff, G.A.; Maxwell, J.R.; Eglinton, G. *J. Chromatogr.* **1985**, *350*, 37.

[27] Hites, R.A. *Methods Enzymol.* **1975**, *35*, 348.

[28] Murata, T. *Anal. Chem.* **1977**, *49*, 2209.

[29] Lipsky, S. R.; Duffy, M.L. *J. High Resolut. Chromatogr. Chromatogr. Commun.* **1986**, *9*, 725.

[30] Kyksis, A.; Myher, J.J.; Sandra, P. *J. Chromatogr.* **1990**, *500*, 427.

[31] Myher, J.J.; Kyksis, A.; Marai, L.; Sandra, P. *J. Chromatogr.* **1988**, *452*, 93.

[32] Ohishima, T.; Yon, H.-S.; Koizumi, C. *Lipids* **1989**, *24*, 535.

[33] Bhati, A. in: *Analysis of fats and oils* (Hrsg. R.J. Hamilton), Elsevier Applied Science, London (**1976**), S. 207-241.

[34] Evershed, R.P.; Prescott, M.C.; Goad, L.J. *Rapid Commun. Mass. Spectrom.* **1990**, *4*, 345.

[35] Evershed, R.P.; Goad, L.J. *Biomed. Environ. Mass. Spectrom.* **1987**, *14*, 131.

[36] Evershed, R.P.; Prescott, M.C.; Spooner, N.; Goad, L.J. *Steroids* **1989**, *53*, 285.

[37] Mares, P. *Prog. Lipid Res.* **1988**, *27*, 107.

[38] Evershed, R.P.; Prescott, M.C.; Goad, L.J. *J. Chromatogr.* **1992**, *590*, 305.

[39] Dickens, B.F.; Ramesha, C.S.; Thompson, G.A. *Anal. Biochem.* **1982**, *127*, 37.

[40] Riva, M.; Carisano, A. *J. Chromatogr.* **1969**, *42*, 464.

[41] Trehy, M.L.; Yost, R.A.; McCreary, J.J. *Anal. Chem.* **1984**, *56*, 1281.

[42] Yost, R.A.; Fetterolf, D.D.; Hass, J.R.; Harvan,D.J.; Weston, A.F.; Skotnicki, P.A.; Simon, N.A. *Anal. Chem.* **1984**, *56*, 223.

[43] Trehy, M.L.; Yost, R.A.;Dorsey, J.G. *Anal. Chem.* **1986**, *58*, 14.

[44] Evershed, R.P.; Mercer, J.G.; Rees, H.H. *J. Chromatogr.* **1987**, *390*, 357.

[45] Ishibashi, M.; Yamashita, K.; Watanabe, K.; Miyazaki, H. in: *Mass spectrometry in biomedical research* (Hrsg. S.J. Gaskell) John Wiley & Sons, Chichester (**1986**), S. 423.

[46] Gaskell, S.J.; Gould, V.J.; Leith, H.M. in: *Mass spectrometry in biomedical research* (Hrsg. S.J. Gaskell) John Wiley & Sons, Chichester (**1986**), S. 347.

[47] Finlay, E.M.H.; Gaskell, S.J. *Clin. Chem.* **1981**, *27*, 1165.

[48] Millington, D.S. *J Steroid Biochem.* **1975**, *6*, 239.

[49] Gaskell, S.J.; Millington, D.S *Biomed. Mass. Spectrom.* **1978**, *5*, 557.

[50] Gaskell, S.J.; Porter, C.J.; Green, B.W. *Biomed. Mass. Spectrom.* **1985**, *12*, 139.

[51] Lawson, A.M.; Gaskell, S.J.; Hjelm, M. *J. Clin. Chem. Clin. Biochem.* **1985**, *23*, 433.

[52] Rose, M.E. Johnstone, R.A.W. *Mass spectrometry for chemists and biochemists*, Cambridge University Press (**1982**), S. 101.

12 Die Gaschromatographie-Fourier-Transform-Infrarotspektroskopie-Kopplung

PETER JACKSON

12.1 Einleitung

Wie bereits aus früheren Kapiteln hervorgeht, wird seitens verschiedener Interessengruppen, seitens Regierung und legislativer Organe, der Gerichte und juristischer Berufsgruppen, der forensischen Wissenschaften, der Industrie und der Forschung zunehmend Druck auf den analytischen Chemiker ausgeübt, immer geringere Mengen eines Materials immer sicherer zu identifizieren. Wie schon gezeigt, betrachtet man die Kombination eines Trennverfahrens mit der Massenspektrometrie (LC-MS oder GC-MS) heute als das analytische Werkzeug, welches diesen Anforderungen am ehesten genügt. Doch auch bei den leistungsfähigsten Massenspektrometern ist mitunter eine Absicherung des Identifikationsergebnisses mit einer Vergleichstechnik notwendig, besonders dann, wenn mehrere strukturell sehr ähnliche Verbindungen in Frage kommen oder spezielle Isomeren zu bestimmen sind. Die Fourier-Transform-Infrarotspektroskopie (FTIR) im mittleren IR-Bereich ist für die Identifizierung funktioneller Gruppen und die Fingerprint-Analyse spezieller Isomeren gut geeignet. Sie wird routinemäßig zur Identifizierung fester, flüssiger und gasförmiger Proben mit steigender Anzahl von Anwendungen in der Umweltüberwachung und der industriellen Prozeßkontrolle eingesetzt. In Verbindung mit der NMR ist die FTIR eine ideale Ergänzung zur Massenspektrometrie.

In jüngster Zeit hat die Kombination der FTIR mit Trenntechniken, wie Superkritischer Fluidchromatographie (SFC-FTIR) und Flüssigchromatographie (LC-FTIR), bedeutende Fortschritte gemacht. Ein Übersichtsartikel zu den neuesten Entwicklungen wurde kürzlich veröffentlicht [1]. Dieser Anhang wird sich mit diesen Techniken nicht näher befassen, obwohl zu erwarten ist, daß sie mit Fortschreiten der Forschungsaufgaben in Zukunft auch kommerziell verfügbar sein werden. Derzeit ist die GC die am häufigsten mit der FTIR gekoppelte chromatographische Technik, zu der auch verschiedene kommerzielle Systeme erhältlich sind. Eine ähnliche Situation gab es zu Beginn der Entwicklung von Kopplungstechniken mit der Massenspektrometrie, da die GC mit ihren geringen Probemengen (pg–ng), niedrigen Trägergasflüssen (1–2 ml/min) und wenig Wechselwirkungen des Trägergases (H_2, He) für ein Massenspektrometer ein nahezu ideales Probeneinlaßsystem darstellt.

Leider ist die FTIR eine wesentlich unempfindlichere Technik und gewöhnlich nicht für die Spurenanalytik geeignet. Dennoch wurden Systeme entwickelt, die die Empfindlichkeit der FTIR auf ein Maximum erhöhen und eine Kopplung mit einem Gaschromatographen erlauben. An dieser Stelle sei noch einmal betont, daß die Einführung von auf Interferometern basierenden Fourier-Transform-IR-Geräten eine Kopplung mit der Gaschromatographie überhaupt erst möglich machte, da sie die schnelle Aufnahme hochempfindlicher Spektren erlauben.

Das unmittelbarste GC-FTIR-Interface ist das sogenannte „Lightpipe", ein schmales, innen mit Gold beschichtetes Röhrchen, welches die Eluenten nach der chromatographischen Trennung passieren müssen. Der IR-Strahl wird entlang des Lightpipes, das man bei erhöhter Temperatur, aber unter Normaldruck betreibt, geleitet. Damit befinden sich die interessierenden Probekomponenten mit der Gasphase einige Sekunden lang im Probenröhrchen. Auf diese Weise erreicht man für den Eluenten eine maximale Signalintensität. Allerdings ist die Empfindlichkeit der GC-FTIR-Kopplung aufgrund der kurzen Verweilzeit und der außerordentlich geringen Probenmenge begrenzt. Sie liegt etwa 2–3 Größenordnungen unter der vergleichbarer GC-MS-Geräte. Dennoch können mit Hilfe kommerzieller Lightpipe-GC-FTIR-Systeme wertvolle Daten über Verbindungen im Konzentrationsbereich von etwa 10 bis mehreren 100 ng gewonnen werden.

Neben den Lightpipe-Geräten gibt es noch zwei weitere Interface-Konstruktions-prinzipien, die höhere Empfindlichkeiten bieten. Beide bedienen sich Kühleffekten, um die bei hoher Temperatur im GC getrennten Verbindungen für die Spektrenaufnahme zu lokalisieren. Das erste Konstruktionsprinzip, entwickelt im Argonne International Laboratory [2-5], arbeitet mit Matrixisolation (MI), um den GC-Eluenten zu „trappen". Ursprünglich zur Untersuchung instabiler oder reaktiver Spezies entwickelt, ist die MI heute eine etablierte Methode, mit dem Vorteil, daß die typischen Matrixkomponenten wie Argon, Stickstoff oder Xenon für die IR-Strahlung durchlässig sind. Bei der GC-MI-FTIR-Technik wird der Eluent nach der Trennung mit überschüssigem Argon vermischt und bildet bei sehr tiefen Temperaturen so eine glasartige Matrix auf einer sich bewegenden, reflektierenden Oberfläche. Beim zweiten Konstruktionsprinzip [6, 7] wird der Eluent direkt auf einem stark gekühlten, beweglichen und IR-durchlässigen Fenster abgelagert. In beiden Fällen wird der Eluent bei niedriger Temperatur als feste Matrix „aufbewahrt", wodurch mehr Zeit für die Aufnahme der IR-Spektren bleibt und dabei das Signal-Rausch-Verhältnis durch Spektrenakkumulation verbessert werden kann. Dies ist auch durch Verwendung von fokussierter IR-Optik oder FTIR-Mikroskop-Detektion erreichbar. Beide Techniken zeichnen sich im Vergleich zu den Gasphasenspektren durch schmalere Banden aus: Bei MI-Spektren verringert sich die Bandbreite durch die Elimination intermolekularer Effekte (z.B. Bandenverbreiterung aufgrund von Wasserstoffbrückenbindungen) mitunter zusätzlich. Die Kombination dieser Faktoren resultiert in einer erhöhten Empfindlichkeit, die damit der normaler GC-MS-Geräte nahe kommt. Beide „probeaufbewahrende" Interfacetypen sind mittlerweile als kommerzielle Geräte erhältlich (CRYOLECT GC-MI-FTIR[a] und TRACER GC-FTIR[b]).

---

[a] Eingetragenes Warenzeichen der Fa. Mattson Instruments,
[b] eingetragenes Warenzeichen der Fa. DigiLab Corp.

12.2 Beschreibung der Techniken

12.2.1 Lightpipe-GC-FTIR

In einem typischen Lightpipe-GC-FTIR-System wird der Eluent unmittelbar im Anschluß an die chromatographische Trennung in einer Durchflußzelle gesammelt. Das Lightpipe wird bei einer Temperatur, die oberhalb der höchsten vorkommenden Säulentemperatur liegt, gehalten. Auf diese Weise schließt man Einflüsse durch negative Temperaturgradienten zwischen Trennsäule und IR-Interface aus und vermindert gleichzeitig die Kontamination der inneren Lightpipe-Oberfläche. Lightpipes können unterschiedliche Formen haben, die Verwendung einer reflektierenden, inerten Beschichtung auf der inneren Oberfläche ist jedoch allen gemeinsam. Bei zwei kommerziellen Geräten ist das Lightpipe ein innen mit Gold beschichtetes Glasröhrchen. Der IRD[a] von Hewlett-Packard arbeitet mit einem 120 mm langen Lightpipe von 1 mm Innendurchmesser, während das System der Firma Bruker ein Lightpipe der Abmessungen 200 mm × 0,8 mm verwendet. Maximale Empfindlichkeit wird erreicht, wenn das Volumen des Lightpipes dem Trägergasfluß und den Peakbreiten angepaßt ist.

Gasphasenspektren werden gewissermaßen „im Fluge", während des GC-Analysenlaufs aufgenommen, üblicherweise bei einer Spektrometerauflösung von 8–32 cm^{-1}. Wegen der begrenzten Spektrenaufnahmezeit (abhängig von der mittleren Verweilzeit der getrennten Komponenten im Lightpipe) kann für jeden Punkt des Chromatogramms nur eine gewisse Anzahl von FTIR-Scans akkumuliert werden. Normalerweise nimmt man je nach Peakbreite und Empfindlichkeitsanforderungen zwischen 2 und 10 Scans pro Sekunde auf. Das Total-IR-Response-Chromatogramm ist durch Realzeitverarbeitung (üblicherweise unter Verwendung des Gram-Schmidt-Algorithmus) erhältlich. Bei höher entwickelten Systemen, die über die Möglichkeit des Fast-Array-Processing verfügen, kann man sich auch nur ausgewählte Wellenlängen registrieren lassen. Diese Technik ist mit der Aufzeichnung ausgewählter Massenspuren im GC/MS vergleichbar und dient der Verbesserung von Empfindlichkeit und Selektivität.

Da Lightpipe-Geräte im Fluge und mit einem relativ sauberen Detektor arbeiten, ist mit Hilfe eines automatischen Probengebers für den GC ein vollautomatischer Betrieb, der auch Über-Nacht-Messungen einschließen kann, möglich.

12.2.2 Niedrigtemperatur-Matrixisolations-GC-FTIR

Im CRYOLECT GC-MI-FTIR-System der Firma Mattson wird der GC-Eluent (in Helium als Trägergas) in einer offenen 4-Wege-Kreuzung mit einem Argon-in-Helium Make-up-Gas gemischt, so daß sich ein Argon/Probe-Verhältnis von 1:100 bis 1:1000 Atomen bzw. Mole-

---

[a] IRD ist ein eingetragenes Warenzeichen der Firma Hewlett-Packard

külen ergibt. Die Gasflüsse in der Kreuzung werden dabei so ausgeglichen, daß ein vollständiger Transfer des eluierenden Materials in das Matrixisolationsinterface gewährleistet ist. Von dort aus wird der Eluent über eine beheizte Tansferline (Kapillare mit 0,32 mm ID) und eine ebenfalls beheizte Abscheidungsspitze in die Matrixisolationsvakuumkammer überführt. Die Spitze wird während der Abscheidung etwa 0,3 mm vom polierten Rand einer Goldscheibe entfernt gehalten und, wenn keine Abscheidung erfolgt, auf eine Entfernung von etwa 3 cm zurückgezogen, um eine Kontamination bereits abgelagerter Probe zu vermeiden. Bei Gasflüssen von 1-2 ml/min aus der Transferline liegt der Druck in der Vakuumkammer zwischen 5×10^{-5} und 2×10^{-4} Torr. Das hohe Vakuum ist notwendig, um die Bildung kondensierter atmosphärischer Kontaminanten auf den kalten Oberflächen zu verhindern. Das Argon-Probe-Gemisch wird dann auf die Seite der stark gekühlten Scheibe gespritzt, deren Temperatur in der Regel zwischen 7 und 20 K liegt. Die Kühlung erfolgt mittels eines geschlossenen Heliumkreislaufs mit Expander und Kühler.

Während des GC-Analysenlaufs wird die gesamte Anordnung der gekühlten Scheibe und der Kühlvorrichtung mit Hilfe eines Schrittmotors langsam gedreht. Dieser Prozeß unterliegt vollständig der Steuerung durch den Computer, so daß die Position des Schrittmotors in direktem Zusammenhang mit der GC-Retentionszeit steht. Dadurch erreicht man die für die Erstellung von GC-FTIR-Chromatogrammen notwendige Zeitübereinstimmung.

Der IR-Strahl des Spektrometers wird auf die Probe fokussiert, dabei von der Goldscheibe reflektiert, wodurch er die Probe ein zweites Mal passiert, und anschließend von einem Paar parabolischer Spiegel aufgefangen. Für ein Optimum an Empfindlichkeit sind die Größe des Probenspots auf der Goldplatte, der Durchmesser des fokussierten IR-Strahls und die Größe des Detektionselements aufeinander abzustimmen. Bisher hat sich gezeigt, daß dies in praktischen Systemen oft nicht der Fall ist. In einem System [8] hatte das Detektionselement die Abmessungen $0,5 \times 0,5$ mm, der Durchmesser des IR-Strahls betrug 0,37 mm und der Matrixdurchmesser 0,17 mm. Andere Arbeitsgruppen [9] verwendeten einen Matrixdurchmesser von 0,3 mm mit gleichen Parametern für IR-Strahl und Detektor.

Die mit dem MI-Interface erreichte chromatographische Auflösung hängt von der GC-Peakbreite, der Peaktrennung, der Bewegung der kalten Oberfläche und der Größe des Probenspots ab. Bei einer geeigneten Rotationsgeschwindigkeit der Goldscheibe ist es möglich, die GC-Trennung ohne nennenswerten Empfindlichkeitsverlust aufrechtzuerhalten. Am CRYOLECT ist eine Variation der Rotationsgeschwindigkeit nicht direkt über die Software möglich. Es wurden deshalb manuelle Methoden und externe Softwareprogramme [10] entwickelt, die es erlauben, Rotationsgeschwindigkeiten von 0,05–0,5 mm/s einzustellen.

Ist die Probe auf der gekühlten Scheibe abgeschieden, kann sie analysiert werden. Im Unterschied zu GC-MS oder GC-Lightpipe-FTIR werden dabei die Spektren nicht im Fluge aufgenommen, wodurch eine Zeitverzögerung zwischen der chromatographischen Trennung und der nachfolgenden Spektrenaufnahme entsteht. Im CRYOLECT wird die matrixisolierte Probe durch Drehung der Scheibe um 180° in den IR-Strahl positioniert. Anschließend wird die Scheibe Schritt für Schritt gescannt und man erhält so eine niedrigaufgelöste „Rekonstruktion" derselben. Es handelt sich dabei einfach um ein schnelles Gram-Schmidt-Absorptionsmuster der abgelagerten Probe, das FTIR-Chromatogramm. Der Gram-Schmidt-Algorithmus liefert einen schnellen und bequemen Überblick über die Totalabsorption im gesamten detektierten Frequenzbereich. Erscheint dieses Chromatogramm auf dem Bildschirm, sucht man, da das FTIR-Spektrometer ein Einstrahlgerät ist, interessierende Peaks und Untergrundpositionen mit dem Cursor aus, aus denen sich, zueinander ins Verhältnis gesetzt, ein Spektrum der Probe an sich ergibt. Auf diese Weise erhält man ein hochaufgelöstes und hochempfindliches Spektrum des interessierenden Peaks.

Der FTIR-Detektor reagiert sehr empfindlich auf Verunreinigungen durch Wasser oder CO_2, die entweder aus feuchten Proben, Undichtigkeiten oder durch die Luft ins System gelangt sind. Die aus der Luft stammenden Verunreinigungen Stickstoff und Sauerstoff sind IR-durchlässig und stören nicht. Wasser kann im IR-Spektrum sowohl als Eis mit breiten Signalen infolge starker Wasserstoffbrückenbindungen als auch in Form matrixisolierter Moleküle (einschließlich di- und trimerer Formen) mit schmalen Signalen oberhalb 3500 cm^{-1} zu sehen sein, in letzterem Fall mit geringeren Interferenzen und Überlagerungen mit Banden anderer saurer funktioneller Gruppen.

Zur Reinigung der gekühlten Scheibe läßt man diese sich einfach auf Zimmertemperatur erwärmen. Wegen des hohen Argon-zu-Probe-Verhältnisses in der Matrix verdampft die Probe dabei vollständig, selbst wenn es sich um relativ schwerflüchtige Verbindungen handelt. Eine zusätzliche Reinigung der Scheibe ist nur notwendig, wenn häufig schwerflüchtige Verbindungen in hohen Konzentrationen gemessen werden.

12.2.3 GC-FTIR mit Niedrigtemperatur-Abscheidung fester Probe

Mit dieser Art Interface arbeitet der Bio-Rad Digilab TRACER. Dabei wird die Kapillarsäule an eine desaktivierte Fused-silica-Transferline gekoppelt, welche ihrerseits über ein Edelstahlröhrchen mit der Vakuumkammer des GC-FTIR-Interfaces verbunden ist. Eine Fused-silica-Abscheidungsspitze mit einem Innendurchmesser von 150 µm reduziert am Ende der Transferline den Fluß auf etwa 1 ml/min. Die Abscheidungsspitze wird sorgfältig etwa 30 µm über der Oberfläche eines sich bewegenden und mit flüssigem Stickstoff auf 77 K gekühlten Zinkselenid-Fensters (ZnSe) ausgerichtet. Das Fenster wird separat ausgerichtet, um sich in einer Ebene, die im 90°-Winkel zur Abscheidungsspitze liegt, zu bewegen. Wie auch beim CRYOLECT befindet sich das Interface in einer Hochvakuumkammer mit einem Unterdruck von 10^{-5} Torr, um Kondensation zu verhindern. Die üblichen atmosphärischen und aus der Probe stammenden Verunreinigungen (Wasser und CO_2) geben intensive breite Banden, wenn sie auf dem gekühlten Fenster in fester Form abgeschieden werden. Sowohl Abscheidungsspitze als auch Transferline werden auf die übliche Temperatur von 250 °C geheizt, damit ein vollständiger Transfer des GC-Eluenten durch das Interface gewährleistet ist.

Die eluierenden Komponenten werden aus der Transferline auf das gekühlte Fenster gesprüht und dort in fester Form immobilisiert. Die Abscheidungsspur hat einen Durchmesser von ungefähr 100–150 µm. Der IR-Strahl wird mit Hilfe eines Flip-Spiegels ausgewählt und mit einem goldbeschichteten asphärischen Spiegel auf das sich bewegende Fenster fokussiert. Er passiert dabei die Probe und das ZnSe-Fenster, bevor er mit einem Infrarot-Mikroskop, welches aus zwei Schwartzchild-Objektiven und einem MCT-Detektor mittleren Bereiches besteht, aufgefangen wird.

Das Fenster wird während der GC-Analyse mit Hilfe eines X-Y-Schrittmotors kontinuierlich bewegt. Der Strahlgang des IR-Strahls liegt unmittelbar neben der Abscheidungsspitze, so daß ihn die abgelagerten Komponenten wenige Sekunden nach der Abscheidung passieren. Die Scanrate, mit der das Fenster abgetastet wird, ist über die Software steuerbar. Zum Ausgleich der größeren Peakbreiten chromatographischer Peaks bei höheren Retentionszeiten arbeitet man in der Regel mit abnehmender Geschwindigkeit für das Fenster. Damit bleiben Aufkonzentrierung der Probe und Breite der Abscheidungsspur im Vergleich zur Größe des IR-Strahls optimal. Die Interferogramme werden im Fluge aufgenommen, wobei man meist innerhalb von 2 Sekunden 4 Scans mittelt und bei einer Auflösung von 8 cm^{-1} arbeitet. Unmittelbar während der Analyse findet eine Rekonstruktion nach dem Gram-Schmidt-Algorithmus statt, die das FTIR-Chromatogramm liefert. Die Interferogramme werden ebenfalls im Rechner gespeichert, so daß nach der Beendigung der GC-Analyse die FTIR-Spektren abrufbar sind und außerdem Chromatogramme ausgewählter Wellenlängen (und damit spezieller funktioneller Gruppen) rekonstruiert werden können. Auch ein Post-Run-Scanning des Fensters ist möglich, indem das Fenster an der richtigen Schrittmotorposition (bei einer bestimmten Retentionszeit) unter dem IR-Strahl repositioniert wird. Das erlaubt die Aufnahme von Spektren interessierender Verbindungen mit höherer Auflösung und einem besseren Signal-Rausch-Verhältnis. Einen Nachteil dieser Technik birgt die starr montierte Abscheidungsspitze. Da sich der IR-Strahl unmittelbar neben der Spitze befindet, kann eine Repositionierung der Probe in den Strahl zum Verlust derselben führen, da die Gefahr der Verunreinigung durch aus der Transferline eluierende Verbindungen besteht.

Die Kapazität des gekühlten Fensters ist ausreichend für Eluenten aus mehr als 10 Stunden Chromatogrammlauf. Die Reinigung des Fensters erfolgt durch Erwärmen auf Raumtemperatur im Hochvakuum. Hartnäckige Verunreinigungen können auftreten, wenn besonders hochsiedende Verbindungen abgeschieden wurden. In solchen Fällen ist eine manuelle Reinigung des Fensters erforderlich.

12.3 Empfindlichkeit der GC-FTIR-Kopplung

Die Empfindlichkeit der oben vorgestellten Interfacetypen ist Gegenstand einer in neuerer Zeit durchgeführten Studie [11], bei der eine Serie von Coffein-Standards an einem repräsentativen Lightpipe-Gerät – einem Hewlett-Packard-IRD – sowie zwei Geräten mit Probenabscheidung – einem CRYOLECT- und einem TRACER-Gerät – analysiert wurde (s. Bild 12.1). Dabei wurden Lösungen mit Konzentrationen von 500, 100, 50, 10, 5, 1, 0,5, 0,1, 0,05 und 0,01 mg/l in Toluol unter folgenden Bedingungen vermessen:

- GC-FTIR-Gerät: IRD, CRYOLECT, TRACER
- Trennsäule: IRD und CRYOLECT: CP-Sil 8CB, 25 m x 0,32 mm ID, 0,25 µm Filmdicke; TRACER: CP-Sil 5CB, 25 m × 0,25 mm ID, 0,25 µm Film,
- Injektortemperatur: 250 °C
- Temperaturprogramm: IRD und CRYOLECT: ab 120 °C 10 °/min bis 260 °C, dann 5 min isotherm; TRACER: 80 °C, 2 min isotherm, dann 25 °/min bis 120 °C, weiter 10 °/min bis 280 °C, dann 2 min isotherm.

Mit dem HP IRD wurden Chromatogramme und Spektren aufgezeichnet. Dabei kamen sowohl Splitlos- als auch Splitinjektion zur Anwendung. Das Splitverhältnis wurde mit 38:1 ermittelt. Die injizierte Probenmenge betrug in allen Fällen 1 µl Lösung. Bei der Splitlos-Injektion ergaben sich Signale für die Lösungen der Coffein-Konzentrationen 500, 100 und 50 mg/l, im Split-Betrieb nur für die 500 mg/l Lösung, bei der 13 ng Coffein auf die Säule gelangten. Daraus folgt eine effektive Nachweisgrenze von etwa 10 ng Coffein absolut. Am CRYOLECT-Gerät erfolgte die Aufnahme der rekonstruierten Chromatogramme und der FTIR-Spektren im Anschluß an eine Splitinjektion mit einem Splitverhältnis von 25:1. Bei einer injizierten Probenmenge von 1 µl konnten Coffein-Spektren für Mengen zwischen 20 ng und 40 pg absolut erhalten werden. Bei der niedrigsten Konzentration betrug das Signal-Rausch-Verhältnis für die Carbonyl-Bande bei 1660 cm^{-1} 4,5:1 mit einem Rauschen von 0,0004 A (gemessen bei 2000 cm^{-1}). Durch Aufnahme von insgesamt 2048 Scans konnte das Signal-Rausch-Verhältnis auf 18:1 verbessert werden. Am TRACER-Gerät wurden bei Split- und Splitlos-Messungen Spektren für Konzentrationen von bis zu 35 pg absolut erhalten. Die Peak-Absorbanz betrug 0,0048 A, was bei einem Rauschen von 0,00015 A, gemessen aus 512 Scans bei 4 cm^{-1} Auflösung, einem Signal-Rausch-Verhältnis von 32:1 entspricht.

Diese Ergebnisse zeigen, daß die probenabscheidenden Interfacetypen gegenüber einem Lightpipe-Gerät einen Empfindlichkeitszuwachs von 2–3 Größenordnungen bedeuten. Die Optik des TRACER-Gerätes ist besser auf die Größe des Abscheidungsspots und des IR-Strahls abgestimmt als die des CRYOLECT, wodurch letzteres etwas unempfindlicher ist, obwohl die generell schmaleren Banden der MI-FTIR diesen Nachteil zum Teil aufwiegen.

12.4 Auflösung der GC-FTIR-Kopplung

Prinzipiell wird die mit einem GC-FTIR-System erreichbare chromatographische Auflösung nur von der Trennsäule bestimmt. In der Praxis zeigt sich jedoch ein Zusammenhang zwischen Empfindlichkeit und chromatographischer Auflösung der hier betrachteten Interfacetypen.

Die chromatographische Leistungsfähigkeit von Lightpipe- und probenabscheidenden GC-FTIR-Interfaces wurde an Hand eines Grob-Testgemisches überprüft [11]. Das Gemisch enthielt die folgenden Verbindungen in gleichen Konzentrationen in Dichlormethan: *1* – Octan-2-on, *2* – Octan-1-ol, *3* – 2,6-Dimethylphenol, *4* – 2,4-Dimethylanilin, *5* – Naphthalin, *6* – Tridecan, *7* – Tetradecan. Die chromatographischen Bedingungen waren wie folgt:

- GC-FTIR-Gerät: IRD, CRYOLECT, TRACER
- Trennsäule: IRD und CRYOLECT: CP-Sil 8CB, 25 m × 0,32 mm ID, 0,25 µm Filmdicke; TRACER: DB-5, 30 m × 0,25 mm ID, 0,25 µm Filmdicke;
- Splitverhältnis: IRD: 82:1, CRYOLECT und TRACER: 25:1
- Injektortemperatur: 280 °C
- Temperaturprogramm: 50 °C, 2 min isotherm, 22 °/min bis 280 °C, 5 min isotherm.

394 12 Die Gaschromatographie-Fourier-Transform-Infrarotspektroskopie-Kopplung

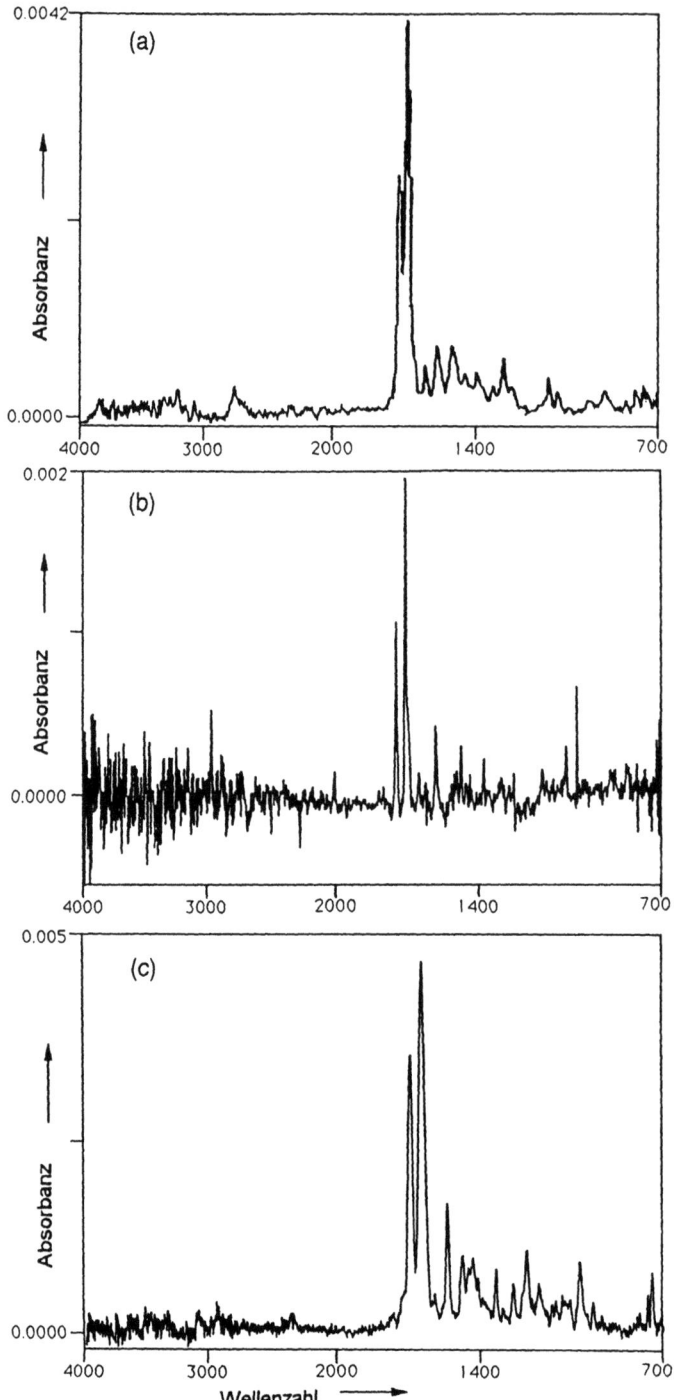

Bild 12.1 FTIR-Spektren von Coffein-Standards: (a) HP-IRD, 4 Scans, Auflösung 8 cm^{-1}, Probenmenge 13 ng absolut; (b) CRYOLECT 2048 Scans, Auflösung 4 cm^{-1}, Probenmenge 40 pg absolut; (c) TRACER, 512 Scans, Auflösung 4 cm^{-1}, Probenmenge 35 pg absolut.

12.4 Auflösung der GC-FTIR-Kopplung

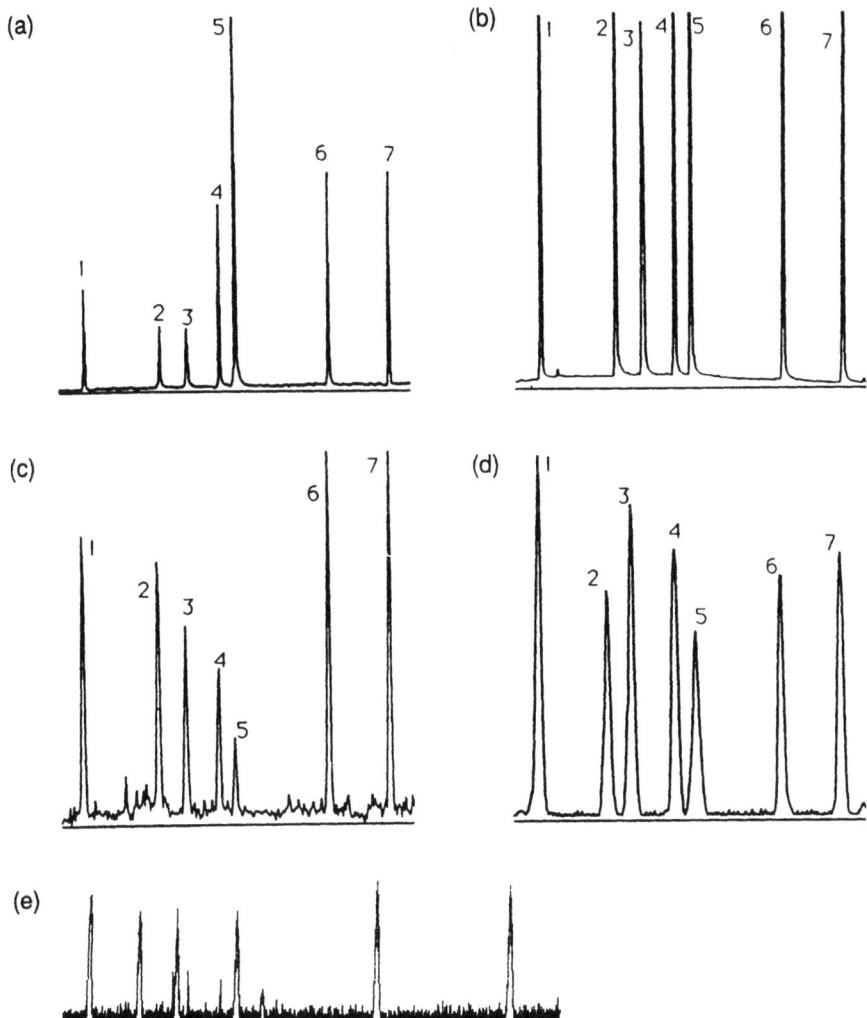

Bild 12.2 Chromatogramme der Grob-Testmischung: (a) GC-FID, (b) TIC GC/MS, (c) CRYOLECT GC-MI-FTIR, (d) TRACER GC-FTIR, (e) Lightpipe-GC-FTIR. Verbindungen: *1* – Octan-2-on, *2* – Octan-1-ol, *3* – 2,6-Dimethylphenol, *4* – 2,4-Dimethylanilin, *5* – Naphthalin, *6* – Tridecan, *7* – Tetradecan.

Alle betrachteten Interfaces waren in der Lage, die mittels GC-FID und GC-MS trennbaren Komponenten ebenfalls zu trennen, obwohl – in Abhängigkeit von den verwendeten Interface-Parametern – verschiedene Peakverbreiterungen beobachtet wurden. Bild 12.2 zeigt die Lightpipe-, CRYOLECT- und TRACER-GC-FTIR-Chromatogramme sowie die GC-FID und GC-MS-(Totalionenstrom-)-Chromatogramme der Grob-Testmischung. Einige Unterschiede in den Peakintensitäten sind bei den einzelnen Techniken erkennbar. Dies ist auf die unterschiedlichen Responsefaktoren der Komponenten am jeweiligen Detektor zurückzuführen.

Ist der Gasfluß durch das Lightpipe zu groß oder sind die Peaks zu breit, läßt die Empfindlichkeit nach. Sind andererseits der Fluß zu gering und die Peaks sehr schmal, kann sich die chromatographische Auflösung verschlechtern, wenn mehrere Komponenten gleichzeitig in das Lightpipe gelangen. Um niedrige Trägergasflüsse auszugleichen, benutzt das Bruker-Lightpipe-System ein Make-up-Gas. Die chromatographischen Anforderungen werden in [12] genauer diskutiert.

Bei beiden Typen der probenabscheidenden Niedrigtemperatur-Interfaces ergibt sich die erreichte chromatographische Auflösung aus der komplexen Beziehung von Größe des Abscheidungsspots, Geschwindigkeit der Scheibe bzw. des Fensters, GC-Peakbreite sowie Trennung und Stärke des IR-Strahls. Wie bereits erwähnt, spielt auch die Empfindlichkeit eine Rolle. So läßt sich die chromatographische Auflösung besser erhalten, wenn man die gekühlte Oberfläche schneller bewegt, wodurch die Probe allerdings in einer dünneren Schicht abgeschieden wird, was einen Empfindlichkeitsverlust zur Folge hat. Am CRYO-LECT-Gerät ist die Geschwindigkeit der Scheibe mit 50 µm/s fest vorgegeben. Eine neuere Untersuchung [10] hat jedoch gezeigt, daß diese Geschwindigkeit in vielen Fällen zu niedrig ist, weshalb Computerprogramme entwickelt wurden, die eine variable Einstellung der Geschwindigkeit zulassen. Andere Arbeitsgruppen haben die Geschwindigkeit den jeweiligen chromatographischen Bedingungen manuell angepaßt. Am TRACER-Gerät ist die Geschwindigkeit des gekühlten Fensters, angepaßt an die chromatographische Trennung, programmierbar. Oft verwendet man sogar eine programmierte Steigerung, um die Peakverbreiterung bei zunehmenden Retentionszeiten auszugleichen.

Bild 12.3 zeigt den Effekt einer Variation der Scheibengeschwindigkeit am CRYO-LECT-Gerät. Die Verbesserung der chromatographischen Auflösung bei schrittweiser Erhöhung der Geschwindigkeit von 40 auf 400 µm/s ist deutlich erkennbar.

12.5 GC-FTIR-Spektren

Jeder Interfacetyp liefert Spektren, die charakteristisch für Aggregatzustand und Temperatur der Probe sind. Bei Lightpipe-Geräten erfolgt die Aufnahme der Spektren in der Gasphase, üblicherweise bei Temperaturen um 250 °C. Als Folge dessen haben die Spektralbanden vieler Moleküle Bandbreiten zwischen 10 und 20 cm^{-1}. Zwar existieren Spektrenbibliotheken für die Gasphase, jedoch sind viele der mittels GC-FTIR untersuchten Verbindungen bei Raumtemperatur flüssig oder fest und ihre Gasphasenreferenzspektren deshalb oft nicht zugänglich.

Die mit dem TRACER-Interface erhaltenen Spektren sind, wie zu erwarten, charakteristisch für den festen Aggregatzustand. Hier ist für Verbindungen mit Wasserstoffbrückenbindungen eine signifikante Bandenverbreiterung zu beobachten. Außerdem können bei der Probenabscheidung Kristallisationsprozesse auftreten, die möglicherweise zu einem Aufsplitten der Absorptionsbanden führen. Eine Bibliothekssuche in FTIR-Bibliotheken bei Raumtemperatur erstellter Spektren ist prinzipiell möglich. Aus dem Zustand der Probe resultierende Unterschiede sollten dabei jedoch nicht außer acht gelassen werden. Die Spektren von bei Raumtemperatur flüssigen Verbindungen können sich von denen amorpher oder wachsartiger Feststoffe durchaus unterscheiden.

12.5 GC-FTIR-Spektren

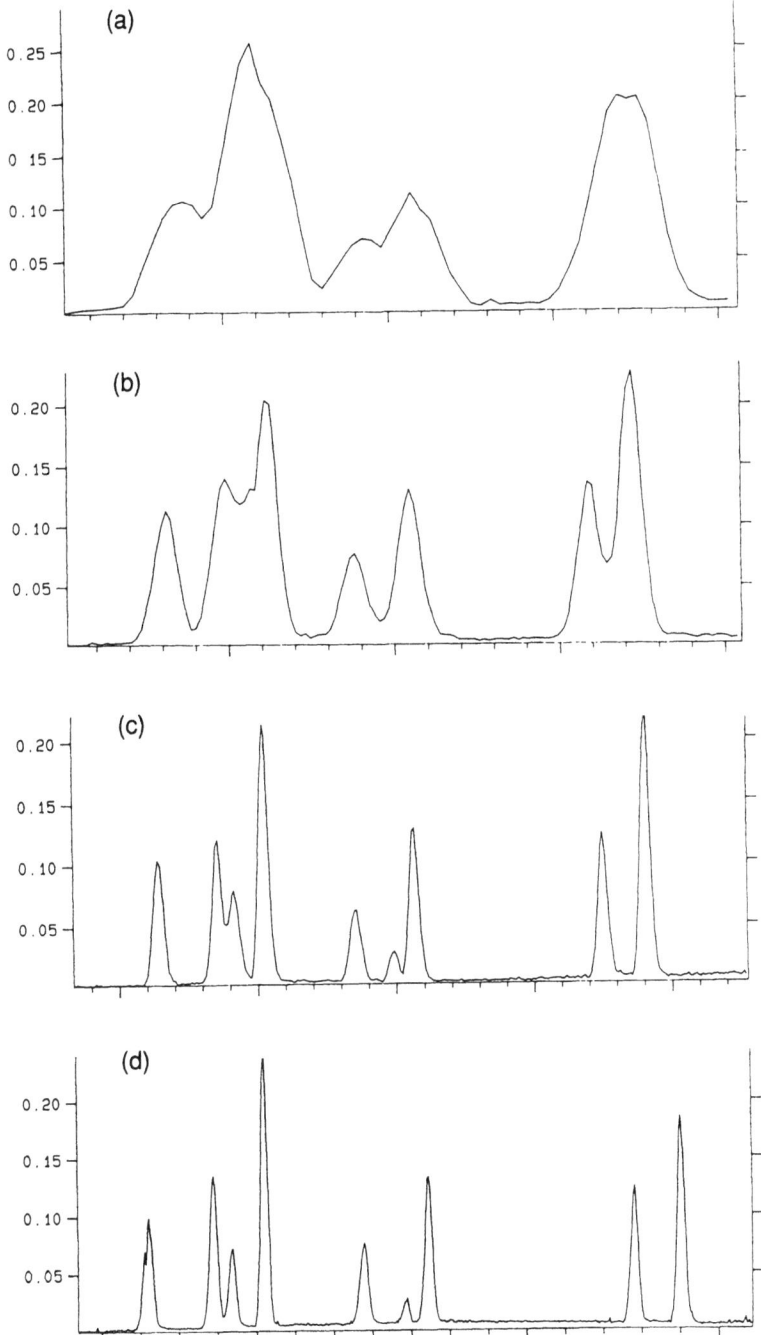

Bild 12.3 GC-MI-FTIR-Chromatogramme eines Testgemisches aus 9 Komponenten, aufgenommen bei unterschiedlichen Rotationsgeschwindigkeiten der gekühlten Scheibe; (a) 40 µm/s, (b) 80 µm/s, (c) 200 µm/s und (d) 40 µm/s. Deutlich erkennbar ist die Verbesserung der chromatographischen Auflösung. Die für den Erhalt der optimalen GC-Auflösung notwendigen Parametereinstellungen können von Probe zu Probe variieren.

Bei der Matrixisolationstechnik können Banden funktioneller Gruppen, die Wasserstoffbrückenbindungen bilden, infolge der Elimination intermolekularer Wechselwirkungen stark verschmälert sein, obwohl experimentell Veränderungen der Lage der Banden bei Verwendung verschiedener Matrixgase beobachtet wurden, die auf Wechselwirkungen von Probe und Matrix zurückzuführen sind. Diese schmaleren Banden können auch dazu führen, daß sich die relativen Intensitäten der Banden zueinander von denen bei Raumtemperatur aufgenommener FTIR-Spektren stark unterscheiden. Die niedrigen Temperaturen können außerdem Auswirkungen auf die Bandenintensitäten haben. Die scharfen Banden von MI-FTIR-Spektren lassen eine sehr selektive Bibliothekssuche zu. Allerdings blieb bislang die Zahl der Einträge in MI-FTIR-Spektrenbibliotheken sehr begrenzt (ca. 5000). Der Vergleich einzelner Banden mit bei Raumtemperatur aufgenommenen Spektren hat sich als sinnvoll erwiesen, eine Bibliothekssuche nach kompletten Spektren jedoch nicht. Die beschriebenen Matrixeinflüsse nehmen mit zunehmender Probenkonzentration und Molekülgröße ab; die Spektren ähneln dann immer mehr denen von Feststoffen.

Bild 12.4 enthält als Beispiel für ein mit Probenabscheidung aufgenommenes Spektrum dasjenige von Octan-2-on. Es zeigt die typischen Eigenschaften solcher Spektren, einschließlich der Unterschiede zwischen Spektren, die mittels MI-FTIR bei verschiedenen Matrix/Probe-Verhältnissen aufgenommen wurden. Bei der niedrigeren Konzentration (Bild 12.4a) ist die Carbonylbande gespalten mit Maxima bei 1715 und 1732 cm^{-1}. Demgegenüber ist bei der höheren Konzentration (Bild 12.4b) nur eine einzige, breitere Carbonylbande zu beobachten. Das Festphasenspektrum des Octan-2-on, aufgenommen am TRACER (Bild 12.4c), zeigt bereits Anzeichen einer Kristallisation in Form von Aufspaltungen der Banden (besonders des CH-Dupletts bei 720 cm^{-1}).

12.6 Quantifizierung mittels GC-FTIR

Es gibt viele Beispiele für die Anwendung der GC-FTIR zur quantitativen Bestimmung von Gemischkomponenten. Die Einführung der hochempfindlichen Probenabscheidungstechniken hat dazu geführt, daß sich die Forschung auch mit den quantitativen Aspekten der GC-FTIR-Kopplung befaßt. Besonders auf dem Gebiet der GC-MI-FTIR wurden zahlreiche Untersuchungen durchgeführt. In ersten Arbeiten fand man eine schlechte experimentelle Präzision (relative Standardabweichung > 20%). Childers et al. [8] untersuchten den Einfluß der experimentellen Parameter auf die quantitative Bestimmung mittelflüchtiger organischer Verbindungen (semivolatile organic compounds, SVOC) in angereicherten Luftproben. Mit den Xylol-Isomeren sowie mit *p*-Xylol-d_{10} als Testverbindungen studierten sie die Einflüsse der Position der Abscheidungsspitze, der Methode der Scheibenbeprobung und des zeitlichen Ablaufs des Experiments.

Unter den gegebenen GC-Bedingungen konnten *m*- und *p*-Xylol nicht getrennt werden. Dadurch war eine separate Bestimmung der Konzentrationen beider Isomeren mittels GC-FID oder GC-MS unmöglich. Die FTIR-Spektroskopie wiederum ist stark isomerenspezifisch. Im FTIR-Spektrum coeluierender chromatographischer Peaks sind für die *m*- und *p*-Isomeren separate Banden erkennbar, was trotz Überlagerung eine Quantifizierung beider Isomeren erlaubt.

12.6 Quantifizierung mittels GC-FTIR

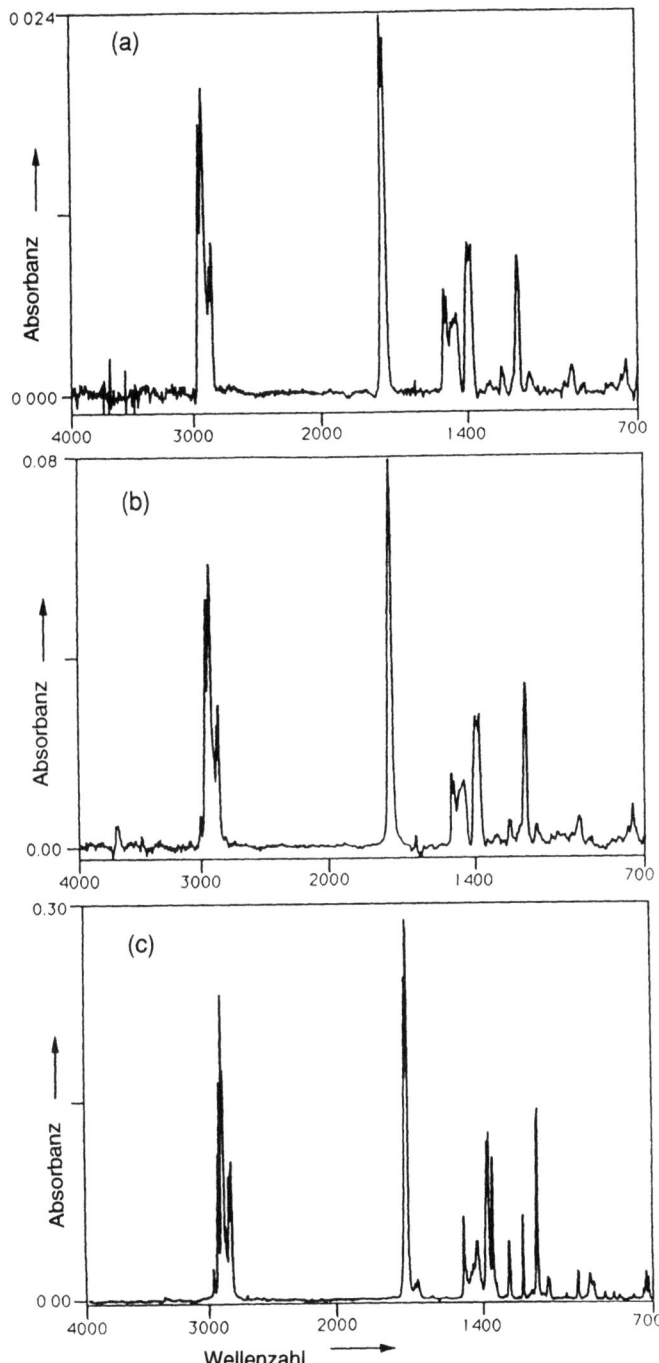

Bild 12.4 FTIR-Spektren von Octan-2-on: (a) CRYOLECT, 32 Scans, Auflösung 4 cm^{-1}, 2,2 ng bei niedriger Konzentration in der Matrix; (b) CRYOLECT, 32 Scans, Auflösung 4 cm^{-1}, 6,6 ng bei hoher Konzentration in der Matrix; (c) TRACER, 128 Scans, Auflösung 4 cm^{-1}, 2 ng Probe.

Bei sorgfältigem experimentellem Arbeiten konnten relative Standardabweichungen von unter 2% für die wiederholte Analyse ein und derselben abgeschiedenen Probe erreicht werden. Für mehrfache Abscheidung erhöhten sich diese auf < 4%. Die Konzentrationen der Xylolisomeren lagen zwischen 0,87 und 86,9 ng/µl. Für Konzentrationen über 52,1 ng/µl war der Response nicht mehr linear, möglicherweise als Folge einer Vergrößerung des Abscheidungsspots oder einer geringeren Effektivität der Probenabscheidung. Bei Routinemessungen (Mittelung über 128 Scans) betrug die geschätzte Nachweisgrenze der Xylolisomeren 1–2 ng/µl. Die Aufnahme von Spektren unterhalb dieser Konzentration war ebenfalls möglich, jedoch nur mit starker Spektrenakkumulation (> 1000 Scans).

Die gefundenen Nachweisgrenzen und Standardabweichungen sind denen anderer GC-Detektionsmethoden vergleichbar. In anderen Arbeiten [13] wurden ähnliche Standardabweichungen für die Detektion von 2,3,7,8-TCDD in Fischextrakten mittels GC-MI-FTIR bis in den Bereich von 0,2 ng/µl beschrieben, ebenfalls mit ausgedehnter Spektrenakkumulation.

Wegen ihrer personalintensiven Handhabung, der Komplexität der Apparatur und der Schwierigkeiten bei der Automation der Messungen ist die GC-MI-FTIR trotz ihrer hervorragenden Eigenschaften in Bezug auf die quantitative Analyse für einen Einsatz in der Routineanalytik nicht geeignet.

12.7 Multiple Detektorsysteme

Die Kombination der GC mit multiplen Detektionssystemen sollte ebenfalls in Betracht gezogen werden. Wie bereits zu Anfang des Kapitels erwähnt, wird die Forderung nach zweifelsfreier Identifizierung immer stärker. Läßt sich diese in einer einzigen Untersuchung erreichen, kann wertvolle Zeit gespart werden. Wo hochentwickelte Techniken wie MS-MS oder FTIR mit Probenabscheidung zum Einsatz kommen, kann ihre Kopplung mit einfacheren, routinemäßig verwendeten Techniken außerdem nötig sein, um nachfolgende Wiederholungsanalysen zu vereinfachen. Mehrfachdetektion erreicht man je nach Art der betreffenden Detektoren entweder parallel durch Aufsplitten der Probe nach der Trennsäule oder nacheinander durch In-Reihe-Schalten der Detektoren.

Die häufigste Methode der Aufsplittung nach der Trennsäule ist die Abzweigung eines Anteils des Eluenten vor dem MS oder Lightpipe-FTIR an einen parallel arbeitenden FID. Beim Lightpipe-FTIR erlaubt die zerstörungsfreie Natur dieser Detektionstechnik auch eine serielle Kopplung mit einem MS oder FID. Das derzeit komplexeste kommerzielle Gerät (CRYOLECT) verfügt über die Option einer 3-Wege-Aufsplittung, bei der 20% des Eluenten an einen FID, 40% an ein MS- und die übrigen 40% an ein MI-FTIR-Interface geleitet werden. Man erreicht dies durch die Verwendung eines Ferrules mit drei Bohrungen und variablen Transferkapillaren. Das Splitverhältnis wird bestimmt durch Länge und Innendurchmesser der verwendeten Transferkapillaren. Zwar ist die Empfindlichkeit bei einem solchen Verfahren stark herabgesetzt, dafür liefert aber ein Analysenlauf die dreifache Information.

Anstelle einer Auflistung vieler GC-FTIR-Applikationen wurden drei Beispiele ausgewählt, die typische Anwendungsgebiete widerspiegeln und die Art der aus FTIR-Spektren erhältlichen Informationen charakterisieren.

12.8.1 Anwendungen in der Industrie: Technische Alkohole

Im Rahmen einer Studie zur Evaluierung der GC-FTIR als Analysentechnik [11] wurde eine kommerzielle Isoheptanol-Probe (Gemisch verzweigter primärer C_7-Alkohole) untersucht, die im Vorfeld bereits für industrielle Zwecke analysiert worden war. Sie war auch Bestandteil einer an der University of California, Riverside, durchgeführten Studie [14] mit dem CRYOLECT-Gerät, bei der Vorschläge für spezielle isomere Strukturen gemacht wurden.

Die Untersuchungen erfolgten anhand einer 0,1%igen Lösung der Probe in Dichlormethan unter den folgenden chromatographischen Bedingungen:

- Trennsäule: CP-WAX-52CB, 25 m × 0,25 mm ID, 0,2 µm Filmdicke,
- Split-Injektion: Injektortemperatur 250 °C,
- Temperaturprogramm: 70 °C 0,5 °/min bis 120 °C.

Die Trennung der 8 Komponenten stellte hohe Anforderungen an die Chromatographie. Besonders die Trennung der Peaks 3 und 4 sowie 5, 6 und 7 erforderte ein Optimum an Trennleistung. Bei früheren Untersuchungen dieser Probe am CRYOLECT-Gerät war die chromatographische Auflösung nicht ausreichend, um alle Komponenten zu trennen, die dort verwendete niedrige Rotationsgeschwindigkeit der gekühlten Scheibe führte zu einer zusätzlichen Degradation der Trennung. Um für jede Komponente ein Spektrum zu erhalten, war die Anwendung unterschiedlicher Methoden zur Spektrenmanipulation (z.B. Subtraktion) nötig. Die Peaks 3 und 4 ließen sich jedoch auch dann nicht trennen. Bild 12.5 zeigt die unter optimierten Bedingungen erhaltenen FID-, MS- und FTIR-Chromatogramme. Das MI-FTIR-Interface wurde mit fünffach höherer Rotationsgeschwindigkeit als üblich betrieben. Unter diesen optimierten Bedingungen war das Interface in der Lage, die chromatographische Trennung aufrechtzuerhalten; die erreichte Auflösung entsprach der eines separat optimierten GC-FID-Gerätes.

Aus der Kombination von MS- und FTIR-Daten lassen sich wertvolle Informationen ableiten. In diesem Fall wurden die am CRYOLECT gewonnenen Daten zusätzlich mit ^{13}C-NMR-Daten, erhalten aus der Analyse des ungetrennten Gemisches, kombiniert. Während im NMR-Spektrum nur sieben, C_1-Atomen zuzuordnende Signale zu beobachten gewesen waren, konnten mit der GC acht Komponenten getrennt werden, was auf eine Überlagerung von Signalen im NMR-Spektrum schließen läßt. Die zusammenhängende Betrachtung der NMR-, FTIR- und MS-Daten erlaubte zu jedem Peak im Chromatogramm die Zuordnung einer speziellen isomeren Struktur. Man erreichte dieses anhand von NMR-Modellspektren, massenspektrometrischen Fragmentierungsmustern sowie der Berücksichtigung der FTIR-Bandenaufsplittungen und CH_3:CH_2-Kettenverzweigungsverhältnisse. Damit wurden die acht im Gemisch vorhandenen Komponenten als die in der Bildunterschrift zu Bild 12.5 beschriebenen primäre Alkohole identifiziert.

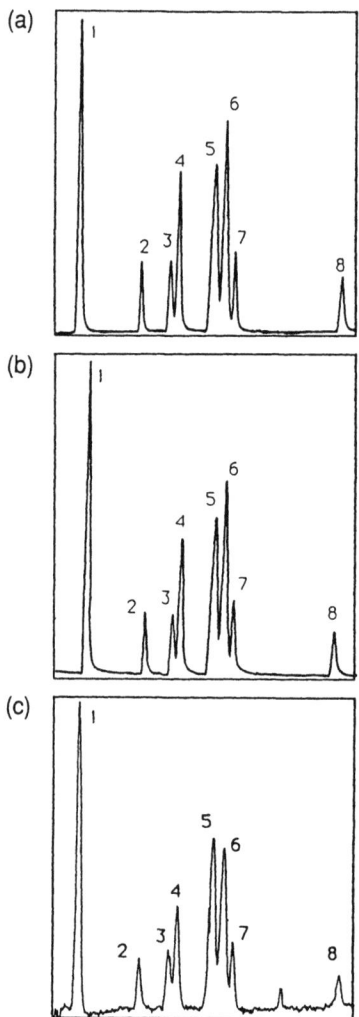

Bild 12.5 Chromatogramme der Isoheptanol-Probe: (a) CRYOLECT GC-FID; (b) CRYOLECT GC-MS TIC; (c) CRYOLECT GC-MI-FTIR. Komponenten: *1* – 2,4-Dimethylpentanol, *2* – 3,4-Dimethylpentanol, *3* – 2-Ethylpentanol, *4* – 2-Methylhexanol. *5* – 5-Methylhexanol, *6* – 3-Methylhexanol, *7* – 2-Ethyl-3-Methylbutanol, *8* – Heptanol.

12.8.2 Spezielle Probenaufgabetechniken

Probenaufgabetechniken wie Thermodesorption, Headspace, Purge-and-trap und Pyrolyse-GC erweitern die Vielfalt der Anwendungsmöglichkeiten konventioneller GC-Analytik besonders für die routinemäßige, reproduzierbare quantitative Bestimmung. Allerdings sind derartige Probeneinlaßsysteme in vieler Hinsicht für die Kopplung mit der GC-FTIR ungeeignet. Für Lightpipe-Geräte sind, besonders bei der Headspace-GC, die Probenmengen zu

12.8 GC-FTIR Anwendungen

gering, während bei Geräten mit probenabscheidenden Interfaces hohe Wassergehalte der Probe oft zur Verfälschung des Spektrums führen. Letzteres läßt sich bei der GC-MS-Kopplung natürlich durch scannen bei höheren Massenzahlen oder arbeiten im SIM-Betrieb umgehen. Hat man es mit nicht identifizierten Verbindungen zu tun, kann die GC-FTIR dennoch die ideale Ergänzungstechnik zur GC-MS darstellen.

Die analytische Pyrolyse findet vielfache Anwendung in Industrie, Forschung, Geowissenschaften und bei forensischen Untersuchungen. Man unterscheidet induktiv beheizte (Curie-Punkt-)-Geräte und solche mit Widerstandsheizung. Beide Systeme lassen sich leicht an den split/splitlos-Injektor der meisten kommerziellen Gaschromatographen ankoppeln. Die Pyrolyse-GC kann detaillierte Informationen über die Zusammensetzung, Microstruktur und Zersetzung der Probe, besonders von hochmolekularen Polymeren, liefern.

Bild 12.6 zeigt die Ergebnisse einer Pyrolyse-GC-FTIR-Untersuchung eines industriellen Copolymers. Die Pyrolysebedingungen wurden mit dem Ziel einer reproduzierbaren Monomerenbildung optimiert. Die Optimierung der Temperatur für jedes Material ist besonders wichtig, da einerseits höhermolekulare Pyrolyseprodukte Kontaminationen des Pyrolyse-Interfaces, des Injektors und der Trennsäule verursachen können, andererseits niedermolekulare, gasförmige Produkte nur wenig Aussagen über die Zusammensetzung zulassen.

Mit dreidimensional vernetzten Polymeren, z.B. Epoxy- und Phenolharzen, lassen sich charakteristische und reproduzierbare Ergebnisse erzielen. Zusätzlich können Rückstände von Lösungsmittel aus dem Herstellungsprozeß detektiert und bestimmt werden. Die Pyrolyse-GC-FTIR-Analyse von natürlichem und synthetischem Styren-Butadien-Gummi (SB-Gummi) ist relativ einfach. Während im Pyrolysechromatogramm von Naturkautschuk Isopren dominiert, ist das Chromatogramm des SB-Gummis durch eine Reihe charakteristischer Komponenten, hauptsächlich Butene, Benzol, Toluol und Styrol gekennzeichnet. Komplexere Materialien wie gefüllte, vulkanisierte und appretierte Produkte wurden ebenfalls analysiert, jedoch sind die Ergebnisse wesentlich komplexer und werden aus kommerziellen Gründen selten publiziert.

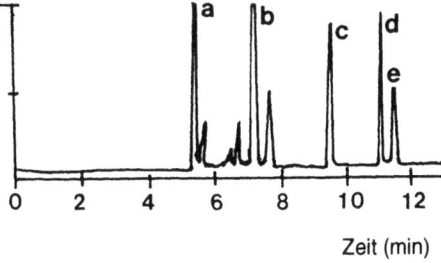

Bild 12.6 Pyrolyse-GC-FTIR-Chromatogramm eines MMA-BA-BMA-HEMA-MAAC-Copolymers (Gram-Schmidt-Chromatogramm). Peaks: *a* Methacrylsäuremethylester (MMA), *b* Methacrylsäure (MAAC), *c* Acrylsäurebutylester (BA), *d* Methacrylsäurebutylester (BMA), *e* Methacrylsäurehydroxyethylester (HEMA). Pyrolysator: PE/CDS Pyroprobe 190, Quarzproberöhrchen, 600 °C für 2 s. Trennsäule: DB-1, 60 m × 0,32 mm ID, 1 µm Filmdicke. Temperaturprogramm: 80 °C, 8°/min bis 180 °C. Injektor-Pyrolysator-Interface, Lightpipe und Transferline: 180 °C. (Nachdruck aus Ref. [12], © Hüthig Verlag, 1987)

12.8.3 Pestizid-Analytik

Zur Identifizierung von Pestiziden wurden in letzter Zeit viele Anwendungen, einschließlich Studien zu Tetrachlordibenzo-p-dioxinen (TCDD's) [15], Tetrachlordibenzofuranen [15], Pestiziden in Grundwasser [16] und Hexachlorcyclohexanisomeren [17] veröffentlicht. Die FTIR ist besonders zur genauen Isomerenbestimmung geeignet. In unbekannten Proben können Pestizide darüberhinaus hervorragend durch Kombination von GC-MS und GC-FTIR identifiziert werden.

Die Vorteile einer Mehrfachdetektion an einem einzigen Gerät sollen anhand des folgenden Beispiels demonstriert werden. Ein Pestizid-Standardgemisch in n-Hexan, das als Hauptkomponenten δ-HCH (8,3 mg/l), Heptachlor (4,2 mg/l), Aldrin (7,1 mg/l), Telodrin (7,7 mg/l), Isodrin (8,6 mg/l), α-Endosulphan (9,6 mg/l), Dieldrin (12,1 mg/l), Endrin (10,2 mg/l) und β-Endosulphan (7,4 mg/l) sowie einige Verunreinigungen enthält, wurde unter folgenden chromatographischen Bedingungen analysiert:

- Trennsäule: CP-Sil 8CB, 25 m × 0,32 mm ID, 0,25 μm Film,
- Injektion: Split 10:1 bei 220 °C,
- Temperaturprogramm: 80 °C, 2 min isotherm, 25 °/min bis 120 °C, weiter 10 °/min bis 280 °C, dann 15 min isotherm.

Nach erfolgter Trennung wurde am Säulenausgang der Eluent durch Strömungsteilung anteilig zu einem FID, einem MS- und einem FTIR-Detektor geleitet.

Wie Bild 12.7 zeigt, konnten sowohl im GC-FID- als auch im GC-MS-Chromatogramm der Probe wirklich 12 Peaks detektiert werden. Das ebenfalls dargestellte GC-FTIR-Chromatogramm läßt keine eindeutige Zuordnung aller 12 mit den anderen Detektoren gefundenen Komponenten zu. Die bei schnellem Scannen und Verwendung der Gram-Schmidt-Rekonstruktionsmethode geringere Empfindlichkeit des GC-FTIR-Gerätes läßt die Peaks der niederkonzentrierten Komponenten (*2 u. 11*) nicht deutlich hervortreten. Allerdings kann man ihre Lage aus den korrekten Retentionszeiten in den Chromatogrammen der anderen Detektoren ableiten, was letztlich für die Komponente *11* die Aufnahme hochaufgelöster und zugleich hochempfindlicher Spektren erlaubte. Lediglich von Peak *2*, demjenigen mit der niedrigsten Konzentration und dem schlechtesten Response, konnte kein Spektrum erhalten werden.

In Bild 12.8 sind die MI-FTIR-Spektren und die Massenspektren der Peaks *7* und *10*, α- und β-Endosulphan dargestellt. Die beiden Endosulphanisomeren geben identische EI$^+$-Massenspektren und machen so eine Unterscheidung mittels GC-MS allein unmöglich. Wird eine unbekannte Probe analysiert, sind Standardmaterialien, Methoden und kalibrierte Retentionszeiten oft nicht verfügbar. In einem solchen Fall gestatten die Ergebnisse einer GC-MS-Untersuchung zwar eine Aufklärung der richtigen Molekülstruktur, jedoch keine eindeutige Unterscheidung der Isomeren. Diese lassen sich erst aus den FTIR-Daten durch Spektrenvergleich mit Bibliotheksspektren identifizieren. Die Verfügbarkeit des FID hat den Vorteil, daß nachfolgende Probenserien einschließlich quantitativer Bestimmung an einem einfacheren, für die Routineanalytik besser geeigneten und billigeren Gerät gemessen werden können.

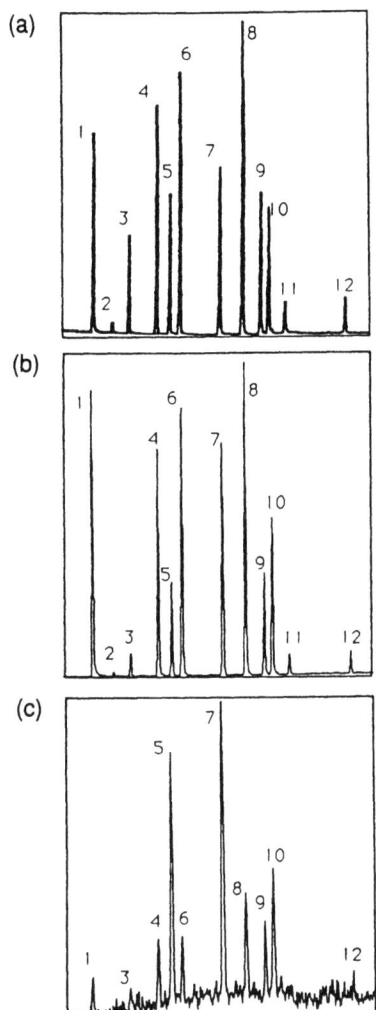

Bild 12.7 Chromatogramme einer Pestizid-Standardlösung: (a) CRYOLECT GC-FID, (b) CRYOLECT GC-MS TIC, (c) CRYOLECT GC-MI-FTIR. Peaks: *1* – δ-HCH, *2* – Verunreinigung, *3* – Heptachlor, *4* – Aldrin, *5* – Telodrin, *6* – Isodrin, *7* – α-Endosulphan, *8* – Dieldrin, *9* – Endrin, *10* – β-Endosulphan, *11* – Verunreinigung, *12* – Verunreinigung.

12.9 Zusammenfassung

Die GC-FTIR ist eine exzellente Ergänzungsmethode zur GC-MS. Während letztere besonders zur Ermittlung der Molmasse und Bestimmung der Molekülstruktur geeignet ist, sind FTIR-Spektren extrem isomerenspezifisch und können detaillierte Informationen über funktionelle Gruppen liefern.

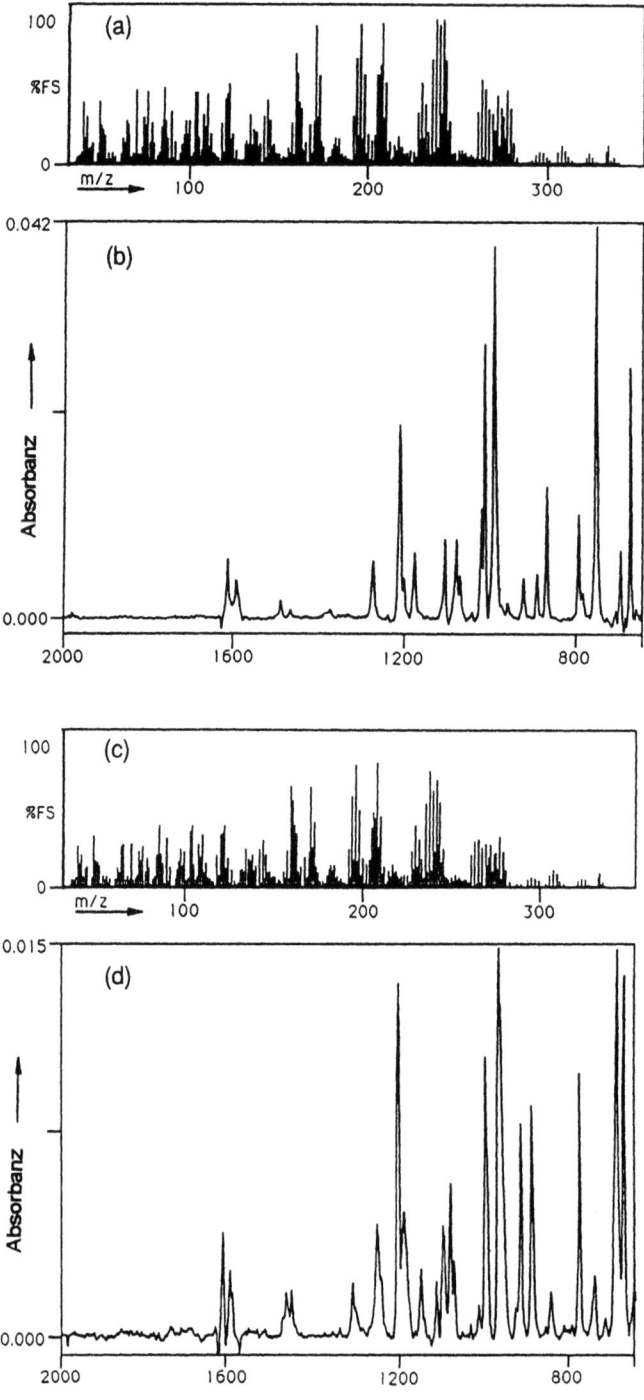

Bild 12.8 Spektren der beiden Endosulphanisomeren. α-Endosulphan: (a) CRYOLECT MS, (b) CRYOLECT FTIR, 256 Scans, Auflösung 4 cm^{-1}; β-Endosulphan: (c) CRYOLECT MS, (d) CRYOLECT FTIR, 256 Scans, Auflösung 4 cm^{-1}.

Durch die Einführung der Niedrigtemperatur-Probenabscheidungs-Interfaces wurde die Palette möglicher GC-Analysen erweitert und eine Überlappung der Nachweisgrenzen mit denen anderer GC- und GC-MS-Geräte erreicht. Diese Interfaces sind in der Lage, die chromatographische Trennung aufrechtzuerhalten und liefern bei sorgfältigem experimentellen Arbeiten quantitative Ergebnisse von exzellenter Reproduzierbarkeit. Die Kombination mehrerer Detektoren an einem GC-Gerät wird in Zukunft an Bedeutung gewinnen, da so von den getrennten Komponenten gleichzeitig mehrere, sich bezüglich ihres Informationsgehaltes ergänzende Spektren aufgenommen werden können. Solche Systeme stellen für den Analytiker ein sehr leistungsfähiges Hilfsmittel zur Identifizierung unbekannter Komponenten dar und erhöhen die Sicherheit der Aussagen beträchtlich.

Danksagung

Der Autor dankt Dr. T. Visser für die Bereitstellung mehrerer Bilder und für die Erlaubnis, einige seiner Ergebnisse verwenden zu dürfen sowie G. Dehnt, D. Carter, J. Chalmers und D. Schofield für ihren Beitrag an einem Teil der beschriebenen Ergebnisse. Weiterhin sei Prof. Dr. P.J. Baugh für seine Hilfe, speziell für die Informationen zur Pyrolyse-GC, gedankt.

Literatur

[1] Fujimoto, C.; Jinno, K.: *Anal. Chem.* **1992**, *64*, 476A.

[2] Reedy, G.T.; Bourne, S.; Cunningham, P.T.: *Anal. Chem.* **1979**, *51*, 1535.

[3] Bourne, S.; Reedy, G.T.; Cunningham, P.T.: *J. Chromatogr. Sci.* **1979**, *17*, 460.

[4] Reedy, G.T.; Ettinger, D.G.; Schneider. J.F.; Bourne, S.: *Anal. Chem.* **1985**, *57*, 1602.

[5] Bourne, S.; Reedy, G.T.; Coffey, P.J.; Mattson D.: *Am. Lab.* **1984**, *16*, 90.

[6] Haeffner, A.M.; Norton, K.L.; Griffiths, P.R.: *Anal. Chem.* **1988**, *60*, 2441.

[7] Bourne, S.; Haeffner, A.M.; Norton, K.L.; Griffiths, P.R.: *Anal. Chem.* **1990**, *62*, 2448.

[8] Childers, J.W.; Wilson, K.N.; Barbour, R.K.: *Anal. Chem.* **1992**, *64*, 292.

[9] Bourne, S.; Croasmum, W.R.: *Anal. Chem.* **1988**, *60*, 2172.

[10] Klawun, C.; Sasaki, T.A.; Wilkins, C.L.; Carter, D.; Dent, G.; Jackson, P.; Chalmers, J.M.: *Appl. Spectrosc.* **1993**, *47*, 957.

[11] Jackson, P.; Dent, G.; Carter, D.; Schofield, D.J.; Chalmers, J.M.; Visser, T.; Vredenbregt, M.: *J. High Res. Chromatogr.* **1993**, *16*, 515.

[12] Herres, W.: *Kapillargaschromatographie-Fourier-Transform-Infrarotspektroskopie – Theorie und Anwendung*, Hüthig Verlag, Heidelberg, **1987**.

[13] Mossoba, M.M.; Niemann, R.A.; Chen, J.T.: *Anal. Chem.* **1989**, *61*, 1678.

[14] Baumeister, E.R.; Zhang, L.; Wilkins, C.L.: *J. Chromatogr. Sci.* **1991**, *29*, 331.

[15] Brasch, J.W.: *Proceedings of the 1987 EPA/APCA Symposium on Measurement of Toxic and Related Pollutants*. Air Pollution Control Association, Pittsburgh, **1987**.

[16] Holloway, T.T.; Fairless, B.J.; Friedline, C.E.; Kimball, H.E.; Wurrey, C.J.; Jonooby, L.A.; Palmer, H.G.: *Appl. Spectrosc.* **1989**, *43*, 1344.

[17] Visser, T.; Vredenbregt, M.J.: *Vibrational Spectrosc.* **1990**, *1*, 205.

Symbole und Akronyme

A	A-Term der Van-Deemter-Gleichung, $A = 2\lambda d_p$,
B	B-Term der Van-Deemter-Gleichung, drückt die longitudinale Diffusion in der Gasphase aus
C	C-Term der Van-Deemter-Gleichung, bezeichnet den Effekt der Verzögerung des Massentransfers, unterteilt in:
C_G	Verzögerung des Massentransfers in der Gasphase und
C_L	Verzögerung des Massentransfers in der stationären Flüssigphase
CE	Belegungsgüte (auch „Belegungseffizienz" nach „Coating Efficiency")
c_{IS}, c_S	Konzentration des internen Standards, Konzentration des Standards
c_t	Konzentration der Zielverbindung
D_G	Diffusionskoeffizient des Analyten in der Gasphase
D_L	Diffusionskoeffizient des Analyten in der Flüssigphase
d_c	Innendurchmesser der Säule in mm
d_f	Filmdicke der stationären Phase
d_p	Partikeldurchmesser
F_o	Volumenfluß des Trägergases (bezogen auf den Druck p_o am Ausgang der Trennsäule)
H	Bodenhöhe (auch „theoretische Bodenhöhe" oder „Trennstufenhöhe" oder „Höhenäquivalent eines theoretischen Bodens" HETP) $H = L/N$
H_{min}	minimale Bodenhöhe
H_{real}	real erreichte Bodenhöhe
H_{theor}	minimale Bodenhöhe, die nach der Theorie erreichbar ist
h_{IS}, h_S	Peakhöhe des internen Standards, Peakhöhe des Standards
h_t	Peakhöhe der Zielverbindung
$I(x)$	Retentionsindex nach Kováts für die Analytkomponente x
I^T_x	temperaturprogrammierter Retentionsindex für die Analytkomponente x
j	Kompressibilitätskorrekturfaktor nach James und Martin
K	Korrekturfaktor
K_i	Verteilungskoeffizienten K_i einer Analytkomponente i
k_i	Retentionsfaktor einer Analytkomponente i, Maß der Retentionskapazität

L	Länge der Trennsäule
M	Molmasse
m_1, m_2	Massezahlen von Ionen
N	Bodenzahl (auch „Anzahl theoretischer Böden" oder „Trennstufenzahl")
N_{eff}	Effektive Bodenzahl (auch „Effektive Trennstufenzahl"
n	Anzahl der C-Atome im Molekül
P	relativer Druck, definiert als Verhältnis der Absolutwerte p_i / p_o
P_a	Atmosphärendruck
P_W	Partialdruck des Wassers
PS	Asymmetriefaktor, auch „Peaksymmetrie" $PS = w_b/w_f$
p	(Sättigungs)-Dampfdruck des Analyten
p_i	Säuleneingangsdruck
p_o	Säulenausgangsdruck
R	Gaskonstante
R_s	Auflösung
r	relative Retention $r_{2,1} = t'_{R,2}/t'_{R,1}$
r	innerer Radius von Kapillarsäulen
T, T_c	Säulentemperatur
T_R	Retentionstemperatur
T_a	Raumtemperatur
T_b	Siedepunkt
TZ	Trennzahl nach Kaiser
t_P,	Zeit, die der Analyt braucht, um einen theoretischen Boden zu passieren
t_M	Durchflußzeit (auch „Mobilzeit" oder „Hold-up time", fälschlich auch „Totzeit")
t_R	Retentionszeit (auch „Gesamtretentionszeit" oder „Bruttoretentionszeit")
t'_R	Reduzierte Retentionszeit (auch „Nettoretentionszeit")
$\bar{u}$	mittlere lineare Trägergasgeschwindigkeit in der Trennsäule $\bar{u} = L/t_M$ (auch „mittlere Lineargeschwindigkeit")
$\bar{u}_{opt}$	optimale lineare Trägergasgeschwindigkeit
V_g	spezifisches Retentionsvolumen $V_g = \dfrac{V_R}{W_S} = \dfrac{273\, R}{\gamma p M}$
V_M	Volumen der mobilen Phase

V_N	Nettoretentionsvolumen, bezogen auf den mittleren Druck in der Trennsäule p_o / j ($V_N = j \cdot V_R^{o'}$)
V_S	Volumen der stationären Phase
$V_R^°$	Rententionsvolumen (das zur Elution einer Komponente benötigte Trägergasvolumen)
$V_R^{°'}$	reduziertes Retentionsvolumen
V/t	Volumenfluß
W_S	Masse der stationären Phase
w_b	Basisbreite w_b des Peaks
w_h	Peakbreite in halber Höhe
w_a	die Peakbreite eines hypothetischen ersten Peaks am Anfang des Chromatogramms
ZMP	Zahl möglicher Peaks
α	Trennfaktor, relative Retention von zwei benachbarten Peaks
β	Phasenverhältnis V_S / V_M
γ	Aktivitätskoeffizient
ΔH_v	molare Verdampfungsenthalpie des Analyten
ΔS	molare Verdampfungsentropie
$\Delta_{S,R} \Delta G°$	Differenz der freien Energien zweier Enantiomere
$\Delta_{S,R} \Delta S°$	Differenz der freien Entropien zweier Enantiomere
Δ_m	Massedifferenz
λ	Nicht-Gleichmäßigkeit des Packungsmaterials
$\bar{v}$	mittlere Wanderungsgeschwindigkeit des Analyten
ω	Trennwert

ADC	Analog-Digital-Umsetzer
AQC	analytische Qualitätskontrolle
CD	Cyclodextrin
CHC's	Chlorkohlenwasserstoffe
CI	chemische Ionisation
CID	stoßinduzierte Ionisation
CPU	Zentraleinheit des Rechners
CSF	Cerebrospinalflüssigkeit
DCM	Dichlormethan
ECD	Elektroneneinfangdetektor
EI	Elektronenstoßionisation
FAME	Fettsäuremethylester
FID	Flammenionisationdetektor
FPD	Flammenphotometer-Detektor
FSOT-Säule	Fused-silica-Kapillarsäule (fused-silica open tubular column – FSOT column)
GC	Gaschromatographie
GC-FTIR	Gaschromatographie-Fourier-Transform-Infrarot-Spektroskopie-Kopplung
GC-MS	Gaschromatographie-Massenspektrometrie-Kopplung
GLC	Gas-flüssig-Chromatographie (gas-liquid chromatography)
GSC	Gas-fest-Chromatographie (gas-solid chromatography)
HCB	Hexachlorbenzen
HCH	Hexachlorcyclohexan
HECD	Elektrolytleitfähigkeitsdetektor, Hall-Detektor
HMDS	Hexamethyldisilazan
HP-GC	Hochdruck-GC (high-pressure GC)
HPLC	Hochdruckflüssigchromatographie
HRMS	hochauflösende Massenspektrometrie
HT-GC	Hochtemperatur-GC
ID	Innendurchmesser der Säule
IRD	Infrarotspektroskopie-Detektor
ITD	Ionenfallendetektor
KRI	Kováts-Retentionsindex

MDGC	Multidimensionale GC
MI	Matrixisolation
MSD	massenselektiver Detektor
NICI	chemische Ionisation mit negativen Ionen
NPD	Stickstoff-Phosphor-Detektor
OClC	Organochlorverbindundung
PAH's	polycyclische aromatische Kohlenwasserstoffe
PCB	Polychlorierte Biphenyle
PCDD's	Polychlorierte Dibenzodioxine
PCDF's	Polychlorierte Dibenzodifurane
PCP	Pentachlorphenol
PEG	Polyethylenglycol
PID	Photoionisationsdetektor
PLOT-Säule:	Schichtkapillarsäule (Porous Layer Open Tubular Column)
PTFE	Polytetrafluorethen
PTV-Injektor	Injektor mit temperaturprogrammierter Verdampfung
SCOT-Säule	imprägnierte Schichtkapillarsäule (Support Coated Open Tubular Column)
SFC	Superkritische Fluidchromatographie
SIM, SIR	selektives Ionenmonitoring, selektive Ionenaufzeichnung
SPE	Festphasenextraktion
SRM	Anzeige ausgewählter Reaktionen durch GC/MS/MS
TG's	Triglyceride
TIC	Totalionenstrom-Chromatogramm
TMCS	Trimethylchlorsilan
VOC	flüchtige organische Verbindung (volatile organic compound)
WLD	Wärmeleitfähigkeitsdetektor
WCOT-Säule	Filmkapillarsäule (Wall Coated Open Tubular Column)
ZMP	Zahl möglicher Peaks

Sachwortverzeichnis

—A—

Abbau, thermischer, von Aldicarb 374
Abgase 284
Abhängigkeit der Retention 15
Abkühldauer 92
Abwasser 285; 288; 296; 314-317
Abwasserproben 293f; 305
Acetatbildung 148
Acetylderivate 165
Acetylierung 149; 198
Acyl/Acylderivate 163
Acyl/Alkylderivate 164
Acyl/Amidderivate 166
Acyl/Oximderivate 167
Acylierung 147; 150
Adduktion 358
Adrenalin 162
Adsorbens 188
   – -falle, kühlbare 32
Adsorptionschromatographie 299
–, Gas-fest- 78
Adsorptions
   – -effekte 94
   – -Gaschromatographie 1
   – -röhrchen 320f
Aktivitätskoeffizient γ 12; 15
Aktivkohle 184
Aldicarb 374; 376
Aldicarboxim 375
Aldrin 208
Algen, Sterane 344
Aliminiumoxid-PLOT-Säulen 81
Alkane 222
   –, n- 16; 337; 342
   – -fraktion 330
   – -Verteilungsmuster 328
Alkohole 401
   –, primäre 401
   –, racemische 250
   – -vergiftung 210
Alkylborate als bifunktionelle Derivatisierungsagentien 172
Alkylierung 152; 155
   – -sreagentien, chirale 175

Alkylporphyrin 363; 365
   – -metallkomplexe 364
aluminiumbeschichtete Fused-silica-Kapillarsäule 370
Aluminiumbeschichtung 76
Aluminiumoxid 297; 300
   – -säule 296; 298
–, -SCOT-Säule 137
Alveolarluft 222
Amide 254
–, polymere 257
Amidphasen, chirale 254
Amidverknüpfung 257
Amine 119f; 236
   –, quarternäre 160
   –, tertiäre 159
Aminoalkohole 252
Aminosäure 230; 258
   – -amide 254
   – -derivate 256
   – -ester 252
   – im SIM-Betrieb 232
–, racemische 247
Ammoniak-NICI 369f
   – -Massenspektrum 369; 373
Amphetamine 202
Analgetika 205
Analog-Digital-Wandlung 66
Analyse
   – der Atemluft 223; 226
   – einer Gasprobe 136
   –, enantioselektive 260
   –, Headspace- 181
   –, Purge-and-Trap- 180
   – von Aminen 119
   – von Enantiomeren 243
   – von FAMEs 121
   – von festen Geweben 187
   – von Fettsäuren 121
   – von Gasen 190; 319
   – von Mirex 129
   – von Permethrin 129
   – von Pestiziden 126; 128
   – von Porphyrinen 134
   – von Triglyceriden 132
Analysenbedingungen 85
Analysenparameter, Optimierung der 107

Analysenzeit 92; 107
—, notwendige 9, 11
Analytik, Umwelt- 282; 285
analytische Toxikologie 200
analytische Qualitätskontrolle (AQC) 286
Anästhetika, halogenierte 200
Anreicherungstechnik 182
Anticholinergika 202
Antidepressiva 207
Antihistaminika 203
Antikonvulsiva 203
Anzahl der theoretischen Böden 62
Apiezon L 192
Apiezon L/KOH 192
Apolan-87 191f
Arbeitstemperatur 78
—, maximale 102; 192
—, maximale isotherme 99
—, maximale temperaturprogrammierte 99
Argon 21
Arsen 39
Arylalkylamide 253
Arzneimittel 113
Asphaltene 329
Assoziationskomplex 256
Asymmetriefaktor 97
Atemluftanalyse 223
Atomemissionsdetektor (AED) 194
Atropin 202
Aufbringen der Stationärphase 84
Auflösung 62; 107
 – bei der GC-MS-Analyse 347
 – der GC-FTIR-Kopplung 393
 –, enantioselektive 244
 – R_s 6; 90
 – -sformel 8
 – -svermögen 361
Ausatemluft 221ff; 226
Ausgasvorrichtung 32
Austausch des Septums 43
Auswahl temperaturprogrammierter Bedingungen 60
Autosampler 33

—B—

Bandenverbreiterung 86
Barbituratderivat 154
Barbiturate 199; 203
Basisbreite w_b 7
Basislinie 69
—, Peakbreite an der 87
Belegungseffizienz (CE) 88f

Benzin-Kohlenwasserstoffe 331; 333
Benzinkomponente 330
Benzodiazepine 204
Bereich, dynamischer 63
Beschichtung
 —, Aluminium- 76
 —, Polyimid- 76
Beschleunigungsspannung 360
Bestimmung des Spurengehalts 32
Bestimmungsgrenze 63
Bewertung von Trennsäulen 86
Bibliotheksspektren 340; 363; 404
Bibliothekssuche 364; 396
bifunktionelle Derivate 170
Biodegradation 332
Biomarker 328; 342
 – -Analyse 340
 – -Reifeparameter 346
Biphenyle, polychlorierte 113; 289
Bis(trifluormethyl)pyrimidinderivat 159
Blausäure 210
Blindprobe 288
Blut 180f; 185; 197; 200; 222
 – -alkoholbestimmung 210
 – -probe 223
 – -röhrchen 179; 196
Böden, theoretische 62
Bodenhöhe H 12
 —, theoretische 7; 11; 74
 —, minimale theoretische H_{theor} 88f
 —, reale H_{real} 88
Bodenzahl 1; 103
 —, effektive 87
 —, theoretische 7; 87
Bor 39
Borosilikatglaskapillarsäule 262
Borsäurederivate 199
Bortrifluorid 199
 – -MeOH-Komplex 153
Boscan-Gesamtporphyrin-chromatogramm 366
Boscan-Rohöl 367
Bruttoretentionszeit 5; 86
Butanboratderivat 172
Buttermilchfett, Triglyceride in 133

—C—

Cannabinoide 204
Carbamate 208
 —, diastereomere 250
Carbonsäuren, Trennung 1
Carbopack 190

Carbowax 20M 192
Carbowax 20M/KOH 192
Carboxyhämoglobin 210
Cerebrospinalflüssigkeit (CSF) 180; 239
Chemie, klinische 220
chemische Ionisierung (CI) 230; 358
Chiraldex 273
chirale
 – Amidphasen 254
 – Derivatisierungsreagentien 248
 – Erkennung 269
 – Gaschromatographie 243; 271
 – GC 279
 – Komplexierungsphase 264; 270
 – Phasen 82
 – Polymerphasen 262
 – Polysiloxanphasen 257
 – Reagentien 173
 – Säurechloride 247
 – stationäre Phasen 199; 250f; 273
 –, Anwendung 278
 – Trennungen 199; 243; 245; 269
 – -r Ligand 264
 – -r Selektor 269
 – -s Reagens 246
Chiralität 244
Chirasil-Val 200; 257
 – -Kapillare 258
Chlorkohlenwasserstoffe 118; 124
Chlorpyriphos 208
Cholesterin 231
 – in Körperflüssigkeiten 233
Chrom 39
Chromatogramm 4
Chromatogrammdarstellung,
  kommentierte 73
Chromatogrammlaufzeit 92
Chromatographie
 –, Adsorptions- 299
 –, Bezeichnung 1
 –, Gas-fest- 81
chromatographische Effizienz 62
Chromosorb 190
Clausius-Clapeyronsche Gleichung 12
Clean-up 296; 298; 300; 302f; 308f
Coating Efficiency (CE) 88
Coffein 392f
 –, FTIR-Spektren 394
Computerinterpolation 367
computerunterstützte Dateninterpretation 366
Corticosteroide 167
Corticosteronderivat 168
Cotinin 184; 215
Cross-linking 77

Curiepunktheizung 30
Cyananionen 38
Cyanidvergiftungen 210
Cyclodextrine 271f
 –, derivatisierte 276
 –, Eigenschaften 272
 –, hydrophile 277
 –, modifizierte 274
 –, permethylierte 276
 –, polysiloxangebundene, permethylierte
  276
Cyclodextrinphasen 82; 273
Cyclohexan-dimethanolsuccinat (CHDMS)
 192
Cypermethrin 123

—D—

Dampfdruck p 12
Dampfraum 30
 – -analysator 32
Darstellung modifizierter Cyclodextrine 274
Datenarchivierung 71
Datenaufnahme 67
Datenerfassung 64f
 – -smethode 71
 – -system 66; 71
Dateninterpretation, computerunterstützte
 366
Datensammlung in der MS 362
Datenübertragung 71
DDD, op- 316
DDT, pp- 316
DEGS 192
Deponiegas 321
 – -probe 322; 324
Derivate, bifunktionelle 170
derivatisierte Cyclodextrine 276
Derivatisierung 52; 140ff; 198; 231; 245f;
 364
 –, Amin 152
 –, Extraktions- 150
 –, Phenol 152
 – quartenärer Amine 160
 – -sagentien, bifunktionelle 171
 – -sreagens 140; 143
 – -sreagentien, chirale 248
 – -sreaktion 144
 – tertiärer Amine 159
 – von Diastereomeren 247
Desaktivierung 84
Desorption, thermische 321
Detektierbarkeit 63

Detektion, ECD- 230
Detektor 3; 194
 -, -anschluß 47
 -, Auswahl 44
 - -brenngase 22
 -, Elektronenanlagerungs- 36f
 -, Elektroneneinfang- 195; 228; 284
 - -empfindlichkeit 113
 -, Flammenionisations- 35f; 284
 -, Flammenphotometer 36; 39; 194
 -, Fourier-Transform-
   Infrarotspektrometrischer- 196
 - GC- 36
 -, Hall elektrolytischer Leitfähigkeits 36;
   40
 -, Ion-Trap- 359
 -, konzentrationsabhängiger 34
 -, massenflußabhängiger 35
 -, massenselektiver 195
 -, Photoionisations- 36; 40; 194
 -, selektiver 34
 - -signal, Verarbeitung 64
 -, spezifischer 34
 -, Stickstoff-Phosphor- 36; 38; 194; 284
 - -systeme 400
 -, Thermoionisations- 38
 -, universeller 34
 -, Wärmeleitfähigkeits- 36f
Diabetes 223; 227; 236
Diacylglycerole 372
Diamidphase 257
 -, chirale 252
Diastereomere 245f
 -, Derivatisierung 247
diastereomere Carbamate 250
diastereomere Komplexe 256
Diazomethan 199
Dichtigkeitstest 49
Dickfilmkapillarsäulen 75; 104; 106; 136;
   138
Dieldrin 102
Dieselöl 325
Diffusion, longitudinale 9
Dimethypolylsiloxansäulen 101
Diol, vicinales 172
Dipeptidester 254
Dipol-Dipol-Wechselwirkung 79; 251
Dipolstapelmechanismus 257
Dispersionswechselwirkung 79
Dissoziation, stoßinduzierte (CID) 375f; 381
Dreifachquadrupol-MS 362
Drogen 204; 220
 - -analytik 201
 - in Urin 202

Druckabfall 105
 - längs der Säule 11
Druckmeßgeräte 22
Druckregler 21
Druckwandler 22
Dünnfilmkapillarsäulen 75
Durchflußzeit t_M 5f; 86
dynamischer Bereich 36; 63

—E—

ECD 36f; 124
ECD-Detektion 230; 236
Edelstahl-Schraubverbinder 127
effektive Bodenzahl N_{eff} 87
Effizienz 86
 -, chromatographische 62
 - einer Trennsäule 87
 - von Filmkapillarsäulen, theoretische 88
Eigenschaften von Cyclodextrinen 272
EI-Massenspektren 366
Eintragswege 282f
Elektronenanlagerungsdetektor 36f
Elektroneneinfangdetektor (ECD) 195; 228;
   284
Elektronenstoßionisation (EI) 230; 357; 368
Elektronenvervielfacher 360; 362
Empfindlichkeit 62
 - der GC-FTIR-Kopplung 392
Enantiomere
 -, Analyse 243
 -, Konfiguration 244
 -, optisch aktive 245
 - -ntrennung 173; 199; 279
 - von Mentholöl 82
enantioselektiv 264
 - -e Analyse 260
 - -e Auflösung 244
 - -e Retention 256
Enantioselektivität 257
Endrin 316
Erdöle 328f
Erdölforschung 328; 352
Erhöhung der Flüchtigkeit 140
Erkennung, chirale 269
Essigsäure 198
Ethylenglycol 212
externer Standard 70
Extraction Discs 304; 306
Extraktion 33; 52; 293f
 -, Festphasen- 184
 -, flüssig-flüssig- 180; 182; 184
 - -sderivatisierung 150

Extraktion
- -smethoden 296
- -smittel 183
-, Soxhlet- 293
-, von Organochlorverbindungen 295

—F—

Fast-Array-Processing 389
Fehlerquellen 111
Fernsteuergeräte 22
Ferrules 46; 108; 114
Festphasenextraktion (SPE) 180 - 186; 197; 302
Festphasenkartusche 302
Fette 296
Fettsäure 228
-, freie 121; 368
- -methylester (FAME) 121; 135
FFAP 192
FID 2; 35f
Filmdicke 11; 94; 101; 106; 110
Filmkapillarsäulen 75
-, theoretische Effizienz von 88
Filtrationsapparatur 306
Fingerprint 322
Fischöle 372
Flächensegment-Daten 68
Flammenionisationsdetektor (FID) 2; 35f; 194; 284
flammenphotometrischer Detektor (FPD) 36; 39; 194
Flooding Effect 27
Florisil 184
Flüchtigkeit, Erhöhung 140
Fluoracylierung 151
Fluoralkylderivate 164
Fluorchlorkohlenwasserstoffe (FCKW's) 211
Flüssigchromatographie 329
Flüssigextraktion, überkritische 32; 52
flüssig-flüssig-Extraktion 180; 182; 184
Flüssigprobenventil 30
Flußregler 22
Flußwasser 288
Fokussierung 26; 29
-, sekundäre 27
- -stechnik 27
Fourier-Transform-Infrarotspektrometer 35
Fourier-Transform-Infrarotspektrometrischer Detektor (IRD) 196
Fourier-Transform-Infrarotspektroskopie 387
FPD 36; 39

Fragmentierung 357f
- -smuster 284; 401
Fragmentionen 347f; 357; 366f; 377
Fraktionierungsschema 330
FSOT-Säulen 114f; 263
FTIR 35; 387
- -Bandenaufsplittung 401
- -Chromatogramm 392; 401
- -Detektor 391
-, Lightpipe-GC- 389
-, Matrixisolations-GC- 389
- -Scan 389
- -Spektren 392f; 398; 401
- von Pestiziden 404
- von Coffein-Standards 394
Funktion des Detektors 52
Fused-silica-Kapillarsäule 2; 75f; 95; 107; 114; 133; 193; 262f; 329; 342; 356; 363; 365
-, aluminiumbeschichtete 130; 370
-, Installation 48

—G—

Galle 180
Gallensäuren 233f
Gas
- -Adsorptionschromatographie 1; 78
- -analytik 81; 319
- -atmosphäre 319
- -druck 22
- -fest-Chromatographie 81
- -filter 22
- -flüssig-Verteilungschromatographie 77
- -fluß 22
-, Messung 53
-, Optimierung 55
- -geschwindigkeit, lineare 53
-, make-up- 34; 38; 193
- -phasenreaktion 369
- -probe, Analyse einer 136
- -nahme 320
- -nschleife 189
- -nventil 29f
- -pulsationsdämpfer 22
-, Septumspül- 27
- -versorgung 20; 22
Gaschromatographie
-, Adsorptions- 1; 78
-, chirale 243; 271
-, Geschichte der 1
-, Hochleistungs- 113

–, Hochtemperatur- 130; 368
–, Kapillar- 76
–, multidimensionale 116
–, Verteilungs- 1
– -Massenspektrometrie-Kopplung 354
GC
 – an Metallkomplexen 264
 – -Detektoren 36
 – -FID 395
 – -FTIR 402
 – -FTIR-Interface 388; 391; 393
 – -FTIR-Kopplung 196; 388; 398
  –, Auflösung 393
  –, Empfindlichkeit 392
 – -FTIR-Spektren 396
GC-MS 395
 – -Analyse 340f; 347f; 363; 367; 372
  – - von Alkylporphyrinen 363; 365
 – -Anwendungen 363
 – -Instrumentierung 355
 – -Kopplung 195; 230; 284; 354; 356; 403
 – -MS-Kopplung 374
 – -SIM-Analyse 380
 – -System 345
gefährliche Stoffe 286
Gefriertrocknung 296
Geisterpeak 27
Genauigkeit 63
gepackte Säulen 2; 46; 112f; 119; 136; 313
Germanium 39
Gesamtionenchromatogramm 369
Gesamtretentionszeit t_R 5; 87; 91
Geschichte der Gaschromatographie 1
Gewebe 296
 –, biologisches 288
 – -digestion 187
 – -proben 294
Gilsonit-Bitumen 367
Glaskapillaren 76
Gleichgewichtsdialyse 180
Gram-Schmidt-Algorithmus 389f; 392
Grenzwerte 285
Grob-Test 95
 – -gemisch 393; 395
Grundwasser 284

—H—

Hall elektrolytischer Leitfähigkeitsdetektor
 36; 40
halogenierte Anästhetika 200
Haloperidol 206

Haltbarkeit von Kapillarsäulen 107
Harze 329
HCH 316
Headspace 402
 – -Analysator 30
 – -Analyse 32; 181; 222f
 – -Extraktion 52
 – -GC 212ff
 – -Injektion 211
 – -Technik 181; 221
HECD 36; 40
Heizöle 325; 327
Helium 21
Heptafluorbuttersäure 199
Herbizide 307; 310; 314
Herstellung chiraler Polymerphasen 262
Herstellung von Kapillarsäulen 83f; 95
Hexachlordisilazan 364
Hilfsgas 124ff
Hochleistungs-GC 113
Hochtemperatur
 – -Gaschromatographie 130f; 368; 372
 – -GC-MS 359
 – -GC-MS-Analyse 368
 – -phasen 81
Holzschutzmittel 305
homologe Reihe 15
homologe Serie 15
Hopane 345
Hot-Needle-Injektion 59
HVO's 136
Hybridgeräte in der MS 361
Hydantoine 199
hydrophile Cyclodextrine 277
Hydroxyphenylessigsäure 165
Hydroxytryptamin 237
Hypnotika 203

—I—

Immunoassays 201; 205
Inclusionsphase 271
Indole 236
Inertheit 77; 94
Infrarotspektroskopie
 –, Fourier-Transform- 387
Injektion
 –, Durchführung 57
 –, Hot-Needle- 59
 – in eine gepackte Säule 31
 – in Kapillarsäulen 30
 –, Lösungsmittelpolster- 59

–, Luftpolster- 59
–, on-column- 23; 126f; 129; 213; 363; 365
   –, kalte 28; 57
–, Split- 57
–, split/splitlose 27
–, splitlose 25; 57
– -stechniken 188
Injektor 188
   –, Auswahl 43
   –, on-column- 29
   –, Split/splitlos- 25
   –, für gepackte Säulen 23
   – -anschluß 47
Innendurchmesser (ID) 94; 101-106
innere Normierung 70
innerer Standard 70
Installation einer fused-silica-Kapillarsäule 48
Installation von Kapillarsäulen 47
Intensitätsverhältnis 378
Interface 357
   – mit offenem Split 356
interner Standard 197f; 313; 383
Inversion der Konfiguration 270
Ionen, negative 369
Ionenaustauscherharze 184
Ionenchromatogramm 375; 377
Ionenfalle 360
Ionen-Molekül-Reaktion 358f
Ionennachweis in der MS 362
Ionenquelle 356ff
Ionenquellentemperatur 368f
Ionisation (CI), chemische 357; 369
Ionisierungstechniken 357
Ion-Trap 360
   – -Detektor 359
isoenantioselektive Temperatur 270
Isomere, optische 244
isotherme Ofentemperatur 60
Isotopenmarkierung 383
Isotopenverdünnungsanalyse 378; 383
Isotopenverdünnungsmethode 383

—K—

Kalibration 70; 197
   –, externe 197
kaltes Trapping 26
Kapazität 11
Kapillargaschromatographie 76
Kapillarrohr 76

Kapillarsäulen 2; 9; 11; 74; 92; 112; 119; 121f; 136; 188f; 239
   –, aluminiumbeschichtete 356; 369
   –, Aufbewahrung 110
   –, Chromatogramm von 96
   –, Dickfilm- 75; 104; 138
   –, Dünnfilm- 75
   –, Film- 88
   –, für die GSC 136
   –, Fused-silica- 2; 75f; 95; 114; 193; 262f; 329; ,342; 356; 363; 365
      –, aluminiumbeschichtete 370
   –, Glas- 76
   –, Haltbarkeit von 107
   – -herstellung 83; 84
   –, Injektion in 30
   –, Installation 47
   –, Lebensdauer 110
   –, medium-bore 104; 114
   –, mega-bore 104
   –, micro-bore 104
   –, mini-bore 104
   –, Molsieb-Schicht- 81
   –, narrow-bore 104; 114; 122
   –, normal-bore 104
   –, offene 115
   –, Peakkapazität 85
   –, PLOT- 75
   –, Schicht- 78
   –, SCOT- 75
   –, Trennvermögen 85
   –, Ultimetall- 78
   –, ultra-narrow-bore 104
   –, WCOT- 75
   –, wide-bore 104; 114; 124; 126; 355
Katecholamine 236
Katechole 236
Kenngrößen 86
Kieselgure, calcinierte 190
Klärschlamm 288
klinische Chemie 220
Kohlendioxid, flüssiges 20
Kohlenmonoxid 209
Kohlenwasserstoffe
   –, aromatische 347; 351
   –, C1-C4 136
   –, C1-C5 138
   –, gesättigte 347
   –, polycyclische aromatische (PAH's) 131; 289
Kokain 204
Komplexbildung, reversible diastereomere 250

Komplexe, diastereomere 256
Komplexierungs-GC 270
 –, chirale 264; 266; 268
Komplexierungsphase 270
 –, chirale 264; 270
Kompressionskorrekturfaktor j 6
Kondensation 157
Kondensation mit Carbonylverbindungen 159
Konditionieren 109
 – einer Säule 50
Konfiguration
 –, Inversion 270
 –, eines Enantiomers 244
 – -sumkehr 271
Konjugatfraktion des Bandwurms 379
Kontamination 289; 322
 – von Säulen 108
 – der Trennsäule 96; 108
 – -squellen 323
konzentrationsabhängige Detektoren 34
Kopplung
 –, GC-FTIR- 196
 –, GC-MS- 195; 230; 284
 – zweier Kapillarsäulen 116
Korngröße des Packungsmaterials 1
Körperflüssigkeit 228; 233; 236
 –, Polyole in 239
Kováts-Retentions-Index 16; 91f; 113; 367
Kryofalle 319
Kryokondensation 320
Kryotrapping 321f
Kuderna-Danish-Verdampfer 290; 292
Kühlfalle 32
Kühlmedien 20

—L—

Labor-Informations-Mangement-System 71
LC-FTIR 387
Leading 93
Lebererkrankung 240
Lecks 50
Leistungsparameter 86
Leitfähigkeit 41
 – -sdetektor
  –, Hall elektrolytischer 36; 40
Ligand, chiraler 264
Lightpipe 388; 395
 – -FTIR 400
 – -GC-FTIR 389
LIMS 71
Lindan 208

Lineargasgeschwindigkeit 9
 – des Trägergases 11
 –, mittlere $\bar{u}$ 8
 –, optimale $\bar{u}_{pt}$ 9
Linearität 63
Liner, Vorbereitung 45
Lipide 131; 372
Lipodex 272f
Lokalanästhetika 204
Lösungsmittel
 – -effekt 26
 – -extraktion 221
 – -fokussierungseffekt 52
 – -peak, Tailing 26
 – -polster-Injektion 59
 – -überflutungseffekt 27; 52
Luft 21
 – -polster-Injektion 59
 – -probe 323

—M—

Magnetsektorfeldanalysator 359
Magnetsektorfeldmassenspektrometer 370; 382
Magnetsektorfeld-MS 361
make-up-Gas 34; 38; 193
marine Quellminerale 336
Massenanalysator 359
Massenauflösung 380
Massenchromatogramm 366f; 370f; 380
massenflußabhängige Detektoren 35
massenselektiver Detektor (MSD) 195
Massenspektrometer 35; 347; 355
 –, Magnetsektorfeld- 370; 382
 –, Sektorfeld- 356
 –, Tandem- 361; 380
Massenspektrometrie
 –, hochauflösende 329; 347
 –, Kopplung mit der Gaschromatographie 354
 –, quantitative 384
Massenspektrum 378
Massentransfer, Verzögerung des 9
Matrixisolation 388
 – -s-GC-FTIR 389
 – -sinterface 390
 – -stechnik 398
Maximaltemperatur 78
McReynolds-Konstante 191
medium-bore-Kapillarsäulen 105; 114; 129
Meerwasser 284
mega-bore-Kapillarsäulen 104

Memoryeffekte 289
Mentholöl-Enantiomerentrennung 82
Messung von Gasflüssen 53
Metabolite 196; 201; 203; 204; 207; 223; 227; 233; 236
 – des Aldrins 208
Metallkomplexe 264
 –, asymmetrische 264
Methodenentwicklung 41; 52
Methylierung 153
 – -sreagenz 199
micro-bore-Kapillarsäulen 105
MI-Interface 390
Mikro-Gasprobenventil 30
mikrogepackte Säulen 75
Mikro-Snyder-Säule 290; 292
Minimaltemperatur 78
Mirex 128
MI-Spektren 388
mobile Phase 1
Mobilzeit 5; 86
Modifizierung 83
Molekülgeometrie 79
Molekülion 357
Molsieb 190
 – -Schichtkapillarsäulen 81
Monitordetektor 116; 118
Morphium 182
MS 35
 –, quantitative 383
 – -Detektion 236
 – -MS-Kombination 361
 – -MS-Techniken 352
 – -Spektrenbibliotheken 363
multidimensionale Gaschromatographie (MDGC) 116

—N—

Nachweisgrenze 63
 – von Coffein 393
 – von Xylolisomeren 400
 – im SIM-Modus 377
Nadelventile 22
narrow-bore-Kapillarsäulen 105; 114; 122; 129; 132; 311
Nettoretentionsvolumen V_N 6
Nettoretentionszeit t'_R 5; 86; 91
Neutralverlustscan 362
Nikotin 184; 215
 – -Metabolite 184
NMR-Modellspektren 401

Nordseeöl
 –, Sterane 343
 –, Terpane 344
normal-bore-Kapillarsäulen 105
Normierung, innere 70
NPD 36; 38
Nutzungsgrad 88f

—O—

Oberflächenwasserrichtlinie 285
Öle 296; 322
 – aus marinen Quellen 336
 – aus terrestrischen Quellen 334
Ofen
 –, Säulen- 19
 – -temperatur
  –, Auswahl 59
  –, isotherme 60
offene Kapillarsäulen 115
on-column-Injektion 23; 126f; 129; 134; 213; 363; 365
 –, kalte 28; 57
on-column-Injektor 29
on-column-Technik 189
Opiate 182
Optimierung der Analysenparameter 107
Optimierung von Gasflüssen 55
optisch aktive Enantiomere 245
optisch reines Reagens 245
optische Isomere 244
organische Säuren 226f
organische Schadstoffe 282; 285; 289
Organismen, marine 342
Organochlorpestizide 208; 312
Organochlorverbindungen (OClC's) 124; 290; 293f; 298; 300; 304; 312ff
Organophosphate 208
Organophosphorpestizide 308; 314
Organophosphorverbindungen 307
Organostickstoffpestizide 308; 314
Organostickstoffverbindungen 307
Oximbildung 157

—P—

Packungsmaterial, Korngröße des 1
PAH's 131
 – in Steinkohleteer 132
Paracetamol 205
 – in Plasma 207
Partikeldurchmesser d_p 9

PCB 118; 289f; 315
PCDD 118
PCDF 118
PCP 305; 314; 317
Peak
— -asymmetrie 97
— -auflösung, ausreichende 6
— -breite an der Basislinie 87
— -breite in halber Peakhöhe 7; 86
— -detektion 69
— -fläche 64
— -form 64
— -höhe 64
— -identifizierung 69
— -kapazität 85f
— -koaleszenz 270
— -tabelle 69
— -tailing 97
Pentachlorphenol (PCP) 208; 305; 314
Pentafluorbenzoesäure 199
Peptide, monomere 252
Permethrin 128; 308; 316; 318
permethylierte Cyclodextrine 276
Pestizide 113; 208f; 284; 289; 305; 374
— -Analytik 126; 404
Petroporphyrine 364-367
Phasen
—, chirale 82
—, chirale, stationäre 199; 250f; 273
—, Anwendung 278
—, Cyclodextrin- 82
—, flüssige, stationäre 188
—, Hochtemperatur- 81
—, mobile 1; 188
—, Silicon- 79
— -selektivität 78
—, stationäre 1; 77f; 83; 89; 101; 192
—, Querschnittsfläche 94
— -verhältnis β 4; 101; 106; 138; 250
Phenole 119
Phenothiazine 206
Phenoxyessigsäure 310
Phosphatpuffer 186f
Phosphor 38f
Phosphoroxidanionen 38
Photoionisationsdetektor (PID) 36; 40; 194
Photomultiplier 362
Phytan 335f
PID 36; 40
Plasma 180; 184f; 196f; 200f; 207; 212; 215; 221; 225; 236
— -fettsäuren 228
— -flamme 38
—, Polyole aus 239

— -probe 383
PLOT-Kapillarsäulen 75; 81; 112
—, Aliminiumoxid- 81
Pneumatikanordnung 23
Pneumatikbauteile 21
Polarimetrie 244
Polarität, Verringerung 140
Poly-A-103 192
Polyamine 236; 238
—, Metaboliten 238
Polychlorierte Biphenyle (PCB's) 113; 289
Polycyclische Aromatische Kohlenwasserstoffe (PAH's) 289
Polyethylenglycol 80
Polyimid-Beschichtung 76
polymere Amide 257
Polymerphasen, chirale 262
Polyole 239
Polysiloxanamide 255
Polysiloxancamphorat, als Beschichtung 267
Polysiloxane, chirale 279
Polysiloxan-Komplexierungsphasen 266
Polysiloxanphasen 110
—, chirale 257
—, Säulenbluten von 98
Porapack 190
Porphyrine 364; 366
—, Analyse von 134
Precursorionen 381
Press-fit-Verbinder 127
Pristan 335f
Proben
— -aufgabetechnik 402
— -einführung 23
— -identifizierung 30
— -kapazität 92; 94; 105f
— -matrix 23; 30; 52; 288
— -menge 92
— -nahme 179; 222; 319
—, Erdöl 330
—, ölbelastete 322
— -röhrchen 141
— -schleife 29
— -typen 283
— -verdampfung 28
— -vorbereitung 52; 180; 198; 221; 239
Produktionen 382
— -massenspektren 375
— -spektren 362
Propionsäure 198
Prostaglandin 380; 383
—, Derivatisierung 169
Pseudo-Kováts-Retentionsindexsystem 364

PTV 27f
— -Splitinjektion 57
— -splitlose Injektion 57
Purge-and-Trap 32; 40; 52; 402
— -Analyse 180
— -Technik 181
Pyrethroide 124
Pyrogramm 30
Pyrolysator 30
Pyrolyse-GC 402f
— -FTIR 403

—Q—

Quadrupol
— -massenfilter 359f
— -Massenspektrometer 105; 375
— -MS 361
Qualitätskontrolle 286
Qualitätssicherung 197
Qualitätsstandard 286
Quantifizierung 70; 311; 314; 398
quantitative MS 383
Quasimolekül-Adduktionen 358
Quellminerale 328f; 332; 345f
— -extrakte 329; 334; 340f; 347
Querschnittsfläche der stationären Phase 94

—R—

Racemat 247
—, relative Retention 269
racemische Alkohole 250
Reagens, chirales 173; 246
Reaktantgas 358f
— -ion 358
Reaktionsgefäß, Derivatisierung 141
reale Bodenhöhe H_{real} 88
reduziertes Retentionsvolumen 6
reduzierte Retentionszeit 5; 86f
Registriergerät 66
Reifung 328; 330
—, thermische 332
Reinheit von Enantiomeren 243
relative Retention r 6
Reproduzierbarkeit 63
Response 35
— -faktor 70
— -verhältnis 378
Restriktorkapillare 356
Retention 12; 16
—, enantioselektive 256
—, relative 6

—, eines Racemats 269
Retention-Gap 27ff; 126; 189
Retentionsfaktor k 4; 87; 106; 110
Retentionsindex 15f; 91; 191; 198; 223
—, temperaturprogrammierter 16
—, Kováts- I 16
Retentionskapazität 4; 13; 87; 112
Retentionsparameter 4; 86
Retentionsvolumen
—, reduziertes 6
—, spezifisches V_g 12
Retentionszeit 5; 64; 106
—, reduzierte 6; 86; 87; 91
Retentionszuwachs 269
Richtigkeit 63
Rohdaten 71
Rohöl 135; 329; 331; 333f; 340f; 345; 347
Rote Liste von Verbindungen 285
Rückdruckregler 22; 30
Rückstandsanalyse 122
Ruß, graphitierter 190
Ryhage-Jet-Separator 355

—S—

Salicylsäure 165
Sauerstoff 21
Säulen
— -aktivität 96; 108
—, Aluminiumoxid- 296; 298
—, PLOT- 81
— -auswahl 101; 311
— -bluten 50; 98; 100; 108
— -dimensionen 115
— -durchmesser 9
— -effizienz 62
— -eigenschaft 86
—, Filmkapillar- 75
—, FSOT- 114
—, gepackte 2; 9; 11; 46; 112f; 119; 122; 136; 189; 313
—, Gepackte Trenn- 136
— -herstellung 107
— -installation 46; 113
—, Kapillar- 2; 47; 74
— -konditionierung 50
—, Kontamination von 108
— -kopplung 127
— -länge 7; 107
— -materialien 76
—, mikrogepackte 75
—, Narrow-bore- 311
—, PLOT- 81; 112

- -ofen 19; 20
- -parameter 12
- -qualität 84
- -schalten 116
- -schalttechnik 30
-, Schichtkapillar- 75
-, SCOT- 75; 136
-, Silicagel- 298
- -temperatur 12f; 92
- -typ 75; 119; 193
- -verbinder 77
- -verbindungen 46; 130
-, WCOT- 112
-, Wide-bore- 48; 312
Säure-Base-Wechselwirkung 79
Säurechloride, chirale 247
Scangeschwindigkeit 360
Scan-Modus 284
Schadstoffe 283
-, organische 282; 285; 289
Schichtkapillarsäule 75; 78
-, Molsieb- 81
Schmieröle 325; 327
Schornsteingase 320
Schwefel 39
- -verbindungen 294
SCOT-Kapillarsäulen 75
SCOT-Säule 75; 136
-, Aluminiumoxid- 137
Screening 181; 200; 204; 214
-, toxikologisches 201
-, Wirkstoff- 201
Sediment 288; 296
- -proben 293ff
Seewasser 288
Sektoranalysator, magnetischer 359
Sektorfeld, elektrostatisches 359
Sektorfeld-Massenspektrometer 356
Sekundärelektronenvervielfacher 39
Selected Ion Monitoring 360; 377
Selected Reaction Monitoring 381
selektive Detektoren 34
Selektivität 36; 38f; 92; 101
Selektor, chiraler 269
Selen 39
Septum, Austausch 43
Septumspülgas 27
Serotonin 164
Serum 180; 200f
- -Gallensäuren 234
SFC-FTIR 387
SFE 32
Shrimps 284
Sickerwässer 284

Silanisierungsreagenz 190
Silarylen 81
Silbernitrat 300
Silicagel 190; 297; 300
- -säule 298
Silicon
- -phasen 79
- -OV-1 192
- -OV-101 192
- -OV-17 192
- -OV-210 192
- -OV-225 192
- -OV-7 192
- -OV-73 192
- -SE-30 192
- -SE-54 192
- -SP-2100 192
- -SP-2250 192
Siloxan-Carboran-Copolymer 81
Siloxanpolymere 80
Silyl-Acyl-Derivate 161
Silyl-Carbamat-Derivate 161
Silylierung 144
- -sreagens 145; 147; 199
SIM-Betrieb 230
SIM-Modus 284; 368; 377ff; 383
-, hochauflösender 380
Single Ion Monitoring (SIM) 228
Softwareprogramm 68
Solventeffekt 26
Sorbensextraktion 180
Soxhlet-Extraktion 293f
- von Organochlorverbindungen 296
SP-1000 192
SPE 302
Speichel 184; 215; 221; 233
Spektren
- -akkumulation 388
- -bibliothek 363; 396
- -interpretation 368
SPE-Methoden 185
spezifische Detektoren 34
split/splitlose Injektion 25; 27
Splitinjektion 25; 57
splitlose Injektion 25; 57; 189
Spritze
-, gasdichte 189
-, Injektionstechnik 56
-, Nadel 28
-, Reinigung 56
Spurenanalyse 188; 380
Spurengehalt, Bestimmung 32
Squalan 192
SRM-Modus 381

Stabilisierung 140
Stabilität, thermische 77; 260
Standard
   -, externer 70
   -, innerer 70
   -, interner 197f; 313; 383
stationäre Phasen, 1; 77; 79; 83; 89
   -, Aufbringen 84
   - auf Silicagelbasis 186
   -, chirale 250f; 273
      -, Anwendung 278
Stearane 328
Stearylfettacylester 369
Sterane 340; 342f; 348f
   -, Stereochemie 345
Stereochemie 244
   - der Sterane 345
Steroide 233; 381
   - im Urin 234f
Sterylester 372
Stickstoff 21; 38
   -, flüssiger 20
   - -Phosphor-Detektor (NPD) 36; 38; 194; 284
Stoffe, gefährliche 286
Störkomponenten 289
Störungen 196
stoßinduzierte Dissoziation 375f; 381
Substratenantiomere 246
Synephrinderivat 175

—T—

Tailing des Lösungsmittelpeaks 26
Tandem-Massenspektrometer 361; 374; 380
Taurinderivat 166
TBAS-Methode 293
TBDMS-Derivate 146
Technik, Purge-and-trap- 181
Temperatur
   -, Einfluß der 12
   -, isoenantioselektive 270
   - -programm 13; 60; 100
   - -programmierte Verdampfungsinjektion 27
   - -programmierter Bedingungen 60
Tenax 320
   - -GC 190; 320f; 324
Terpane 340; 342; 344; 349
Tetrabutylammoniumsulfat (TBAS) 293
Thalidomid 243
theoretische Böden 62
theoretische Bodenhöhe 7; 11; 74

theoretische Bodenzahl 7; 87
theoretische Effizienz von Filmkapillarsäulen 88
thermische Stabilität 77
Thermodesorption 32; 52; 182; 322f; 402
Thermoionisationsdetektor 38
Thermostat 20
TMS-Derivate 145
TMS-Ether 228
Totalionenstromchromatogramm 370f
Totzeit 5
Toxikologie
   -, analytische 178; 188; 192; 200; 215
   -, Screening 201
Toxine 220
Trägergas 21; 49
   -, Verunreinigungen 188
   -, Volumenfluß des 5
   - -druck 54
   - -fluß 53; 104; 115; 125
      -, optimaler 53
   - -geschwindigkeit
      -, lineare 55
      -, mittlere 8
      -, mittlere lineare 5
      -, optimale lineare 53
      -, optimale u_{opt} 88f
Trägermaterial, inertes 188
Transferkapillare 369; 400
Transferleitung 356
Transferline 391f
Trapping, kaltes 26; 118
Trenneigenschaften 96
Trennkraft 86
Trennleistung 7; 86; 92; 102f; 107
   - der Säule 109
Trennsäule
   -, Bewertung von 86
   -, Effizienz einer 87
   -, Kontaminationen der 96; 108
Trennstufenhöhe H 74
Trennung
   -, chirale 199; 243; 245; 269; 279
   -, Verbesserung 140
   - der C_1-C_{12}-Carbonsäuren 1
   - von pp-DDE und Dieldrin 102
Trennvermögen 85
Trennzahl (TZ) 90; 115
   - nach Kaiser 89
Triacylglycerol 368ff
Trifluoressigsäure 198
Triglyceride 132
Trimethylsilylderivate 144
Trimethylsilylreagenz 199

Trinkwasser 288
Tripeptidester 255
Triterpane 328; 340; 348
Troutonsche Regel 14
Tryptamine 164
Typen stationärer Phasen 79

—U—

überkritische Flüssigextraktion 32
Ultimetall-Kapillarsäule 78
Ultrafiltration 180
Ultraschall-Extraktion 294
Umweltanalytik 282; 285
Umweltgesetzgebung 285
Umweltproben 284; 288f; 314
Umweltverschmutzung 284
Universalmassenspektrometer 362
universelle Detektoren 34
Ureide 255
Urin 180; 185; 197; 203f; 215; 221f; 228; 230; 236
 –, Drogen in 202
 –, organische Säuren 227
 – -Steroidprofil 233
 –, Wirkstoffe 184

—V—

Vacutainer 179
Vakuumsystem 356
Validierung 62
Van-Deemter-Gleichung 10
Van-Deemter-Kurve 9f
Van-der-Waals-Wechselwirkung 251
Verbinden von Säulen 46
Verbinder
 –, Edelstahl-Schraub- 127
 –, Press-fit- 127
Verbrennungsgas 21
Verdampfungsenthalpie, molare 13
Verdampfungsinjektion,
 Temperaturprogrammierte 27
Vernetzung 77; 84
Verringerung der Polarität 140
Verteilungs-
 – -chromatographie
  –, Gas-flüssig- 77
 – -Gaschromatographie 1
 – -gleichgewicht 92
 – -koeffizient 4; 12f; 106
 – -mechanismus 77

 – -muster der n-Alkane 336f
 – -muster von Rohölkomponenten 330
Verunreinigungen im Trägergas 188
VOC's 113
Vollöl 330ff
Volumenfluß des Trägergases F_0 5
Vorbereitung des Liners 45
Vorgängerionen 362
Vorsäule 128f; 189

—W—

Wachs 135
 – -ester 372
Wahl eines Detektors 44
Wahl eines Injektors 43
Wärmeleitfähigkeitsdetektor (WLD) 2; 36f; 194
Wasser
 – -analytik 285
 – -probe 32; 290f; 303; 308
Wasserstoff 21
 – -brückenbindung 251; 256
Watson-Biemann-Membranseparator 355
WCOT-Kapillarsäule 75
WCOT-Säulen 112
Wechselwirkung
 –, Dipol-Dipol- 79
 –, hydrophobe 251
 –, Säure-Base- 79
Weichmacher 196
wide-bore-Kapillarsäulen 114; 124; 126; 129; 355
wide-bore-Säulen 48; 312
Wiederfindung 288
 – -srate, maximale 383
Wirkstoffe 196; 201f
 – aus Urin 184; 186
 – -Screening 200f
WLD 2; 36f
Wohl-Derivate 168

—X—

Xylol-Isomere 398

—Z—

Zahl möglicher Peaks (ZMP) 85; 90
Zinn 39
Zucker 239

If you have any concerns about our products,
you can contact us on
ProductSafety@springernature.com

In case Publisher is established outside the EU,
the EU authorized representative is:
**Springer Nature Customer Service Center GmbH
Europaplatz 3, 69115 Heidelberg, Germany**

Printed by Libri Plureos GmbH
in Hamburg, Germany